Die

Fortschritte der Physik

im Jahre 1857.

Dargestellt

von

der physikalischen Gesellschaft zu Berlin.

XIII. Jahrgang.

Redigirt von Dr. A. Krönig und Dr. O. Hagen.

Berlin.
Druck und Verlag von Georg Reimer.
1859.

Erklärung der Citate.

Ein Kreuz (†) bedeutet, dass der Berichterstatter den citirten Abdruck nachgelesen, ein Sternchen (*), dass der Berichterstatter sich von der Richtigkeit des Citats überzeugt hat.

Eine eingeklammerte (arabische) Zahl vor der (römischen) Bandzahl bezeichnet, welcher Reihe (Folge, Serie) einer Zeitschrift der betreffende Band angehört.

Zeitschriften, von welchen für jedes Jahr ein Band erscheint, sind nach dieser Jahreszahl citirt, welche von der Jahreszahl des Erscheinens manchmal verschieden ist.

Eine Zahl, welche zwischen der (römischen) Bandzahl oder der (arabischen) Jahreszahl und den (Anfangs- und End-) Seitenzahlen steht, bedeutet die verschiedenen Abtheilungen (Hefte, Nummern, Lieferungen u. s. w.) des betreffenden Bandes oder Jahrganges. Eine zweite Abtheilung ist immer von der zweiten neuen Paginirung an gerechnet. Wenn sich also die Paginirung einer zweiten Abtheilung an die der ersten anschliesst, so ist die Angabe der zweiten Abtheilung fortgelassen.

Der im Folgenden mitgetheilte Titel jeder Zeitschrift ist der des ersten für diesen Jahrgang excerpirten Bandes.

Manche nähere Angaben über die citirten Zeitschriften sind zu finden im Berl. Ber. 1852. p. VIII-XXIV und 1854. p. X-XII.

Abh. d. Berl. Ak. bedeutet: Abhandlungen der Königlichen Akademie der Wissenschaften zu Berlin aus dem Jahre 1856. Berlin 1857. 4.

Abh. d. Leipz. Ges. bedeutet: Abhandlungen der Königlich sächsischen Gesellschaft der Wissenschaften. V. (= Abhandlungen der mathematisch-physischen Classe. III.) Leipzig 1857. Lex.-8.

Ann. d. chim. bedeutet: Annales de chimie et de physique, par Chevreul, Dumas, Pelouze, Boussingault, Regnault, de Senarmont. Avec une revue des travaux de chimie et de physique publiés à l'étranger, par Wurtz et Verdet. (3) XLIX. Paris 1857. 8.

Ann. d. l'observ. d. Brux. bedeutet: Annales de l'observatoire Royal de Bruxelles, par A. Quetelet. XI. Bruxelles 1857. gr. 4.

Ann. d. mines bedeutet: Annales des mines. Mémoires. (5) XI. Paris 1857. 8.

Ann. d. Münchn. Sternw. bedeutet: Annalen der Königlichen Sternwarte bei München, von J. Lamont. (2) IX. München 1857. 8.

Ann. d. ponts et chauss. bedeutet: Annales des ponts et chaussées. Mémoires et documents relatifs à l'art des constructions et au service de l'ingénieur. (3) XIII. Paris 1857. 8.

Arch. d. Pharm. bedeutet: Archiv der Pharmacie, eine Zeitschrift des allgemeinen deutschen Apothekervereins (Abtheilung Norddeutschland), von L. Bley. (2) LXXXIX. Hannover 1857. 8.

Arch. d. sc. phys. bedeutet: Bibliothèque universelle de Genève. Archives des sciences physiques et naturelles. XXXIV. Genève 1857. 8.

Arch. f. Ophthalm. bedeutet: Archiv für Ophthalmologie, von F. Arlt, F. C. Donders und A. v. Graefe. III. No. 2. Berlin 1857. 8.

Astr. Nachr. bedeutet: Astronomische Nachrichten, begründet von H. C. Schumacher, herausgegeben von C. A. F. Peters. XLIV. Altona 1857. gr. 4.

Athen. bedeutet: The Athenaeum, Journal of literature, science, and the fine arts. For the year 1857. London 1857. gr. 4.

Ber. d. Freiburg. Ges. bedeutet: Berichte über die Verhandlungen der Gesellschaft für Beförderung der Naturwissenschaften zu Freiburg im Breisgau, von Maier, Ecker und Mueller. III. Freiburg i. B. 1857. 8.

Berl. astr. Beob. bedeutet: Astronomische Beobachtungen auf der Königlichen Sternwarte zu Berlin, von J. F. Encke. IV. Berlin 1857. Folio.

Berl. Ber. bedeutet: Die Fortschritte der Physik im Jahre 1856, von A. Krönig. XII. Berlin 1859. 8.

Berl. Monatsber. bedeutet: Monatsberichte der Königlichen preussischen Akademie der Wissenschaften zu Berlin. Aus dem Jahre 1857. Berlin 1857. 8.

Boll Arch. bedeutet: Archiv des Vereins der Freunde der Naturgeschichte in Meklenburg. X., von E. Boll. Neubrandenburg 1857.

Brix Z. S. bedeutet: Zeitschrift des deutsch-österreichischen Telegraphenvereins, von P. W. Brix. IV. Berlin 1857. 4.

Bull. d. Brux. bedeutet: Bulletins de l'Académie Royale des sciences, des lettres et des beaux-arts de Belgique. XXIV. No. 1 oder (2) I. Bruxelles 1857. 8.

Bull. d. Brux. Cl. d. sc. bedeutet: Académie Royale des sciences, des lettres et des beaux-arts de Belgique. Bulletins des séances de la Classe des sciences. 1856. Bruxelles 1857. 8.

Bull. d. l. Soc. d'enc. bedeutet: Bulletin de la Société d'encouragement pour l'industrie nationale, par Combes et Peligot. LVI. = (2) IV. Paris 1857. 4.

Bull. d. l. Soc. géol. bedeutet: Bulletin de la Société géologique de France. (2) XIV. 1855 à 1856. Paris 1857. 8.

Bull. d. l. Soc. vaud. bedeutet: Bulletin des séances de la Société vaudoise des sciences naturelles. V. 1856 et 1857. Lausanne 1858. 8.

Bull. d. natural. d. Moscou bedeutet: Bulletin de la Société Impériale des naturalistes de Moscou. XXX. Année 1857. No. 1-2. Moscou 1857. 8.

Bull. d. St. Pét. bedeutet: Bulletin de la Classe physico-mathématique de l'Académie Impériale de St.-Pétersbourg. XV. St.-Pétersbourg et Leipzig 1857. gr. 4.

Chem. C. Bl. bedeutet: Chemisches Centralblatt für 1857. (2) II. Leipzig. 8.

Chem. Gaz. bedeutet: The chemical Gazette, or Journal of practical chemistry in all its applications to pharmacy, arts and manufactures, by W. Francis. XV. 1857. London. 8.

Cimento bedeutet: Il nuovo cimento, Giornale di fisica, di chimica e scienze affini, da C. Matteucci e R. Piria. Anno III. Tomo V. Torino e Pisa 1857. 8.

Compte-rendu annu. bedeutet: Compte-rendu annuel adressé à S. Exc. M. de Brock, ministre des finances, par le directeur de l'observatoire physique central A. T. Kupffer. 1856. St.-Pétersbourg 1857. gr. 4.

Cosmos bedeutet: Cosmos, revue encyclopédique hebdomadaire des progrès des sciences et de leurs applications aux arts et à l'industrie, fondée par B. R. de Monfort, rédigée par Moigno. X. Paris 1857. 8.

C. R. bedeutet: Comptes rendus hebdomadaires des séances de l'Académie des sciences. XLIV. Paris 1857. 4.

Crelle J. bedeutet: Journal für die reine und angewandte Mathematik, von A. L. Crelle, herausgegeben von C. W. Borchardt. LIII. Berlin 1857. 4.

Dingler J. bedeutet: Polytechnisches Journal, von E. M. Dingler. CXLIII. 1857. Stuttgart und Augsburg. 8.

Edinb. J. bedeutet: The Edinburgh new philosophical Journal, exhibiting a view of the progressive discoveries and the improvements in the sciences and the arts, by T. Anderson, W. Jardine, J. H. Balfour, H. D. Rogers. (2) V. Edinburgh 1857. 8.

Edinb. Trans. bedeutet: Transactions of the Royal Society of Edinburgh. XXI. Edinburgh 1857. gr. 4.

Erdmann J. bedeutet: Journal für praktische Chemie, von O. L. Erdmann und G. Werther. LXX. Leipzig 1857. 8.

Erman Arch. bedeutet: Archiv für wissenschaftliche Kunde von Russland, von A. Erman. XVI. Berlin 1857. 8.

Götting. Abh. bedeutet: Abhandlungen der Königlichen Gesellschaft der Wissenschaften zu Göttingen. VII. Göttingen 1857. gr. 4.

Götting. Nachr. bedeutet: Nachrichten von der Georg-Augusts-Universität und der Königlichen Gesellschaft der Wissenschaften zu Göttingen. Vom Jahre 1857. Göttingen 1857. 16.

Grunert Arch. bedeutet: Archiv für Mathematik und Physik mit besonderer Rücksicht auf die Bedürfnisse der Lehrer an höheren Unterrichtsanstalten, von J. A. Grunert. XXVIII. Greifswald 1857. 8.

Henle u. v. Pfeufer bedeutet: Zeitschrift für rationelle Medicin, von J. Henle und C. v. Pfeufer. (2) VIII. Leipzig und Heidelberg 1857. 8.

Jahrb. d. geol. Reichsanst. bedeutet: Jahrbuch der Kaiserlich-Königlichen geologischen Reichsanstalt. VIII. 1857. Wien. Lex.-8.

J. d. l'Éc. polyt. bedeutet: Journal de l'École Impériale polytechnique. Cahier 36. Tome XXI. Paris 1856. 4.

Inst. bedeutet: L'Institut, Journal universel des sciences et des Sociétés savantes en France et à l'étranger. Première section. Sciences mathématiques, physiques et naturelles. XXV. Paris. Folio.

J. of chem. Soc. bedeutet: The quarterly Journal of the chemical Society of London, by B. C. Brodie, T. Graham, A. W. Hofmann, J. Stenhouse. IX. London 1857. 8.

Leipz. Ber. bedeutet: Berichte über die Verhandlungen der Königlich sächsischen Gesellschaft der Wissenschaften zu Leipzig. Mathematisch-physische Classe. VIII. 1856. Leipzig. 8.

v. Leonhard u. Bronn bedeutet: Neues Jahrbuch für Mineralogie, Geognosie, Geologie und Petrefactenkunde, von K. C. v. Leonhard und H. G. Bronn. 1857. Stuttgart 1857. 8.

Liebig Ann. bedeutet: Annalen der Chemie und Pharmacie, von F. Wöhler, J. Liebig und H. Kopp. CI. Leipzig und Heidelberg 1857. 8.

Liouville J. bedeutet: Journal de mathématiques pures et appliquées ou recueil mensuel de mémoires sur les diverses parties des mathématiques, par J. Liouville. (2) II. 1857. Paris 1857. 4.

Liter. Gaz. bedeutet: The literary Gazette and Journal of archaeology, science, and art, for the year 1857. London 1857. gr. 4.

Mech. Mag. bedeutet: The mechanics' Magazine, by R. A. Brooman. LXVI. London 1857. 8.

Mém. d. Brux. bedeutet: Mémoires de l'Académie Royale des sciences, des lettres et des beaux-arts de Belgique. XXX. Bruxelles 1857. 4.

Mém. d. l'Ac. d. sc. bedeutet: Mémoires de l'Académie des sciences de l'Institut Impérial de France. XXVII. No. 1. Paris 1856. 4.

Mém. d. l. Soc. d. Liége bedeutet: Mémoires de la Société Royale des sciences de Liége. XII. Liége 1857. 8.

Mém. d. St. Pét. bedeutet: Mémoires de l'Académie Impériale des sciences de Saint-Pétersbourg. Sciences mathématiques, physiques et naturelles. Première partie. Sciences mathématiques et physiques. (6) VI. Saint-Pétersbourg 1857. gr. 4.

Mem. of astr. Soc. bedeutet: Memoirs of the Royal astronomical Society. XXV. London 1857. gr. 4.

Mem. of Manch. Soc. bedeutet: Memoirs of the literary and philosophical Society of Manchester. (2) XIV. London 1857. 8.

Memor. dell' Acc. di Napoli bedeutet: Memorie della Reale Accademia delle scienze dal 1852 in avanti. II. per gli anni 1855, 1856, 1857. Napoli 1857. gr. 4.

Müller Arch. bedeutet: Archiv für Anatomie, Physiologie und wissenschaftliche Medicin, von J. Müller. Jahrgang 1857. Berlin. 8.

Münchn. Abh. bedeutet: Abhandlungen der mathematisch-physikalischen Classe der Königlich bayerischen Akademie der Wissenschaften. VIII. No. 1. München 1857. 4.

Münchn. gel. Anz. bedeutet: Gelehrte Anzeigen, herausgegeben von Mitgliedern der Königlich bayerischen Akademie der Wissenschaften. XLIV. 1857. München. 4.

N. Jahrb. f. Pharm. bedeutet: Neues Jahrbuch für Pharmacie und verwandte Fächer, eine Zeitschrift des allgemeinen deutschen Apothekervereins (Abtheilung Süddeutschland), von G. F. Walz und F. L. Winckler. VII. Speyer 1857. 8.

Nyt Magazin bedeutet: Nyt Magazin for Naturvidenskaberne, ved C. Langberg. IX. Christiania 1857. 8.

Öfvers. af Förhandl. bedeutet: Öfversigt af Kongl. Vetenskaps-Akademiens förhandlingar. 1857. Stockholm 1858. 8.

Overs. over Forhandl. bedeutet: Oversigt over det Kgl. danske Videnskabernes Selskabs Forhandlinger og dets Medlemmers Arbeider i Aaret 1856, af G. FORCHHAMMER. Kjöbenhavn. 8.

Petermann Mitth. bedeutet: Mittheilungen aus J. PERTHES' geographischer Anstalt über wichtige neue Erforschungen auf dem Gesammtgebiete der Geographie, von A. PETERMANN. 1857. Gotha. 4.

Phil. Mag. bedeutet: The London, Edinburgh, and Dublin philosophical Magazine and Journal of science, by D. BREWSTER, R. TAYLOR, R. KANE, W. FRANCIS, J. TYNDALL. (4) XIII. 1857. London. 8.

Phil. Trans. bedeutet: Philosophical transactions of the Royal Society of London. For the year 1857. CXLVII. London 1857. gr. 4.

Pogg. Ann. bedeutet: Annalen der Physik und Chemie, herausgegeben zu Berlin von J. C. POGGENDORFF. C. Leipzig 1857. 8.

Polyt. C. Bl. bedeutet: Polytechnisches Centralblatt, unter Mitwirkung von J. A. HÜLSSE und W. STEIN herausgegeben von G. H. E. SCHNEDERMANN und E. T. BÖTTCHER. XXIII. für das Jahr 1857 = (2) XI. Leipzig. 4.

Proc. of Edinb. Soc. bedeutet: Proceedings of the Royal Society of Edinburgh. III. December 1850 to April 1857. Edinburgh 1857. 8.

Proc. of Roy. Soc. bedeutet: Proceedings of the Royal Society of London. VIII. London 1857. 8.

Qu. J. of math. bedeutet: The quarterly Journal of pure and applied mathematics, by J. J. SYLVESTER, N. M. FERRERS, G. G. STOKES, A. CAYLEY, M. HERMITE. II. London 1857. 8.

Rep. of Brit. Assoc. bedeutet: Report of the XXVIth meeting of the british Association for the advancement of science, held at Cheltenham in August 1856. London 1857. 8.

Schrift. d. Ges. f. Naturw. zu Marburg bedeutet: Schriften der Gesellschaft zur Beförderung der gesammten Naturwissenschaften zu Marburg. VIII. 1857. 8.

Silliman J. bedeutet: The american Journal of science and arts, by B. SILLIMAN, B. SILLIMAN jun., J. D. DANA, A. GRAY, L. AGASSIZ, W. GIBBS. (2) XXIII. New Haven. 8.

Smithson. Contrib. bedeutet: SMITHSONIAN contributions to knowledge. IX. Washington 1857. gr. 4.

Smithson. Rep. bedeutet: SMITHSONIAN Report 1855. Xth annual report of the board of regents of the SMITHSONIAN Institution, showing the operations, expenditures, and condition of the Institution, for the year 1856, and the proceedings of the board up to January 28, 1857. Washington 1857. gr. 8.

St. Louis Trans. bedeutet: The transactions of the Academy of science of St. Louis. I. St. Louis 1857. 8.

Tortolini Ann. bedeutet: Annali di scienze matematiche e fisiche, da B. TORTOLINI. VIII. Roma 1857. 8.

Verh. d. naturf. Ges. in Basel bedeutet: Verhandlungen der naturforschenden Gesellschaft in Basel. I. Basel 1857. 8.

Verh. d. naturh. Ver. d. Rheinl. bedeutet: Verhandlungen des naturhistorischen Vereines der preussischen Rheinlande und Westphalens. XIV. = (2) IV., von Budge. Bonn 1857. 8.

Verh. d. Presburg. Ver. bedeutet: Verhandlungen des Vereins für Naturkunde zu Presburg. II. 1857, von G. A. Kornhuber. Presburg. 8.

Verh. d. Würzb. Ges. bedeutet: Verhandlungen der physikalisch-medicinischen Gesellschaft in Würzburg. VII. Würzburg 1857. 8.

Verh. z. Beförd. d. Gewerbfleisses bedeutet: Verhandlungen des Vereins zur Beförderung des Gewerbfleisses in Preussen, von Schubarth. XXXVI. Berlin 1857. 4.

Vetensk. Ak. Handlingar bedeutet: Kongl. Vetenskaps-Akademiens handlingar för år 1855. Stockholm 1857. 8.

Wien. Ber. bedeutet: Sitzungsberichte der mathematisch-naturwissenschaftlichen Classe der Kaiserlichen Akademie der Wissenschaften. XXII. Wien 1857. 8.

Wien. Denkschr. bedeutet: Denkschriften der Kaiserlichen Akademie der Wissenschaften. Mathematisch-naturwissenschaftliche Classe. XIII. Wien 1857. gr. 4.

Wolf Z. S. bedeutet: Vierteljahrsschrift der naturforschenden Gesellschaft in Zürich, von R. Wolf. II. Zürich 1857. 8.

Württemb. Jahresh. bedeutet: Jahreshefte des Vereins für vaterländische Naturkunde in Württemberg, von H. v. Mohl, T. Plieninger, W. Menzel, F. Krauss. XIII. Stuttgart 1857. 8.

Z. S. d. geol. Ges. bedeutet: Zeitschrift der deutschen geologischen Gesellschaft. VIII. 1856. Berlin 1856. 8.

Z. S. f. Erdk. bedeutet: Zeitschrift für allgemeine Erdkunde, mit Unterstützung der Gesellschaft für Erdkunde zu Berlin herausgegeben von K. Neumann. (2) II. Berlin 1857. 8.

Z. S. f. Math. bedeutet: Zeitschrift für Mathematik und Physik, von O. Schlömilch und B. Witzschel. II. Leipzig 1857. 8.

Z. S. f. Naturw. bedeutet: Zeitschrift für die gesammten Naturwissenschaften, herausgegeben von dem naturwissenschaftlichen Vereine für Sachsen und Thüringen in Halle, redigirt von C. Giebel und W. Heintz. X. Berlin 1857. 8.

Da dieser Jahrgang noch vor Schlufs des Jahres erscheint, so können die Nachrichten über den Bestand der Gesellschaft im Jahre 1859 erst im folgenden Jahrgang mitgetheilt werden.

Inhalt[1]).

Erster Abschnitt.

Allgemeine Physik.

Seite

1. Molecularphysik.

[1]) Ueber mit einem Sternchen (*) bezeichneten Aufsätze ist kein Bericht erstattet.

Zweiter Abschnitt.

Akustik.

12. Physikalische Akustik.

Dritter Abschnitt.

Optik.

23. Physiologische Optik.

Vierter Abschnitt.

Wärmelehre.

26. Theorie der Wärme.

Fünfter Abschnitt.

Elektricitätslehre.

32. Allgemeine Theorie der Elektricität.

33. Reibungselektricität.

Seite

C. Galvanische Ladung und Passivität.

D. Galvanisches Licht.

E. Elektrochemie.

F. Galvanische Apparate.

Sechster Abschnitt.

Physik der Erde.

46. Physikalische Geographie.

Erster Abschnitt.

Allgemeine Physik.

1. Molecularphysik.

Delafosse. Sur la véritable nature de l'hémiédrie et sur ses rapports avec les propriétés physiques des cristaux. C. R. XLIV. 229-233†; Inst. 1857. p. 41-43; Cosmos X. 166-167.

Hr. Delafosse hat schon mehrfach, zuerst in seinem Memoire von 1840, die Ansicht ausgesprochen und begründet, dass die Hemiëdrie nicht blofs in einer durch äufsere Einflüsse bedingten unvollständigen Ausbildung der Krystalle sondern in der innern Beschaffenheit der Molecüle selbst ihren Grund habe. Demzufolge legt er auch dem Vorkommen hemiëdrischer Gestalten eine grofse Wichtigkeit für die krystallographische Klassification bei und meint namentlich, dafs nicht nur die hemiëdrischen von den holoëdrischen sondern auch die Systeme verschiedener hemiëdrischer Gestalten von einander getrennt werden müssen. Wenn Rammelsberg beim chlorsauren Natron das gleichzeitige Vorkommen von Tetraëdern und Pentagondodecaëdern, welche nicht auf einander zurückgeführt werden können, nachgewiesen habe, so sei dies nur ein scheinbarer Widerspruch gegen die Behauptung, dass Verschiedenheit der hemiëdrischen Gestalt auch Verschiedenheit der Art bedingen müsse. Es seien nämlich die hier beobachteten Formen nicht durch Hemiëdrie des ersten Grades, sondern durch Tetartoëdrie und zwar durch Hemiëdrie aus dem Skalenoëder entstanden. Diesem Umstande verdanke das genannte Salz auch seine Fähigkeit die Polarisationsebene des Lichtes zu drehen, welche überhaupt in den drei ersten Krystallsystemen immer nur in Folge von Tetartoëdrie vorkommen könne, da die hemiëdrischen Gestalten dieser Systeme immer überdeckbar sind.

Hr. Delafosse ist der Meinung dafs eine hemiëdrische Krystallgestalt auch aus holoëdrischen Molecülen hervorgehen könne, welche selbst erst durch den Akt der Krystallisation hemiëdrische Bildung annehmen. Er unterscheidet zwei Hauptformen der hemiëdrischen Bildung; bei der einen, der polaren Hemiëdrie, ist die Flächenausbildung an den beiden Enden einer Axe verschieden, bei der andern, der rotatorischen Hemiëdrie, tritt dieser Unterschied zwischen den seitlichen Flächen zur Rechten und Linken hervor. Die polare Hemiëdrie ist meist begleitet von den Erscheinungen der pyroelektrischen Erregbarkeit, die rotatorische Hemiëdrie bedingt das Eintreten der Circularpolarisation des Lichts. Letztere Art der Hemiëdrie kommt in zwei Modificationen vor, welche Hr. Delafosse als horizontale und schiefe rotatorische Hemiëdrie unterscheidet; jene erzeugt überdeckbare, letztere nicht überdeckbare Gestalten. Nach der Ansicht des Verfassers ist das Polarisationsdrehungsvermögen krystallisirter Substanzen auch mit der horizontalen rotatorischen Hemiëdrie vereinbar, während die Polarisationsdrehung durch Flüssigkeiten immer das Vorhandensein der als schiefen bezeichneten Modification erfordert. *Wi.*

M. A. Gaudin. Resumé général d'une théorie sur le groupement des atomes dans les molécules et les causes les plus intimes des formes cristallines. C. R. XLV. 920-923†; Chem. C. Bl. 1858. p. 11-13; Inst. 1857. p. 401-402, p. 424-424; Cosmos XI. 636-638.

— — Génération des cristaux et divers types cristallins par les polyèdres moléculaires. C. R. XLV. 1087-1091†; Inst. 1857. p. 437-437.

Hr. Gaudin beschäftigt sich schon seit 25 Jahren damit den Zusammenhang zwischen Krystallgestalt und chemischer Zusammensetzung zu ermitteln. Seiner Ansicht nach sind die Atome der Bestandtheile sphärisch, die Gestalt des Elementarkrystalls geht erst aus ihrer Gruppirung hervor. Die Atome der Bestandtheile sollen sich in Linien ordnen und zwar so, dafs immer je ein Atom eines Bestandtheils zwischen zwei gleichen eines damit verbundenen Bestandtheils in gleichen Abständen sich befindet. So entstehen aus je 3 Atomen die einfachen Molecularlinien, je 5 oder je 7 Atome bilden Molecularlinien oder Axen der zweiten und dritten Ordnung. Solche Molecularlinien sind dann verbunden zum Elementarkrystall; so bilden im wasserhaltigen Chlorcalciumkrystall die Molecularlinien des Chlorcalciums und die dasselbe umgebenden 6 Molecularlinien der 6 Wasseratome ein regelmässiges hexaëdrisches Prisma. In analoger Weise sucht der Verfasser für alle Verbindungen durch symmetrische Gruppirung der Axenlinien, welche sich aus den integrirenden Atomen bilden lassen, die regelmäfsigen geometrischen Polyëder zu construiren, welche die Basis ihrer Krystallgestalt ausmachen. Ein näheres Eingehen auf die krystallographischen Erörterungen des zweiten Artikels würde hier nicht an seiner Stelle sein. *Wi.*

J. A. D. The atomic arrangement of fluids. Mech. Mag. LXVII. 513-514†.

Der Verfasser ist der Meinung dafs die Atome der Flüssigkeiten rund sind, in je sechs Punkten einander berühren, daher keine Reibung gegen einander ausüben, woher ihre Verschieblichkeit erklärbar sei. *Wi.*

Carrol. The atomic arrangement of fluids. Mech. Mag. LXVII. 565-565†.

Hr. Carrol verspricht, anknüpfend an einige Bemerkungen über vorstehende Notiz, die Einsendung eines Planes zur Herstellung eines Atommeters eigener Erfindung. Was und wie damit gemessen werden soll, wird vorläufig noch nicht gesagt. *Wi.*

Purgold. Von den Krystallen und ihrer Entstehung. Z. S. f. Naturw. IX. 277-299†.

Ein Aufsatz, in welchem viele anderweitig bekannte Thatsachen über Bildung und physikalisches Verhalten der Krystalle unter vorzugsweiser Berücksichtigung der mineralogischen Vorkommnisse zusammengestellt werden. Etwas Neues für die Theorie der Krystallisation und für die physikalische Wissenschaft von den Krystallen ist nicht darin enthalten, auch auf dem vom Verfasser eingeschlagenen Wege, welcher unter andern in den Krystallen eine nach ihrer Entstehung noch fortwirkende Krystallisationskraft annimmt und sich durch diese die Reichenbach'schen Odwirkungen und die pyroëlektrischen Phänomene hervorgerufen denkt, schwerlich zu erreichen. — Wenn die Krystallisationskraft erlischt, welche das Analogon der Lebenskraft in organischen Körpern ist, so verwittert der Krystall; die Frage, was diese Krystallisationskraft eigentlich sei, könne zur Zeit noch nicht befriedigend beantwortet werden. *Wi.*

P. Kremers. Ein Vergleich zwischen der Modification der mittleren specifischen Wärme und des mittleren Volums. Pogg. Ann. C. 89-98†.

Beziehungen zwischen den Atomgewichten je dreier auch in ihrem chemischen Verhalten einander nahestehender elementarer Substanzen haben bekanntlich zur Aufstellung dreigliedriger Gruppen Veranlassung gegeben, welche man Triaden genannt hat. — Hr. Kremers denkt sich die Mittelglieder solcher Triaden durch untrennbare Vereinigung der Endglieder entstanden, unter einer mehr oder weniger grofsen Modification, welche eine Abweichung ihres physikalischen Verhaltens vom berechneten Mittelwerth zur Folge hat. — Er vergleicht in der vorliegenden Notiz die specifische Wärme der Atome solcher Triadenglieder und leitet in der früher erwähnten Weise[1]) die Gröfse der Abweichung vom berechneten Werth der physikalischen Eigenschaft, also in diesem Fall der specifischen Wärme ab; diese vergleicht er sodann mit der Abweichung vom mittleren Volum, welche er für die Mittelglieder derselben Triaden schon früher bestimmt hat. Dabei findet er, dafs die Modification der specifischen Wärme für die Mittelglieder vorherrschend negativ, dagegen die Modification des Volums vorherrschend positiv ist. Dieselbe Vergleichung wurde,

[1]) Berl. Ber. 1856. p. 186.

nun auch für die specifische Wärme und die Volume der Atome zerlegbarer Verbindungen, bezogen auf die entsprechenden Werthe für die Atome der Bestandtheile, durchgeführt; bei diesen zeigte sich, dafs die beiden Modificationen vorherrschend gleiche Zeichen hatten. *Wi.*

P. KREMERS. Ueber die Schmelz- und Siedepunkte der Glieder einzelner Triaden. POGG. Ann. C. 261-270†.

Hr. KREMERS macht darauf aufmerksam, dafs man durch die Vereinigung von je 3 Triaden zusammengesetztere Gruppen (Nonaden) bilden könne. Jedes Glied der Mitteltriade steht dann zu je 2 entsprechenden Gliedern der anderen in derselben Beziehung, wie das Mittelglied einer Triade zu deren beiden Endgliedern. Eine solche Nonade bilden z. B. die folgenden Elemente:

Li	Na	K
Mg	Zn	Cd
Ca	Sr	Ba.

Hr. KREMERS hat bereits in früheren Aufsätzen Atomgewicht, Atomvolum und Löslichkeitsverhältnisse der Glieder derselben Triade mit einander verglichen, eine derartige Vergleichung wird hier in Beziehung auf die Schmelz- und Siedpunkte vieler Triadenglieder und ihrer Verbindungen durchgeführt. Der Verfasser glaubt mancherlei Gesetzmäfsigkeiten aufgefunden zu haben, dabei kommen aber sehr viele Schwankungen und Abweichungen vor, was zum Theil in dem Mangel an scharfen experimentellen Bestimmungen seinen Grund haben mag. Da es unter diesen Umständen unmöglich ist allgemeine Resultate herauszuheben, so müssen wir wegen des Näheren auf das Original verweisen. Folgendes mag als Beispiel der Betrachtungsweise dienen: In der Triade Sr hat das leichteste Atom den höchsten Schmelzpunkt, dies wird als negatives Verhalten bezeichnet, tritt das Atom O zu den Gliedern der Triade hinzu, so wird dies Verhalten nicht geändert, dasselbe geht aber in das entgegengesetzte oder positive über, wenn aufserdem noch die Atomcomplexe CO_2 oder SO_3 hinzutreten. In ähnlicher Weise wird das Verhalten anderer Triadenglieder erörtert. *Wi.*

P. Kremers. Ueber conjugirte Triaden. Pogg. Ann. CI. 274-291†.

Es werden hier die Beziehungen zwischen den physikalischen Eigenschaften der Glieder conjugirter Triaden betrachtet und zwar wird dies zunächst ausführlich durchgeführt für die oben erwähnte Nonade Li. Na etc. Sowohl für die sogenannten einfachen Atome, welche Glieder dieser Nonade sind, als auch für die verschiedenen Verbindungen derselben werden: das Atomvolum, die räumlichen Verhältnisse der Auflösungen, die specifische Wärme, die Schmelzpunkte und die Zersetzungstemperaturen mit einander verglichen. Die Resultate zu denen der Verfasser auf diesem Wege gelangt, lassen sich in der Kürze nicht übersichtlich darstellen, es mufs daher in Bezug darauf an das Original verwiesen werden.

Hr. Kremers hat durch Anstellung eigener Versuche die Schmelzpunkte vieler Verbindungen mit einander verglichen, ohne indessen absolute Temperaturbestimmungen auszuführen, man findet daher in seiner Arbeit zahlreiche Angaben darüber, ob eine gewisse Verbindung, im Vergleich zu einer andern, bei höherer oder niederer Temperatur schmilzt als diese.

Schliefslich spricht der Verfasser noch die Vermuthung aus, dafs es auch gelingen werde, zwischen je drei Nonaden eine solche triadische Beziehung aufzufinden, welche man dann im Raum übereinandergelagert denken könne, um sie ihrem gegenseitigen Zusammenhang gemäfs zu ordnen. Es sei vielleicht anzunehmen, dafs sich die Zahl aller Elemente auf 81 belaufe, die in 3 Würfel aus je 27, einem elektronegativeren, einem elektropositiveren und einem dritten in der Mitte liegenden geordnet werden könnten. *Wi.*

H. Kopp. Recherches sur les volumes spécifiques des combinaisons liquides. Ann. d. chim. (3) LI. 458-486†.

Es ist dies ein wie es scheint vom Verfasser selbst mitgetheilter zusammenfassender Auszug aus seinen älteren Untersuchungen über die Volume flüssiger Verbindungen, welche bereits zu wiederholten Malen in diesen Berichten Gegenstand der Besprechung geworden sind [1]. *Wi.*

C. S. Schönbein. Ueber den Zusammenhang der katalytischen Erscheinungen mit der Allotropie. Pogg. Ann. C. 1-41†.

Der Verfasser unternimmt es die katalytischen Erscheinungen, über deren wesentliche Beschaffenheit man sich bisher noch kaum eine bestimmte Ansicht gebildet hatte, auf die Entstehung allotroper Modificationen zurückzuführen. Erst durch die Entdeckung, dafs einfache Körper in Bezug auf ihr chemisches und physikalisches Verhalten in verschiedenen Zuständen existiren können, welche er die wichtigste Entdeckung der neueren Chemie nennt, sei es möglich geworden eine tiefere Einsicht in das Wesen der katalytischen Vorgänge zu gewinnen.

Für diese kann jetzt die Erklärung gegeben werden, dafs sie da auftreten wo ein elementarer Bestandtheil durch geeignete Einwirkungen in eine allotrope Modification von geänderter chemischer Wirksamkeit übergeführt worden ist, wodurch dann bald die Auflösung bestehender, bald die Bildung neuer Verbindungen veranlafst werden mufs.

Den Beweis für diese Behauptung sucht Hr. Schönbein durch Bezugnahme auf zahlreiche Thatsachen zu führen. Es wird zunächst hervorgehoben, dafs namentlich an vielen Sauerstoffverbindungen solche katalytische oder Contactwirkungen zur Aeufserung kommen, unter diesen beiden die Zersetzungen des Wasserstoffüberoxyds das belehrendste Beispiel. — Vom Sauerstoffe ist es aber erwiesen, dafs derselbe in zwei Modificationen, als gewöhnlicher Sauerstoff (O) und als Ozon ($\overset{\circ}{O}$) vorkommen kann. Nach der Annahme des Verfassers existirt $\overset{\circ}{O}$ auch in gewissen Sauerstoffverbindungen, namentlich soll sich das zweite Sauerstoffäquivalent des Wasserstoffüberoxyds in diesem Zustande befinden, was aus seinem, der Wirksamkeit des freien ozonisirten Sauerstoffs entsprechenden chemischen Verhalten zu schliefsen sei. Bekanntlich wird $\overset{\circ}{O}$ durch Erhitzen, durch Berührung mit

[1] Berl. Ber. 1855. p. 9, 1856. p. 3.

Kohle, mit den Oxyden der edlen Metalle, mit den Superoxyden des Bleies, des Mangans, mit Eisenoxyd etc. in O übergeführt, dieselben Einwirkungen rufen aber auch eine katalytische Zersetzung des Wasserstoffüberoxyds hervor, es liegt also nahe anzunehmen, dafs dieser eine allotrope Umwandlung des zweiten Sauerstoffatoms aus $\overset{o}{O}$ in O vorausgeht, welches letztere dann in Verbindung nicht verbleiben kann, mithin ausgeschieden wird. Anderseits ist ja bekannt, dafs nur der ozonisirte Sauerstoff, wie er durch den galvanischen Strom oder aus dem Bariumüberoxyd durch Säuren abgeschieden wird, sich mit Wasser zum Wasserüberoxyd verbinden kann.

Bei den katalytischen Zersetzungen des Wasserstoffüberoxydes findet Wärmeentwicklung statt (der Umstand, dafs sich zugleich die sauerstoffhaltige Contactsubstanz, z. B. das Manganüberoxyd, das Silberoxyd etc., zersetzt, kann aber nicht aus der Wärmeentwicklung allein erklärt werden, denn diese Zersetzung findet in gleicher Weise statt, wenn auch alle Temperaturerhöhung möglichst vermieden wird). Eben so scheint auch die Umwandlung von $\overset{o}{O}$ in O unter Freiwerden von Wärme zu erfolgen, dies kann zwar direct noch nicht erwiesen werden, erhält jedoch grofse Wahrscheinlichkeit durch die bis zum Erglühen gesteigerte Erhitzung, welche zugleich mit lebhafter Sauerstoffentwicklung eintritt, wenn man in chlorsaures Kali beim beginnenden Schmelzen Eisenoxyd einträgt, da man doch sonst bei Zersetzung von Sauerstoffverbindungen Wärmebindung beobachtet. Das entgegengesetzte Verhalten findet hier seine Erklärung durch die Annahme, dafs der im chlorsauren Kali als $\overset{o}{O}$ enthaltene Sauerstoff vor seiner Entwicklung als O eine Rückverwandlung in letztere Modification unter Wärmeabgabe erfahren habe.

Die Oxydationsstufen des Chlors, welche sich alle durch ihr starkes Oxydationsvermögen auszeichnen, überdies nicht unmittelbar aus Chlor und gewöhnlichem Sauerstoff gebildet werden können, enthalten nach des Verfassers Annahme $\overset{o}{O}$. Unter Einwirkung der Wärme werden sie zersetzt, wahrscheinlich nach vorgängiger Rückverwandlung des $\overset{o}{O}$ in O, überdies wird $Cl\overset{o}{O}$ durch Kohlenpulver, chlorsaures Kali durch viele katalytisch wirkende Substanzen zerlegt unter Abscheidung gewöhnlichen Sauerstoffs.

Der Verfasser führt noch andere Sauerstoffverbindungen an, in denen er die Existenz von $\overset{o}{O}$ annimmt, welche theils durch den Einfluſs der Wärme und des Lichts, theils durch Contact mit Kohlenpulver unter Sauerstoffentbindung zerfallen. Unter diesen zeichnet sich die Uebermangansäure ($Mn_2O_2 + 5\overset{o}{O}$) durch die Leichtigkeit aus, mit welcher sie Sauerstoff an oxydirbare Substanzen abgiebt.

Aus Verbindungen, welche den Sauerstoff als O enthalten, kann derselbe katalytisch, also ohne Wechselzersetzung, wahrscheinlich nur dann ausgeschieden werden, wenn eine Umwandlung in $\overset{o}{O}$ vorausgeht. Nach der Ansicht des Verfassers findet dies im VOLTA'schen Strom statt, daher wird hier eine Entwicklung von ozonhaltigem Sauerstoff beobachtet, indem nur ein Theil des gebildeten $\overset{o}{O}$ der Rückverwandlung in O entgangen ist, welche sich unter Einwirkung der Elektroden vollzieht.

Ausser den Zersetzungsvorgängen durch Katalyse kann auch die Entstehung gewisser Verbindungen als Resultat eines Contacteinflusses betrachtet werden. Auch hier zeigt sich die Gegenwart der betreffenden Substanzen dadurch wirksam, daſs sie allotrope Umwandlungen einleiten, und zwar ist es wieder vorzugsweise der Sauerstoff, bei welchem derartige Vorkommnisse beobachtet werden. In solchen Fällen tritt derselbe erst nach seiner Umwandlung in Ozon als wirksam auf, der Verfasser ist sogar der Meinung, daſs überhaupt nur letzteres fähig sei Oxydationen zu bewerkstelligen. Die Umwandlung des Sauerstoffs in Ozon vollzieht sich aber unter den verschiedenartigsten Einwirkungen, der Verfasser macht darüber zahlreiche Mittheilungen, die hier nur kurz angedeutet werden sollen, da das Meiste davon bereits aus seinen früheren Arbeiten bekannt ist. — Man weiſs, daſs Einwirkung der Elektricität, Contact des Phosphors, des Platins, des Goldes und der übrigen edlen Metalle, Schütteln mit Quecksilber den Sauerstoff zur chemischen Wirksamkeit befähigen, indem sie ihn zum Theil in Ozon verwandeln. Gewisse Verbindungen vereinigen sich auch mit dem gewöhnlichen Sauerstoff, bewirken aber zugleich seine Umwandlung in Ozon, welches sodann mit Leichtigkeit auf andere oxydirbare Substanzen übertragen werden kann. Dahin gehören: Stickoxyd (NO_2), Manganoxydul, Eisenoxydul, Bariumoxyd etc. — Auch organische Substanzen zeigen sich in ähnlicher Weise wirksam und zwar nehmen dieselben oft den Sauerstoff nur unter Umwandlung in Ozon auf, ohne sich sofort mit demselben zu verbinden. So verhält sich namentlich Terpentinöl, das in der Kälte durch Schütteln mit Sauerstoff mit erheblichen Ozonmengen (bis über 2 Procent) beladen werden kann und dasselbe auf andere leicht oxydirbare Substanzen zu übertragen vermag. Die Anwesenheit des Ozons kann in solchen Fällen durch Bläuung von Guajaktinktur oder Entfärbung von Indigolösung nachgewiesen werden. Das aufgenommene Ozon wirkt allmälig auf das Terpentinöl selbst oxydirend, diese Einwirkung kann aber durch Temperaturerniedrigung sehr verlangsamt werden.

Indem so das Terpentinöl durch seine blofse Gegenwart den Sauerstoff in Ozon verwandelt, und dadurch denselben befähigt gewisse Verbindungen einzugehen, ohne doch selbst an der chemischen Action Theil zu nehmen, vollzieht sich ein Vorgang der ganz in das Gebiet der Contactphänomene zu gehören scheint, den wir aber hier seinem Wesen nach als allotrope Umwandlung erkennen. — Aehnlich wie Terpentinöl wirken auch andere organische Verbindungen, z. B. der Aether, namentlich viele Pflanzensubstanzen, unter diesen am auffallendsten der Saft gewisser Pilze, es findet hier eine der Wirkung des Phosphors auf Sauerstoff entsprechende, wenngleich schwächere Wirkung statt. Die verschiedensten organischen Flüssigkeiten: Weingeist, Wein, Bier, Leinöl etc. entfärben unter Einflufs von Licht und Luft zugesetzte Indigoauflösung, eine Wirkung, welche der Sauerstoff allein nicht auszuüben vermag, weshalb man in allen diesen Fällen eine vorhergehende Ozonisirung desselben annehmen zu müssen scheint.

Als augenfälliger Beweis der ozonisirenden Wirkung gewisser Flüssigkeiten wird angeführt, dafs Korkstöpsel, welche eine Flasche verschliefsen, in welcher sich Phosphor, Terpentinöl, Aether, Weingeist etc. befinden, allmälig zerfressen werden, während sich doch sonst die Korksubstanz durch grofse Beständigkeit auszeichnet.

Der Verfasser ist auch der Ansicht, dafs allen Verwesungsprocessen eine derartige Umwandlung des Sauerstoffs unter Einflufs geeigneter Substanzen vorangehen müsse. Faules Holz in Berührung mit Luft wirkt entfärbend auf Indigolösung, eine Wirkung, welche gesundes Holz nicht ausübt, man mufs daraus auf die Anwesenheit eines ozonisirend wirkenden Bestandtheils in ersterem schliefsen. Vielleicht enthalten auch thierische verwesende Substanzen, welche wie jenes das Vermögen besitzen im Dunkeln zu leuchten, Substanzen, welche ozonisirend wirken, das Eintreten des Leuchtens könnte dann aus der lebhaften chemischen Action erklärt werden, die durch das gebildete Ozon hervorgerufen wird. — Da nachgewiesen ist, dafs ozonisirter Sauerstoff mit Ammoniak salpetersaures Ammoniak erzeugt, so darf man vermuthen, dafs auch das bei Verwesung organischer Substanzen entstandene Ozon durch seinen Einflufs auf NH_3 die Bildung von Salpetersäure veranlassen kann, die dann bei gleichzeitigem Vorhandensein alkalischer Basen die Entstehung von Nitraten zur Folge haben würde. Auch im Blut würde man die Anwesenheit einer Ozonbildung einleitenden Substanz annehmen müssen, um daraus die langsame Verwesung zu erklären, worin im Wesentlichen die Respiration besteht.

Aehnlicher allotroper Umwandlungen wie der Sauerstoff sind nun aber auch andere einfache Substanzen, namentlich Schwefel, Kohle etc. fähig, auch die Contactvorgänge sind dem entsprechend keinesweges auf die Sauerstoffverbindungen allein beschränkt. So kann Wasserstoffschwefel (HS_5) nach THENARD durch eine Reihe von Substanzen unter Bildung von HS und Ausscheidung von Schwefel katalytisch zersetzt werden. Dies läfst vermuthen, dafs 4 Aequivalente Schwefel in jener Verbindung in allotroper Modification existiren aber unter dem Einflufs anderer Substanzen eine Rückverwandlung erleiden und sich demzufolge ausscheiden.

Der Verfasser sucht seine Auffassung noch auf einem weiteren Gebiet geltend zu machen, indem er sich zunächst zu den bis jetzt noch nicht genügend erklärten Gährungserscheinungen wendet. Er vermuthet, dafs hier von der Hefe eine allotropisirende Wirkung auf die Bestandtheile des Zuckers ausgeübt werden möge, durch welche dessen Zersetzung eingeleitet würde.

Es erscheint indessen nicht nöthig auf diese Ansicht, die für jetzt nur durch Analogien nicht durch directe Beobachtungen unterstützt werden kann, ausführlicher einzugehen. *Wi.*

OSANN. Neue Versuche über den Ozonwasserstoff. Verh. d. Würzb. Ges. VIII. 180-184†.

Hr. OSANN hat, wie an früheren Stellen dieser Berichte [1]) ausführlicher mitgetheilt ist, die Wahrnehmung gemacht dafs galvanisch dargestelltes Wasserstoffgas eine gröfsere reducirende Kraft besitzt als das gewöhnliche und dasselbe daher Ozonwasserstoff genannt, indem er es als eine allotrope Modification des gewöhnlichen Wasserstoffgases betrachtet. Es war mehrfach nicht gelungen die wirksame Modification auf dem erwähnten Wege zu erhalten, dies erklärt sich nach der vorliegenden Notiz des Verfassers daraus, dafs der Ozonwasserstoff nur dann auftritt, wenn die zur Elektrolyse verwendete Säuremischung mit einem frisch bereiteten Destillat rauchender Nordhäuser Schwefelsäure dargestellt ist. Bleibt die Mischung mehrere Tage lang stehen so verliert sie diese Eigenschaft, das elektrolytisch daraus entwickelte Wasserstoffgas wirkt dann nicht mehr reducirend auf schwefelsaure Silberauflösung. — Schon früher hatte Hr. OSANN gefunden, dafs auch der Contact mit platinirtem Platinblech den Wasserstoff in die wirksame Modification verwandeln kann, er überzeugte sich neuerdings, dafs auch feinzertheiltes Platin, durch Zerreiben des Platinschwammes erhalten, dieselbe Wirkung hervorbringt; wenn man dasselbe, nachdem längere Zeit unter Erwärmung Wasserstoffgas darüber fortgestrichen war, etwa 3 Tage lang mit Auflösung von schwefelsaurem Silber digerirte, so liefs sich nach dem Abfiltriren und Auswaschen ein Gehalt von niedergeschlagenem Silber darin nachweisen. *Wi.*

[1]) Berl. Ber. 1855. p. 455.

Berthelot. Recherches sur le soufre. Inst. 1857. p. 20-22; C. R. XLIV. 318-322, 378-381; Pogg. Ann. C. 619-629; Ann. d. chim. (3) XLIX. 430-475†; Arch. d. sc. phys. XXXIV. 314-317; Cosmos X. 135-137, 400-401; Erdmann J. LXXII. 193-202; Silliman J. (2) XXIV. 260-260; Z. S. f. Naturw. IX. 477-477; J. d. pharm. 1857 Mars; Cimento V. 422-425.

Der Schwefel kann bekanntlich, sowohl je nach den Verbindungen, aus denen er ausgeschieden ist, als auch nach den Wärmeeinwirkungen, welchen er unterworfen gewesen ist, in mannigfaltigen Modificationen erhalten werden. Hr. Berthelot stellte sich die Aufgabe zu untersuchen, ob unter diesen einige durch Stabilität ausgezeichnet wären, auf welche die anderen zurückgeführt werden könnten, und ob diese dann in einer gewissen Beziehung ständen zu der Natur der Verbindung, in welcher der Schwefel zuvor existirt hat. Er kam dabei zu dem Resultat, daſs man zwei Arten des Schwefels zu unterscheiden habe, den elektronegativen oder oktaëdrischen und den elektropositiven, welcher gewöhnlich amorph ist und sich in Alkohol, Aether und Schwefelkohlenstoff nicht auflöst.

Mit dem oktaëdrischen Schwefel stehen zwei andere Modificationen: der prismatische Schwefel und der weiche Schwefel aus den Polysulfüren in Zusammenhang, beide sind weniger stabil und gehen mit der Zeit von selbst in jenen über.

Der elektropositive Schwefel kann aus den Verbindungen des Schwefels mit den elektronegativen Elementen erhalten werden, am stabilsten zeigt sich der aus den Brom- und Jodverbindungen abgeschiedene, zu ihm sind drei andere weniger beständige Modificationen zu rechnen: der weiche Schwefel aus den unterschwefligsauren Verbindungen, der unlösliche Schwefel, welcher aus Schwefelblüthe und aus dem durch Wärmeeinwirkung veränderten gewonnen werden kann. — Die Varietäten des unlöslichen Schwefels unterscheiden sich durch die verschiedene Leichtigkeit, mit welcher sie in die lösliche Modification übergehen, alle können durch Contact mit gewissen stark elektronegativen Substanzen in die stabilste elektropositive Modification übergeführt werden.

Der Verfasser beschreibt die Darstellung und das Verhalten

dieser verschiedenen Abarten des elektropositiven Schwefels; wir heben das Wichtigste heraus, indem wir den rein chemischen Theil der Arbeit unberücksichtigt lassen. — Der aus dem Chlorschwefel durch Einwirkung des Wassers abgeschiedene unlösliche Schwefel wird, auf 300° im Oelbade erwärmt, dann langsam abgekühlt, vollständig löslich in Schwefelkohlenstoff, 8 bis 10 Stunden in einer Temperatur von 100° erhalten bleibt er unlöslich. Mit Schwefelnatriumlösung, mit Kali- oder Ammoniakflüssigkeit mehre Tage in Berührung löst er sich zum Theil, der Rest ist in Schwefelkohlenstoff löslich geworden. Behandlung mit Essigsäure und achttägige Aufbewahrung unter Alkohol in der Kälte verändert ihn nicht.

Aus dem unterschwefligsauren Natron wird durch Zersetzung mit concentrirter Chlorwasserstoffsäure ein Gemenge von unlöslichem und in Schwefelkohlenstoff löslichem weichen Schwefel erhalten. Durch wiederholtes Abdampfen des Auszuges geht zuletzt aller Schwefel in die unlösliche Modification über, letztere ist anfangs weich, erhärtet aber mit der Zeit, namentlich wenn sie mit einem Glasstäbchen geknetet wird. — Der Verfasser bemerkt, dafs man überhaupt drei Modificationen des weichen Schwefels unterscheiden müsse, eine unlösliche und zwei lösliche; letztere beiden kommen in dem durch Wärme veränderten Schwefel gemengt vor, die eine von ihnen geht freiwillig in löslichen oktaëdrischen, die andere in amorphen unlöslichen Schwefel über, erstere wird aus den Polysulfüren, letztere aus den unterschwefligsauren Salzen abgeschieden. — Bildet man aus weichem unlöslichen Schwefel ein Fragment von einigen mm Durchmesser, so verwandelt sich bei der Behandlung mit Alkalien nur die Oberfläche in löslichen Schwefel, das Innere bleibt unlöslich.

Der unlösliche Schwefel aus der Schwefelblüthe, durch Ausziehen mit Schwefelkohlenstoff und Alkohol erhalten, verwandelt sich schon nach 8- bis 10stündigem Verweilen in einer Temperatur von 100° in die lösliche Modification, durch dreitägiges Behandeln mit kaltem Alkohol wird ebenfalls ein grofser Theil in dieser Weise umgewandelt. — Wird Schwefel bis über 170° erhitzt, dann in kaltes Wasser ausgegossen, darauf mit Schwefelkohlenstoff ausgezogen, so bleibt eine wenig stabile unlösliche Modification zurück. Von dieser ist nach einjähriger Aufbewahrung schon ein merklicher Antheil löslich geworden; die Umwandlung war vollständig wenn die Temperatur eine Stunde lang auf 100° erhalten wurde. Beim Kochen mit Alkohol löst sich Alles auf, kurzes Aufkochen mit Alkohol und Aether bewirkt zwar keine vollständige Lösung, aber es war dann auch der ungelöst gebliebene Rückstand in die lösliche Modification verwandelt, dies scheint zu beweisen, dafs eine derartige Umwandlung der sich vollziehenden Auflösung immer vorhergeht.

Contact mit Chlor- und Bromschwefel, mit Jod und in gewissem Grade auch mit rauchender Salpetersäure verwandelt diese Varietäten des unlöslichen amorphen Schwefels in die stabile Grundvarietät; umgekehrt können alle durch Erwärmen auf 300°, bei langsamer Abkühlung, und durch längeren Contact mit Kaliflüssigkeit in der Kälte, durch Fällung aus ihren Auflösungen in Schwefelalkalien in oktaëdrischen Schwefel verwandelt werden. In gewissen Fällen scheint der prismatische Schwefel eine Zwischenstufe dieser Umwandlung zu bilden. — Der oktaëdrische Schwefel kann aber nicht durch blofsen Contact oder durch blofse Auflösung in amorphen verwandelt werden, er mufs zu dem Ende durch eine Verbindung hindurchgehen oder eine geeignete Wärmeeinwirkung erleiden.

Nach Feststellung der wesentlichen Unterschiede dieser beiden Hauptklassen der Schwefelvarietäten kam es darauf an zu ermitteln, ob die Modification des Schwefels in einem bestimmten Zusammenhang stehe mit dem Charakter der Verbindung, aus welcher derselbe abgeschieden ist.

Es mufste zuvor untersucht werden, in wie fern die Beschaffenheit des zur Darstellung der Verbindung verwendeten Schwefels von Einflufs sei — davon zeigte sich die Modification des durch Zersetzung abgeschiedenen ganz unabhängig; sodann ob die Umstände unter denen die Abscheidung erfolgt mitbedingend wirken. Die chemischen Agentien anbelangend, so werden die stark alkalischen oder die oxydirend wirkenden nach dem Obenangeführten den abgeschiedenen Schwefel durch den blofsen Contact verändern können, abgesehen davon scheint es gleichgültig, welches Agens zur Abscheidung des Schwefels angewendet wird. Ferner ist der Wärmeeinflufs bei der Ausscheidung zu berücksichtigen. Da dieser bei allen chemischen Actionen auftritt und daher nie ganz zu vermeiden ist, so erklärt sich daraus, dafs dem abgeschiedenen Schwefel fast immer ein kleiner Antheil regenerirten krystallisirbaren Schwefels beigemengt ist. Namentlich bei Zersetzung der Hyposulfite ist die Erwärmung sorgfältig zu vermeiden, wenn nicht das Resultat durch eine solche Rückverwandlung getrübt sein soll, was bei der Ausscheidung aus stark elektronegativen Verbindungen weniger zu befürchten ist. Unter Beachtung dieser Umstände gelangt man zu dem Ergebnifs, dafs die Beschaffenheit des abgeschiedenen Schwefels entschieden abhängig ist von dem Charakter der Verbindung.

Dies zeigt sich zuerst bei der elektrolytischen Zersetzung der Schwefelverbindungen. Aus einer Auflösung des Schwefelwasserstoffs in Wasser scheidet sich löslicher krystallisirbarer Schwefel am positiven Pol ab. Durch die Elektrolyse des Schwefelsäuremonohydrats oder einer Auflösung von schwefliger Säure in Wasser wird amorpher unlöslicher Schwefel am negativen Pol erhalten. Dies Auftreten rechtfertigt also die oben eingeführte Unterscheidung eines elektropositiven und elektronegativen Schwefels. Aber auch das Verhalten des Schwefels, welcher aus den verschiedensten Schwefelverbindungen ausgeschieden wird, die Beschaffenheit derjenigen Modificationen welche sich bei der Reaction von Schwefelwasserstoff auf schweflige Säure und Schwefelsäure ausscheiden, endlich der Einflufs oxydirender Einwirkungen auf die Eigenschaften des Schwefels unterstützen die Annahme, dafs der allgemeine chemische Charakter des Schwefels verschieden ist je nach der Beschaffenheit der Verbindung in welcher er enthalten ist. Dies wird vom Verfasser durch näheres Eingehen auf die einzelnen Fälle ausführlich nachgewiesen.

Im Allgemeinen ergiebt sich Folgendes:

Der aus dem Polysulfüren des Wasserstoffs, des Kaliums, Calciums etc. und aus allen analogen Verbindungen, in welchen er die Rolle des elektronegativen Bestandtheils spielt, ausgeschiedene Schwefel ist oktaëdrisch und in Schwefelkohlenstoff löslich; dagegen wird durch Zersetzung der Verbindungen in welchen der Schwefel den elektropositiven Bestandtheil ausmacht (Chlorschwefel, Chlorschwefelkohlenstoff, Bromschwefel, Jodschwefel, unterschwefligsaures Natron, trithionsaures Kali, textrathionsaures Natron, Pentathionsäure) immer die amorphe unlösliche Modification erhalten, wobei jedoch alle Umstände zu vermeiden sind, welche eine Rückverwandlung in die krystallisirende lösliche Varietät herbeiführen können. — Bemerkenswerth ist, dafs aus einer Auflösung von oktaëdrischem Schwefel in Bromschwefel durch Wasserzusatz der gelöste Schwefel sich wieder in der löslichen Modification abscheidet, nur der in der Verbindung enthalten gewesene Antheil tritt als amorpher, unlöslicher Schwefel auf. — Der Schwefel, welcher sich bei der Zersetzung der Schwefelsäure und schwefligen Säure ausscheidet, gehört derselben Modification an, wie der aus dem Chlorschwefel und den thionsauren Verbindungen erhaltene. Dasselbe gilt von dem Schwefel, welcher bei unvollständiger Verbrennung des Schwefelwasserstoffgases und des Schwefelkohlenstoffs, oder bei Ausscheidung aus diesen Verbindungen auf nassem Wege durch oxydirende Mittel (Salpetersäure, schwefelsaures Eisenoxyd, doppeltchromsaures Kali mit Schwefelsäure) erhalten wird. Bei der Zersetzung des Wasserstoffpolysulfürs durch Salpetersäure scheidet sich ein Theil des Schwefels als oktaëdrischer löslicher aus, nur das eine Aequivalent, welches mit dem Wasserstoff zu Einfachschwefelwasserstoff verbunden war, tritt in der unlöslichen Modification auf. — Auch aus Schwefelmetallen (Schwefelkupfer, Realgar) wird durch Salpetersäure unlöslicher Schwefel abgeschieden. Es scheint hier, wie in vielen der angeführten Fälle, als würde die elektrische Beschaffenheit des Schwefels unter Einwirkung eines chemischen Agens, mit welchem derselbe eine Verbindung eingehen kann, bereits vor Bildung der letzteren in dem, der Stelle, welche er in der Verbindung einnehmen würde, entsprechenden Sinne geändert. — Hr. Berthelot weist auf den Zusammenhang hin, der zwischen diesen Thatsachen und dem Verhalten der Körper in statu nascendi, so wie den Contactwirkungeu und den Vorkommnissen die man aus einer prädisponirenden Verwandtschaft erklärt, bestehe.

Auch beim Selen und beim Phosphor können analoge Verhältnisse nachgewiesen werden. Das Selen erleidet bekanntlich unter Wärmeeinflufs ähnliche Veränderungen wie der Schwefel, ist ebenfalls in Schwefelkohlenstoff bald auflöslich, bald unauflöslich; das aus den Verbindungen mit Alkalien abgeschiedene Selen ist krystallisirbar, aus der selenigen Säure erhält man dagegen ein amorphes, glasiges Selen. Der Verfasser hat auch bezüglich der Ausscheidung durch Elektrolyse entsprechende Unterschiede, wie beim Schwefel aufgefunden. Durch Zersetzung des Selenwasserstoffs wird am positiven Pole ein in Schwefelkohlenstoff lösliches Selen erhalten; wird aber selenige Säure in den Strom eingeschaltet so scheidet sich am negativen Pol ein zum Theil unlösliches Selen aus, das gelöste wird durch wiederholtes Abdampfen ebenfalls unlöslich. Der rothe Phosphor ist in Schwefelkohlenstoff unlöslich, während der weifse krystallinische von diesem Lösungsmittel aufgenommen wird, jener entsteht unter der Einwirkung des Jods, Broms und Chlors, überhaupt unter entsprechenden Umständen wie der amorphe Schwefel, ergiebt auch wie dieser die geringere Verbrennungswärme, daher hält ihn der Verfasser für das Analogon des letzteren, also für die elektropositive Phosphormodification. Dafs trotzdem der weifse Phosphor soviel leichter verbrennlich ist, soll durch die physische Structur bedingt werden. *Wi.*

Berthelot. Sur la formation du soufre insoluble sous l'influence de la chaleur. C. R. XLIV. 563-567; Inst. 1857. p. 97-99; Pogg. Ann. C. 629-635; Ann. d. chim. (3) XLIX. 476-486†; Z. S. f. Naturw. X. 176-177; Chem. C. Bl. 1857. p. 457-459; Erdmann J. LXXI. 360-365.

Hr. Berthelot unterzog die Einwirkung der Wärme auf den Schwefel, welche bekanntlich schon mehrfach Gegenstand der Bearbeitung gewesen, einer neuen Untersuchung, indem er sich Rechenschaft zu geben wünschte von dem Zusammenhang der Veränderungen, welche der Schwefel unter diesen Umständen in seinen Eigenschaften erleidet.

Schwefel, welcher bis 170° erwärmt, dann schnell erkaltet wurde, blieb während einiger Zeit weich; er enthält eine grofse

Menge unlöslichen Schwefels, aus der Auflösung in Schwefelkohlenstoff scheidet sich noch ein Antheil der unlöslichen Modification beim Verdampfen ab. Der Gehalt des weichen Schwefels an solchem durch Verdampfen der Lösung unlöslich werdenden ist besonders dann grofs (bis ¼ des Ganzen), wenn derselbe in rauchender Salpetersäure abgelöscht war. — Wurde die Erhitzung nicht bis auf 170° gebracht oder wurde nach vorgängiger Steigerung der Temperatur auf 180° der geschmolzene Schwefel nachher noch einige Zeit lang bei 160° erhalten, dann schnell erkaltet, so war nur eine geringe Menge, in niedrigeren Temperaturen aber gar kein unlöslicher Schwefel entstanden. Bei Erwärmung auf höhere Temperaturen bis zu 230° und nachheriger schneller Abkühlung blieb die Menge des entstandenen unlöslichen Schwefels nahezu dieselbe (70 Procent).

In der Nähe derselben Temperatur von 170° treten nun aber auch andere Veränderungen am Schwefel auf. Derselbe wird dickflüssig und roth gefärbt (eine vorübergehende dunkle Färbung beim Erhitzen kommt auch bei anderen gelben und rothen Körpern vor), es bildet sich weicher Schwefel, nach DESPRETZ erreicht der Wärmeausdehnungscoëfficient zwischen 150° und 200° im Minimum (zwischen 110° und 130° = 0,000622, zwischen 130° und 150° = 0,000540, zwischen 150° und 200° = 0,000352, zwischen 200° und 250° = 0,000381), nach DEVILLE wird beim Erkalten des geschmolzenen Schwefels bei 170° eine schnelle Zunahme der Abkühlungsgeschwindigkeit beobachtet, als würde hier latente Wärme absorbirt, umgekehrt zeigt sich beim Erwärmen von 120° bis 160° eine schnelle Zunahme, zwischen 180° und 230° ein Stationärwerden der Erwärmungsgeschwindigkeit, während dieselbe von da ab mit steigender Temperatur schnell abnimmt; hieraus läfst sich schliefsen dafs innerhalb jener beiden Perioden, welche der 170° benachbarten Temperaturperiode vorangehen und folgen, latente Wärme frei wird.

Hr. BERTHELOT meint hiernach annehmen zu können, dafs der Schwefel bei 170°, indem sich seine moleculare Beschaffenheit verwandelt, in unlöslichen elektropositiven Schwefel übergehe und bei schnellem Erkalten wenigstens zum Theil in diesem Zustand verharre. Es wird auf die Umstände ankommen unter denen die Erkaltung stattfindet, ein wie grofser Antheil des Schwefels der Rückverwandlung in die lösliche Modification entgeht, nach dem gewöhnlichen Verfahren nur 30 bis 40 Procent. Beschleunigung der Abkühlung vermehrt die Menge des unlöslichen Schwefels, so wenn dieselbe unter feiner Zertheilung erfolgt bis 61 Procent, unter Aether bis 71 Procent.

Der so erhaltene Schwefel nimmt aber mit der Zeit, namentlich unter dem Contact der Lösungsmittel, seine lösliche Beschaffenheit zum grofsen Theil wieder an, so enthielt weicher Schwefel gleich nach der Bereitung 85 Procent, nach drei Tagen nur noch 39 Procent unlöslichen Schwefel. — Dieser Rückverwandlung kann man durch Aufbewahrung unter starken Säuren: Schwefelsäure, Salzsäure etc. vorbeugen, noch wirksamer bewiesen sich schweflige Säure und rauchende Salpetersäure, es entstand dann nämlich, wie aus der Unlöslichkeit in kochendem Alkohol zu erkennen war, die stabilste Varietät des elektropositiven Schwefels. *Wi.*

Berthelot. Note sur le soufre mou des hyposulfites. Ann. d. chim. (3) L. 376-878†; Inst. 1857. p. 151-151.

Hr. Berthelot hatte schon in seiner früheren Arbeit auf die schnelle Umwandlung mancher Schwefelvarietäten aufmerksam gemacht, er fügt in der vorliegenden Notiz nähere Angaben hinzu über das Verhalten des aus den Hyposulfiten ausgeschiedenen Schwefels. Dieser besteht im Moment der Darstellung aus zwei Modificationen, dem weichen unlöslichen und dem weichen in Schwefelkohlenstoff löslichen, welcher aber durch Verdampfung der Auflösung unlöslich wird. Nach längerer Zeit ist ein grofser Theil von beiden Varietäten in krystallisirbaren Schwefel übergegangen. *Wi.*

C. S. C. Deville. Note sur les propriétés du soufre. C. R. XLIV. 382-383†; Inst. 1857. p. 77-77; Pogg. Ann. C. 629-629.

Hr. Deville hebt hervor, dafs er nicht nur, wie auch Berthelot angegeben, zuerst die Existenz eines amorphen und in Schwefelkohlenstoff unlöslichen Schwefels nachgewiesen, sondern auch constatirt habe, dafs dieser einer der beiden stabilen Zustände des Schwefels sei. Eben so habe er gezeigt, dafs der unlösliche Schwefel durch Schmelzung, Erhitzung bis 100°, Contact mit kaltem Alkohol und Schwefelkohlenstoff in die lösliche Modification übergehen könne, so wie, dafs sich aus der durch Ausziehen des weichen Schwefels oder der Schwefelblüthe erhaltenen Lösung durch Verdampfen eine unlösliche Schwefelvarietät abscheide. *Wi.*

J. W. Mallet. Note on red sulphur. Silliman J. (2) XXIII. 185-187†; Chem. C. Bl. 1857. p. 446-446.

Hr. Mallet erhielt, als Schwefel bis zur Entzündung erhitzt, dann durch Ueberdecken ausgelöscht wurde, nach dem Erkalten eine rothbraune krystallinische Masse, welche auf Höhlungen im Innern deutliche prismatische Krystalle zeigte. — Diese Masse blieb mehrere Monate lang unverändert, sie ist härter als gewöhnlicher Stangenschwefel, beim Ausziehen mit Schwefelkohlenstoff löste sich gewöhnlicher krystallinischer Schwefel, eine rothbraune amorphe Modification blieb ungelöst zurück. Der Verfasser glaubt so durch einmalige Schmelzung und Erhitzung dieselbe rothe Schwefelmodification erhalten zu haben, welche Magnus und Deville nur nach mehrmaligem abwechselnden Schmelzen und Kühlen darstellen konnten. *Wi.*

R. Weber. Ueber die Wärmeentwicklung bei Molecularveränderungen des Schwefels und des Quecksilberjodids. Pogg. Ann. C. 127-133†; Z. S. f. Math. 1857. 1. p. 70-72; Erdmann J. LXX. 354-356; Arch. d. sc. phys. XXXV. 56-56.

Die Wärmeentwicklung beim Uebergang des Schwefels aus einer seiner allotropen Modificationen in die andere ist bekanntlich bereits von anderen Beobachtern wahrgenommen [1]). Herr Weber macht einige weitere Mittheilungen über diesen Gegenstand. Weicher γSchwefel, durch schnelle Abkühlung des bis 250° erhitzten erhalten, der nach längerer Aufbewahrung bereits

[1]) Berl. Ber. 1852. p. 415, 1855. p. 386.

erhärtet war, gab beim Erwärmen in Wasserdämpfen noch eine Wärmeentwicklung die seine Temperatur um 1 bis 2° erhöhte, war dagegen der so behandelte Schwefel noch weich, so betrug die Temperaturerhöhung 7,5°. — Wurde der unlösliche Rückstand, welcher durch Ausziehen des wie oben erwähnt bereiteten γSchwefels mit Schwefelkohlenstoff erhalten war, demselben Verfahren unterworfen, so erhöhte sich die Temperatur um 4 bis 6° und blieb eine Zeit lang stationär, wahrscheinlich begleitete diese Wärmeentwicklung die Umwandlung des unlöslichen Schwefels in die lösliche Modification, welche sich zugleich vollzogen hatte.

Der aus Schwefelblumen gewonnene unlösliche Schwefel zeigte bei gleicher Behandlung keine wahrnehmbare Wärmeentwicklung, doch fand eine solche vermuthlich auch hier nur um vieles langsamer statt, da diese Schwefelmodification ebenfalls, aber erst nach längerer Wärmeeinwirkung, in löslichen Schwefel verwandelt wird.

Auch bei dem Uebergehen des gelben Quecksilberjodids in die rothe Modification, welches sich in dem, die Kugel eines Thermometers umgebenden Pulver durch Umrühren mit einem Platindraht hervorrufen läfst, nahm der Verfasser eine Wärmeentwicklung wahr, durch welche die Temperatur von 1 Loth Jodid um 3,5° erhöht wurde. *Wi.*

R. Napoli. Question de priorité pour la découverte du phosphore rouge. C. R. XLV. 532-533†.

Hr. Napoli, veranlafst durch die Ertheilung eines Preises an Schrötter in Wien für Entdeckung des rothen Phosphors, macht darauf aufmerksam, dafs er schon im Jahre 1847, vor Veröffentlichung der Untersuchungen von Schrötter, die allotropen Modificationen des Phosphors unterschieden, ihre Eigenschaften beschrieben, namentlich auch der Unveränderlichkeit des rothen Phosphors Erwähnung gethan habe. Eine kurze Mittheilung über diese Beobachtungen befindet sich in den C. R. XXV. 369. *Wi.*

F. Wöhler et H. S. C. Deville. Du bore, de son analyse et de ses propriétés physiques. C. R. XLIV. 342-348; Liebig Ann. CI. 347-355; Inst. 1857. p. 49-51; Silliman J. (2) XXIII. 433-434; Götting. Abh. VII. 287-296; Pogg. Ann. C. 635-646†; Götting. Nachr. 1857. p. 122-127; Erdmann J. LXXI. 38-45; Ann. d. chim. (3) LII. 63-92†; Cosmos X. 219-224; Z. S. f. Naturw. IX. 480-481; Cimento V. 296-299; Chem. Gaz. 1857. p. 281-284; Polyt. C. Bl. 1857. p. 1097-1099.

Ueber die Darstellung des krystallisirten Bors durch die Verfasser ist bereits im vorigen Jahrgang nach einer vorläufigen Mittheilung derselben berichtet[1]). Es liegen jetzt ausführliche Angaben, sowohl über die Darstellungsmethode als auch über die Eigenschaften des Präparats vor, aus denen wir, mit Beiseitesetzung des rein Chemischen, noch Einiges zur Vervollständigung des früheren hervorheben wollen.

Das braune pulverförmige amorphe Bor entzündet sich beim Erhitzen noch vor dem Glühen und verbrennt lebhaft, das graphitartige Bor entzündet sich selbst bis zum Glühen, erhitzt nicht, scheint auch keine Veränderung zu erleiden. Das diamantförmige Bor erscheint in dunkelbraunrothen, honiggelben bis farblosen Krystallen von 2,68 spec. Gewicht; ihre Grundform ist ein quadratisches Prisma, nach der Neigung der Flächen kann das Bor als mit dem Zinn isomorph betrachtet werden. Es sind drei Varietäten des diamantartigen Bors zu unterscheiden, welche bei verschiedenem Gehalt an fremden Beimengungen verschiedene physikalische Eigenschaften aber gleiche krystallinische Grundform besitzen, dieselben werden durch verschiedene, näher angegebene Modificationen der Darstellungsweise erhalten, nämlich: a) schwarze, flache Krystalle aus 2,4 Kohlenstoff, 97,6 Bor bestehend; b) farblose durchsichtige Krystalle aus 4,2 Kohlenstoff, 6,4 Aluminium, 89,1 Bor, von schönstem Diamantglanz, wenn die Darstellung gröfserer Krystalle gelingt, so werden sie als Edelsteine verwendet werden können; c) eine röthliche, ins hell chocoladenfarbene ziehende Masse mit kleinen Krystallen bedeckt, die härteste Modification von allen, ebenso hart wie Diamantpulver, kann daher auch wie dieses zum Schleifen der Diaman-

[1]) Berl. Ber. 1856. p. 24.

ten angewendet werden. Es war nicht möglich seine Zusammensetzung durch eine Analyse mit Sicherheit zu bestimmen.

Nach der Ansicht der Verfasser ist der Kohlenstoff in diesen Modificationen des Bors als Diamant enthalten, da mit dem Kohlenstoffgehalt die Durchsichtigkeit zunimmt, kleine Mengen von Kohle aber bekanntlich Glasflüsse intensiv dunkel färben. — Bemerkenswerth ist auch, dafs der Kohlenstoff trotz der Verschiedenheit der Krystallform mit dem Bor zusammen krystallisirt, dies mufs, wenn man nicht annehmen will, dafs der Diamant dimorph sei, aus dem Mengenübergewicht des Bors erklärt werden, welches in Folge dessen dem Kohlenstoff seine Krystallform gewissermaafsen aufzuzwingen vermag. *Wi.*

H. S. C. Deville. Mémoire sur le silicium. Ann. d. chim. (3) XLIX. 62-78†; Phil. Mag. (4) XIII. 269-272.

Es ist dem Verfasser gelungen das Silicium in drei allotropen Modificationen darzustellen, welche den Modificationen des Kohlenstoffs parallel gehen: als amorphes, graphitartiges und oktaëdrisches Silicium.

Das amorphe Silicium ist bereits durch Berzelius bekannt geworden. Es ist ein dunkelbraunes Pulver, leitet die Elektricität nicht, ist leicht entzündlich und verbrennt an der Luft mit Lebhaftigkeit, nach starker Erhitzung wird es fast unverbrennlich und unlöslich in Fluorwasserstoffsäure. Es ist ohne Schwierigkeit schmelzbar, bei einer Temperatur zwischen der Schmelztemperatur des Gufseisens und des Stahls, Berzelius hielt es irrthümlich für unschmelzbar. Zu seiner Darstellung kann man die Reaction des Natrium auf das Chlorsilicium benutzen, auch kann es erhalten werden, indem man ein eisenfreies Glas durch Natrium zersetzt. Wenn man in ein schmelzendes Gemenge von Fluornatrium und Fluorkalium geglühte Kieselerde trägt, welche sich schnell darin auflöst, dann den Strom einer 4paarigen Bunsen'schen Kette hindurchleitet, so schlägt sich Silicium am negativen Pol nieder, dies beweist, dafs die Sauerstoffverbindung des Siliciums bei der Elektrolyse vor den Alkalien zersetzt wird, daher kann auch die Kieselerde von den Metallen der Alkalien reducirt werden.

Das graphitartige Silicium wird von WÖHLER dargestellt durch Zusammenschmelzen von Aluminium mit Fluorkieselkalium. — Aus dem Regulus, welcher sich am Boden des Tiegels sammelt, kann durch Ausziehen mit kochender Salzsäure und Fluorwasserstoffsäure das Silicium krystallinisch in hexagonalen Tafeln erhalten werden. Sein specifisches Gewicht ist = 2,49, es verbrennt nicht beim Glühen in Sauerstoff, zersetzt aber unter lebhafter Lichtentwicklung die Kohlensäure des kohlensauren Kali, mit welchem es bis zum Glühen erhitzt wird. Verbrennt beim Erhitzen in Chlor, löst sich in keiner Säure, aber wohl in concentrirter Kaliflüssigkeit, leitet die Elektricität wie der Graphit, welchem es sehr ähnlich sieht.

Das oktaëdrische Silicium wird durch eine eigenthümliche Krystallisationsmethode erhalten, welche der Verfasser auch zur Gewinnung des Kohlengraphits benutzte. Im letzteren Falle wurde ein Strom von Chlorkohlengas durch schmelzendes Gufseisen geleitet; Chloreisen verflüchtigte sich, der Kohlenstoff löste sich zuerst im Eisen, schied sich nachher bei Uebersättigung krystallinisch aus; werden Metalle angewendet, welche den Kohlenstoff nicht lösen (Aluminium, Zink etc.), so erhält man denselben als amorphes Pulver. Dasselbe Verfahren wurde nun auch zur Darstellung des krystallisirten Siliciums mit Erfolg angewendet, wobei man von der Thatsache ausging, dafs das Silicium im Aluminium fast in allen Verhältnissen löslich ist.

Chlorsiliciumdampf wird auf geschmolzenes Aluminium geleitet, Chloraluminium bildet sich und entweicht, Silicium löst sich anfangs auf, krystallisirt nach eintretender Uebersättigung mit grofser Regelmäfsigkeit heraus. Das Silicium wird so in nadelförmigen Krystallen erhalten, welche, auf der Oberfläche irisirend, dem Eisenglanz sehr ähnlich sehen, Glas ritzen und schneiden wie Diamant. Die Krystallform ist vom regelmäfsigen Oktaëder abzuleiten. Tritt bei der Darstellung Schmelzung ein, so scheidet sich das Silicium oft in 6flächigen Pyramiden aus, welche gewissen Diamantkrystallen sehr ähnlich sind, auch wie diese gekrümmte Flächen zeigen. Nach dem Verhalten des Siliciums, wie es sich aus den in Rede stehenden Untersuchungen ergiebt, nimmt dasselbe in der chemischen Klassification mit Recht seine Stelle neben dem Kohlenstoff und dem Bor ein. *Wi.*

J. F. L. Hausmann. Ueber die durch Molecularbewegungen in starren leblosen Körpern bewirkten Formveränderungen. Zweite Abhandlung. Gölting. Abh. VII. 1. p. 3-130†.

Es ist dies der vollständige Text der zweiten Abhandlung, aus welcher ein Auszug bereits im Jahre 1855 veröffentlicht und in diesen Berichten besprochen worden ist [1]). — Es ist nicht möglich näher einzugehen auf die vielen Einzelnheiten, welche namentlich aus dem Gebiet der mineralogischen Erfahrungen mitgetheilt werden, bezüglich der innern Bewegungen, welche sich in festen Körpern ohne Aufhebung ihrer Aggregatform vollziehen und eine Structurveränderung hervorrufen können, bisweilen (bei den Pseudomorphosen) ohne Veränderung der Begränzungsflächen und der äufseren Gestalt. Nur über einen Gegenstand wollen wir ausführlicher berichten.

Bei Besprechung der Umänderung des thonigen Sphärosiderits in thonigen Rotheisenstein durch Glühen erwähnt der Verfasser der Entstehung stänglicher Absonderungen. Dies veranlafst ihn zu einer ausführlichen Untersuchung über diese bei den verschiedenartigsten Körpern und unter sehr verschiedenen Umständen meist in hoher Temperatur sich erzeugende Bildung. — Er hält es für irrig, wenn einige Mineralogen die Entstehung jener Absonderung als einen eigentlichen Krystallisationsvorgang betrachten, die Bildung prismatischer Krystalle werde durch ganz andere Kräfte hervorgerufen. Während nämlich jene durch Centralattraction und gegenseitige Abplattung der Attractionssphären entstehen, soll die Entwicklung dieser durch polare Anziehung und Abstofsung bedingt werden, wobei aber Centralattraction in Mitwirkung treten kann. (Diese Behauptung bedurfte wohl einer näheren Ausführung, wenn ein klarer Sinn damit verbunden werden soll. *Wi.*)

Die verschiedenen Umstände, unter denen sich stänglige

[1]) Berl. Ber. 1855. p. 17.

Absonderungen bilden, werden folgendermaafsen eingetheilt: beim Austrocknen fester Körper, beim Erstarren geschmolzener Körper, bei Abkühlung einer feurig teigigen und einer gefritteten Masse, bei Abkühlung von Massen, in denen hohe Temperaturen chemische Veränderungen hervorgerufen haben. Für alle diese Fälle werden zahlreiche Beispiele mitgetheilt.

Die Normalform der stängligen Absonderungen ist das reguläre 6seitige Prisma, doch kommen auch 4, 5 und 7seitige Prismen vor. Die Säulen bestehen, wie es scheint, aus einer Reihe übereinander liegender Kugeln, welche beim Basalt zuweilen durch Verwitterung zum Vorschein kommen. Oft kommen auch Querabsonderungen vor, die zur Kugelbildung in Beziehung stehen, auch gehen die Kugeln bisweilen über in Ellipsoide. — Die Prismen sind von verschiedener Stärke, ihr Durchmesser beträgt einige Linien beim Rotheisenstein, mehrere Fufs beim Basalt, ist wahrscheinlich um so gröfser je langsamer die Abkühlung erfolgte. — Die Umstände, durch welche die Säulenbildung regelmäfsiger wurde, werden näher erörtert. — Die Säulen stehen immer senkrecht zu der Verdunstungs- und Abkühlungsfläche.

Aus diesen kurzen Mittheilungen, auf welche wir uns hier beschränken müssen, wird erhellen, dafs die Abhandlung des Hrn. HAUSMANN, wenn sie auch die theoretische Behandlung des Gegenstandes nicht direct fördert, doch ein reiches Material für denjenigen bietet, welcher sich mit Herleitung der Gesetze, nach denen sich die Molecüle in der festen Aggregatform lagern und umlagern, im Anschlufs an die Erfahrung beschäftigen will.

Wi.

J. HENRY. Syllabus of a course of lectures on physics. Part first. SMITHSON. Rep. 1856. p. 187-220†.

Es ist dies der erste Abschnitt des kurzgefafsten Umrisses eines Vortrags über Physik, welcher, der Natur der Sache nach, nichts Neues enthalten kann. — Die Einleitung, in welcher eine Eintheilung der Naturwissenschaften, so wie Definitionen der in der Physik betrachteten Kräfte und der allgemeinen Eigenschaften der Materie gegeben werden, wobei der Verfasser von dem Standpunkte der mathematischen Atomistik ausgeht, zeichnet sich durch Klarheit des Gedankens und Präcision der Darstellung aus. Am Ausführlichsten ist der Abschnitt über Cohäsion der Flüssigkeiten behandelt, in diesem eignet sich das über die eigenen Versuche des Verfassers über Cohäsion des Wassers und der Seifenlösung Gesagte zu einer kurzen Berichterstattung.

Hr. Henry ist der Meinung, dafs man durch die Versuche mit Adhäsionsplatten nicht die ganze Cohäsion des Wassers bestimmen könne (der erhaltene Werth beträgt 52 Gran für den Quadratzoll), da diese vielmehr nur ein Maafs für die Spannung der gekrümmten Oberfläche geben. Bei seinen eigenen Versuchen wurde Seifwasser angewendet, durch die Auflösung von Seife in Wasser wird die Cohäsion nicht vermehrt, nur die Beweglichkeit der Molecüle wird vermindert und dadurch die Flüssigkeit zäher. Um eine Platte von der Oberfläche des reinen Wassers abzureifsen war ein doppelt so grofses Gewicht erforderlich als zur Abreifsung von einer Seifenlösung. — Der Verfasser nimmt in der Oberfläche von Flüssigkeiten eine contractile Kraft als wirksam an, hervorgehend aus der Verdünnung, welche in Folge der vorherrschenden Repulsion der kleinsten Theilchen stattfindet. Diese Contractilität läfst sich an einer Seifenblase wahrnehmen, indem sich dieselbe, wenn keine Luft mehr eingeblasen wird, unter Luftaustreibung contrahirt und dadurch sogar in dem andern Schenkel einer Uförmigen Röhre eine Wassersäule zu heben vermag. — Die Dicke der Blase wurde aus ihrer Farbe bestimmt und zugleich die Höhe einer Wassersäule gemessen, hieraus, sowie aus anderen Beobachtungen, bei denen das Gewicht des an einer Blase, von aus der Farbe bestimmter Dicke, im Moment des Zerreifsens hängenden Wassertropfens ermittelt wurde, berechnet der Verfasser die Cohäsion des Seifenwassers auf mehrere hundert Pfund pro Quadratzoll.

Wi.

F. Redtenbacher. Das Dynamidensystem. Grundzüge einer mechanischen Physik. Mannheim 1857. p. 1-142†; N. Jahrb. f. Pharm. VIII. 118-125; Z. S. f. Math. 1858. 1. p. 29-43; Krit. Z. S. 1858. 1. p. 50-60.

Es ist nicht möglich von der umfangreichen Schrift des Hrn. Redtenbacher, welche sich eine neue Begründung der Molecularphysik als Aufgabe stellt, hier einen ausführlichen in alle einzelnen Kapitel eingehenden Auszug zu geben. Es kann sich nur um eine Beurtheilung der zu Grunde gelegten Annahmen und des relativen Werthes der daraus gewonnenen Resultate handeln. Nach einem historischen Ueberblick über die Richtungen, welche die bisherigen Bestrebungen in der Molecularphysik eingeschlagen haben, setzt Hr. Redtenbacher die Grundlagen auseinander, auf denen er sein System aufbaut. Das Medium, welches den Untersuchungen zu Grunde gelegt und mit dem Namen des Dynamidensystems bezeichnet wird, ist eine Modification, oder vielmehr ein specieller Fall des Doppelmediums von Cauchy. Hr. Redtenbacher denkt sich die Materie bestehend aus schweren Körperatomen, welche sich in meſsbaren Entfernungen nach dem Newton'schen Gesetz, in sehr geringer Entfernung aber in viel schneller wachsendem Verhältniſs anziehen und aus nicht schweren Aetheratomen, welche einander abstoſsen, während zwischen Körperatomen und Aetheratomen anziehende Kräfte wirksam sind. Nimmt man an, daſs die Entfernung zweier Körperatome gegen ihre Dimensionen sehr groſs, die Anziehung zwischen Körper- und Aetheratomen hinreichend stark, die Anzahl der Aetheratome aber gegen die der Körperatome sehr groſs ist, so wird sich der Aether atmosphärenartig um die Körperatome lagern und jedes Körperatom wird von einer Aetherhülle von bestimmter Gestalt und Begränzung umgeben sein, während der Raum zwischen den Aetherhüllen ganz leer ist. Dadurch unterscheidet sich das Dynamidensystem von dem Doppelmedium Cauchy's, in welchem eine Vertheilung des Aethers zwischen den Körperatomen mit periodischer Dichtigkeit angenommen wird. Letztere Annahme ist die allgemeinere, bietet aber für die mathematische Behandlung so groſse Schwierigkeiten, daſs sich Hr. Redtenbacher auf die Betrachtung des

Dynamidensystems beschränkt, von welchem er glaubt, dafs es vorzugsweise dem tropfbar flüssigen und gasförmigen Zustand entspricht. Im Beginn der analytischen Entwicklungen wird sogar noch die Annahme hinzugefügt, dafs die Dimensionen der Aetherhüllen sehr klein sind im Verhältnifs zu ihren gegenseitigen Entfernungen. Ein Körperatom mit seiner Aetherhülle heifst eine Dynamide. Bei isotropen Medien sind die Körperatome genau oder annähernd kugelförmig, daher der Aether nach allen Richtungen gleichförmig um dieselben gruppirt. Bei anisotropen Medien ist die Ausdehnung des Körperatoms und in Folge dessen die Gruppirung des Aethers in verschiedenen Richtungen verschieden. Zwischen zwei heterogenen Körperatomen finden noch besondere (chemische) Anziehungskräfte statt und es entstehen dadurch zusammengesetzte Dynamiden oder chemische Molecüle, in welchen mehrere Körperatome von einer gemeinsamen Aetherhülle umgeben sind.

Die Wechselwirkung zweier Dynamiden resultirt aus der gegenseitigen Anziehung ihrer ponderablen Kerne, aus der gegenseitigen Abstofsung ihrer Aetherhüllen und endlich aus der Anziehung, welche zwischen dem Kern einer jeden Dynamide und der Atmosphäre der andern stattfindet. Das Dynamidensystem besitzt, unter Einflufs dieser Kräfte, einen stabilen Gleichgewichtszustand, welcher durch äufsere Einwirkungen gestört wird, wobei die Kerne und Aetherhüllen der Dynamiden in schwingende und rotirende Bewegungen verschiedener Art versetzt werden können. Diese verschiedenen Bewegungen manifestiren sich in Form von Schall, Licht, Wärmeelektricität und Magnetismus.

Die Masse einer Atmosphäre wird verschwindend klein gegen die ihres Kernes angenommen, die Intensitäten der auf die Aetheratome wirkenden Kräfte dagegen verhältnifsmäfsig sehr grofs. Die Bewegungen der Aetheratome sind daher im Allgemeinen sehr schnell gegen die der Körperatome. Die Bewegungszustände pflanzen sich durch eine Reihe von Dynamiden in der Art fort, dafs jede Dynamide die ganze ihr von der vorhergehenden mitgetheilte lebendige Kraft oder einen Bruchtheil derselben ε an die nachfolgende abgiebt. Die Fortleitung jeder besonderen Art der Bewegung erfolgt um so vollkommener oder unvollkommener, schneller oder langsamer je nachdem der Bruchtheil *s* gröfser oder geringer ist. Hr. Redtenbacher vermuthet, dafs die Radialschwingungen der Aetheratome den Wärmeerscheinungen, die rotirende Bewegung dagegen dem elektrischen und magnetischen Zustand des Körpers entspreche, weil erstere mit Volumenveränderungen des Körpers verbunden seien, letztere nicht. Doch erscheint diese durch keinen andern Grund unterstützte Annahme ganz willkührlich, indem die durch die Rotation hervorgerufenen Centrifugalkräfte eine Vergröfserung des Durchmessers der Aetherhüllen wenigstens ebensowohl zur Folge haben werden als die Radialschwingungen. Es dürfte Hrn. Redtenbacher nicht unbekannt sein, dafs schon Davy ähnliche Ansichten ausgesprochen und dafs Rankine seine Theorie der Wärmeerscheinungen gerade auf die durch Rotationsbewegungen gesteigerte Elasticität des Aethers begründet hat.

Auf der Umwandlung der verschiedenen Bewegungsarten in einander beruhen die mannigfaltigen Analogieen und Wechselwirkungen in den Erscheinungen des Lichts der Wärme, der Elektricität und des Magnetismus. Dies sind die Grundlagen der mechanischen Physik des Hrn. Redtenbacher. Wir folgen demselben in der Anwendung auf die Erscheinungen der Elasticität und der Wärme, so weit es die Gränzen dieses Jahresberichts erlauben. Der Berichterstatter kann dabei nicht umhin von vorn herein zu bemerken, dafs sich in diesen Entwickelungen deutlicher als wünschenswerth wäre, die Entstehung des Werkes aus fragmentarischen Abhandlungen zu erkennen giebt, welche der Verfasser im Vorwort bekundet.

Der erste Abschnitt behandelt die Wärmeerscheinungen, welche wie bereits erwähnt in den radialen Schwingungen der Aetherhüllen ihren Grund haben sollen. Die Consequenzen werden indefs keineswegs aus dieser Hypothese heraus entwickelt, sondern auf Grundlagen die von dieser besondern Annahme ganz unabhängig sind. Die Temperatur wird der mittleren lebendigen Kraft eines Aetheratoms proportional gesetzt. Die Wärmecapacität (bei constantem Volumen) *c* ist dann die Anzahl der in der Gewichtseinheit des Körpers enthaltenen Aetheratome und aus dem

Dulong-Petit'schen Gesetz dafs das Product aus der specifischen Wärme und dem Atomgewicht für alle einfachen Stoffe constant ist, folgt, dafs die Dynamiden aller einfachen Stoffe gleich viel Aether enthalten, denn wenn *q* das Atomgewicht (Gewicht einer Dynamide) ist, so ist *c.q* die Anzahl der in derselben enthaltenen Aetheratome. Da ferner das Product aus der Wärmecapacität und der Dichtigkeit für alle Gase nahe constant ist, so folgt dafs die Dichte des Aethers in allen Gasen dieselbe ist. Verbinden sich also zwei Gase mit Contraction, so erfolgt die Verbindung unter Aetherausscheidung. Da der Aether in bewegtem Zustande ausgeschieden wird so sollen daraus die Wärme-, Licht- und Elektricitätserscheinungen folgen, welche den chemischen Procefs begleiten. Dieselben sind aber nicht minder lebhaft, z. B. bei der Verbindung von Chlor und Wasserstoff, bei welcher keine Condensation stattfindet.

Aus der Betrachtung der Erwärmung eines Gases bei constantem Volumen und bei constantem Druck ergiebt sich dann die bekannte Relation zwischen der Differenz der beiden Wärmecapacitäten und dem mechanischen Aequivalent der Wärmeeinheit, wobei Hr. Redtenbacher sich wundert, dafs er — mit Zugrundelegung derselben Data — auch dieselbe Zahl für das Wärmeäquivalent findet, wie Person. Da diese Resultate, so wie die der folgenden Betrachtungen über die Ausdehnung eines Gases ohne Wärmeaufnahme und über die calorische Luftmaschine von der speciellen Natur der von Hrn. Redtenbacher gemachten Annahme unabhängig sind, so weichen sie auch von denjenigen nicht ab, welche auf einfacherem Wege bereits früher hergeleitet worden sind. Gegen die Vorstellungsweise des Hrn. Redtenbacher lassen sich aber mehrere principielle Bedenken erheben, von denen ich nur eines hier hervorhebe, während ich auf ein anderes sogleich bei Gelegenheit des Mariotte'schen Gesetzes zurückkommen werde. Wir wissen nämlich aus den Versuchen von Joule und Thomson, dafs ein Gas, welches sich ausdehnt ohne äufsere Arbeit zu leisten, seine Temperatur nicht ändert. Nach der Annahme des Hrn. Redtenbacher mufste bei einer solchen Expansion also auch die lebendige Kraft der Aetherbewegung dieselbe geblieben sein. Wenn aber, was Hr. Redtenbacher ebenfalls annimmt, die Expensivkraft des Gases von einer Abstofsung der Aetherhüllen herrührt, so mufs bei der Ausdehnung die lebendige Kraft der Aetherbewegung vermehrt werden und diese Vermehrung der lebendigen Kraft mufs sich entweder durch Temperaturerhöhung oder in irgend einer andern Bewegungsform des Aethers zu erkennen geben. Umgekehrt wissen wir, und es liegt dies implicite in den Formeln des Hrn. REDTENBACHER selbst, dafs bei Compression eines Gases das genaue Aequivalent der zur Compression verwendeten Arbeit in Form von Wärme gewonnen wird. Ist nun die gewonnene Wärmemenge mit dem Zuwachs der lebendigen Kraft der Aetherbewegung identisch, so ist die ganze Arbeitsmenge zur Vermehrung dieser lebendigen Kraft verwendet, während aus der Hypothese des Dynamidensystems hervorgehen würde, dafs ein Theil dieser Arbeit verwendet wird, um die Abstofsung der Dynamiden zu überwinden und diese einander zu nähern, so dafs also nur ein geringerer Zuwachs von lebendiger Kraft gewonnen werden konnte. Bezeichnet man mit dt den Temperaturzuwachs welchem bei constantem Druck der Volumenzuwachs dv und die mit diesem verbundene innere Arbeit dJ_1 entspricht, so findet Hr. REDTENBACHER $\frac{dJ_1}{dt} = 0$. Nach der eben angegebenen Bedeutung dieser Gröfsen ist offenbar

$$\frac{dJ_1}{dt} = \frac{\partial J_1}{\partial v} \cdot \frac{dv}{dt}$$

und da $\frac{dv}{dt}$ nicht Null ist, so mufs $\frac{\partial J_1}{\partial v}$ verschwinden, was der Hypothese widerspricht.

Mit noch gröfserer Reserve sind jedenfalls die Resultate aufzunehmen, zu welchen Hr. REDTENBACHER hinsichtlich der Dampfbildung gelangt und welche mit den bisher angenommenen Principien der mechanischen Wärmetheorie nicht im Einklange stehen.

Der zweite Abschnitt „über das Gleichgewicht eines Dynamidensystems" behandelt die Elasticität der Gase und festen Körper. Von einem statischen Gleichgewicht kann natürlich nicht die Rede sein, da das MARIOTTE'sche Gesetz im wärmelosen Zustand keinen Sinn hat. Nichtsdestoweniger wird der Zustand der Aetherhüllen als ein Ruhezustand behandelt und nur der Durchmesser derselben als Function der Temperatur angesehen. Wenn Hr. Redtenbacher aus der Natur der Sache herausfühlt, daſs dadurch kein merklicher Fehler entstehen kann, so kann Referent dieses Gefühl nicht theilen, denn wenn nur kleine Radialschwingungen stattfinden, so schwingen die Aetheratome um ihre stabile Gleichgewichtslage, die dem wärmelosen Zustand entspricht, der Durchmesser der Aetherhüllen ist daher in einer Schwingungsphase gröſser, in der andern kleiner, als im Ruhestand. In diesem Fall würde allerdings die Wechselwirkung nahe dieselbe sein wie im ruhenden, d. h. wärmelosen Zustand, mithin von der Temperatur unabhängig. Sind aber die Schwingungsamplituden so groſs, daſs der mittlere Durchmesser der Hülle sich merklich ändert, so kann man auch die Wechselwirkung der schwingenden Atome nicht wie die der ruhenden behandeln. Die Formel, aus welcher Hr. Redtenbacner das Mariotte'sche Gesetz ableitet, giebt dieses in der That nur unter der Voraussetzung, daſs die den Durchmesser der Aetherhüllen enthaltenden Glieder vernachlässigt werden dürfen, der Druck also von der Temperatur unabhängig ist.

Die Wechselwirkung zweier Dynamiden wird berechnet unter der Voraussetzung: 1) daſs die Dimensionen der Aetherhüllen verschwindend klein sind gegen ihre Entfernungen; 2) daſs die Hüllen von cubischer Gestalt und der Aether in denselben mit gleichmäſsiger Dichte vertheilt ist. Ist denn eine Seite des Cubus D, die Anziehung zweier Körperatome in der Entfernung $r = mm\,(Fr)$, die Anziehung eines Körper- und eines Aetheratoms $m\mu\, G(r)$, die Abstoſsung zweier Aetheratome $\mu\mu\, J(r)$, so wird die Wechselwirkung zweier Dynamiden:

$$f(r) = C^2.J(r) - 2C.G(r) - F(r) + \frac{1}{12} C \left\{ C \frac{\partial^2 J}{\partial r^2} - \frac{\partial^2 G}{\partial r^2} \right\} . D^2,$$

in welcher Formel C eine der Wärmecapacität proportionale Gröſse bezeichnet. Damit glaubt Hr. Redtenbacher die mysteriöse Function entdeckt zu haben, welche Cauchy seinen Untersuchungen zu Grunde legt. Man sieht leicht, daſs man mindestens denselben Grad von Genauigkeit erreichen würde, den die Voraussetzungen des Hrn. Redtenbacher gewähren, wenn man sich die ganze Masse jeder Aetherhülle in einem Punkt vereinigt dächte. Dann würde das mit D^2 multiplicirte Glied einfach wegfallen. Mit Hülfe des Princips der virtuellen Geschwindigkeiten, welches auf eine nach allen Richtungen gleichförmige Compression des Systems angewendet wird, ergiebt sich für das Product aus Druck und Volumen ein Ausdruck von der Form

$$P \,.\, V = A\,\{\varphi(r) + \psi(r) D^2\},$$

wo r die Entfernung zweier Dynamiden ist. Ein Capitel überschrieben „das MARIOTTE'sche Gesetz" wäre besser ganz weggeblieben, da am Ende desselben Hrn. REDTENBACHER einfällt, dafs die darin enthaltenen Resultate, obgleich sie ganz genau mit den Erfahrungszahlen stimmen, doch durch zu viele Vernachlässigungen gewonnen sind. Er zieht es daher vor, diesen Weg nicht weiter zu verfolgen, leitet vielmehr ein allgemeines Compressionsgesetz für ein Dynamidensystem nochmals auf anderem Wege her, nämlich unter der Voraussetzung, dafs die verschiedenen zwischen den Körperatomen und Aetheratomen wirkenden Kräfte verschiedenen negativen Potenzen der Entfernung proportional sind. Setzt man nämlich

$$J(r) = \frac{a}{r^\alpha}, \qquad G(r) = \frac{b}{r^\beta}, \qquad F(r) = \frac{c}{r^\gamma},$$

so ergiebt sich ein Ausdruck, welcher sich auf das MARIOTTE'sche Gesetz reducirt, wenn $\alpha = 1$, die Abstofsung der Aetheratome also dem reciproken Werth der Entfernung proportional, alle andern Kräfte aber gegen diese verschwindend klein werden. Leider aber wird bei dieser Annahme der Coëfficient der ohnediefs schon sehr kleinen Gröfse D^2 ebenfalls verschwindend klein und Hr. REDTENBACHER hat sich vergebliche Mühe gegeben in die Formel eine Abhängigkeit des Druckes vom Durchmesser der Aetherhüllen, d. h. von der Temperatur hineinzulegen, mufs also leider auch dieses Bruchstück unvollendet lassen.

Die unter der Voraussetzung, dafs die Dimensionen der Aetherhüllen gegen ihre Entfernungen verschwindend klein sind, gewonnenen Resultate, aus denen so eben das MARIOTTE'sche Gesetz folgte, geben nun, ohne weiteres auf feste Körper angewendet, bei gehöriger Beleuchtung auch die für diese geltenden Compressionsgesetze. Als charakteristisch für diesen Theil, wie überhaupt für die Methode der ganzen Untersuchung heben wir nur hervor, dafs, nachdem in der gewonnenen Formel sämmtliche Glieder die von der speciellen Natur der Annahmen des Hrn. Redtenbacher herrühren, vernachlässigt worden sind, dieselbe mit den Resultaten der Versuche von Wertheim verglichen wird. Hr. Redtenbacher findet, „dafs selbst bei einer wahren Mifshandlung seiner theoretischen Resultate dennoch Zahlen herauskommen, die sich sehen lassen dürfen". Das betrachtet also Hr. Redtenbacher als einen Prüfstein für die Vortrefflichkeit seiner Theorie.

Wir können uns hier über die Entwicklungen, die auf solchen Principien ruhen, nicht weiter verbreiten und begnügen uns damit, in Kürze noch den Inhalt des dritten Abschnitts zu bezeichnen, welcher die Bewegung des Dynamidensystems behandelt. Es werden zuerst die Schwingungen der Körperatome betrachtet. Hr. Redtenbacher geht von der irrigen Ansicht aus, dafs in einem aus Massenpunkten bestehenden System (Cauchy's einfachem Medium) die Elasticität nicht in verschiedenen Richtungen verschieden sein kann, als ob diese nur von der Gestalt der einzelnen Atome und nicht auch von ihrer Anordnung im Gleichgewichtszustand abhinge. Bei Berechnung der auf die Bewegung des schwingenden Körperatoms wirkenden Kräfte sind allerdings die Wirkungen der Aetheratome die nach den früher gewonnenen Resultaten sehr intensiv sein müssen, mit zu berücksichtigen. Die Art und Weise wie dieselben von Hrn. Redtenbacher in die Rechnung eingeführt werden, indem einfach der früher für die Wechselwirkung zweier Dynamiden gewonnene Ausdruck angewendet wird, involvirt die Voraussetzung, dafs nicht nur die Kerne, sondern jede Dynamide mit ihrer Hülle als Ganzes schwingt oder dafs die Aetherhüllen mit unveränderter Anordnung ihrer Theile an der Bewegung der Kerne theilnehmen. Entgegengesetzten Falls wäre nämlich die Wirkung jeder Aetherhülle auf ihren eigenen Kern mit in Betracht zu ziehen. Die Formeln des Hrn. Redtenbacher mufsten sich daher folgerichtig entwickelt genau auf diejenigen reduciren, welche Cauchy für das einfache Medium erhielt und in der That sind die Differentialgleichungen des Hrn. Redtenbacher mit denen von Cauchy identisch. Dieselben werden auf die Schwingungen eines elastischen Fadens und einer elastischen Membran angewendet.

Es werden zweitens die Aetherschwingungen betrachtet und zwar unter der Voraussetzung, dafs die gleichzeitige Bewegung der Kerne ganz zu vernachlässigen ist. Die Aetherhülle bewegt sich erstens relativ gegen den Kern und zweitens machen die Atome jeder Hülle relative Bewegungen gegen einander. Hr. REDTENBACHER betrachtet nur die Bewegung des Massenmittelpunkts der Aetherhülle, indem er sich jede Hülle in ihrem Schwerpunkt vereinigt denkt. Diese Betrachtungsweise ist wieder unzulässig, denn der Schwerpunkt ist zwar ein Mittelpunkt paralleler Kräfte, die Anziehung aber, welche ein Dynamidenkern auf seine eigene Hülle ausübt, ist keineswegs eine blofse Function der Lage des Schwerpunktes der letzteren, sondern ändert sich auch mit der Vertheilung des Aethers in der Hülle. Dafs diese aber während der Schwingungen nicht unverändert bleiben kann, ist a priori klar. Unter diesen Annahmen stellt Hr. REDTENBACHER die Differentialgleichungen der Bewegung seines Doppelmediums auf, welche sich wenn man die Wirkung des Körperatoms auf seine Aetherhülle gleich Null setzt natürlich wieder auf die Gleichungen für das einfache Medium reduciren. Die Gleichungen lassen sich unter der Annahme nach den bekannten Methoden integriren, dafs die Kraft, mit welcher ein Körperatom seine Aetherhülle in die Gleichgewichtslage zurückzuführen strebt, der Verschiebung proportional ist. Die Integrale erscheinen in der bekannten Form. Wiewohl die Resultate nach dem Gesagten nur eine erste Annäherung bieten können, so sind dieselben doch insofern bemerkenswerth, als sie uns über die Natur der Glieder Aufschlufs geben, welche durch den Einflufs des Körpermediums auf das Aethermedium in die Integrale eingeführt werden können. Es erscheint nämlich die Abhängigkeit der Schwingungsdauer t von der Wellenlänge λ bei Hrn. REDTENBACHER unter der Form:

$$\frac{1}{t^2} = A_0 + \frac{A_2}{\lambda^2} + \frac{A_4}{\lambda^4} + \cdots\cdot$$

In dieser Reihe, welche um so schneller convergirt, je kleiner die Wirkungssphäre der Molecularkräfte gegen die Wellenlänge λ

ist (— jedenfalls hat Hr. Redtenbacher in diesem Theil der Untersuchung ganz vergessen, dafs er die Abstofsung der Aetheratome früher der Entfernung umgekehrt proportional gefunden hat —) hängt das constante Glied A_0 nur von der Beschaffenheit des Körpermediums, die Coëfficienten A_2, A_4 .... nur vom Aethermedium ab. Das Quadrat der Fortpflanzungsgeschwindigkeit wird

$$v^2 = \frac{\lambda^2}{t^2} = A_0\lambda^2 + A_2 + \frac{A_4}{\lambda^2}.$$

Diese Formel unterscheidet sich von der Dispersionsformel von Cauchy durch das Glied $A_0\lambda^2$. Dafs sich, wenn man über eine Constante mehr zu verfügen hat, auch eine genauere Uebereinstimmung der Formel mit den Fraunhofer'schen Messungen des Brechungsindex und der Wellenlänge erzielen läfst, ist selbstverständlich. Uebrigens stellt sich bei der numerischen Bestimmung der Constanten heraus, dafs wenn man die Reihe mit dem Glied $\frac{A_4}{\lambda^2}$ abbricht, der Einflufs des Gliedes $A_0\lambda^2$ (des Körpermediums) verhältnifsmäfsig gering wird gegen den Einflufs von $\frac{A_4}{\lambda^2}$ (die dem Aethermedium eigenthümliche Dispersion).

Das Farbenzerstreuungsvermögen ist $\frac{\sin\alpha_1 - \sin\alpha_2}{\sin\alpha}$, wenn α der Einfallswinkel, α_1 und α_2 die Brechungswinkel für zwei bestimmte Fraunhofer'sche Linien sind. Dasselbe hängt natürlich auch von dem Einflufs des Körpermediums auf das Aethermedium ab, ist also für verschiedene brechende Mittel verschieden, wie auch die Erfahrung lehrt. *Jm.*

A. E. Nordenskiöld. Versuch die Dichtigkeit chemischer Verbindungen theoretisch zu berechnen. Pogg. Ann. CII. 387-436†.

Hr. Nordenskiöld geht von der Annahme aus, dafs die zwischen zwei Molecülen jedes Körpers wirksame Kraft aus zwei Theilen, nämlich einer Anziehung und einer Abstofsung bestehe, so dafs ihre Anziehung in der Entfernung r durch den Ausdruck $f(r) = \frac{m}{r^2} - \frac{c}{r^3}$ dargestellt werde, in welchem m die Masse eines Molecüls, c aber einen von der Temperatur abhängigen Coëfficienten bezeichne. Wenn sich ein fester Körper unter dem äuſseren Druck Null im Gleichgewicht befindet, so sollen die Entfernungen je zweier benachbarter Molecüle so groſs sein, daſs diese Kraft Null oder $c = mr$ ist. Ist v das Atomvolum, so ist $r^3 = v$, mithin $c = m\sqrt[3]{v}$. Für Gase wird unter der Annahme, daſs für diese das Glied $\frac{m}{r^2}$ gegen $\frac{c}{r^3}$ sehr klein ist, das MARIOTTE'sche Gesetz hergeleitet. Es ist jedoch eine bekannte Thatsache, daſs die NEWTON'sche Gravitation nicht hinreicht, die Cohäsion der Körper zu erklären, sondern, daſs diese ein schnelleres Wachsen der Anziehung in geringer Entfernung erfordert, während dieselbe bei dem Gesetz des Hrn. NORDENSKIÖLD in noch geringerem Verhältniſs wächst. Ebenso ist ohne weiteres klar, daſs das Gleichgewicht eines Atoms nicht bloſs von den Entfernungen der zunächst benachbarten Atome abhängt, daſs ferner bei diesem Gesetz jedem bestimmten Druck nur ein Gleichgewichtszustand entsprechen kann, daſs von den verschiedenen Aggregatzuständen desselben Körpers also keine Rechenschaft gegeben wird.

Aus seiner Annahme leitet der Verfasser eine Formel her mittelst deren er in ähnlicher Weise wie früher SCHRÖDER und KOPP die Dichtigkeit chemischer Verbindungen aus den Dichtigkeiten ihrer einfachen Bestandtheile berechnet. Die Formel wird zunächst auf eine groſse Anzahl fester Körper, theils Mineralien, theils künstlich dargestellter Salze angewendet. Die Berechnungsmethode enthält dieselben miſslichen Annahmen, wie bei SCHRÖDER und KOPP. Wenn man sich die Annahme erlaubt, daſs ein Stoff in seinen verschiedenen Verbindungen mit einer Dichtigkeit enthalten ist die nach Belieben 1, 2, 3, $\frac{3}{4}$ oder $\frac{4}{3}$ mal so groſs ist, als im freien Zustand, so ist es nicht zu verwundern, daſs sich immer Zahlen herausrechnen lassen, die mit den beobachteten leidlich stimmen. Von einer sichern Vorausberechnung aber kann natürlich nicht die Rede sein.

Dieselbe Formel wird dann auf flüssige organische Verbindungen angewendet. Dabei wird die GERHARD'sche Theorie und die Annahme von KOPP [1]) zu Grunde gelegt, daſs ein einfacher

[1]) Berl. Ber. 1854. p. 5.

Körper verschiedene abstofsende Kraft hat, je nachdem er im Radikal enthalten ist, oder aufserhalb desselben steht und auch eine verschiedene in den verschiedenen Typen. Hr. Kopp war bekanntlich zu dem Resultat gelangt, dafs die Dichtigkeiten der Flüssigkeiten nur bei correspondirenden (d. h. gleichem Dampfdruck entsprechenden) Temperaturen zu vergleichen seien, während Herr Nordenskiöld alle beobachteten Dichtigkeiten auf gleiche Temperatur reducirt. *Jm.*

---

2. Adhäsion.

J. Stenhouse. Ueber entfärbende Kohle und ihr Vermögen einige Gase zu absorbiren. Liebig Ann. CI. 243-252†; Polyt. C. Bl. 1857. p. 77, p. 353-355; Cimento V. 234-236; Dingler J. CXLIV. 148-154; J. d. chim. méd. (4) IV. 1858. p. 326-328; J. d. pharm. XXXI. 373.

Der Verfasser geht zuerst auf die früheren Arbeiten über die eigenthümliche Wirkung der Holzkohle ein, riechende und färbende Beimischungen aus Lösungen zu entfernen. Entdeckt wurde diese Eigenschaft von Lowitz gegen das Ende des vorigen Jahrhunderts, 1811 fand Figuier, dafs thierische und Knochenkohle besonders wirksam seien, und 1822 wurden drei Preisschriften über diesen Gegenstand von Bussy, Payen und Desfosses veröffentlicht, diese fanden, dafs das Entfärbungsvermögen der Kohle besonders von der Porosität und dem fein vertheilten Zustande derselben abhinge. Kohle die durch starkes Erhitzen und Zusammensintern hart und glänzend geworden, zeigte kaum eine Spur von Entfärbungsvermögen, während Knochenkohle, welche viele erdige und salzige Substanzen, (phosphorsauren Kalk u. a.) enthält, die ihre Theilchen vor der Vereinigung durch Zusammensintern schützen, eine nicht glänzende Kohle mit grofsem Entfärbungsvermögen liefert. Im Uebrigen verhalten sich nach Bussy vegetabilische und thierische Kohle gleich.

In der Industrie wurden bisher zwei Arten entfärbender Kohle angewandt, Beinschwarz oder Knochenkohle und die sogenannte gereinigte Thierkohle. Die erstere wird durch Glühen von Knochen in verschlossenen Cylindern bis zur Verkohlung aller darin enthaltenen organischen Substanz erhalten, und besteht im Durchschnitt aus 10 Procent Kohlenstoff und 90 Procent phosphorsaurem und kohlensaurem Kalk. Die zweite Art wird durch Digeriren der Knochenkohle in Salzsäure und Auswaschen mit Wasser bis zur Entfernung der Kalksalze, bereitet. Sie ist fast reine Kohle, mattglänzend und aufserordentlich porös, wenn sie bei einer Temperatur wenig über 100° C. getrocknet worden. Sie entfärbt neutrale und saure Lösungen sehr gut, aber bis zum Rothglühen erhitzt hat sie ihr Entfärbungsvermögen fast vollständig verloren.

Man stellt diese gereinigte Thierkohle auch dar, indem man Blut oder die fleischigen Theile von Thieren mit Pottasche innig mischt, die Mischung in verschlossenen Gefäfsen glüht, das Alkalisalz mit reinem Wasser auswäscht, und die letzten Spuren von Kali und Kalksalzen durch Digeriren mit Salzsäure entfernt. Diese Art gereinigte Thierkohle ist noch wirksamer, als die aus Knochenkohle dargestellte.

Der Verfasser hat nun ein wohlfeileres Präparat dieser gereinigten Thierkohle substituirt, indem er gewöhnlich vegetabilische Kohle mit Thierkohle verband.

54 Theile käufliche schwefelsaure Thonerde, die etwa 14 Procent Thonerde enthält, wurden in Wasser gelöst und mit 92,5 Theilen fein gepulverter Holzkohle digerirt, die Masse zur Trockne abgedampft und in verschlossenen hessischen Tiegeln zum Rothglühen erhitzt, bis alles Wasser und die Säure ausgetrieben waren. Die so erhaltene Kohle sah ganz schwarz aus, war durch und durch mit wasserfreier Thonerde imprägnirt (enthält 7,5 Procent derselben) und dies ist das wirksamste Verhältnifs, da bei Vermehrung des Thonerdegehaltes das Entfärbungsvermögen nicht mehr zunimmt. Die Kohle wird vor dem Gebrauche nochmals sorgfältig zerkleinert.

Statt der festen schwefelsauren Thonerde kann man auch die wohlfeilere Lösung dieses Salzes von bekanntem Thonerdegehalt anwenden, wobei man Sorge trägt, dafs die Kohle 7,5

Procent Thonerde enthält, und dafs zur Darstellung der schwefelsauren Thonerde ein von Eisen und Kalk möglichst freier Thon genommen ist. Denn Kalk läfst sich auch durch Digeriren des Thones mit Salzsäure entfernen.

Der Verfasser giebt an, dafs die Kohle, welche in grofser Menge bei der Darstellung der Holzessigsäure durch trockene Destillation von Sägespähnen nach Halliday's patentirtem Verfahren erhalten wird, sich sehr gut zur Darstellung der thonerdehaltigen Kohle eignet.

Diese Kohle kann zur Entfärbung aller sauren Flüssigkeiten dienen, aufser wenn dieselben viel freie Schwefelsäure enthalten, und eignet sich besonders zur Entfärbung der Lösungen von Weinsäure und Citronensäure. Der Preis der thonerdehaltigen Kohle übersteigt nicht den der Knochenkohle, und giebt weniger anorganische Substanzen an die zu entfärbenden Lösungen z. B. von Weinsäure ab, als diese.

Künstliche Knochenkohle kann auch dargestellt werden, indem man gepulverte Holzkohle mit einer Lösung von basischphosphorsaurem Kalk in Salzsäure tränkt, und dann wie das eben beschriebene Surrogat der Knochenkohle behandelt. Diese künstliche Knochenkohle kann jedoch nur in neutralen Lösungen angewandt werden.

Es geht daraus hervor, dafs sowohl die thonerdehaltige, als die mit phosphorsaurem Kalk beladene Kohle lediglich durch die darin enthaltenen Basen oder Beitzmittel entfärbende Wirkung ausüben.

Der Verfasser hat noch ein anderweitiges Surrogat für gereinigte Thierkohle durch trockene Destillation von 1 Pfund Pech, 2 Pfund flüssigem Theer und 7 Pfund feingepulvertem Kalkhydrat dargestellt, die erkaltete Masse wird mit verdünnter Salzsäure behandelt, und durch Auswaschen auf dem Filter mit destillirtem Wasser von allem löslichen befreit, so dafs fast reiner Kohlenstoff zurückbleibt, und besonders für Entfärbung von Campecheholz- und ähnliche Lösungen geeignet ist, indem sie 4 Mal so wirksam als gereinigte Thierkohle war. Statt Kalkhydrat kann man bei der Darstellung auch fein gepulverten Aetzkalk oder geglühte Magnesia anwenden, jedoch nicht Kreide. Pech und Theer lassen sich durch Mehl, Harze, Asphalt u. dergl. ersetzen. Kohlensaures Kali, mit Mehl oder Harz gemischt und geglüht, gab ebenfalls eine sehr gut entfärbende Kohle, die jedoch der mit kohlensaurem Natron erhaltenen nachstand.

Jede Art von entfärbender Kohle wirkt auf besondere Flüssigkeiten vorzugsweise, wie schon Bussy und Payen beobachteten. Der Verfasser unterscheidet drei Klassen von entfärbender Kohle: 1) solche, welche wie die gereinigte Thierkohle als reine fein zertheilte Kohle zu betrachten ist; 2) Kohlen, welche wie die thonerdehaltige oder die mit phosphorsaurem Kalk beladene Kohle nur durch die Base oder das Salz, das sie enthalten, wirken; 3) solche Kohlen, welche wie das Beinschwarz theils durch ihren grofsen Gehalt an phosphorsaurem Kalk, theils durch die darin enthaltene fein zertheilte Kohle wirken.

Kocht man z. B. gleiche Mengen dieser drei Arten Kohle in Campecheholzdecoct, bis sie mit Farbstoff gesättigt sind, bringt alsdann jede auf ein Filter und wäscht sie mit verdünntem wäfsrigen Ammoniak aus, so ist die von der thonerdehaltigen Kohle ablaufende Flüssigkeit strohgelb, die von dem Beinschwarz ablaufende etwas dunkler, die von der gereinigten Thierkohle ablaufende fast so dunkel wie Tinte. Der Verfasser schliefst daraus, dafs in der thonerdehaltigen Kohle der Farbstoff in chemischer Verbindung mit der Thonerde war; dasselbe wäre theilweise beim Beinschwarz der Fall gewesen und bei der gereinigten Thierkohle wäre der Farbstoff nur durch die Porosität der Kohle zurückgehalten worden.

Der Verfasser giebt schliefslich eine Tabelle über das Absorptionsvermögen der verschiedenen entfärbenden Kohlen gegen Ammoniakgas, kohlensaures und salzsaures Gas. Wir müssen jedoch in Bezug auf dieselbe auf die Originalabhandlung verweisen, zumal die Zahlen, welche nach des Verfassers eigener Angabe sonderbar erscheinen, vermuthen lassen, dafs der Feuchtigkeitsgehalt der verschiedenen angewandten Kohlenarten nicht derselbe gewesen ist. *Q.*

G. Buist. On the causes and phenomena of the repulsion of water from the feathers of water-fowl and the leaves of plants. Proc. of Roy. Soc. VIII. 520-522†.

Der Verfasser fand, dafs das Blatt der Lotusblume unter einem Winkel von 45° unter Wasser getaucht das Licht wie ein polirtes Metall reflectirt, also mit einer Luftschicht bedeckt ist. Wassertropfen fliefsen von der Oberfläche wie Quecksilber ab. Auf der unteren Seite hingegen ist das Blatt vollkommen benetzt. Der Verfasser fand das Blatt mit kleinen mikroskopischen Warzen bedeckt, welche die Luft festhalten. Dazu kommen dann noch die eigenthümlichen Respirationsporen des Lotus, indem ein 6 Zoll breites abgeschnittenes Blatt 33 Cubikzoll Luft während einer Stunde entwickelte. Unter Wasser entwickelt das Blatt einen constanten Strom von Luftblasen, indem aus jedem Luftloch 2 oder 3 Luftblasen in der Minute entweichen. Diese breiten sich dann über die Oberfläche des Blattes aus, und scheinen sich schwierig von derselben loszumachen.

Diese merkbare Respiration ist aber nicht wesentlich, um die Blätter unbenetzbar zu machen, wie denn der Verfasser auch die schwere Benetzbarkeit der Federn von Wasservögeln einer adhärirenden Luftschicht, und nicht dem Vorhandensein einer Fett- oder Oelschicht zuschreibt. *Q.*

C. Mène. Alumine hydraté substitué au noir aminal comme agent de décoloration. Cosmos XI. 120†; Polyt. C. Bl. 1857. p. 1253.

Der Verfasser stellt Thonerdehydrat durch Zersetzung von Alaun mit kohlensaurem Natron dar, und wendet dies statt der Thierkohle zum Entfärben von Flüssigkeiten, Syrups u. s. w. an, indem die Flüssigkeiten damit gekocht und dann filtrirt werden. 7^{gr} Thonerde leistete ebensoviel als 125^{gr} Thierkohle bei Entfärbung von Zuckerwasser, das mit Melasse gefärbt war. *Q.*

GIRARDIN. Neues Verfahren Zeichnungen, Kupferstiche etc. zu reproduciren. Cosmos X. 293; Polyt. C. Bl. 1857. p. 682†.

Der Verfasser macht von der Eigenschaft der Dämpfe des Schwefelammoniums und des Schwefelwasserstoffgases, sich nur auf die schwarzen Stellen einer Zeichnung niederzuschlagen, Anwendung, um diese Zeichnungen auf Gewebe zu übertragen. Man läfst die Dämpfe der concentrirten Lösung von Schwefelammonium auf die erwärmte Zeichnung 3 bis 5 Minuten wirken, trocknet dieselben zwischen Fliefspapier und prefst sie mit der Bildseite auf das vorher mit Bleiweifs überzogene Gewebe. Nach einer Viertelstunde findet man auf dem Gewebe die treue Copie der Zeichnung, die sich wieder übertragen läfst. Um Zeichnungen auf Papier zu übertragen, wird dies mit einer Lösung von essigsaurem oder salpetersaurem Bleioxyd getränkt. *Q.*

C. CESSNER und KLETZINSKY. Ueber die Anwendung des Thonerdehydrats als Entfärbungsmittel für alle Gattungen von Melassen, Colonial- und Rübenrohrzucker. DINGLER J. CXLVI. 376-379†; Polyt. C. Bl. 1858. p. 205-208.

Die Verfasser setzen entweder reines Thonerdehydrat der zu klärenden Flüssigkeit zu, oder fällen erst in derselben schwefelsaure Thonerde mit geschlämmter Bergkreide. Durch das letzte Verfahren ist die Möglichkeit, immer eine neutrale Flüssigkeit zu klären, gegeben. Das Thonerdehydrat wirkt dabei theilweise wie gerinnendes Eiweifs, indem es die Schmutztheilchen mechanisch einhüllt und mit niederreifst, theilweise wie die Knochenkohle, indem es die dem mechanischen Filtrationsprocesse entgehenden gelösten Pigmente bindet. *Q.*

---

3. Capillarität.

C. Wolff. De l'influence de la température sur les phénomènes, qui se passent dans les tubes capillaires. Ann. d. chim. (3) XLIX. 230-281†; Silliman J. (2) XXIII. 445; Arch. d. sc. phys. XXXV. 131-133; Pogg. Ann. CI. 550-576, CII. 571-595†; Cimento VI. 159-162.

Der Verfasser giebt zuerst eine historische Einleitung, indem er Nicola Aggiunti als den Entdecker der Capillaritätserscheinungen anführt. Poggendorff zeigt aber in einer Note (Pogg. Ann. CI. 551) dafs Leonardo da Vinci als der Entdecker angesehen werden mufs.

Der Verfasser glaubt, dafs der Mangel an Uebereinstimmung der Resultate darin seinen Grund habe, dafs der Einflufs der Temperatur auf die Capillaritätserscheinungen nicht gehörig berücksichtigt worden sei. Laplace und Poisson hätten durch theoretische Betrachtungen gefunden, dafs bei benetzenden Flüssigkeiten die Gestalt der freien Oberfläche für alle Temperaturen dieselbe bleibe und dafs die Steighöhe in einer capillaren Röhre proportional mit der Dichtigkeit wachse. Aus der vorliegenden Arbeit wird sich in der Folge ergeben, dafs dies nicht in aller Strenge richtig ist. Der Verfasser geht dann auf die Arbeiten von Ennuett, Frankenheim [1]), Sondhauss [2]), Brunner [3]), Simon [4]) und Bède [5]) ein, die diese theoretischen Resultate mit dem Experimente verfolgt haben. Da jedoch über dieselben schon in früheren Jahrgängen dieser Zeitschrift an den unten citirten Stellen berichtet worden ist, so mögen sie hier übergangen werden.

Der Verfasser entscheidet sich bei Discussion der verschiedenen Methoden für die directe Beobachtung der Steighöhe der Flüssigkeiten in Haarröhrchen, wie sie auch Brunner zu demselben Zwecke angewandt hatte.

[1]) Berl. Ber. 1848. p. 19.
[2]) Berl. Ber. 1846. p. 17.
[3]) Berl. Ber. 1846. p. 14, 1849. p. 19.
[4]) Berl. Ber. 1850, 51. p. 25.
[5]) Berl. Ber. 1852. p. 25.

Die Flüssigkeit und das Capillarrohr befanden sich in einem Metallgefäfse mit doppelter Wandung, durch welches Wasser von einer bestimmten Temperatur geleitet werden konnte. Zwei Plangläser in der Seitenwand des Metallbehälters erlaubten mit dem Fernrohre des Kathetometers in den inneren Raum zu sehen, und die Temperatur und die Höhe der Flüssigkeit abzulesen, während ein anderes Thermometer die Temperatur des Wassers des Metallgefäfses angab. Der Meniskus der Flüssigkeitssäule wurde bei allen Versuchen auf denselben Punkt der Capillarröhre zurückgeführt, weil die Röhren niemals genau calibrirt sind, und kleine Unterschiede des Durchmessers schon bedeutende Unterschiede in der Steighöhe nach sich ziehen. Mit ihrem oberen Ende reichte die Capillarröhre durch einen Tubulus im Deckel des Metallgefäfses und war hier durch einen Kork mit einer kleinen Glasglocke verbunden, von der ein Kautschuckrohr zum Beobachter führte. Auf diese Weise war die Verdampfung der Flüssigkeit in der Capillarröhre und das Eindringen von Staubtheilchen verhindert. Nach Belieben konnte nun auch die Glasglocke durch einen Ballon und ein Trockenrohr mit einer Luftpumpe in Verbindung gesetzt, und leicht Säure und andere Flüssigkeiten durch das Capillarrohr getrieben werden, um es zu reinigen. Es wurden dann immer mehrere Liter Wasser durch die Röhre getrieben um die letzten Spuren Säure zu entfernen. Beim Heben oder Senken der Flüssigkeit nahm der Meniskus stets wieder dieselbe Stellung ein.

Nach beendetem Versuche wurde die Röhre an der Stelle, wo sich der Meniskus befunden durchgeschnitten und mittelst einer Mikrometerschraube, die $0{,}001^{mm}$ angab, der Durchmesser bestimmt.

Die Höhe des Niveaus der Flüssigkeit in dem Gefäfse, in welches das Capillarrohr taucht, wurde dadurch bestimmt, dafs man mit dem Kathetometer die Höhe des oberen Endes eines verticalen Stiftes bestimmte, dessen untere Spitze die Flüssigkeitsoberfläche gerade berührte. Die Höhe dieser Flüssigkeitsoberfläche wurde durch Zugiefsen oder Fortnehmen der Flüssigkeit mit einer Pipette regulirt.

Um diese Berührung sicher beurtheilen zu können, hat der Verfasser die Spitze und die Flüssigkeit nebst einem empfindlichen

Galvanometer in eine elektrische Kette eingeschaltet, und beobachtet, wann der elektrische Strom geschlossen war. Diese Methode ist jedoch besonders bei reinem Wasser, das die Elektricität schlecht leitet, und wegen der Trägheit der Galvanometernadel ungenau. Intensivere Elektricitätsquellen sind wegen der störenden Zersetzung des Wassers auch nicht anzuwenden. Der Verfasser begnügte sich daher die conische kaum abgestumpfte trockene Spitze mittelst eines Getriebes der Flüssigkeitsoberfläche zu nähern, und erreichte so eine Genauigkeit von $0{,}01^{mm}$, was auch die Genauigkeit des angewandten Kathetometers war.

Die Länge des Metallstiftes war fast dieselbe wie die zu beobachtende Steighöhe, damit das Fernrohr des Kathetometers allein mit der Stellschraube sanft bewegt werden konnte, und so seine Horizontalität bewahrte, während zugleich dadurch Erschütterungen vermieden wurden.

Der Verfasser hat mit diesem Apparate die capillare Steighöhe von reinem luftfreiem Wasser bestimmt, das jeden Tag erneuert wurde. Die Versuche wurden bei gewöhnlicher Temperatur im Laufe eines Jahres angestellt, und so eine sehr vollständige Reihe von Steighöhen erhalten, die Temperaturen von 0° bis 25° C. entsprachen.

Die Steighöhen y in einer Glasröhre von $0{,}2346^{mm}$ Durchmesser lassen sich für die Temperatur x zwischen 0° und 25° C. durch die Interpolationsformel darstellen

$$y = 132{,}265736 - 0{,}2660448\,x + 0{,}00054918\,x^2,$$

die Differenzen zwischen den berechneten und beobachteten Werthen der Steighöhen überschreiten nur ein Mal $0{,}05^{mm}$. Von 0° bis 8° findet eine schnellere Höhenabnahme statt, als bei höheren Temperaturen. Aus den Versuchen von Brunner folgt ebenfalls eine schnellere Höhenabnahme bei niedrigen Temperaturen in der Nähe des Dichtigkeitsmaximums, aber erst unterhalb 4°. Die Interpolationsformel stimmt in Temperaturen über 10° fast genau mit der von Brunner gegebenen, der bei der Temperatur t die Steighöhe h in einer Röhre von 1^{mm} Radius gefunden hatte

$$h = 15{,}33215 - 0{,}0286396\,t.$$

Nach den Versuchen des Verfassers würde bei 0°

$$h = 15{,}5331^{mm}$$

sein, während das Verhältnifs der numerischen Coëfficienten

in BRUNNER's Gleichung . . . . . = 535,383

in der des Verfassers Gleichung = 537,56

ist. Die Zahlen stimmen jedoch nicht mit den Versuchen von SIMON, der zu grofse Werthe gefunden hat, was zum Theil wohl in der von ihm angewandten Methode seinen Grund hat.

Der Verfasser hat bei niedriger Temperatur das Wasser so schwer beweglich gefunden, dafs dieser Umstand allein schon den Unterschied seiner Zahlen und der von BRUNNER erhaltenen erklärt.

Für höhere Temperaturen wurde das Wasser, ehe es die Metallhülle passirte, durch einen Glasballon geleitet, der durch eine Spirituslampe mit doppeltem Luftzuge erhitzt wurde. Die das Capillarrohr umgebende Hülle hatte zwar oft eine Temperatur, die um 1° oder 2° von der des Wassers in dem Gefäfse verschieden war, jedoch ist dies, wie der Verfasser durch besondere Versuche gefunden hat, ohne Einflufs.

Die an einer Röhre aus anderem Glase von $0{,}3098^{mm}$ Durchmesser beobachteten Steighöhen y lassen sich durch die Interpolationsformel darstellen

$$y = 101{,}80346^{mm} - 0{,}184966\,x,$$

wo x die Temperatur zwischen 5° und 100° C. bezeichnet. Die Differenz zwischen den berechneten und beobachteten Werthen von y beträgt selten mehr als $0{,}05^{mm}$.

Durch künstliche Erkaltung des Wassers in der Metallhülle wurde bei 0° die Steighöhe

$$= 102{,}058^{mm}$$

beobachtet; jedoch beschlugen die Glasplatten so mit Thau, dafs diese Beobachtungen nicht sehr genau sind.

Die Beobachtungen an dieser zweiten Röhre stimmen jedoch nicht mit den an der ersten erhaltenen Resultaten, indem die Steighöhe in einer Röhre von 1^{mm} Radius bei 0° C. daraus $= 15{,}77$ oder $15{,}81^{mm}$ folgen würde, also gröfser als oben, obwohl es den von SIMON gefundenen Werth $32{,}13^{mm}$ noch lange nicht erreicht.

In höheren Temperaturen ist wegen der raschen Verdampfung des Wassers in der Capillarröhre die Beobachtung ungenau.

Dieser Uebelstand scheint bei BRUNNER's Versuchen, der bei der Einrichtung seines Apparates das allgemeine Niveau mit Leichtigkeit auf constanter Höhe erhalten konnte, nicht gestört zu haben.

Der Verfasser untersuchte ferner die capillare Steighöhe von Flüssigkeiten bei Temperaturen, die über dem Siedepunkt derselben lagen.

Zu dem Ende wurde ein Capillarrohr in der Axe einer weiteren Glasröhre von dicker Wandung aufgehangen, die weite Röhre vor der Lampe ausgezogen, mit wasserfreiem Aether gefüllt, durch Kochen die Luft ausgetrieben, und nun die Röhre zugeschmolzen. Der Aether bildete auf dem Boden der weiten Röhre eine 3^{cm} hohe Schicht. Der ganze Apparat stand dann in einem 8 Liter fassenden kupfernen Gefäfse mit Wasser, das durch eine untergestellte Lampe auf die gewünschte Temperatur gebracht wurde. Zwei Glasfenster erlaubten in das Innere zu sehen. Der Verfasser überzeugte sich, dafs die Capillarröhre wirklich die Temperatur des Bades hatte, und brachte die wegen des Durchmessers der weiteren Röhre nothwendige Correction an. Zwischen den Temperaturen 12° und 100° liefs sich die Steighöhe y darstellen für die Temperatur x durch die Interpolationsformel

$$y = 38{,}0819^{mm} - 0{,}175436\,x.$$

Daraus würde bei 217° die Steighöhe = 0 folgen. In einem Bade von Leinöl wurde nun die Temperatur noch gesteigert, und schon bei 190° stand die Flüssigkeit in beiden Röhren gleich hoch, während die capillare Oberfläche in der weiten Röhre ganz flach war. Ueber diese Temperatur hinaus wurde die früher concave Oberfläche convex, die Flüssigkeit stand in der Capillarröhre niedriger, als in der weiteren. Gegen 198° bedeckte sich die convexe Oberfläche mit einer Wolke, wurde undeutlich, und bei 200° war die ganze Flüssigkeit in Dampf verwandelt, wie dies schon CAGNIARD-LATOUR beobachtet hatte. Beim Sinken der Temperatur erschien die Flüssigkeit wieder und die Erscheinungen traten in umgekehrter Reihenfolge auf.

Aus den Versuchen von BRUNNER folgt eine Interpolationsformel, die bei 191°, also wie die directe Beobachtung des Verfassers, die Steighöhe des Aethers = 0 ergiebt; jedoch erstrecken sich die Beobachtungen des ersteren nur auf Temperaturen von 0° bis 35°.

Bei anderen Flüssigkeiten als Aether, hat der Verfasser die Temperatur nicht genau bestimmt, bei welcher der concave Meniskus in einen convexen übergeht, jedoch liegt dieselbe nahe derjenigen, bei welcher die vollständige Verflüchtigung der Flüssigkeiten eintritt, und die nach CAGNIARD-LATOUR für Schwefeläther 200°, für Alkohol 259°, für Schwefelkohlenstoff 275° und für Naphtha 200° bis 259° ist. Der Verfasser hat auf diese Flüssigkeiten ebenfalls seine Versuche ausgedehnt, und die von CAGNIARD-LATOUR gemachte Beobachtung bestätigt gefunden, dafs die Temperatur der vollständigen Verflüchtigung unabhängig zu sein scheint von dem Verhältnisse des Volumens der Flüssigkeit zu dem des freien Raumes, in welchem sie sich ausbreiten kann.

Der Verfasser kommt dann auf theoretische Betrachtungen bei dem Vergleich seiner Beobachtungen mit den Theorien von LAPLACE, GAUSS u. A. Wir müssen jedoch in Bezug auf diesen Theil der Arbeit, mit dem wir nicht in allen Punkten übereinstimmen können, auf das Original selbst verweisen. Es wird dabei aus den Versuchen der wohl richtige Schlufs gezogen, dafs bei hohen Temperaturen an der Wandung der Röhren nicht mehr eine flüssige Schicht anhaftet in welcher die Flüssigkeit sich erhebt.

Der Verfasser glaubt zugleich durch seine Versuche gezeigt zu haben, dafs die Natur der festen Röhrenwand von Einflufs auf die Aenderung der Steighöhe mit der Temperatur ist. *Q.*

G. WERTHEIM. Note sur la capillarité. C. R. XLIV. p. 1022-1027†; Inst. 1857. p. 174-176; Phil. Mag. (4) XIV. 315-319; Arch. d. sc. phys. XXXV. 134-138; POGG. Ann. CII. 595-600†.

Der Verfasser geht von dem LAPLACE'schen Satz aus, dafs das über das allgemeine Niveau gehobene Flüssigkeitsvolumen proportional der Peripherie des Querschnittes der festen Wand ist, welche Krümmung auch die Peripherie sonst haben mag.

Um diesen Satz direct zu prüfen, und zwar bei benetzenden

Flüssigkeiten, hat der Verfasser Abscissen und Ordinaten der Generatrix der capillaren Oberfläche gemessen, und daraus diese Generatrix selbst construirt, wenn die Flüssigkeit an einer ebenen Wand in die Höhe gestiegen war. Der Flächenraum und die Lage des Schwerpunktes der zwischen der Curve und den beiden Axen gelegenen Fläche wurde experimentell bestimmt. Dieselben Bestimmungen wurden bei Menisken gemacht, die von convexen Cylindern gehoben waren, und mit dem Guldin'schen Theoreme die Volumina der durch Umdrehung dieser Flächen um die Cylinderaxe entstandenen Körper berechnet.

Ebenso wurde ferner die capillare Oberfläche zwischen zwei verticalen Planplatten bestimmt. Ist 2α der Abstand derselben, h die Höhe des tiefsten Punktes des Meniskus über dem allgemeinen Niveau, b der Flächenraum des Querschnittes des halben Meniskus, l die Breite einer Planplatte, so ist $2l\,(h\alpha + b)$ das gehobene Flüssigkeitsvolumen.

Die Quotienten aller Volumina dividirt durch die entsprechende Peripherie der festen Körper müssen dann für dieselbe Flüssigkeit und dieselbe Temperatur, wenn der Laplace'sche Satz richtig ist, die Capillaritätsconstante $\frac{a^2}{2}\sin\varphi$ geben, wo $90^0 - \varphi$ der Winkel ist, unter welchem das letzte Element der capillaren Oberfläche die feste Wand schneidet.

Bei concaven Cylinderflächen läfst sich nur h beobachten. Der Verfasser hat dies bei Röhren von engem und weitem Durchmesser gethan und dann nach den Poisson'schen Formeln die Capillaritätsconstante berechnet.

Aufserdem wurden Zinkröhren von mittlerer Weite innen mit Wachs überzogen, in geschmolzenes Wachs getaucht, welches eine etwas höhere Temperatur als die zum Schmelzen nothwendige hatte, und nun nach dem Erkalten die Wand in verdünnter Schwefelsäure aufgelöst. Die Lage der unteren Ebene der so erhaltenen Wachscylinder gegen das allgemeine Niveau war zuvor bestimmt worden, und es wurde dann h und b für einen durch die Axe gehenden verticalen Durchschnitt bestimmt.

Der Verfasser führt dann die Zahlenresultate an, die er bei destillirtem Wasser, einer gesättigten Lösung von Eisenchlorür,

Olivenöl, Wachs, Alkohol und Schwefeläther erhalten hat, und folgert daraus,

> dafs zwei parallele Ebenen ein constantes Volumen haben, wie auch ihr Abstand sein möge, selbst wenn dieser unendlich grofs ist.

Dies stimmt mit den von HAGEN und SIMON gefundenen Resultaten überein.

Die Versuche mit engen Röhren ergeben bei gewissen Flüssigkeiten denselben, bei anderen einen gröfseren Werth der Constante, als er sich aus den Versuchen mit zwei Planplatten ergiebt. So findet der Verfasser z. B. bei destillirtem Wasser für das von 1^{mm} Peripherie getragene Flüssigkeitsvolumen in Cubikmillimetern 7,537 und 5,187.

Das Verhältnifs zwischen diesen beiden Werthen der Constanten ist zufällig $= \frac{\pi}{2}$, wie schon SIMON bemerkt hat. Für Eisenchlorür ist es etwa 2, indem hier die Constante 6,182 und 3,329 gefunden wurde. Für die anderen Flüssigkeiten ist es = 1.

Die weiten Röhren ergeben für die Capillaritätsconstante einen Werth, der zwischen jenen beiden liegt, oder mit ihnen zusammenfällt, wenn beide gleich sind. Der Verfasser findet darin den Grund, dafs LAPLACE und POISSON, indem sie sich auf einen Versuch GAY-LUSSAC's mit Alkohol berufen, angeben, die Theorie stimme mit der Erfahrung überein.

In dem Maafse, wie die Radien der convexen Cylinder abnehmen von der Ebene aus, bei der dieser Radius unendlich grofs ist, nimmt auch das gehobene Flüssigkeitsvolumen fortwährend ab bei destillirtem Wasser und Eisenchlorürlösung. Bei den anderen Flüssigkeiten beginnt diese Abnahme erst bei einer gewissen Krümmungsgränze, wächst allmälig und, wie es scheint, ins Unendliche. Der Aether zeigt das constanteste Volumen von allen Flüssigkeiten.

Der Verfasser glaubt nicht, dafs in der Abwesenheit der Schleimigkeit der Grund der Constanz liegt, weil Wasser und Gummiwasser denselben Endzustand des Gleichgewichts haben, nur dafs er bei Gummiwasser später eintritt.

Es ist dies übrigens schon von HAGEN beobachtet worden.

Der Verfasser sucht den Grund der Veränderlichkeit des gehobenen Volumens in der veränderlichen Dicke der flüssigen Schicht, die an dem festen Körper haftet, und stützt diese Hypothese durch Versuche mit Eisenchlorürlösung, die er zwischen zwei parallelen Eisenplatten aufsteigen liefs. Die Eisenplatten waren an den Polen eines RUHMKORFF'schen Elektromagnets befestigt, und für die Lösung die verschiedenen Werthe von h und b bei verschiedenen Abständen 2α im Voraus bekannt.

Mit steigender Intensität des den Elektromagneten erregenden Stromes erhob sich die magnetische Flüssigkeit bis zum doppelten und dreifachen ihrer ursprünglichen Höhe; bei jeder Intensität der Magnetisirung blieb das gehobene Volumen beinahe constant, welchen Abstand auch die Platten haben mochten. Der Verfasser meint nun, dafs aus den Versuchen von BRUNNER und MOUSSON folgte, die Anziehung der Flüssigkeit auf sich selbst werde durch Magnetisirung derselben nicht geändert. Die Gestaltsveränderung der Flüssigkeit sei aufserdem, sobald die Polflächen nicht darin eintauchten, klein und die Zunahme des gehobenen Volumens unabhängig von dem Abstande der Platten, so dafs es sich nicht um einen in die Ferne ausgeübten Effect magnetischer Anziehung handele. Der Verfasser glaubt also, dafs diese Thatsachen nur durch eine Zunahme der Dicke der anhaftenden Schicht erklärt werden können, eine Zunahme, die sich direct erweisen läfst.

Wir müssen gestehen, dafs, so interessant die Versuche des Verfassers sind, wir uns doch nicht mit den daraus gezogenen Schlüssen einverstanden erklären können. Wie läfst sich die Zunahme der Dicke der Schicht direct erweisen? Sollte nicht bei den Versuchen von BRUNNER und MOUSSON die Flüssigkeit viel schwächer magnetisirt gewesen sein, als bei den Versuchen mit dem RUHMKORFF'schen Elektromagneten? Denn wenn zwei Stäbe von weichem Eisen in der Nähe eines starken Magneten sich anziehen, so dafs das eine das andere trägt, warum sollen dies nicht auch zwei magnetische Flüssigkeitsmolecüle thun. Es scheint also nach den vorliegenden Versuchen wirklich durch Magnetisirung der Flüssigkeit die Capillaritätsconstante vergröfsert zu werden.

Der Verfasser glaubt, da jede Temperaturveränderung die Dicke der an der festen Wand haftenden Flüssigkeitsschicht verändern kann, dafs der Einflufs der Temperatur sehr abweichen kann von dem, welchen die Theorie bei blofser Berücksichtigung der Ausdehnung der Flüssigkeit vorausgesehen hat. *Q.*

C. A. VALSON. Sur la théorie des phénomènes capillaires. (Extrait.) C. R. XLV. 10-13, 101-103†; Cosmos XI. 64-65, 229-230.

Der Verfasser hatte sich in der ersten Arbeit die Aufgabe gestellt, den aus der Theorie von BERTRAND (Journ. d. LIOUVILLE juin 1848) abgeleiteten Schlufs zu beweisen, dafs die gesammte, von einer Capillarröhre gehobene Flüssigkeitsmenge dieselbe bleibe, wenn sie durch Luftblasen getrennt ist, wie grofs auch die Zahl und Ausdehnung derselben sein mag.

Bei Anwendung der directen GAY-LUSSAC'schen Methode, wo die Flüssigkeitssäulen ohne Berücksichtigung der Menisken gemessen wurden, fand der Verfasser: 1) dafs die Summe der Höhen der verschiedenen Flüssigkeitssäulen mit steigender Zahl der Luftblasen, wenn man von den Menisken absah, sich verkleinerte; 2) dafs die durch jede neue Luftblase hervorgerufene Differenz, die also zwei neuen Menisken entspricht, merklich constant ist; 3) dafs das daraus für einen Meniskus abgeleitete Volumen dasselbe ist, wie wenn man die capillare Oberfläche in der Röhre als halbkugelförmig betrachtet; 4) dafs das so erhaltene Volumen dasselbe war bei destillirtem Wasser wie bei Alkohol von 40 Graden.

Der Verfasser vergleicht dann die von BERTRAND a. a. O. gegebene Relation zwischen den Elementen eines Quecksilbertropfens oder eines Quecksilbermeniskus

$$\frac{v-bh}{l} = \varepsilon\alpha \sin i = \text{const}$$

mit den Beobachtungen von BÈDE, GAY-LUSSAC und DANGER, bei Röhren von $0{,}0944^{\text{mm}}$ bis 60^{mm} Durchmesser. v ist dabei das Volumen, b die Basis und l der Umfang der Unterstützungsfläche, h der Abstand der Basis von der freien Quecksilberoberfläche, $\varepsilon\alpha \sin i$ eine Constante.

Die für $\varepsilon\alpha \sin i$ aus den Beobachtungen folgenden Werthe liegen zwischen 2,475 und 2,670, sind also nahe constant.

Das Studium des Ansteigens oder der Depression von Flüssigkeiten in Capillarröhren führte den Verfasser darauf, die kleinen Bewegungen der Flüssigkeiten in solchen Röhren mit dem Calcül zu verfolgen, wobei auf die capillare Wirkung, die Schwerkraft und die Reibung der Flüssigkeit gegen die Gefäſswand Rücksicht genommen wurde. Die letztere wurde proportional der Geschwindigkeit angenommen.

Ist t der Reibungscoëfficient, der für dieselbe Flüssigkeit und dieselbe Röhre denselben Werth hat, g die Schwerkraft, ϱ die Dichtigkeit der Flüssigkeit, u der Unterschied zwischen dem Niveau der Flüssigkeit zu einer bestimmten Zeit und dem in der Gleichgewichtslage, so gelten folgende drei Gleichungen für die Bewegung

$$u = e^{-\frac{ft}{2}}(Ae^{\gamma t} - Be^{-\gamma t}) \text{ für } f^2 - 4g\varrho = \gamma^2 > 0,$$

$$u = e^{-\frac{ft}{2}}(A\cos\gamma_1 t - B\sin\gamma_1 t) \text{ für } f^2 - 4g\varrho = \gamma_1^2 < 0,$$

$$u = e^{-\frac{ft}{2}}(A + Bt) \text{ für } f^2 - 4g\varrho = 0.$$

A und B sind zwei willkürliche Constante.

Ist $f^2 - 4g\varrho < 0$, so ist die Bewegung eine oscillirende und periodische; die Oscillationen sind isochron und nehmen in einer geometrischen Reihe ab. In den anderen Fällen ist die Bewegung nicht periodisch.

Der Verfasser fand nun, daſs destillirtes Wasser bei der Temperatur 10° bis 15° in einer Röhre von gröſserem Durchmesser als $1{,}5^{\text{mm}}$ oscillirte; war der Durchmesser $< 1^{\text{mm}}$, so oscillirte es nicht mehr.

Neigt man die Röhre unter dem Winkel α gegen den Horizont, so wird die Charakteristik $f^2 - 4g\varrho \sin\alpha$, d. h. sie kann für dieselbe Röhre $\gtrless 0$ sein. So oscillirt in der That Wasser in einer Röhre von $1{,}5^{\text{mm}}$ Durchmesser, wenn dieselbe aufrecht steht, und nicht mehr, wenn die Neigung weniger als 45° beträgt.

Bei wachsender Dichtigkeit wird $f^2 - 4g\varrho$, das anfänglich positiv war, negativ bei derselben Röhre, und dadurch wird die

Bewegung, was sie früher nicht war, oscillirend. Wasser oscillirt nicht in einer Röhre von 0,60mm Durchmesser, wohl aber Quecksilber.

Bei erhöhter Temperatur nehmen nach den Versuchen von WOLFF die Capillaritätserscheinungen merklich ab, obgleich die Dichtigkeit sich nur wenig ändert. Man kann also erwarten, dafs bei Aenderung der Temperatur $f^2 - 4g\varrho$ bald positiv, bald negativ ist. Der Versuch zeigt, dafs Wasser bei 10° oder 15° in einer Röhre von 1mm Durchmesser nicht oscillirt; steigt die Temperatur bis 60°, so werden die Oscillationen sehr merklich. Bei 100° sind sie selbst in einer Röhre von 0,60mm Durchmesser zu bemerken.

Es führte dies auf die Bedingungen, die am geeignetsten waren, das Gleichgewicht der Flüssigkeitssäule wirklich zu erhalten. Bei Wasser und einer Röhre von 1,5mm bis 2mm Durchmesser genügten 3 Secunden um die Schwankungen kleiner als die Beobachtungsfehler werden zu lassen, bei sehr engen Röhren 8 bis 10 Secunden. Der Verfasser verwirft deshalb das Verfahren mehrere Stunden oder ganze Tage mit der Beobachtung zu warten.

Der Verfasser hebt die Capillarröhre etwa 10mm aus der Flüssigkeit, bemerkt die Steighöhe, senkt sie dann wieder in die Flüssigkeit, und mifst ebenfalls die Steighöhe, wobei er die Zeit, die nach dem eben gesagten nothwendig ist, um Gleichgewicht eintreten zu lassen, verstreichen läfst, ehe er die Steighöhe notirt.

Der Versuch gab hierbei die übereinstimmendsten Resultate.

In der zweiten Arbeit beabsichtigt der Verfasser die Theorie der Capillarwirkung auf die Untersuchung der Veränderungen der Molecularwirkungen in Flüssigkeiten anzuwenden.

Den Grund dieser Veränderungen sucht er in der Dichtigkeitsänderung der Flüssigkeit und ferner besonders in der Aenderung der Intensität der Molecularwirkung unabhängig von der Masse.

Wenn man bei Gemischen von Flüssigkeiten, die keine chemische Wirkung aufeinander ausüben, die Menge der einen Flüssigkeit in Volumprocenten des Gemisches als Abscissen, die zugehörigen Steighöhen als Ordinaten aufträgt, so entsteht eine gerade Linie.

Bei schwacher chemischer Wirkung geht diese Gerade in eine parabolische Curve über, die wenig von ihrer Sehne abweicht.

Den ersten Fall repräsentirt Wasser bei irgend einer Temperatur, wenn man es als Gemisch einer Wassermenge von 0° und einer anderen von 100° betrachtet, den zweiten Fall Salzlösungen, die dem Wasser beigemischt werden.

Bei entschieden ausgesprochener chemischer Verwandtschaft fand der Verfasser eine Art von Exponentialcurve, die eine Asymptote zuläſst.

Für wässrige Lösungen (hydratations) ergab sich, daſs 1) das Phänomen in gewöhnlicher Weise verläuft, ohne daſs die Curve oder deren Tangente eine Discontinuität zeigt. 2) Daſs die ersten zugesetzten Flüssigkeitsportionen eine gröſsere Wirkung als dieselben später zugesetzten Mengen haben. 3) Daſs die Variation der Intensität der Molecularwirkung von viel gröſserem Einfluſs als die Variation der Dichtigkeit oder mit anderen Worten, der Einfluſs der Masse secundär ist. 4) Daſs die wässrigen Lösungen (hydratations) wirkliche Verbindungen sind, die jedoch in allen Verhältnissen vor sich gehen können.

Ueberdies fand der Verfasser eine Uebereinstimmung seiner Resultate mit den von Favre und Silbermann erhaltenen, als diese sich mit den bei der Verdünnung von Säuren mit Wasser (hydratation) erregten Wärmemengen beschäftigten, besonders als Schwefelsäure concentrirte Essigsäure und Alkohol mit Wasser versetzt wurden.

Die Capillaritätserscheinungen zeigen schon äuſserst geringe Spuren von Alkohol an. So verkleinerte ein Gehalt von $\frac{1}{10}$ Milliontel Alkohol eine Steighöhe von 41,48^{mm} um 0,2^{mm} 4 bis 5 Zehnmilliontel brachte eine Veränderung von 1^{mm} hervor. Der Verfasser schlägt vor, dies als Alkoholometer praktisch zu benutzen. *Q.*

E. DESAINS. Note sur l'ascension capillaire de l'eau entre deux lames parallèles. C. R. XLV. 225-228†; Inst. 1857. p. 275-275; POGG. Ann. CII. 601-605†; Cosmos XI. 180, 257-258.

Der Verfasser hat, da die von WERTHEIM angestellten Versuche bei Wasser eine Uebereinstimmung von Theorie und Erfahrung nicht ergaben, die Steighöhe des Wassers zwischen zwei verticalen und parallelen Planplatten gemessen, und dieselben Resultate gefunden wie GAY-LUSSAC, auf dessen Versuche sich die Formeln von LAPLACE stützen. Der Verfasser fand, wenn d den Abstand der Platten, h die beobachtete Steighöhe und t die Temperatur bedeutet

h	t	d
$16{,}47^{mm}$	$19{,}5^0$	$0{,}88^{mm}$
19,17	25	0,76

dieser Abstand d berechnet sich nach der LAPLACE'schen Formel aus der Steighöhe zu $0{,}89^{mm}$ und $0{,}76^{mm}$, so dafs also der Versuch die Theorie vollkommen bestätigt.

Der Verfasser sucht die Abweichung seiner Versuche von den WERTHEIM'schen in der Art und Weise, wie die Planplatten, zwischen denen die Flüssigkeit ansteigt, benetzt sind. Bei den Versuchen des Verfassers geschah dies, indem die 17^{cm} langen und 12^{cm} breiten gläsernen Planplatten nacheinander mit Kalilösung, Wasser, Chlorwasserstoffsäure, Wasser, Alkohol, Aether behandelt und schliefslich längere Zeit in dem Wasser gelassen wurden. An den Ecken wurden die Platten durch vier kleine mit dem Sphärometer gemessene Kupferdrähte getrennt, und mit Schrauben gegeneinander geprefst. Eine Messung des Abstandes der Platten mit dem Kathetometer ergab dieselben Zahlen, wie die Messungen der Dicken der Kupferdrähte, und zeigte zugleich, dafs die Platten nahe parallel waren.

Die Platten wurden dann mit einem an den Köpfen der Schrauben befestigten Bindfaden aufgehängt, in ein grofses Gefäfs voll destillirten Wassers ganz untergetaucht, und theilweise aus dem Wasser gezogen, um die Höhe zu messen, bei welcher die Flüssigkeit stehen blieb. Das Fernrohr des Kathetometers wurde auf den unteren Theil des Meniskus und zwischen einer stumpfen Spitze und dem Bilde derselben im allgemeinen Niveau eingestellt, um die Höhe des letzteren zu bestimmen. Das allgemeine Niveau war dabei so eingerichtet, dafs es sich etwas über den Rand des Gefäfses erhob, und man darüber hin visiren konnte.

Die Horizontalität der Kante des Meniskus wurde ebenfalls durch das Kathetometer controllirt und es ergab sich daraus, dafs die 4^{mm} dicken Platten wirklich parallel waren, und keine Biegungen erlitten hatten. Der Verfasser fand, wie das jedoch schon aus den Versuchen von Hagen bekannt war, dafs die Steighöhe kurz nach dem Herausziehen der Platten den gröfsten Werth hatte und dann allmälig abnahm. So fand er

7′ 84′ 2640′

nach dem Herausziehen der Platten die Steighöhen

16,45^{mm} 16,02^{mm} 14,43^{mm}.

Der Verfasser sucht den Grund dieser Erscheinung in dem Verdunsten des Wassers an der Glaswand und der dadurch unvollkommenen Benetzung.

Bei dem anderen Versuche, wo die Glasplatten 0,76^{mm} von einander abstanden, waren sie statt durch Kupferdrähte durch Glasplättchen getrennt, deren Dicke ebenfalls mit dem Sphärometer gemessen worden war. *Q.*

Gilbert. Note sur la théorie des phénomènes capillaires. C. R. XLV. 771-772; Pogg. Ann. CII. 605-606†.

Der Verfasser will gefunden haben, dafs die Theorien der Capillaritätserscheinungen, wie sie von Laplace und Gauss gegeben sind, zu verschiedenen Resultaten führen. Nach ersterem ist die Steighöhe einer Flüssigkeit zwischen zwei vertikalen Planplatten etwa die Hälfte von derjenigen, bis zu welcher die Flüssigkeit sich in einer Röhre erhebt, deren Durchmesser gleich dem Abstande der beiden Planplatten ist. Aus der Theorie von Gauss soll sich dies Verhältnifs nicht $= 2$, sondern $= \frac{\pi}{2} = 1,57$ ergeben. *Q.*

J. C. Fortone. Mémoire sur la théorie mathématique de la capillarité. (Extrait.) C. R. XLV. 962-963†; Cosmos XI. 657-659.

Der Verfasser leitet aus der allgemeinen Theorie der Gleichgewichtsgestalt der Flüssigkeiten die Erscheinungen der Capillarität ab, jedoch ist aus den wenigen Andeutungen dieses Auszuges nicht zu ersehen, ob diese Herleitung wesentlich von der durch Gauss gegebenen verschieden ist. Der Verfasser will dabei nicht nur die Temperatur, sondern auch die Substanz der festen Wand von Einflufs auf die Capillaritätserscheinungen gefunden haben, und hält die Einwendungen Poisson's gegen die Laplace'sche Theorie für unbegründet. *Q.*

Fernere Literatur.

A. Dawidof (Moskau). Ueber die Theorie der Capillaritätserscheinungen. Erman Arch. XVI. 617-648.

---

4. Diffusion.

A. Lieben. Ueber die Homogeneität der Lösungen. Liebig Ann. CI. 77-88†; Phil. Mag. (4) XIII. 505-506; Arch. d. sc. phys. XXXIV. 160-161; Erdmann J. LXX. 445-446; Chem. C. Bl. 1857. p. 367-368; Cimento V. 213-215.

Ueber die wesentliche Beschaffenheit der Auflösungen sind zwei verschiedene Ansichten ausgesprochen. Man betrachtet entweder die kleinsten Theile der gelösten Substanzen als durch eine schwache Verwandtschaft an die kleinsten Theile des Lösungsmittels gebunden, oder als nur auf dem Wege der Mischung zwischen den letzteren verbreitet. — Nach der letzterwähnten Auffassung erschien es als denkbar, dafs sich die schwereren Atome der gelösten Substanz allmälig ausscheiden und in den unteren Schichten der Lösung anhäufen könnten. Dies wollte Beudant durch Versuche nachgewiesen haben, während Gay-

Lussac das Gegentheil behauptete und experimental darthat. In letzter Zeit ist die Angabe von Beudant durch Bischof erneuert worden. Der Verfasser hielt es daher für angemessen diese Frage durch sorgfältige Versuche zur Entscheidung zu bringen und zwar sowol für Auflösungen von festen als auch von gasförmigen Körpern in Wasser.

Eine Kochsalzlösung in einem 2 Meter langen Glasrohre, zugeschmolzen und 4 Monate lang in einem Keller senkrecht aufgehängt, zeigte nach dem Oeffnen bei der Analyse in allen Schichten vollkommen gleichen Salzgehalt.

Die Auflösungen von Gasen in Wasser anbelangend erschien es möglich, dafs sich in Folge des verschiedenen Druckes, unter welchem die verschiedenen Flüssigkeitsschichten stehen, gemäfs des Absorptionsgesetzes ein verschiedener Gasgehalt in denselben anhäufe, so dafs die anfangs homogene Flüssigkeit mit der Zeit in Schichten verschiedener Sättigung zerfiele. Es wurde zum Zweck der betreffenden Untersuchung ausgekochtes Wasser mit schwefliger Säure versetzt, dann die Auflösung in einer 160 Cubikmeter langen, an beiden Enden zugeschmolzenen Röhre in den Keller gebracht und hier 4 Monate lang aufbewahrt, nach dieser Zeit wurde die Spitze abgebrochen und der Gasgehalt von sechs übereinander stehenden Schichten durch Filtrirung mittelst einer Jodlösung bestimmt. Da der Druck, unter welchem die Schichten standen, bekannt war, so konnte nach dem Absorptionsgesetz der Gasgehalt berechnet werden, welcher in jeder Schicht hätte gefunden werden müssen, wenn eine den Druckunterschieden entsprechende Ungleichartigkeit der Vertheilung des Gases stattgefunden hätte. Der Versuch ergab aber hiermit nicht übereinstimmende Resultate, vielmehr fand sich der Gasgehalt in allen Schichten innerhalb der möglichen Fehlergränzen constant.

Wi.

A. FICK. Erwiederung auf einige Stellen der Abhandlung: „Ueber die Diffusion von Flüssigkeiten". LIEBIG Ann. CII. 97-101†.

Hr. FICK hält gegen einige Bemerkungen von BEILSTEIN die Behauptung aufrecht, dafs durch seine Versuche [1]) das Fundamentalgesetz der Diffusion: „die Intensität des Diffusionsstromes ist proportional dem Differentialquotienten der Lösungsdichtigkeit" erwiesen sei. Zwar sei sein Beweis nur für Kochsalzlösung geführt, indessen könne man schwerlich annehmen, dafs das Fundamentalgesetz der Diffusion für verschiedene Salze verschieden sei. *Wi.*

W. SCHMIDT. Versuche über die Endosmose des Glaubersalzes. POGG. Ann. CII. 122-167†.

Hr. SCHMIDT stellte sich eine doppelte Aufgabe: erstens das Gesetz der Geschwindigkeit der Endosmose zu prüfen, wonach diese bei Lösungen desselben Soffes dem Unterschiede des Concentrationsgrades der Flüssigkeiten, zwischen denen der Austausch stattfindet, proportional sein soll, dabei aber namentlich den etwa stattfindenden Einflufs des absoluten Concentrationsgrades und der Temperatur zu bestimmen. Zweitens die Frage zu entscheiden, ob für verschiedene Substanzen bestimmte endosmotische Aequivalente angenommen werden dürfen, oder ob der Concentrationsgrad und die Temperatur von Einflufs seien auf das Verhältniss der ausgetauschten Mengen des Lösungsmittels und der gelösten Substanz.

Die Versuche erstreckten sich nur auf Glaubersalzlösungen, es wurden möglichst grofse Membranflächen angewendet (66 bis 103^{mm} Durchmesser), um bei geringer Veränderung des Concentrationsgrades doch den Hindurchgang gröfserer Salzquantitäten zu ermöglichen, für dieselbe Versuchsreihe wurden Stücke von ein und demselben Herzbeutel vom Rind zur Verschliefsung der 4 oder 6 gleichzeitig in Arbeit genommenen Cylinder verwendet. Auf Vermeidung der Verdunstung wurde die möglichste Sorgfalt gerichtet. Der Salzgehalt der Flüssigkeiten wurde vor und nach

[1]) Berl. Ber. 1855. p. 22.

dem Versuch durch hydrostatische Wägungen ermittelt, nachdem zuvor durch eine besondere Versuchsreihe das specifische Gewicht einer Anzahl von Glaubersalzauflösungen, deren Concentrationsgrad bekannt war, bestimmt und auf Grund dieser Bestimmungen eine im Auszuge mitgetheilte Tabelle über die Beziehung zwischen Salzgehalt und specifischem Gewicht der Glaubersalzlösungen berechnet war. — Hatte man sodann auch das Gewicht der Cylinder vor und nach dem endosmotischen Vorgang ermittelt, so waren die nöthigen Data vorhanden zur Bestimmung sowohl des ausgetretenen Salzes als auch des eingetretenen Wassers.

Der Verfasser leitet nun in ähnlicher Weise, wie dies früher von Jolly geschehen ist, unter der Voraussetzung, dafs die Diffusionsgeschwindigkeit in jedem Moment während des ganzen Verlaufs des endosmotischen Vorgangs proportional sei dem Unterschied zwischen dem Concentrationsgrade der innern und äufsern Flüssigkeit, einen Ausdruck ab für den Coëfficienten A, welcher die in der Einheit des Concentrationsunterschiedes diffundirende Salzmenge darstellt, daher für dasselbe Salz bei constanter Temperatur unveränderlich sein mufs. Dieser Ausdruck lautet in seiner abgekürzten Form:

$$A = \frac{200a}{h\{p+p'-q-q'\}},$$

worin h die Dauer des Versuchs, a die ausgetretene Salzmenge, p und p', q und q' Concentrationsgrad vor und nach dem Versuch für die innere und für die äufsere Flüssigkeit bedeuten. Dieser Ausdruck besafs hinlängliche Genauigkeit so lange die ausgetretene Salzmenge verhältnifsmäfsig gering war, bei längerer Dauer des Versuchs mufste die vollständige Formel benutzt werden, deren Anführung hier ohne Nutzen sein würde.

Es kam noch darauf an den Einflufs der Temperatur auf den Werth des Diffusionscoëfficienten zu berücksichtigen. Die Annahme, dafs die Diffusionsgeschwindigkeit nach demselben Gesetze mit der Temperatur zunehme, wie die Filtrationsgeschwindigkeit, führte dazu auch hier, wie dies bei den früheren Versuchen des Verfassers geschehen ist[1]), die von Poiseuille für

[1]) Berl. Ber. 1856. p. 48.

die Ausflufsgeschwindigkeit durch Capillarröhren aufgestellte Formel zu benutzen, wonach:

$$A_t = A_0\,(1 + 0{,}0336793t + 0{,}0002209934t^2).$$

Unter dieser Voraussetzung wurden die bei verschiedenen Temperaturen bestimmten Werthe von A aufeinander reducirt, es ergab sich dann eine genügende Uebereinstimmung, welche die Zulässigkeit der über den Temperatureinflufs gemachten Annahme bestätigte.

Von grofsem Einflufs auf den Werth von A mufs auch die Beschaffenheit der Membran sein, es wäre daher nöthig bei allen zu vergleichenden Versuchen vollkommen identische Membranen anzuwenden. Diese Schwierigkeit suchte der Verfasser dadurch zu umgehen, dafs er mit denselben Membranen, die genau gleichen Einwirkungen unterworfen wurden, eine längere Reihe von Beobachtungen anstellte, und dabei von den in gleicher Weise veränderten die Einen zur Bestimmung der Diffusionsgeschwindigkeit bei kleinerer, die Anderen bei gröfserer Differenz der Concentration benutzte. Zeigten sich dann bei den aufeinander folgenden Versuchen die Werthe von A für alle Membranen in gleichem Sinne verändert, so mufste man schliefsen, dafs nur der Unterschied in der Beschaffenheit der Membran nicht die Verschiedenheit des Concentrationsgrades die Ursache dieser Veränderung sei.

Der Verfasser zieht aus seinen Versuchen den Schlufs, dafs der Coëfficient A nahezu constant bleibe, jedoch langsam zunehme, wenn die Differenz des Concentrationsgrades bis gegen 2 Procent sinkt, dann soll ein Maximum eintreten, und bei weiterer Verminderung wieder Abnahme eintreten. Es fragt sich indessen wohl, ob die wenigen Versuche, aus denen dies Resultat gezogen ist, welches überdies durch die Veränderungen der Membranen getrübt wird, genügen, die Annahme, dafs A constant sei, zu widerlegen.

Wurde aufserhalb des Cylinders die concentrirtere Auflösung angebracht, so dafs das Salz sich in dem der Schwere entgegengesetzten Sinne durch die Membran bewegen mufste, so zeigte sich die Diffusion verlangsamt, A erhielt kleinere Werthe.

Aus denselben Versuchen wurde ferner das Verhältnifs des

eingetretenen Wassers zum ausgetretenen Salze bestimmt, also der Werth des endosmotischen Aequivalents für das Glaubersalz, wobei besonders auf eine etwa stattfindende Veränderung desselben mit Aenderungen des absoluten Concentrationsgrades, des Concentrationsunterschiedes und der Temperatur geachtet wurde. Temperaturverschiedenheiten schienen ohne Einflufs auf den Werth des endosmotischen Aequivalents, doch waren die in höherer Temperatur angestellten Versuche wegen der schwer zu vermeidenden Verdampfung mit Fehlern behaftet. — War die äufsere Flüssigkeit Wasser, so nahm das endosmotische Aequivalent langsam ab mit zunehmender Concentration der im Innern des Cylinders befindlichen Auflösung, wurde aber krystallisirtes Salz auf die Innenfläche der Membran gebracht, so erhöhte sich der Werth des Aequivalents im Vergleich zu einer Auflösung von 1,5 Procent Salzgehalt von 8 auf 10,8. — Der Concentrationsgrad der äufseren Flüssigkeit scheint bei gleicher Concentrationsdifferenz der Flüssigkeiten ohne Einflufs auf den Werth des endosmotischen Aequivalents zu sein. ***Wi.***

T. Simmler und H. Wild. Ueber einige Methoden zur Bestimmung der bei der Diffusion einer Salzlösung in das reine Lösungsmittel auftretenden Constanten. Pogg. Ann. C. 217-235†, 660-660†.

Die Verfasser schlagen Methoden vor zur Ermittelung und Feststellung der Diffusionsgesetze, ohne dieselben bis jetzt bei eigenen Versuchen in Anwendung gebracht zu haben. Sie gehen dabei von denselben theoretischen Betrachtungen über den Diffusionsvorgang aus wie Fick in seinem an einer früheren Stelle dieser Berichte [1]) besprochenen Aufsatz und gelangen daher auch wie dieser zu der Differentialgleichung

$$\frac{\partial u}{\partial t} = \frac{k\partial^2 u}{\partial x^2},$$

welche die Gesetze der Fortbewegung des Salzes bei der Diffusion darstellt, worin u der Concentrationsgrad an einer durch die Ordinate x bestimmten Stelle zur Zeit t. Statt aber wie

[1]) Berl. Ber. 1855. p. 23.

FICK das Stationärwerden des Vorganges vorauszusetzen, — was beim Versuch nicht mit Sicherheit erreicht werden kann — wodurch die Gleichung übergeht in $\frac{\partial^2 u}{\partial x^2} = 0$, integriren sie die für variable Zustände geltende Differentialgleichung und bestimmen in dem particulären Integral derselben:

$$u = e^{-m^2 kt}(A \cos mx + B \sin mx),$$

die Constanten A, B und m aus den gegebenen Bedingungen, welche sich theils auf die beharrenden Zustände, an den Endflächen (die Gränzbedingungen) theils auf die im Anfangsmoment für alle Schichten der gesammten Flüssigkeitssäule geltenden Concentrationsgrade beziehen in der aus den analogen Untersuchungen der Akustik bekannten Weise. Der Diffusionscoëfficient k wird dann mittelst der Versuchsresultate, durch welche nach Ablauf einer gewissen Zeit entweder die ausgetretene Salzmenge, oder auch der Concentrationsgrad an bestimmten Stellen der Flüssigkeitssäule ermittelt sein mufs, durch eine convergirende Reihe gegeben.

Die Verfasser zeigen noch wie die Verhältnisse beim Versuch gewählt sein müssen, um ein möglichst angenähertes Resultat zu erhalten, wenn man sich bei Berechnung von k auf das erste Glied der Reihe beschränkt. — Zur Bestimmung des Concentrationsgrades der Flüssigkeit an jeder beliebigen Stelle schlagen sie eine optische Methode vor; es soll nämlich der Salzgehalt der Flüssigkeit aus dem Brechungscoëfficienten derselben gefunden werden; da die Aenderung des Brechungsvermögens einer Auflösung mit der Veränderung ihres Salzgehalts indessen noch keinesweges mit Genauigkeit ermittelt ist, so würde zu diesem Zweck noch eine besondere Vorarbeit angestellt werden müssen. — Wegen der ausführlichen mathematischen Entwicklung des Gegenstandes müssen wir auf das Original verweisen. *Wi.*

MAGGIORANI. Sulla endosmosi dell' albumina. Atti de nuovi Lincei I. 3, 57; Cimento VI. 70-73†.

Die Behauptung von MIALHE, dafs eiweifshaltige Flüssigkeiten nicht den Gesetzen der Endosmose folgen, und namentlich Eiweifs nicht durch Membranen gehe, veranlafste den Verfasser zu seinen Versuchen. Es wurde ein noch nicht von der Kalkschaale bekleidetes Ei in Wasser gelegt, dasselbe schwoll bald auf und schon nach 2 Stunden liefs sich nachweisen, dafs Eiweifs ausgetreten war. Nach Ablauf längerer Zeit hatte die ausgetretene Eiweifsmenge bedeutend zugenommen, auch war dieselbe unter übrigens gleichen Umständen gröfser, wenn als äufsere Flüssigkeit Kochsalzlösung angewendet war. Wurden frische mit der Kalkschaale bedeckte Eier in Wasser gelegt, so war nach längerer Zeit ebenfalls ein Austreten von Eiweifs nachzuweisen. — Auch wenn ein Ei ohne Kalkschaale, mit fein zertheilten, durch Wasserstoff reducirtem Eisen bestreut wurde trat Eiweifs aus, das Ei entleerte sich zum Theil, es bildete sich äufserlich eine Rinde durch Vereinigung des Eiweifses mit dem metallischen Pulver, im Innern zeigte sich eine rosenrothe Färbung, wie sie entstand bei directer Einführung von Eisen; hieraus ging also hervor, dafs auch Eisen durch Endosmose in das Ei eingedrungen war. *Wi.*

---

5. Dichtigkeit.

Jolly. Ueber die Physik der Molecularkräfte. München 1857. p. 1-18.

Der Verfasser giebt in dieser, in einer öffentlichen Sitzung der Münchner Akademie der Wissenschaften gehaltenen Rede, in welche der Veranlassung gemäfs das Detail der strengwissenschaftlichen Untersuchung nicht aufgenommen ist, einige Andeutungen über Versuche, welche von ihm unternommen sind, in der Erwartung durch dieselben näheren Aufschlufs über das Wirkungsgesetz der Molecularkräfte zu erhalten. Der leitende Gedankengang der Untersuchung ist folgender:

Es ist bekannt, dafs bei Auflösung von Salzen in Wasser eine Contraction stattfindet, diese Contraction kann nur hervorgerufen sein durch den Zug, welchen die Molecüle des Salzes ausüben auf die Wassermolecüle, durch welchen Zug jedes Phänomen der Auflösung von Salz in Wasser überhaupt erst hervorgerufen wird. Indem man die Gröfse der Contraction mifst, anderseits aber die mechanische Kraft kennt, welche durch äufsern Druck eine gleich grofse Volumverminderung zu bewirken vermag, kann man zu einem Maafs für die Gesammtwirkung der Molecularzüge gelangen.

Wie die Molecularwirkung abnimmt mit zunehmendem Abstand der Angriffspunkte soll nach der Ansicht des Verfassers ermittelt werden, indem die Menge des Lösungsmittels, in welchem die Salzmolecüle verbreitet sind, vergröfsert, zugleich aber die bei jeder ferneren Verdünnung der Lösung noch eintretende Contraction bestimmt wird; aus der Abnahme der letzteren soll sich dann die mit der Vergröfserung der Sphäre, auf welche das Molecül seine Wirkung ausdehnt, eintretende Verminderung der Intensität dieser Wirkung ergeben. Es werden einige mit Salpeterlösung erhaltene Resultate mitgetheilt:

1000 Cubikcentimeter Lösung von 12,0113 Procent Salzgehalt wurden mit 1257,8 Cubikcentimeter Wasser vermischt, die Contraction betrug 21,26 Cubikcentimeter, ein Druck von 18,4 Fufs Atmosphäre würde eine ebenso grofse Verdichtung des Wassers hervorgebracht haben. Weiterer Zusatz von 4327,6 Cubikcentimeter Wasser bewirkte Contraction um 15 Cubikcentimeter, bei fernerer Verdünnung mit 24311,6 Cubikcentimeter Wasser erfolgte noch Contraction um 13 Cubikcentimeter.

Bei dieser Versuchsreihe verhielten sich die Volumina der Flüssigkeit wie 1 : 2,2578 : 6,5854 : 30,8970, die Radien der Wirkungssphären wie 1 : 1,3118 : 1,8743 : 3,1036. Die durch die Contractionscoëfficienten ausgedrückten Wirkungen verhielten sich wie 940 : 228 : 39, sie nehmen also nahezu ab, wie die vierten Potenzen der Entfernungen zunehmen. — Diese Untersuchungen sollen nun als Erfahrungsgrundlage dienen, aus welcher durch den Attractionscalcül das Gesetz abgeleitet werden soll, nach welchem der Molecularzug abnimmt mit zunehmendem Abstand der Molecüle. — Nach seinen bisherigen Resultaten spricht der Verfasser die Ansicht aus, dafs die Molecularkräfte kaum nach einer höheren Potenz der Entfernung als nach der zweiten abnehmen möchten. *Wi.*

H. Kopp. Calcul des densités de vapeur. C. R. XLIV. 1347-1348†; Inst. 1857. p. 224-224; Phil. Mag. (4) XIV. 234-235; Chem. C. Bl. 1857. p. 594-595; Silliman J. (4) XXIV. 422-423.

Hr. Kopp macht darauf aufmerksam, dafs man durch Division des Atomgewichts einer Verbindung (für Sauerstoff = 8) durch das specifische Gewicht ihres Dampfes (für Luft = 1 berechnet) constante Quotienten erhält, welche er Normalquotienten zu nennen vorschlägt, und zwar entspricht

einer Condensation des Dampfes auf 4 Volumen der Normalquotient 28,88

einer Condensation des Dampfes auf 2 Volumen der Normalquotient 14,44

einer Condensation des Dampfes auf 1 Volum der Normalquotient . . . . 7,22.

(Nach der gewöhnlichen Auffassung betrachtet man bekanntlich diese Quotienten als proportional der Anzahl von Molecülen, welche in der Volumeinheit des Dampfes enthalten sind.) Ist die Dampfdichte einer Verbindung angenähert bestimmt, so ergiebt sich durch Division in das Atomgewicht das Condensationsverhältnifs des Dampfes; umgekehrt kann man, wenn letzteres als bekannt angenommen wird, die theoretische Dampfdichte mit Hülfe des entsprechenden Normalquotienten aus dem Atomgewicht berechnen. So kann also die Dampfdichte durch Rechnung gefunden werden, ohne dafs man die Dampfdichte der Bestandtheile kennt. Verbindungen denen bei ganz verschiedener rationeller Zusammensetzung doch dasselbe Atomgewicht zukommt, zeigen, wenn die Dampfcondensation bei ihnen in gleicher Weise stattgefunden hat, dieselbe Dampfdichte; ist dies nicht der Fall so stehen wenigstens ihre Dampfdichten in einer einfachen, durch das Condensationsverhältnifs bedingten Proportion zueinander. *Wi.*

H. S. C. Deville et L. Troost. Sur la densité de vapeur d'un certain nombre de matières minerales. C. R. XLV. 821-825†; Inst. 1857. p. 380-381; Arch. d. sc. phys. (2) I. 191-192; Liebig Ann. CV. 213-219; Silliman J. (2) XXV. 266-267; Chem. C. Bl. 1858. p. 272-272; Cosmos XI. 580-583.

Die bekannte Dumas'sche Methode zur Ermittelung der Dampfdichte reicht nicht hin, um derartige Bestimmungen für mineralische Substanzen auszuführen, deren Verdampfungstemperatur gewöhnlich sehr hoch liegt. Es kam darauf an, passende Gefäſse und ein zur Erreichung einer genügend hohen Temperatur geeignetes Bad zu wählen. Letzterer Zweck wurde, so lange die Anwendung von Glasgefäſsen noch zulässig war, erreicht, indem der Glaskolben, in welchem sich die verdampfende Substanz befand, innerhalb einer passend vorgerichteten guſseisernen Quecksilberflasche in Quecksilber- oder Schwefeldämpfen aufgehängt war. — Wurde dann der störende Einfluſs der Wärmequelle und der äuſseren Abkühlung beseitigt, so war es leicht eine constante Temperatur von respective 350° und 440° zu erzielen. Die Bestimmungen wurden dann in gewohnter Weise ausgeführt.

So wurde erhalten

die Dampfdichte von Al^2Cl^3	(= 2 Volumen):	9,35	(berechnet 9,31)
Fe^2Cl^3	(= 2 -):	11,39	(- 11,25)
Hg^2Cl	(= 4 -):	8,25	(- 8,15).

Bei späteren Versuchen, über welche das Nähere demnächst mitgetheilt werden soll, wurden Porcellankolben mit feiner Spitze, die im Knallgasgebläse zugeschmolzen werden konnte, in Zinkdämpfen angewendet.

Da nach dem Gesetz von Gay-Lussac die Dampfdichte einer Verbindung immer dem Aequivalentgewicht oder einem einfachen Multiplum desselben (dem $\frac{1}{2}$-, 1- oder 2fachen) proportional sein muſs, so kann die Bestimmung der Dampfdichte auch benutzt werden, um einen Schluſs auf die Zusammensetzung und das Atomgewicht einer Verbindung zu machen. So wurde für das Zirkoniumchlorür gefunden die Dampfdichte = 8,15, daraus wird mit Bezugnahme auf das specifische Gewicht des Wasserstoffgases gefolgert, daſs sein Atomgewicht sein muſs 115,5, also seine Zusammensetzung

$$ZrCl^2 (= 2 \text{ Volumen}),$$

worin

$$Zr = \tfrac{2}{3} . 68 = 45{,}3.$$

Die daraus berechnete Dampfdichte ist dann = 8,02, also nahe übereinstimmend mit der direct gefundenen. *Wi.*

W. Knop. Einige Bemerkungen über die bei Angaben von Dichten oder specifischen Gewichten von Gasen und Dämpfen gebräuchlichen Zahlen. Chem. C. Bl. 1857. p. 902-904†.

Diese Notiz behandelt die Beziehung zwischen Dampfdichte und Atomgewicht einer Verbindung, ohne indessen den inneren Zusammenhang hervorzuheben, welcher hier besteht, daſs nämlich nach dem oben erwähnten Gay-Lussac'schen Gesetz die Anzahl Molecüle welche in der Volumeinheit der Dämpfe verschiedener Substanzen enthalten ist für verschiedene Verbindungen, verglichen mit der in der Volumeinheit des Wasserstoffs enthaltenen, entweder gleich ist oder doch in einem einfachen Verhältniſs dazu steht. Ist der Coëfficient dieses Verhältnisses x so hat man die Proportion

$$\frac{A}{D} : \frac{1}{0{,}0692} = x : 1,$$

setzt man dann das specifische Gewicht des Wasserstoffs = 1, so wird

$$D = \frac{A}{x}.$$

Hierdurch finden nun die Bemerkungen des Verfassers ihre Erklärung, welchem das einfache Verhältniſs aufgefallen ist, in welchem die specifischen Gewichte der Dämpfe gewisser Verbindungen, dieselben bezogen auf das specifische Gewicht des Wasserstoffs als Einheit, stehen zu ihrem Atomgewicht, ebenfalls für Wasserstoff als Einheit genommen. Es ergeben sich dann nämlich die Atomgewichte von 1 Doppelatom Wasserstoff von Wasser, Alkohol, Aether der Reihe nach = 2 : 18 : 46 : 7,4, die specifischen Gewichte der Dämpfe für dieselben Substanzen 1 : 9 : 23 : 37.

Die Regel, welche der Verfasser giebt, wonach man um die Dampfdichte eines Körpers zu erhalten die Hälfte vom Gewicht seines Aequivalents mit dem specifischen Gewicht des Wasserstoffs (0,0695) multipliciren soll, ist indeſs keineswegs durchweg anwendbar, sie gilt vielmehr nur für die Fälle wo 1 Aequivalent Gewicht = 4 Volumen Dampf ist, wobei 1 Aequivalent Sauerstoff = 1 Volum, 1 Aequivalent Wasserstoff = 2 Volum gerechnet wird. Uebrigens führt diese Regel, wie man leicht einsieht, auf den Kopp'schen Normalcoëfficienten für die Dampfcondensation = 4 Volumen, denn es ist

$$\frac{A}{2} \cdot 0{,}0695 = 5,$$

soviel wie

$$\frac{A}{5} = \frac{2}{0{,}0695} = 28{,}88.$$

Wi.

Boedeker. Die gesetzmäſsigen Beziehungen zwischen der Dichtigkeit, der specifischen Wärme und der Zusammensetzung der Gase. Göttingen 1857. p. 1-52†; Götting. Nachr. 1857. p. 165-180; Liebig Ann. CIV. 205-219†; Chem. C. Bl. 1858. p. 210-216.

Der Verfasser weist zunächst darauf hin, daſs die gesetzmäſsigen Beziehungen zwischen Atomgewicht, Dampfdichte und specifischer Wärme der Substanzen nicht klar hervortreten können, so lange den relativen Werthen dieser drei physikalischen Constanten verschiedene Einheiten zu Grunde gelegt werden. Da es in letzter Zeit ziemlich allgemein gebräuchlich geworden ist, das Gewicht des Aequivalentswasserstoff als Einheit anzunehmen, so erscheint es gerathen auch das Gewicht der Volumeinheit desselben zum Ausgangspunkt der specifischen Gewichtsbestimmungen zu nehmen. Hr. Boedeker hat es jedoch vorgezogen ein bestimmtes Volum, das Volum von 1 Decigramm Wasserstoff oder 16 Decigramme Sauerstoff oder 14 Decigramme Stickstoffgas, als Normalvolum der Vergleichung der Dichtigkeiten zu Grunde zu legen. — Die experimental gefundenen Volume für die genannten Gewichte der drei Gase zeigen verhältniſsmäſsig geringe Abweichung, da indeſs das Volum der 16 Decigramme Sauerstoff = 1119,05 Cubikcentimeter am sichersten bestimmt zu sein scheint, so wird dieser Werth = 1 Meter als Normalmaaſs angenommen, die Vergleichung der Dichte aller

Dämpfe und Gase wird dann so ausgeführt, dafs nach den bekannten Beobachtungsresultaten berechnet wird, wie grofs das Gewicht P des Volums m von dem betreffenden Gase ist.

Da ein Decigramm Luft 77,3283 Cubikcentimeter einnimmt so wird für ein Gas, dessen specifisches Gewicht für Luft $= 1\delta$ ist, P gefunden aus der Proportion $77{,}3283 : 1119{,}05 = \delta : P$. Der Werth P ist für mehr als 150 Gase berechnet.

Vergleicht man die so erhaltenen Zahlen mit den äquivalenten Gewichten A der entsprechenden Gase und Dämpfe so ergiebt sich sofort eine einfache Beziehung zwischen beiden, wie dies übrigens längst bekannt, namentlich durch die von Gmelin ausgeführten Berechnungen (Handb. d. Chem. I. 54, 70) nachgewiesen ist. Es ist nämlich der Quotient $\frac{A}{P}$ welchen der Verfasser bildet nichts Anderes als das Reciproke von Gmelin's reducirter Atomzahl, d. h. das Reciproke derjenigen Zahl, welche angiebt, wie sich die Anzahl der Atome in der Volumeinheit eines Gases verhält zur Anzahl der Atome in der Volumeinheit Wasserstoff. Allerdings ist die Berechnung bei Gmelin in umständlicherer Weise durchgeführt, dafür wird aber eine klarere Einsicht in die Bedeutung der Zahlen gewonnen. Nach der Auffassung des Hrn. Boedeker erscheint der Quotient $\frac{A}{P}$ als Volum des Aequivalents auf das Volum des Wasserstoffäquivalents als Einheit bezogen.

Es wird nicht nöthig sein näher einzugehen auf die Werthe welche für die verschiedenen Elemente und Verbindungen erhalten werden, da dieselben zum grofsen Theil anderweitig bekannt sind. Wie leicht einzusehen, hängt der Werth des äquivalenten Volums immer davon ab, welchen Ausdruck man als die Zusammensetzung der Verbindnng darstellend betrachtet, mit Verdoppelung dieses Ausdrucks wird das Gewicht des Aequivalents, mithin auch dessen Volum verdoppelt. Der Verfasser führt in mehreren Fällen eine solche Verdoppelung der gebräuchlichen Formel aus und giebt seine Gründe dafür an, wodurch er für die meisten zusammengesetzten Gase zur Annahme des äquivalenten Volums $= 2$ gelangt (d. h. für das äquivalenten Volum des Wasserstoffs $= 1$, des Sauerstoffs $= \frac{1}{2}$). — Die flüchtigen Verbindungen des Siliciums stellen sich je nachdem man $Si = 21{,}3$ oder $Si = 14{,}2$ annimmt als $1\frac{1}{2}$maaſsig oder als 1maaſsig dar, verdoppelt man ihre Formel so gehören auch sie zu den 2maaſsigen Gasen.

Schlieſslich wird der Satz aufgestellt, daſs die Gase aller zusammengesetzten Stoffe 2maaſsig sind mit alleiniger Ausnahme der 4maaſsigen Ammoniumverbindungen und ihrer Analogen.

Für mehrere elementare Substanzen ist es bis jetzt noch nicht möglich gewesen die Dampfdichte direct zu bestimmen, man hat dieselbe dann aus der Dichtigkeit ihrer vergasbaren Verbindungen durch Rechnung zu ermitteln gesucht, es ist aber hierbei oft ungewiſs, einen wie groſsen Raum die einzelnen Bestandtheile im Dampf der Verbindung einnehmen, und wie groſs die Condensation für jeden bei Bildung der Verbindung gewesen ist.

Bei der Willkür, welche in dieser Beziehung herrscht, kann man sich von verschiedenen Analogien und Berücksichtigungen in Betreff der zu machenden Annahmen leiten lassen, nach der Meinung des Verfassers bietet sich die einfachste Erklärung der Verbindungsverhältnisse dar, wenn man folgende drei Sätze gelten läſst:

1) Wenn sich 1 Volum eines Gases *A* mit 1 Volum des Gases *B* verbindet so erfolgt die Vereinigung ohne Verdichtung.

2) Wenn sich 1 Volum eines Gases *C* mit 2 Volumen des Gases *D* verbindet, so wird *C* nicht, wohl aber *D* auf die Hälfte seines Volums verdichtet.

3) Wenn 4 Volumen Gas sich vereinigen und zwar entweder 1 Volum *E* mit 3 Volumen *F* oder 2 Volumen *E* mit 2 Volumen *F*, so wird jedes Gas auf die Hälfte verdichtet.

Diese Behauptung wird durch eine ausführliche Uebersicht der Zusammensetzungs- und Verdichtungsverhältnisse zahlreicher zusammengesetzter Gase unterstützt. Hiernach kann das Aequivalent ein und desselben elementaren Gases in verschiedenen Verbindungen, je nach der Verdichtung welche es erfahren hat, verschiedene Volume einnehmen, der Verfasser giebt eine Uebersicht der vorkommenden Fälle für 21 elementare Substanzen, beschränkt sich aber dabei vorläufig auf die Betrachtung der anorganischen Verbindungen.

Der Verfasser wendet sich ferner zur Vergleichung der specifischen Wärme der gasförmigen Substanzen. Er bezieht auch hier die Werthe dieser physikalischen Constanten für alle anderen Körper auf den Wasserstoff, es ergeben sich ihm dann sehr einfache Beziehungen zum Atomgewicht. Die Einfachheit dieser Beziehungen kann indessen nicht überraschen, wenn man sich des Dulong-Petit'schen Gesetzes erinnert wonach für die elementaren Substanzen das Product aus specifischer Wärme in Atomgewicht gleich einer Constanten C, und der Ausdehnung welche dieses Gesetz gestattet auf Verbindungen, wonach auch für letztere das Product aus Atomgewicht in specifische Wärme dividirt durch die Anzahl der verbundenen Atome $= C$ wird. Verbindet man hiermit, wo es sich um Betrachtung der relativen Wärme, d. h. der Wärmecapacität der Volumeinheit der Gase handelt, das Gay-Lussac'sche Gesetz, wonach die Anzahl der Atome in der Volumeinheit aller Gase entweder gleich ist oder doch in einem einfachen Verhältnifs zu einander steht, so wird man die von Hrn. Boedeker beobachteten Beziehungen nicht mehr auffallend finden können.

Hr. Boedeker reducirt zunächst die Regnault'schen Angaben über specifische Wärme und relative Wärme der Körper, die sich auf Wasser als Einheit beziehen, auf Wasserstoffgas als Einheit, dann wird für Wasserstoff das constante Product C den Werth 1 erhalten müssen. Ist sodann ϑ die auf die erwähnte Weise berechnete specifische Wärme eines zusammengesetzten Gases, P das Gewicht der Maafseinheit m desselben, s die Anzahl der verbundenen Aequivalente, wobei man aber s so berechnen mufs, dafs jedes Aequivalent $N(=14)$, $P(=31)$, $As(=75)$ doppelt, jedes Aequivalent $Cl(=35{,}5)$, $Br(=80)$, $J(=127{,}1)$ dreifach, jedes Aequivalent $H(=1)$, $O(=8)$, $C(=6)$, $S(=16)$, $Si(=14{,}2)$, $Ti(=25)$, $Sn(=58)$ einfach gezählt wird, so ergiebt sich im Allgemeinen mit grofser Annäherung

$$\frac{4P.\vartheta}{5} = 1, \qquad \vartheta = \frac{5}{4P},$$

wofür man auch schreiben kann, indem man sich aus dem Früheren erinnert dafs P dem Atomgewicht A proportional, also $= xA$ ist,

$$\vartheta = \frac{s}{4xA}.$$

Vergleicht man nicht die specifischen sondern die relativen Wärmen θ, so ist

$$\theta = P\vartheta,$$

also

$$\frac{4\theta}{s} = 1, \qquad \theta = \frac{s}{4}$$

(mit Bezugnahme auf die oben angeführten Gesetze wird man der Gröfse $\frac{s}{4}$ die Bedeutung beilegen müssen, dafs durch dieselbe angegeben werde, wie viel thermische Aequivalente in der Volumeinheit des betreffenden Gases enthalten seien, Wasserstoffgas als Einheit angenommen. *Wi.*). Die nach dieser Formel berechneten Werthe von θ stimmen zwar in den meisten Fällen mit den beobachteten gut überein, indessen kommen doch auch viele erhebliche Abweichungen vor, so namentlich beim Wasser, Schwefelwasserstoff, Kohlensulfid etc. Umgekehrt kann dann auch wenn θ bekannt ist aus derselben Gleichung s gefunden werden und so die specifische Wärme ebenso wie die Dichtigkeit zu einem Schlufs auf die Constitution einer Verbindung benutzt werden. *Wi.*

H. Schiff. Die gesetzmäfsigen Beziehungen zwischen specifischer Wärme, Dampfdichte und Zusammensetzung der Gase. Liebig Ann. CIV. 332-335†.

Hr. Schiff macht zu der vorstehenden von Boedeker angegebenen Berechnung der specifischen Wärme der Gase die Bemerkung, dafs für mehrere Sauerstoff- und Schwefelverbindungen ein mit der Beobachtung besser übereinstimmendes Resultat erhalten werde, wenn man den aufserhalb des Radikals stehenden Sauerstoff und Schwefel bei der Berechnung von s mit einem gröfseren Werth in Ansatz bringt, nämlich mit dem Anderthalbfachen desjenigen, was für das im Innern des Radikals befindliche Aequivalent angenommen wird, also in solchem Fall für Sauerstoff = 16 und für Schwefel = 32 jedes Aequivalents dreifach berechnet. *Wi.*

P. Kremers. Ueber die Aenderungen, welche die Modification des mittleren Volums gelöster Salzatome durch die Aenderung der Temperatur erleidet. Pogg. Ann. C. 394-417†.

Dieser Aufsatz schliefst sich an die in diesen Berichten kurz erwähnten desselben Verfassers [1]), welche sich mit der Vergleichung der Löslichkeit und des Atomvolums der Triadenglieder und ihrer Salzverbindungen beschäftigen, und namentlich die Modification $\left(\frac{h-m}{h}\right)$ zu bestimmen suchen, welche das durch untrennbare Vereinigung der beiden Endglieder der Triade entstanden gedachte Mittelglied derselben in seinem physikalischen Verhalten erlitten hat, in Folge deren es eine Abweichung zeigt von den berechneten mittleren Werthen. — Es wird die Bestimmung der Volume festgesetzt, welche die Salzatome der Triadenglieder in Auflösungen einnehmen und zwar sowohl bei verschiedenem Concentrationsgrade als auch bei verschiedener Temperatur der Lösungen. Zu dem Ende werden mit einem näher beschriebenen Apparate Versuche angestellt zur Bestimmung der Wärmeausdehnung mehrerer Salzlösungen von verschiedenem Concentrationsgrad. Die angewendeten Salze waren folgende: KCl, NaCl, LiCl, BaCl, für jede Auflösung wird die Anzahl der Atome des wasserfreien Salzes angegeben, welche in 100 Gewichtstheilen Wasser aufgelöst waren. Aus den Beobachtungsdaten werden die Volumina berechnet, welche die Salzauflösungen bei den Versuchstemperaturen einnahmen, wenn das Volum bei $19{,}5^0 = 1$ gesetzt wird. Aus diesen direct gefundenen Werthen werden endlich noch, durch graphische Interpolation die Volumina der Auflösungen der genannten Salze für 10, 20, 30 und 40 gelöste Atome bei von 10 zu 10^0 steigenden Temperaturen hergeleitet. Wegen der Tabellen, in denen die betreffenden Zahlen zusammengestellt sind, müssen wir auf das Original verweisen.

An den Gang der Volumausdehnung in den verschiedenen Fällen werden theoretische Betrachtungen geknüpft, die aber zu wenig allgemeiner Art sind um hier mitgetheilt werden zu können. Wird das Volum der Auflösungen des mittleren Triaden-

[1]) Berl. Ber. 1855. p. 37.

gliedes NaCl bei gleicher Temperatur und gleichem Atomgehalt der Lösung mit dem Lösungsvolum der andern beiden Triadenglieder KCl und LiCl verglichen, so findet sich dafs die mittlere Modification $\frac{h-m}{h}$ mit zunehmender Temperatur abnimmt, wonach sich vermuthen läfst, dafs es auch hier eine Temperatur geben wird, bei welcher das mittlere Triadenglied in seinem physikalischen Verhalten genau in der Mitte steht zwischen den beiden Endgliedern. Hr. Kremers sieht hierin einen neuen Wahrscheinlichkeitsbeweis für die Ansicht, dafs auch die mittlere Modification der Atomgewichte mit der Temperatur veränderlich sei, und bei gewissen Temperaturen = 0 werden könne. Er wird hierdurch zu der Annahme geführt, dafs die relativen Atomgewichte der beiden Seitenglieder einer Triade eine Function der Temperatur sind, und dafs, wenn beide Seitenglieder sich zum Mittelgliede vereinigen, auch das Gewicht modificirt, nämlich je nach der Temperatur Materie bald aufgenommen bald ausgeschieden werde. — Was man sich unter einem Atom zu denken hat, das sein Gewicht mit der Temperatur verändert und in wie fern die Vereinigung zweier elementaren Aequivalente unter Ausscheidung oder Aufnahme von Materie stattfinden könne, wird nicht näher angegeben. Eine solche Auffassung scheint aber mit den bisher in der Chemie herrschenden Ansichten über die Bedeutung des Aequivalents und des Atoms unvereinbar zu sein. *Wi.*

J. Nasmyth. On some phenomena in connexion with molten substances. Athen. 1857. p. 1148-1148; Inst. 1857. p. 335-335†; Liter. Gaz. 1857. p. 933-933.

Hr. Nasmyth macht darauf aufmerksam, dafs alle Substanzen ebenso wie das Wasser im geschmolzenen Zustande ein höheres specifisches Gewicht besitzen, als nach dem Festwerden, daher denn auch die bekannte Thatsache, dafs ein Stück festes Blei auf geschmolzenem Blei schmilzt, zu welcher sich nach Angabe des Verfassers, bei allen von ihm untersuchten Metallen, beim Glase, beim Wachs etc. das Entsprechende wahrnehmen läfst. — Diese Erfahrung wäre wichtig für die Geologie, weil daraus eine Volumzunahme beim Erstarren der flüssigen Gesteinsmassen, demnächst Eintreten von Eruptionen des noch flüssig Gebliebenen gefolgert werden müfste. Der Verfasser fügt noch hinzu, dafs er nach seinen Versuchen vermuthe, dafs es auch für andere geschmolzene Substanzen, wie bekanntlich beim Wasser, einen Punkt des Maximums der Dichte gebe, ohne indessen nähere Beweise für diese Behauptung beizubringen. *Wi.*

Th. Andrews and P. G. Fait. Note on the density of ozon. Proc. of Roy. Soc. VIII. 498-500; Chem. Gaz. 1857. p. 319-320; Liebig Ann. CIV. 128-128; Arch. d. sc. phys. (2) I. 81-81; Phil. Mag. (4) XV. 146-147; Chem. C. Bl. 1858. p. 112-112; Ann. d. chim. (3) LII. 333-334; Pogg. Ann. CII. 625-626†; Cimento VI. 424-425.

Da der Ozongehalt im elektrolytisch entwickelten Sauerstoff im günstigsten Falle $\frac{1}{175}$ des Volums beträgt, so waren die gewöhnlichen Methoden zur Bestimmung der Dichtigkeit desselben nicht ausreichend. Die Verfasser suchten ihren Zweck zu erreichen indem sie die bleibende Volumzunahme maafsen, welche ozonhaltiger Sauerstoff durch Erhitzung bis 230° erleidet, indem sich hierbei das Ozon in gewöhnlichen Sauerstoff verwandelt. War zuvor der Ozongehalt bestimmt, so konnte man aus der beobachteten Volumzunahme das Dichtigkeitsverhältnifs für Ozon und Sauerstoff leicht durch Rechnung finden. Dies Verhältnifs wurde nach Versuchen, über welche vorläufig das Nähere noch nicht mitgetheilt wird, wie 4 : 1 gefunden. *Wi.*

Lenz. Bemerkungen über den Gebrauch des Fahrenheit'schen Aräometers zur Bestimmung des Salzgehalts des Meerwassers. Bull. d. St. Pét. XV. 327-334†.

Der Verfasser, von der russischen Regierung beauftragt eine Instruction für die Officiere der Marine auszuarbeiten, behufs der Anstellung von Beobachtungen zur Bestimmung der Dichtigkeit des Meerwassers, suchte die Bedingungen zu ermitteln, welche der als der zweckmäfsigste angewendete Apparat, ein Fahren-

HEF'sches Gewichtsaräometer, erfüllen mufste um der unter den obvaltenden Umständen zu erreichenden Gränze der Genauigkeit

$$\frac{\Delta v}{v} = 0{,}000025$$

zu genügen. Ist der Durchmesser des Halses $= 2x$, das Volum des eingetauchten Theils $= v$, so mufs x so gewählt werden, dafs

$$x = \sqrt{\left[\frac{0{,}0001 \,.\, v}{\pi}\right]}.$$

Es wurde ferner die genaue Formel für die Berechnung hergeleitet unter Berücksichtigung des Gewichtsverlustes der Körper bei Wägung in Luft und des Einflusses der Temperaturveränderungen. So wurde das Verhältnifs des specifischen Gewichts der Flüssigkeit x zum specifischen Gewicht q des Wassers bei derselben Temperatur gefunden

$$\frac{x}{q} = \frac{1+3\alpha t}{1+3\alpha t'}\left\{\frac{(p+m+s)-A+B}{p+m-A'+B'}\right\},$$

hierin bedeutet p das Gewicht des in Luft gewogenen Aräometers, m und $m+s$ die Auflagegewichte, welche die Aräometerspindel bei t^0 in reinem Wasser und bei t'^0 in der untersuchten Flüssigkeit bis an die Marke einsinken machen, α den Wärmeausdehnungscoëfficienten des Metalls der Aräometerspindel A, B, A', B' sind Correctionsglieder von sehr geringem Werth, welche aus der Berücksichtigung des Gewichtes der verdrängten Luft in näher nachgewiesener Weise hervorgehen. Der Verfasser zeigt, dafs diese Glieder bei Untersuchungen für den in Rede stehenden Zweck ohne Nachtheil und ohne Ueberschreitung der angenommenen Genauigkeitsgränze vernachlässigt werden können, wodurch die Berechnung bedeutend erleichtert wird. *Wi.*

VOGEL und REISCHAUER. Ueber die specifischen Gewichtsbestimmungen von Flüssigkeiten. Münchn. gel. Anz. XLIV. 436-440; DINGLER J. CXLIV. 178-181†; Polyt. C. Bl. 1857. p. 1072-1074.

Da bei Bestimmungen des specifischen Gewichts von Flüssigkeiten die Temperatur von grofsem Einflufs ist, bei Anwendung bauchiger Fläschchen aber eine Temperaturausgleichung nur langsam eintritt, so verfertigten sich die Verfasser in einer von ihnen näher beschriebenen Weise geeignete Fläschchen mit plattgedrücktem Bauch, um mittelst derselben nach dem im Otto-Graham'schen Lehrb. d. Chem. I. 292 angegebenen Verfahren die Bestimmung des specifischen Gewichts auszuführen. *Wi.*

A. Erman. Einige Untersuchungen über den Salzgehalt des Meerwassers und dessen Werth im mittelländischen und atlantischen Meere. Pogg. Ann. CI. 577-604†.

Der Verfasser bediente sich zu seinen Bestimmungen des specifischen Gewichtes des Meerwassers in der Nähe der spanischen Küste desselben Nicholson'schen Aräometers, welches er bei älteren Untersuchungen derselben Art (Pogg. Ann. XLI. 85) benutzt hatte, er bezieht sich daher sowohl bei Herleitung der Formeln zur Berechnung als auch in seinen Bemerkungen über die Genauigkeitsgränze der mit diesem Apparat ausgeführten Messungen auf die frühere Arbeit. Diese Gränze anlangend hebt er gegen Mulder hervor, der seine Dichtigkeitsbestimmungen mit der Hebelwage ausführte, dafs dies Verfahren unter den obwaltenden Umständen, weil nämlich dabei längere Zeit aufbewahrtes Meerwasser angewendet wurde, ihn dreimal gröfseren Fehlern aussetzte, als bei aräometrischen Messungen vorkommen können, die auf dem Meere selbst gleich nach der Schöpfung des Wassers vorgenommen werden. — Indem wir wegen Herleitung der Formel zur Berechnung auf das Original verweisen, wenden wir uns zu einer kurzen Mittheilung der erhaltenen Resultate.

Da es darauf ankam das specifische Gewicht des Meerwassers von verschiedenen Stellen untereinander und zugleich mit den zahlreichen Messungen von Lenz (welche derselbe als Begleiter Kotzebue's auf dessen letzter Entdeckungsreise angestellt hat) zu vergleichen, so wurden nach dem Vorgang des letzteren die bei der Temperatur *t* auf Wasser vom Maximum der Dichte bezogenen Werthe reducirt auf die Temperatur 14° R. verglichen mit Wasser von 14° R. Zu dieser Reduction, welche die Kenntnifs der Wärmeausdehnung des Meerwassers voraussetzte, wurden die Ergebnisse der vom Verfasser und von Lenz ausgeführten

Beobachtungen über Ausdehnung einer Kochsalzauflösung vom specifischen Gewicht 1,0248 und 1,027 benutzt. Aus den Beobachtungen des Verfassers ergiebt sich folgendes Gesammtresultat: Das durchschnittliche specifische Gewicht des Meerwassers im mittelländischen Meer ist bei 30° 14′ Breite $s = 1,028998$. Das Maximum wurde beobachtet (bei 37° 35,7′ Breite, 356° 41,3′ östl. von Paris) $s = 1,029194$. Nach Lenz betragen die Maxima zwischen den Wendekreisen

im atlantischen Meer . . $s = 1,028550$
im grofsen Ocean . . . $s = 1,028086$.

Der Verfasser wendet sich sodann zur Bestimmung des Salzgehaltes im Meerwasser als Function seines specifischen Gewichts. Der Salzgehalt könnte aus dem specifischen Gewicht unmittelbar gefunden werden, wenn die für Kochsalzauflösungen erhaltenen Resultate ohne Weiteres auf das Meerwasser übertragen werden dürften, denn für jene geben die älteren Versuche von Bischof, die neueren von Karsten [1]) Interpolationsformeln, mittelst deren der Salzgehalt für jedes beliebige specifische Gewicht der Lösung durch Rechnung gefunden werden kann. Vergleicht man aber die so berechneten Werthe mit dem von Despretz und Gay-Lussac direct durch Abdampfen ermittelten Salzgehalt im Meerwasser von bestimmter Dichtigkeit, so ergiebt sich letzterer ansehnlich kleiner als jene ersteren. Daraus mufste man schliefsen, dafs die im Meerwasser dem Kochsalz beigemengten Salze die Dichtigkeit der Lösung in höherem Grade vermehren als das Kochsalz allein. Um hierüber Auskunft zu erhalten hat Hr. Erman Versuche angestellt zur Bestimmung der Dichtigkeit der Lösungen aller im Meerwasser vorkommenden Salze, nämlich des schwefelsauren Natrons, des Chlormagnesiums und Chlorkaliums, denen noch einige Beobachtungsreihen über Chlorbarium beigefügt wurden. Die gefundenen Werthe wurden mit Hülfe einiger über Wärmeausdehnung der betreffenden Salzauflösungen angestellten Beobachtungsreihen auf die Dichte bei 14° R. gegen Wasser von 14° R. reducirt. Den Gang der Abhängigkeit der Dichte vom Salzgehalt für die erwähnten Salze ersieht man aus der Zusammenstellung folgender Interpolationsformeln, die indessen nur für

[1]) Berl. Ber. 1845. p. 43.

ε nahe an 0,036 gültig sind, worin ε das Gewicht des wasserfreien Salzes in der Gewichtseinheit der Lösung bedeutet. Für

$$\ddot{S}\dot{N}a \quad s = 1{,}03302 + 0{,}9574(\varepsilon - 0{,}036)$$
$$ClBa \quad s = 1{,}03195 + 0{,}9280(\varepsilon - 0{,}036)$$
$$ClCa \quad s = 1{,}03394 + 0{,}9622(\varepsilon - 0{,}036)$$
$$ClNa \quad s = 1{,}02597 + 0{,}7252(\varepsilon - 0{,}036).$$

Diese Interpolationsformeln sind hinreichend, so lange der Salzgehalt innerhalb so enger Gränzen schwankt, wie dies beim Meerwasser der Fall ist, für einen weitern Umfang der Veränderungen theilt der Verfasser vollständigere Formeln zur Berechnung des specifischen Gewichtes aus dem Salzgehalt mit. Hieraus sieht man aber schon, dafs bei Gleichheit des Salzgehalts das specifische Gewicht der Chlornatriumlösung vom Concentrationsgrade des Meerwassers hinter dem von Lösungen der drei übrigen Bestandtheile des Meerwassers bedeutend zurücksteht. — Die erhaltenen Beobachtungsorte können aber auch dazu dienen das specifische Gewicht des Meerwassers aus seinen Bestandtheilen bei bekanntem Salzgehalt zu berechnen, wenn man annimmt dafs in wenig concentrirten Lösungen verschiedener Salze das Wasser dem Gewicht der einzelnen Salze proportional unter sie vertheilt und dafs die so entstandenen Partiallösungen ohne Volumveränderung verbunden sind. — Hr. Erman erhält unter Benutzung seiner Beobachtungen zur Bestimmung des specifischen Gewichts des Meerwassers bei 14° R. auf Wasser von 14° R. bezogen die Formel

$$s = 1{,}02755 + 0{,}7730(\varepsilon - 0{,}036),$$

während Gay-Lussac's directe Bestimmungen zu der Interpolationsformel führen

$$s = 1{,}02742 + 0{,}7730(\varepsilon - 0{,}036),$$

also mit jenen nahe übereinstimmend sind. Der Verfasser giebt schliefslich als Mittel aus beiden Ausdrücken folgende Gleichungen zur Bestimmung des specifischen Gewichtes aus dem Salzgehalt des Meerwassers und umgekehrt

$$s = 1{,}027485 + 0{,}7730(\varepsilon - 0{,}036)$$
$$\varepsilon = 0{,}036019 + 1{,}29367(s - 1{,}0275),$$

wozu als wahrscheinlichster Ausdruck der Zusammensetzung

$$\text{ClNa} = \varepsilon \, . \, 0{,}7066$$
$$\text{ClMg} = \varepsilon \, . \, 0{,}1369$$
$$\ddot{\text{S}}\text{Na} = \varepsilon \, . \, 0{,}1238$$
$$\text{ClCa} = \varepsilon \, . \, 0{,}0327.$$

Nach diesen Formeln berechnet sich als Maximum der Salzgehalt aus den beobachteten specifischen Gewichten

im Mittelmeer . . . . . . $\varepsilon = 0{,}038211$
im atlantischen Ocean . . $\varepsilon = 0{,}037378$
im grofsen Ocean . . . $\varepsilon = 0{,}036777$. *Wi.*

R. Kohlrausch. Praktische Regeln zur genaueren Bestimmung des specifischen Gewichts. Schr. d. Marburg. naturf. Ges. VIII. 1-88†.

Wir müssen uns darauf beschränken in der Kürze Auskunft zu geben über Zweck und Inhalt dieses ziemlich umfangreichen Aufsatzes, indem wir es denjenigen, welche von dem Mitgetheilten für ihre eigenen Arbeiten Gebrauch machen können, anheimstellen das Nähere im Original aufzusuchen.

Die Absicht des Verfassers bei Veröffentlichung des Schriftchens war nicht, experimentelle Methoden anzugeben zur Bestimmung des specifischen Gewichtes der Körper, vielmehr nur Anleitung zu geben zu einer bequemen aber richtigen Berechnung der nach den bisherigen gebräuchlichen Methoden angestellten Beobachtungen. — Bessel habe zwar bereits Formeln mitgetheilt für die Bestimmung des specifischen Gewichts fester Körper und auch später Schumacher Anleitung gegeben, zur Berechnung der bei Wägungen vorkommenden Reductionen, jedoch sei von Beiden der Gegenstand nicht in seiner ganzen Ausdehnung behandelt. Diesem Mangel sei auch in der Folge nicht abgeholfen, vielmehr hätten mehrere Schriftsteller unvollständige und ungenaue Angaben veröffentlicht, woher es denn komme, dafs häufig bei der Berechnung von specifischen Gewichtsbestimmungen nicht mit der durch die Ausbildung der experimentellen Methode geforderten Berücksichtigung aller Umstände verfahren werde. Zwischen den Ansprüchen, welche an die Beobachtung und Berechnung zu machen sind, besteht selbstverständlich eine gewisse Beziehung, je genauer beobachtet werden kann, desto schärfer mufs auch gerechnet werden, um nicht auf der einen Seite die Vortheile wieder einzubüfsen, welche auf der andern gewonnen sind. Der Verfasser verlangt nun, dafs zehnmal so genau gerechnet werde als beobachtet werden kann; um in letzterer Hinsicht, bezüglich der specifischen Gewichtsbestimmungen, einen Maafsstab zu gewinnen, eröffnet er näher die Fehlergränze der Wägungen bei bekannter Empfindlichkeit der angewandten Waage. Hat man so den Grad der Genauigkeit festgestellt, der durch die Beobachtungen erreicht werden kann, so mufs man unter den Formeln eine solche wählen, bei welcher gesagt ist, dafs sie in der ersten von den Decimalen, die man als unzuverläfsig weglassen will, noch richtig rechnet. — Nach diesen Vorbemerkungen werden die bei Bestimmung des specifischen Gewichts der Körper (das specifische Gewicht eines Körpers wird definirt als Dichtigkeit desselben bei 0° gegeben durch den Quotienten aus seiner Masse dividirt durch die Masse reinen Wassers vom Maximum der Dichte welche dasselbe Volum einnimmt als der Körper bei 0°) vorkommenden Fälle unter allgemeine Abtheilungen gebracht, für jede Abtheilung werden zuerst die zur Berechnung nöthigen Formeln mitgetheilt, deren Herleitung und Beweis an einer späteren Stelle zu finden ist. Es wird zunächst von der specifischen Gewichtsbestimmung fester und flüssiger Körper gehandelt. Hier ist bekanntlich die Berücksichtigung der Wärmeausdehnung des Wassers und des Gewichtes der verdrängten Luft von bekannter Temperatur und Spannung von bedeutendem Einflufs auf die Berechnung der Wägungen. Es wird gezeigt, dafs beide nicht mehr vernachlässigt werden dürfen, da wo die Beobachtungen genau genug sind um bei Körpern, deren specifisches Gewicht dem des Wassers nahe steht, 2 Decimalen oder bei solchen, deren specifisches Gewicht mindestens das Doppelte ist von dem des Wassers, 3 Decimalen mit Sicherheit angeben zu können. — Sodann wird die Bestimmung des specifischen Gewichts der permanenten Gase mit Bezugnahme auf das von Regnault angewendete Verfahren erörtert. Es werden sämmtliche dabei vorkommende Operationen der Reihe nach unter Anführung der zu beobachtenden Vorsichtsmaafsregeln durchgenommen, und zugleich Anleitung gegeben, die Resultate und alle dabei in Betracht kommende Correctionen in Rechnung zu stellen. Wenn die Genauigkeit der Beobachtungen die Mittheilung von 3 Decimalen gestattet, so sind, um der Berechnung den entsprechenden Grad von Schärfe zu verleihen, zu berücksichtigen: der Feuchtigkeitsgehalt der Luft im Wagezimmer, der verschiedene Raumgehalt des Ballons bei verschiedener Temperatur, die Schwankungen der Dichtigkeit der Luft bei den Wägungen.

In gleicher Weise wird dann auch der Gang der Berechnung bei den nach der Methode von DUMAS ausgeführten Bestimmungen des specifischen Gewichts der Dämpfe durchgenommen, und zwar unter der Voraussetzung, dafs die Genauigkeit der Beobachtungen nur noch die Richtigkeit der zweiten Decimalstelle verbürgen könne. Schliefslich werden aber auch noch diejenigen Ausdrücke abgeleitet, welche die dritte Decimalstelle sicher geben, wobei aufser den oben angeführten Correctionen das specifische Gewicht des im Dampfballon niedergeschlagenen festen oder flüssigen Körpers Berücksichtigung findet, da seine Vernachlässigung sobald es von der Dichtigkeit der Flüssigkeit, mit welcher man das Glasgefäfs zur Bestimmung des Volums gefüllt und gewogen hat, merklich abweicht, von Einflufs auf die Berechnung wird.

Da die von BESSEL und SCHUMACHER gemachten Angaben über Wärmeausdehnung und Dichtigkeit der Luft nach dem heutigen Standpunkt der experimentellen Wissenschaft durch zuverlässigere ersetzt werden können, so theilt der Verfasser zwei Tabellen mit, deren eine die Dichtigkeit des Wassers bei verschiedenen Temperaturen zwischen 0 und 30° finden lehrt nach den Beobachtungen von KOPP und von HALLSTRÖM. Mit Hülfe der anderen Tabellen kann die Dichtigkeit der Luft für Temperaturen von 0 bis 30° und für Druckverschiedenheiten von 730 bis 80^{mm} nach den Bestimmungen von REGNAULT berechnet werden. Die letzteren anlangend so ist bekanntlich neuerdings von LASCH auf einen Rechenfehler aufmerksam gemacht[1]), dessen Berichtigung die erhaltenen Fehler ein wenig verändern würde. Dagegen zeigt Hr. KOHLRAUSCH, dafs, wenn man in die REGNAULT'sche

[1]) POGG. Ann. Erg. III. 321.

Rechnung statt der von demselben benutzten PIERRE'schen Angaben über Wärmeausdehnung des Wassers, die mit REGNAULT's eigenen Bestimmungen besser übereinstimmenden von KOPP einführt, die ursprünglich von REGNAULT angenommene Zahl für die Dichtigkeit der Luft wieder hergestellt wird. Darnach ist die Dichtigkeit der trocknen Luft bei 0° und 760^{mm} Barometerstand, bezogen auf Wasser im Maximum der Dichte für einen Ort in der Breite φ und in der Meereshöhe a:

$$\lambda_0^{760} = 0{,}001292\,753 \times \frac{1 - 0{,}002593\,5 \cos 2\varphi}{1 + \frac{2a}{R}},$$

worin $R = 6366181\,m$ der mittlere Erdradius.

Hiernach berechnet sich

für Berlin $\lambda_0^{760} = 0{,}001293\,606$

\- Paris $\lambda_0^{760} = 0{,}001293\,187$. *Wi.*

6. Maafs und Messen.

B. AIRY. Account of the construction of the new national standard of length, and of its principal copies. Proc. of Roy. Soc. VIII. 530-534; Phil. Trans. 1857. p. 621-702.

Der neue englische Normalmaafsstab besteht aus einer Legirung von 16 Theilen Kupfer, 2½ Theilen Zinn und 1 Theil Zink. Er ist 38 englische Zoll lang und hat einen Quadratzoll Querschnitt. Die Länge wird bestimmt durch die Entfernung von 2 Strichen, welche auf Gold gezogen sind, das in den Maafsstab nahe den beiden Enden eingelassen ist. Diese Länge ist bei 62° F. dieselbe wie die des alten Maafsstabes. *P.*

L. Ruau. Note sur un densimètre à volume métrique constant. C. R. XLV. 442-446; Inst. 1857. p. 331-333.

Der Verfasser hat ein Gewichtsaräometer construirt, das bis zu einer gegebenen Marke in destillirtes Wasser von 4° C. getaucht 100 Gramm Wasser verdrängt, so dafs sich das specifische Gewicht anderer Flüssigkeiten ohne weitere Rechnung aus den aufgelegten Grammgewichten ergiebt. *P.*

---

v. Kobell. Ueber eine neue Methode Krystallwinkel zu messen. Münchn. gel. Anz. XLIV. 293-294; Erdmann J. LXXI. 144-146; Chem. C. Bl. 1857. p. 651-652.

Die beiden Flächen, deren Neigungswinkel bestimmt werden soll, stellt man nach einander so gegen das Auge, dafs die Flächen als Linien erscheinen. Der Krystall wird im Bügel eines Reflexionsgoniometers so befestigt, dafs die gemeinschaftliche Kante der beiden zu messenden Flächen zwischen zwei Spitzen kommt, welche in der Drehungsaxe liegen. Die Flächen werden in der Entfernung von 1 bis 1½ Fufs betrachtet. Diese Methode eignet sich besonders für Krystalle, die nicht so glatt sind, dafs sie gute Spiegelbilder geben. *P.*

F. Pfaff. Ueber die Messung der ebenen Krystallwinkel und deren Verwerthung für die Ableitung der Flächen. Pogg. Ann. CII. 457-464.

Um die ebenen Winkel kleiner Krystalle zu messen, werden dieselben auf eine Platte gebracht, welche mit einer Bussole in Verbindung steht. Beide, Platte und Bussole, werden möglichst horizontal eingestellt; aufserdem ist die Bussole um eine verticale Axe drehbar, welche zusammenfällt mit der Axe einer darüber befindlichen an einem Statif verschiebbaren Lupe, welche mit einem feinen horizontalen Faden versehen ist, der ebenfalls von der verticalen Axe getroffen wird. Dieser Faden wird mit dem einen Schenkel des zu messenden Winkels zum Zusammenfallen gebracht und dann die Bussole und damit das Krystall so lange gedreht, bis dasselbe mit dem zweiten Schenkel geschieht. Die Differenz der beiden Nadelstellungen giebt den gesuchten Winkel. *P.*

R. Wolf. Die Erfindung der Röhrenlibelle. Wolf Z. S. 1857. p. 306-309; Astr. Nachr. XLVI. 174-174.

Aus einer Anzeige in dem Journal de Sçavons vom 15. November 1666, über ein Werk betitelt: Machine nouvelle pour la conduite des seax etc. Paris, chez Seb. Mabre Crumoisy, schliefst der Verfasser, dafs die Röhrenlibelle von Sieur Chapitit, Fabricateur d'instruments de Mathématique à Paris, spätestens 1666 erfunden wurde. *P.*

Laugier. Expériences sur la sensibilité de l'oeil dans les pointés astronomiques. C. R. XLIV. 841-848; Inst. 1857. p. 146-146; Astr. Nachr. XLVI. 81-86; Arch. d. sc. phys. XXXV. 119-126; Cosmos X. 528-528.

Der Verfasser hat Versuche darüber angestellt, wie weit die Genauigkeit des Auges geht, bei Messung von Winkeldistanzen. Die Untersuchung ist besonders zu astronomischen Zwecken angestellt, so weit sie von physikalischem Interesse ist, soll hier darüber berichtet werden.

Der Mefsapparat besteht aus einem in Millimeter getheilten Kupferstabe, an dem einen Ende befindet sich eine verticale Kupferplatte mit einer kleinen Oeffnung versehen, und vor derselben ein doppelt brechendes Prisma; ferner ist auf dem Lineal ein Halter beweglich, der verschiedene Visirvorrichtungen tragen soll. Um nun z. B. die Art des Visirens nachzurechnen, wenn sich ein Stern mitten zwischen zwei parallelen Fäden befindet, setzt man auf den Halter eine geschwärzte Kupferplatte mit einer Oeffnung von der Gröfse eines Nadeldurchmessers und $1,15^{mm}$ von der Oeffnung entfernt eine gerade Linie. Durch das doppelt brechende Prisma erhält man den Anblick von zwei parallelen Linien. Der Halter mit dem Visir wird nun so weit entfernt bis die Oeffnung dem Auge in der Mitte zwischen den beiden parallelen Strichen erscheint. Die Entfernung des Visirs vom Auge betrug 147,72^{mm} mit einem mittleren Fehler von 1,328^{mm}. Da der Ablenkungswinkel des Prismas 53′ 38″ war, so berechnet sich der Winkelabstand bis zu dem das Auge hierbei sicher schätzt

$$\frac{1{,}328^{\text{mm}} \operatorname{tang}(53' 38'')}{147{,}72^{\text{mm}} \sin(1'')} = 28{,}93''.$$

Bei Beobachtungen mit dem Fernrohr bleibt der Fehler derselbe, wie beim Beobachten mit unbewaffnetem Auge, da aber der Gegenstand vergröfsert ist, so wird der Winkelwerth des unvergröfserten Gegenstandes um so viel kleiner als die Vergröfserung beträgt. Ist z. B. bei Beobachtungen mit unbewaffnetem Auge der Fehler 40″ und ist die Vergröfserung die 100fache, so beträgt der Fehler 0,40″. *P.*

Fernere Literatur.

DELAMORINIÈRE et SÉGUIER. Projet d'une nouvelle forme de poids, la même pour tous les poids, depuis celui de cinquante kilogrammes jusqu'à celui d'un gramme. C. R. XLIV. 531-553; Inst. 1857. p. 85-85.

BÉRANGER et comp. Appareil de pesage. Bull. d. l. Soc. d. l'enc. 1857. p. 720-727.

A. D'ABBADIE. Decimal system of measures. Athen. 1857. p. 946-946.

PERREAUX. Comparateur destiné à la verification des mètres étalons. C. R. XLV. 1040-1040.

---

7. Mechanik.

O. SCHLÖMILCH. Ueber die analytischen Beweise des Satzes vom Parallelogramme der Kräfte. Z. S. f. Math. 1857. 1. p. 84-93†; Leipz. Ber. 1856. p. 138-143.

Der Verfasser sucht den analytischen Beweisen des genannten Satzes eine gröfsere Schärfe zu geben. Diese Beweise führten bei der Annahme gleicher Kräfte auf die Functionalgleichung

(1) . . . $\varphi(x)\varphi(z) = \varphi(x+z) + \varphi(x-z)$,
oder bei der Annahme ungleicher Kräfte, welche einen rechten Winkel einschliefsen, auf die Functionalgleichung

(2) . . . $(\varphi(x))^2 + (\varphi(\frac{1}{2}\pi - x))^2 = 1.$

Von der ersten hat bekanntlich Poisson gezeigt, dafs sie nur durch

$$\varphi(x) = 2\cos ax$$

befriedigt werden kann, wenn $\varphi(x)$ für irgend einen Werth von x, z. B. $x = \alpha$ den Werth $2\cos a\alpha$ annimmt. Der Verfasser giebt eine directe Lösung der Gleichung; er schreibt sie

$$\varphi(x)\varphi(x+\delta) = \varphi(x+2\delta) + \varphi(\delta)$$

oder

$$\frac{\varphi(x+2\delta) - 2\varphi(x+\delta) + \varphi(x)}{\delta^2} = \frac{\varphi(\delta)-2}{\delta^2}\varphi(x+\delta);$$

diese Gleichung verwandelt sich beim Uebergang zu unendlich kleinen δ in die Differentialgleichung

$$\varphi''(x) = k\varphi(x),$$

woraus sich das Uebrige ergiebt.

Von der Gleichung (2) zeigt Hr. Schlömilch, dafs sie eine unbestimmte Anzahl von Lösungen zuläfst. Da man also von ihr aus nicht zu dem Beweise des Satzes gelangen kann, ersetzt Hr. Schlömilch dieselbe durch eine andere

$$\frac{1}{2}\left\{\varphi\left(\frac{Q}{P}\right) + \varphi\left(\frac{Q_1}{P_1}\right)\right\} = \varphi\left(\frac{Q+Q_1}{P+P_1}\right),$$

welche unter der Bedingung gilt, dafs

$$P_1^2 + Q_1^2 = P^2 + Q^2$$

sei, und deren allgemeine Lösung

$$\varphi\left(\frac{Q}{P}\right) = a + b \operatorname{arctang} \frac{Q}{P}$$

ist. Man gelangt zu dieser Gleichung, wenn man auf einen Punkt unter rechtem Winkel die Kräfte Q und P wirken läfst, und nach denselben Richtungen die beiden anderen Q_1 und P_1, während man weifs dafs das Quadrat der Resultante R von Q und P ist

$$R^2 = Q^2 + P^2$$

und angenommen hat, dafs

$$Q^2 + P^2 = Q_1^2 + P_1^2.$$

Man vereinigt dann zuerst die Resultante von Q und P mit der von Q_1 und P_1 und setzt dann die Richtung dieser Resultante gleich der Richtung der Resultante von $Q+Q_1$ und $P+P_1$. *Bt.*

E. LAMARLE. De la vitesse considérée dans sa définition et dans sa nature intime. Mém. d. Brux. XXX. 15-25†.

Die Instruction des französischen Unterrichtsminister FORTOUL vom Jahre 1854 giebt dem Verfasser Veranlassung zu einigen Bemerkungen über die Grundbegriffe der Geometrie und Mechanik. Nachdem im ersten Capitel über die Definitionen der geraden und krummen Linien gesprochen ist, wird im zweiten, welches die obige Ueberschrift trägt, der Begriff der Geschwindigkeit discutirt. Man soll das Wesen derselben, Bewegungszustand zu sein, unterscheiden von ihrem Maafs, nämlich dem in der Zeiteinheit zurückgelegten Weg, statt des Unendlichkleinen den Begriff der Gränze einführen u. s. f. *Bt.*

C. KÜPPER. Zur Theorie der Trägheitsmomente. Z. S. f. Math. 1857. 1. p. 73-84.

Der Verfasser theilt einige Bemerkungen mit, die sich auf das Trägheitsmoment eines ebenen Systems in Bezug auf eine Gerade in derselben Ebene, und das Trägheitsmoment eines räumlichen Systems in Bezug auf eine Ebene beziehen; sie lassen sich auszugsweise nicht wiedergeben. *Bt.*

C. KÜPPER. Lehrsätze. Z. S. f. Math. 1857. 1. p. 338-340†.

Von diesen Sätzen interessirt die Mechanik der erste: „Das Trägheitsmoment eines ebenen Systems in Bezug auf die Geraden in seiner Ebene läfst sich auf unendlich vielfache Weise durch das Trägheitsmoment zweier Punkte in Bezug auf diese Geraden ausdrücken, dies letztere vermehrt um eine Constante". *Bt.*

Th. d'Estocquois. Note sur l'homologie en mécanique. C. R. XLV. 38-39†.

Diese Bemerkung steht in jedem Lehrbuch der Mechanik.

Bt.

Brennecke. Die Lehre vom Wurf. Grunert Arch. XXIX. 227-233†.

Aufser der Bestimmung der gröfsten Länge einer Wurfbahn bei gegebener Anfangsgeschwindigkeit findet sich in dieser Darstellung der Lehre vom Wurf im luftleeren Raum weder ein neues Resultat noch eine neue Methode. *Bt.*

Ostrogradski. Sur l'usage des polynomes linéaires en dynamique. C. R. XLIV. 962-970†.

Die Abhandlung ist im Wesentlichen eine aus der Theorie der Determinanten leicht zu entnehmende Rechtfertigung des Gebrauchs der unbestimmten Coëfficienten in der Variationsrechnung und Mechanik; insbesondere in dem Falle, wo die Bedingungen nicht durch Gleichungen, sondern durch Ungleichheiten ausgedrückt sind. *Bt.*

E. Brassine. Des termes qui complètent la formule générale de la mécanique analytique dans le cas du frottement. Liouville J. 1857. p. 145-148.

Der Verfasser sucht die allgemeine Gleichgewichtsgleichung, welche aus dem Princip der virtuellen Geschwindigkeiten fliefst, durch ein der Reibung entsprechendes Glied zu vervollständigen. Dies Glied würde man leicht hinschreiben können, wenn nicht die Richtung der Kraft, welche man der Reibung substituirt, mit der Richtung der Bewegung selbst variirte. Wenn man festhält, dafs die Reibung in der Tangentialebene an eine Fläche $L = 0$ wirkt, so kann man ihre Richtung bis auf einen unbestimmten Coëfficienten bestimmen; diesen führt der Verfasser ein, erhält dadurch aber eine Unbestimmte mehr, als Gleichungen. *Bt.*

PHILLIPS. Du principe de la moindre action et du principe de D'ALEMBERT dans les mouvements relatifs. C. R. XLV. 335-339†; Inst. 1857. p. 307-308.

Wir erhalten ein nicht abzukürzendes Resumé einer Arbeit, welche erstens die Bedingungen untersucht, unter welchen das Princip der kleinsten Action in der relativen Bewegung gültig bleibt, zweitens aus dem D'ALEMBERT'schen Princip eine Methode ableitet, um die Probleme der relativen Bewegung direct zu lösen, ohne auf die absolute Bewegung zurück zu gehen. Der wesentliche Punkt war hierbei, die den beweglichen Axen parallelen Componenten der beschleunigenden Kraft eines Punktes auszudrücken als Functionen der relativen Coordinaten des Punktes, der Componenten der beschleunigenden Kraft des Anfangspunktes und der Componenten der Winkelgeschwindigkeit der Axen.

Bt.

RÉSAL. Mémoire sur le mouvement relatif d'un corps solide par rapport à un système invariable. C. R. XLIV. 1144-1145†; Ann. d. mines (5) XII. 327-345.

In der vorliegenden Notiz werden zwei Sätze über die Zusammensetzung der relativen Beschleunigungen aus den absoluten und denen des Mediums mitgetheilt. *Bt.*

FARADAY. On the conservation of force. Phil. Mag. (4) XIII. 225-239†; Proc. Roy. Inst. 1857. Febr. 27.

A. MECHANIC. The conservation of force. Mech. Mag. LXVI. 345-347†.

B. CHEVERTON. Prof. FARADAY and the conservation of force. Mech. Mag. LXVI. 393-397†.

GOOSEQUILL und Andere. The conservation of force. Mech. Mag. LXVI. 416-422†.

CHEVERTON. The conservation of force. Mech. Mag. LXVI. 493-495†.

A. MECHANIC. The conservation of force. Mech. Mag. LXVI. 514-518†.

B. Cheverton. The conservation of force. Mech. Mag. LXVI. 540-541†.

E. Brücke. Ueber Gravitation und Erhaltung der Kraft. Wien. Ber. XXV. 19-30†.

Wir stellen in den obigen Titeln die Literatur einer Discussion zusammen, welche, durch einen Vortrag Faraday's in der Roy. Inst. veranlafst, weniger physikalisches, als (wie auch Brücke bemerkt) psychologisches Interesse hat.

Die Idee von der „Erhaltung der Kraft" in alle ihre Consequenzen zu verfolgen, dies hat sich in der heutigen Physik ebenso nützlich für die Entdeckung neuer Gesetze erwiesen, als für die Zusammenfassung scheinbar getrennter Gesetze und Erscheinungen unter einen Gesichtspunkt. Es liegt indessen in der Natur der hier vorkommenden Begriffe, dafs ein vollkommen präciser Ausdruck dieser Idee nur durch mathematische Zeichen, und nur nach einer Zurückführung aller Erscheinungen auf Bewegungen von Atomen möglich ist, etwa in der Weise, wie es in der berühmten Schrift von Helmholtz geschehen ist. Selten werden zwei Personen, welche den Satz von der Erhaltung der Kraft anders als durch das bekannte Integral der dynamischen Differentialgleichungen definiren, in ihrer Meinung übereinstimmen; auch wird es unmöglich sein, ihre Meinung in der Kürze wiederzugeben. Faraday's Meinung wird ungefähr daraus klar, dafs er die gangbare Definition der Gravitation, als einer anziehenden Kraft, welche umgekehrt proportional dem Quadrat der Entfernung zwischen den anziehenden Punkten wirkt, für einen Widerspruch gegen den Satz von der Erhaltung der Kraft hält, weil darnach diese Kraft variiren, nicht constant sein würde. Er denkt sich deshalb die Gravitation als eine gewisse Aeufserung einer Kraft von bestimmtem Maafs, die aber auch andere Aeufserungsweisen annehmen kann, und mit desto gröfserer Intensität wirklich annimmt, je mehr mit der Entfernung die Gravitation abnimmt. Aufgabe der Physiker ist es, die bis jetzt unbekannten Aeufserungsweisen, in welche die Gravitation umschlagen kann, aufzufinden. *Bt.*

LLOYD. The conservation of force. Mech. Mag. LXVII. 273-274†.

Hr. LLOYD hat in seiner Präsidialrede vor der Brit. Assoc. die Fortschritte berührt, welche die Physik der Idee von der Erhaltung der Kraft und der „Correlation der Kräfte" in ihren mannigfachen Variationen verdankt; FARADAY, GROVE, MAYER, JOULE, HELMHOLTZ, W. THOMSON und RANKINE werden in der Kürze erwähnt. *Bt.*

OSTROGRADSKY. Sur le principe de la moindre action. Bull. d. St. Pét. XVI. 139-139†.

Ankündigung einer Abhandlung, in welcher diesem Satze ein präciserer Ausdruck gegeben werden soll. *Bt.*

POINSOT. Questions dynamiques. Sur la percussion des corps. LIOUVILLE J. 1857. p. 281-350†; Phil. Mag. (4) XV. 161-180, 263-290, 349-359; Z. S. f. Math. 1858. 1. p. 143-172†.

Seine, aus den „Elementen der Statistik" und der „Theorie der Rotation" bekannten, Methoden benutzt der berühmte Verfasser in dieser Abhandlung zur Behandlung einer Reihe von Fragen, welche besonders den Stofs, translatorisch und zugleich rotirend, bewegter, unelastischer Körper gegen feste Punkte betreffen.

Es werden ausschliefslich Körper betrachtet, deren Bewegungszustand durch einen einmaligen Stofs hervorgebracht werden kann. Das Maafs des Stofses P ist das Product aus einer bewegenden Kraft und der sehr kleinen Zeit ihres Andauerns. Es giebt dann in jedem Moment einen Punkt C im Körper, welcher in einer durch den Schwerpunkt G und senkrecht gegen die ursprüngliche Stofsrichtung gelegten Ebene, und in einem constanten Abstand h vom Schwerpunkt so liegt, dafs ein hier angebrachter, dem ursprünglichen gleicher und entgegengesetzter Stofs den Körper wieder zur Ruhe bringen kann.

1) Im ersten Abschnitt betrachtet Hr. POINSOT den Fall, wo die ursprüngliche Stofsrichtung in der Ebene zweier durch den Schwerpunkt gehender Hauptaxen des Körpers liegt, und auch

von dem festen Hindernifs, gegen welches der Körper stofsen soll, wird angenommen, dafs es ihn in einem Punkt C_1 der Linie GC treffe. Hr. Poinsot beweist zunächst den bekannten Satz, dafs der Abstand a der freiwilligen Drehungsaxe von der dritten Hauptaxe die Relation

$$ah = K^2$$

erfüllt, wo K den auf diese Hauptaxe bezüglichen Trägheitsarm bedeutet. Die Punkte der freiwilligen Drehungsaxe sind während eines Moments in Ruhe, und der Körper (von der Masse M) dreht sich um diese Axe mit der Winkelgeschwindigkeit

$$\theta = \frac{Ph}{MK^2}.$$

Die Axe trifft die Linie GC, auf der dem Punkte C entgegengesetzten Seite von G in einem Punkte O, den der Verfasser Drehungsmittelpunkt nennt. Die Punkte C und O sind reciprok, d. h. sie können ihre Rollen austauschen. Von hier aus geht der Verfasser zu seltener behandelten Fragen über; da wir der ausgedehnten Abhandlung nicht von Satz zu Satz folgen können, so heben wir nur die Formeln heraus, aus denen sich die wichtigeren Resultate leicht ergeben.

Unter den eingeführten Beschränkungen hängt der ganze Bewegungszustand des Körpers nur ab von der Masse, der Lage des Schwerpunkts und dem Trägheitsarm. Alle Körper, für welche diese drei Stücke übereinstimmen, verhalten sich (bei gleichen Stöfsen) gleich. Wenn nun der Anstofs gegen einen festen Punkt C_1 in einer beliebigen Entfernung x von G erfolgt, so läfst sich statt des Körpers eine starre Linie ohne Masse von der Länge $x + \frac{K^2}{x}$ setzen, deren Enden mit den Punkten C_1 und dem zu C_1 reciproken O_1 zusammenfallen, und die Massen m und n tragen, welche sogleich bestimmt werden sollen. Denn von den Gleichungen

$$m + n = M$$

$$mx + n\frac{K^2}{x} = 0$$

$$mx^2 + n\frac{K^4}{x^2} = MK^2,$$

welche die hierzu ausreichenden Bedingungen enthalten, ist die eine die Folge der beiden anderen. Die Massen m und n sind nach diesen Gleichungen

$$m = M \frac{K^2}{K^2 + x^2},$$

$$n = M \frac{x^2}{K^2 + x^2}.$$

Im Moment des Stofses kann man ferner dieser bewegten Linie eine ruhende substituiren, auf die in C_1 und O_1 zwei parallele Stöfse ausgeübt werden, welche den vorhandenen Bewegungszustand reproduciren.

Da aber C_1 und O_1 reciprok sind, so hat ein auf O_1 ausgeübter Stofs keinen Einflufs auf C_1, dagegen wird der Stofs in C_1 durch ein festes Hindernifs aufgehoben. Hieraus folgt, dafs dies Hindernifs von dem rotirenden Körper ebenso getroffen wird, als wenn die Masse m mit der ihr zukommenden Geschwindigkeit $(a + x)\theta$ dagegen stiefse. Daher ist das Maafs des Stofses

$$(1) \quad . \; . \; . \; . \; . \quad Q = M\theta \frac{K^2(a + x)}{K^2 + x^2};$$

der in O_1 übrig bleibende Stofs p, von der Gröfse

$$(2) \quad . \quad p = M \frac{x^2}{K^2 + x^2}\left(a - \frac{K^2}{x}\right)\theta = Ma\theta \frac{x^2 - hx}{K^2 + x^2},$$

veranlafst die fernere Bewegung des Körpers; es ist also die Geschwindigkeit des Schwerpunktes G nach dem Stofs

$$(3) \quad . \; . \; . \; . \; . \; . \quad u_1 = \frac{p}{M} = a\theta \frac{x^2 - hx}{K^2 + x^2},$$

oder, da die ursprüngliche Geschwindigkeit $u = a\theta$ ist,

$$u_1 = u \frac{x^2 - hx}{K^2 + x^2},$$

und die Winkelgeschwindigkeit θ_1 nach dem Stofs ist

$$(4) \quad . \; . \; . \quad \theta_1 = -\frac{p}{MK^2} \cdot \frac{K^2}{x} = a\theta \frac{h - x}{K^2 + x^2}.$$

Mit Hülfe der Gleichungen (1) bis (4) läfst sich nun x so bestimmen, dafs entweder ein vorgeschriebener Stofs, oder eine vorgeschriebene Geschwindigkeit des Schwerpunkts u. s. w. resultirt. Es folgt daraus unter Anderem:

Der Stofs gegen ein festes Hindernifs wird ein Maximum, wenn

$$x = -a \pm \sqrt{[a^2 + K^2]},$$

d. i. wenn die Entfernung des Hindernisses von der augenblicklichen Drehungsaxe gleich demjenigen Trägheitsarm ist, der zu dieser Axe gehört; ein Satz, der wohl nicht so unbekannt ist, wie der Verfasser glaubt.

Ferner: p und also auch u_1 werden negativ, wenn $x^2 < hx$ ist; der Körper prallt wie ein elastischer mit der entgegengesetzten Geschwindigkeit zurück, wenn

$$u = -u_1$$

also

$$x = \frac{h \pm \sqrt{[h^2 - 8K^2]}}{4}$$

ist. Natürlich geht der Schwerpunkt des Körpers mit der gröfsten Geschwindigkeit zurück, wenn das Hindernifs den Körper da trifft, wo der Stofs sein Maximum erreicht. Diese Geschwindigkeit kann gröfser werden als die Anfangsgeschwindigkeit u. s. f.

Desgleichen läfst sich leicht bestimmen, in welchem Punkt der Stofs dem Körper die gröfste entgegengesetzte Winkelgeschwindigkeit giebt, u. s. w.

Die Rechnungsresultate sind einer einfachen geometrischen Darstellung fähig, weil die vorkommenden Entfernungen sich meist durch mittlere Proportionalen anderer Linien wiedergeben lassen.

2) Im zweiten Abschnitt wird der Fall betrachtet, wo der augenblicklich vorhandene Bewegungszustand des Körpers durch einen Stofs P erzeugt werden kann, dessen Richtung parallel einer Hauptaxe (GZ) läuft. Zunächst wird die Lage der freiwilligen Drehungsaxe bestimmt. Der Stofs P treffe also die Ebene der beiden Hauptaxen GX und GY in einem Punkte C, dessen Coordinaten in Bezug auf dieselben Axen und den Anfangspunkt G mit x und y bezeichnet werden sollen. Es seien ferner α und β die Trägheitsarme des Körpers für die Axen GX und GY. Projicirt man den Punkt auf die Axe GX in C_1, so kann man dem Stofse das Kräftepaar Py und einen in C_1 angebrachten Stofs P substituiren, welcher also in der Ebene der Hauptaxen GX und GZ liegt. Dieser letztere bringt eine Drehung des Körpers um eine Axe $O_1 Y_1$ hervor, welche der Axe OY parallel ist, und den Abstand $O_1 G = \frac{\beta^2}{x}$ von ihr hat. Die ent-

sprechende Winkelgeschwindigkeit ist $\frac{Px}{M\beta^2}$. Das Paar Py veranlafst eine Drehung um die Axe GX mit der Winkelgeschwindigkeit $\frac{Py}{M\alpha^2}$. Da die beiden Drehungsaxen sich in O_1 schneiden, so erhält man durch Zusammensetzung der Drehungen leicht die Gleichung der durch O_1 gehenden, in der Ebene YGX liegenden, gesuchten freiwilligen Drehungsaxe

(5) . . . . . . $\alpha^2 xt + \beta^2 yu + \alpha^2\beta^2 = 0,$

wo t und u die laufenden Coordinaten dieser Linie bedeuten. Dieselbe wird von der verlängerten Linie GC in einem Punkte O geschnitten, welcher zu Coordinaten hat

$$t = -\frac{\alpha^2\beta^2 x}{\alpha^2 x^2 + \beta^2 y^2}, \qquad u = -\frac{\alpha^2\beta^2 y}{\alpha^2 x^2 + \beta^2 y^2};$$

diesen Punkt nennt der Verfasser wieder Drehungspunkt. Bezeichnet man die Länge GC mit H und GO mit A, so ist

(6) . . . . . . $AH = \alpha^2\beta^2 \frac{x^2 + y^2}{\alpha^2 x^2 + \beta^2 y^2}.$

Construirt man in der Ebene XGY die Ellipse (ellipse centrale)

(7) . . . . . . $\alpha^2 x^2 + \beta^2 y^2 = \alpha^2\beta^2,$

so sind ihre Halbmesser bekanntlich umgekehrt proportional dem Trägheitsarm des Körpers, der ihnen selbst entspricht. Ist nun D der Durchschnittspunkt der Linie GC mit dieser Ellipse, und bezeichnet δ die Länge GD, so folgt aus (6)

(8) . . . . $AH = \delta^2,$

aufserdem geht aus (5) hervor, dafs die freiwillige Drehungsaxe parallel ist dem zu GD conjugirten Durchmesser der Ellipse (7). Schliefsen nun diese beiden Durchmesser den Winkel φ ein, und ist δ^1 die Länge des conjugirten Halbmessers, so hat man

$$\frac{\alpha\beta}{\delta^1} = \delta \sin\varphi = K,$$

d. i. gleich dem Trägheitsarm in Bezug auf diesen Halbmesser; und (8) geht über in

(9) . . . . . . $A \sin\varphi \,.\, H \sin\varphi = K^2.$

Nun sind aber $A \sin\varphi$ und $K \sin\varphi$ die Abstände der Punkte O und C von dem zur Drehungsaxe parallelen Durchmesser; die

Gleichung (9) ist also ein schönes Analogon zu der bekannten Gleichung $ah = K^2$, die im ersten Abschnitt vorkam, und enthält den Satz:

Die Abstände der freiwilligen Drehungsaxe und des Stofsmittelpunktes von einer durch den Schwerpunkt gelegten Parallelen zur Drehungsaxe haben zum Product das Quadrat des Trägheitsarmes, der zu diesen Parallelen gehört.

Die Punkte *C* und *O* sind in der Weise reciprok, dafs ein (zu *GZ* paralleler) Stofs durch *O* eine Drehungsaxe erzeugt, welche durch *C* geht, und parallel mit der früheren ist. Alle Punkte dieser Linie geben als Stofscentra Drehungsaxen, die sich in *O* kreuzen.

Der Verfasser knüpft hieran eine Reihe von Aufgaben, welche die Enveloppen der Drehungsaxen solcher Stofscentra betreffen, die auf einer gewissen Curve liegen; ferner die Curve der Drehungsmittelpunkte, welche einer gegebenen Curve von Stofscentren entspricht, u. s. f.

Wichtiger ist die zweite Frage: nämlich nach dem Maafse des Stofses *Q*, welchen der Körper ausübt, wenn ihn ein, in der Ebene *XGD* gelegenes, festes Hindernifs *D* trifft. Den, ursprünglich in *C* angebrachten Stofs *P* kann man ersetzen durch zwei parallele, von denen der eine in *D*, der andere in dem Punkte *E* angebracht ist, in welchem die Linie *CD* von der zu *D* gehörigen Drehungsaxe getroffen wird. Dieser Stofs in *E* übt dann auf ein Hindernifs in *D* keine Wirkung aus, weil die zu *E* gehörige Drehungsaxe durch *D* gehen mufs. Demnach wird

$$Q = P\frac{CE}{DE}.$$

Sind x und y die Coordinaten von *D*, a und b die von *C*, so wird die Gleichung dieser zu *D* gehörigen Drehungsaxe

$$\alpha^2 xt + \beta yu + \alpha^2\beta^2 = 0.$$

Die Abstände der Punkte *C* und *D* von dieser Linie verhalten sich wie

$$\alpha^2 ax + \beta^2 by + \alpha^2\beta^2 \quad \text{zu} \quad \alpha^2 x^2 + \beta^2 y^2 + \alpha^2\beta^2,$$

es ist also auch

$$(10) \quad \ldots \quad Q = P\frac{\alpha^2 ax + \beta^2 by + \alpha^2\beta^2}{\alpha^2 x^2 + \beta^2 y^2 + \alpha^2\beta^2}.$$

Man kann mit Hülfe dieser Gleichung die Fragen nach den Punkten gleichen Stofses, gröfsten Stofses u. s. w. beantworten.

Ist D_1 der zu D reciproke Punkt, Q_1 der ihm entsprechende Stofs, $\varDelta$ der Halbmesser der Centralellipse, in dessen Richtung D und D_1 liegen, u und u_1 ihre Entfernungen vom Schwerpunkt, π und π_1 ihre Entfernungen von der augenblicklichen Drehungsaxe, so werden ihre Geschwindigkeiten

$$\pi\theta \quad \text{und} \quad \pi_1\theta,$$

und die Stöfse

$$Q = \theta\pi M \frac{\varDelta^2}{u^2+\varDelta^2} = \theta\pi M \cdot \frac{u_1}{u+u_1},$$

$$Q_1 = \theta\pi M \frac{u^2}{u^2+\varDelta^2} = \theta\pi_1 M \frac{u}{u+u_1},$$

Gleichungen, welche den im ersten Abschnitt entwickelten (1) und (2) analog sind, und zeigen, dafs der Körper bei der Berechnung des Stofses gegen irgend einen Punkt der Linie DD_1 ersetzt werden kann durch eine starre Linie DD, welche an ihren Enden die Massen

$$M\frac{u_1}{u+u_1} \quad \text{und} \quad M\frac{u}{u+u_1}$$

trägt. *Bt.*

CAYLEY. On a class of dynamical problems. Proc. of Roy. Soc. VIII. 506-511†; Phil. Mag. (4) XV. 306-310†.

Es wird ein bewegtes System betrachtet, welches mit einem anderen so in Verbindung steht, dafs es in jedem Moment einem oder mehreren unendlich kleinen Massentheilen des zweiten Systems einen endlichen Geschwindigkeitszuwachs ertheilt. Das einfachste Beispiel ist eine Kette, deren eines Ende von einem Tische heruntergleitet, während der Rest auf dem Tische nahe der Kante aufgewickelt liegt. Dieses Beispiel erledigt sich leicht. Ist nämlich die Masse der Längeneinheit = 1,5 die Länge des zur Zeit t herunterhängenden Kettenendes, so ist $\frac{ds}{dt} = s'$ seine Geschwindigkeit, ds die Masse welche während der Zeit dt in Bewegung zu setzen ist. Mithin würde in Folge des Stofses der Masse s gegen die Masse ds die Geschwindigkeit werden

$$\frac{ss'}{s+ds}$$

also die Verzögerung der Masse s betragen

$$s' - \frac{ss'}{s+ds} = ds\frac{s'}{s+ds} = \frac{s'^2}{s}dt,$$

die Beschleunigung durch die Schwere ist g, also hat man die Gleichung

$$\frac{d^2s}{dt^2} = g - \frac{s'^2}{s},$$

oder

$$ss'd.ss' = gs^2ds,$$

also

$$\frac{sds}{\sqrt{[s^3-a^3]}} = \sqrt{[\tfrac{2}{3}g]}dt,$$

wo a das anfangs herabhängende Kettenstück ist; für $a = 0$, kommt

$$s = \tfrac{1}{6}gt^2.$$

Im Allgemeinen wird die Bewegungsgleichung

$$\Sigma\left\{\left(\frac{d^2x}{dt^2} - X\right)\delta x + \left(\frac{d^2y}{dt^2} - Y\right)\delta y + \left(\frac{d^2z}{dt^2} - Z\right)\delta z\right\}$$

$$+ \Sigma(\Delta u\delta\xi + \Delta v\delta\eta + \Delta w\delta\zeta)\frac{1}{dt}d\mu = 0.$$

Hier haben die Glieder der ersten Reihe die übliche Bedeutung; in der zweiten Reihe bedeuten Δu, Δv, Δw die Componenten des endlichen Geschwindigkeitszuwachses der Massenelemente $d\mu$, welche während der Zeit dt mit dem bewegten System in Verbindung treten; $\delta\xi$, $\delta\eta$, $\delta\zeta$ ihre virtuellen Geschwindigkeiten. Diese Gleichung läſst sich auf eine der Lagrange'schen Form analoge bringen; indessen verlieren dabei die Differentiationszeichen ihren eigentlichen Sinn, weil die Variabelen in die zu differentirenden Functionen auch in so fern eingehen, als sie die veränderliche Masse des bewegten Systems bestimmen, und nur in soweit dies nicht der Fall ist, nach ihnen differentiirt werden darf.

Bt.

J. BERTRAND. Mémoire sur quelques-unes des formes les plus simples que puissent présenter les intégrales des équations différentielles du mouvement d'un point matériel. LIOUVILLE J. 1857. p. 113-140†.

In einem früheren Aufsatz (Berl. Ber. 1852. p. 54†) hatte der Verfasser gezeigt, wie man im Allgemeinen aus einem (daselbst näher definirten) Integral eines mechanischen Problems, auf das Problem selbst schliefsen kann. Es folgt hieraus, dafs nicht jede beliebige Gleichung zwischen den Coordinaten und Geschwindigkeitscomponenten als ein Integral der genannten Art angesehen werden kann; vielmehr entspringt die Aufgabe, die Formen der Gleichungen zu bestimmen, welche dynamische Integrale sein können, und zugleich die Probleme, welchen sie angehören. Der Verfasser tritt dieser eigenthümlichen und, wie es scheint, fruchtbaren Aufgabe in der vorliegenden Abhandlung näher, indem er die Betrachtung auf die Bewegung eines Punktes in der Ebene beschränkt, und untersucht, welche ganzen und rationalen Functionen des ersten, zweiten und dritten Grades in Bezug auf die Geschwindigkeitscomponenten Integrale sein können; und schliefslich welche Quotienten linearer Functionen derselben Gröfsen.

Um von dem Gange dieser Untersuchungen eine bestimmte Vorstellung zu geben, referiren wir speciell über den Fall einer Function ersten Grades. Es ist also die Frage: welche Bedingungen haben die Functionen P, Q, R von x, y, z zu erfüllen, wenn

$$(1) \quad \ldots\ldots \quad \alpha = Px' + Qy' + R$$

ein Integral der Gleichungen

$$(2) \quad \ldots\ldots \quad \frac{d^2x}{dt^2} = X, \qquad \frac{d^2y}{dt^2} = Y$$

sein soll?

Durch Differentiation von (1) folgt mit Benutzung von (2) die Gleichung

$$0 = x'^2\frac{\partial P}{\partial x} + y'^2\frac{\partial Q}{\partial y} + x'y'\left(\frac{\partial P}{\partial y} + \frac{\partial Q}{\partial x}\right) + x'\frac{\partial R}{\partial x} + y'\frac{\partial R}{\partial y} + PX + QY,$$

welche identisch sein mufs, weil x, y, x', y' zu einer beliebig gewählten Zeit beliebige Werthe haben können. Die Gleichung spaltet sich daher in sechs andere, aus denen leicht folgt, dafs der bewegliche Punkt von einem festen Centrum angezogen wird, und dafs die Gleichung (1) sich auf den Flächensatz reducirt.

Der vierte Fall läfst sich durch eine längere Rechnung erledigen; der zweite führt im Allgemeinen auf eine nicht gelöste partielle Differentialgleichung für die Kräftefunction des Problems. Es läfst sich indessen das merkwürdige Resultat ableiten, dafs der allgemeinste Fall, in welchem die Differentialgleichung der Bewegung eines von mehreren festen Centren angezogenen Punktes ein Integral vom zweiten Grade in Bezug auf die Geschwindigkeitscomponenten haben kann, der von Lagrange behandelte Fall ist, nämlich: zwei feste Centren, welche nach dem Newton'schen Gesetz anziehen, und ein drittes in ihrer Mitte, welches proportional der Entfernung anzieht. Der dritte Fall führt auf sehr lange Rechnungen, und ist daher nur unter einer sehr speciellen Annahme behandelt. *Bt.*

Schellbach. Ueber die Bewegung eines Punktes auf der Oberfläche eines Ellipsoids. Crelle J. LIV. 381-387†.

Ein sehr glücklich gewähltes Coordinatensystem führt den Verfasser zu einer eleganten Behandlung von zwei Fällen der Bewegung eines Punktes auf der Oberfläche des Ellipsoides

$$\frac{x^2}{a}+\frac{y^2}{b}+\frac{z^2}{c}=1,$$

1) wenn der Punkt vom Centrum mit einer Kraft angezogen wird, welche gleich der $k$fachen Entfernung ist, 2) wenn den Punkt ein Widerstand von der Gröfse $\alpha w+\beta w^2$ hemmt, wo w die Geschwindigkeit bedeutet.

Sind nämlich u und v die Quadrate der Halbaxen desjenigen Centralschnitts des Ellipsoids, welcher parallel der im Punkte x, y, z an dasselbe gelegten Tangentialebene läuft, so hat man

$$\frac{x^2}{a}=\frac{(a-u)(a-v)}{(a-b)(a-c)};\quad \frac{y^2}{b}=\frac{(b-u)(b-v)}{(b-a)(b-c)};\quad \frac{z^2}{c}=\frac{(c-u)(c-v)}{(c-a)(c-b)},$$

und die Differentialgleichung der Bahn wird im ersten Falle

$$\frac{\partial r}{\sqrt{[ar-1)(br-1)(cr-1)(Dr^2-Cr+k)]}}$$
$$=\pm\frac{\partial s}{\sqrt{[(as-1)(bs-1)(cs-1)(Ds^2-Cs+k)]}},$$

wo

$$r=\frac{1}{u};\quad s=\frac{1}{v};\quad D=abcA;\quad C=k(a+b+c)+B;$$

A und B Integrationsconstanten sind.

Im zweiten Falle wird die Bahn natürlich die kürzeste Linie auf dem Ellipsoid, und ihre Differentialgleichung

$$\frac{\sqrt{u}\,du}{\sqrt{[(a-u)(b-u)(c-u)(u-C)]}}=\pm\frac{\sqrt{v}\,dv}{\sqrt{[(a-v)(b-v)(c-v)(v-C)]}},$$

wo C eine Integrationsconstante ist. *Bt.*

Cayley. A Demonstration of Sir W. R. Hamilton's Theorem of the Isochronism of the Circular Hodograph. Phil. Mag. (4) XIV. 427-430†.

Hodograph ist die reciproke Polare der Bahn eines, von einem festen Centrum angezogenen, Punktes in Bezug auf einen Kreis, welcher um dies Centrum mit einem Radius construirt ist, welcher proportional der Quadratwurzel aus der in der Zeiteinheit beschriebenen Fläche ist. Für die Bahn eines Planeten, ist der Hodograph ein Kreis. Haben zwei Planetenbahnen gleich grofse Axen, so geht die Chordate ihrer Hodographen durch das anziehende Centrum. Ein Kreis, welcher die Hodographen senkrecht durchschneidet, schneidet von ihnen Bogen ab, deren Correspondirende von den Planeten in gleichen Zeiten durchlaufen werden. Dieser Satz läuft, wie schon Hamilton bemerkt hat, auf den Lambert'schen hinaus; Hr. Cayley reducirt ihn durch eine analytische Entwickelung auf denselben. *Bt.*

Beer. Ueber die Enveloppe gewisser Planetenbahnen. Wien. Ber. XXIV. 314-314†.

Hr. Beer theilt folgenden Satz mit: Die Bahnen aller Punkte, welche von einem festen Centrum nach dem Newton'schen Gesetz angezogen werden, und von demselben Punkt des Raumes mit gleicher Anfangsgeschwindigkeit ausgehen, werden von einem Rotationsellipsoid eingehüllt, dessen Brennpunkte das anziehende Centrum und der Ausgangspunkt sind u. s. w. Ein Beweis des Satzes ist nicht mitgetheilt, er folgt durch eine einfache geometrische Betrachtung daraus, dafs unter den angegebenen Bedingungen die grofse Axe und ein Brennpunkt allen Bahnen gemeinsam sind. *Bt.*

A. Cayley. Report of the recent progress of theoretical dynamics. Athen. 1857. p. 1157-1157†; Inst. 1857. p. 318-318.

Hr. Cayley hat einen Bericht gegeben über die Fortschritte, welche die analytische Mechanik durch Lagrange, Poisson, Hamilton und Jacobi gemacht hat. *Bt.*

Cayley. On Sir W. R. Hamilton's method for the problem of three or more bodies. Qu. J. of math. II. 66-73†.

Eine Darstellung der von Hamilton, in den Phil. Trans. 1834 bis 1835, als Beispiel zu seiner allgemeinen Theorie gegebenen Methode, wobei die allgemeinen Sätze nicht benutzt werden. *Bt.*

Cayley. On Lagrange's solution of the problem of two fixed centres. Qu. J. of math. II. 76-83†.

Eine Modification der Lagrange'schen Lösung, durch welche der Zusammenhang zwischen den Differentialgleichungen und ihren Integralen deutlicher hervortreten soll. *Bt.*

Jelett. On some general propositions connected with the theorie of attractions. Athen. 1857. p. 1149-1149†; Inst. 1857. p. 343-343; Liter. Gaz. 1857. p. 933-933.

In dieser Notiz wird eine Anzahl von Sätzen über solche Attractionsgesetze angekündigt, welche durch eine nach Potenzen der reciproken Entfernungen fortschreitende Reihe ausgedrückt werden können; z. B. dafs es aufser dem Newton'schen kein derartiges Gesetz gebe, für welches eine geschlossene Fläche denkbar wäre, die einen Punkt innerhalb nicht anzöge. *Bt.*

E. J. Routh. On a proposition in attractions. Qu. J. of math. II. 129-138†.

Der Verfasser nennt Flächen reciprok, wenn jeder Radius vector, der von einem festen Pol S an die Flächen geht, dieselben in solchen Punkten P und P_1 trifft, dafs $SP \cdot SP_1 = \text{const.}$ Er vergleicht die Attractionen solcher Flächen, unter der Annahme, dafs die Anziehung zwischen zwei Punkten einer Potenz der reciproken Entfernung, und die Dichtigkeiten einer Potenz der reciproken Radien vectoren SP, SP_1 proportional sind. *Bt.*

Cayley. Note on the equipotential curve $\frac{m}{r}+\frac{m_1}{r_1}=C$. Phil. Mag. (4) XIV. 142-146†.

Der Verfasser discutirt die Gestalt, welche die Curve achten Grades $\frac{m}{r}+\frac{m_1}{r_1}=C$ (in welcher r und r_1 die Entfernungen eines Punktes der Curve von zwei festen Punkten mit den Massen m und m_1 sind) unter verschiedenen Annahmen über das Verhältnifs der Constanten m, m_1, C annimmt. *Bt.*

T. A. Hirst. On equally attracting bodies. Phil. Mag. (4) XIII. 305-324†.

Der Verfasser betrachtet solche ebene Curven, welche einen gegebenen Punkt gleich anziehen. Ist der angezogene Punkt der Pol der Polarcoordinaten, und nennt man correspondirende Punkte solche, welche auf demselben Radius vector in zwei verschiedenen Curven liegen, so sieht man leicht, dafs zwei correspondirende Curvenelemente gleich stark anziehen, wenn ihre Tangenten gleichen Abstand vom Pol haben. Sind ferner r und r_1 die zwei

Curven entsprechenden Radien vectoren und $F(\theta)$ eine willkürliche Function des Winkels, c und c_1 beliebige Constanten, so sind

$$\frac{1}{r} = ce^{\int F(\theta)d\theta} + c_1 e^{-\int \frac{d\theta}{F(\theta)}}$$

$$\frac{1}{r_1} = ce^{\int F(\theta)d\theta} - c_1 e^{-\int \frac{d\theta}{F(\theta)}}$$

zwei gleich stark anziehende Curven. Mittelst dieser Gleichungen gelingt es leicht, ein Paar Curven von der verlangten Beschaffenheit zu finden; der Verfasser giebt davon eine Reihe von Beispielen. Dagegen bietet die eigentliche Aufgabe, zu einer gegebenen Curve die gleich anziehenden zu finden, mehr Schwierigkeiten dar; der Verfasser bespricht daher nur einige Eigenschaften dieser Curven. *Bt.*

J. Bourget. Note sur l'attraction des paraboloïdes elliptiques. Liouville J. 1857. p. 81-90†.

Hr. Bourget behandelt die Attraction einer von zwei elliptischen Paraboloiden eingeschlossenen Schicht in der Weise, wie Charles die Attraction der Ellipsoide behandelt hat.

Wenn S der Scheitel, Sx die Hauptaxe eines solchen Paraboloids ist, so nennt er isothetisch ein zweites, welches entsteht, wenn das erste parallel der Axe um eine Strecke w verschoben wird. Die Gleichung eines solchen Paraboloids ist

$$x + \varepsilon = \frac{y^2}{2p + 4\varepsilon} + \frac{z^2}{2q + 4\varepsilon},$$

und die eines dazu isothetischen

$$x + \varepsilon - w = \frac{y^2}{2p + 4\varepsilon} + \frac{z^2}{2q + 4\varepsilon}.$$

Durch Aenderung von ε erhält man homofocale Paraboloide. Zwei Punkte $x, y, z,$ und x_1, y_1, z_1 sind correspondirend, wenn

$$x + \varepsilon = x_1 + \varepsilon_1,$$

$$\frac{y}{\sqrt{[2p + 4\varepsilon]}} = \frac{y_1}{\sqrt{[2q + 4\varepsilon]}},$$

$$\frac{z}{\sqrt{[2q + 4\varepsilon]}} = \frac{z}{\sqrt{[2q + 4\varepsilon_1]}}$$

ist.

Hieraus folgen leicht die Sätze:

1) Zwei isothetischen Paraboloiden entsprechen zwei andere den ursprünglichen homofocale, isothetische Paraboloide von derselben Entfernung, und jedem Punkt in der einen Schicht entspricht ein Punkt in der anderen.

2) Sind S und S_1 zwei Punkte auf dem einen Paraboloid, m und m_1 ihre entsprechenden auf dem anderen, so ist

$$Sm_1 = S_1 m.$$

3) Die beiden Abschnitte einer Secante zwischen zwei isothetischen Paraboloiden sind gleich. Eine homogene Schicht zwischen denselben übt also keine Anziehung auf einen inneren Punkt aus.

4) Entsprechende Volumina entsprechender Schichten verhalten sich, wie

$$\sqrt{[(2p+4\varepsilon)(2q+4\varepsilon)]} : \sqrt{[(2p+4\varepsilon')(2q+4\varepsilon')]}.$$

Dies Verhältnifs wollen wir der Kürze wegen mit e bezeichnen.

5) Sind C und C_1 zwei entsprechende homogene Schichten zwischen unendlich nahen isothetischen Paraboloiden, V und V_1 ihre Potentiale in Bezug auf die entsprechenden Punkte S_1 auf der äufseren Fläche von C_1 und S auf der von C, so ist

$$\frac{V}{V_1} = e.$$

6) Die Potentiale der beiden Schichten in Bezug auf denselben äufseren Punkt stehen in demselben Verhältnisse.

7) Die Anziehung einer unendlich dünnen Schicht auf einen äufseren Punkt hat die Richtung der Normale, die in diesem Punkte an das der äufseren Fläche entsprechende, und durch den Punkt gehende, Paraboloid gezogen werden kann.

8) Die Componenten der Anziehung zweier entsprechenden Schichten auf einen äufseren Punkt haben das Verhältnifs e.

Durch den letzten Satz ist die Anziehung einer unendlich dünnen Schicht auf einen äufseren Punkt reducirt auf die Anziehung einer (entsprechenden) Schicht auf einen Punkt ihrer Oberfläche.

Der Verfasser berechnet sodann die Anziehung F einer Schicht von der unendlich kleinen Dicke ω und der Dichtigkeit ϱ auf einen Punkt α, β, γ ihrer äufseren, durch die Gleichung

$$x+\varepsilon=\frac{y^2}{2p+4\varepsilon}+\frac{z^2}{2q+4\varepsilon}$$

dargestellten Fläche; es wird, wenn μ die Masse des angezogenen Punktes, f das Maafs der anziehenden Kraft ist,

$$F=\frac{4\pi\mu f\varrho\omega}{\sqrt{\left[1+\frac{4\beta^2}{(2p+4\varepsilon)^2}+\frac{4\gamma^2}{(2q+4\varepsilon)^2}\right]}}=\frac{4\pi\mu f\varrho\omega}{\sqrt{P}}.$$

Hieraus folgt leicht die Anziehung der Schicht

$$x-k=\frac{y^2}{2p}+\frac{z^2}{2q}$$

von derselben Dicke auf denselben Punkt, und mit Hülfe des Satzes (7) ergeben sich die drei Componenten

$$X=\frac{4\pi\varrho\mu f\omega\sqrt{4pq}}{P\sqrt{[(2p+4\varepsilon)(2q+4\varepsilon)]}},$$

$$Y=-\frac{X}{p+2\varepsilon},$$

$$Z=-\frac{X}{q+2\varepsilon}.$$

Setzt man $\omega=dk$, so wird $\pi d\varepsilon=\omega$, und X, Y, Z werden

$$X=\frac{4\pi\varrho\mu f\sqrt{4pq}}{\sqrt{[(2p+4\varepsilon)(2q+4\varepsilon)]}}\,d\varepsilon$$

u. s. f.

Hieraus ergeben sich leicht die Attractionscomponenten für eine endliche Schicht; die Integrationen lassen sich, wie man sieht, für eine constante Dichtigkeit ausführen. *Bt.*

T. A. Hirst. Sur le potentiel d'une couche infiniment mince comprise entre deux paraboloïdes elliptiques. Liouville J. 1857. p. 385-391†.

Hr. Hirst vervollständigt die eben genannte Abhandlung von Bourget, indem er das Potential einer unendlich dünnen Schicht der beschriebenen Art angiebt. Er gelangt zu demselben mittelst einer bekannten Methode, indem er zunächst zeigt, dafs die Niveauflächen in Bezug auf die Anziehung der Schicht homofocale Paraboloide sind. Der Beweis hierfür ist einem Steiner'schen [1]) nachgebildet. Für die Punkte einer solchen Niveaufläche

[1]) Crelle J. XII. 141†.

ist also das Potential V constant, dasselbe ist also blofs eine Function von dem Parameter ε dieser Niveaufläche. Wie Lamé an verschiedenen Orten gezeigt hat (z. B. Leçons sur les fonctions inverses des transcendantes p. 6†), folgt daher aus der Gleichung

$$\frac{\partial^2 V}{\partial x^2}+\frac{\partial^2 V}{\partial y^2}+\frac{\partial^2 V}{\partial z^2}=0,$$

$$V=A\int\frac{d\varepsilon}{\varphi(\varepsilon)}+B,$$

wo $\varphi(\varepsilon)$ durch die Gleichung

$$\frac{\varphi'(\varepsilon)}{\varphi(\varepsilon)}=\left(\frac{\partial^2\varepsilon}{\partial x^2}+\frac{\partial^2\varepsilon}{\partial y^2}+\frac{\partial^2\varepsilon}{\partial z^2}\right):\left[\left(\frac{\partial\varepsilon}{\partial x}\right)^2+\left(\frac{\partial\varepsilon}{\partial y}\right)^2+\left(\frac{\partial\varepsilon}{\partial z}\right)^2\right]$$

bestimmt ist, während ε die Gleichung

$$x+\varepsilon=\frac{y^2}{2p+4\varepsilon}+\frac{z^2}{2q+4\varepsilon}$$

erfüllt. Man kann daher V leicht auf die Form bringen

$$V=\sqrt{[(2p+4\varepsilon_1)(2q+4\varepsilon_1)]}\left\{A_1\log\frac{\sqrt{[2p+4\varepsilon_1]}+\sqrt{[2q+4\varepsilon_1]}}{\sqrt{[2p+4\varepsilon]}-\sqrt{[2q+4\varepsilon]}}+B_1\right\},$$

wo ε_1 den Parameter der äufseren Oberfläche der anziehenden Schicht bedeutet.

Die Constante A_1 folgt für einen äufseren Punkt aus der von Bourget berechneten Anziehung

$$A_1=\pi\varrho\omega,$$

die Constante B_1 wird unendlich; für einen inneren Punkt folgt das Potential V_1 mittelst des Satzes (3) und (5)

$$V_1=\sqrt{[(2p+4\varepsilon_1)(2q+4\varepsilon_1)]}\left\{A_1\log\frac{\sqrt{[2p+4\varepsilon_1}+\sqrt{[2q+4\varepsilon_1]}}{\sqrt{[2p+4\varepsilon_1}-\sqrt{[2q+4\varepsilon_1]}}+B_1\right\}.$$

Es kommen also keine elliptischen Transcendenten dabei vor, wie Bourget (a. a. O. p. 89) behauptet hatte. *Bt.*

W. Scheibner. Ueber das Flächenpotential. Crelle J. LIV. 77-81†.

Ein Beweis des Satzes, dafs beim Durchgang (des angezogenen Punktes) durch eine mit Masse belegte Fläche in einer beliebigen Richtung, der Sprung der nach der nämlichen Richtung zerlegten Attractionscomponente proportional der im Durchgangspunkte stattfindenden Dichtigkeit ist. Dieser Beweis ist einem von WEINGARTEN (CRELLE J. XLIX.) für die Gleichung

$$\frac{\partial^2 v}{\partial x^2}+\frac{\partial^2 v}{\partial y^2}+\frac{\partial^2 v}{\partial z^2}=-4\pi\varrho$$

gegebenen, analog. *Bt.*

G. LEJEUNE-DIRICHLET. Sur une nouvelle formule pour la détermination de la densité d'une couche sphérique infiniment mince, quand la valeur du potentiel de cette couche est donnée en chaque point de la surface. LIOUVILLE J. 1857. p. 57-80†; Abh. d. Berl. Ak. 1850.

Hr. LEJEUNE-DIRICHLET hatte bekanntlich (CRELLE J. XVII.) bewiesen, dafs sich jede Function von θ und φ innerhalb des Intervalles $\theta=0$ bis $\theta=\pi$; $\varphi=0$ bis $\varphi=2\pi$ nach Kugelfunctionen entwickeln lasse; unter der Bedingung jedoch, dafs diese Function nicht unendlich werde. Ist nun die Entwicklung des Potentiales V einer Kugelfläche vom Radius Eins für einen Punkt auf derselben

$$V=\Sigma X_n,$$

so würde die Entwicklung der entsprechenden Dichtigkeit ϱ nach Kugelfunctionen sein

$$\varrho=\frac{1}{4\pi}\Sigma(2n+1)X_n.$$

Von dieser Reihe steht aber die Convergenz nicht ohne Weiteres fest; denn es könnte sein, dafs die vorgeschriebenen Werthe des Potentiales auf einigen Punkten oder Curven der Kugel einen unendlich grofsen Werth für die Dichtigkeit verlangten. Hr. LEJEUNE-DIRICHLET discutirt diese Frage in der vorliegenden, eine Fülle scharfsinniger Wendungen enthaltenden, Abhandlung und gelangt dabei zugleich zu einem neuen Ausdruck für ϱ.

Aus der bekannten Gleichung

$$\varrho=\frac{1}{4\pi}\left\{\frac{\partial v}{\partial r}-\frac{\partial v_1}{\partial r_1}\right\}$$

folgt nämlich für die Bestimmung der Dichtigkeit an einem Punkte m der Kugel die Regel: man bestimme den mittleren Werth des gegebenen Potentiales V für einen Kreis auf der Kugel, der um den Pol m mit dem sphärischen Radius λ beschrieben ist. Ist dieser Werth $\varphi(\lambda)$, so wird

$$\varrho = \frac{1}{4\pi}\left[\varphi(\pi) - \int_0^{\pi} \frac{\varphi'(\lambda)}{\sin\frac{1}{2}\lambda}\, d\lambda\right].$$

ϱ bleibt endlich, so lange $\varphi'(\lambda)$ für kleine Werthe von λ von derselben Ordnung ist mit irgend einer positiven Potenz von λ.

Andererseits läſst sich die Reihe für ϱ summiren, und führt auf denselben Ausdruck, aber nur unter der Bedingung, daſs nicht bloſs $\int_0^{\pi} \frac{\varphi'(\lambda)}{\sin\frac{1}{2}\lambda}\, d\lambda$ endlich bleibt, sondern auch $\varphi'(\lambda)$ selbst entweder stets endlich bleibt, oder für diejenigen Werthe c, für welche sie unendlich wird, die Bedingung erfüllt, daſs $\varphi'(c \pm \varepsilon)\sqrt{\varepsilon}$ für unendlich kleine ε selbst unendlich klein wird; sonst wird die Reihe divergent. Der Verfasser behandelt ein Beispiel, in welchem eine solche Divergenz eintritt, und wendet die geschlossene Form für ϱ an auf den Fall, wo $V = \cos\theta$ (unabhängig von φ) ist, für $\theta < \frac{1}{2}\pi$, und $V = 0$ für $\theta > \frac{1}{2}\pi$; es wird in diesem Falle

$$\varrho = \frac{1}{\pi^2 2\sqrt{2}} \int_{-1}^{+1} \left(\frac{2 - z\sin\theta}{1 - z^2\sin^2\theta}\cos^2\theta - z\sin\theta\right) \frac{dz}{\sqrt{[(1-z^2)(1-z\sin\theta)]}}.$$

Bt.

H. G. Solution of a mechanical problem. Qu. J. of math. II. 66-66†.

Wenn ein Stab auf einem Kegelschnitt mit verticaler Axe gleiten kann, und länger ist als der Parameter des Kegelschnitts, so geht seine Gleichgewichtslage durch den Brennpunkt. Der Verfasser zeigt, wie leicht dieser Satz daraus folgt, daſs der Schwerpunkt in der Gleichgewichtslage am tiefsten liegen muſs.

Bt.

Hennessy. On the direction of gravity at the earth's surface. Athen. 1857. p. 1149-1149†; Inst. 1857. p. 342-343; Liter. Gaz. 1857 p. 933-933; Silliman J. (4) XXV. 106-107.

Bemerkungen über die Richtung der Schwere und die Aenderungen, welche diese Richtung durch veränderte Massenvertheilung an einzelnen Stellen der Erde erfahren haben kann. *Bt.*

Rozet. Sur la déviation de la verticale observée en Écosse. C. R. XLIV. 132-133†.

Hr. Rozet macht auf eine Bemerkung von James aufmerksam, die wir im Berl. Ber. 1856. p. 108† mitgetheilt haben. *Bt.*

Ueber die Bestimmung der mittleren Dichtigkeit der Erde. Z. S. f. Math. 1857. 1. p. 128-130†.

Entwicklung einer Näherungsformel zur Berechnung der mittleren Dichtigkeit der Erde aus Pendelversuchen in Gruben. *Bt.*

W. S. Jacob. On the causes of the great variation among the different measures of the earth's mean density. Proc. of Roy. Soc. VIII. 295-299†; Inst. 1857. p. 310-311; Phil. Mag. (4) XIII. 525-528†.

Der Verfasser macht auf die Unsicherheit des Airy'schen Verfahrens aufmerksam, welche in der Möglichkeit liegt, dafs sich in der Nähe der unteren Beobachtungsstation eine Masse von bedeutender Dichtigkeit befindet. *Bt.*

---

de Boucheporn. Note sur la variation de la pesanteur. C. R. XLV. 1006-1007†; Cosmos XI. 674-674; Inst. 1857. p. 427-427, p. 439-439.

Die Schwere ist nach Hrn. Boucheporn für einen Ort der Erde proportional dem Quadrat der Geschwindigkeit der Erde in ihrer Bahn. Hr. de Boucheporn hat dies an einem Heberbarometer beobachtet, dessen zweiter, mit trockener Luft gefüllter, Schenkel zugeschmolzen war.

Die Quecksilbersäule fiel vom 1. October bis 22. December 1856 um 7^{mm}; und hob sich bis zum 1. Mai 1857 wieder um dieselbe Gröfse. (?) *Bt.*

D. Vaughan. Secular variations on lunar and terrestrical motion from the influence of tidal action. Athen. 1857. p. 1181-1182†; Inst. 1857. p. 349-350; Liter. Gaz. 1857. p. 1077-1077.

In einem Vortrag vor der Brit. Assoc. hat Hr. Vaughan darauf aufmerksam gemacht, dafs es einen Widerspruch gegen den Satz von der Erhaltung der Kraft involviren würde, wenn die Bewegung der Ebbe und Fluth nicht einen Einflufs auf die Revolutionsdauer des Mondes und die Länge des Tages hätte. Gegen La Place's bekannten Beweis, dafs die Tageslänge sich in 2000 Jahren nicht um $\frac{1}{100}$ Secunde geändert haben könne, bemerkt Hr. Vaughan, dafs derselbe nicht bindend sein könne, weil in ihm eben der störende Einflufs der Fluthbewegung auf die Revolutionsdauer des Mondes nicht berücksichtigt sei. *Bt.*

T. Reuleaux. Ueber die Unbestimmtheit des Ausdrucks und Werthes „Pferdekraft" und einiger anderen damit zusammenhängenden Begriffe der Maschinenlehre. Dingler J. CXLV. 6-9†; Polyt. C. Bl. 1857. p. 643-647.

Aufser den häufig über dies Thema ausgesprochenen Bemerkungen findet sich in diesem Aufsatz nur der Vorschlag als Arbeitseinheit 100 Meterkilogramm zu setzen, die der Verfasser Quintalometer nennt, und mit *qm* bezeichnet; dieses Zeichen soll einen oder zwei Striche erhalten ($\underline{qm}$, $\underline{\underline{qm}}$) wenn die, während einer Minute oder Secunde geleistete, Arbeit angegeben werden soll. *Bt.*

G. Pflanzeder. Multiplumsbrückenwage. Polyt. C. Bl. 1857. p. 995-1001†.

Aus dieser, etwas unklaren, Beschreibung entnehmen wir: es wird beim Wiegen die Gleichgewichtslage eines (in verticaler Ebene hängenden) Vierecks mit einer festen horizontalen und drei, um die Eckpunkte beweglichen, Seiten beobachtet. An die mittlere dieser drei, welche die Rolle des Wagebalkens spielt und in der normalen Lage gleichfalls horizontal liegt, sind die Brücke und die Schaale gehängt; sie ist über die eine Ecke hinaus verlängert, und trägt mit diesem Fortsatz den Hebel, auf welchem die Brücke theilweise ruht. Die Schneiden, mit welchen sich die Brücke auf ihn stützt, sind gegen seinen Drehpunkt verschiebbar. Statt der Zunge dient eine auf den Wagebalken gesetzte Libelle. Die Wage soll sich, wegen der vielen, an ihr veränderlichen Theile leicht reguliren lassen, nimmt wenig Raum ein, und kann auf ein beliebiges Verhältnifs des Gewichts zur Last gestellt werden. Eine eigentliche Theorie derselben ist nicht gegeben. *Bt.*

Schönemann. Ueber die Benutzung der Brückenwagen zur Ermittlung der Geschwindigkeit geschossener und fallender Körper. Berl. Monatsber. 1857. p. 159-169†.

Wenn ein Geschütz auf eine Brückenwage geschraubt und dann abgeschossen wird, so läfst sich die Geschwindigkeit der Kugel aus dem Ausschlag und der Schwingungszeit der Brückenwage berechnen. Dasselbe gilt von der Geschwindigkeit, mit welcher ein auf die Brücke fallender, und sich in dieselbe einbohrender Körper die Brücke trifft. Der Verfasser theilt die für Brückenwagen seiner Construction passende Berechnung und die, sehr einfach ausfallende, Bestimmung der von der Wage abhängenden Constanten mit. *Bt.*

Harless. Beschreibung der Apparate, welche in seiner Abhandlung „über die statischen Momente der menschlichen Gliedmaafsen" zur Auffindung der Lage des allgemeinen Schwerpunkts bezeichnet sind. Münchn. gel. Anz. XLIV. 252-268†.

Die Apparate sind für künstlerische Zwecke bestimmt. Von der Beobachtung ausgehend, dafs die Gewichtsverhältnisse und die relative Lage des Schwerpunkts der einzelnen Gliedmaafsen für alle Individuen ziemlich constant bleiben, hat der Verfasser ein Modell einer menschlichen Figur construirt, mittelst welches die Coordinaten des Schwerpunkts der einzelnen Gliedmaafsen für beliebige Stellungen ermittelt werden können; demnächst dient eine Hebelvorrichtung, um die Berechnung der Coordinaten des Schwerpunkts der ganzen Figur durch eine Wägung zu ersetzen. *Bt.*

R. Clausius. Ueber die Entfernungen, in welchen die von einem Eisenbahnzuge bewirkten Erschütterungen noch spürbar sind. Wolf Z. S. 1857. p. 398-399†.

Bei einer Entfernung von 600 Fufs waren die Erschütterungen schon deutlich zu erkennen. *Bt.*

G. Treviranus. Ueber Ballistik. Dingler J. CXLIII. 1-17†, 155-155†.

Für den luftleeren Raum ist bekanntlich die Wurfweite proportional dem Sinus des doppelten Elevationswinkels; für den lufterfüllten nun sucht der Verfasser eine empirische Formel, nach welcher die Wurfweite einer $n$ten Wurzel aus diesem Sinus proportional ist. Er bestimmt n nach vorliegenden Versuchen, und giebt eine Vergleichung zwischen Rechnung und Beobachtung. *Bt.*

Zantedeschi. Apparato per la communicazione del moto. Wien. Ber. XXIII. 5-7†.

Ein verticaler Ständer unterstützt die Mitte eines horizontalen Balkens; dieser trägt an seinen Enden zwei Schneiden, an denen zwei gleiche Pendel aufgehängt sind. Wenn das eine Pendel in Schwingungen versetzt wird, so fängt allmälig auch das andere an zu schwingen. Für die Uebertragung der Bewegung ist die Elasticität des Ständers wesentlich. Alles dies war auch schon vor der Mittheilung des Verfassers bekannt; derselbe macht noch die Bemerkung, dafs der Versuch ein Mittel zur Bestimmung der Elasticität verschiedener Materialien abgeben könne, sagt aber nicht näher, wie die Messung einzurichten wäre. *Bt.*

Fernere Literatur.

LIEBIG. Tables tournantes réduites à l'immobilité. Cosmos XI. 170-170.

J. A. GRUNERT. Ueber die Entwicklung der Grundformeln der Drehung eines Systems materieller Punkte um einen festen Punkt etc. No. VI. Ueber die Hauptaxen eines Systems materieller Punkte. GRUNERT Arch. XXVIII. 436-456†.

FOUCAULT'sche Versuche.

E. LOTTNER. Ueber die, der Einwirkung der Schwere entzogenen, aber unter dem Einflusse der Erdbewegung rotirenden Körper, Theorie des FOUCAULT'schen Gyroskops. CRELLE J. LIV. 197-226†.

Eine vollständige, rein analytische Behandlung des Problems, deren Resultate FOUCAULT's Beobachtungen wiedergeben. Die Gröfsen, welche die Lage der Axen, so wie den Drehungswinkel der Scheibe zu einer beliebigen Zeit angeben, sind explicite durch die Zeit (mit Hülfe der θFunctionen) ausgedrückt, ebenso ist die Dauer der Oscillationen sowohl in vollkommener Strenge, als zugleich angenähert angegeben. *Bt.*

J. A. GRUNERT. Theorie des FOUCAULT'schen Pendelversuchs aus neuem Gesichtspunkt dargestellt mit Rücksicht auf die ellipsoidische Gestalt der Erde. GRUNERT Arch. XXVIII. 223-248†.

Diese Abhandlung ist eine, durch die Rücksicht auf die ellipsoidische Gestalt der Erde bedingte, Modification der vorjährigen (siehe Berl. Ber. 1856. p. 125†). *Bt.*

J. BRIDGE. On the gyroscope. Phil. Mag. (4) XIV. 340-346†.

Die folgenden drei Erscheinungen, welche an einem FOUCAULT'schen Gyroskop beobachtet werden können, erfahren in diesem Aufsatze eine angenäherte Berechnung:

1) Die Drehung um die verticale Axe, welche eintritt, wenn der innere Ring durch ein Gewicht beschwert wird, während die Scheibe rotirt.

2) Wenn die Drehung um die verticale Axe verhindert wird, hat die Rotation der Scheibe keinen Einflufs auf die Wirkung des Gewichts.

3) Wenn die Axe der rotirenden Scheibe sich nur in einer festen Ebene bewegen kann, so oscillirt sie um den Durchschnitt dieser Ebene mit dem Meridian. *Bt.*

J. G. BARNARD. The self-sustaining power of the Gyroscope analytically examined. SILLIMAN J. (2) XXIV. 49-71†, XXV. 75-75†.

Der Verfasser giebt eine sehr verständige Erklärung der an einer FESSEL'schen Rotationsmaschine zu beobachtenden Erscheinungen, indem er die, für die Drehung eines der Schwere unterworfenen Revolutionskörpers um einen festen Punkt seiner Axe geltenden, Differentialgleichungen für den Fall annähernd integrirt, dafs die dem Körper anfangs um seine Axe ertheilte Winkelgeschwindigkeit n grofs ist. Namentlich zeigt der Verfasser, dafs der Effect dieser Winkelgeschwindigkeit wiedergegeben werden kann durch eine variabele, im Schwerpunkt angebrachte, Kraft, welche stets normal gegen die Ebene gerichtet ist, in der die Axe des Körpers sich bewegt, und deren Intensität proportional n und der Winkelgeschwindigkeit des Körpers ist. *Bt.*

H. A. NEWTON. Explanation of the motion of the gyroscope. SILLIMAN J. (2) XXIV. 253-255†.

Eine populäre Erklärung des einfachsten Falles der Bewegung einer FESSEL'schen Rotationsmaschine. *Bt.*

J. B. EADS. Explanation of the mechanical principles of the rotoscope. St.-Louis Trans. I. 24-26†.

In dieser Erklärung spielt die Zapfenreibung eine Hauptrolle.

Die Reibung nimmt nach dem Verfasser ab, wenn die Geschwindigkeit wächst. (?) *Bt.*

W. COOK. On the theorie of the gyroscope. Proc. of Roy. Soc. VIII. 437-440†; Phil. Mag. (4) XIV. 395-397.

Wenn in einem FOUCAULT'schen Gyroskop die eine Axenlage der rotirenden Scheibe durch ein kleines Gewicht beschwert wird, so scheint dies Gewicht nur eine Drehung des Ganzen um eine verticale Axe zu bewirken. In der That macht aber jene Axe Oscillationen, deren Dauer und Amplitude nur bei wachsender Winkelgeschwindigkeit der Scheibe bald unmerklich klein werden. Für diese beiden Gröfsen giebt der Verfasser eine elegante Herleitung. *Bt.*

Physiologische Mechanik.

Literatur.

GIRAUD-TEULON. Sur la marche; discussion de la théorie de MM. WEBER. C. R. XLIV. 615-617; Cosmos IX. 321-322.

HIFFELSHEIM. Considérations sur l'application des sciences exactes à la physiologie. Inst. 1857. p. 89-91.

---

8. Hydromechanik.

A. CLEBSCH. Ueber eine allgemeine Transformation der hydrodynamischen Gleichungen. CRELLE J. LIV. 239-312†.

Für die stationäre Bewegung einer Flüssigkeit kann man die Differentialgleichungen ersetzen durch die Gleichungen des folgenden Problems: ein dreifaches, über den Raum ausgedehntes Integral zu einem Minimum zu machen, bei welchem die zu integrirende Function die lebendige Kraft eines Theilchens ist, vermehrt um eine beliebige Gröfse, welche nur für alle diejenigen Theilchen dieselbe bleibt, welche die nämliche Bahn durchlaufen. Die erwähnte Function ist dabei ausgedrückt durch diejenigen Functionen, welche, Constanten gleich gesetzt, die Bewegungscurven der Theilchen geben, und durch die ersten partiellen Ableitungen dieser Functionen.

Für den nicht stationären Zustand giebt es ein entsprechendes, aber complicirteres Theorem. Der Verfasser zeigt diese aus der Theorie der Functionaldeterminanten fliefsenden Sätze, indem er zunächst ein allgemeines System partieller Differentialgleichungen behandelt, von denen die hydrodynamischen ein specieller Fall sind. *Bt.*

Clebsch. Ueber die Bewegung eines Ellipsoids in einer tropfbaren Flüssigkeit. Note zu einer früheren Abhandlung. Crelle J. LIII. 287-291†.

Zu seiner früheren Abhandlung (Berl. Ber. 1856. p. 140†) bemerkt der Verfasser, dafs in dem Falle, wo das Ellipsoid sich geradlinig in der Richtung einer Hauptaxe bewegt, wenigstens ein Integral der Bewegung der Flüssigkeitstheilchen auf ein elliptisches der zweiten Gattung zurückkommt; und dafs das Problem, in dem Falle, wo das Ellipsoid sich um eine Hauptaxe dreht, auf Quadraturen zurückkommt. *Bt.*

L. Matthiessen. Ueber die Gleichgewichtsfiguren homogener freier rotirender Flüssigkeiten. Kiel 1857. p. 1-76†.

Die vorliegende Abhandlung soll alle möglichen Gleichgewichtsfiguren der homogenen flüssigen Körper, die um eine Axe rotiren, unter eine exacte Formel bringen. Ausgeschlossen sind dabei diejenigen flüssigen Systeme, welche aus getrennten Massen bestehen, und diejenigen deren Schwerpunkt nicht innerhalb ihrer Oberfläche liegt. Die Formel liefert im Allgemeinen ein dreiaxiges Ellipsoid. Gegen die beiden vom Verfasser gegebenen Beweise derselben (vergl. p. 30ff.) lassen sich indessen Bedenken erheben; namentlich ist nicht bewiesen, weshalb sich die Gleichung

$$xdX - Xdx + ydY - Ydy + zdZ - Zdz = 0$$

in die drei Gleichungen (16)

$$xdX - Xdx = 0$$
$$ydY - Ydy = 0$$
$$zdZ - Zdz = 0$$

spalten mufs. Der zweite Beweis setzt eine algebraische Form für die Gleichung der Oberfläche voraus.

Zu den bisher betrachteten Ellipsoiden kommen nach dieser Untersuchung noch als (labile) Gleichgewichtsfiguren zwei Cylinder mit unendlich grofser Drehungsaxe hinzu.

In einem Anhange beschäftigt sich der Verfasser mit den Gleichgewichtsfiguren homogener Ringe, welche um einen Centralkörper rotiren. Es sind darnach nur Ringe mit constantem, ellipsoidischem Querschnitt möglich; das Axenverhältnifs der Ellipsen kann zwei verschiedene Werthe haben. Die Mittelpunkte der Querschnitte bilden um den Mittelpunkt des Centralkörpers einen Kreis mit einem vorgeschriebenen Radius. *Bt.*

Beer. Ueber die Plateau'schen Versuche mit Flüssigkeiten, welche der Wirkung der Schwerkraft entzogen sind. Pogg. Ann. C. 459-462†; CII. 320-320†.

Hr. Beer hat seine, im Berl. Ber. 1855 (p. 94) besprochenen, Untersuchungen weiter verfolgt, und kündigt seine Resultate an, indem er ihre Entwicklung einer Gelegenheitsschrift vorbehält. Wenn die Flüssigkeit in Ruhe ist, lassen sich alle vorkommenden Rotationsgestalten mit Hülfe der elliptischen Functionen berechnen; dasselbe gilt von den Revolutionsflächen, welche eine rotirende Flüssigkeit begränzen, wofern sie mit zwei in der Rotationsaxe liegenden Scheiteln versehen sind. Die ringförmigen Flächen werden durch hyperelliptische Integrale dargestellt. Hr. Beer verfolgt besonders die Transformation der Gestalten bei wachsender Winkelgeschwindigkeit. Die zweite Notiz enthält eine durch Plateau veranlafste Berichtigung der ersten. *Bt.*

Dupuit. Mémoire sur le mouvement de l'eau à travers les terrains perméables. C. R. XLV. 92-96†; Inst. 1857. p. 246-247; Cosmos XI. 139-139.

Hr. Dupuit kündigt die Resultate seiner Untersuchungen über die Bewegung des Wassers durch poröse Erdschichten an; er betrachtet diese Bewegung wie eine Bewegung durch Röhren von sehr kleinem Querschnitt. Die Geschwindigkeit wird dabei so klein, dafs man in den betreffenden Formeln ihr Quadrat gegen die erste Potenz vernachlässigen kann, so dafs sich dieselben aufserordentlich vereinfachen. Die Gleichungen für die Oberfläche einer Wassermasse, welche sich durch eine solche Schicht in einen Kanal ergiefst, fallen mit denen der offenen Wasserläufe zusammen, entsprechen aber einer dreifachen Höhe des gleichförmigen Regimes, woraus folgt, dafs sich der Einflufs von Verengungen, Dämmen u. s. w. viel weiter erstreckt. Der Verfasser hat seine Formeln auf die Bewegung unterirdischer Wasser angewandt, namentlich auf die Bestimmung der Wassermengen, welche man aus Wasserbecken mittelst gewöhnlicher oder artesischer Brunnen gewinnen kann. *Bt.*

Buff. Schreiben an G. Magnus. Pogg. Ann. C. 168-171†.

Enthält eine Reihe von Bemerkungen, welche den Satz motiviren sollen: Die eigenthümlichen Gestalten der Strahlen sind wesentlich Capillarphänomene, begünstigt oder modificirt durch die erst aufserhalb der Oeffnung zu ihrem gröfsten Werthe anwachsende Ausflufsgeschwindigkeit. *Bt.*

Gladstone. Notes on froth. Phil. Mag. (4) XIV. 314-315†.

Die Eigenschaft, einen dauernden Schaum zu bilden, welche besonders organischen Flüssigkeiten, namentlich essigsauren Salzen zukommt, betrachtet der Verfasser als eine von den übrigen Eigenschaften ganz getrennte. Er macht darüber einzelne Bemerkungen, wie z. B. dafs Bier, dem die Kohlensäure durch Auspumpen mit der Luftpumpe entzogen ist, ebenfalls schäumt u. s. w. *Bt.*

---

de Caligny. Description des propriétés d'un régulateur commun à plusieurs de ses machines hydrauliques et principe d'un nouveau barrage automobile. C. R. XLV. 768-771†.

Diese Bemerkungen sind so allgemein gehalten, daſs sich aus ihnen eine bestimmte Vorstellung der besprochenen, auf Saugphänomenen beruhenden, Apparate nicht gewinnen läſst.

Bt.

G. Rennie. Experiments to determine the resistance of a screw when revolving in water at differents depths and velocities. Rep. of Brit. Assoc. 1856. 2. p. 169-171†.

Es werden Zahlen mitgetheilt, welche die Zunahme des Horizontalschubes der Schraube bei wachsender Tiefe zeigen. Die Schraube lag in der Themse. Eine Hebelvorrichtung zum Messen des horizontalen Widerstandes war in einem eisernen Kasten angebracht, den die Axe der Schraube durchsetzte. *Bt.*

H. Darcy. Sur quelques modifications apportées au tube de Pitot. C. R. XLV. 638-638†; Cosmos XI. 542-542, 611-612.

Diese Einrichtung, zwei Knieröhren, von denen eine dem flieſsenden Faden gegenüber, die andere senkrecht dagegen gestellt ist, ist schon in den Lehrbüchern beschrieben. (Vgl. z. B. Weissbach Mech. I. 625 vom Jahre 1850.) *Bt.*

Fernere Literatur.

G. Lejeune-Dirichlet. Untersuchungen über ein Problem der Hydrodynamik. Götting. Nachr. 1857. p. 205-207.

---

9. Aeromechanik.

CANTOR. Physikalische Aufgabe. Z. S. f. Math. 1857. 1. p. 64-65.

Der Verfasser behandelt theoretisch eine Aufgabe, von der wir glauben, dafs sie in der Praxis unausführbar ist, und die wir daher hier übergehen. Q.

F. G. SCHAFFGOTSCH. Ueber eine Erscheinung bei plötzlich, aber schwach geändertem Luftdruck. POGG. Ann. C. 650-651.

Der Verfasser erregt durch kleine Bewegungen eines Thürflügels Luftwellen, die er durch die Bewegung einer Wassersäule in einer verticalen Glasröhre von 5^{mm} Durchmesser sichtbar macht. Die Glasröhre trägt an ihrem oberen Ende eine mit Luft gefüllte Kugel von 5^{cm} Durchmesser, und taucht mit ihrem unteren offenen Ende in ein Gefäfs mit Wasser. Statt dieses Druckmessers kann auch eine kleine, wenige Millimeter hohe, Gasflamme dienen, indem diese sich verkürzt oder verlängert, je nachdem das Wasser in der Glasröhre steigt oder sinkt. Die Erscheinung ist noch deutlich wenn zwischen Thür und Druckmesser ein offenes Fenster sich befindet, dessen Fläche viel gröfser als der Thürflügel ist. Q.

P. VOLPICELLI. Formule generali pel manometro ad aria compressa, e per lo stereometro. TORTOLINI Ann. 1857. p. 169-178; Arch. d. sc. phys. XXXVI. 342-349.

DARU. Emploi mécanique de l'air comprimé. Cosmos XI. 205-206.

Der Verfasser macht bei Gelegenheit der Arbeiten durch den Mont-Cénis einen Tunnel zu legen darauf aufmerksam, wie grofse Schwierigkeiten sich der Anwendung von comprimirter Luft entgegenstellten, um mechanischen Effect auf grofse Entfernungen mit derselben auszuüben. Das Haupthindernifs bieten die Krümmungen der Röhren, in welchen die comprimirte Luft sich befindet, und selbst wenn die Röhren gerade sind, pflanzt sich der Druck in denselben nur schwierig fort, wie die Versuche von Wilkenson beweisen, der auf eine Entfernung von 1350^{m} einen Hohofen mit Wind versehen wollte, indem er die Gebläsemaschine durch ein grofses oberschlachtiges Wasserrad treiben liefs. Am Hohofen selbst war kaum ein Luftzug zu bemerken, obwohl die eisernen Leitungsröhren 32^{cm} Durchmesser hatten, und das Sicherheitsventil stark belastet war. Erst in einer Entfernung von 200^{m} vom Hohofen war ein schwacher Luftzug zu bemerken, als in die Röhre ein Loch an dieser Stelle gebohrt wurde. Der Verfasser bemerkt dabei, dafs die Verbindungsstellen der Leitungsröhren vollkommen dicht gewesen wären. Nichts desto weniger war der Widerstand, den die Luft in den Röhren erfuhr, so bedeutend, dafs der Gang der Maschine sich verlangsamte und plötzlich aufhörte, obwohl dieselbe Wassermenge auf das Wasserrad wirkte. *Q.*

R. Bunsen und L. Schischkoff. Chemische Theorie des Schiefspulvers. Pogg. Ann. CII. 321-353†; Chem. C. Bl. 1858. p. 307-313; Phil. Mag. (4) XV. 489-512; Cosmos XII. 37-40; Silliman J. (2) XXVI. 106-108.

Die Verfasser haben ihre Versuche mit sogenanntem Jagd- und Scheibenpulver angestellt. Dasselbe befand sich in einem Kautschukschlauch und fiel durch Schütteln desselben in einem dünnen Strahle in eine Glaskugel, die von aufsen schwach erwärmt wurde. In dieser Glaskugel ging die Verbrennung vor sich und die Verbrennungsproducte entwichen durch eine lange Glasröhre, in welcher sich aller Pulverrauch absetzte, der Pulverrückstand blieb in der Glaskugel zurück, und um die entwickelten Gase aufzufangen, wurden dieselben mit einem Aspirator durch Glasröhren gesogen, die an beiden Enden ausgezogen waren und dann abgeschmolzen wurden. Die Verbrennung des Pulvers in der Glaskugel ging regelmäfsig von statten, und selbst bei einer Explosion war, wegen des leichten Zerreifsens der Kautschukröhren, der Beobachter keiner Gefahr ausgesetzt.

Bei der Analyse ergab sich dafs der Pulverrauch im wesentlichen die Zusammensetzung des Pulverrückstandes hatte. Es mag hier die Zusammensetzung des angewandten Schiefspulvers, der festen und der gasförmigen Verbrennungsproducte folgen indem 1gr Schiefspulver beim Abbrennen 0,6806gr Rückstand und 0,3138gr Gase gab.

Schiefspulver.

Salpeter		78,99
Schwefel		9,84
Kohle	Kohlenstoff	7,69
	Wasserstoff	0,41
	Sauerstoff	3,07
		100,00

Feste Verbrennungsproducte.

Schwefelsaures Kali	62,10
Kohlensaures Kali	18,58
Unterschwefligsaures Kali	4,80
Schwefelkalium	3,13
Rhodankalium	0,45
Salpetersaures Kali	5,47
Kohle	1,07
Schwefel	0,20
$\frac{2}{3}$ kohlensaures Ammoniak	4,20
	100,00

Gasförmige Verbrennungsproducte.

Kohlensäure	52,67
Stickstoff	41,12
Kohlenoxyd	3,88
Wasserstoff	1,21
Schwefelwasserstoff	0,60
Sauerstoff	0,52
Stickoxydul	0,00
	100,00

1gr Pulver lieferte beim Verbrennen 193,10ccm Gase, während nach der Theorie, wenn der gesammte Kohlenstoff zu Kohlensäure verbrannt und der Stickstoff als solcher ausgeschieden wäre, 330,9ccm Gas von 0° und 0,76m Druck hätten entstehen müssen.

Um die Verbrennungswärme des Schiefspulvers zu bestimmen, wurde in ein aus Messing und Glas bestehendes Rohr eine gewogene Pulvermenge fest eingestampft; durch einen in das Glas eingeschmolzenen feinen Platindraht, der durch dickere Platindrähte mit einer galvanischen Kette in Verbindung stand, konnte dies Pulver entzündet werden. Der ganze Apparat war von einer weiteren, hermetisch verschlossenen Glasröhre, in deren Wand die dicken Platindrähte eingeschmolzen waren, umhüllt, und diese stand wieder in einem Cylinder von dünnem Messingblech. Der so vorgerichtete Apparat, dessen gläserne, messingne und platinene Theile dem Gewichte nach bekannt waren, wurde mit einer gewogenen Wassermenge gefüllt, eine Rührvorrichtung erlaubte das Wasser zu bewegen, und ein Thermometer, das 0,01° C. angab, die Temperatur desselben abzulesen.

Es wurde dann, wie bei einem gewöhnlichen Calorimeter, die durch die Verbrennung des Pulvers hervorgebrachte Temperaturerhöhung des Wassers bestimmt und daraus die entwickelte Wärmemenge berechnet.

Die Verbrennungswärme, d. h. die Erhitzung in Centesimalgraden, welche ein Gewichtstheil abbrennenden Pulvers in einem gleichen Gewichtstheil Wasser erzeugte, beträgt hiernach 643,9° C.

Da jedoch in dem mit Luft gefüllten Raume des hermetisch verschlossenen Verbrennungsrohres die Verbrennung vor sich ging, so ist von obiger Zahl noch die Wärmemenge in Abzug zu bringen, die die entzündlichen gasförmigen Zersetzungsproducte des Pulvers bei ihrer Verbrennung entwickeln würden.

Die wirkliche Verbrennungswärme ist dann 619,5° C., wo die durch dem vermehrten Gasdruck erzeugte Wärmemenge, als verschwindend klein vernachlässigt wurde.

Mit Zugrundelegung der von Favre und Silbermann gefundenen Verbrennungswärme des Schwefels, der Kohle und des Wasserstoffs, berechneten die Verfasser unter der Voraussetzung, dafs die verbrennlichen Bestandtheile des Schiefspulvers mit freiem Sauerstoff verbrennen, die Zahl 1039,1° C.

Die durch den Sauerstoff des Salpeters oxydirten Pulverbestandtheile geben also viel weniger Wärme, als bei ihrer Verbrennung mit freiem Sauerstoff, da ja auch der ganze ungefähr $\frac{2}{3}$ vom Gewichte der brennbaren Pulvergemengtheile betragende

Stickstoff bei seiner Umwandlung in Gas eine bedeutende Wärmemenge binden mufste.

Die Flammentemperatur des Pulvers oder die Temperatur, welche in der brennenden Masse desselben herrschen würde, wenn keine Wärme durch Strahlung oder Leitung verloren ginge, ergiebt sich durch Division der Zahl 619,5 mit der specifischen Wärme der Verbrennungsproducte des Pulvers = 2993° C. oder = 3340° C., je nachdem das Pulver frei in der Luft oder in einem geschlossenen Raume verbrennt.

Diese Zahlen sind jedoch nur Näherungswerthe, da die specifische Wärme der festen Körper mit der Temperatur zunimmt, und es werden dieselben in der Wirklichkeit niemals völlig erreicht werden.

Eine aus Pulverrückstand an einen haardicken Platindraht angeschmolzene Perle verflüchtigte sich zwar allmälig vollkommen in einer in Luft verbrennenden Wasserstoffflamme, allein sie gerieth dabei nicht ins Kochen und ihre Dampftension kann daher niemals den Druck von nur einer Atmosphäre erreichen.

Der Druck, welchen die Dämpfe der festen Zersetzungsproducte des Pulvers in Temperaturen von 2993 und 3340° ausüben, ist also nur ein verschwindend kleiner und kann vernachlässigt werden.

Es war dadurch möglich das Druckmaximum zu berechnen, das bei der Verbrennung des Pulvers in einem geschlossenen Raume noch ausgeübt, aber niemals überschritten werden kann.

Ist G_p das angewandte Gewicht Pulver, S_p die gravimetrische Dichtigkeit (das Gewicht eines Cubikcentimeters Pulverkörner) desselben, G_r das Gewicht des erhaltenen Rückstandes, S_r die Dichtigkeit dieses Rückstandes bei 3340° C., V das Volumen der durch die Verbrennung erzeugten Gase bei 0° und 0,76^m Druck, t die Temperatur der in einem geschlossenen Raume brennenden Pulverflamme, so ist der Druck p_0 welchen das Pulver erzeugt, wenn es in dem von ihm erfüllten für Wärme undurchdringlich gedachten Raume $\frac{G_p}{S_r}$ abbrennt,

$$p_0 = \frac{V(1 + 0,00366 \,.\, t)}{\frac{G_p}{S_p} - \frac{G_r}{S_r}},$$

die Gröfse S_r wurde von den Verfassern nach einer noch nicht publicirten Methode bestimmt, die dazu gedient hatte, die Verflüchtigung und Ausdehnung von in sehr hohen Temperaturen geschmolzenen Gebirgsarten unabhängig von der Ausdehnung umschliefsender Gefäfse zu bestimmen. Ein nach dieser Methode ausgeführter Versuch gab mit einer zwar nur angenäherten aber vollkommen hierfür ausreichenden Genauigkeit

bei 18° C. $S_r = 2{,}350$
- 2808 $S_r = 1{,}520$.

Daraus folgt durch Interpolation für das specifische Gewicht des Pulverrückstandes

bei 3340° C. $S_r = 1{,}50$.

S_p war $= 0{,}964$ gefunden, die übrigen Zahlen sind aus den früheren Angaben zu entnehmen, und somit berechnete sich

$$p_0 = 4373{,}6$$

nach der oben angegebenen Gleichung.

Berechnet man den Druck mit Zugrundelegung des specifischen Gewichtes des Pulverrückstandes bei gewöhnlicher Temperatur (2,35) so ergiebt sich für p_0 der Werth 3414,6. Es kämen danach also von den gefundenen 4374 Atmosphären etwa 1000 auf die durch Erhitzung bewirkte Ausdehnung des Pulverrückstandes.

Ob in der Zersetzungsweise des Pulvers wesentliche Aenderungen eintreten, wenn dasselbe frei, oder unter hohem Druck im Geschützlauf abbrennt, würde sich nach der Meinung der Verfasser aus der Zusammensetzung des in solchen Geschützen abgesetzten Rückstandes und der dort entwickelten, leicht aufzufangenden Gase ermitteln lassen. Wäre die Zersetzungsweise aber wesentlich dieselbe, so müfsten manche der bisherigen Annahmen über den Druck der Pulvergase in Geschützen auf sehr fehlerhaften Voraussetzungen beruhen, denn die besten artilleristischen Schriftsteller geben diesen Druck bis zu 50000 ja bis über 100000 Atmosphären an. (Piobert traité d'artillerie 1847. p. 322.)

Die Verfasser berechnen schliefslich die theoretische Arbeit eines Kilogramms des von ihnen angewandten Pulvers, d. h. das Maximum des mechanischen Effects, zu 67410 Meterkilogramm. *Q.*

H. Neimke. Erfahrungen bei der Sprengarbeit in den Oberharzer Gruben. Z. S. f. Naturw. IX. 11-22†.

Der Verfasser hat in den Oberharzer Gruben Versuche angestellt über die vortheilhafteste Verwendung einer gegebenen Pulvermenge. Es hat sich dabei als vortheilhaft ergeben das Pulver möglichst locker in das Bohrloch zu bringen, und dann einen mit Luft erfüllten Raum unterhalb des Besatzes übrig zu lassen. Dadurch würde nach der Ansicht des Verfassers einestheils eine vollständigere Verbrennung des Pulvers erzielt und anderntheils die Angriffsfläche der Pulvergase vergröfsert, so dafs ein geringerer Druck auf die Einheit der Fläche nöthig wäre, um das Gestein zu sprengen. Die Gröfse des Luftraumes unterhalb des Besatzes richtet sich nach der Pulversorte und der Festigkeit des Gesteins. Der Verfasser hat das Verfahren mit gewöhnlichem Harzer Sprengpulver in den Gruben vor Firstenstöfsen oder auch vor Oertern angewandt, wo hinreichend tiefe Bohrlöcher (von wenigstens 16 bis 20″ Tiefe) anzubringen waren. Auf 8 Cubikzoll Pulver betrug der ganze Raum, in welchem die Verbrennung vor sich ging, 9 Cubikzoll, es wurde also noch 1 Cubikzoll Luft unterhalb des Besatzes gelassen. Dies geschah dadurch, dafs Patronen von gewöhnlichem steifen Schreibpapier gebraucht wurden, die entsprechend enger als der untere Theil des Bohrloches waren. *Q.*

---

10. Elasticität fester Körper.

Mahistre. Note sur les vitesses de rotation qu'on peut faire prendre à certaines roues, sans craindre leur rupture sur l'effort de la force centrifuge. C. R. XLIV. 236-239†, XLV. 376-376†; Cosmos X. 180-181.

Der Verfasser sucht die äufserste Zahl von Umdrehungen zu bestimmen, welche ein homogenes Rad, z. B. von Gufseisen machen darf, ohne durch die Wirkung der Centrifugalkraft einen

Bruch zu erleiden. Setzt man S die absolute Festigkeit des Materials, R den mittleren Radius des Radkranzes, D das Gewicht der Volumeinheit und N die äufserste Zahl von Umdrehungen in der Minute, so soll

$$N < \frac{30}{R\pi}\sqrt{\frac{gS}{D}}$$

sein, und für Gufseisen

$$N < \frac{518,85}{R}$$

wenn nach MORIN für Gufseisen

$$S = 217000^{\mathrm{kgr}}, \quad D = 7210^{\mathrm{kgr}}$$

gesetzt wird. Dieses Resultat ergiebt sich als Annäherung aus einer sehr complicirten Formel, von welcher der Verfasser indessen angiebt, dafs er sie mit Rücksicht auf eine ältere Bearbeitung dieses Gegenstandes durch PONCELET, einer neuen noch nicht veröffentlichten Redaction unterworfen und rectificirt hat.

Ad.

MAHISTRE. Mémoire sur les limites des vitesses qu'on peut imprimer aux trains des chemins de fer, sans avoir à craindre la rupture des rails. C. R. XLIV. 610-613†.

Verschiedene Versuche, welche zu Portsmouth angestellt worden sind, haben gezeigt, dafs die Geschwindigkeit einer Locomotive einen bedeutenden Effect auf die Durchbiegung der Schienen ausübt, so dafs dieselbe als ein wesentliches Element in die Theorie dieser Biegungen eingeführt werden mufs. Dieses hat der Verfasser versucht, indessen kann seinen Resultaten nur eine sehr bedingte Gültigkeit zugegeben werden, weil seine Hypothesen nicht immer begründet sind. Zu diesen gehört zunächst, dafs die Geschwindigkeit nur insofern in Betracht kömmt, als sie Centrifugalkraft in dem Momente erzeugt in welchem die Schiene eine Krümmung annimmt, ferner, dafs der Schwerpunkt der Belastung eine parallele Curve zur elastischen Linie der Schienen beschreibt, und endlich, dafs diese Curven für ein Stück der Schienen, welches zwischen zwei Stöfsen liegt, Kreisbögen sind.

Bezeichnet man durch $4P$ das Gewicht des Theiles der Locomotive, welches auf den am meisten belasteten Rädern ruht, durch v die Geschwindigkeit derselben, durch r den Krümmungsradius der Curve, welche der Schwerpunkt von $4P$ beschreibt, und durch $2F$ die Centrifugalkraft, so ist

$$(1) \quad . \; . \; . \; . \; . \; . \; . \; . \quad F = \frac{2P}{g}\frac{v^2}{r}.$$

Ist ferner h der Abstand des Schwerpunktes der Last von der Fahrbahn, $2C$ das Stück der Schienen zwischen zwei Stöfsen, J das Trägheitsmoment des Schienenquerschnittes, so hat man nach der angegebenen Hypothese

$$(2) \quad . \; . \; . \; . \; . \quad \frac{EJ}{r+h} = (P + \tfrac{1}{2}F)C,$$

wobei noch vorausgesetzt ist, dafs das Schienenstück C aufser aller Verbindung sich befindet. Bezeichnet S die absolute Festigkeit des Materiales, b die Höhe der Schienen, so ist für den Moment wo die Locomotive auf der Mitte des Schienenstückes steht

$$(3) \quad . \; . \; . \; . \; . \; . \quad 2SJ = bC(P + \tfrac{1}{2}F).$$

Ist endlich die elastische Linie des Schienenstückes ein Kreisbogen, so wird der Pfeil f aus der Gleichung

$$(4) \quad . \; . \; . \; . \; . \; . \quad f(r+h) = \tfrac{1}{2}C^2$$

erhalten.

Aus diesen 4 Gleichungen kann man die Werthe von r, v, F, f ermitteln, wenn P gegeben ist, und umgekehrt P durch v ausdrücken. Das Letztere giebt den äufsersten Werth von P nämlich

$$P = \frac{\left(E - 2S\frac{h}{b}\right)J}{C\left(\frac{v^2}{g} + \frac{1}{2}\frac{Eb}{S} - h\right)}.$$

Nimmt man diesen Werth 12mal, so erhält man das äufserste Gewicht der Locomotive, welche die Bahn belasten darf, ohne die Schienen der Gefahr des Bruches auszusetzen. Man sieht aus der ganzen Analyse, dafs der Werth von P nur ein sehr oberflächlicher sein kann. *Ad.*

R. Hoppe. Ueber Biegung prismatischer Stäbe. Pogg. Ann. CII. 227-245.

Die vorliegende Abhandlung giebt eine Theorie der Biegung mit denselben Voraussetzungen, unter welchen sie schon oft behandelt worden ist. Sie macht keinen Anspruch auf neue Resultate, wohl aber auf eine Darstellungsweise des Gegenstandes in seiner Totalität, welche alle Fragen und das Verhältnifs der verschiedenen Fälle in sich einschliefst. Der Verfasser hält die Wiederaufnahme der Theorie deswegen nicht für nutzlos, weil Poncelet, der alle erdenkliche Umstände mit in die Berechnung gezogen hat, mehr auf summarische Resultate für die praktische Mechanik ausgegangen ist, ohne die theoretisch wichtigen Fragen zu berühren, während andere zwar theoretisch gründlicher sind, aber das Problem in viele specielle Fälle zerspalten. Der Verfasser legt seinen Entwicklungen das Princip der virtuellen Geschwindigkeiten zu Grunde und erhält durch dieses Verfahren mit den Formveränderungen durch die Biegung zugleich die Mitberechnung der Verkürzungen und Verlängerungen des Stabes. Seine Theorie ist so angelegt, dafs sie auch bei doppelter Krümmung des Stabes angewandt werden kann, er behandelt aber nur den Fall welcher voraussetzt, dafs alle Querschnitte des Stabes sich um parallele Axen drehen. Die angebrachten Kräfte müssen zwar in ein und derselben Ebene liegen, es ist aber nicht nothwendig, dafs sie ihre Angriffspunkte in der Axe haben. Mit seiner Theorie behandelt der Verfasser die folgenden Probleme.

1) Die stärkste Compression zu bestimmen, welche ein Stab seiner Länge nach erleiden kann ohne sich zu biegen.

2) Die Veränderungen, welche eine unendlich kleine Biegung eines der Länge nach comprimirten Stabes begleiten, nebst der dazu erforderlichen Kraft zu bestimmen.

3) Für den Fall, wo eine Endfläche fest ist und im Schwerpunkt der andern eine Kraft in gegebener Richtung wirkt, die begleitenden Umstände einer kleinen Biegung zu bestimmen.

4) Die Bedingungen des Zerbrechens.

Zum Schlufs giebt der Verfasser die Gleichung der Curve doppelter Krümmung in welcher sich ein Stab unter der Einwirkung beliebig gerichteter Kräfte biegt. *Ad.*

J. H. Koosen. Entwickelung der Fundamentalgesetze über die Elasticität und das Gleichgewicht im Innern chemisch homogener Körper. Erste Abhandlung. Pogg. Ann. CI. 401-452†.

Die erste Hälfte der vorliegenden Entwicklungen enthält eine Darstellung der Grundgleichungen der Elasticitätslehre auf Grund der gewöhnlichen Hypothese, dafs die Molecularkräfte Functionen der Distanz sind, für solche Körper, welche Cauchy isotrope, der Verfasser chemisch homogene nennt. Er glaubt für die Theorie dadurch einen neuen Gesichtspunkt aufgestellt zu haben, dafs er annimmt, jeder Körper habe schon im natürlichen Zustande einen gewissen Druck an seiner Oberfläche auszuhalten und nicht dafs die Molecularkraft sich erst entwickele, wenn man die gegenseitigen Entfernungen der Molecüle von einander ändert. Indessen ist die Darstellung der Grundgleichungen unter dieser Voraussetzung nicht neu, wenn man nur nicht, wie geschehen ist, an die Poisson'sche Theorie anknüpft. In der That sind neuere Untersuchungen schon weiter gediehen und der Verfasser hätte seine Gleichungen als specielle Fälle aus bekannten Entwicklungen ableiten können. Eigenthümlich bleibt die Bemerkung desselben, dafs man bisher nicht vermocht hätte die Gesetze der molecularen Statik in ähnlicher Weise auf die Wirkung von Molecularkräften zurückzuführen, wie es mit der molecularen Dynamik nach seiner Ansicht geschehen sei, da doch beide Theile der Elasticitätslehre nothwendig auseinander hervorgehen.

Der Verfasser versucht durch seine Theorie nicht allein verschiedene Punkte der Elasticitätstheorie fester Körper aufzuklären wie z. B. das Gesetz über das Verhältnifs der longitudinalen Ausdehnung zur transversalen Zusammenziehung, sondern auch die Erscheinungen der Hydrostatik, die Elasticitäts- und Gleichgewichtstheorie der Gase und Dämpfe so wie die Erscheinungen der Wärme, soweit solche nicht als Bewegungsphänomene aufgefafst werden. In dieser Beziehung soll die zweite Hälfte seiner Abhandlung Aufschlüsse geben, indessen sind die nähern Beweise der Behauptungen zum Theil späteren Behandlungen des Gegenstandes vorbehalten, zum Theil nicht evident. Der äufsere Druck welcher schon im Körper existirt, bevor Dilatationen stattgefunden haben, soll durch die Wärmewirkungen der Umgebung aufgenommen werden. Der Verfasser nennt diesen Druck an der Oberfläche, welcher bei chemisch homogenen Körpern gleichmäfsig vertheilt zu denken ist, und die Gesammtheit der Molecularwirkungen auf ein senkrecht zu seiner Oberfläche in derselben errichtetes prismatisches Element darstellt die Molecularspannung, und nimmt an dafs die Molecularspannung im Innern von einer zweiten ähnlichen Wirkung der Masse nach entgegengesetzter Richtung vernichtet, an der Oberfläche durch die Wärme der Umgebung im Gleichgewicht gehalten wird.

Schon für diese Grundhypothese will der Verfasser den Beweis in einer zweiten Abhandlung geben. Es ist zu bemerken, dafs von den beiden Elasticitätscoëfficienten, die er einführt, der eine nämlich die Molecularspannung nicht ganz constant ist, sondern sich mit der Dichtigkeit des Körpers verändert, und dafs die Veränderlichkeit des Verhältnisses der longitudinalen Ausdehnung zur transversalen Zusammenziehung von der Veränderlichkeit der Temperatur herrühren und bei festen Körpern überhaupt nur zwischen $\frac{1}{2}$ und $\frac{1}{3}$ schwanken soll, während es nach Poisson $= \frac{1}{4}$, nach Wertheim $= \frac{1}{3}$ ist. *Ad.*

Clapeyron. Calcul d'une poutre élastique reposant librement sur des appuis inégalement espacés. C. R. XLV. 1076-1080†; Cosmos XII. 18-19; Inst. 1857. p. 437-438.

Die Bestimmung der Druckvertheilung eines horizontal auf mehreren Stützen liegenden Prismas auf die Stützen, bietet an sich keine Schwierigkeit dar, wenn es sich um die Aufstellung der linearen Gleichungen handelt, von denen jene Drucke abhängig sind. Anders gestaltet sich die Frage wenn man die entsprechenden Gleichungen für eine gröfsere Zahl von Stützen auflösen soll. In der That sind dieselben noch mit andern Unbekannten behaftet, deren Elimination zu derartig complicirten Ausdrücken führt, dafs die weitere Rechnung unzugänglich wird. Die ersten Probleme dieser Art sind von Navier, Bellanger und zuletzt in einem gröfsern Werk, über die Construction gufseiserner Brücken von Molinos und Pronier gelöst worden, indessen nicht bis zu der Ausdehnung, welche die neuesten immensen Brückenconstructionen erfordern. Der Verfasser giebt daher eine sehr einfache Behandlung dieser Theorie, indem er die Gleichungen gleich von vorn herein in derjenigen Form findet, welche frei ist von überflüssigen Unbekannten, und dann zeigt wie man in verschiedenen der praktischen Anwendung entnommenen Fällen die Lösung derselben sogleich niederschreiben kann. Es läfst sich nämlich leicht einsehen, dafs die gesuchten Druckkräfte durch die Drehungsmomente, welche durch die Biegung um die Stützpunkte entstehen, unmittelbar gefunden werden, daher handelt es sich um die Bestimmung dieser Momente, welche sofort als die Unbekannten des Problemes eingeführt werden. Wie grofs nun auch die Anzahl der Stützen sei, so kann man doch immer für die Momente um drei aufeinanderfolgende Stützen, die folgende einfache Gleichung finden

$$(1) \quad . \quad l_0 Q_0 + 2(l_0 + l_1) Q_1 + l_1 Q_2 = \tfrac{1}{4}(p_0 l_0^3 + p_1 l_1^3),$$

in welcher Q_0, Q_1, Q_2 die angegebenen Momente sind, l_0 und l_1 die Entfernungen der Stützen und p_0 die Belastung von l_0, p_1 die Belastung von l_1 pro laufenden Fufs, welche jedesmal gleichmäfsig vertheilt genommen sind. Setzt man wie es gewöhnlich der Fall ist $l_0 = l_1$, so ergiebt sich

$$(2) \quad . \quad . \quad . \quad Q_0 + 4 Q_1 + Q_2 = \frac{l^2}{4}(p_0 + p_1).$$

Da das erste und letzte der Momente Q gegeben und insbesondere $= 0$ ist, wenn der Balken an den Enden frei aufliegt, so hat man immer ebenso viele Gleichungen (1) oder (2) als Unbekannte Q, wenn man nur für alle drei aufeinander folgenden Stützen die Gleichungen (1) oder (2) gebildet hat. Die Auflösung der Gleichung geschieht durch Einführung von Multiplicatoren, welche für das System (2) der Reihe nach

$$-1,\ 4,\ -15,\ 56,\ -209,\ 780,\ -2911 \text{ u. s. w.}$$

sind, und so gebildet werden, dafs abgesehen vom Vorzeichen das Vierfache irgend eines derselben der Summe der zu beiden Seiten zunächst liegenden gleich ist. Setzt man z. B. 8 Stützen voraus, so hat man die folgenden 6 Gleichungen

$$4Q_1 + Q_2 = \frac{l^2}{4}(p_0 + p_1)$$
$$Q_1 + 4Q_2 + Q_3 = \frac{l^2}{4}(p_1 + p_2)$$
$$Q_2 + 4Q_3 + Q_4 = \frac{l^2}{4}(p_2 + p_3)$$
$$Q_3 + 4Q_4 + Q_5 = \frac{l^2}{4}(p_3 + p_4)$$
$$Q_4 + 4Q_5 + Q_6 = \frac{l^2}{4}(p_4 + p_5)$$
$$Q_5 + 4Q_6 \qquad = \frac{l^2}{4}(p_5 + p_6)$$

und den Werth von Q_6

$$\left\{\begin{aligned}2911\,Q_6 = \frac{l^2}{4}(-(p_0+p_1)+4(p_1+p_2)-15(p_2+p_3)\\ +56(p_3+p_4)-209(p_4+p_5)+780(p_5+p_6))\end{aligned}\right\},$$

woraus sich leicht die übrigen Q ergeben. Die gesetzmäfsige Form dieser Lösungen zeigt unter Anderen deutlich wie schnell der Werth von Q abnimmt, wenn man sich von der Stütze entfernt, welcher das Moment Q entspricht.

Der Verfasser giebt übrigens noch Andeutungen wie man den allgemeinern Fall (1) zu behandeln hat. *Ad.*

Bresse. Calcul de la résistance dune chaudière à vapeur à profil faiblement elliptique. Inst. 1857. p. 70-70†.

Die Berechnung der Stärke eines Dampfkessels geschieht vorschriftsmäfsig in Frankreich nach der Formel

$$e = -0{,}0018\,nD + 0{,}003,$$

wo n die Anzahl der Atmosphären des effectiven Druckes bedeutet, welcher von Innen nach Aufsen stattfindet und D den Durchmesser des Kessels in Meter angiebt. Die Dicke e ist dann auch in Meter bestimmt. Findet der Druck umgekehrt von Aufsen nach Innen statt, so ist vorgeschrieben diese Dicke um die Hälfte zu vergröfsern. Der Verfasser macht nun die Bemerkung, dafs die Ableitung der obigen Formel als Kesselprofil einen Kreis voraussetzt, und giebt eine genauere für den Fall, dafs das Profil eine elliptische Form hat. Setzt man nämlich die Excentricität der Ellipse, welche das Profil nach der definitiven Durchbiegung bildet $= k$, so soll ganz unter denselben Umständen die folgende Formel jene ersetzen, nämlich

$$e = 0{,}0009\, nD\left(1 + \sqrt{\left[1 + \frac{1655\, k^2}{n}\right]}\right) + 0{,}009,$$

wobei angenommen ist, dafs die Spannung des Eisenbleches $= 2{,}85^{\mathrm{kgr}}$ für das Quadratmillimeter ist. Diese Formel giebt selbst für kleine Werthe von k in Betracht kommende Differenzen gegen die erste. *Ad.*

Dahlmann. Die absolute Festigkeit verschiedener Eisen- und Stahlhärten des königl. würtembergischen Hüttenwerks Friedrichsthal. Dingler J. CXLIII. 94-97†.

Es sind 15 Sorten Eisen und Stahl der genannten Fabrik auf ihre Widerstandsfähigkeit gegen Zerreifsen geprüft worden. Die tabellarische Zusammenstellung der Belastungen im Momente des Zerreifsens ergiebt, dafs die Eisen- und Stahlstäbe dieser Fabrik den besten anderer Fabriken an die Seite gestellt werden dürfen. Zu bemerken war bei den Versuchen, dafs die Veränderung der Gröfse des Querschnittes an der zerrissenen Stelle im umgekehrten Verhältnifs zur Festigkeit des Materiales stand. Sie war bei den weichen Stabeisensorten so bedeutend, dafs ein 2 Linien starker Querschnitt nach dem Zerreifsen nur noch $1\frac{1}{4}$ Linie Stärke besafs, während der Querschnitt der gehärteten Gufsstahlstäbe ganz unverändert blieb. *Ad.*

C. F. Dietzel. Die Elasticität des vulcanisirten Kautschuks und Bemerkungen über die Elasticität fester Körper überhaupt. Polyt. C. Bl. 1857. p. 689-694†.

Der Verfasser macht darauf aufmerksam, dafs bei derjenigen Klasse von Körpern, die im Allgemeinen organischen Ursprungs sind, das Elasticitätsgesetz, nach welchem das Verhältnifs zwischen Ausdehnung und ausdehnender Kraft bei ein und demselben Körper constant ist, nicht gültig ist, und zwar nicht allein weil bei steigender Temperatur der Elasticitätscoëfficient in einem raschern Verhältnifs abnimmt, als die Ausdehnung durch die Wärme ergiebt, und weil überhaupt jede Dichtigkeitsverminderung eine Verminderung jenes Coëfficienten herbeiführt, sondern auch weil die Dauer der Einwirkung der Kraft mit in Betracht zu ziehen ist. Diese Einwirkung ist eine doppelte, indem sie sowohl eine bleibende Verschiebung hervorruft, als eine später eintretende, die sogenannte Nachwirkung, welche sich von der bleibenden dadurch unterscheidet, dafs sie nach und nach wieder aufhört.

Diese Umstände treten ganz besonders bei den elastischen Veränderungen der Kautschukstäbe auf, und ihre Nichtberücksichtigung bei Versuchen mit denselben, macht die letzteren fast werthlos, was z. B. bei den von Boileau in den C. R. von 1856 veröffentlichten der Fall ist. Der Verfasser giebt nun eine Tabelle von neuen Versuchen, nach welcher er Kautschukstäbe von $\frac{1}{3}$ Quadratzoll Querschnitt und 917^{mm} Länge nach und nach von 1 bis 29 Gramm belastet hat, und dann rückwärts von 29 bis 1 Gramm. Die Tabelle giebt in jedem Falle die primäre Dehnung, dann die nach 24 Stunden erfolgte Nachwirkung, endlich die bleibende Dehnung. Diese Versuche haben gezeigt 1) dafs beim vulcanisirten Kautschuk die elastischen Verlängerungen nicht proportional den Belastungen sind, sondern dafs sie in einem raschern Verhältnisse wachsen als die Belastungen, 2) wenn bleibende Dehnungen erfolgt sind, so verhält sich im neuen Stabilitätszustande das vulcanisirte Kautschuk zwar im Ganzen ebenso, aber die elastischen Dehnungen sind jetzt für dieselben Belastungen gröfser als im vorigen Stabilitätszustande und zwar nicht blofs der Verminderung des Querschnittes entsprechend. Es bedarf also für den vorliegenden Fall das Elasticitätsgesetz bedeutender Aenderungen. *Ad.*

J. Dupuit. Note sur la poussée des pièces droites employées dans les constructions. C. R. XLV. 881-882†; Inst. 1857. p. 404-405; Cosmos XI. 610-610.

Wenn ein horizontaler Balken auf Stützen gelegt wird, so übt er einen Horizontschub gegen dieselben aus, welcher nicht unbedeutend, jedenfalls aber gröfser ist als die gewöhnliche Theorie ihn geben kann. Nach derselben ist nämlich die Gröfse dieses Schubes proportional mit dem Pfeil, und daher so klein, dafs er einen für praktische Benutzungen zu vernachlässigenden Werth erhält. Nach einer Berechnung des Verfassers betrug dieser Schub in einem Falle 96^{kgr} für den laufenden Meter, während in der Wirklichkeit ein Schub von über 12000^{kgr} stattfand.

Um diesen Umstand aufzuklären nimmt der Verfasser an, dafs jedesmal wenn die Grundfläche des Balkens auf den Stützen nicht gleiten kann, durch die Compression der untersten Fasern ein Horizontalschub gegen die Stützen entsteht, welcher bis zu einer Gränze hin zunimmt, und dann, falls das Prisma ohne einen Bruch zu erleiden einen grofsen Pfeil erhalten kann, abnimmt, sogar Null wird und sich schliefslich in einen Zug verwandelt bis der Balken bricht. Da nun überdies der angegebene sehr bedeutende Horizontalschub auch rückwärts auf den Widerstand des Balkens einen Einflufs ausübt, so hält der Verfasser eine Umarbeitung der Theorie für nothwendig und zeigt durch die vorliegende Note an, dafs er eine derartige Bearbeitung der französischen Akademie vorgelegt hat. *Ad.*

---

de Saint-Venant. Mémoire sur l'impulsion transversale et la résistance vive de barres élastiques appuyées aux extrémités. C. R. XLV. 204-208†; Cosmos XI. 187-189.

Der Verfasser giebt einen Auszug aus seiner Abhandlung des obigen Inhaltes, welcher mit dem im Jahre 1854 im l'Institut gegebenen übereinstimmt, und in diesen Berichten bereits mitgetheilt ist [1]). *Ad.*

G. Wertheim. Mémoire sur la torsion. Première partie. Ann. d. chim. (3) L. 195-321†; Cimento VI. 55-63, 441-445.

Wir haben bereits über diese Abhandlung im Auszuge [2]) berichtet. Es liegt jetzt die vollständige Entwicklung der Theorie des Verfassers vor und eine tabellarische Zusammenstellung der sehr ausgedehnten Versuche. *Ad.*

---

[1]) Berl. Ber. 1854. p. 85.
[2]) Berl. Ber. 1855. p. 107.

W. Fairbairn. On the tensible strength of wrought iron at various temperatures. Rep. of Brit. Assoc. 1856. 1 p. 405-422†.

Hr. Fairbairn hat der Brit. Assoc. eine grofse Versuchsreihe über die Festigkeit des Schmiedeeisens bei höheren Temperaturen vorgelegt, aus welcher hervorgeht, dafs dieselbe sich innerhalb der Gränzen von 0 bis 395° F. d. h. von —18 bis 202 C. wenig ändert, so dafs die Temperatur welcher das Blech der Dampfkessel ausgesetzt ist, noch keinen schädlichen Einflufs auf dieselben ausübt, während hingegen bei der Rothglühhitze die Festigkeit bedeutend abnimmt, und Dehnungen vor dem Bruche eintreten, durch welche die Explosionen bei geringen Spannungen erklärt werden können, welchen die Bleche der Dampfkessel ausgesetzt sind, sobald sie aus Wassermangel glühend werden. Fairbairn's Apparat war eine ungleicharmige Wage, mit welcher ein Zug von 100000 Pfund = 45 Tonnen pro Quadratzoll ausgeübt werden konnte. Die Barren, welche zerrissen werden sollten, waren in ein Oel- oder Wasserbad eingeschlossen, welches mit einem Kohlenbecken umgeben ist, um auf die gewünschte Temperatur gebracht zu werden. Wir entnehmen der grofsen Versuchsreihe die folgenden mittleren Schlufsresultate.

I. Blechstreifen von 17½ Zoll Länge und 5 Zoll Breite, welche an der Stelle, wo sie dem Bade ausgesetzt worden sind, auf 2 Zoll Breite reducirt waren.

Temperatur F.	Bruchgewicht pro Quadratzoll in engl. Pfunden. Kesselblech in der Walzrichtung	senkrecht zur Walzrichtung gezogen
0°	49009	—
60	50219	41881
114	41356	44160
212	44717	45680
270	44020	—
340	49968	42088
395	46086	—
Rothglühhitze	—	34272

Die Dehnung war bei der dunklen Rothglühhitze 0,23 engl. Zoll, während sie bei den andern Temperaturen im Mittel 0,15 betrug.

II. Stabeisen, welches zu Nieten und Bolzen angewendet

wird, von $12\frac{1}{2}$ Zoll Länge $\frac{7}{8}$ Zoll Durchmesser, an der dem Bade ausgesetzten Stelle nur $\frac{1}{2}$ Zoll:

Temperatur F.	Bruchgewicht pro Quadratzoll in engl. Pfunden
— 30°	63239
60	62816
114	70845
212	79271
260	82636
318	84046
425	83943
Rothglühhitze	35000

Die vorstehenden Zahlen zeigen zunächst, dafs das Bolzeneisen eine viel höhere Festigkeit besitzt als die Bleche in I., ferner bemerkt man dafs am Anfange keine wesentliche Veränderlichkeit der Festigkeit eintritt, sehr bald aber mit Erhöhung der Temperatur ein sehr deutliches Steigen derselben beginnt, bis zu einem Maximum, welches Hr. FAIRBAIRN bei 325° F. oder 163° C. festsetzt. Diese gröfste Festigkeit verhält sich zu derjenigen bei gewöhnlichen Temperaturen wie 1 : 0,72 und zu derjenigen der Bleche bei gleicher Temperatur wie 1 : 0,6. Von dem nachtheiligsten Einflufs ist die Rothglühhitze, welche das Bolzeneisen um mehr als die Hälfte schwächt, bei dieser Temperatur ist die Festigkeit = 0,6 der Festigkeit bei gewöhnlicher Temperatur. Dafs die Bleche ein Maximum der Festigkeit nicht wahrnehmen liefsen, glaubt der Verfasser durch die verschiedenartige Behandlung beider Eisensorten begründen zu können. Stabeisen hat unter dem Hammer und unter verschiedenen Hitzen eine Ausreckung erfahren, welche bis zum 25fachen der ursprünglichen Länge geht, während Blech nur gewalzt und höchstens bis auf das 6fache gedehnt wird. Dafs aber das Ausrecken die Festigkeit vermehrt, begründet der Verfasser durch eine Tabelle über eine Reihe von Versuchen, welche schon früher in Woolwich angestellt worden sind. Sowohl die Versuche des Verfassers, wie die eben angedeuteten, haben übrigens gezeigt, dafs die Längenausdehnungen den Belastungen nicht proportional bleiben, und Hr. FAIRBAIRN hat, um dieses ersichtlich zu machen, die folgende Tabelle aus seinen Versuchen berechnet, welche die Dilatationen auf die Einheit der Länge bezogen, für die Einheit des Gewichtes (Tonne) ausdrücken:

Temperatur F.	Mittlere Verlängerung
— 30°	0,00284
60	0,00247
114	0,00177
212	0,00162
260	0,00178
318	0,00164
425	0,00183
Rothglühhitze	0,00341

Es beträgt also bei der Rothglühhitze die Dehnung fast doppelt so viel, als die mittlere Dehnung bei den anderen Temperaturen.

Ad.

M. Phillips. Des parachocs et des heurtoirs de chemin de fer. C. R. XLV. 624-627†; Cosmos XI. 840-840.

Der Verfasser nennt Parachoc einen aus mehreren Federn zusammengesetzten Apparat, welcher vor und hinter den Waggons eines Zuges angebracht die gefährlichen Wirkungen des Zusammenstofses derselben, bei voller Bewegung des Zuges vernichtet, hingegen Heurtoir einen solchen, der nur dazu dient die gefährlichen Wirkungen des Stofses eines mit geringer und erlöschender Geschwindigkeit ankommenden Zuges gegen feste Widerstände wie Bauwerke etc. aufzuheben. Die Herstellung eines Apparates der ersteren Art hält der Verfasser für unmöglich, weil die Dimensionen desselben so grofs gewählt werden müfsten, dafs die technischen Schwierigkeiten zur Zusammensetzung desselben, selbst wenn er auf mehrere Waggons vertheilt wird, nicht zu überwinden wären, und weil eine so enorme Quantität von Materie ihre Functionen nicht verrichten kann. Der Apparat der letztern Art hat geeignete Dimensionen und läfst sich herstellen. Um von der Masse beider eine Vorstellung zu geben leitet der Verfasser eine Formel ab, welche aus der Gleichsetzung der mittleren mechanischen Leistung eines aus Stahlfedern zusammengesetzten Apparates, und der lebendigen Kraft des in Bewegung befindlichen Zuges hervorgeht. Nennt man P das Gewicht des Apparates in Kilogrammen, w das Gewicht des Zuges in Tonnen, k seine Geschwindigkeit pro Stunde in Kilometer, so folgt für den Parachoc:

$$P = 0{,}0052 \,.\, wk^2,$$

wobei noch der Elasticitätscoëfficient des Stahles = 20000000, und die mittlere Dilatation an der Oberfläche der Federn unmittelbar nach dem Stofse = 0,01 gesetzt ist. Ferner ist für den Heurtoir:

$$P = 7{,}7112\, w \,.\, v^2,$$

wenn v die Geschwindigkeit in Metern pro Secunde ist, und die Dilatation der Federn in diesem Falle = 0,004 gesetzt wird.

Die vorliegenden Berechnungen, bei welchen für den Schnellzug $w = 90$, $k = 60$, für den gewöhnlichen Zug $w = 112$, $k = 45$, für den Güterzug $w = 600$, $k = 20$ und für den gemischten Zug $w = 208$, $k = 35$ angenommen wird, geben für den Parachoc ein Gewicht zwischen 21000 bis 31000^{kgr}, was in der That enorme Dimensionen für die Federn erfordert, hingegen für einen Heurtoir bei $v = 1^m$ und $w = 30$ Tonnen, welches Gewicht einer isolirten Locomotive entspricht, $P = 230^{kgr}$. Da eine gute Wagenfeder 70 bis 80^{kgr} wiegt, so läfst sich der Apparat durch 3 Federn herstellen. Der Verfasser bemerkt noch dafs in diesem Falle nur die Locomotive geschützt zu werden braucht, weil die eigenen Federn der Waggons den Stofs aushalten, dann setzt man für einen derselben $w = 6$, so wird $P = 45^{kgr}$, während die eigenen Federn 70 bis 80^{kgr} schwer sind. *Ad.*

M. DELVY. Extrait d'une Note relative à l'application de la théorie de M. PHILLIPS à la construction d'un ressort de locomotive d'une nouvelle espèce. C. R. XLV. 752-755†.

Für die Lyoner Eisenbahn sind an den Maschinen der Güterzüge Federn von einer neuen Construction angebracht, welche die Eigenthümlichkeit besitzen, die ganze Belastung auf die Hinterräder zu übertragen, indem sie dieselbe an zwei gleich weit vom Mittelpunkt abstehenden Stellen aufnehmen. Der Verfasser hat nun nach einer nicht weiter bezeichneten Theorie von Phillips eine Formel veröffentlicht, nach welcher sich die Durchbiegung dieser Federn berechnen läfst, und sehr übereinstimmende Resultate mit den ihm bekannten angestellten Experimenten gefunden. Es ist in der vorliegenden Note weder eine genauere Beschreibung der Federn noch eine Darstellung der Theorie vorhanden. *Ad.*

E. Hodgkinson. Experimental researches on the strength of pillars of cast iron. Proc. of Roy. Soc. VIII. 318-321†; Phil. Mag. (4) XIV. 150-152; Inst. 1858. p. 69-70; Phil. Trans. 1857. p. 851-899; Polyt. C. Bl. 1857. p. 1553-1554.

Der Verfasser hat schon früher nachgewiesen 1) dafs eine lange kreisrunde Säule mit flachen Enden dreimal so viel Widerstand bietet, als eine solche von gleicher Länge und Stärke mit abgerundeten Ecken, vorausgesetzt, dafs der Druck durch die Axe geht und die gedrückte Fläche Querschnitt genug hat, um nicht zusammengedrückt zu werden, und 2) dafs eine Säule von gleicher Länge und Stärke wie die vorhergehende, mit einem flachen und einem abgerundeten Ende zweimal so fest ist, als eine gleiche mit zwei abgerundeten Enden. Die Versuche hierzu waren mit Säulen von nicht grofsen Dimensionen angestellt und es schien dem Verfasser zweckmäfsig die Versuche mit gröfseren Säulen zu wiederholen. Er wählte hierzu hohle Säulen von Low-Mooreisen von 10 Fufs Länge, $2\frac{1}{2}$ bis 4 Zoll Durchmesser, welche die vorstehenden Sätze von Neuem bestätigten und überdies ein Bruchgewicht gaben, welches sich durch die Formel

$$w = 42{,}347 \frac{D^{3,5} - d^{3,5}}{l^{1,63}}$$

darstellen läfst, wo w das Bruchgewicht in Tonnen, D den äufsern und d den innern Durchmesser in Zoll, l die Länge in Fufsen darstellt. Die frühern oben angegebenen Resultate gaben eine nahezu übereinstimmende Formel, in welcher nur die Constante etwas abwich, sie war nämlich 46,55.

Das Bruchgewicht für massive Säulen, welche verschiedene Länge von 10 bis 5 Fufs hatten, und an den Enden abgedreht waren, entsprach der Formel

$$w = m \cdot \frac{d^{3,5}}{l^{1,63}},$$

wo die Constante m zwischen 49,94 und 33,6 Tonnen schwankte, wenn d wieder in Zollen, l in Fufsen angegeben wird, die letzten Verkürzungen vor dem Bruch stehen bei gleichem Durchmesser im umgekehrten Verhältnifs zur Länge, die durchschnittliche Verkürzung einer Säule von 10 Fufs betrug 0,176 Zoll. Uebrigens leisteten die dünnen Ringe aus den hohlen Säulen einen bedeutend gröfsern Widerstand als das Eisen aus den massiven Säulen. So wurde z. B. ein massiver Cylinder von Low-Mooreisen No. 2 aus der Mitte geschnitten mit 29,65 Tonnen zerdrückt, ein Cylinder aus den äufsern Theilen geschnitten mit 34,59 Tonnen, ein Ring von $\frac{1}{2}$ Zoll Wandstärke mit 39,06 Tonnen, Ringe von noch geringerer Wandstärke mit 50 Tonnen und mehr pro Quadratzoll. Die obigen empirischen Formeln beruhen auf der von Euler in den Berliner Memoiren des Jahres 1757, gegebenen Theorie, nach welcher das Bruchgewicht mit $\frac{d^4-d_1^4}{l^2}$ respective $\frac{d^4}{l^2}$ proportional ist. Da nämlich dieses Gesetz rein theoretisch ist und den Versuchen nicht genügend entspricht, so glaubte der Verfasser es in der Weise modificiren zu müssen, dafs er statt der vierten Potenzen im Zähler und der zweiten im Nenner, unbekannte Exponenten einführte, welche er den Beobachtungen gemäfs bestimmte. *Ad.*

W. H. Barlow. On an element of strength in beams subjected to transverse strain, named by the author „the resistance of flexure", second communication. Proc. of Roy. Soc. VIII. 432-437†; Phil. Mag. (4) XIV. 472-476; Phil. Trans. 1857. p. 463-488†.

Es ist eine bekannte Thatsache, dafs der Elasticitäts- und Festigkeitsmodul des Gufseisens durch Biegungsversuche unter Einwirkung von Transversalkräften fast doppelt so grofs gefunden wird als durch directe Ausdehnungsversuche. Wir haben über verschiedene Arbeiten in dieser Beziehung bereits berichtet[1]) und auch daselbst die ersten Mittheilungen des Verfassers über diesen Gegenstand ausführlich besprochen. Derselbe hatte damals empirische Formeln gegeben, welche seine Versuche recht gut vertreten konnten und insbesondere gezeigt, dafs die Festigkeit des Gufseisens, welche aus Biegungsversuchen hervorging, mit der Form des Querschnittes veränderlich ist. Jetzt tritt der Verfasser nicht allein mit neuen Versuchen der Art hervor, zu welchen Balken mit noch andern sehr verschiedenartigen Querschnitten gewählt waren, sondern auch mit einer Theorie der Biegung, welche durch Einführung eines neuen Biegungselementes jene Nichtübereinstimmung und Veränderlichkeit aufklären soll. Wir können uns indessen weder mit den Consequenzen, welche der Verfasser aus seinen Versuchen zieht, noch mit seiner neuen Theorie einverstanden erklären, und halten eine ausführliche Auseinandersetzung unserer Gründe schon deswegen für nothwendig, weil die experimentellen Arbeiten des Verfassers einen wohlbegründeten Ruf geniefsen und daher auch vielleicht ein zu grofses Vertrauen zu den vorliegenden Untersuchungen erwecken. Die Versuche wurden mit Balken von rechtwinkligen und kreisrunden Querschnitten angestellt, die ersteren waren sowohl voll als durchbrochen und zwar in der ☐, **I** und ⊢⊣ Form, die runden nur voll. Die Dimensionen der Querschnitte waren sehr verschiedenartig und ihre Inhalte schwankten zwischen 1 bis 5 Quadratzoll. Nachdem der Balken auf zwei Stützen gelegt war, deren Entfernung 60 Zoll von einander betrug, wurde derselbe in der Mitte so lange belastet bis der Bruch erfolgte. Aus dem erhaltenen Bruchgewichte berechnete der Verfasser die Spannung f der äufsersten Faser nach der bekannten Formel

$$f = \frac{M \cdot d}{J},$$

in welcher M das Moment der biegenden Kräfte, d die Entfernung der äufsersten Faser von der neutralen Axe und J das Trägheitsmoment des Querschnittes bedeutet. Es ergab sich hierbei, dafs f zwischen 25271 bis 53996 Pfund schwankte, während der Festigkeitsmodul aus directen Ausdehnungsversuchen nur 18750 Pfund beträgt. Die folgende Tabelle giebt einen

[1]) Berl. Ber. 1855. p. 148, 152, 156.

Auszug aus der sehr grofsen Versuchsreihe und enthält alle Angaben in engl. Zoll und Pfund.

	Balkenhöhe	Entfernung zwischen den Rippen	Breite	Bruchgewicht	Berechnete Spannung der äussersten Faser
Durchbrochener □ Balken	4,04	2,56	1,507	5147	25271
desgl.	4,07	2,51	1,525	6000	27908
desgl.	4,00	2,03	1,005	4353	28032
desgl.	3,01	1,00	0,995	3084	31977
desgl.	2,51	0,54	1,005	2468	35386
desgl.	4,04	1,03	0,771	5141	37408
Massiver rechtwinkliger Balken	2,012	—	0,994	1888	41709
Quadratischer Balken	1,010	—	1,020	527	45630
desgl.	1,996	—	2,009	3478	39094
I Balken.	2,04	1,00	{2,03 im Ganzen 0,5 des Steges}	4004	37508
⊢⊣ Balken	dieselben Dimensionen			2569	43358
Massiver quadratischer Balken auf die Kante gestellt	1,443	—	—	449	53996
desgl.	2,835	—	—	2988	47746
	Durchmesser				
Runder Balken	1,22		—	474	51396
desgl.	2,20		—	3132	44957
desgl.	2,52		—	4143	39560

Soweit die vorstehende Tabelle Versuche enthält, liefert sie ein schätzbares Material für die Theorie der Biegung; anders verhält es sich mit der letzteren Columne, welche aus den Beobachtungen berechnet worden ist. Die Formel

$$f = \frac{Md}{J},$$

welche hierzu benutzt worden ist, gilt nämlich nur so lange als die Elasticitätsgränze nicht überschritten ist, weil sie voraussetzt, dafs die Spannungen den Ausdehnungen proportional sind. Die Beobachtungen des Verfassers, welche für den Moment des Bruches stattfanden, gingen über diese Gränze hinaus, und wenn eine Abänderung der Formel getroffen werden sollte, so mufste sie dahin gerichtet sein ein Ausdehnungsgesetz zu finden, welches noch über die Gränzen der Elasticität hinaus gilt. Die Anwendung der Formel ist aber jedenfalls eine unberechtigte, selbst wenn man das angegebene Gesetz noch näherungsweise gelten lassen wollte, weil eine viel gröfsere Belastung erforderlich ist, wenn der ganze Balken einen Bruch erleiden soll, als wenn nur die äufserste Faser verletzt ist, was die Formel voraussetzt. Es ist daher zunächst nicht auffallend, wenn die Werthe für f bedeutend gröfser sind als der Modul der absoluten Festigkeit $= 18750$ Pfund. Wäre also nicht anderweitig durch Beobachtungen anderer, wie z. B. von Collet-Meygret und Desplaces [1]), welche innerhalb der Elasticitätsgränze stattfanden, nachgewiesen, dafs eine derartige Abweichung existirt, so würde sie aus den vorstehenden Untersuchungen nicht erhellen. Die Versuche werden gewifs dazu dienen können ein Biegungsgesetz, welches noch für den Moment des Bruches gilt, zu verificiren; sehen wir zu, welchen Gebrauch der Verfasser selbst davon macht. Er sagt folgendes: Die Ausdehnungen und Zusammendrückungen der Fasern bei der Biegung haben nur zur Folge, dafs die Querschnitte sich um ihre neutrale Schicht drehen, die Krümmung des Balkens rührt aber von einer neuen Kraft her, welche gleichmäfsig über den Balken vertheilt ist, also für jede Faser dieselbe bleibt. Setzt man demnach f die Spannung der äufsersten Faser, so hat die um z von der neutralen Axe abstehende Faser nicht die Spannung $\frac{fz}{d}$, welche die gewöhnliche Theorie giebt, sondern $\frac{fz}{d} + \varphi$, wo φ die neue oben definirte Constante ist. Hätte der Verfasser nun dieses Gesetz consequent verfolgt, so würde er zu dem Schlufs gelangt sein, dafs die neutrale Faser nicht durch den Schwerpunkt geht, was sich, wie er selbst in seiner ersten citirten

[1]) Berl. Ber. 1855. p. 152.

Abhandlung gezeigt hat, durch die Versuche nicht bestätigt. Er bildet aus diesem Ausdruck das Moment der drehenden Kräfte auf der einen Seite der neutralen Fasern nämlich

$$\int_0^d \left(\frac{fz}{d}+\varphi\right) z \,.\, \partial w,$$

wenn ∂w das Flächenelement bedeutet, verdoppelt dasselbe weil die Querschnitte der gewählten Balken symmetrisch sind und findet dadurch die Gleichung

$$\frac{f\,.\,J}{d}+2\varphi \int_0^d z\partial w = M.$$

Diese Verdoppelung ist aber nur für das erste Integral erlaubt, weil J von z^2 abhängig ist, also das Vorzeichen von z gleichgültig ist. Soll die vorstehende Formel dennoch richtig sein, so mufs für die andere Hälfte des Querschnittes jenseits der neutralen Schicht statt φ, $-\varphi$ gesetzt werden, d. h. es mufs die neue Biegungsconstante für die zusammengedrückten Fasern $= -\varphi$ gesetzt werden, wenn sie für die ausgedehnten $= +\varphi$ war. Dieses Gesetz ist aber gewifs nicht richtig, denn man kann gar nicht absehen, warum an der neutralen Faser eine Discontinuität, nämlich ein plötzlicher Uebergang von $+\varphi$ nach $-\varphi$ stattfinden soll.

Die Anwendung der vorstehenden Formel auf die beobachteten Fälle giebt nun Gleichungen von der Form

$$af + b\varphi = c,$$

in welchen a, b, c aus den Beobachtungen berechnet werden können. Wir wollen die Tabelle welche für diese Werthe aus den oben angegebenen 16 Beobachtungen hervorgeht nicht reproduciren, sondern nur bemerken, dafs der Verfasser so von einander abweichende Werthe für f und φ aus den entsprechenden 16 Gleichungen gefunden hat, dafs er es aufgiebt, nach gewöhnlicher Methode die Constanten f und φ zu berechnen, sondern geradezu $f =$ den Festigkeitsmodul $= 18750$ setzt und aus den sehr von einander abweichenden 16 Werthen, welche sich für φ ergeben, das arithmetische Mittel nimmt, danach ergiebt sich $\varphi = 0{,}847\,f$.

Der Verfasser hätte aus der Nichtübereinstimmung der aus den Gleichungen hervorgehenden Werthe einen Grund mehr gehabt sein Gesetz für unrichtig zu halten, statt dessen hat er auf eine völlig ungerechtfertigte, gegen die Regeln des Calcüls verstofsende Weise, sein neues Biegungselement aufrecht zu erhalten gesucht, und noch überdies auch die vorhandenen Versuchsreihen anderer z. B. Hodgkinson's in derselben Weise nach seiner Theorie bearbeitet. Da die Versuchsreihen Hodgkinson's $\varphi = 0{,}9 . f$ lieferten, so schliefst er, dafs eigentlich $f = \varphi$ sein müfste, wenn das Eisen vollkommen homogen und vollkommen elastisch wäre, indessen ist auch diese Behauptung nicht weiter gerechtfertigt.

Zum Schlufs erwähnen wir noch, dafs der Verfasser auch Versuche mit Schmiedeeisen angestellt und zwar zunächst die neutrale Faser empirisch bestimmt hat. Es ergab sich hieraus die Abweichung von der Schwerpunktslinie so gering, dafs sie den Beobachtungsfehlern zugeschrieben werden kann; aufserdem nach der obigen Theorie, $\varphi = 0{,}53 . f$ für eine Sorte und $\varphi = 0{,}44 . f$ für eine zweite, f fand der Verfasser = 9,25 Tonnen.

Wir übergehen einen Nachtrag zu dieser Abhandlung von Hrn. Barlow welcher die oben entwickelte Theorie auf Balken von unsymmetrischen Querschnitten ausdehnt, indem wir aus den angegebenen Gründen diese Theorie überhaupt nicht als richtig anerkennen können. *Ad.*

A. F. Kupffer. Untersuchungen über die Elasticität, welche während der Jahre 1850 bis 1855 in dem Petersburger physikalischen Observatorium angestellt wurden. Erman Arch. XVI. 400-488†.

Wir haben diese Untersuchungen in den betreffenden Jahrgängen dieser Berichte bereits mitgetheilt, zuletzt Berl. Ber. 1855. p. 146. *Ad.*

W. Fairbairn. On the comparative value af various kinds of stone, as exhibited by their powers of resisting compression. Mem. of Manch. Soc. (2) XIV. 31-47†.

Die vorliegende Abhandlung enthält eine grofse Versuchsreihe zur Bestimmung des Widerstandes, welchen die in England und Schottland vorkommenden und als Baumaterial verwendeten Steinarten, gegen Zusammendrückung leisten. Der Verfasser hat diese Steinarten zunächst so lange belastet bis sie einen Bruch zeigten und alsdann bis sie zermalmt waren und die entsprechenden Belastungen tabellarisch zusammengestellt. Diese Belastungen wurden sowohl in der Richtung der natürlichen Spaltungsflächen als in der darauf senkrechten angebracht. Die verschiedenen Steinarten sind in Abbildungen der Abhandlung beigegeben, auch zur vergleichenden Uebersicht die Versuchsresultate HODGKINSON's und anderer hinzugefügt, sowohl in Bezug auf Steinarten als auch in Bezug auf Bauhölzer, Eisen und Stahl. Theoretische Resultate hat der Verfasser aus seinen Versuchen nicht gezogen und die umfangreichen Tabellen eignen sich nicht zur weiteren Mittheilung in diesen Berichten. *Ad.*

---

11. Veränderungen des Aggregatzustandes.

A. Gefrieren, Erstarren.

E. DESAINS. Solidification des liquides refroidis au dessous de leur point de fusion. Inst. 1857. p. 257-258†; Cosmos XI. 256-257.

Hr. DESAINS geht von der Bemerkung aus, dafs wenn man eine flüssige Substanz unter ihrem Erstarrungspunkt abkühlt, dann dieselbe durch Erschütterung plötzlich zum Erstarren bringt, je nach der Temperaturerniedrigung ϑ, welche stattgefunden hat, entweder 1) die ganze Masse fest wird und sich dabei auf ihre Schmelztemperatur T in Folge des Freiwerdens von latenter Wärme erwärmt, oder 2) die Erwärmung dabei nur bis $t < T$ steigt, oder endlich 3) nur ein Theil $p' = qp$ der Flüssigkeitsmenge p erstarrt, die Gesammtmasse aber sich bis T erwärmt. Der Verfasser entwickelt Formeln, aus denen man für den Fall 1) die Temperatur ϑ, für den Fall 2) bei gegebenem ϑ die Temperatur $t < T$, endlich für den Fall 3) ebenfalls bei gegebenem

ϑ den Coëfficienten $q = \frac{p'}{p}$ berechnen kann. Er weist schliesslich darauf hin, dafs man den Erstarrungspunkt einer Flüssigkeit zweckmäfsig bestimmen könne, indem man die Temperatur etwas unter denselben erniedrigt, dann durch Erschütterung zum Erstarren bringt. Dabei mufs aber die Temperaturerniedrigung nicht so weit gehen, dafs die ganze Masse fest wird, um sicher zu sein, dafs nicht eine Temperatur $t < T$ wie im Fall 2) eingetreten ist. *Wi.*

---

v. Babo. Gefrieren des Quecksilbers in einem glühenden Tiegel. Ber. d. Freib. Ges. I. 286†.

Diese Notiz giebt Auskunft über einige Handgriffe, welche in Anwendung gebracht werden müssen, um des Gelingens des bekannten Versuchs von Faraday, bei welchem Quecksilber in einer Mischung von fester Kohlensäure und Aether in einem glühenden Platintiegel zum Gefrieren, gebracht wird, sicher zu sein. *Wi.*

B. Schmelzen.

P. Kremers. Ueber die Schmelz- und Siedpunkte der Glieder einzelner Triaden (s. oben p. 7).

J. Tyndall. On some physical properties of ice. Proc. of Roy. Soc. IX. 76-80; Arch. d. sc. phys. (2) I. 5-10; Pogg. Ann. CIII. 157-162†.

Es ist dies der kurzgefafste, vom Verfasser selbst mitgetheilte Auszug aus einem Vortrag, welchen derselbe in der königl. Gesellschaft zu London gehalten hat. Wir beschränken uns auf Hervorhebung des Wesentlichsten, da die vollständige Veröffentlichung bereits in den Phil. Trans. stattgefunden hat und im nächsten Jahrgang zur Besprechung kommen wird.

Liefs man ein Bündel Sonnenstrahlen, verdichtet durch eine biconvexe Linse durch eine Eisplatte gehen, so erschien die Bahn desselben gesprenkelt durch helle Flecke, welche von sechsblättrigen Blumen umgeben waren. Wurden solche Eisstücke unter Wasser geschmolzen, so fielen die Blasen ohne Luftentwicklung zusammen, es war also der helle Fleck ein luftleerer Raum, der von dem geschmolzenen Wasser in den sechs Blättern umgeben war. — Die Blumen entstanden meist in Ebenen parallel der des Gefrierens, welche senkrecht war zur optischen Axe des Eises.

Aus diesen und andern Vorkommnissen folgert der Verfasser dafs im Innern des Eises gewisse Portionen vielleicht in Folge einer Schwächung des krystallinischen Gefüges, einen etwas unter 0^0 liegenden Schmelzpunkt haben, sich also in einer Temperatur, in welcher die umgebenden Partien noch fest bleiben, bereits verflüssigen.

Bei Besprechung des Vorkommens von Luft- und Wasserhöhlungen im Eise unterwirft Hr. TYNDALL die Hypothese von AGASSIZ und SCHLAGINTWEIT einer Kritik, wonach die theilweise Schmelzung im Innern dem Wärmeabsorptionsvermögen der Luft zugeschrieben wird; er zeigt dafs diese Annahme auf durchaus unzulässige Werthe für letztere führt. Seiner Ansicht nach erfolgt die Verflüssigung des Wassers leichter an der Oberfläche solcher inneren lufterfüllten Räume als in der continuirlichen Masse, weil eine Wärmebewegung die den gröfseren Zusammenhang innerhalb der letzteren beim Hindurchgang durch dieselbe noch nicht zu überwinden vermag, genügend sein kann, um die, sich unter anderen molecularen Einwirkungen befindenden Oberflächentheilchen zu verflüssigen.

Schliefslich wurde der Einflufs des Druckes auf einen Eiscylinder untersucht. Der Cylinder zeigte sich in Folge desselben durchsetzt von dünnen Spaltungsflächen, welche ihm das Ansehen eines Gypskrystalls gaben, dessen Spaltungsflächen aufser optischen Contact gesetzt sind. Diese Flächen sind aber nicht Luftplatten, vielmehr entstanden durch Flüssigwerden des Eises auf Schichten winkelrecht gegen die Richtung des Drucks, sie liegen parallel den durch den Hindurchgang der strahlenden Wärme hervorgerufenen flüssigen Blumen, beide Beobachtungen sprechen also für die Annahme, dafs das Eis (es war Eis von Wenham Lake zu diesen Versuchen verwendet worden) in gewissen Richtungen mit besonderer Leichtigkeit schmilzt. *Wi.*

F. G. SCHAFFGOTSCH. Ueber zwei ausgezeichnete Beispiele der Schmelzpunktveränderung. POGG. Ann. CII. 293-299†, 644-644†; ERDMANN J. LXXIII. 507-508.

Es ist eine bekannte Thatsache, dafs der Schmelzpunkt der Metalllegirungen niedriger liegt als der Schmelzpunkt der Bestandtheile, dasselbe Verhalten nahm HEINTZ bei Gemengen der fetten Säuren wahr, auch für gemischte Salze liegen bereits einige Beobachtungen der Art vor. — Der Verfasser beobachtete ein entsprechendes Verhalten an Gemengen solcher Salze deren Schmelzpunkt niedrig genug liegt um mit dem Quecksilberthermometer gemessen zu werden.

Während essigsaures Kali schmilzt bei 292°, essigsaures Natron bei 319°, erstarrt eine Mischung beider im Verhältnifs ihrer Atomgewichte bereits bei 224°. Salpetersaures Kali schmilzt bei 338,3°, salpetersaures Natron bei 313,1°. Gemenge aus beiden Salzen in vserchiedenem Verhältnifs dargestellt zeigten folgende Schmelzpunkte:

Mischung des salpetersauren Natrons mit 54,3 Procent Kalisalz (1 Atom und 1 Atom) schmilzt bei . . 225,6°

Mischung des salpetersauren Natrons mit 37,29 Procent (2 Atome und 1 Atom) schmilzt bei 248

Mischung des salpetersauren Natrons mit 70,4 Procent (1 Atom und 2 Atome) schmilzt bei . . . . . 251,3.

Den niedrigsten Schmelzpunkt hatte die Mischung aus 1 Atom und 1 Atom, von hier aus erhöhte sich derselbe sowohl bei Vermehrung als bei Verminderung des Gehalts an Kalisalz. Der Schmelzpunkt eines Gemenges mit 20 Procent Kalisalz lag z. B. bei 281° mit 80 Procent bei 280,4°. *Wi.*

C. Auflösung.

A. BINEAU. Remarques sur les dissolutions de quelques carbonates et notamment du carbonate de chaux. Ann. d. chim. (3) LI. 290-305†; Mém. d. l'Acad. d. Lyon VII.

Die mitgetheilten Zahlenwerthe wurden nach der gewöhnlichen alkalimetrischen Methode unter Anwendung einer titrirten Säure bis zur Sättigung erhalten, das dabei angewendete Lakmus wurde um alle alkalischen Bestandtheile, die es in Folge seiner Bereitung zu enthalten pflegt, zu entfernen, einer besonderen Reinigung unterworfen. — Die Versuche über die Löslichkeit des kohlensauren Kalks in Wasser ergaben 0,016 bis 0,02gr pro Litre, also etwa $\frac{1}{50000}$ des Gewichts, gleichbleibend bis 100°. — Die einzelnen Beobachtungen stimmten nicht genau mit einander überein, der Grund hiervon lag, wie später ermittelt wurde, in dem Einflufs des Kohlensäuregehaltes der Luft. Es ist bekannt, dafs die Gegenwart freier Kohlensäure die Löslichkeit des kohlensauren Kalks bedeutend erhöht, Hr. BINEAU fand, dafs diese Zunahme der Löslichkeit besonders für die ersten Quantitäten von Kohlensäure, welche absorbirt werden, sehr bedeutend ist, bei vermehrtem Kohlensäuregehalt minder wahrnehmbar wird. Anderseits wird auch die Kohlensäure vom Wasser viel energischer gebunden, wenn darin ein gewisser Antheil von kohlensaurem Kalk gelöst ist, und zwar macht sich auch dieser Einflufs stärker geltend so lange die betreffenden Quantitäten nur gering sind, Wasser welches $\frac{1}{10000}$ kohlensauren Kalk oder weniger gelöst enthält, bindet eine ungefähr äquivalente Menge Kohlensäure so fest, dafs sie bei mittlerer Temperatur nicht mehr entweicht. — Besondere Versuche zeigten, dafs Kohlensäure freie Auflösungen von kohlensaurem Kalk bei niedriger Temperatur aus der Luft Kohlensäure anzuziehen und in Folge dessen ihren Gehalt an gelöstem kohlensauren Kalk zu erhöhen vermochten. Eine mit Kohlensäure gesättigte Auflösung von doppelt kohlensaurem Kalk enthielt aber bedeutend mehr Kohlensäure als zur Bildung des gleichzeitig darin lösbaren doppelt kohlensauren Kalks erforderlich ist, bei einem Versuche enthielt die Flüssigkeit pro Litre 0,275gr Kohlensäure, hatte aber kaum $\frac{1}{3}$ des zur Bildung des Bicarbonats erforderlichen kohlensauren Kalks aufgenommen.

Für den kohlensauren Baryt wird angegeben dafs sich 0,021gr im Litre Wasser lösen, für den kohlensauren Strontian 0,010gr. Die darauf folgenden ausführlichen Mittheilungen über die Löslichkeitsverhältnisse der Magnesia-Carbonate können hier nicht näher besprochen werden, da sie hauptsächliche chemisch Vorkommnisse berühren. ***Wi.***

Literatur.

D. Abachef. Recherches sur la dissolubilité mutuelle des liquides. Bull. d. natural. d. Moscou 1857. p. 271-284.

D. Absorption.

L. Meyer. Die Gase des Blutes. Henle u. Pfeufer (2) VIII. 256-316; Phil. Mag. (4) XIV. 263-268; Chem. C. Bl. 1857. p. 578-580; Pogg. Ann. CII. 299-307†; Ann. d. chim. (3) LIII. 235-240.

Die vom Verfasser in Bunsen's Laboratorium angestellten Versuche hatten den doppelten Zweck die Quantitäten der im arteriellen Blut enthaltenen Gase O, N und CO_2 zu bestimmen und demnächst zu ermitteln, ob und inwieweit die Aufnahme und Abgabe derselben dem Henry-Dalton'schen Absorptionsgesetz folge. Die Gase wurden aus dem, mit dem 10- bis 20fachen Volum luftfreien Wassers vermischten Blut durch Auskochen im luftleeren Raum gewonnen. Nach Austreibung der freien Gase wurde die gebundene Kohlensäure durch Weinsteinsäurezusatz abgeschieden und durch eine zweite Auskochung gewonnen. Sämmtliche so erhaltenen Gase wurden einer eudiometrischen Analyse unterworfen, diese ergab folgende Resultate:

	Freies Gas	O.	N.	Freie CO_2	Gebundene CO_2
Arteria carotis					
eines ausgewachsenen Hundes	20,88	12,43	2,83	5,62	28,61
- - -	25,50	14,29	5,04	6,17	28,58
- halbausgewachsenen -	28,24	18,42	4,55	5,28	20,97
Defibrinirtes Kalbsblut mit Luft					
geschüttelt	17,04	11,55	4,40	1,09	18,12.

Die Absorptionsversuche wurden in einem für diesen Zweck construirten Apparat mit defibrinirtem Blut angestellt, welchem durch Auskochen im luftverdünnten Raum bei etwa 30° seine freien Gase entzogen waren. Die drei Gase N, O, CO_2 zeigten eine Verschiedenheit des Verhaltens. Beim Stickstoff war die Aufnahme ein reines Absorptionsphänomen, die aufgenommene geringe Menge (3 bis 4 Volumprocent) ist dem Drucke proportional. Dagegen zerfällt die aufgenommene Menge des Sauerstoffs und der Kohlensäure in zwei Theile, von denen nur der eine dem DALTON-HENRY'schen Gesetze gemäſs dem Druck proportional ist, es kann also die von der Volumeinheit des Blutes beim Druck P aufgenommene Menge dieser Gase dargestellt werden durch den Ausdruck $A = k + \alpha P$, worin α der Absorptionscoëfficient, k vom Druck unabhängig ist.

Für Sauerstoff hat α kleine Werthe (im Maximum 0,04 bei 18°), für Kohlensäure fand sich bei 12° $\alpha = 1{,}15$ auf 0° C. bezogen (für reines Wasser von 12° $\alpha = 1{,}10$ nach BUNSEN). — Der dem Coëfficienten k entsprechende Antheil des Sauerstoffs und der Kohlensäure wird in Folge chemischer Anziehung aufgenommen. Beim Sauerstoff ist k viel gröſser als α, es wurde nach den Umständen des Versuchs verschieden gefunden zwischen 0,09 und 0,16 bei 18° C. Es zeigte sich, daſs die so aufgenommene Sauerstoffmenge unabhängig war von der Zusammensetzung des Gasgemenges, welches mit dem Blut in Berührung gewesen war; dieser Umstand ist wichtig für den normalen Verlauf der Lebensfunctionen in Lufträumen verschiedener Beschaffenheit. Die Verbindung, welchen dieser Antheil des Sauerstoffs mit den Blutbestandtheilen eingeht, muſs eine sehr lockere sein, da schon nach Aufhebung des Luftdrucks der ganze Sauerstoffgehalt aus dem Blut entweicht. Letzteres fand nicht mehr statt, nachdem das Blut mit Weinsteinsäure angesäuert war, hieraus folgt, daſs nach dem Eintreten der sauren Reaction eine stabilere Verbindung entstanden ist. Der Verfasser schlieſst hieraus, daſs die oxydirende Wirkung des Sauerstoffs erst in den meist sauer reagirenden Geweben namentlich in den Muskeln eintritt.

In einer Atmosphäre reiner Kohlensäure wird vielmehr Kohlensäure unabhängig vom Druck aufgenommen (63 Volumprocent bei 12° C.) als in dem mit Lungenluft in Berührung gewesenen Blut enthalten ist (33,8 Volumprocent). Der Verfasser nimmt an, daſs sich im ersten Falle doppelt kohlensaure Alkalien im Blute bilden, welche im kreisenden Blute nicht enthalten sind. Für letztere Behauptung werden nähere Gründe angegeben. Wäre aber auch Bicarbonat im Blute gebildet, so ist, nach den vom Verfasser angestellten Versuchen mit Lösungen von kohlensaurem Natron, welche aus einer kohlensäurehaltigen Wasserstoffatmosphäre immer noch Kohlensäure aufnahmen bis zur Entstehung des Bicarbonats, nicht anzunehmen dafs dasselbe eine Zersetzung an der Lungenluft erleiden werde, daher hat man wohl mit Unrecht diesem Salze eine für die Respiration wesentliche Function zugeschrieben. — Nach der Ansicht des Verfassers ist der Austausch der Kohlensäure beim Athmungsprocefs wahrscheinlich als ein reines Absorptionsphänomen anzusehen, während bei der Sauerstoffaufnahme chemische Kräfte thätig sind. *Wi.*

E. Peligot. Études sur la composition des eaux. Deuxième mémoire. C. R. XLIV. 193-201†; Inst. 1857. p. 41-41; Ann. d. chim. (3) LI. 367-378; J. d. pharm. XXXIII. 274-279.

Der Verfasser hatte durch eine Untersuchung, die in diesen Berichten Gegenstand der Besprechung geworden ist[1]), nachgewiesen, dafs die fliefsenden Gewässer einen bedeutend gröfseren Kohlensäuregehalt besitzen, als man anzunehmen pflegte. Er sprach die Ansicht aus, dafs dieser Kohlensäuregehalt herrühre aus der stark kohlensäurehaltigen Luft der Ackererde, welche von dem in den Erdboden eindringenden atmosphärischen Wasser absorbirt wird.

Zur Prüfung dieser Annahme hat er neuerdings den Kohlensäuregehalt des Regenwassers bestimmt; er fand in dem vom Regenwasser absorbirten Gasgemenge nur 2,4 Procent Kohlensäure (in dem vom Seinewasser absorbirten Gasgemenge waren früher bis 50 Procent Kohlensäure gefunden), der Rest enthielt auf 100 Theile 32 O und 68 N, überhaupt waren in 1 Litre Regenwasser 23^{ccm} Gas enthalten.

Der Verfasser führte ferner eine Analyse des Wassers des artesischen Brunnens von Grenelle aus, deren Einzelnheiten mitzutheilen hier nicht der Ort ist, es mag nur angegeben werden, dafs 1 Litre Wasser 23^{ccm} Gas enthielt, worin 22 Procent Kohlensäure. Wurde das Wasser unter vollständigem Ausschlufs der atmosphärischen Luft aufgefangen, so enthielt es neben der Kohlensäure nur reines Stickgas, keinen Sauerstoff; Hr. Peligot meint dafs der Sauerstoff der absorbirten Luft beim Durchdringen der

[1]) Berl. Ber. 1855. p. 186.

Gesteinsschichten zur Oxydation von Schwefelverbindungen verwendet sein möge. Uebrigens besafs das Wasser bei einem geringen Gehalt fester Bestandtheile (0,142gr trockner Rückstand aus 1 Litre) doch den Charakter eines Mineralwassers, enthielt auch Kieselsäure aufgelöst, welche 7 Procent des Rückstandes ausmachte. *Wi.*

---

v. BABO. Ueber die Absorption des Wasserdampfes durch die Ackererde. ERDMANN J. LXXII. 273-277†; Chem. C. Bl. 1858. p. 203-205; Ber. d. Freib. Ges. 1857. I. 409.

Der Verfasser hat Versuche angestellt über die Fähigkeit der Ackererde Wasserdämpfe aus der Luft zu absorbiren. Ackererde, welche bei 35 bis 40° getrocknet war entzog einer begränzten Luftmenge ihre Feuchtigkeit fast vollständig, überhaupt läfst sich der Satz aussprechen, dafs sich, wenn Ackererde und Luft in Berührung kommen, immer ein gewisser Gleichgewichtszustand herstellt zwischen der Spannkraft des in der Luft enthaltenen Wasserdampfs und der Anziehung des Bodens zum Wasser, welche gröfser oder kleiner ist je nach dem bereits aufgenommenen Feuchtigkeitsgehalt. Tritt über Nacht Temperaturerniedrigung ein, so wird die Spannkraft des in der Luft enthaltenen Wasserdampfs vermindert, daher ein Theil desselben vom Boden angezogen und aufgenommen. Diese Niederschlagung und Bindung des Wasserdampfes durch die Ackererde ist immer von Wärmeentwicklung begleitet, in einem Beispiel welches angeführt wird, stieg das Thermometer in humusreicher Erde dabei von 20 auf 31°. *Wi.*

E. Sieden, Verdampfen.

v. BABO. Ueber die Spannkraft des sich aus Salzlösungen entwickelnden Wasserdampfes. Ber. d. Freib. Ges. 1857 Januar p. 277-292†, April p. 273-286†.

Der Verfasser hat seine Untersuchungen über die Spannkräfte der Wasserdämpfe über Salzlösungen [1]) nach einer ver-

[1]) Berl. Ber. 1847. p. 75.

besserten Methode wieder aufgenommen, da ihm die älteren Bestimmungen nicht den erforderlichen Grad von Genauigkeit zu besitzen schienen.

Bezeichnet man die Spannkraft des Dampfes, welcher sich bei einer Temperatur t aus der Auflösung eines Salzes von bestimmtem Concentrationsgrad entwickelt mit h, die bekannte Spannkraft des Dampfes über reinem Wasser bei derselben Temperatur t mit H, so giebt der Bruch $\frac{h}{H}$ die Gröfse der Spannkraftsverminderung an. Diese Verminderung wird bedingt durch die Anziehung des Salzes zum Wasser, die Gröfse $\frac{h}{H}$ kann also als das Maafs der letzteren angesehen werden. — Der Verfasser stellte sich die Aufgabe, den Einflufs der Temperatur auf die Spannkraftsverminderung zu ermitteln, indem er den Quotienten $\frac{h}{H}$ für dieselbe Auflösung bei verschiedenen Temperaturen bestimmte. Das angewendete Verfahren war:

In einer weiten, umgekehrten, unten geschlossenen Glasröhre, auf deren Boden sich Quecksilber befindet, sind mehrere theils Wasser, theils die zu untersuchenden Auflösungen enthaltende Dampfbarometer eingesetzt, auf das Quecksilber wird eine Wasserschicht gegossen, dann der ganze Apparat bis zum Sieden des äufsern Wassers erhitzt und nachdem alle Luft ausgetrieben entweder durch Zuschmelzen oder durch Aufkitten einer Glasplatte geschlossen. — Ist H die Dampfspannung des reinen Wassers bei der, an einem im Innern der Röhre angebrachten Thermometer abgelesenen Temperatur t, D die Differenz des Quecksilberstandes in dem Dampfbarometer, welches die betreffende Salzlösung enthält über dem des Wasserbarometers, so erhält man den Zähler des obigen Quotienten aus der Gleichung

$$h = H - D.$$

Auf die Füllung der Dampfbarometer wurde die gröfste Sorgfalt verwendet, namentlich suchte man die Luft möglichst aus der Salzauflösung zu entfernen. Zur Erzielung einer constanten Temperatur wurde der beschriebene Apparat in einem Glasrohre passend aufgehängt, in welchem Dämpfe einer bei bekannter Temperatur siedenden Flüssigkeit entwickelt wurden. Die Wasserdämpfe, welche sich im Innern der verschlossenen, luftleeren Röhre, worin die Dampfbarometer enthalten waren, verbreiteten, vermittelten rasch eine gleichmäſsige Erwärmung des ganzen Apparats.

Die Flüssigkeiten, welche zur Herstellung constanter Temperaturen ins Sieden versetzt wurden, waren folgende: Aether (Siedepunkt 35°), Aceton (Siedepunkt 59°), Gemisch aus Holzgeist und Alkohol (Siedepunkt 65°), wasserhaltiger Alkohol (Siedepunkt 78°). Verschiedene Fehlerquellen benachtheiligten aber die Richtigkeit der Resultate, so daſs sich bei Wiederholung der Versuche Abweichungen von 1 bis 3 im ungünstigsten Falle von 5^{mm} ergaben.

Hr. v. Babo stellt als allgemeines Resultat seiner Beobachtungen den Satz auf: der Quotient $\frac{h}{H}$ ist für eine bestimmte Salzauflösung bei verschiedenen Temperaturen nahezu constant. Es wurden folgende Zahlenwerthe erhalten:

Name der Salzauflösung	Siedepunkt	$\frac{h}{H}$	Berechneter Siedepunkt
Chlorcalciumauflösung	105°	0,823	105,5°
-	110	0,648	112,5
-	112	0,585	115,5
Salpetersaure Kalkauflösung . . .	112	0,589	115,4
Kaliauflösung.	109	0,727	109
-	118	0,556	117,5
Kohlensaure Kaliauflösung	118	0,551	117,6
Chlorzinnauflösung.	132	0,326	135
Dreibasische Phosphorsäureauflösung	122	0,497	120,7.

Die berechnete Siedetemperatur t war diejenige Temperatur, bei welcher die Spannung des reinen Wasserdampfes $= 760 \cdot \frac{H}{h}$, diese Berechnung setzt also das Constantbleiben des Coëfficienten $\frac{h}{H}$ bei verschiedenen Temperaturen voraus.

Die Verminderung der Spannkraft des Wasserdampfes giebt sich auch zu erkennen durch Erniedrigung des Thaupunkts über Salzauflösungen. — Der Verfasser hat unter Anwendung eines Döbereiner'schen Psychrometers, bei welchem die Luft innerhalb eines Silberrohrs durch Verdampfung von Aether bis zum Beschlagen der Röhre mit Wasserdampf abgekühlt wird, Thaupunktsbestimmungen im Innern von Flaschen auf deren Boden sich Salzlösungen von der Temperatur T befanden, angestellt. Er konnte für die Temperatur t, bei welcher das Beschlagen des Psychrometers eintrat, den Werth h aus den Spannkraftstabellen entnehmen; wurde mit H die Spannkraft des reinen Wassers bei der Temperatur T bezeichnet, so war wieder $\frac{h}{H}$ der Verminderungscoëfficient der Spannkraft. — Anderseits konnte aber auch aus der beobachteten Siedetemperatur der Auflösungen die entsprechende Spannkraftsverminderung $\frac{h_1}{H_1}$ in der oben erwähnten Weise berechnet werden. In den meisten Fällen wurden $\frac{h}{H}$ und $\frac{h_1}{H_1}$ wenigstens angenähert gleich gefunden und dadurch das früher aufgestellte Gesetz innerhalb gewisser Gränzen ebenfalls bestätigt. *Wi.*

F. Leidenfrost'scher Versuch.

Zweiter Abschnitt.

Akustik.

12. Physikalische Akustik.

A. Masson. Mémoire sur la vitesse du son dans les solides, les liquides et les fluides élastiques, et sur la corrélation des propriétés physiques des corps. Première partie. C. R. XLIV. 464-467†; Phil. Mag. (4) XIII. 533-536; Inst. 1857. p. 66-69; Arch. d. sc. phys. XXXV. 57-58; Cosmos X. 241-244, 425-426; Pogg. Ann. CIII. 272-272.

Zum Zweck des Studiums der physikalischen Eigenschaften der Körper hat der Verfasser die Schallgeschwindigkeit in mehreren Körpern durch Versuche bestimmt.

Die Bestimmung in festen Körpern geschah durch Longitudinalschwingungen, indem die Metalle so lange zu immer feineren Drähten ausgezogen wurden, bis der Ton constant blieb. Die Drähte hatten wenigstens $0{,}2^{mm}$ und höchstens $0{,}6^{mm}$ Dicke auf $1{,}50^{m}$ Länge. Sie waren sehr homogen, und die harmonischen Töne folgten genau dem Bernouilli'schen Gesetz.

Nach den (mit den neueren Untersuchungen über Elasticität wohl nicht mehr zu vereinbarenden) Gleichungen:

$$a^2 = \frac{g}{E} = \frac{gAc}{2\Delta} = \frac{gAk}{2p\Delta},$$

wo a die Schallgeschwindigkeit, g die Schwere, E den Elasticitätscoëfficienten, A das gleich 420^{km} angenommene Wärmeäquivalent, Δ den Ausdehnungscoëfficienten, c die specifische Wärme und $h = pc = 38$ bis 44 bedeuten,

waren, ausgenommen für Zink, die Differenzen zwischen den

berechneten und den beobachteten Werthen von Δ nicht sehr grofs.

Der Apparat zur Bestimmung der Schallgeschwindigkeit in Gasen und Dämpfen, bestand aus einem gläsernen Ballon von 25 bis 30 Liter Inhalt, welcher mit 3 Röhren versehen war, zum Entleeren oder Einleiten des Gases, zum Messen des Drucks des Gases oder Auffangen desselben zur Analyse, zur Communication eines metallenen Blasebalgs mit einer in der Mitte des Ballons angebrachten Orgelpfeife. Für Gase wurde der Ballon mit Ausnahme des Blasebalgs in ein Gefäfs mit Wasser gestellt, und für Dämpfe mit dem Blasebalg in einem grofsen Zinkgefäfs durch Wasserdämpfe erhitzt. Um unter niederem Druck zu operiren, war der Apparat mit einem Kasten umgeben, der die Anwendung eines Gegendrucks gestattete und mit der an dem Blasebalg befestigten, zur Bewegung desselben dienenden, metallischen Stange durch ein Kautschukrohr verbunden war.

Die erhaltenen Töne waren bei Gasen und Dämpfen sehr rein, und konnten durch Anwendung des Blasebalgs so oft hervorgebracht werden, als man wollte. Auch die harmonischen Töne bildeten sich leicht, und es wurden deren mehrere hervorgebracht, um sich des Grundtons zu versichern.

Nach den Formeln

$$v = \sqrt{\frac{e}{D}}\, k; \qquad c_1^1(k_1 - 1) = c^1(k - 1);$$

und

$$\frac{c_1(k_1 - 1)}{k_1} = \frac{c(k - 1)}{k}$$

konnten die Quotienten der specifischen Wärme k_1 und k für Gas und Luft und daraus die specifischen Wärmen bei constantem Volumen c_1^1 und bei constantem Druck c_1 berechnet werden.

Die Werthe von

$$\frac{c_1^1}{c^1} = \frac{k - 1}{k_1 - 1}$$

waren gleich der Anzahl der einfachen Atome, welche ein zusammengesetztes Gasatom bilden, oder standen zu dieser Zahl in einem einfachen Verhältnifs.

Die von dem Verfasser angegebenen Resultate sind folgende:

1) Alle Gase in derselben Röhre haben dieselben Knotenflächen für die harmonischen Töne derselben Ordnung.

2) Die Formel, durch welche LAPLACE die Geschwindigkeit des Schalls ausdrückt, ist durch die Erfahrung bestätigt.

3) Das Gesetz von DULONG und von CARNOT über die specifischen Wärmen der Gase stimmt überein mit der mechanischen Wärmetheorie und der Erfahrung.

4) Die Geschwindigkeit des Schalls in einem Gas ist unabhängig von dem Druck und dem Sättigungszustand, sie hängt allein ab von der Temperatur.

5) Die Schallgeschwindigkeit und der directe Versuch geben dieselben Werthe für die specifischen Wärmen bei constantem Druck.

6) Für die einfachen oder zusammengesetzten Gase wird die specifische Wärme bei constantem Volumen durch die Anzahl der constituirenden einfachen Atome oder durch einen einfachen Bruch derselben dargestellt.

7) Für jeden einfachen oder zusammengesetzten Körper besteht ein ponderables Molecül, dessen Masse immer in einem einfachen Verhältniſs zum chemischen Aequivalent steht, und welches die Eigenschaft hat, dieselbe mechanische Arbeit hervorzubringen, wenn man es mit derselben Kraft oder mit derselben Wärmemenge angreift. „Wir geben ihm den Namen des mechanischen Aequivalents. Die Masse dieses Molecüls wird diejenige sein, welche man in den chemisch dynamischen Problemen zur Einheit wird annehmen müssen.

Substanzen	Schallgeschwindigkeit bei 0°
Luft	333,00m
Schweflige Säure	209,00
Schwefelwasserstoff	289,27
Stickoxyd	325,00
Kohlensäure	256,83
Stickoxydul	256,45
Ammoniak	415,00
Cyan	229,48
Salzsäure	297,00
Sumpfgas	431,82

Substanzen	Schallgeschwindigkeit bei 0°	
Kohlenoxyd	339,76^{m}	
Oelbildendes Gas	318,73	
Fluorsilicium	167,40	
Wasserdampf	401,00	
Schwefelkohlenstoffdampf . .	189,00	
Alkoholdampf	230,59	
Aetherdampf	179,20	
Salzsäure-Aetherdampf . . .	199,00	*Rb.*

E. Kahl. Ueber die Theorie der Luftschwingungen in Röhren. Z. S. f. Math. 1857. 1. p. 229-267, 376-409†.

Die Abhandlung enthält eine Reproduction der betreffenden theoretischen Untersuchungen von Poisson, Hopkins, Quet und Duhamel. *Rb.*

Baudrimont. De l'extinlion des vibrations sonores par les liquides hétérogénes. C. R. XLV. 257-258†; Inst. 1857. p. 293-293; Pogg. Ann. CII. 256-256; Cosmos XI. 213-213.

Ein Glas mit schäumendem Champagner giebt bekanntlich beim Anstofsen einen schlechten Klang, erhält aber seine Fähigkeit zu klingen wieder, wenn der Champagner aufgehört hat zu schäumen. Durch einen geschickten Schlag mit der flachen Hand auf die Oeffnung des Glases kann man dann eine zweite Entwickelung des Gases hervorrufen, während welcher der Ton wieder eben so matt ist, als bei der ersten. Es ist also nicht das in der Flüssigkeit aufgelöste, sondern das freie, durch seine blofs mechanische Beimengung die Homogenität aufhebende Gas, wodurch der Ton gehemmt wird.

Der Verfasser hat durch Versuche gefunden, dafs sich derselbe Erfolg auch durch andere Beimengungen erreichen läfst. Ein Gefäfs, gefüllt mit Wasser oder mit Oel, klingt gleich, oder beinahe gleich gut. Wann aber das Oel, wie bei einer schlecht bereiteten Emulsion, gröblich in dem Wasser vertheilt wird, so erleidet der Ton eine beträchtliche Verminderung. Ein klingendes

Gefäfs giebt mit Gelatine oder Stärke einen ganz matten Ton. Kochendes Wasser dagegen hindert den Ton nicht. Aber ein festes Pulver, z. B. Kreide, in Wasser gerührt, läfst den Ton fast vollständig aufhören.

Die Longitudinalschwingungen, welche man erhält, wenn man mit einem Finger den Rand eines Glases verfolgt, werden durch moussirendes Wasser nicht mehr als durch gewöhnliches gehindert.

Rb.

H. W. Dove. Eine akustische Interferenz. Berl. Monatsber. 1857. p. 291-294; Pogg. Ann. CI. 492-494†; Cosmos XI. 213-213.

Nach dem Verfasser lassen sich die von Chladni beobachteten und von Weber der Lage nach bestimmten Interferenzen der von einer Stimmgabel ausgehenden äufseren und inneren Schallwellen, welche wahrgenommen werden, wenn man die Gabel vor dem Ohr um ihre Axe dreht, auch objectiv nachweisen.

„Auf der Seitenfläche eines an beiden Enden verschlossenen Kastens, dessen Querschnitt ein Quadrat von zwei Zoll Seite, befinden sich, in gleichem Abstand von drei Zoll, sieben durch Schieber verschliefsbare Spalten von vier Linien Oeffnung. Führt man über die Löcherreihe der horizontal liegenden Röhre eine Stimmgabel so, dafs die durch die Zinken der horizontal gehaltenen Stimmgabel gelegte Ebene lothrecht, so hört man das Anschwellen des Tons so viel Mal, als Oeffnungen vorhanden sind, da die Luft der Röhre, wenn die Stimmgabel nicht zu dicht bei den Oeffnungen vorbei bewegt wird, stets mit den äufsern Schwingungen mittönt. Führt man hingegen die Stimmgabel so vorüber, dafs die durch die Zinken gelegte Ebene horizontal, so hört man das Anschwellen nicht nur über den Oeffnungen, sondern auch, wenn die Stimmgabel sich in der Mitte über zwei auf einander folgenden Oeffnungen befindet, also noch ein Mal so viel Unterbrechungen, als Oeffnungen vorhanden sind. Für die Bestimmung der Gestalt der Fläche, in welcher die Interferenz hier eintritt, bilden die lothrechten und horizontalen Abstände der Stimmgabel von der Fläche, in welcher die Oeffnungen eingeschnitten sind, die respectiven Coordinaten."

Hält man von zwei unisono tönenden Gabeln die eine vor das linke, die andere vor das rechte Ohr, und dreht eine der Gabeln um ihre Axe, während die andere ruht, so hört man abwechselnd nur den Ton der ruhenden oder der gedrehten Gabel, je nachdem eine Interferenzfläche der von letzterer ausgehenden Schallwellen das Ohr trifft, oder beide Trommelfelle in Schwingung versetzt werden. Ein Beweis, dafs das Ohr eben so wie das Auge durch einen continuirlichen Eindruck abgestumpft wird.

Rb.

F. H. Schaffgotsch. Eine akustische Beobachtung. Pogg. Ann. C. 352-352†; Z. S. f. Math. 1857. 1. p. 350-350; Z. S. f. Naturw. IX. 467-467.

„Auf die schwingende Luftsäule der, am besten mit gewöhnlichem Leuchtgas herzustellenden, chemischen Harmonika äufsert ein in der Nähe angestimmter musikalischer Ton, wenn er zu dem der Harmonika in einem einfachen Verhältnisse steht, z. B. unisono oder eine Octave höher, einen so starken Einflufs, dafs die Flamme in lebhafte Bewegung geräth und bei gesteigerter Bewegung sogar verlöscht. Auf diese Weise vermag, wenn der Harmonikaton ein hoher ist, eine kräftige Falsettstimme die Gasflamme auf 10 bis 12 Schritt plötzlich auszulöschen.

Poggendorff fügt in einer Anmerkung hinzu, dafs eine „Röhre, bei einer gewissen Gröfse und Stellung der Flamme, ohne weiteres Zuthun, gleichzeitig zwei wenig von einander verschiedene Töne gab, die, mit einander interferirend, Schläge hervorbrachten, welche nicht blofs hörbar waren, sondern durch das Zucken der Flamme sichtbar wurden". *Rb.*

Tyndall. On the sounds produced by the conduction of gases in tubes. Phil. Mag. (4) XIII. 473-479†; Ann. d. chim. (3) LI. 500-501; Arch. d. sc. phys. XXXV. 178-187; Inst. 1857. p. 350-352; J. d. pharm. (3) XXXIII. 64-65; Cimento VI. 353-362; Cosmos XIII. 62-63.

Der Verfasser giebt folgende geschichtliche Mittheilungen über die chemische Harmonika. Higgins entdeckte das Phänomen

1777, als er die Wasserbildung bei der Verbrennung eines schwachen Stroms von Wasserstoffgas in einem Glasgefäfs beobachtete. CHLADNI zeigte in seiner Akustik 1812, dafs der Ton derselbe ist, als der einer offenen Pfeife von der Länge der die Flamme umgebenden Röhre. Es gelang ihm mit derselben Röhre den Grundton, die Octave und in einem Falle die Quinte der Octave zu erhalten. DE LA RIVE versuchte 1802 den Ton aus abwechselnden Expansionen und Contractionen des Wasserdampfs zu erklären, FARADAY zeigte dagegen 1818, dafs der Ton auch erhalten wird, wenn die Röhre von einer auf mehr als 212° F. erhitzten Atmosphäre umgeben ist, also keine Condensation des Wasserdampfs in derselben stattfindet. Auch erhielt er den Ton mit Kohlenoxydgas. Er schreibt die Erregung des Tons aufeinanderfolgenden Explosionen zu, welche durch periodisches Verbrennen des ausströmenden Gases entstehen, was auch der Verfasser als die unzweifelhafte Quelle des Tons ansieht.

Obgleich die Schnelligkeit dieser Explosionen von der Länge der Röhre abhängt, so hat die Flamme doch ein Wort mitzusprechen. Eine Röhre von 25″ Länge gab, über eine Wasserstoffgasflamme gehalten, ihren Grundton. Eine Röhre von 12½″ Länge war über derselben Flamme tonlos. Als aber die Flamme verkleinert wurde, gab die Röhre von 12½″ die Octave des vorigen Tons, und die Röhre von 25″ nicht mehr ihren Grundton, sondern dieselbe Octave. Mit einer Röhre von 6′ 9″ Länge wurden bei gehöriger Aenderung der Stärke der Flamme und der Höhe, bis zu welcher sie in die Röhre reichte, Töne von den relativen Schwingungszahlen 1, 2, 3, 4, 5 erhalten. Bei einem sehr kleinen Gasstrom lieferte eine Röhre von 14½″ den Grundton und die Octave.

Die erste Anzeige der Versuche von SCHAFFGOTSCH in POGG. Ann. über die Bewegungen und das Auslöschen der Flamme veranlafsten den Verfasser zu Versuchen über die nothwendigen Bedingungen dieser Erscheinungen.

Eine Syrene wurde wenige Fufs von einer singenden Flamme placirt, und der Ton allmälig erhöht. Als der Ton der Syrene sich dem Einklang mit dem Ton der Flamme näherte, bewegte sich die Flamme auf und nieder. Die Intervalle dieser Bewegungen wurden in dem Maafse gröfser, als der Unterschied der

Töne abnahm, bis bei vollkommenem Einklang die Flamme ruhig war. Als nun der Ton der Syrene noch weiter erhöht wurde, begannen die Bewegungen der Flamme aufs Neue, wurden schneller und schneller, bis sie endlich der Wahrnehmung durch das Auge entgingen. Diese interessante Beobachtung zeigt, dafs „die von Schaffgotsch beobachteten Bewegungen der optische Ausdruck der Schläge (Stöfse) sind, welche auf beiden Seiten des vollkommenen Einklangs vorkommen". Die genaue Uebereinstimmung der Bewegungen der Flamme mit den hörbaren Stöfsen läfst sich vor einem gröfseren Auditorium zeigen, wenn man eine mit einer singenden Leuchtgasflamme im Einklang stehende Stimmgabel durch Belastung etwas tiefer macht, und über die Röhre oder sonst ein resonirendes Gefäfs hält.

Im Verlauf der Versuche beobachtete der Verfasser, dafs eine schweigende Flamme zum Singen gebracht werden kann, wenn man mit der Stimme, einer Stimmgabel, einer Syrene etc. einen Ton angiebt, welcher dem Ton der Flamme (der merklich höher ist, als der Ton der äufseren Röhre, wenn sie atmosphärische Luft von gewöhnlicher Temperatur enthält) nahe kommt. Der erregende Ton mufs innerhalb des Bereichs liegen, in welchem Stöfse erfolgen. Eine Differenz zweier Stimmgabeln von einem halben Ton ist hinreichend, die eine wirkungslos bleiben zu lassen, während die andere die Flamme zum Singen bringt. Der Versuch gelingt bei einer Ausflufsöffnung von $\frac{1}{20}''$ Durchmesser am besten mit Röhren von 11″ bis 12″ Länge, und ist schwieriger bei längeren Röhren. Ferner mufs die Flamme, die an einer gewissen Stelle in der Röhre am stärksten tönt, und deren Ton bei weiterer Senkung in der Röhre abnimmt, bis er endlich an einer bestimmten Stelle ganz aufhört, sich in einiger Entfernung über diesem letzteren Ort befinden. Wenn die Flamme diesem Orte zu nahe ist, so antwortet sie eine kurze Zeit der Angabe ihres Tons, und hört dann auf. Etwas weiter oberhalb kann sie auf Commandowort oder durch eine Stimmgabel zum Singen oder zum Schweigen gebracht werden, ohne die Flamme selbst auszulöschen. Man kann eine Reihe von Röhren, welche über passenden Ausflufsöffnungen die Töne einer Tonleiter geben, so einrichten, dafs, wenn alle Flammen schweigen, und auf einem hinreichend kräftigen Instrument die Tonleiter gespielt wird, jede Flamme bei dem entsprechenden Ton augenblicklich zu singen anfängt.

Wenn man eine tönende Flamme von ölbildendem Gas oder gewöhnlichem Leuchtgas, die dem ruhigen Auge als constant erscheint, im Dunkeln mit schnell hin und her bewegtem Kopfe, oder durch ein bewegtes Opernglas, oder, nach dem Vorgange von Wheatstone, durch einen bewegten Spiegel betrachtet, oder das Bild derselben von einem bewegten Spiegel auf einen Schirm werfen läfst, so löst sie sich in eine Reihe von einander getrennter Bilder auf. Dasselbe bewirkte der Verfasser durch ein an einem Faden vertical herabhängendes, auf seinen Seitenflächen mit Spiegelglas belegtes dreiseitiges Prisma, welches durch Torsion des Fadens um seine Axe gedreht wurde. Der Verfasser ist der Meinung, dafs der anscheinend dunkle Raum zwischen den getrennten Bildern, aus schwachem blauem Licht bestehe, welches bei so vollkommener Verbrennung, dafs auch der Kohlenstoff verzehrt werde, sich während der Explosionen bilde, deren Wiederholung den Ton erzeugt.

Eine Flamme von ölbildendem Gas in einer Röhre von 3′ 2″ Länge verlängerte sich, als sie anfing zu tönen, und wurde blässer, bis sie an ihrer Spitze glänzte. Im bewegten Spiegel löste sie sich in eine sehr schöne Perlenschnur auf. Jede Perle hatte vorn einen kleinen Lichtstern, und hinter demselben, mit ihm zusammenhängend, reiches blaues Licht, während, so viel der Verfasser urtheilen konnte, die einzelnen Perlen durch einen vollkommen dunkeln Raum von einander getrennt waren. ***Rb.***

O. Schulze. Akustischer Wellenapparat. Pogg. Ann. C. 583-589†; Z. S. f. Naturw. IX. 470-470.

Die äufsere Einrichtung und Handhabung des Apparates, welcher nach dem Princip der bekannten Wheatstone'schen oder Plücker-Fessel'schen Luftwellenmaschine construirt ist, aber neben den Transversalschwingungen auch Longitudinalschwingungen und stehende Wellen darstellt, wird durch Zeichnung und Beschreibung erläutert. Er dient zur Demonstration

1) der Entstehung und Fortpflanzung einer einfachen Welle;

2) der Interferenz zweier einfachen Wellen;
3) der Interferenz einer aus zwei oder mehr einfachen Wellen zusammengesetzten Welle mit einer einfachen oder wieder einer zusammengesetzten Welle;
4) der Interferenz einer einfachen Welle mit ihrer Reflexwelle: Bildung einer stehenden einfachen Welle, der Schwingungsknoten, u. s. w.;
5) der Interferenz einer zusammengesetzten Welle mit ihrer Reflexwelle; — stehende zusammengesetzte Wellen mit festen und beweglichen Schwingungsknoten zur Erklärung der Aliquottöne.

Die Apparate werden verfertigt bei J. Fr. Schulze u. Söhne, in Paulinenzelle in Thüringen. Preis 60 bis 100 Thlr., einfachere Apparate für Schulen 40 Thlr. *Rb.*

F. Schaffgotsch. Ueber eine akustische Beobachtung bei der chemischen Harmonika. Wien. Ber. XXIV. 3-4†.

Aufser der oben mitgetheilten Beobachtung über die chemische Harmonika findet Hr. Schaffgotsch, dafs die nicht tönende Flamme durch gewisse Töne und Geräusche, z. B. Klatschen mit den Händen, Zuklappen eines Buchs, Schieben odnr Aufstampfen eines Stuhls, zum Tönen angeregt werden kann.

Auch die nicht tönende Flamme kann durch Anschlagen des entsprechenden Tones ausgelöscht werden. *Rb.*

Schrötter. Ueber die Ursache des Tones bei der chemischen Harmonika. Wien. Ber. XXIV. 18-22†; Ann. d. chim. (3) LIII. 240-241.

Der Verfasser beobachtete bei der singenden Wasserstoffharmonika aufser der äufseren gelben auch eine, im Finstern sichtbare, in die Ausflufsröhre hineinbrennende, blaue Flamme, und giebt nun folgende Erklärung der Tonbildung. Durch die Wärme der Flamme entsteht ein aufsteigender Luftstrom in der äufseren Röhre, welcher eine vermehrte Ausflufsgeschwindigkeit des Gases und dadurch eine Luftverdünnung in der Ausflufsröhre zur Folge hat. Hierdurch wird die äufsere Luft in die Ausflufsröhre hineingezogen, und die Flamme brennt in dieselbe hinein, bis sich der Drucküberschufs des inneren Gases wieder hergestellt hat, das Gas wieder ausströmt, und derselbe Vorgang aufs Neue beginnt. Dieses abwechselnde Aus- und Einströmen des Gases bewirkt, „wie eine gegen die Mündung hin schwingende Stimmgabel", dafs Tönen der äufseren Röhre, welches „erst dann beginnt, wenn die innere Flamme sich gebildet hat". Eine Bestätigung dieser Ansicht findet der Verfasser darin, dafs es ihm nicht gelang, mit Schwefelwasserstoff[1]) den Ton hervorzubringen, obgleich er nach dem Vorgange von Schaffgotsch mehrere Töne von verschiedener Höhe und Stärke neben der Röhre hervorbrachte.

„Bringt man auf die Spitze der Ausflufsröhre eine Spirale von Platindraht der so dick ist, dafs das Davy'sche Glühphänomen einige Zeit dauert, ehe sich das Gas wieder entzündet, so erhält man keinen Ton, bis letzteres eingetreten ist. In demselben Augenblick entsteht aber sogleich die blaue innere Flamme. Man kann es bald dahin bringen, dafs die beiden Flammen, die innere und die äufsere, anfangs nur langsam mit einander wechseln und mit kleinen Explosionen auftreten, bis der Ton sich bildet und die beiden Flammen beständig werden. Die Platinspirale ist auch ein gutes Mittel, das Auslöschen der Flamme zu verhindern". *Rb.*

G. G. Stokes. On the effect of wind on the intensity of sound. Athen. 1857. p. 1184-1184†; Inst. 1857. p. 368-368; Liter. Gaz. 1857 p. 1077-1077.

Der Verfasser ist der Ansicht, dafs die durch den Wind verursachte Vergröfserung des Radius der Schallwellen in der Richtung gegen den Wind zu gering sei, um derselben die Verminderung der Schallintensität zuschreiben zu können.

Nach Delaroche, Ann. d. chim. von 1816, scheint sich aus den Beobachtungen zu ergeben, dafs 1) der Wind in der Nähe der Schallquelle kaum einen wahrnehmbaren Einflufs hat, weder in

[1]) Bekanntlich hat schon Faraday mit Kohlenoxyd eine singende Flamme erhalten.

der Richtung des Windes noch in der gegen den Wind, 2) der Unterschied der Schallstärke in diesen beiden Richtungen mit der Entfernung von der Schallquelle zunimmt, 3) der Schall eher besser senkrecht gegen die Richtung des Windes als mit dem Winde fortgepflanzt wird.

Diese drei Resultate sucht der Verfasser auf folgende Weise zu erklären. Wegen der Reibung der Luft an der Erdoberfläche und der in der Nähe des Bodens befindlichen Widerstände so wie der Luftmassen gegen einander ist die Geschwindigkeit der horizontalen Luftschichten um so gröfser, je höher sie sind. Hierdurch erhält ein der Windesrichtung paralleler, verticaler, diametraler Durchschnitt einer Schallwelle ungefähr die Form einer Ellipse, welche in einiger Entfernung von der Schallquelle nach aufsen den Boden mit ihrem vorderen Theil unter einem spitzen, mit ihrem hinteren Theil unter einem stumpfen Winkel schneidet. Nach dem Verfasser strebt aber der Schall sich senkrecht gegen die Wellenfläche fortzupflanzen (was jedoch mit einer solchen Fortschreitung der Welle, dafs sie auf ihrer hinteren, dem Winde zugewandten Seite den Boden unter einem stumpfen Winkel schneidet, nicht zu vereinigen sein dürfte). Die directen von dem hinteren Theil der Wellenfläche ausgehenden Schallstrahlen gehen also in die Höhe, und lassen einen weiter gegen den Wind befindlichen Beobachter in einer Art von Schallschatten, in welchem er nur die von den directen Schallstrahlen ausgehenden seitlichen Schallbewegungen wahrnimmt. Von dem vorderen Theil der Wellenfläche aber gehen die Schallstrahlen abwärts gegen den Boden, werden reflectirt, und unterstützen die directen Schallstrahlen um so mehr, je kleiner der Winkel ist, den sie mit ihnen bilden. Senkrecht gegen die Richtung des Windes ist dieser Winkel Null, und daher der Schall am stärksten. In der Nähe der Schallquelle haben diese Umstände keinen Einflufs, und die Stärke des Schalls erleidet nur diejenige Veränderung, welche aus der durch den Wind bewirkten Ortsveränderung des Mittelpunkts der Schallwelle bedingt wird. *Rb.*

SCHAFFGOTSCH. Ueber akustische Versuche. Berl. Monatsber. 1857. p. 248-252; Phil. Mag. (4) XIV. 541-544; Inst. 1858. p. 38-40; POGG. Ann. CI. 471-487†.

Nach dem Verfasser giebt ein an beiden Seiten offenes Glasrohr, wenn man mit der flachen Hand auf eine der Mündungen schlägt, und die Hand rasch zurückzieht, nacheinander den Grundton der gedeckten und der offenen Röhre. Bei der Erregung des Tons durch Anblasen mit dem Munde oder mit einer engen Anblaseröhre ist es gleichgültig, in welcher Richtung man gegen die Mündung der Röhre, welche zum Tönen gebracht werden soll, bläst, auch kann man das Anblaserohr in dieselbe hineinführen. Durch Erwärmen wird der Ton der Röhre erhöht. Ein 242^{mm} langes und 20^{mm} weites Rohr, dessen Grundton $\overline{\overline{e}}$ war, gab, der ganzen Länge nach erhitzt, beim Anblasen, noch vor Eintreten der Rothgluth, den Ton $\overline{\overline{\overline{gis}}}$. Eine Gasflamme in demselben Rohr von 14^{mm} Länge und 1^{mm} unterer Breite erhöhte den Ton auf $\overline{\overline{fis}}$. Dieselbe Gasflamme liefs den Ton eines 273^{mm} langen und 21^{mm} weiten Glasrohrs von $\overline{\overline{d}}$ auf $\overline{\overline{e}}$ steigen. Diese beiden Röhren werden in den folgenden Versuchen des Verfassers kurz mit *e*-Rohr und *d*-Rohr bezeichnet.

Ein glimmendes Räucherkerzchen wurde dicht unter das verticale *e*-Rohr gestellt, und der Rauch zog als gleichförmiger Faden durch das Rohr hindurch; $1,5^{\text{m}}$ davon wurde $\overline{e}$ gesungen. Der Rauch kräuselte sich, und es sah so aus, als ob derselbe an beiden Oeffnungen herausgeschleudert würde.

Zwei mit Leuchtgas gespeiste offene Brenner, 1^{mm} im Lichten, waren nahe bei einander auf demselben Leitungsrohre angebracht. Der eine ragte ungefähr $\frac{1}{5}$ der Länge des *d*-Rohrs in dasselbe hinein, während der andere frei war, und ein Gasflämmchen von 3^{mm} Höhe trug, $1,5^{\text{m}}$ davon wurde $\overline{d}$ gesungen. Das Flämmchen auf dem äufseren Brenner nahm augenblicklich um das Vielfache an Umfang zu, und die Vergröfserung entsprach der Stärke des Tons, so dafs ein Tauber mit dem Auge den Schwankungen des Tones folgen kann. Als die Brenner mit Wasserstoffgas unter schwachem aber unveränderlichem Druck gespeist wurden, zeigte ein 12^{mm} über dem äufseren Brenner befestigter Platinschwamm selbst im Finstern keine Einwirkung des Wasserstoffs, erglühte aber, entsprechend der Tonstärke, sofort, als $\overline{d}$ gesungen wurde. 8^{mm} über dem Brenner entzündete der Platinschwamm den Wasserstoff beim Anstimmen des $\overline{d}$. Um die Wasserstoffflamme mehr sichtbar zu machen, kann man das Gas mit Benzindunst vermischen, oder neben der Flamme eine kleine Wolke von gepulvertem, wasserfreiem kohlensauren Natron durch Schütteln desselben in einem offenen Glase erregen. Einen constanten Gasstrom erhält man am besten, wenn man das Gas aus einem „permanenten pariser Luftballon" (einem dünnen Kautschukbeutel), in welchen man etwa 8 Liter pressen kann, ausströmen läfst.

Eine singende oder nichtsingende Flamme im *d*-Rohr von 14^{mm} Länge bei einer Ausströmungsöffnung von 1^{mm} Durchmesser wurde durch $\overline{e}$ in $5{,}6^{m}$ Entfernung ausgelöscht. Dasselbe geschah mit einer Flamme von 10^{mm} Länge, als in 7^{m} Entfernung $\overline{\overline{dis}}$ gesungen, oder derselbe Ton in $10{,}3^{m}$ Entfernung geblasen wurde, wobei der Bläser sein Erstaunen über die dabei erforderliche Genauigkeit im Treffen zu erkennen gab. In der Nähe löschte auch der Ton *gis* die letztere Flamme aus.

Ein kleines Flämmchen von mit Weingeist getränkter, in einem 5^{mm} weiten Probirröhrchen enthaltener Baumwolle erlitt in dem *d*-Rohr, wenn $\overline{d}$ gesungen wurde, nur eine unbedeutende Verschmälerung, und konnte nicht ausgelöscht werden, offenbar, weil ihm die elastische Unterlage fehlte.

Eine Brennerspitze, $6{,}5^{mm}$ im Lichten, ragte 60^{mm} weit von unten in das *d*-Rohr hinein, und zeigte ein kugelförmiges Gasflämmchen von 3 bis $3{,}5^{mm}$ Durchmesser. Bei allmäliger Verminderung des Gasstroms vermittelst eines Hahns wurde die Flamme plötzlich um Vieles länger und zugleich schmäler, fast cylindrisch, färbte sich bläulich und es erschallte aus der Röhre ein durchdringendes $\overline{\overline{d}}$. Bei weiterer Verminderung des Gasstroms wurde der Ton noch stärker, und die Flamme noch länger und schmäler, fast spindelförmig, bis sie erlosch. Ganz ähnlich, wie das Abschneiden des Gases wirkte ein angegebenes *d* oder $\overline{d}$, und die Flamme ist im Allgemeinen um so empfindlicher, je kleiner sie ist, und je tiefer die Brennerspitze in das Rohr hinein ragt.

Eine nichtsingende Flamme im *d*-Rohr war 2 bis 3^{mm} lang. Als $16{,}3^{\mathrm{m}}$ (54′ Rh) von ihr $\overline{d}$ gesungen wurde, nahm sie sogleich eine ungewöhnliche Gestalt an, und das Rohr gab den Ton $\overline{\overline{d}}$, und fuhr fort zu tönen. In gleicher Weise wirkte eine Bafsposaune, ein Harmonium oder die Syrene von Cagniard-Latour. Wurde in der Nähe der singenden Flamme mit Kraft $\overline{d}$ gesungen, so verlängerte sich die Flamme übermäfsig und verlosch.

Die Flamme war nur $1{,}5^{\mathrm{mm}}$ lang. Es wurde $\overline{d}$ gesungen. Die Flamme liefs nur einen Augenblick $\overline{\overline{d}}$ (vielleicht auch ein höheres *d*) hören und erlosch. Ebenso wirkten verschiedene *d* einer Labialpfeife, das $\underline{D}$, *D*, *d*, $\overline{d}$ und $\overline{\overline{d}}$ eines Harmoniums, aber kein einziges *cis*. Ganz in der Nähe wirkte auch $\overline{\overline{\overline{d}}}$ einer sogenannten Kinderclarinette und der gesungene Ton *g*. Geräusche, z. B. Zuklappen eines Buchs, Klopfen mit einem Hammer, Aufstampfen eines Stuhls, haben gleichfalls Einflufs, aber nur, wenn der entsprechende Ton in ihnen enthalten ist.

Zwei in einander passende Röhren von gleicher Länge, welche durch zwischen geschobenes Papier in beliebiger gegenseitiger Lage erhalten werden, lassen sich auf jeden beliebigen Ton innerhalb einer Octave stimmen. Eine solche Vorrichtung wird von dem Verfasser „Hauchposaune" genannt. Eine tönende Stimmgabel, über eine nach ihr gestimmte Hauchposaune gehalten, brachte ein darin befindliches Gasflämmchen sogleich zum Tönen und Erlöschen.

In der Michaeliskirche zu Hamburg wurde eine 3^{mm} hohe Flamme in einer auf $\overline{\overline{dis}}$ gestimmten Röhre durch verschiedene *dis* der Orgel in einer Entfernung von 44^{m} zum Tönen erregt und ausgelöscht. $\overline{dis}$, von einer kräftigen Männerstimme gesungen, wirkte auf 36^{m} Entfernung.

Eine $2{,}5^{\mathrm{mm}}$ lange Flamme im *d*-Rohr wurde durch Aufstampfen eines Stuhls im Nebenzimmer erregt und ausgelöscht. Wurde das Rohr so weit in die Höhe gehoben, als ohne Aufhebung des Tons der singenden Flamme geschehen konnte, und in $1{,}5^{\mathrm{m}}$ Entfernung $\overline{d}$ stark und abgebrochen gesungen, so hörte der Ton auf. Wird der Ton anhaltend und stark gesungen, so geräth die Flamme in eigenthümliches Flackern und plötzlich leuchtet aus ihrer unregelmäfsigen Gestalt ein helles Flammenbild hervor, welches genau der ruhenden Flamme entspricht. In diesem Augenblick mufs man zu singen aufhören. Die Flamme verharrt im Ruhezustande, bis der wieder angestimmte Ton sie abermals erregt.

Im *d*-Rohr brannte aus einer 0,5^{mm} weiten Oeffnung bei schwachem Gasstrom ein bei Tage kaum sichtbares 1,5^{mm} langes Flämmchen. 5^{mm} über demselben befand sich eine zweite Brennerspitze von 1^{mm}, aus welcher das Gas mit stärkerem Druck strömte. Durch starkes Singen des $\overline{d}$ in 3^{m} Entfernung, oder durch Aufstampfen mit einem Stuhl, wurde die Flamme auf den stärkeren Gasstrom übertragen, und das kleine Flämmchen erlosch.

Bei den Mitteln zur Auflösung der tönenden Flamme, nämlich Bewegen des Kopfes, Betrachten durch ein bewegtes Opernglas oder in einem mit der Hand bewegten Spiegel, bemerkt der Verfasser, dafs der Spiegel so leicht als möglich sein mufs. Eine blofse Spiegelscheibe ist ganz brauchbar, und man bewegt sie so, dafs das Bild der Flamme eine Ellipse beschreibt. Auch kann man die Flamme auflösen, wenn man den Blick zwischen zwei rechts und links von ihr liegende Punkte über die Flamme oscilliren läfst. *Rb.*

J. J. Oppel. Beobachtung einer zweiten Gattung von Reflexionstönen nebst Andeutungen über die Theorie derselben. Pogg. Ann. CI. 105-133†.

In der Nähe des Eschenheimer Thores zu Frankfurt a. M. befindet sich eine Gasse, welche auf einer Seite von einer geraden 135 Schritt langen Mauer, auf der anderen Seite von einer 100 Schritt langen Bretterwand begränzt wird, auf welche ein 35 Schritt langer dichter Lattenzaun folgt. Die beiderseitigen Begränzungen lassen sich mit ausgebreiteten Armen erreichen. Als Hr. Oppel zu Anfang des Jahres 1857 durch diese Gasse ging, bemerkte er einen eigenthümlichen, metallischen Klang seiner Schritte auf dem festen Boden, wie man ihn in langen Gängen oder Hallen alterthümlicher Gebäude wahrnimmt. Ungeachtet des raschen Verklingens dieses Schalls konnte doch eine bestimmte, der Stimme bequem erreichbare Höhe desselben, ungefähr das kleine *b* oder *h*, wahrgenommen werden. Im Verlauf des Gäfschens verminderte sich die Höhe des Tons allmälig, blieb dann 8 bis 10 Schritt constant, ging wieder einen Viertelton in die Höhe, blieb zuletzt 25 bis 30 Schritt constant, und hörte plötzlich an der Stelle auf, wo die Bretterwand durch den, obgleich dichten, Lattenzaun ersetzt wurde. Die Stärke des Auftretens hatte wohl auf die Vernehmbarkeit, aber nicht auf die Höhe des Tons einen Einflufs. Auch wurde derselbe Ton bei verschiedenen anderen Arten der Schallerregung, z. B. beim Zusammenschlagen von Steinen, am Schönsten und Deutlichsten aber gehört, wenn man nicht zu stark in die Hände klatschte. Ob man in der Mitte des Gäfschens oder an einer Seite ging, änderte ebenfalls nichts an der Tonhöhe.

Bei näherer Untersuchung fand der Verfasser, dafs der Ton durch Reflexion des Schalls an beiden Wänden gebildet wurde. Die Bretterwand verlief nicht völlig parallel der Mauer. An dem östlichen Eingang war die Weite des Gäfschens 1,3195^{m} und die Höhe des Tons bei 12° R. nach einer Stimmgabel etwas tiefer als das eingestrichene *c*, an dem östlichen Ende die Weite des Gäfschens 1,7758^{m} und die Tonhöhe das kleine *g*. Nimmt man mit dem Verfasser die Schallgeschwindigkeit bei 12° R. zu 345,87521^{m} an, so berechnen sich beide Tonhöhen zu

$$\frac{345{,}87521}{1{,}3195} = 264{,}1,$$

und

$$\frac{345{,}87521}{1{,}7751} = 194{,}8 \text{ Schwingungen},$$

während der Verfasser die beobachteten Tonhöhen respectiv zu 258 und 196,5 Schwingungen annimmt.

Eine weitere Erwägung liefs den Verfasser erkennen, dafs, wie in diesem speciellen Falle, in welchem Beobachter und Schallquelle sich in demselben Querschnitt des Gäfschens befinden, so überhaupt bei irgend einer Entfernung des Beobachters von der Schallquelle im Sinne der Längsrichtung des Gäfschens ein Ton entstehen müsse, und zwar, wenn die Entfernung nicht

Null ist, ähnlich dem früher beobachteten Gitterton, von abnehmender Tonhöhe. Befinden sich nämlich der Beobachter und die Schallquelle in der Mittellinie des Gäſschens in irgend einer Entfernung von einander, so erhält derselbe zuerst einen Impuls, wenn die Schallwelle unmittelbar das Ohr trifft. Ein zweiter Impuls erfolgt von den beiden, gleichzeitig am Ohr anlangenden, die eine an der einen, die andere an der anderen Wand, einmal reflectirten Wellen, indem jede dieser Wellen einen Weg von derselben Länge durchläuft, als ob sie unmittelbar von einem durch die reflectirende Wand erzeugten Spiegelbild ausginge. Ein dritter Impuls wird durch die beiden symmetrischen zweimal, durch beide Wände, reflectirten Schallwellen hervorgebracht, deren Wegelängen dieselben sind, als ob jede unmittelbar von dem entsprechenden, durch beide parallelen Wände erzeugten zweiten Spiegelbild der Schallquelle ausginge u. s. f.

Nehmen wir die Entfernung der parallenen Wände von einander zur Einheit an, und ist die Entfernung des Beobachters von der Schallquelle a, so ist der Unterschied der Wege, welche die n und die $n+1$ mal reflectirten Schallwellen bis zum Ohre des Beobachters durchlaufen

$$\sqrt{[a^2+(n+1)^2]}-\sqrt{[a^2+n^2]} = \frac{2n+1}{\sqrt{[a^2+(n+1)^2]}+\sqrt{[a^2+n^2]}}$$
$$= \frac{2n+1}{2\sqrt{[a^2+n^2]}+\frac{2n+1}{2\sqrt{[a^2+n^2]}+\dots}},$$

oder, wenn man bei nicht sehr kleinen Werthen von a und n sich mit dem ersten Näherungswerth des Kettenbruchs begnügen will,

$$\frac{2n+1}{2\sqrt{[a^2+n^2]}},$$

Diese Aufeinanderfolge der Impulse bedingt einen Ton, dessen Tonhöhe im Verhältniſs zur Tonhöhe des vorhin beschriebenen, durch normale Reflexionen entstandenen Tons zur Zeit der Ankunft der $(n+1)$sten Reflexion

$$\frac{\sqrt{[a^2+(n+1)^2]}+\sqrt{[a^2+n^2]}}{2n+1}$$

ist (wofür man angenähert

$$\frac{2\sqrt{[a^2+n^2]}}{2n+1},$$

oder genauer

$$\frac{2\sqrt{[a^2+n^2]}}{2n+1}+\frac{1}{2\sqrt{[a^2+n^2]}}$$

setzen kann), und dessen Intensität, wenn sie nicht durch die Reflexion selbst geschwächt wäre, proportional

$$\frac{1}{a^2+(n+1)^2}$$

sein würde. Setzt man $a = 10$, was bei der Weite des Gäſschens 20 bis 25 Schritt ausmacht, so erhält man, wenn der normale Reflector g ist,

n	$\frac{\sqrt{[a^2+(n+1)^2]}+\sqrt{[a^2+n^2]}}{2n+1}$	Ton
0	20,05	$\overline{\overline{\overline{\overline{h}}}}$
1	6,75	$\overline{\overline{\overline{e}}}$
2	4,13	$\overline{\overline{g}}$
3	3,03	$\overline{\overline{d}}$
4	2,44	$\overline{b}$ bis $\overline{h}$
5	2,08	$\overline{as}$
6	1,84	$\overline{f}$
7	1,67	$\overline{e}$
8	1,54	$\overline{d}$ bis $\overline{dis}$
9	1,45	$\overline{cis}$ bis $\overline{d}$
11	1,33	$\overline{c}$
13	1,25	h
15	1,19	b
19	1,12	a
27	1,06	gis
100	1	g

Es entsteht also ein an Intensität und Höhe sehr schnell abnehmender Ton, dessen Tonhöhe asymptotisch sich dem normalen Reflexton nähert, und von demselben nach 100 Reflexionen nicht mehr merklich verschieden ist. Die Zeit dieser Annäherung beträgt $\sqrt{[10^2+100^2]}-10 = 90\frac{1}{2}$ mal die Dauer einer Schwingung des kleinen g, also nicht eine halbe Secunde.

Indem der Verfasser zur Zeit $t = \sqrt{[a^2+n^2]}$ die Dauer einer Schwingung des Reflextons gleich

$$\tfrac{1}{2}(\sqrt{[a^2+(n+1)^2]}-\sqrt{[a^2+n^2]})+\tfrac{1}{2}(\sqrt{[a^2+n^2]}-\sqrt{[a^2+(n-1)^2]})$$

annimmt, und die Gleichung zwischen der Tonhöhe und der Zeit entwickelt, findet er für die Melodie des Reflextons

 [1])

Diese theoretischen Betrachtungen wurden durch den Versuch vollkommen bestätigt. Der Verfasser stellte sich am östlichen Eingang auf, und liess einen Begleiter das Gäſschen hinabgehen; aber er hörte Nichts von einem musikalischen Ton, sondern nur die einfachen, klanglosen Fuſstritte, deren Laut sich bald verlor. Als er nun den Begleiter ersuchte, stärker aufzutreten, fing dieser in etwa 20 Schritt Entfernung an, aus voller Kraft mit der ganzen Fuſssohle zu traben, und der Verfasser hatte die Genugthuung, „den vermutheten Ton sofort in seiner ganzen Reinheit und Stärke wahrzunehmen. Er unterschied sich aufs deutlichste von dem dumpfen, klanglosen Geräusche der Fuſstritte, erfolgte einen merklichen Moment später, war dabei im Anfange ohne Vergleich höher und reiner und hatte etwas klangvoll Musikalisches ähnlich dem Pizzicato der Contrabässe oder Violoncelli, nur daſs er dieses noch an Klang und Klarheit übertraf."

Daſs solche Reflextöne nicht öfter beobachtet werden, erklärt sich dadurch, daſs ihre Entstehung nur bei glatten Wänden möglich ist, wie ja auch der normale Reflexton an der, obgleich dichten, Lattenwand plötzlich aufhörte.

Den musikalischen Ton, welchen kleine Quellen in Schluchten oder felsigen Umgebungen zuweilen geben, ist der Verfasser geneigt, einer ähnlichen Entstehung zuzuschreiben. ***Rb.***

[1]) Der Verfasser erwähnt, wie auch wir in unserm Bericht bemerkten, daſs die von ihm früher angegebene Melodie des Gittertons um eine Octave höher gesetzt werden müsse.

E. Sang. Theory of linear vibrations. Proc. of Edinb. Soc. III. 507-508†; Edinb. J. (2) VI. 163-163, 259-267, VII. 237-252.

Nach der vorliegenden Notiz gelangt Hr. Sang in Folge einer Untersuchung über die Einwirkung eines vibrirenden Körpers auf eine lineare elastische Reihe zu dem eigenthümlichen Schlufs:

„Dafs das beobachtete Phänomen des Schalls unvereinbar ist, mit der Voraussetzung eines vollkommen elastischen Mediums, und dafs entweder die Viscosität oder sonst eine unbekannte Eigenschaft der Luft, wesentlich mit der Entstehung dieses Phänomens zu thun hat, so dafs irgend eine Analysis in dem gegenwärtigen Zustand unserer vorläufigen Kenntnifs vergeblich sein mufs. Und dafs die Undulationstheorie des Lichts völlig muthmafslich ist, da, weit entfernt davon, zu wissen, wie eine vorausgesetzte Welle eine andere influenciren würde, wir noch nichts darüber wissen, in welcher Weise eine solche überhaupt gebildet werden könne". *Rb.*

Meister. Akustisches Phänomen. Pogg. Ann. CII. 479-480†; Z. S. f. Math. 1858. 1. p. 195-196.

Nach der Mittheilung des Musiklehrers Kirnberger am Schullehrerseminar zu Freising soll ein leeres, ziemlich dickes Schoppenglas, welches auf einem Porcellanteller auf einer Komode in einiger Entfernung von einem Klavier stand, als eine Schülerin $\overline{\overline{gis}}$ mit voller Kraft anschlug, mit einem eigenthümlichen Schrillen zersprungen sein. Der Rifs lief peripherisch etwas über dem Boden hin, doch hielt das Glas noch zusammen, und gab darauf einen um eine Quarte tieferen Ton. *Rb.*

F. G. Schaffgotsch. Der Tonflammenapparat. Pogg. Ann. CII. 627-629†.

Enthält die detaillirte Beschreibung einer Vorrichtung mit einem äufseren und einem inneren Brenner. *Rb.*

Zantedeschi. Delle dottrine del terzo suono, ossia della coincidenza delle vibrazioni sonore, con un cenno sulla analogia, che presentano le vibrazioni luminose dello spettro solare. Wien. Ber. XXV. 145-164†.

Der Verfasser findet, dafs zwei gleichzeitige Töne einen dritten Ton erzeugen, dessen Schwingungszahl gleich der Differenz der Schwingungszahlen der erzeugenden Töne ist. Vielleicht ist Hr. Zantedeschi der Meinung, dafs es gut sei, etwa alle 25 Jahre die physikalischen Entdeckungen aufs Neue zu machen. Combinationstöne höherer Ordnung scheint Hr. Zantedeschi ungeachtet seiner vielen und mit Zeugen vorgenommenen Versuche nicht bemerkt zu haben.

Analog dem dritten Ton soll das Orange des Sonnenspectrums aus dem Rothen und Gelben, das Grüne aus dem Gelben und Himmelblauen, das Indigo aus dem Himmelblauen und Violetten entstehen, wobei auch der von Stokes beobachteten Abänderung der Brechbarkeit des Lichts gedacht wird. Indessen will der Verfasser die Analogie nicht weiter treiben, „weil die Untersuchungen über das Licht noch sehr unvollkommen sind, und dem, welcher die Thatsachen den Systemen vorzieht, viel zu wünschen lassen". *Rb.*

Zantedeschi. Della corrispondenza, che mostrano fra loro i corpi sonori nella risonanza di più sonori in uno. Wien. Ber. XXV. 165-171†.

Handelt von den harmonischen Tönen einer Saite und einer Glocke. Die mit gleichgestimmten Saiten bespannte Aeolsharfe soll in der Regel die Töne der harten Dreiklänge mehrerer aufeinander folgenden Octaven in absteigender Reihenfolge geben. *Rb.*

Zantedeschi. Della unità di misura dei suoni musicali, dei loro limiti, della durata delle vibrazioni sul nervo acustico dell' uomo, e dell' innalzamento del tono fondamentale avvenuto nei diapason di acciajo, in virtu di un morimento spontaneo molecolare. Wien. Ber. XXV. 172-184†.

Als die einzigen Mittel, einen festen Normalton herzustellen, werden die Syrene von CAGNIARD-LATOUR und das Zahnrad von SAVART bezeichnet. Indessen entsprechen sie diesem Zweck in ihrer bisherigen Einrichtung nicht, weil das Zählwerk nicht mechanisch mit einem Chronometer verbunden, und bei der Syrene der Wind zu wenig constant ist. Der Verfasser giebt an, diesem Mangel abgeholfen zu haben.

Gegen die stählernen Stimmgabeln aber wird eine schwere Beschuldigung erhoben. Aus dem Umstand nämlich, dafs SAUVEUR 1715 das $\bar{a}$ des Pariser Orchesters gleich 810 Vibrationen fand, die Bestimmungen dieses Jahrhunderts aber im Laufe der Zeit immer höher ausfielen, und zuletzt LISSAJOUS 1856 das $\bar{a}$ der grofsen Oper zu Paris gleich 898 und sogar DELEZENNE das $\bar{a}$ einer Stimmgabel zu Lille gleich 901 Vibrationen gefunden hat, schliefst der Verfasser dafs sich der Ton der stählernen Stimmgabeln in Folge einer Molecularveränderung des Metalls mit der Zeit erhöhe. Auch fand er, dafs mehrere 50 bis 100 Jahre alte Stimmgabeln aus Stahl, auf welchen die Tonhöhe verzeichnet war, verglichen mit einer alten Pfeife, jetzt um $\frac{1}{2}$ bis $1\frac{1}{4}$ Ton höher waren, während alte Stimmgabeln von Holz ihren Ton unverändert beibehalten hatten. Nach Hrn. ZANTEDESCHI hat nun Niemand anders die (wohl noch zu bezweifelnde) allmälige Erhöhung der Stimmung herbeigeführt, als die stählernen Stimmgabeln. *Rb.*

GRAILICH. Ueber singende Flammen. Verh. d. Presburg. Ver. II. 1857. p. 30-31†.

Der Vortragende, Hr. GRAILICH, wies nach, dafs das von SCHRÖTTER beobachtete Hineinbrennen der singenden Flamme einer chemischen Harmonika in die Ausflufsröhre von der Gestalt der letzteren abhängt, und die Rückwirkung der Luftschwingungen in der äufseren Röhre auf die tonerregende Flamme ist. Am deutlichsten ist dies wahrnehmbar, wenn die Ausflufsröhre cylindrisch, nicht conisch zugespitzt ist. *Rb.*

Die amerikanische Dampforgel. DINGLER J. CXLVI. 313-313.

Eine Dampforgel, „Kalliope" genannt, hat sich bei ihrem Besuch der gröfseren Städte der Vereinigten Staaten von Nordamerika eines grofsen Beifalls ihrer starken und grellen Stimme zu erfreuen gehabt, und es ist eine American Steam Music Company in Worchester zusammengetreten, um sie in grofsen Kirchen einzuführen.

Auf einer starken Dampfröhre, welche mit einem Dampfkessel in Verbindung steht, sind mehrere gestimmte Dampfpfeifen aufgeschraubt, deren Ventile durch Tasten oder durch Stifte einer Drehwalze gehoben werden, so dafs das Instrument zugleich Orgel und Leierkasten ist. *Rb.*

13. Physiologische Akustik.

A. Guillet. Mémoire sur la mesure des quantités d'air dépensées pour la production des sons de la voix. De l'origine du mouvement vibratoire du larynx. C. R. XLIV. 146-148; Cosmos X. 158-159.

P. Martyn. On the function of the thyroid body. Proc. of Roy. Soc. VIII. 315-318; Inst. 1857. p. 272-272; Phil. Mag. (4) XIV. 69-72.

M. Donovan. On a new and singular accustic phenomenon. Athen. 1857. p. 1120-1120; Inst. 1857. p. 335-335.

Jobard. Note sur le diapason naturel. C. R. XLV. 1108-1109; Inst. 1858. p. 3-3; Cosmos XII. 12-13; Silliman J. (2) XXVI. 97-98.

J. Müller. Ueber die Fische, welche Töne von sich geben, und die Entstehung dieser Töne. Müller Arch. 1857. p. 249-279.

Dritter Abschnitt.

Optik.

14. Theoretische Optik.

J. Stefan. Allgemeine Gleichungen über oscillatorische Bewegungen. Pogg. Ann. CII. 365-387.

Green hatte (Cambr. Trans. IX.) für einfach brechende Mittel die allgemeinen Oscillationsgleichungen sowohl für den Fall des Verbleibens der Bewegung in einem und demselben Mittel, als für den Uebergang derselben aus einem Mittel in ein anderes entwickelt. Die letzteren Gleichungen haben sich, nach der von Haughton mit ihnen vorgenommenen Modification durch ihre gute Uebereinstimmung mit den Jamin'schen Messungen, neben den entsprechenden Cauchy'schen ein gewisses Ansehn erworben, und es unternahm daher Hr. Stefan, die Green'sche Methode der Entwicklung auf den allgemeinen Fall symmetrisch zweiaxiger Mittel auszudehnen.

Die Angabe des Ganges dieser Entwickelung und der Schlufsformeln mag des Interesses wegen, welches sie verdienen, hier folgen.

Den Ausgangspunkt bildet die Gleichung des Princips der virtuellen Bewegungen, nämlich die Gleichung

$$\Sigma dV \delta\varphi = 0$$

in der dV das Volumelement und $\delta\varphi$ das gewöhnlich durch $P\delta p$ ausgedrückte Product vorstellt. In der Verbindung mit dem d'Alembert'schen Princip erhält man alsdann, wenn $u, v, w,$ die den Coordinatenaxen parallelen Verschiebungscomponenten bezeichnen, ϱ die Dichtigkeit repräsentirt, und statt der Summen Integrale eingeführt werden,

$$(1) \quad \iiint \varrho\, dx\, dy\, dz \left[\frac{d^2u}{dt^2}\,\delta u + \frac{d^2v}{dt^2}\,\delta v + \frac{d^2w}{dt^2}\,\delta w\right] = \iiint dx\, dy\, dz\, \delta\varphi.$$

Die Function φ, welche von den in dem Medium wirkenden Kräften abhängt, kann dieserhalb als Function der erregten Bewegungen, in denen diese Kräfte ihren Ausdruck finden, betrachtet werden, und da diese Bewegungen sich namentlich in der Form- und Lageänderung der (ursprünglich parallelepipedisch gedachten) Massenelemente äufsern: so wird, wenn z. B. s_1, s_2, s_3 die sehr kleinen Aenderungen der Seiten dx, dy, dz des Massenelements und α, β, γ die Cosinus der Winkel zwischen den geänderten Richtungen der Seiten des Elements (welche, da diese Winkel nur wenig von 90° abweichen werden, gleichfalls nur sehr kleine Gröfsen sind) bezeichnen — φ und folglich auch $\delta\varphi$ in eine rasch convergirende Reihe, die nach steigenden Potenzen vom $s_1, s_2, s_3, \alpha, \beta, \gamma$ fortläuft, entwickelt gedacht werden können, und man wird dann von denselben nur die Glieder 0ter, 1ster und 2ter Ordnung beizubehalten nöthig haben. Aus der Bedingung, dafs die 6 Gröfsen $s_1, s_2, s_3, \alpha, \beta, \gamma$ für den Fall des Gleichgewichts verschwinden müssen, ergiebt sich, dafs die Coëfficienten der Glieder erster Ordnung in φ für sich der Null gleich zu nehmen seien. Ferner giebt die Betrachtung der geometrischen Verhältnisse für jene 6 Gröfsen Ausdrücke in u, v, w — nämlich angenähert:

$$s_1 = \frac{du}{dx}, \quad s_2 = \frac{dv}{dy}, \quad s_3 = \frac{dw}{dz},$$

$$\alpha = \frac{dv}{dz} + \frac{dw}{dy}, \quad \beta = \frac{dw}{dx} + \frac{du}{dz}, \quad \gamma = \frac{du}{dy} + \frac{dv}{dx}.$$

Ist endlich das Mittel um die 3 Coordinatenaxen symmetrisch, so fallen noch aus φ die Glieder mit ungeraden Potenzen von α, β, γ heraus.

Berücksichtigt man diese Verhältnisse, so erhält man schliefslich für $\delta\varphi$ eine Formel, die in Bezug auf $\delta u, \delta v, \delta w$, und deren Differentialcoëfficienten linear ist, und in die Gleichung (1) eingeführt, eine weitere Behandlung des dreifachen Integrals nach der Methode erlaubt, die man sonst bei ähnlichen Variationsausdrücken anzuwenden pflegt. Ist das Medium nach allen Richtungen hin unbegrenzt, so erstrecken sich alle 3 Integrale von $-\infty$ bis $+\infty$. Ist das Medium dagegen in einer Richtung, und zwar z. B. durch die Ebene der yz begränzt, so erstreckt sich das Integral in Bezug auf x von $-\infty$ bis 0 oder von 0 bis $+\infty$, je nachdem es auf der negativen oder positiven Seite der x sich befindet. Befindet sich diesseits der Ebene xy ein anderes Mittel als jenseits, und unterscheidet man die Bestimmungsgröfsen beider Mittel dadurch von einander, dafs man die zum Mittel auf der negativen Seite gehörigen mit einem Accente versieht, so hat man auf beiden Seiten der Gleichung (1) noch Glieder hinzuzufügen, die sich von den schon vorhandenen nur durch die Accente unterscheiden. Werden dann durch theilweise Integration die Differentialcoëfficienten von $\delta u, \delta v, \delta w$ fortgeschafft, so bilden sich auf der rechten Seite der Gleichung (1) einmal allgemeine Glieder (in Form von dreifachen Integralen) und Gränzglieder (in Form von zweifachen Integralen). Dafs die Gleichung (1) bestehen bleiben mufs für alle Werthe, der von einander unabhängigen Variationen $\delta u, \delta v, \delta w, \delta u^1, \delta v^1, \delta w^1$, führt auf die Gleichheit der Coëfficienten dieser Gröfsen rechts und links vom Gleichheitszeichen, soweit sie zu den Gliedern unter den dreifachen Integralzeichen gehören. Es entstehen somit 6 allgemeine Gleichungen, von denen drei (die durch Gleichstellung der Coëfficienten von $\delta u, \delta v, \delta w$ gewonnen werden) die allgemeinen Bewegungen innerhalb des einen Mittels, die anderen 3 genau ebenso gestalteten (aus den Coëfficienten von $\delta u^1, \delta v^1, \delta w^1$ entspringend) die Bewegungen im Innern des anderen Mittels darstellen. Da sie unabhängig von der Gränze sind, so geben die einen oder die anderen drei allgemeinen Gleichungen auch die Bewegungen für den Fall, dafs man es mit einem einzigen unbegränzten Mittel zu thun habe. Diese allgemeinen Gleichungen haben die Form:

$$(2) \quad . \quad . \quad \begin{cases} \varrho \dfrac{d^2u}{dt^2} = G\dfrac{d^2u}{dx^2} + N\dfrac{d^2u}{dy^2} + M\dfrac{d^2u}{dz^2} \\ \qquad + (N+R)\dfrac{d^2v}{dx\,dy} + (M+Q)\dfrac{d^2w}{dx\,dz} \\ \varrho \dfrac{d^2v}{dt^2} = N\dfrac{d^2v}{dx^2} + H\dfrac{dv^2}{dy^2} + L\dfrac{d^2v}{dz^2} \\ \qquad + (N+R)\dfrac{d^2u}{dx\,dy} + (L+P)\dfrac{d^2w}{dy\,dz} \\ \varrho \dfrac{d^2w}{dt^2} = M\dfrac{d^2w}{dx^2} + L\dfrac{d^2w}{dy^2} + J\dfrac{d^2w}{dz^2} \\ \qquad + (M+Q)\dfrac{d^2u}{dx\,dz} + (L+P)\dfrac{d^2v}{dy\,dz}, \end{cases}$$

(wo G, N, M, . . . Constanten bedeuten) und stimmen folglich mit den Cauchy'schen allgemeinen Gleichungen völlig überein, nur mit dem Unterschiede, dafs die Coëfficienten derselben in anderen Beziehungen zu einander stehen. Von den Gränzgliedern, in denen die Integration nach x ausgeführt ist, geben diejenigen, welche der Integrationsgränze Null zugehören, und die wegen $x = o$ sich blofs auf die Trennungsfläche der beiden Mittel beziehen, gleich Null gesetzt — eine Gränzgleichung. Nach dem Princip ferner, dafs in der Gränzfläche die Verschiebungen für beide Mittel dieselben sind, dafs also für

$$x = o, \quad u = u^1, \quad v = v^1, \quad w = w^1,$$

und mithin auch

$$\delta u = \delta u^1, \quad \delta v = \delta v^1, \quad \delta w = \delta w^1$$

sein mufs, reduciren sich unter dem doppelten Integralzeichen der Gränzgleichung die von einander unabhängigen Variationen auf die drei: δu, δv, δw, und das nothwendige Verschwinden der Coëfficienten von δu, δv, δw unter dem Doppelintegralzeichen läfst die Gränzgleichung in drei Gleichungen zerfallen, welche in Verbindung mit den Gleichungen

$$u = u^1, \quad v = v^1, \quad w = w^1$$

die Grundgleichungen für den Uebergang der Bewegung aus einem Mittel in das andere (also für die Brechung und Reflexion) abgeben.

Die drei aus den Gränzgliedern hervorgegangenen Gleichungen haben folgende Form:

$$(3)\quad .\quad \begin{cases} G\dfrac{du}{dx}+R\dfrac{dv}{dy}+Q\dfrac{dw}{dz}=G'\dfrac{du'}{dx}+R'\dfrac{dv'}{dy}+Q'\dfrac{dw'}{dz} \\ N\left(\dfrac{du}{dy}+\dfrac{dv}{dx}\right)=N'\left(\dfrac{du'}{dy}+\dfrac{dv'}{dx}\right) \\ M\left(\dfrac{dw}{dx}+\dfrac{du}{dz}\right)=M'\left(\dfrac{dw'}{dx}+\dfrac{du'}{dz}\right). \end{cases}$$

Schliefslich leitete der Verfasser aus den gefundenen allgemeinen Formeln (2) und (3) die besonderen für die Fälle her: 1) dafs die zweiaxigen Mittel sich auf einaxige reduciren — die Axe der z als optische Axenrichtung genommen, und 2) dafs beide Mittel das Licht einfach brechen.

Für die einaxigen Mittel finden sich als allgemeine Gleichungen

$$\varrho\frac{d^2u}{dt^2}=G\frac{d^2u}{dx^2}+N\frac{d^2u}{dy^2}+L\frac{d^2u}{dz^2}+(G-N)\frac{d^2v}{dx\,dy}+(L+P)\frac{d^2v}{dx\,dz}$$

$$\varrho\frac{d^2v}{dt^2}=N\frac{d^2v}{dx^2}+G\frac{d^2v}{dy^2}+L\frac{d^2v}{dz^2}+(G-N)\frac{d^2u}{dx\,dy}+(L+P)\frac{d^2w}{dy\,dz}$$

$$\varrho\frac{d^2w}{dt^2}=L\frac{d^2w}{dx^2}+L\frac{d^2w}{dy^2}+J\frac{d^2w}{dz^2}+(L+P)\frac{d^2u}{dx\,dz}+(L+P)\frac{d^2v}{dy\,dz},$$

und als Gränzgleichungen aufser $u=u'$, $v=v'$, $w=w'$

$$G\frac{du}{dx}+(G-2N)\frac{dv}{dy}+P\frac{dw}{dz}=G'\frac{du'}{dx}+(G'-2N')\frac{dv'}{dy}+P'\frac{dw'}{dz}$$

$$N\left(\frac{du}{dy}+\frac{dv}{dx}\right)=N'\left(\frac{du'}{dx}+\frac{dv'}{dy}\right)$$

$$L\left(\frac{dw}{dx}+\frac{du}{dz}\right)=L'\left(\frac{dw'}{dx}+\frac{du'}{dz}\right).$$

Für einfach brechende Mittel ergeben sich die Bedingungen

$$G=H=I=2N+R=2M+Q=2L+P,$$
$$L=M=N,\quad P=Q=R,$$

in deren Folge sich die Gleichungen (2), wenn man

$$\frac{du}{dx}+\frac{dv}{dy}+\frac{dw}{dz}=\Theta$$

setzt (also Θ die durch die Verschiebungen erzeugende Aenderung der Volumeneinheit bedeutet), zu der folgenden Gleichung vereinigen lasse

$$\varrho\frac{d^2\Theta}{dt^2}=G\left(\frac{d^2\Theta}{dx^2}+\frac{d^2\Theta}{dy^2}+\frac{d\Theta^2}{dz^2}\right).$$

Die Gränzgleichungen (3) gehen für diesen Fall über in

$$G\left(\frac{du}{dx}+\frac{dv}{dy}+\frac{dw}{dz}\right)-2L\left(\frac{dv}{dy}+\frac{dw}{dz}\right)$$

$$=G'\left(\frac{du'}{dx}+\frac{dv'}{dy}+\frac{dw'}{dz}\right)-2L'\left(\frac{dv'}{dy}+\frac{dw'}{dz}\right)$$

$$L\left(\frac{du}{dy}+\frac{dv}{dx}\right)=L'\left(\frac{du'}{dy'}+\frac{dv'}{dx}\right)$$

$$L\left(\frac{du}{dz}+\frac{dw}{dx}\right)=L'\left(\frac{du'}{dz}+\frac{dw'}{dx}\right),$$

welches letztere die von Green entwickelten Gleichungen sind.

In Beziehung auf die in der Abhandlung angewendete Entwickelungsweise bemerkt der Verfasser, dafs sie den Vorzug habe, dafs man dadurch aller weiteren Annahmen enthoben sei, die man sonst machen müsse, um die Bedingungsgleichungen für die Trennungsebene der Medien zu erhalten. Es ist dieser Vortheil aber nur ein scheinbarer; denn zur Herstellung der Gränzgleichungen ist allerdings eine Annahme gemacht worden, nämlich die Annahme der Gleichungen

$$u=u',\quad v=v',\quad w=w',\quad \delta u=\delta u',\quad \delta v=\delta v',\quad dw=\delta w',$$

und diese sind in der That nichts weiter, als der Ausdruck des Cauchy'schen Continuitätsprincips, welches zur Herstellung der Gränzgleichungen aus den allgemeinen Bewegungsgleichungen auch in Cauchy's Darstellungsweise vollkommen ausreicht; und wenn in letzteren noch weitere Annahmen vorkommen, so haben dieselben nur den Zweck, eine Rechtfertigung für diese 6 Gleichungen zu liefern. Im Uebrigen ist der Unterschied nur der, dafs in der hiesigen Methode die 3 letzten der Gleichungen

$$(\delta u=\delta u',\quad \delta v=dv',\quad \delta w=\delta w')$$

schon in die allgemeinen Differentialgleichungen eingeführt werden, während Cauchy die correspondirenden Gleichungen erst nach der ausgeführten Integration einführt. *Rd.*

P. Zech. Die Krümmungslinien der Wellenfläche zweiaxiger Krystalle. Crelle J. LIV. 72-76, LV. 94-94.

Dieser Aufsatz bildet die Fortsetzung eines früheren (Crelle J. LII.) welcher die Herleitung der Eigenschaften der Wellenfläche zweiaxiger Krystalle aus geometrischen Betrachtungen zum Gegenstand hatte. In demselben waren die Eigenschaften besprochen, welche aus der punktweisen Construction der Wellenfläche sich ergeben, während hier in der Fortsetzung Eigenschaften behandelt werden, die sich auf Systeme von Ebenen beziehen, deren Einhüllungsfläche die Wellenfläche ist.

Die zum Verständnifs des nachstehend mitgetheilten Inhalts der Abhandlung nöthigen Bezeichnungen aus dem ersten Aufsatze sind folgende.

O ist der Mittelpunkt der Wellenfläche; ON die Normale einer beliebigen Wellenebene, N der Durchschnittspunkt derselben mit der Wellenfläche; E das Elasticitätsellipsoid, dessen Axen ihrer Richtung nach mit den Hauptaxen der Wellenfläche zusammenfallen, ihrer Länge nach reciprok zur Länge derselben sind, und auf dessen Kreisschnitten daher normal die optischen Axen der ebenen Wellen (vom Verfasser „optische Axen von E" genannt) stehen; K sind die Kegelflächen, welche durch ON gehend, die beiden optischen Axen zu Focallinien haben, und zwar ist von den zwei diese Bedingung erfüllenden Kegelflächen bei der Sonderung die eine mit K_1, die andere mit K_2 bezeichnet; E ist der mit seiner Spitze in O gestellte Ergänzungskegel von K; die Berührungslinien der Tangentialebenen von K werden die, den auf diesen Ebenen senkrechten Seitenlinien des Ergänzungskegels — correspondirende Seitenlinien von K genannt; endlich bedeutet E ein Ellipsoid, welches von den Polarebenen aller Punkte des Ellipsoids E, bezogen auf eine concentrische Kugel vom Halbmesser Eins, eingehüllt wird.

Die von Hrn. ZECH entwickelten Sätze beziehen sich nun auf zweierlei Arten entwickelbarer Flächen, deren Einhütlungsfläche die Wellenfläche ist, und welche folgendermaafsen zu construiren sind:

Man lege durch die Seitenlinien ON eines Kegels K zwei senkrechte Ebenen in Abständen von O, die respective gleich $\frac{1}{OS}$ und gleich $\frac{1}{OQ}$ sind — unter OS und OQ die Halbaxen des auf ON senkrechten Diametralschnittes von E verstanden, und zwar unter OS diejenige, welche zugleich die der Seitenlinie ON

des Kegels K entsprechende Seitenlinie des Kegels C ist. Die Construction, wiederholt für alle Seitenlinien des Kegels K führt, dann auf zwei entwickelbare Flächen, welche respectiv mit F und G bezeichnet werden.

Da die Ebenen, welche F und G erzeugen, offenbar die Wellenfläche berühren, so ist die Wellenfläche sowohl die Einhüllungsfläche der, allen möglichen Kegeln K entsprechenden entwickelbaren Flächen F, als auch die aller möglichen Flächen G.

Solange ON auf demselben Kegel K verbleibt, ist OS constant, und es umschreibt daher die Fläche F eine Kugel, deren Mittelpunkt O, und deren Halbmesser $\frac{1}{OS}$ ist, und da ihre Berührungsebenen zugleich parallel den Berührungsebenen von E sind, so kann man sie auch als die Einhüllungsfläche der Ebenen ansehen, welche zugleich jene Kugel und den Kegelschnitt berühren, in welchem die Kegelfläche C — wie sich Hr. Zech ausdrückt, — die unendlich ferne Ebene schneidet.

Ist OV die Entfernung der Mitte O von der auf ON senkrechten Berührungsebene an E, so hat das Product $OV.OS.OQ$ einen unveränderlichen Werth, da es den Inhalt eines aus 3 conjugirten Halbmessern von E gebildeten Parallelopipeds ausdrückt, und demnach ist, weil OS constant ist, auch $OV.OQ$, und somit das Verhältnifs von OV zu $\frac{1}{OQ}$ constant. Die Tangentialebenen an G berühren folglich ein der Fläche F ähnliches Ellipsoid, und demzufolge läfst sich G auffassen als Einhüllungsfläche von Ebenen, die zugleich ein der Fläche E ähnliches Ellipsoid und denselben unendlich fernen Kegelschnitt, wie die correspondirende Fläche E, berühren.

Ferner haben die Flächen F und G einerlei Hauptschnittsebenen mit der Wellenfläche, und sowohl F als G bestimmt sich durch zwei auf verschiedenen Hauptschnittsebenen senkrechte Berührungsebenen.

Endlich ist klar, dafs die Erzeugenden beider entwickelbaren Flächen in den Normalebenen des Kegels K liegen.

Da durch ON zwei Kegelflächen um die optischen Axen als Focallinien gehen, nämlich K_1 und K_2, so gehören immer zwei

Paare von entwickelbaren Flächen (F_1, F_2, G_1, G_2) zusammen, und die zwei Berührungsebenen der Wellenfläche, welche auf der den beiden Kegelflächen K_1 und K_2 gemeinsamen Seitenlinie ON senkrecht stehen, sind daher auch Berührungsebenen der 4 Flächen F_1, F_2, G_1, G_2, und zwar berührt die eine zugleich F_1 und G_2, die andere F_2 und G_1. Da ferner die Flächen F_1 und G_2, so wie F_2 und G_1 durch zwei sich senkrecht schneidende Kegelflächen bestimmt werden, so stehen auch die Erzeugungslinien, längs welchen sie von den entsprechenden Berührungsebenen der Wellenfläche berührt werden, auf einander senkrecht; die eine liegt in der durch ON gehenden Normalebene des Kegels K_1, die andere in der durch ON gehenden Normalebene des Kegels K_2.

Schliefslich wird der Satz bewiesen,

dafs die Flächen F und G Polarflächen der ellipsoidischen und sphärischen Kegelschnitte auf der Wellenfläche in Beziehung auf ein Ellipsoid D sind, welches dieselben Hauptschnittebenen wie die Wellenfläche und die Halbaxen $\sqrt{bc}$, $\sqrt{ca}$, $\sqrt{ab}$ hat, wenn die des Ellipsoids E beziehungsweise nach denselben Richtungen a, b, c sind,

woraus dann ohne Weiteres der Plücker'sche Satz folgt,

dafs die Wellenfläche in Beziehung auf das Ellipsoid D ihre eigene Polarfläche ist, d. h. dafs sie die Einhüllungsfläche der Polarebenen ihrer Punkte in Beziehung auf D ist.

Die Identität der Fläche F mit der Polarfläche des ellipsoidischen Kegelschnitts wird wie folgt bewiesen:

Die eben bezeichnete Polarfläche ist die Einhüllungsfläche der gemeinsamen Berührungsebene der Polarflächen des Ellipsoids und des Kegels, die sich in dem fraglichen ellipsoidischen Kegelschnitte schneiden. Da nun das Ellipsoid dem Ellipsoide E ähnlich ist, so sind dessen Halbaxen $\frac{1}{ma}$, $\frac{1}{mb}$, $\frac{1}{mc}$ (wo m von einem zum andern ellipsoidischen Kegelschnitt variirt), und seine Polarfläche für das Ellipsoid D ist folglich ein Ellipsoid, dessen Halbaxen einander gleich, nämlich gleich $mabc$, $mbca$, *mcab* sind, mithin eine Kugelfläche. Da ferner andererseits die Polarfläche des Kegels sich als ein unendlich ferner Kegelschnitt betrachten läfst, so ist die in Rede stehende Polarfläche eine entwickelbare Fläche, die eine Kugel und einen unendlich fernen Kegelschnitt umschreibt, und demnach bekannt ist, sobald zwei auf verschiedene Hauptschnittebenen der Wellenfläche senkrechte Berührungsebenen gegeben sind. Die vier Scheitel des ellipsoidischen Kegelschnitts liegen auf den Kreisdurchschnitten der Wellenfläche mit zweien der Hauptschnittebenen, während die Polarflächen dieser Kreisdurchschnitte für D ellpitische Cylinder sind, welche die Wellenfläche in ihren elliptischen Durchschnitten mit denselben zwei Hauptschnittebenen berühren. Es berühren folglich die Polarebenen der 4 Scheitel die Wellenfläche und mithin auch eine der Flächen F; und da diese 4 Berührungsebenen sowohl die Fläche F als die Polarfläche des elliptischen Kegelschnitts bestimmen, so müssen beide Flächen zusammenfallen.

Ganz ähnlich ergiebt sich die Identität der Fläche G mit der anderen oben bezeichneten Polarfläche. *Rd.*

J. E. Prescott. On the wave surface. Qu. J. of math. II. 1-8.

Vorstehend bezeichnete Abhandlung enthält gröfstentheils schon bekannte Sätze, nur in eigenthümlicher, gefälliger und kurzer Herleitung, von der es von Interesse ist Notiz zu nehmen, und von der wir daher ihres geringen Umfanges wegen nähere Mittheilung zu machen nicht anstehen.

Die behandelten Sätze fliefsen vornehmlich aus dem Verhältnifs der ebenen Wellen und Strahlen zur Schwingungsrichtung und haben zur Basis folgende drei Formeln, welche nach der Reihe die Beziehungen zwischen der Normale ebener Wellen und der Schwingungsrichtung, zwischen der Richtung der Wellennormalen und Strahlen, und zwischen der Richtung der Strahlen und der Vibrationen ausdrücken.

$$(1)\quad \frac{l}{\alpha(v^2-a^2)} = \frac{m}{\beta(v^2-b^2)} = \frac{n}{\gamma(v^2-c^2)} = P,$$

$$(2)\quad \frac{\lambda(v^2-a^2)}{l(r^2-a^2)} = \frac{\mu(v^2-b^2)}{m(r^2-b^2)} = \frac{\nu(v^2-c^2)}{n(r^2-c^2)} = \frac{v}{r} = \cos\delta = Q,$$

$$(3) \quad . \quad . \quad \frac{\lambda}{\alpha(r^2-a^2)} = \frac{\mu}{\beta(r^2-b^2)} = \frac{\nu}{\gamma(r^2-c^2)}$$

$$= \frac{1}{r^2\sqrt{[r^2-v^2]}} = PQ = R.$$

Hierin bedeuten l, m, n die Richtungscosinus[1]) der Wellennormale, λ, μ, ν die Richtungscosinus des Strahles, α, β, γ die der Schwingungsrichtung, v die Fortpflanzungsgeschwindigkeit der ebenen Wellen, r die der Strahlen, δ der Winkel zwischen Strahl und Wellennormale; endlich a, b, c die Elasticitätsconstanten.

Die Gleichung (1) folgt ohne Weiteres durch Elimination aus der FRESNEL'schen Gleichung

$$\frac{l}{\alpha}(b^2-c^2) + \frac{m}{\beta}(c^2-a^2) + \frac{n}{\gamma}(a^2-b^2) = 0$$

mittelst der Gleichungen

$$l\alpha + m\beta + n\gamma = 0 \quad \text{und} \quad v^2 = a^2\alpha^2 + b^2\beta^2 + c^2\gamma^2.$$

Die Gleichung (2) ist der SMITH'schen Entwickelung der Wellenfläche entnommen, und giebt in Verbindung mit der eben dorther genommenen Gleichung

$$\frac{l^2}{(v^2-a^2)^2} + \frac{m^2}{(v^2-b^2)^2} + \frac{n^2}{(v^2-c^2)^2} = \frac{1}{v^2(r^2-v^2)}$$

die Relation

$$P = \frac{1}{v\sqrt{(r^2-v^2)}}.$$

Die Gleichung (3) ist eine unmittelbare Folge von (1) und (2). Aus (1) folgt sofort

$$\frac{\frac{l^2}{v^2-a^2} + \frac{m^2}{v^2-b^2} + \frac{n^2}{v^2-c^2}}{l\alpha + m\beta + n\gamma} = P,$$

und hieraus, weil

$$l\alpha + m\beta + n\gamma = 0$$

ist, die bekannte Gleichung

$$(4) \quad . \quad . \quad . \quad \frac{l}{v^2-a^2} + \frac{m^2}{v^2-b^2} + \frac{n^2}{v^2-c^2} = 0,$$

deren Analogie mit der Gleichung der Wellenfläche sich am klarsten ausspricht, wenn man dieser die Form

[1]) So heifsen bei englischen Schriftstellern die Cosinus der Winkel, welche eine Linie mit den Coordinatenaxen bildet.

$$(5) \quad . \quad . \quad \frac{\lambda^2}{\frac{1}{r^2}-\frac{1}{a^2}}+\frac{\mu^2}{\frac{1}{r^2}-\frac{1}{b^2}}+\frac{\nu^2}{\frac{1}{r^2}-\frac{1}{c^2}}=0.$$

giebt.

Ganz dasselbe Formverhältniſs zu einander haben die Gleichungen

$$\pm(a^2-c^2)\sin\Theta\sin\Theta'=v_1^2-v_2^2$$

$$\pm\left(\frac{1}{a^2}-\frac{1}{c^2}\right)\sin\varphi\sin\varphi'=\frac{1}{r_1^2}-\frac{1}{r_2^2},$$

wo θ, θ^1 die Winkel der Wellennormalen mit den optischen Axen der ebenen Wellen, φ und φ^1 die Winkel der Strahlen mit den optischen Axen der Strahlen, endlich v_1, v_2, und r_1, r_2 die Wurzeln beziehungsweise der Gleichungen (4) und (5) bezeichnen.

Aus (3) folgt unmittelbar (wenn ε den Winkel zwischen Strahl und Schwingungsrichtung bedeutet)

$$\cos\varepsilon=\lambda\alpha+\mu\beta+\nu\gamma$$

$$=r\sqrt{(r^2-v^2)}\left(\frac{\lambda^2}{r^2-a^2}+\frac{\mu^2}{r^2-b^2}+\frac{\nu^2}{r^2-c^2}\right)=\frac{1}{r}\sqrt{(r^2-v^2)};$$

mithin ist ε das Complement des Winkels zwischen Strahl und Wellennormale und es geht daher die Ebene, welche durch den Strahl und die Schwingungsrichtung geht, zugleich durch die Wellennormale.

Um demnach die Schwingungsrichtung für einen gegebenen Strahl zu finden, braucht man nur den Strahl auf die Berührungsebene desjenigen Punktes der Wellenflächen zu projiciren, in welchem der Strahl die letztere trifft.

Um ferner die Gleichung des Kegels derjenigen Strahlen zu erhalten, welche die äuſsere conische Refraction hervorbringen, geht der Verfasser von der aus GRIFFIN's Tract genommenen Gleichungsform für den Berührungskegel des singulären Punktes der Wellenfläche aus, nämlich von der Gleichung

$$(6) \quad \left\{x\sqrt{(a^2-b^2)}+z\frac{c}{a}\sqrt{(b^2-c^2)}\right\}\left\{x\sqrt{(a^2-b^2)}+z\frac{a}{c}\sqrt{(b^2-c^2}\right\}$$

$$-\frac{a^2-c^2}{4a^2c^2}(a^2-b^2)(b^2-c^2)y^2=0,$$

welche, wenn sie in der Gestalt

$$(Aax+Ccz)(Acx+Caz)=B^2y^2$$

geschrieben wird, sich in die Gleichungen

$$(7)\quad . \quad Aax + Ccz = \lambda By, \quad Acx + Caz = \frac{1}{\lambda} By,$$

wo λ eine willkürliche Constante vorstellt, zerfällen läfst.

Aus den beiden Gleichungen (7) erhält man durch Elimination

$$\frac{Ax}{\lambda a - \frac{c}{\lambda}} = \frac{By}{a^2 - c^2} = \frac{Cz}{\frac{a}{\lambda} - c\lambda},$$

mithin ist die Gleichung der Berührungsebene des gesuchten, von den Normalen der Fläche (6) gebildeten Kegels

$$x\frac{\lambda^2 a - c}{A} + y\frac{\lambda(a^2 - c^2)}{B} + z\frac{a - \lambda^2 c}{C} = 0,$$

und demzufolge die Gleichung des Kegels selbst

$$\frac{y^2}{B^2}(a^2 - c^2) + 4\left(\frac{ax}{A} - \frac{cz}{C}\right)\left(\frac{cx}{A} - \frac{az}{C}\right) = 0,$$

oder nach Herstellung der Werthe von A, B, C,

$$(8)\quad \left\{x\sqrt{(b^2 - c^2)} - z\frac{c}{a}\sqrt{(a^2 - b^2)}\right\}\left\{x\sqrt{(b^2 - c^2)} - z\frac{a}{c}\sqrt{(a^2 - b^2)}\right\} + (a^2 - c^2)y^2 = 0.$$

Die Lage der Kreisschnitte dieses Kegels, bestimmt aus der Bedingung, dafs ihre Ebenen sowohl mit dem Kegel als mit je einer passenden Kugel Durchschnitte geben, deren Projectionen auf die Ebene der xy zusammenfallen, ergiebt sich, indem man nach Elimination von z aus (8) und der allgemeinen Kugelgleichung mittelst der Gleichung für die schneidende Ebene $lx + my + nz = p$, die Coëfficienten von xy und die Quotienten aus den Coëfficienten von x^2 und y^2 mit einander vergleicht. Diese Gleichstellungen führen auf:

$$m = 0, \quad \frac{l^2}{n^2} - \frac{l}{n}\frac{a^2 + c^2}{ac}\sqrt{\left(\frac{a^2 - b^2}{b^2 - c^2}\right)} + \frac{a^2 - b^2}{b^2 - c^2} = 0,$$

und da die letzte Gleichung für $\frac{l}{n}$ die zwei Wurzeln

$$\frac{c}{a}\sqrt{\frac{a^2 - b^2}{b^2 - c^2}} \text{ und } \frac{a}{c}\sqrt{\frac{a^2 - b^2}{b^2 - c^2}}$$

liefert, darauf, dafs die Kreisschnitte senkrecht auf der Ebene xz stehen und den Tangenten des circularen und elliptischen Durchschnitts der Wellenfläche mit der Ebene der xz, an deren Durchschnittspunkte — parallel sind.

Die Schwingungsrichtungen in dem Lichtkegel (8) werden einfach aus dem oben gewonnenen Satze gefunden, nach welchem dieselben durch die Projection der optischen Axe der Strahlen (als Richtung des allen Wellenebenen gemeinsamen Strahls) auf die verschiedenen Berührungsebenen der Wellenfläche an dem singulären Punkte, bestimmt werden. Es geht darnach die Schwingungsrichtung einerseits durch den Endpunkt jener optischen Axe, andererseits durch die verschiedenen Punkte derjenigen Curve, in welcher der mit seiner Spitze nach dem Mittelpunkt der Wellenfläche versetzte Normalenkegel (8) eine um die optische Halbaxe (= b) als Durchmesser beschriebene Kugel schneidet. Subtrahirt man nämlich die Gleichung dieser Kugel

$$x^2+y^2+z^2 = xc\sqrt{\frac{a^2-b^2}{a^2-c^2}}+za\sqrt{\frac{b^2-c^2}{a^2-c^2}},$$

von der Gleichung des Kegels (8), d. h. von

$$(b^2-c^2)x^2+(a^2-c^2)y^2+(a^2-b^2)z^2 = xz\frac{a^2+c^2}{ac}\sqrt{[(a^2-b^2)(b^2-c^2)]},$$

so erhält man

$$\left\{xc\sqrt{\frac{a^2-b^2}{a^2-c^2}}+za\sqrt{\frac{b^2-c^2}{a^2-c^2}}\right\}\left\{\frac{x}{c}\sqrt{\frac{a^2-b^2}{a^2-c^2}}+\frac{z}{a}\sqrt{\frac{b^2-c^2}{a^2-c^2}}-1\right\} = 0,$$

und hat folglich

$$\frac{cx}{c^2}\sqrt{\frac{a^2-b^2}{a^2-c^2}}+\frac{az}{a^2}\sqrt{\frac{b^2-c^2}{a^2-c^2}} = 1.$$

Diese Gleichung, welche durch die der Kugel und dem Lichtkegel gemeinsamen Punkte befriedigt werden mufs, ist die Gleichung einer auf der Ebene xz senkrechten Ebene, welche durch die an dem elliptischen Zuge des Hauptschnitts der Wellenfläche in dem singulären Punkte gezogene Tangente hindurchgeht. Die gesuchte Curve ist demzufolge die Kreislinie, in welcher die obige Kugel von dieser Ebene geschnitten wird, und die Schwingungsrichtung der verschiedenen Seiten des Kegels erhält man folglich, wenn man jeden Punkt dieses Kreises mit dem Punkte verbindet, in welchem selbiger von der optischen Strahlenaxe getroffen wird.

Sind ferner α und β die Winkel, welche respective die optische Strahlenaxe und die Tangente des elliptischen Hauptschnitts am singulären Punkte (dessen Coordinaten x', y' seien) mit der Axe der x bilden, so hat man

$$\tang \alpha = \frac{a}{c}\sqrt{\frac{b^2-c^2}{a^2-b^2}}, \quad \tang \beta = \frac{a^2}{z'}\cdot\frac{x'}{c^2} = \frac{a}{c}\sqrt{\frac{a^2-b^2}{b^2-c^2}},$$

also

$$\tang(\alpha+\beta) = -\frac{ac}{\sqrt{[(a^2-b^2)(b^2-c^2)]}},$$

und sonach die Tangente der Oeffnung des Berührungskegels in der Ebene xz

$$= \cot(\alpha+\beta) = -\frac{\sqrt{[(a^2-b^2)(b^2-c^2)]}}{ac},$$

die Tangente der Oeffnung des Lichtkegels (8) in der Ebene xz.

$$= -\cot(\alpha+\beta) = \frac{\sqrt{[(a^2-b^2)(b^2-c^2)]}}{ac},$$

und der Durchmesser des gedachten Oscillationskreises

$$= b\cos(\alpha+\beta) = \sqrt{\frac{(a^2-b^2)(b^2-c^2)}{a^2+c^2-b^2}}.$$

Setzt man in (8) für a, b, c deren reciproke Werthe, so bekommt man die Gleichung des Lichtkegels, welcher die innere conische Refraction hervorbringt, nämlich

$$(9) \quad \left\{x\sqrt{(b^2-c^2)} - z\sqrt{(a^2-b^2)}\right\}\left\{x\frac{a^2}{b^2}\sqrt{(b^2-c^2)} - z\frac{c^2}{b^2}\sqrt{(a^2-b^2)}\right\} + (a^2-c^2)y^2 = 0.$$

Der Durchschnitt dieser Fläche mit einer auf der optischen Axe der ebenen Wellen senkrechten Ebene, ist ein Kreis, welcher in der Entfernung b vom Ursprunge der Axen mit dem Berührungskreise zusammenfällt, und der zweite Kreisschnitt des Kegels ist offenbar senkrecht auf der anderen in der Ebene der xz liegenden Seitenlinie der Kegelfläche.

Die Schwingungsrichtung der Strahlen des Lichtkegels erhält man wiederum, wenn man die Strahlen auf die correspondirende Berührungsebene der Wellenfläche, also auf die Ebene des eben erwähnten Berührungskreises projicirt, und man hat daher zu ihrer Construction nur jeden Punkt dieses Kreises mit dem Punkte (o) zu verbinden, wo die optische Axe der ebenen Wellen denselben trifft. Die Polarisationsebene steht also senkrecht auf der Ebene desselben Kreises, und geht durch die Linie, welche dieselben Pnnkte des Berührungskreises mit demjenigen

Punkte desselben verbindet, der dem Punkt (o) diametral gegenübersteht.

Sind wiederum α^1 und β^1 die Winkel zwischen den in der Ebene xz liegenden Seiten des Strahlenkegels (9) und der Axe der x, so hat man

$$\operatorname{tang}\alpha^1 = \sqrt{\frac{b^2-c^2}{a^2-b^2}}, \quad \operatorname{tang}\beta^1 = \frac{a^2\sin\alpha^1}{b}\cdot\frac{b}{c^2\cos\alpha^1} = \frac{a^2}{c^2}\operatorname{tang}\alpha^1,$$

also wird die Tangente der Oeffnung des Lichtkegels in der Ebene xz

$$= \operatorname{tang}(\beta^1-\alpha^1) = \frac{\sqrt{[(a^2-b^2)(b^2-c^2)]}}{b^2},$$

und der Durchmesser des Oscillationskreises

$$= b\operatorname{tang}(\beta^1-\alpha^1) = \frac{\sqrt{[(a^2-b^2)(b^2-c^2)]}}{b},$$

Dreht man das Coordinatensystem um die Axe der y, bis die Axe der x nacheinander zusammenfällt mit einer der optischen Axen der Strahlen, so nimmt die Gleichung des Kegels (8) die einfache Form

$$y^2+z^2+zx\frac{\sqrt{[(a^2-b^2)(b^2-c^2)]}}{ac} = 0$$

an, und läfst man die Axe der x mit einer optischen Axe der ebenen Wellen zusammenfallen, so erhält die Gleichung des Kegels (9) die einfache Form

$$y^2+z^2-zx\frac{\sqrt{[(a^2-b^2)(b^2-c^2)]}}{b^2} = 0,$$

welche für $x = b$ in die Gleichung des Berührungskreises übergeht. *Rd.*

Seidel. Ueber die Theorie der kaustischen Flächen, welche in Folge der Spiegelung oder Brechung von Strahlenbüscheln an den Flächen eines optischen Apparates erzeugt werden. Münchn. gel. Anz. XLIV. 241.

Wir finden hier eine vorläufige Mittheilung der allgemeinen Resultate einer mathematischen Arbeit, deren Gegenstand die kaustischen Flächen solcher Apparate sind, die aus brechenden, respective reflectirenden, centrisch auf einer Axe befindlichen sphärischen Flächen bestehen, und zwar für den bisher noch unbeachtet gelassenen Fall, dafs der strahlende Punkt aufserhalb der Axe liegt. Das darüber Mitgetheilte besteht wesentlich in Folgendem.

Bezeichnet *a* den Einfallspunkt eines beliebigen der Strahlen auf die erste Fläche des Apparats, so schneidet der durch *a* gehende Strahl nach dem Austritt aus dem Apparat zwei der Nachbarstrahlen, deren erste Einfallspunkte auf die ersten Flächen von *a* aus in zwei aufeinander senkrechten Richtungen liegen. Die Durchschnittspunkte mit diesen zwei Nachbarstrahlen fallen nicht zusammen, und es hat demnach die kaustische Fläche zwei Mäntel (nappes). Die sehr einfachen Formeln, welche jene zwei auf einander senkrechten Richtungen, und die Lage der Durchschnittspunkte der austretenden Strahlen bestimmen, zeigen eine vollkommene Uebereinstimmung mit Gleichungen der ebenen Trigonometrie, so dafs gewissermafsen die Bestimmung der genannten Stücke auf die Auflösung eines symbolischen Dreiecks führt.

Die kaustischen Flächen aller Apparate der gedachten Art sind insoweit durchweg dieselben, als man mit Ausnahme eines einzigen einfachen Falles, jede aus der andern ableiten kann, wenn man entweder allen drei Dimensionen nach demselben Verhältnifs, oder die longitudinale Dimension nach einem, die transversalen nach einem anderen Verhältnifs passend ändert.

Die kaustische Fläche hat zwei auf einander senkrechte Hauptschnitte, welche dieselbe symmetrisch theilen, und von denen der eine durch die Axe des Apparats geht. Die Durchschnittslinie beider stellt einen ausgezeichneten von allen austretenden Strahlen dar. Jeder Hauptschnitt schneidet die Fläche in zwei Parabeln, in einer apollonischen und einer NEIL'schen. Die zwei apollonischen Parabeln haben gleiche Parameter, fallen aber mit ihren (im ausgezeichneten Strahl liegenden) Scheiteln nicht zusammen, und bilden scharfe Kanten der Fläche. Die NEIL'schen Parabeln, welche gleichfalls einerlei Parameter haben, haben ihre Scheitel gemeinschaftlich mit den gemeinen Parabeln des anderen Hauptschnitts. In dem einen Hauptschnitte umschliefst die NEIL'sche Parabel die apollonische, in dem anderen durchschneiden sich beide der Art, dafs die gemeine Parabel mit dem Scheiteltheil die andere umschliefst, ihr unbegränzt fortlaufender Theil aber von derselben umschlossen wird.

Von den beiden Mänteln der Fläche hat der eine Aehnlichkeit mit einer vierseitigen Pyramide, in welcher die zwei schärferen Kanten von der apollonischen Parabel gebildet werden, während die beiden anderen Kanten nach dem Scheitel zu sich rascher einander nähern und sich abrunden, so dafs das Ende der Fläche ein zungenförmiges Ansehen erhält. Der zweite Mantel ist einem Kegel ähnlich, umgiebt mit seinem unbegränzten Ende den ersten Mantel, durchbricht denselben aber gegen den Scheitel hin, und endet gleichfalls zungenförmig.

Für den Fall einer einzigen brechenden oder reflectirenden Fläche reducirt sich der erste Mantel auf den ausgezeichneten Strahl, während der andere eine Relationsfläche der Neil'schen Parabel wird.

Im allgemeinen Fall werden demgemäfs die (gegen den ausgezeichneten Strahl senkrechten) transversalen Durchschnitte Doppelcurven, von denen die eine ellipsenförmig, die andere rautenförmig mit 4 Spitzen und 4 nach aufsen concaven Seiten ist. In beiden Curven fallen die zwei Hauptaxen zusammen, und zwar die längere der einen mit der kürzeren der andern. Je nach der Lage des Transversalschnittes umschliefst die ovale Curve die rautenförmige, oder sie wird von den spitzigen Enden der rautenförmigen durchschnitten. In der Nähe des äufsersten Scheitels verschwindet die eine Curve. Die Spitzen der rautenförmigen Figur zeichnen sich durch ihre Helligkeit aus. Zwei dieser Spizzen werden ganz besonders glänzend, wenn die Transversalebene eine ganz bestimmte Lage hat (nämlich da, wo der eine Mantel den zweiten vollständig durchbrochen hat), so dafs dort das Bild des strahlenden Punktes ein gedoppeltes zu sein scheint. *Rd.*

J. Petzval. Bericht über optische Untersuchungen. Wien. Ber. XXIV. 50-73, 92-105, 129-145; Inst. 1856. p. 462-463, 1857. p. 13-13; Liter. Gaz. 1857. p. 46-46.

Der Verfasser macht in diesem Berichte aufmerksam auf sein Werk über optische Untersuchungen, dessen Druck die

Wiener Akademie übernommen hat. Es wird angedeutet, womit sich dieses Werk beschäftigen wird. Ferner werden die allgemeinen Resultate mitgetheilt, zu welchen der Verfasser gelangt ist. Das Material zu den Untersuchungen bildet hauptsächlich die Verfolgung eines Strahles durch ein System von brechenden und reflectirenden Flächen. Mit Bezug auf die Anwendung eines solchen Systems als Fernrohr, Mikroskop oder photographisches Objectiv werden die verschiedenen Fehlerquellen und deren theilweise Aufhebung behandelt. Aufserdem wird das Werk die Lehre von der Beleuchtung enthalten. Hr. PETZVAL hat zu dem Zweck umfassende Versuche über das Beleuchten entfernter Gegenstände angestellt.

Specielleres werden wir erst über diese Arbeiten berichten, wenn das Werk selbst erschienen ist. In dem vorliegenden Bericht des Hrn. PETZVAL sind, wie gesagt, die Untersuchungen und Resultate nur angedeutet, so dafs der Leser zu einer klaren Einsicht weder kommen kann noch soll. — Wir führen hier nur noch ein interessantes Gesetz an, das der Verfasser aus langen Rechnungen abgeleitet hat und welches er hier schon angiebt. Selbiges bezieht sich auf die Krümmung eines durch Linsen oder Spiegel entstehenden Bildes und lautet:

„Der reciproke Werth des Krümmungshalbmessers des Bildes von einer Linsencombination am Scheitel ist unabhängig von den Krümmungen und gleich der Summe der Producte aus den reciproken Werthen der Brennweiten in die reciproken Werthe der Brechungsverhältnisse."

In der Formel spricht sich dieser Satz auch so aus:

$$\frac{1}{R} = \frac{1}{n_1 p_1} + \frac{1}{n_2 p_2} + \frac{1}{n_3 p_3} + \cdots + \frac{1}{n_m p_m},$$

worin R den Krümmungshalbmesser des Bildes, $p_1\, p_2\, p_3 \ldots p_m$ die Brennweiten der einzelnen Linsen und endlich $n_1\, n_2\, n_3 \ldots n_m$ die Brechungsindices, aus denen sie bestehen, bezeichnen. Statt beliebiger Linsen können, ohne die Gültigkeit des Satzes aufzuheben, Spiegel treten, wenn man den Brechungsindex für jeden solchen Spiegel gleich der negativen Einheit setzt. *Hg.*

G. G. Stockes. On the polarisation of diffractal light. Phil. Mag. (4) XIII. 159-160; Pogg. Ann. CI. 154-157†.

Holtzmann hatte gefunden (Pogg. Ann. IC. 446), dafs das polarisirte Licht in der Polarisationsebene schwingt. Er liefs das in einer Ebene polarisirte Licht durch ein Glasgitter gehen. Das gebeugte Licht schwang in einer andern Polarisationsebene, aus deren Lage er obigen Schlufs aufstellte. Stockes hatte früher durch einen ganz ähnlichen Versuch das entgegengesetzte Resultat erhalten; er benutzte dabei ein Glasgitter, während Holtzmann sich eines Rufsgitters bediente. Hr. Stockes stellt nun in dieser Arbeit die Ansicht auf, dafs doch vielleicht die Beugung auch von der Substanz des beugenden Mediums abhängig sei. Fresnel hat durch die Uebereinstimmung sorgfältiger Versuche mit seiner vorhergesagten Theorie gezeigt, dafs bei den gewöhnlichen Diffractionserscheinungen, wo der Diffractionswinkel nur klein ist, die Beschaffenheit des Randes und die Natur des das Licht zurückhaltenden Körpers gleichgültige Dinge sind. Wenn aber der Diffractionswinkel grofs ist, so kann möglicher Weise der opake Körper Einflufs haben auf die Beugung. Stockes zeigt hier, dafs bei gröfserem Winkel der ganze Effect der Beugung herrührt von den äufserst nahe den beugenden Rändern gelegenen Punkten. Gehört z. B. der Beugungswinkel zum hellsten Theile eines Fraunhofer'schen Spectrums erster Klasse und ist der Diffractionswinkel 30°, so sind die wirkenden Punkte nur die, welche weniger als die Hälfte einer mittleren Wellenlänge von den Rändern entfernt sind. Bei solchen kleinen Abständen ist die Frage offen, ob nicht der Einflufs des opaken Körpers mit in Rechnung zu ziehen sei. Man übersieht ferner, dafs, wenn dem so ist, ein Rufsgitter das vorliegende Problem der Schwingungsrichtung des polarisirten Lichtes verwickelter macht, als ein Glasgitter. Hr. Stockes will diese Untersuchung in ausgedehnterem Maafse wiederholen, wobei er namentlich auf eine vielfache Abwechselung der Diffractionsumstände sehen wird. *Hg.*

J. Zech. Ueber die Ringsysteme der zweiaxigen Krystalle. Pogg. Ann. CII. 354-364†.

Anschliefsend an seine frühere Arbeit (Pogg. Ann. XCVII. 129) entwickelt hier Hr. Zech die allgemeine Gleichung der isochromatischen Curven, welche man an einer planparallelen Platte wahrnimmt, die in beliebiger Richtung aus einem zweiaxigen Krystall geschnitten ist. Diese Gleichung wird dann auf specielle Fälle angewandt. Es wird gezeigt, was für Curven entstehen, wenn die Begränzungsflächen der Platte parallel zu der Linie ist, die normal zur Ebene der optischen Axe steht. Das Resultat der Untersuchung spricht sich für diesen Fall folgendermaafsen aus:

> Sind die Gränzebenen eines zweiaxigen Krystalls parallel zu der eben bezeichneten Verticalen und ändert sich ihre Stellung in der Art stetig, dafs sie zuerst zu einer, zuletzt zur andern der Mittellinie senkrecht sind, so erhält man der Reihe nach Hyperbeln, Parabeln, Ellipsen, Kreise, Ellipsen, Parabeln, Hyperbeln.

Ferner untersucht Hr. Zech die Curven, die entstehen, wenn die Gränzflächen des Krystalls parallel zu der einen und zu der andern Mittellinie sind. Das betreffende Resultat giebt er wie folgt an:

> Wenn die Gränzebenen parallel zur ersten Mittellinie sind, so erhält man stets Hyperbeln; dagegen der Reihe nach Hyperbeln, Parabeln, Ellipsen, gerade Linien, Hyperbeln, wenn die Gränzebenen parallel zur zweiten Mittellinie sind.

Schliefslich beschäftigt sich der Verfasser noch damit, die Intensität auf diesen Curven zu berechnen. *Hg.*

Fernere Literatur.

J. Calandrelli. Sulla rifrazione solare. Riflessioni ed osservazioni. Cimento V. 132-152.

O. F. Mossotti. Nuova theoria degli stromenti ottici. Cimento VI. 163-172, 241-288, 321-352, 459-474.

Porro. Perfectionnement des objectifs pour la photographie. Discussion de l'objectif simple pour la lumière homogène. Cosmos X. 485-486, 512-514, 544-548.

— — Sur la théorie des objectifs. Cosmos X. 654-656; XI. 13-15, 36-39.

---

15. Lichtentwicklung und Phosphorescenz.

E. Becquerel. Recherches sur divers effets lumineux qui résultent de l'action de la lumière sur les corps. C. R. XLV. 815-819†; Inst. 1857. p. 378-379; Arch. d. sc. phys. (2) I. 189-191; Cosmos XI. 612-615.

Hr. Becquerel hat in dieser Arbeit theils seine schon früher gefundenen Gesetze über Phosphorescenz zu bestätigen gesucht, theils neue aufgestellt. Ueber diese Untersuchung liegt uns jetzt im Verein mit einer zweiten, denselben Gegenstand behandelnden, Arbeit (C. R. XLVI. 969-975) ein ausführlicherer Bericht (Ann. d. chim. LV. 5-119) vor. Wir werden deshalb, um in der Ordnung zu verfahren, in diesem Jahrgang nur die Resultate angeben, die der Verfasser gefunden haben will. Hr. Becquerel sucht zu zeigen, wie die Farbe und die Dauer des Lichtes des phosphorescirenden Körpers mehr von dessen physikalischer Constitution, als von seiner chemischen Zusammensetzung abhängt. Je nachdem man einen und denselben Körper auf diese oder jene Weise dargestellt hat, bei dieser oder jener Temperatur, je nachdem ändert sich die Intensität und Dauer der Phosphorescenz, wie auch die Farbe des phosphorischen Lichtes. Als besonders brauchbare künstliche Phosphore bezeichnet Hr. Becquerel das Schwefelbarium, Schwefelstrontium und Schwefelcalcium. Die Farbe, mit welcher die Körper phosphoresciren, bleibt dieselbe, welche auch die Wellenlänge der erregenden Strahlen sein mag. Von dieser Regel hat der Verfasser einige interessante Ausnahmen gefunden. Ein auf gewisse Art dargestelltes Schwefelcalcium strahlt mit violettem Licht, wenn es von dem violetten Theil *HG* des Spectrums erregt wird, mit blauem Licht wenn der ultraviolette Theil der erregende war. — Hr. Becquerel stellt sich vor, dafs jede Farbe die Phosphorescenz hervorrufen kann, dafs aber das phosphorische Licht, welches von den Strahlen, die dem rothen Theil des Spectrums nahe liegen, hervorgerufen wird, bei grofser Intensität nur eine äufserst kurze Zeit nach der Insolation dauert und deshalb nicht beobachtet werden kann. Man kann also sagen, dafs nur die Strahlen von *F* und *G* bis zur ultravioletten Gränze des Spectrums eine sichtbare Phosphorescenz hervorrufen. Setzt man einen Körper, der durch diese Strahlen phosphorescirend geworden ist, dem Theile des Spectrums von *A* bis *F* aus, so wird hierdurch sofort die Phosphorescenz vernichtet.

Die Fluorescenz, die nach der Entdeckung Stockes so schön beim schwefelsauren Chinin und Chlorophyll auftritt, erklärt Hr. Becquerel auch hier wieder, wie bei seiner ersten Auffindung dieser Erscheinung (Ann. d. chim. (3) IX. 320) für Phosphorescenz, die nur gleichzeitig mit der Insolation stattfindet, oder doch nur einige Augenblicke nach derselben fortdauert. Für diese Erklärung scheint Hrn. Becquerel besonders auch der Umstand zu sprechen, dafs Körper, die die Erscheinungen der Phosphorescenz und Fluorescenz zeigen, mit derselben Farbe fluoresciren als phosphoresciren.

Es sind nur wenige Fälle, bei denen die Farbe des phosphorischen Lichtes gleich ist der die Phosphorescenz erregenden Farbe. Im Allgemeinen ist die Wellenlänge der Strahlen, die die Körper aussenden, gröfser als die Wellenlänge des auffallenden Lichtes. Hiernach liegt der Gedanke, durch Phosphorescenz das rothe Ende des Spectrums in Wärme zu verwandeln, nahe. Versuche, die Hr. Becquerel über diesen Punkt anstellte, haben indessen bis jetzt noch zu keinem Resultat geführt.

Schliefslich deutet der Verfasser an, dafs er gefunden hat, dafs nicht nur die vom Licht getroffenen Molecüle der Körper phosphoresciren, sondern auch benachbarte. Er weist auf ein Experiment hin, das schon früher sein Vater und Biot (Becquerel traité d'électricité VI. 297) beobachtet haben und das zu demselben Resultate führt. Jene Beobachter liefsen über ein Stück Schwefelcalcium einen elektrischen Funken schlagen und bemerkten wie die leuchtend gewordene Stelle dieser Substanz immer mehr und mehr sich ausdehnte. *Hg.*

D. VAUGHAN. On the light of suns, meteors and temporary stars. Athen. 1857. p. 1182-1182; Inst. 1857. p. 359-360†; Liter. Gaz. 1857 p. 1077-1078.

Hr. VAUGHAN stellt die Hypothese auf, dafs das Leuchten der Sonne, Meteore und der verschiedenen Sterne durch eine Verdichtung des Aethers hervorgebracht werde. An der Oberfläche der Erde sei für gewöhnlich die Verdichtung des Aethers zum Leuchten nicht grofs genug, werde es aber, wenn fremde Körper mit grofser Geschwindigkeit in ihn eindringen, daher das Leuchten der Meteore und Sternschnuppen. Im Himmelsraum soll es viele nicht leuchtende Körper geben, welche Trabanten umkreisen, deren Bahnen durch ein widerstehendes Mittel so verkürzt werden, bis sie auf den Centralkörper fallen, hier zerspringen, die leuchtenden Fragmente von ihm zurückfliegen und nun so lange einen leuchtenden Ring um ihn bilden, bis der Aether nicht mehr die entsprechende Dichtigkeit hat. — In der Nähe der Sonne ist der Aether stets so verdichtet, dafs er leuchtet. *P.*

KÖLLIKER. Ueber die Leuchtorgane der Leuchtkäfer. Berl. Monatsber. 1857. p. 392-393; Arch. d. sc. phys. XXXVI. 77-78; Inst. 1857. p. 436-436.

Der Verfasser findet dafs die Leuchtorgane der Käfer mit Nerven versehen und vom Willen abhängig sind. Nervenreize bringen helles Leuchten hervor, Nervengifte wie Blausäure und Coniin heben dasselbe auf. In den Leuchtorganen finden sich Zellen welche angefüllt sind mit Körnchen von harnsaurem Ammoniak, das durch Zurückwerfung das Licht verstärken soll. *P.*

Herapath. Phosphorescence des insectes. Cosmos X. 540-540.

Hr. Herapath hat in den Leuchtorganen keine Spur von Phosphor finden können, er glaubt das Licht werde von Organen hervorgebracht, die eine Kohlenstoff und Wasserstoff enthaltende Substanz absondern. *P.*

A. Vogel jun. Ueber eine Lichterscheinung durch Reibung. N. Jahrb. f. Pharm. VII. 366-366†.

Hr. Vogel theilt ein neues Beispiel mit von der Lichtentwickelung durch Reibung. Beim Anschleifen eines starken Glasstabes auf einem rotirenden Schleifstein, bemerkte er eine so deutliche Lichtentwickelung, dafs er anfänglich geneigt war, selbige als den Reflex einer nahen Kerzenflamme anzusehen. Am deutlichsten ist die Erscheinung, wenn man im Dunkeln einen dicken Glaspistill an einen schnell rotirenden Schleifstein mit Gewalt andrückt. Es zeigt sich dann ein Funkensprühen mit mennigrother Farbe. *Hg.*

---

16. Spiegelung und Brechung des Lichtes.

W. Hankel. Ueber farbige Reflexion des Lichtes von matt geschliffenen Flächen bei und nach dem Eintritt einer spiegelnden Zurückwerfung. Leipz. Ber. 1856. p. 163-166; Pogg. Ann. C. 302-306†; Z. S. f. Naturw. IX. 468-469.

Hr. Hankel führt zunächst die den Glasschleifern schon lange bekannte Erscheinung an, dafs das Bild einer Flamme, die von einer matten Glasfläche reflectirt wird, bei einem Incidenzwinkel, der von der Feinheit des Schliffes abhängt, roth erscheint. Er knüpft hieran seine interessante Beobachtung, dafs bei allmäliger Vergröfserung des Einfallwinkels die Farbe des Bildes erst orange, dann gelb, schliefslich farblos werde. *Hg.*

J. Grailich und A. Handl. Note über den Zusammenhang zwischen der Aenderung der Dichten und der Brechungsexponenten in Gemengen von Flüssigkeiten. Wien. Ber. XXV. 515-519†; Inst. 1857. p. 323-324; Krystallographisch-optische Untersuchungen von J. Grailich. Wien 1858, p. 230-236†.

Die Verfasser vermutheten, dafs die Gröfse der Contraction, welche bei Mischung von zwei Flüssigkeiten eintritt (wobei aber keine chemische Verbindung entstehen darf), in naher Beziehung zur Aenderung der Fortpflanzungsgeschwindigkeit stehe. Sie fanden ihre Vermuthung bestätigt. — Man bezeichne durch v_1 v_2 die Volumina zweier Flüssigkeiten von den Dichten d_1 d_2. Ganz unabhängig von der Erklärung der Contraction wird sich das Volum V der Mischung darstellen lassen durch:

$$V = v_1 + v_2 + av_1^2 + bv_1v_2 + cv_2^2 + dv_1^3 + ev_1^2v_2 + fv_1v_2^2 + gv_2^3 + \dots$$

Setzen wir $v_1 = 0$ so ist $V = v_2$, es müssen also die Coëfficienten, die v_2^2, v_2^3 .... enthalten, für sich gleich Null sein, aus denselben Gründen auch die Coëfficienten von v_1^2, v_1^3 .... Es wird also:

$$V = v_1 + v_2 + bv_1v_2 + ev_1^2v_2 + fv_1v_2^2 + iv_1^3v_2 + \dots$$

oder mit Vernachlässigung der Glieder der vierten Ordnung

$$V = v_1 + v_2 + \delta v_1 v_2,$$

wo

$$\delta = b + cv_1 + fv_2,$$

δ kann leicht durch die Beobachtung der Volumina v_1 v_2 und V oder auch der entsprechenden specifischen Gewichte ermittelt werden. Es ist die Dichte der Mischung

$$D = \frac{v_1 d_1 + v_2 d_2}{v_1 + v_2 + \delta v_1 v_2}.$$

Es mögen nun c_1 c_2 die Geschwindigkeiten mit denen das Licht sich durch die beiden Flüssigkeiten fortpflanzt, bezeichnen, t_1 t_2 die Zeiten, in welchen es die Flüssigkeit vom Volum v_1 und v_2 (bei gleichen Querschnitten dieser Volumina) durchschreitet und C, T und V die entsprechenden Gröfsen für die Mischung, so wird:

$$C = \frac{V}{T} = \frac{v_1 + v_2 + \delta v_1 v_2}{t_1 + t_2 + \tau t_1 t_2},$$

wobei T in derselben Weise, wie oben V, nach t_1 und t_2 in eine Reihe entwickelt wurde, und τ ein dem δ analoger Coëfficient ist. Dividirt man nun beiderseits durch c (die Geschwindigkeit des Lichtes in der Luft) und führt für t_1 und t_2 die Gröſsen $\frac{v_1}{c_1}$, $\frac{v_2}{c_2}$ ein, so wird, wenn n_1 n_2 N die Brechungsexponenten der ersten und zweiten Flüssigkeit und der Mischung bezeichnen

$$N = \frac{n_1 v_1 + n_2 v_2 + \Theta n_1 n_2 v_1 v_2}{v_1 + v_2 + \delta v_1 v_2},$$

Durch die Beobachtung von D und N läſst sich nun aus den beiden gegebenen Gleichungen δ und $\frac{\tau}{c} = \Theta$ bestimmen. Es zeigt sich nun aus den angeführten Tabellen, daſs $\frac{\delta}{\Theta}$ gewöhnlich nahe 2 ist. Wir führen eine der Tabellen hier an:

Volumverhältniss Wasser	Alkohol	Brechungs-exponent	Dichte	δ	Θ	$\frac{\delta}{\Theta}$
2	8	1,3662	0,859	−0,014	−0,0072	2,0
3	7	1,3651	0,880	−0,012	−0,0061	2,0
4	6	1,3633	0,902	−0,011	−0,0055	2,0
5	5	1,3629	0,9275	−0,012	−0,0060	2,0
6	4	1,3592	—	—	—	—
7	3	1,3544	0,960	−0,010	−0,0045	2,2
8	2	1,3471	0,972	−0,008	0,0041	2,0
9	1	1,3407	0,984	−0,005	0,0020	2,5
10	0	1,3339	1,000	—	—	—

Bei der Mischung von Salmiaklösung und Wasser ergab sich $\frac{\delta}{\Theta} = \frac{3}{2}$. Für die andern Mischungen, nämlich Wasser mit Schwefelsäure, mit Salpetersäure und endlich mit Holzgeist, ergab sich $\frac{\delta}{\Theta} = 2$. *Hg.*

J. JAMIN. Mémoire sur la mesure des indices de réfraction des gaz. Ann. d. chim. (3) LIX. 282-303†,

Mit Hülfe der FRESNEL'schen Spiegel läſst sich der Theorie nach das relative Brechungsverhältniſs zweier Substanzen ermitteln. Man braucht nur zwei gleiche Schichten beider Körper in die beiden Strahlenbündel einzuschalten, die auf die Spiegel fallen und die Verschiebung der Interferenzstreifen zu beobachten. Praktisch würde sich diese Methode nicht gut anwenden lassen, da die Lichtbündel zu nahe aneinander liegen. Hr. Jamin giebt hier ein Mittel an, sie bedeutend zu trennen. Er verfährt auf folgende Weise. Durch eine schmale Spalte fallen Sonnenstrahlen oder die Strahlen einer andern intensiven Lichtquelle in ein dunkles Zimmer. Diese Spalte ist durch einen undurchsichtigen Schirm quer durchschnitten, so dafs also zwei Lichtbündel von derselben ausgehen. Diese werden am andern Ende des Zimmers von einem Hohlspiegel aufgenommen, dessen Axe schräg gegen das auffallende Licht steht. Hier werden sie reflectirt, im Brennpunkt des Spiegels vereinigt und bilden daselbst ein verkleinertes intensives Bild der Spalte. Jetzt trennen sich die beiden Lichtbündel wieder, fallen auf die Fresnel'schen Spiegel und geben nach der Reflexion von denselben die Interferenzstreifen. Haben diese Bündel von der Spalte bis zum Spiegelbrennpunkt gleiche Medien durchschritten, so haben sie bei diesem gleiche Schwingungsphasen und man beobachtet an den Fresnel'schen Spiegeln dieselbe Lage der Interferenzstreifen, als wenn Strahlen direct von einer leuchtenden Linie aufgefallen wären. Und ferner wird jeder Gangunterschied, den in seinem Wege ein Strahl gegen den andern erleidet, sich auch in einer Verschiebung der Fransen bemerkbar machen. Hierauf beruht die Jamin'sche Methode. Jedes der beiden Lichtbündel geht, ehe es zum Hohlspiegel gelangt, durch eine 1^m lange Röhre hindurch. Diese beiden Röhren sind durch planparallele Glasplatten an ihren Enden verschlossen. Jamin beschreibt näher die Vorrichtung, wie er die Röhren mit Gas von beliebigem Drucke (der durch Manometer gemessen wurde) füllen konnte. Nehmen wir an, eine Röhre sei luftleer, die andere mit Gas gefüllt, so wird, da die beiden Strahlenbündel optisch ungleich dichte Medien zu durchdringen haben, eine Verschiebung der Interferenzstreifen eintreten. Durch einen gleich näher zu beschreibenden Compensator wird der Gangunterschied wieder ausgeglichen und die Streifen zu der Stelle zurückgeführt, wo sie standen, als beide Röhren mit Gas von demselben Druck angefüllt waren. Aus der Angabe des Compensators läfst sich dann durch eine Rechnung, auf die Jamin näher eingeht, berechnen, wie sich die Fortpflanzungsgeschwindigkeit des Lichtes in dem betreffenden Gase verhält zur Fortpflanzungsgeschwindigkeit im luftleeren Raum. Der Compensator von SOLEIL und DUBOSCQ, der dem JAMIN'schen zu Grunde liegt, ist wie folgt eingerichtet. Ein horizontaler getheilter Kreis trägt zwei bewegliche Alhidaden, auf welchen vertical zwei planparallele Glasplatten befestigt sind. Stehen die Alhidaden gerade entgegengesetzt, so ist die eine Platte die Fortsetzung der andern. Verrückt man eine Alhidade, so bleiben die Einfallswinkel der beiden Strahlenbündel auf die Platten nicht mehr dieselben und die Strahlen haben ungleiche Wege im Innern der Platten zu durchlaufen. Durch diesen Compensator könnten, wenn man ihn vor die beiden Röhren des oben beschriebenen Apparates setzt, die ungleichen Geschwindigkeiten in jenen neutralisirt werden. Nur hat diese Vorrichtung den Nachtheil, daſs bei bedeutenderen Incidenzwinkeln der einfallende Strahl zu sehr (parallel mit sich selbst) seitwärts gerückt würde und alsdann bei der JAMIN'schen Methode keine genaue Vereinigung beider Strahlenbündel im Brennpunkt des Hohlspiegels stattfände. Herr JAMIN hat durch eine einfache und sinnreiche Methode leicht diesen Fehler beseitigt. Er ersetzt den einfachen beschriebenen Compensator durch einen andern Apparat, der aus vier planparallelen Platten von derselben Stärke besteht. Dieser Compensator befindet sich gleichfalls vor beiden Röhren und zwar ist er so aufgestellt, daſs jedes der beiden Lichtbündel zwei Platten durchdringen muſs. Zwei Platten sind dicht hinter einander unverstellbar so befestigt, daſs das betreffende Strahlenbündel senkrecht auf sie fällt. Die beiden andern sind um eine verticale Axe verstellbar und werden in einer solchen Lage erhalten, daſs sie gegen den auffallenden Strahl gleich aber entgegengesetzt geneigt sind. Hierdurch wird erreicht, daſs der letztere Strahl einmal einen (von der Neigung beider Spiegel abhängigen) gröſseren Weg zu durchlaufen hat, als der andere, und dann zugleich, daſs er nach dem Austritt aus den Platten keine seitliche Verschiebung gegen den eintretenden Strahl erlitten hat.

Hr. JAMIN stellt nun mit diesem Apparat seine Versuche zur Bestimmung der Brechungsexponenten der Gase an. Um für ein bestimmtes Gas z. B. für atmosphärische Luft den Brechungsindex zu erhalten unternimmt er eine Versuchsreihe. Bei der ersten Beobachtuug ist der Druck der atmosphärischen Luft in der einen Röhre wenig verschieden von dem Druck der atmosphärischen Luft in der andern. Bei der zweiten Beobachtung ist diese Verschiedenheit schon gröfser, und so fährt er fort bis bei der letzten Beobachtung die eine Röhre fast luftleer ist, während in der andern Röhre annähernd immer Luft von nahe gleichem Drucke sich befindet. Aus jeder einzelnen Beobachtung läfst sich der Brechungsindex berechnen und zwar nach folgender Formel:

$$k_0^2 - 1 = \frac{760(1+at)}{(H-H')} \frac{4e}{E} \frac{\sin\frac{i}{2}\sin\frac{i-r}{2}}{\cos\frac{r}{2}},$$

$k_0^2 - 1$ ist die brechende Kraft des Gases, also k_0 der Brechungsindex und zwar bei einer Temperatur von 0 Grad und bei einem Druck von 760mm. a bedeutet den Ausdehnungscoëfficienten des Gases. H ist der Druck des Gases in der einen Röhre, der mit dem Druck der äufsern Luft gleich erhalten wird. H_1 ist der Druck des Gases in der andern Röhre. E bedeutet die Länge jeder Röhre, e die doppelte Stärke der einzelnen Compensatorplatte. Endlich bedeutet i den Einfallswinkel des einen Strahlenbündels auf die verstellbaren Platten und v ist bestimmt durch die Gleichung

$$\frac{\sin i}{\sin r} = n,$$

wo n den Brechungsindex des Glases der Compensatorplatten angiebt. Die erhaltenen Resultate stellt Hr. Jamin in folgender Tabelle mit den von Dulong, und Biot und Arago erhaltnen Zahlen zusammen.

	Nach Jamin	Nach Biot und Arago	Nach Dulong
Atmosphärische Luft k_0 =	1,000294	1,000294	—
Sauerstoff	1,000275	1,000280	1,000272
Wasserstoff . . .	1,000143	1,000142	1,000138
Kohlensäure . . .	1,000450	1,000449	1,000449
Stickstoffoxydul . .	1,000507	—	1,000503

Hr. Jamin zeigt schliefslich, dafs die Genauigkeit seiner Methode nicht unbegränzt ist, sondern dafs sie wohl kaum gröfser ist, als die bei den bisherigen Beobachtungsweisen. *Hy.*

J. JAMIN. Recherches sur les indices de réfraction. C. R. XLV. 892-894†; Inst. 1857. p. 389-389; SILLIMAN J. (2) XXV. 265-266; Cosmos XI. 677-678.

Hr. JAMIN hat mit Hülfe seines Interferentialrefractors (siehe Berl. Ber. 1856. p. 247) die Aenderung des Brechungsindex in Wasser von verschiedenem Druck bestimmt und auch den Brechungsindex des Wasserdampfs ermittelt. Diese Untersuchung hat der Verfasser im Jahre 1858 ausführlicher beschrieben (Ann. d. chim. (3) LII. 163-188) und es soll daher im nächsten Jahrgang der Berliner Berichte eingehender hierüber referirt werden. *Hg.*

A. BEER und P. KREMERS. Ueber die Brechungsindices einiger wässerigen Salzlösungen. POGG. Ann. CI. 133-138; Z. S. f. Naturw. X. 382-383.

Die Verfasser bestimmten die Brechungsindices der Lösungen vieler verschiedener Salze. Sie bedienten sich eines BABINET'schen Goniometers. Der Fehler des Winkels bei Bestimmung des Minimums der Ablenkung betrug höchstens 1,5 Minuten, so dafs also in den Zahlen, die den Brechungsindex darstellen, der Fehler in der vierten Decimale auftritt. Zur Bestimmung des Indices wandten sie nicht die FRAUNHOFER'schen Linien des Sonnenspectrums an, sondern einfaches rothes Licht. Von jedem einzelnen Salze stellten sie sich zwei Concentrationen dar. Von jeder wurde der Grad der Concentration und der Brechungsindex bestimmt. Unter der Annahme, dafs sich mit hinreichender Genauigkeit der Ueberschufs des Index der betreffenden Lösung über den des Wassers als eine Function

$$y = ax + bx^2$$

von dem Salzgehalt x der Lösung darstellen lasse, kann man aus den angestellten zwei Beobachtungen die Constanten a und b ermitteln, und mit Hülfe dieser Constanten die Brechungsindices von Lösungen berechnen, die alle denselben Gehalt an Salzatomen besitzen. Auf diese Weise haben die Verfasser folgende zwei Tabellen gefunden.

41,5 Atome in 100 Gew. Wasser.		30,9 Atome in 100 Gew. Wasser.	
Cl Li	1,3622	Cl Ca	1,3669
Cl K	1,3646	Cl Sr	1,3709
Cl Na	1,3664	Cl Ba	1,3738
Br K	1,3783	Br Ca	1,3775
Br Na	1,3813	Br Sr	1,3806
I K	1,4028	Br Ba	1,3831
I Na	1,4054	I Ba	1,4059

Aus diesen Tabellen ersieht man erstens, wie der Index an Gröfse zunimmt, wenn ein und dasselbe Metall der Reihe nach mit Cl, Br und I verbunden auftritt, deren Atomgewichte in eben dieser Folge wachsen. Dasselbe beachtet man auch sowohl bei den Verbindungen des Chlors als auch des Broms mit den Metallen der drei alkalischen Erden Ca, Sr und Ba, welche letztere auch wieder in dieser Reihe wachsen. Nur die Na Verbindungen machen von dieser Regel eine Ausnahme. Die Verfasser deuten auf analoges Verhalten der Ausdehnungscoëfficienten (Berl. Ber. 1857. p. 80) und Löslichkeitscurven (Berl. Ber. 1856. p. 185) der drei Salze ClLi, ClNa und ClK hin, wie auch auf dieselbe Reihenfolge in Betreff der elektrischen Leitung der entsprechenden Metalle Li, Na und K (Pogg. Ann. C. 177). *Hg.*

P. Kremers. Ueber das Brechungsvermögen einiger Salzlösungen. Pogg. Ann. CI. 459-464; Z. S. f. Naturw. X. 383-384.

Hr. Kremers sucht in dieser Arbeit Resultate zu gewinnen, wenn er anstatt den Brechungsindex, wie in voriger Arbeit, das Brechungsvermögen $\left(\frac{n^2-1}{d}\right.$, wo n den Index und d die Dichtigkeit bedeutet$\left.\right)$ in Betracht zieht. Er berechnet aus den mit Beer gefundenen Zahlen die Brechungsvermögen und stellt sie zu Tabellen zusammen, von denen wir eine hier wiedergeben:

30,9 Salzatome in 100 Gew. Wasser.

	Cl.	Br.	I.
Ca	0,770	0,727	
Sr	0,735	0,697	
Ba	0,704	0,677	0,672

Man sieht hieraus, dafs die betreffenden Werthe der Brechungsvermögen von links nach rechts und von oben nach unten abnehmen. Dasselbe gilt auch von den Differenzen je zweier aufeinander folgender Zahlen, so ist z. B. Cl Sr — Cl Ba = 31 kleiner als Cl Sr — Cl Ca = 35 u. s. f. Nach beiden bezeichneten Richtungen hin nimmt das Gewicht der Atome immer zu. — Das Resultat spricht sich also folgendermafsen aus: das Brechungsvermögen des Wassers nimmt mit dem Zusatz an Salz ab und zwar um so mehr, je schwerer die Atome des zugesetzten Salzes sind.

Anstatt nun mit Hülfe der Formel $\frac{n^2 - 1}{d}$ zu operiren, wendet er ferner auch die Formel $\frac{n}{dn^1}$ an, in welcher n der Index der Salzlösung, n^1 der des Wassers ist. Er kommt hierbei zu demselben Resultat. Andere willkürliche Formeln, denen man keinen nähern Zusammenhang mit der Sache beilegen kann, wie $\frac{n - n^1}{d}$, zeigen, wie der Verfasser bemerkt, nicht jene Regelmäfsigkeiten. *Hg.*

17. Interferenz des Lichtes.

V. S. M. VAN DER WILLIGEN. Ueber die Constitution der Seifenblasen. POGG. Ann. CII. 629-633.

Der Verfasser erklärt die merkwürdigen Erscheinungen, welche eine Seifenblase zeigt, dadurch, dafs er annimmt, die Blase werde durch zwei Schichten gebildet; die untere derselben sei wässerig und diene gewissermafsen als Träger, während die obere die farbige ist und aus sehr dünnflüssiger Fettsäure zu bestehen scheint. Er schätzt die Dicke dieser oberen Schicht ungefähr auf $\frac{1}{8}$ Wellenlänge. Sie gleitet leicht auf der untern Schicht fort und die Dicke ihres obersten Randes und somit auch die Farbe hängt ab von der gröfseren oder geringeren Flüssigkeit des Oels und von der Spannung, die auf diesen Rand wirkt. *Hg.*

18. Spectrum. Absorption des Lichtes. Subjective Farben.

J. H. Gladstone. On the use of the prism. in qualitative analysis. J. of chem. Soc. X. 79-91†; Inst. 1857. p. 251-252; Athen. 1857. p. 217-217; Liter. Gaz. 1857. p. 164-164; Z. S. f. Naturw. X. 52-53; Silliman J. (2) XXIV. 263-264.

— — On an optical test for didymium. J. of chem. Soc. X. 219-221†; Silliman J. (2) XXV. 100-100.

— — On the colour of salts in solution, each constituent of which is coloured. Athen. 1857. p. 1184-1184; Phil. Mag. (4) XIV. 418-423; Inst. 1857. p. 375-375†; Liter. Gaz. 1857. 1078-1078.

— — On the effects of heat on the colour of dissolved salts. Athen. 1857. p. 1185-1185; Phil. Mag. (4) XIV. 423-426†; Inst. 1857. p. 375-375.

— — On the chemical action of water upon soluble salts. Proc. of Roy. Soc. IX. 66-70; J, of chem. Soc. XI. 36-49; Phil. Mag. (4) XVI. 66-69.

Hr. Gladstone macht die Chemiker darauf aufmerksam, wie wichtig in der Analyse der Gebrauch des Prisma sei, besonders wenn man den Gegenstand so beleuchtet, dafs die Fraunhofer'schen Linien gesehen werden können. Salze welche nach der Farbe in eine Klasse kommen würden, können durch charakteristische dunkle Streifen deutlich unterschieden werden.

Durch viele Beispiele sucht der Verfasser das Gesetz zu begründen, dafs alle Zusammensetzungen einer besonderen Basis oder Säure dieselben Wirkungen auf das Licht hervorbringen; dafs die Verschiedenheiten, wie z. B. bei Chromsalzen daher kommen, dafs beim Durchdringen tieferer Schichten immer mehr Farben absorbirt werden.

In der zweiten Arbeit zeigt der Verfasser, dafs das Didymium durch zwei starke schwarze Linien im Gelb bei D und im Grün zwischen E und b ausgezeichnet ist.

Wenn gefärbte Salze erhitzt werden, so ändert sich bei einigen die Farbe nicht, bei andern wird sie intensiver und ändert ein wenig ihren Charakter; bei noch andern wird die Farbe gänzlich geändert. Zuweilen wirkt die Hitze ebenso wie eine Vergröfserung der Dicke der Schicht der kalten Lösung oder wie eine Vergröfserung der Concentration z. B. bei Chlorkupfer.

Bei den Untersuchungen über die Wirkung des Wassers in Beziehung auf die Farbe von Salzen, die in Wasser löslich sind, ist der Verfasser zu keinen allgemeinen Resultaten gekommen.

Besteht ein Salz aus einer farbigen Basis und einer farbigen Säure, so läfst es nur solche Strahlen hindurch, welche durch die getrennten Substanzen gehen. Namentlich bei den Haloidsalzen finden sich von dieser Regel Ausnahmen. *P.*

E. Lenssen. Zur Farbenlehre. Liebig Ann. CIV. 177-184†; Chem. C. Bl. 1858. p. 156-157.

Der Verfasser theilt die Elemente nach ihren chemisch-physikalischen Eigenschaften in Gruppen von je drei Individuen, Triaden; eine solche Triade bilden z. B. Kalium, Natrium, Lithium. Es werden nun Beispiele dafür angeführt, dafs die Farbenerscheinungen, welche die Triaden zeigen, sei es in elementarem Zustande oder in ihren analogen Verbindungen mit Sauerstoff, complementär sind, und dafs die Farbe der Metalloxyde von der Affinität des Sauerstoffs zum Element abhängt, dafs die innigsten Sauerstoffverbindungen farblos, die loseren gefärbt sind. *P.*

Dove. Ueber eine Methode Interferenz- und Absorptionsfarben in beliebigem Verhältnifs zu mischen. Berl. Monatsber. 1857. p. 217-221; Pogg. Ann. CI. 298-302.

Die Methode beruht auf folgenden Thatsachen. Fällt Licht auf eine farblose unbelegte Glasplatte, so erhält das Auge zwei Lichtmassen, die eine, welche von der Vorderfläche reflectirt ist, die zweite welche in das Innere eingedrungen von der Hinterfläche reflectirt durch die Vorderfläche wieder heraus zum Auge gelangt. Das erste Licht ist unter einem bestimmten Winkel vollständig polarisirt, das andere fast gar nicht; durch einen Nicol betrachtet kann daher das erste vollständig zum Verschwinden gebracht werden, das zweite nicht. Läfst man daher Licht auf einen Metallspiegel fallen, so erhält man das Licht der Lichtquelle, benutzt man einen belegten Spiegel aus farbigem Glase, so erhält man das von der Vorderfläche reflectirte Licht der Lichtquelle und das durch Absorption im Innern veränderte. Betrachtet man diese beiden Lichtmassen durch einen Nicol, so erhält man nur das durch Absorption veränderte.

Fällt das Licht auf einem schwarzen Spiegel, und schiebt man zwischen Nicol und Spiegel eine Gipsplatte, so erscheinen die Interferenzfarben. Schiebt man zwischen den belegten farbigen Spiegel und das Nicol das Gipsblättchen, so erhält man die Interferenzfarben und die des theilweis absorbirten Lichtes. Um die Absorptionsfarben von Flüssigkeiten zu studiren, kann man dieselben entweder auf Quecksilber oder in ein Gefäfs giefsen, dessen Boden ein belegter Spiegel ist.

Mit Hülfe der vorher gegebenen Farbencombination kann auch bewiesen werden, dafs unser Urtheil über die Farben davon abhängt, welche Farben daneben gesehen werden; denn betrachtet man einen Gipskeil auf zwei verschiedenfarbige Gläser projicirt durch einen Nicol, so erscheint das Weifs auf beiden verschieden, aber so wenig, dafs es auf einer Farbe allein für Weifs gehalten wird. *P.*

J. C. Maxwell. Account of experiments on the perception of colour. Phil. Mag. (4) XIV. 40-47.

Die Arbeit schliefst sich an eine frühere an, über welche im Berl. Ber. (1855. p. 281) berichtet ist; die Versuche haben den Zweck, die Empfindlichkeit des menschlichen Auges in der Unterscheidung von Farben zu prüfen. Der Apparat ist derselbe, wie der früher beschriebene. Die Scheiben werden immer so zusammengestellt, dafs eine der sechs angenommenen Farben fehlt, und dafs der Eindruck der innern und äufsern Farbe derselbe wird. Auch hier betragen die Unterschiede in der Gröfse der Sectoren bei demselben Eindruck nur 0,01 des Kreises.

P.

M. Faraday. On the relations of gold and other metals to light. Proc. of Roy. Soc. VIII. 356-361; Phil. Trans. 1857. p. 145-181; Athen. 1857. p. 824-825; Phil. Mag. (4) XIV. 401-417, 512-539; Pogg. Ann. CI. 316-320; Liter. Gaz. 1857. p. 231-232, p. 669-670; Arch. d. sc. phys. (2) I. 33-47; Silliman J. (2) XXIV. 269-271; Cosmos X. 276-278; Ann. d. chim. (3) LIII. 60-68.

Der Verfasser untersucht, wie die Körper, welche schon für gewöhnlich ein eigenthümliches Verhalten gegen das Licht zeigen, auf das Licht wirken, wenn sie in so kleinen Theilen angewendet werden, dafs ihre Dimensionen kleiner als die einer Lichtwelle sind.

Goldblätter, wie sie von den Goldschlägern geliefert werden, haben eine Dicke von $\frac{1}{282000}$ Zoll, die Dicke von $7\frac{1}{2}$ demnach gleich der Länge einer rothen, 5 gleich der einer violetten Welle. So dünnes Gold reflectirt gelbes Licht und läfst grünes durch. Diese Goldblättchen lassen sich noch dünner machen, indem man sie auf Wasser legt, das auf Glas ausgebreitet ist, fügt man Cyankalium hinzu, so werden fremde Metalle, welche das Gold enthält, aufgelöst, die Lösung und das Wasser läfst sich entfernen und das Blatt ist dann dünner. Ein so dünnes Blatt wirkt nicht anders auf das Licht wie das dickere, selbst nicht wenn es sich in einem starken Magnetfelde befindet. Das auffallende einfarbige Licht wird weder durch Reflexion noch durch Transmission geändert.

Gold in fein vertheiltem Zustande erhält man auch, wenn Goldlösung mit Phosphordämpfen in Verbindung gebracht wird, das Gold wird reducirt und bildet Häutchen, die sehr dünn sind; doch auch sie verändern das Licht nicht.

Das Gold, welches durch Zerspringung eines Golddrathes durch eine Batterieentladung erhalten wird, ist ebenfalls sehr fein zertheilt, es zeigt verschiedene Farben, Rubinroth, Violett, Purpur, Grün und Grau. Erhitzt man die Theilchen, so ändern sie sich und lassen besonders rubinrothes Licht durch; die Reflexion ist geringer, wird aber wieder stärker, wenn man das Blättchen mit einer polirten convexen Achatfläche drückt. Bringt man in eine verdünnte Goldlösung eine Schicht Phosphor, der durch Abdampfen aus einer Lösung in Schwefelkohlenstoff erhalten ist, so färbt sich die Lösung nach einigen Stunden rubinroth, und diese Färbung nimmt nach innerhalb 2 bis 3 Tagen zu. Diese Färbung rührt nach dem Verfasser von fein vertheiltem Golde her, denn läfst man die Lösung lange stehn, so setzen sich die Theilchen zu Boden, und läfst man einen Lichtkegel hineinfallen, so reflectiren sie gelbes Licht und erscheinen als Wolke in der Flüssigkeit. Setzt man wenige Tropfen gewöhnlicher Salzlösung hinzu, so wird die Flüssigkeit violett; auch jetzt sind es noch feste Theilchen, welche die Farbe hervorbringen, sie fallen schneller zu Boden, wie vor dem Zusatze der Salzlösung. Durch das stärkste Mikroskop können die Theile nicht erkannt werden. Hiernach meint der Verfasser dafs auch die Farbe des durch Gold rubinroth gefärbten Glases von fein vertheiltem Golde herrühre. *P.*

J. W. Draper. On the diffraction spectrum. Remarks on Eisenlohr's recent experiments. Phil. Mag. (4) XIII. 153-156†.

Die Notiz enthält Prioritätsansprüche in Beziehung auf Eisenlohr's Arbeit in Pogg. Ann. 1856. Hiernach hat der Verfasser in einem Werk von 1844 „On the Forces which produce the Organisation of Plants," die Methode angegeben, das Beugungsspectrum objectiv darzustellen, wobei angegeben ist, dafs das von einem versilberten Glasgitter reflectirte Spectrum glänzender ist als das durchgelassene; dafs der Verfasser durch ein solches Spectrum die Wellenlängen gemessen hätte, dafs die Strahlen jenseit des Gelb die entgegengesetzte Wirkung der chemischen hätten, d. h. eine begonnene chemische Wirkung aufhöben, und dafs er Versuche mit Thermoelementen gemacht hätte um die Wärmewirkung im Diffractionsspectrum zu bestimmen; dafs er vermuthe Licht- und Wärmestrahlen unterscheiden sich so, dafs erstere transversal, letztere normal wie die des Schalles schwingen, und dafs die Vertheilung der Wärme im Diffractionsspectrum identisch mit der des Lichtes sei. *P.*

W. B. Herapath. On the optical characters of certain alkaloids associated with quinine, and of the sulphates of their iodo-compounds. Proc. of Roy. Soc. VIII. 340-343; Phil. Mag. (4) XIV. 224-226; Chem. Gaz. 1857. p. 96-98; Erdmann J. LXXII. 104-105; Inst. 1858. p. 80-81.

Der Verfasser hat Chinidin und Cinchonidin in Beziehung auf Fluorescenz untersucht, und gefunden, dafs Chinidin, das er so Chinin nennt, fluorescirt, Cinchonidin nicht. Chinin fluorescirt schon, wenn es in 700000 Theilen schwefelsäurehaltigen Wassers gelöst ist. Ferner hat der Verfasser noch ein Alcaloid gefunden, das ähnlich krystallisirt wie Chinidin und Cinchonidin, das auch fluorescirt, sogar wenn es in Chloroform gelöst auf Glas zur Trockene verdampft ist.

Reines Cinchonidin mit Jod und Schwefelsäure verbunden verhält sich zur Absorption des Lichtes ähnlich wie die künstlichen Turmaline, und unterscheidet sich von ihnen nur durch das reflectirte Licht. *P.*

J. W. Mallet. Notice of a supposed new case of fluorescence. Silliman J. (2) XXIII. 434-434†.

Ammonium thionuretum wurde mit Salzsäure gekocht, die Lösung zeigte dieselbe Fluorescenzfarbe wie das schwefelsaure Chinin. *P.*

Govi. Action des rayons fluorescents sur le diamant. Inst. 1857. p. 274-274†.

Hr. Govi hat beobachtet, dafs die Fluorescenz erregenden Strahlen in verschiedenen Diamanten verschiedene Farben erregen, in den einen Rubin- in den andern Türkisfarben. *P.*

J. Grailich. Ueber Fluorescenz. Verh. d. Presburg. Ver. 1857. 1. p. 11-18†.

Hr. Grailich benutzt bei Fluorescenz Untersuchungen zur Vermeidung eines dunklen Zimmers, eine Blechkapsel, welche zwei seitliche Oeffnungen hat, worin unter 35° gegen den Horizont geneigte Blechröhren eingesetzt werden können, die selsbt wieder gefärbte Gläser, Nicols etc. aufnehmen. Der Boden der Kapsel ist geschwärzt, kann abgenommen werden und ist mit einer Theilung versehen um eine Drehung desselben zu messen.

Der Verfasser fand bei Krystallen, welche nicht zum tesseralen System gehören, Doppelfluorescenz.

Das Fluorescenzlicht von Calciumplatincyanür vibrirt senkrecht zur Axe des herrschenden Prismas.

Kaliumstrontium- und Natriumcalciumplanticianür fluorescirt senkrecht zur Längenaxe mit smaragdgrünem, parallel zur Axe mit schwächerem bläulichem Lichte.

Diese beiden Farben stehen in keiner Verbindung mit dem Dichroismus der Substanzen oder mit den beiden Körperfarben.

Die Schlüsse, welche der Verfasser aus seinen Beobachtungen über Fluorescenz zieht, sind zuerst von Stokes und später auch schon von andern Beobachtern aufgestellt.

Nach dem Verfasser ist die Erscheinung der Doppelfluorescenz ein Beweis dafür, dafs man in krystallisirten Körpern das Gleichgewicht der Molecüle und der Atome in diesen Molecülen unterscheiden müsse. Die Doppelfluorescenz entsteht nach ihm aus der Störung des Gleichgewichts in den Molecülen selbst.

In der Arbeit wird ferner noch hervorgehoben, dafs bei vielen Substanzen die Intensität der Fluorescenz vom Wassergehalt abhängt. Die in festem Zustande stark fluorescirenden Platinverbindungen, sind es nicht mehr in wässriger Lösung. Enthalten die Krystalle verschiedenes Krystallwasser, so ändert sich mit dem Wassergehalte die Fluorescenzfarbe. *P.*

Fürst Salm-Horstmar. Ueber eine krystallinische Substanz aus der Rinde von Fraxinus excelsior, welche eine blaue Fluorescenz erzeugt. Pogg. Ann. C. 607-611, CI. 400-400†; Erdmann J. LXXI. 250-251; Chem. C. Bl. 1857. p. 452-454.

Der Verfasser hat die blaues Fluorescenzlicht erregende Substanz in der Eschenrinde isolirt dargestellt und nennt sie Fraxin. In derselben Rinde kommt noch eine Substanz vor, welche blutrothe Fluorescenz zeigt. In dem alkoholischen Extract der Rinde beobachtet man beide Fluorescenzen gleichzeitig; läfst man einen Kegel Sonnenlicht in die Lösung einfallen, so erscheint die Flüssigkeit an dem dem Lichte zugewendeten Rande des Gefäfses blau, das rothe Licht tief in die Flüssigkeit eindringend. In einer ätherischen Lösung beobachtet man nur den rothen Kegel, da das Fraxin in Aether unlöslich ist. *P.*

C. M. GUILLEMIN. Note sur le phénomène de la fluorescence. C. R. XLV. 773-775; POGG. Ann. CII. 637-640; Cosmos XI. 556-556; Inst. 1857. p. 413-413.

Hr. GUILLEMIN findet, dafs das Phänomen der Fluorescenz erst im Innern des Körpers entsteht, und zwar in einem desto gröfseren Abstande von der Oberfläche je weniger brechbar die Strahlen sind. Sodann dafs die durch ein fluorescirendes Mittel gegangenen Strahlen dasselbe Phänomen zum zweiten Mal erzeugen können, wenn sie auf dieselbe Substanz oder eine andere fluorescirende fallen, wenn nur die Dicke der Schicht der ersten Substanz nicht zu grofs ist. Drittens, dafs die Dicke, welche man der Substanz geben mufs, damit sie alle fluorescirenden Strahlen absorbire, sehr rasch zunimmt, wenn man von den äufsersten ultravioletten gegen die rothen vorrückt.

Die Versuche, welche diese Resultate lieferten wurden so angestellt, dafs durch ein erstes Quarzprisma ein Spectrum entworfen wurde, welches zum Theil durch Quarzplatten ging, welche die fluorescirenden Flüssigkeiten zwischen sich enthielten, und dafs ein Theil dieser Strahlen durch ein zweites Quarzprisma entweder auf eine Porcellanplatte oder auf fluorescirende Substanzen fiel. *P.*

DOVE. Ueber das elektrische Licht. Berl. Monatsber. 1857. p. 211-217; POGG. Ann. CI. 292-298; Phil. Mag. (4) XIV. 383-387; Z. S. f. Math. 1857. 1. p. 350-352; Z. S. f. Naturw. X. 250-252, 385-387.

Hr. DOVE untersucht das elektrische Licht, indem er es durch farbige Gläser betrachtet. Der elektrische Büschel unterscheidet sich, je nachdem er sich von einer Spitze entwickelt, die am Hauptconductor befestigt ist, oder wenn er vom Hauptconductor nach einem andern in die Nähe gestellten überspringt; im ersteren Falle ist das Licht am Fuſse völlig violett, die Strahlen verästeln sich wenig, im zweiten ist der Fuſs des Büschels länger, die Strahlen sind weit mehr verästelt. Im luftleeren Raume zeigt sich ein ähnlicher Unterschied; ist die eine Elektrode direct mit dem Pol verbunden, so beobachtet man im Innern dasselbe röthlich-violette Licht, und der übrige Raum ist schwach erleuchtet, läſst man aber Funken in diese Elektrode überschlagen so erscheinen nur bandartige weiſse Streifen, der röthlich-violette Lichtstrom entspricht daher dem Fuſse des Büschels, die weiſslichen Bänder den Strahlen desselben.

Der Verfasser sucht nun nachzuweisen, daſs das Licht des Büschels aus zwei Lichtmassen besteht, eine welche dem elektrischen Lichte als solchem zukommt, das ist das Licht der verästelten Strahlen, und das Licht, welches den fortgeschleuderten glühenden Metalltheilchen angehört, die weiſses Licht geben, wenn sie noch stark erhitzt sind, röthliches wenn abgekühlt, eben so wie ein allmälig heiſser werdender Draht roth, orange, zuletzt weiſs wird. Diese Ansicht wird dadurch begründet, daſs das Licht des Büschels durch Kobaltglas deutlich wahrgenommen, schwächer durch ein grünes Glas, gar nicht durch ein rothes, daſs der Fuſspunkt des Büschels durch alle gefärbten Gläser gesehen wird, und daſs ein Prisma von ihm ein vollständiges Spectrum giebt, während die Strahlen des Büschels eine Farbe zeigen. Das Licht in den luftleeren mit Quecksilber gefüllten Glasröhren hat die Farbe des Schweinfurter Grün.

Läſst man den Büschel an verschiedenen Metallen entstehen, so fand der Verfasser, wie schon Faraday, daſs die Strahlen des Büschels unverändert in der Farbe blieben, auch wenn die Elektricität durch einen nassen Faden zugeleitet wurde.

Die Lichterscheinungen am Ruhmkorff'schen Apparate sind dieselben wie bei der Elektrisirmaschine.

Die Unterbrechungsstelle, welche man oft in den Funken der Elektrisirmaschine beobachtet, enthält rothes Licht und unterscheidet sich daher vom Büschel. *P.*

Fernere Literatur.

A. Forti. Valori dell' indice di refrazione di alcune sostanze transparenti in fluozione della lunghezza delle ondulazioni nel vuoto di un raggio qualunque dello spettro solare. Cimento VI. 411-423.

F. C. Calvert. On M. Chevreul's laws of colour. Liter. Gaz. 1857. p. 765-766.

F. Zantedeschi. De mutationibus quae contingunt in spectro solari fixo elucubratio. Münchn. Abh. VIII. 99-107.

19. Geschwindigkeit des Lichtes.

20. Photometrie.

F. Zöllner. Photometrische Untersuchungen. Pogg. Ann. C. 381-394, 474-475, 651-653.

Hr. Zöllner hat ein Photometer construirt, welches vor ähnlichen den Vorzug hat, dafs die beiden zu vergleichenden erleuchteten Flächen sich in einer scharfen Linie berühren und das Auge nicht die Gleichheit der Erleuchtung, sondern das Verschwinden dieser Linie beobachtet. Allerdings setzt es eine constante Lichtquelle voraus und, da wir eine solche nicht besitzen, so möchte zu verschiedenen Gattungen optischer Versuche jenes Photometer schon aus diesem Grunde nicht so brauchbar sein, wie andere, z. B. das von Wild construirte (Berl. Ber. 1856 p. 264).

Das Zöllner'sche Photometer besteht zunächst aus einer Röhre, welche an einem Ende mit einer matten Glastafel verschlossen ist. Auf diese Glasplatte fällt Licht von einer Lichtquelle, die man so viel wie möglich constant hält. Seitlich vom Rohr befindet sich noch eine kreisförmige Oeffnung, die, mit mattem Glas ebenfalls geschlossen, Licht aufnimmt, das von der zu untersuchenden Lichtquelle herkommt. Beide matten Glastäfelchen senden Licht in das Innere des Apparates. Das Licht, welches seitlich eintritt, fällt auf einen Spiegel, der so im Innern der Röhre aufgestellt ist, dafs er die eine Hälfte des Gesichtsfeldes einnimmt. Dieser Spiegel hat eine solche Neigung, dafs er das empfangene Licht nach dem offenen Ende des Rohres sendet. Der Beobachter, der sich also hier befindet, sieht das Gesichtsfeld theils erleuchtet von der am andern Ende der Röhre befindlichen matten Glasplatte, theils von dem durch den Spiegel reflectirten und hierdurch polarisirten Licht. Sind beide Lichtmengen gleich, so verschwindet die Trennungslinie im Gesichtsfelde. Um diese Gleichheit herzustellen, befindet sich vor dem Auge des Beobachters ein Nicol'sches Prisma, das man zugleich mit der Ocularröhre drehen kann; mit dieser Röhre steht die Alhidade eines getheilten Kreises in Verbindung, auf dem man also die Stellung des Prisma ablesen kann.

Aus den Versuchen, die Hr. Zöllner anstellte, um mit seinem Apparat den bekannten Satz, dafs das Quadrat der Amplitude die Intensität des Lichtstrahls mifst, durch das Experiment noch einmal zu prüfen, geht hervor, dafs die Genauigkeit des Apparates etwa $\frac{1}{50}$ bis $\frac{1}{100}$ beträgt. Wir glauben indessen gern mit dem Verfasser dafs die Genauigkeit, bei einem sorgfältiger construirten Instrument dieser Art, weiter zu treiben sei.

Hierauf wird dazu übergegangen, das Lichtentwickelungsgesetz in einem galvanisch glühenden Platindraht zu ermitteln. Da der Verfasser hierbei auf die wichtigsten farbentheoretischen Fragen eingeht, so müssen wir diesen Theil des Aufsatzes ausführlicher besprechen. Hr. Zöllner vergleicht das Licht des durch den galvanischen Strom glühend gemachten Platindrahtes mit dem Licht einer Argand'schen Lampe. Beide Lichtquellen sind verschieden gefärbt. Eine Vergleichung zweier von diesen erleuchteten Flächen wäre zu ungenau und zu subjectiv. Der Verfasser wird hierdurch auf eine Methode geleitet, das schwierige Problem zu lösen, ungleichfarbige Lichtflächen ihrer Intensität nach zu vergleichen. Diese Methode erscheint dem ersten Ansehen nach als richtige, ist es aber bei näherem Eingehen auf die Sache durchaus nicht. Es wird so geschlossen: Da man sich die Intensität des weiſsen Lichtes stets in zwei Intensitäten complementär gefärbten Lichtes zerlegt denken kann und man im Stande ist, eine jede dieser beiden Intensitäten für sich zu messen, so wird man durch Summirung der so erhaltenen Maaſse, das Maaſs für die Intensität des ursprünglich weiſsen Lichtes erhalten. Bei der Vergleichung zweier ungleich gefärbter Lichter wurde nun so verfahren, daſs man einmal ein rothes und alsdann ein möglichst complementär grünes Glas vor dem Ocular des Photometers befestigte. Bezeichnet man mit ϱ den Winkel unter dem gleiche Helligkeit der Flächen beim rothen Licht und mit χ unter dem sie beim grünen eintrat, so ist die Intensität des aus diesen Strahlen zusammengesetzten weiſsen oder gelblichen Lichtes gleich

$$(1) \quad . \; . \; . \; . \; . \quad r \sin^2\varrho + g \sin^2\chi$$

wo r und g die Intensitäten der von der constanten und als Einheit angenommenen Lichtquelle herkommenden rothen und grünen Strahlen bedeuten. — So lautet die Herleitung des Verfassers. Fragen wir uns nun zunächst, was unter complementären Gläsern verstanden ist. Mischt man grüne und rothe Farbe zusammen, so kann man bei richtiger Wahl der Nüancen und Quantitäten weiſs hervorbringen. Diese Farben sind zusammengesetzte. Von den Spectralfarben giebt es nach Helmholtz's Untersuchung (Pogg. Ann. LXXXVII. 45) nur zwei Farben, die vereinigt den Eindruck von weiſs hervorbringen, nämlich gelb und indigoblau. Hr. Zöllner bringt auf folgende interessante Weise durch seine angewandten Gläser weiſs hervor. Er befestigt in zwei Zauberlaternen gleicher Gröſse an Stelle der bemalten Gläser in der einen ein rothes, in der andern ein grünes Glas. So entstanden auf einem entfernten Papierschirm ein rother und ein grüner Kreis. Wurden die Laternen so gestellt, daſs die Kreise sich deckten, so entstand, wenn die Entfernung der Laternen von der Wand noch gehörig corrigirt wurde, ein weiſser Kreis. Ungefähr werden also die angewandten Gläser complementär gewesen sein. Die Gläser waren durch Chrom und Kupferoxydul gefärbt.

Das mit Kupferoxydul gefärbte läfst bei einiger Dicke fast nur rothe Strahlen hindurch. Nehmen wir zuerst an, das mit Chrom gefärbte lasse nur grüne hindurch, so werden wir bei obiger photometrischer Methode des Verfassers nicht das Intensitätsverhältnifs der beiden Lichtquellen finden, sondern das Intensitätsverhältnifs der in denselben enthaltenen rothen und grünen Strahlen. Wir finden also ein falsches Resultat, da auf die gelben, blauen u. s. w. Strahlen keine Rücksicht genommen ist. Ob die rothen und grünen Strahlen vereinigt im Auge des Beobachters physiologisch den Eindruck von weifs hervorbringen, ist für diesen Gang der Untersuchung gleichgültig. Gehen wir indessen weiter und nehmen an, man könne durch ein gefärbtes Glas die eine Hälfte der Spectralfarben beider Lichtquellen sehen, durch ein anderes die andere, so hat man allerdings bei der einzelnen photometrischen Bestimmung wieder verschieden gefärbte Flächen zu vergleichen; die Farbenunterschiede würden indessen lange nicht so grofs sein, als wenn man so die beiden Lichtquellen direct verglich. Eine Hauptbedingung wäre indessen hierbei noch die, dafs die Gläser jede der Farben gleich stark absorbiren, eine Bedingung, die auch annähernd wohl nie erfüllt werden kann. Wir sehen also, dafs das schwierige Problem der Vergleichung verschieden gefärbter Lichtquellen durchaus nicht gelöst ist. Selbst wenn wir annehmen, man stelle sich von jeder Lichtquelle ein Spectrum dar, fange beide auf einen Schirm auf und vergleiche je zwei Farben derselben Wellenlänge ihrer Intensität nach, so könnte man doch noch nicht das Verhältnifs der Gesammtintensitäten daraus finden. Um das zu können, müfste man wissen, in welchem Verhältnifs die einzelnen Farben im Normalspectrum ihrer Intensität nach zu einander stehen, also wieder dasselbe Problem! Bei den vorliegenden Versuchen braucht indessen der Verfasser das Verhältnifs von grün und roth, also $g:r$ nicht zu kennen. Es könnte sich hier nur die Frage noch aufwerfen, ob (angenommen man hätte in den Flammen wirklich nur zwei Farben, also hier grün und roth) sich die Intensität des resultirenden Lichtes einfach ausdrücken lasse durch die Summe der Intensitäten beider Bestandtheile. Wahrscheinlich ist es freilich, es bleibt indessen doch eine physiologische Aufgabe die Richtigkeit dieses Satzes zu beweisen.

Folgen wir indessen der Arbeit. Auf die auseinandergesetzte Methode bestimmt der Verfasser die Lichtintensität, die ein Platindraht entwickelt, wenn er von verschieden starken Strömen durchflossen wird. Er sieht, ob die Annahme „die Lichtentwickelung in einem Draht ist dem durch denselben geleiteten Strom proportional" sich bestätigt. Er vergleicht das Licht einer Moderateurlampe mit dem Licht des glühenden Drahtes. Die Stromstärken wurden an einer Tangentenboussole gemessen. Es sei bei einem Versuch der Ablenkungswinkel der Nadel δ, ϱ und χ seien, wie oben (Formel 1), die am Photometer beobachteten Winkel bei Anwendung von rothem und grünem Licht. Bei einer andern Beobachtung bezeichne man die entsprechenden Gröfsen mit δ_1, ϱ_1 und χ_1, dann hat man, wenn man obige Hypothese gelten läfst:

$$\frac{r \sin^2 \varrho + g \sin^2 \chi}{r \sin^2 \varrho_1 + g \sin^2 \chi_1} = \frac{\operatorname{tg}^2 \delta}{\operatorname{tg}^2 \delta_1},$$

r und g haben dieselbe Bedeutung, wie früher. Aus dieser Formel folgt:

$$\frac{g}{r} = \frac{\sin^2 \varrho \operatorname{tg}^2 \delta_1 - \sin^2 \varrho_1 \operatorname{tg}^2 \delta}{\sin^2 \chi_1 \operatorname{tg}^2 \delta - \sin^2 \chi \operatorname{tg}^2 \delta_1}.$$

Ist nun $\frac{g}{r}$ wirklich bei Combination der Versuche constant, so ist obige Annahme die richtige. Es finden sich für $\frac{g}{r}$ folgende Werthe: 1,346, 1,367, 1,334, 1,449, 1,408 u. s. w. Wiewohl diese Zahlen mehr differiren, als die Genauigkeit des Photometers geht, so ist doch diese Uebereinstimmung noch immer auffallend. Trotzdem können wir nicht mit dem Verfasser uns verstehen, die Richtigkeit jener Hypothese aus diesen Versuchen als bewiesen anzuerkennen, da die Methode, wie gezeigt, nicht richtig ist.

Die Constante $\frac{g}{r}$ geht nun aus allen Versuchen als mit dem negativen Zeichen versehen hervor. Der Verfasser sucht das zu erklären. Er sagt so: Da man rothes Licht durch ein complementär grün gefärbtes Glas bei richtiger Wahl des Glases bis zur Dunkelheit abschwächen kann, so läfst sich dies nicht anders erklären, als dafs je zwei complementär farbige Oscillationssysteme als Strahlen mit entgegengesetzter Intensität aufzufassen sind, daher das negative Zeichen. Dieser Schlufs ist unrichtig; jenes Factum erklärt sich eben dadurch, dafs das grüne Glas nur grünes Licht durchläfst. Fällt also rothes auf dasselbe, so kann dies nicht das Glas durchdringen und es tritt Dunkelheit ein. Auch aus der Natur der Gröfse $\frac{g}{r}$ geht schon die Unhaltbarkeit jener Erklärung hervor. Es ist

$$\frac{g}{r} = \frac{a^2}{a_1^2} \frac{T_1^2}{T^2},$$

wenn a die Amplitude, T die Wellenlänge des grünen Lichtes bedeutet, und a_1 T_1 dasselbe für das rothe Licht. Alle vier Gröfsen sind reell, es kann also die aus den Quadraten zusammengesetzte Gröfse $\frac{g}{r}$ nicht negativ werden. Man kann also nur den absoluten Werth von $\frac{g}{r}$ in Betracht ziehen und mit der Negation mufs es eine andere Bewandtnifs haben, die wir nicht übersehen.

Schliefslich giebt Hr. Zöllner an, dafs er durch Mischung von rother Alkannalösung und grüner Grünspanlösung eine undurchsichtige Flüssigkeit erhielt. *Hg.*

B. Silliman jun. and C. H. Porter. Notice of a photometre and of some experiments therewith upon the comparative power of several artificial means of illumination. Silliman J. (2) XXIII. 315-318; Arch. d. sc. phys. XXXV. 219-219; Verh. z. Beförd. d. Gewerbfleifses 1857. p. 213-214†; Polyt. C. Bl. 1858. p. 186-188.

Die Verfasser haben ein Photometer construirt, das auf das Ritchie'sche im Wesentlichen zurückkommt. Um den Einflufs verschieden gefärbter Strahlen möglichst zu compensiren, wenden sie ein grüngelbes Glas an, durch das sie nach den erleuchteten Flächen sehen. Da die Farben um gelb herum die für das Auge intensivsten sind, so ist diese Methode für technische Zwecke wohl nicht zu verwerfen. Die Genauigkeit des Instruments geben die Verfasser zu $\frac{1}{300}$ an. Andere haben bekanntlich beim Vergleichen zweier erleuchteter Flächen einen Unterschied von $\frac{1}{300}$ mit ihren Augen nicht wahrnehmen können. *Hg.*

JAMIN. L'optique et la peinture. Cosmos X. 232-237†.

Hr. JAMIN hat ein Photometer construirt, mit welchem er das Intensitätsverhältnifs zweier benachbarter Gegenstände in der Landschaft mifst. Wie dies Photometer eingerichtet, geht nicht aus dieser Arbeit deutlich hervor; wie uns scheint ist es so, dafs die beiden von den zwei Gegenständen kommenden Strahlenbündel senkrecht zu einander polarisirt werden und dann durch ein Ocular-Nicol gleich intensiv gemacht werden. Hr. JAMIN glaubt mit diesem Photometer dem Maler einen Dienst zu erweisen, der mit Hülfe dieses Instruments mit mehr Wahrheit den Contrast von Licht und Schatten auf dem Bilde wiedergeben kann. *Hg.*

L i t e r a t u r.

P. G. M. CAVALLERI. Sulla intensità delle diverse luce esaminate al fotometro. Cimento V. 398-405; G. dell' Inst. Lombardo IX.

---

21. Polarisation. Optische Eigenschaften von Krystallen.

L. FOUCAULT. Nouveau polariseur en spath d'Islande. Expérience de fluorescence. C. R. XLV. 238-241; Inst. 1857. p. 265-265, p. 274-274; Athen. 1857. p. 1184-1184; Phil. Mag. (4) XIV. 552-553; Liter. Gaz. 1857. p. 1054-1054; Pogg. Ann. CII. 642-643†; Cosmos XI. 217-220.

Hr. FOUCAULT schlägt einen Polarisator von Kalkspath vor, der dem von NICOL angegebnen bei vielen Versuchen vorzuziehen ist. Ein Kalkspathrhomboëder, dessen Längskanten nur etwa

¼ von einer der Seiten der Basen betragen, wird so durchschnitten, dafs die Schnittfläche einen Winkel von 59° mit den Ebnen der Basen bildet. Nachdem man die neuen Flächen polirt hat, bringt man beide Stücke wieder in ihre natürliche Lage, aber so, dafs eine dünne Luftlamelle die Schnittflächen trennt. Diese eingeschlossene Luft bedingt die totale Reflexion des ordentlichen Strahles. Der Nachtheil dieser Vorrichtung ist, dafs die vollständige Polarisation nur in einer Ausdehnung von 8° stattfindet. Bei allen optischen Untersuchungen, wo Sonnenlicht angewendet wird, mufs man diesem Polarisator den Vorzug geben. Da die äufsersten Sonnenstrahlen nur um einen Winkel von 30 Minuten divergiren, so hat man auf dem ganzen Gesichtsfeld, wie beim Nicol, vollständige Polarisation. Der Vortheil liegt nun darin, dafs man etwa nur den dritten Theil der Kalkspathmasse gebraucht, und ferner, dafs der reflectirte ordentliche Strahl fast senkrecht gegen die Intersection der beiden Seitenflächen fällt und deshalb nicht so reflectirt werden kann, dafs er sich dem aufserordentlichen Strahl beimengt. *Hg.*

DE SENARMONT. Note sur la construction d'un prisme biréfringent propre à servir de polariseur. Ann. d. chim. (3) L. 480-481†; Cimento VI. 410-411.

Man kann jeden doppelt-brechenden Krystall als Polarisator anwenden, wenn es gelingt, den ordentlichen vom aufserordentlichen Strahl gehörig zu trennen. Das erreicht Hr. DE SENARMONT auf eine von den sonstigen Methoden verschiedene Weise. Er nimmt zwei natürliche Kalkspathrhomboëder, legt sie zuerst mit zwei natürlichen Flächen so aufeinander, dafs die optischen Axen parallel sind. Hierauf dreht er eins der Rhomboëder, indem die Berührungsflächen fortwährend dieselben bleiben, um 180° herum, so also, dafs die Hauptabschnitte zusammenfallen, die optischen Axen aber einen Winkel von 90° 47′ bilden, nämlich den doppelten Winkel von dem, den die optische Axe mit der Spaltungsfläche des Kalkspaths bildet (45° 23′ 30″). Nachdem die Krystalle in dieser Lage zusammengekittet sind, schleift man am ersten Krystall eine Ebene normal zu seiner optischen Axe an und an dem zweiten eine zu jener parallele Ebene. Fällt ein Strahl rechtwinklig zur ersten Ebene ein, so durchdringt er den ersten Krystall, ohne sich zu theilen; im zweiten Krystall, wo also nach dem Vorgehenden die optische Axe fast parallel zur Eintrittsfläche des ersten liegt, geht der ordentliche Strahl ohne Ablenkung und ohne Dispersion hindurch, während der aufserordentliche Strahl um 9 bis 10 Grad abgelenkt wird und zugleich eine starke Dispersion erleidet. Ein Lichtspalt von $\frac{1}{2}$ Zoll Durchmesser ist, in einer Entfernung von $3\frac{1}{2}$ Zoll mit diesem Polarisator gesehen, vollständig polarisirt und beide Bilder desselben vollkommen getrennt. Das Gesichtsfeld ist rein und frei von den hellen Flecken, die sich bei Anwendung des Nicols zeigen. Aufserdem hat dieser Polarisator den Vortheil, dafs der austretende Strahl gegen den eintretenden nicht seitlich verschoben ist.

Hg.

Potter. On the principle of Nicol's rhomb, and on some improved forms of rhombs for procuring beams of plano-polarized light. Phil. Mag. (4) XIV. 452-457†.

Hr. Potter läfst sich auf eine mathematische Theorie des Nicol'schen Prismas ein und des von Foucault angegebenen. Letzteres behauptet er früher als Foucault gefunden und veröffentlicht zu haben (in seinem Werke „Experimental treatise on Physical Optics"). Er macht bei diesem Prisma noch die Abänderung, dafs er die hintere Seite desselben durch Glas ersetzt.

Hg.

W. Haidinger. Bemerkungen über die krystallographisch-optischen Verhältnisse des Phenakits. Wien. Ber. XXIV. 29-32†.

Hr. Haidinger giebt in dieser Arbeit die Resultate seiner Untersuchung an über die krystallographisch-optische Eigenschaften des Phenakits. Die Hauptbrechungsindices dieses Krystalls wurden bestimmt zu:

$$O = 1{,}671$$
$$E = 1{,}696$$

Der Charakter der Doppelbrechung ist positiv. Endlich zeigte sich in der dichroskopischen Lupe

O farblos

E zwischen weingelb und nelkenbraun. *Hg.*

J. J. Pohl. Ueber ein neues Sonnenocular. Wien. Ber. XXIII. 482-487; Cosmos X. 599-600; Inst. 1857. p. 163-163.

Hr. Pohl wendet einen Polarisationsapparat an, um das Licht der Sonne nach Belieben zu schwächen. Dieser Apparat vertritt bei ihm an den Fernröhren die Stelle der Blendgläser. Zwei dünne Turmalinpolarisatoren befinden sich in einer Fassung dicht über einander und so, dafs man den einen gegen den andern drehen kann. Wird diese Fassung an das Ocularende des Fernrohrs gesteckt, so ist klar, dafs man mit dieser Vorrichtung die Intensität der Sonnenscheibe beliebig schwächen kann.

Hr. Pohl gedenkt diesen Apparat auch als Sternphotometer zu benutzen. Er bestimmt zu diesem Ende den Winkel, den die Hauptschnitte der Turmalinplatten mit einander bilden, in dem Augenblick, wo der leuchtende Stern verschwindet. Wir wollen, ehe wir uns ein Urtheil über diese Idee erlauben, eine von dem Verfasser versprochene Arbeit abwarten, die ausführlicher diesen Gegenstand behandeln soll. *Hg.*

W. B. Herapath. Researches on the cinchona alcaloids. Proc. of Roy. Soc. IX. 5-22; Phil. Mag. (4) XVI. 55-65.

Hr. Herapath behandelt in dieser Arbeit die Methoden zur Unterscheidung von Chinin, Chinidin, Chinicin, Cinchonin, Cinchonidin und Cinchonicin, und giebt auch neue optische und chemische Charaktere dieser verschiedenen Alkaloïde an.

Hg.

Descloizeaux. Mémoire sur l'emploi des propriétés optiques biréfringentes, pour la distinction et la classification des minéraux cristallisés. C. R. XLIV. 322-325†; Inst. 1857. p. 49-49; Cosmos X. 183-184; Ann. d. mines (5) XI. 261-342†.

Der Verfasser giebt hier eine ausgedehnte Zusammenstellung der optischen Eigenschaften der Krystalle. Die Arbeit soll besonders dem Mineralogen dienlich sein. Hr. Descloizeaux geht hierbei von dem Grundsatz aus, daſs Gestalt und chemische Zusammensetzung allein die Natur des Krystalls noch nicht vollständig bestimmen, daſs vielmehr das optische Verhalten ein wesentliches Element sei. Der Isomorphismus muſs allerdings bei Eintheilung der Krystalle eine Hauptrolle spielen, aber jede so gebildete einzelne Familie muſs wieder Unterabtheilungen enthalten, die als charakteristisches Merkmal eine bestimmte chemische Zusammensetzung, oder ein bestimmtes optisches Verhalten zeigen. Beides letztere läuft vielleicht auf eins hinaus, indessen ist es bis jetzt vielfach nicht gelungen, den Unterschied, den Krystalle in ihren optischen Eigenschaften verrathen, auch durch die chemische Analyse nachzuweisen. So theilt sich die Familie der Apophyllits, die chemisch keine Unterschiede gezeigt hat, in zwei Abtheilungen, nämlich in positive und negative Individuen. Zu ersteren gehört der von Herschel „Leucocyclit" genannte. Von letzteren (seltneren) hat Herschel schon welche gefunden, dann Soleil, auch Hr. Descloizeaux. — Der Eudyalit und der Eukolit zeigen nach des Verfassers Beobachtungen dieselbe Krystallgestalt, sie gehören also zu derselben Familie. Ihr optisches Verhalten (der Eudyalit ist positiv, der Eukolit negativ) aber versetzt sie in verschiedene Unterabtheilungen. — Ebenso muſs man auch die Pennine, da sie theils positiv, theils negativ sind, in zwei Abtheilungen theilen. Der Leuchtenbergit und der Chlorit von Mauléon zeigen dieselbe Krystallgestalt, wie die Pennine und sind positiv, deshalb sind sie also mit der Abtheilung der positiven Pennine in der Classification zu vereinigen. *Hg.*

G. Suckow. Zur Optik der Mineralien. Z. S. f. Naturw. X. 473-482†.

Der Verfasser beschäftigt sich damit, die Krystalle ihren Farben nach zu gruppiren. Er führt an, er sei zu dem Schlusse gekommen, dafs die Farblosigkeit oder die Farbe eines Minerals nur der Ausdruck ist des eigenthümlichen Verhaltens seiner chemischen Elemente zu den Wellen des Lichtes, also ein seinem Gehalte entsprechendes optisches Gepräge. Hr. Suckow läfst sich nicht darauf ein, zu zeigen, in wie weit ihn seine Untersuchungen auf diesen Schlufs gebracht haben. — Er theilt die Mineralien wie folgt ein:

I. Farblose Mineralien, das sind solche, die in der reinsten Form ihres Vorkommens das sie treffende Licht unzerlegt durchlassen und reflectiren; wie Kalkspath und Eis.

II. Farbige Minèralien solche, denen immer mehr oder weniger eine bestimmte Farbe inhärirt.

A. Ursprüngliche Farben, nämlich solche die mit dem Mineral zugleich entstehen respective entstanden sind.

1) Wesentliche Farben, d. h. die mit dem Wesen des Minerals unzertrennlich verbunden sind.

a) Metallische Farben (das Kupferroth des Kupfers).

b) Nichtmetallische Farben (das gelblichbraun des Brauneisenockers).

2) Aufserwesentliche Farben, d. h. die durch Pigmente hervorgerufen sind.

B. Secundäre Farben, die durch Verwitterung entstehen.

1) Anlauffarben, entstanden durch die Einwirkung des Sauerstoffs, der Feuchtigkeit, der Kohlensäure, des Sonnenlichts. (Als Beispiel des letzten werden die Silberhornerze genannt, die durch die Sonne geschwärzt werden.)

2) Verbleichfarben.

a) Die durch das Sonnenlicht bewirkten Verbleichfarben, z. B. an dem Grün des durch Nickeloxyd gefärbten Chrysopras.

b) Die durch die Luftwärme veranlafsten Verbleichfarben. Hierhin gehört der Kupfervitriol, der aus dunkel himmelblau, bläulich weiſs wird.

Der Verfasser geht hierauf dazu über, wie die Farben, so auch den Glanz der Mineralien einzutheilen. Der Intensität nach werden unterschieden: stark glänzend, glänzend, schimmernd, matt.

Der Art des Glanzes nach: vollkommen Metallglanz, halb Metallglanz, Diamantglanz, Glasglanz, Fettglanz, Wachsglanz, Seidenglanz. — Von allen diesen ist verschieden der Perlmutterglanz. Diesen betrachtet der Verfasser schlieſslich specieller. Beim Perlmutter ist die Intensität des reflectirten Lichtes eine andere, je nachdem das Licht aus gröſserer oder geringerer Tiefe kommt. Das zurückgeworfene Lichtquantum nimmt in geometrischer Progression mit der entsprechenden Tiefe ab. *Hg.*

22. Circularpolarisation.

DESCLOIZEAUX. Note sur la découverte de la polarisation circulaire dans le cinobre et sur l'existence simultanée du pouvoir rotatoire dans les cristaux et dans les dissolutions de sulfate de strychnine. C. R. XLIV. 876-878†, 909-912; Inst. 1857. p. 145-146, p. 149-149; Ann. d. chim. (3) LI. 361-367; POGG. Ann. CII. 471-478†; Cosmos X. 470-470; Edinb. J. (2) VI. 181-182; Cosmos X. 491-492.

Diese Arbeit bringt uns mehrere sehr interessante Resultate. Die Untersuchung erstreckt sich zunächst auf den Zinnober. Herr DESCLOIZEAUX zeigt, daſs eine Zinnoberplatte, senkrecht zur optischen Axe geschnitten, dieselbe Figur zeigt im polarisirten Licht, wie der Bergkrystall, also ebenfalls das Licht circular polarisire. Ein Theil der untersuchten Krystalle war rechtsdrehend, ein anderer linksdrehend. Auſserdem fanden sich Individuen, die aus rechts- und linksdrehenden Theilen zusammengesetzt waren. Diese Krystalle zeigten im convergirenden polarisirten Licht bald die

Airy'schen Spiralen, bald das in Amethysten so häufige schwarz Kreuz. Das deutliche Vorkommen dieses schwarzen Kreuzes setzte den Verfasser in den Stand mittelst einer Glimmerplatte von einer Viertelwelle den Charakter der Doppelbrechung des Zinnobers zu bestimmen. Es ergab sich, dafs der Zinnober zu den positiven Krystallen gehört. Ferner hat der Verfasser die Brechungsindices des ordentlichen und aufserordentlichen Strahls bestimmt. Es ergaben sich hierfür die Werthe

2,854 und 3,201.

Diese Zahlen sind interessant, da man sonst wohl kaum so grofse Indices bei andern Substanzen gefunden hat. Auch das Verhältnifs beider Zahlen zu einander ist auffallend. Beim Kalkspath, wo die Differenz beider Indices nur durch die des Natronsalpeter übertroffen wird, sind die entsprechenden Werthe:

1,654 und 1,483.

Das Drehungsvermögen des Zinnobers ist sehr bedeutend; eine Platte dieses Krystalls dreht ungefähr die Polarisationsebene des Lichtes 15mal so stark, als eine gleich starke Quarzplatte sie dreht.

Hr. Descloizeaux geht dazu über, die Krystalle des schwefelsauren Strychnins zu untersuchen, und kommt zu dem sehr wichtigen Resultat, dafs dieses Salz gleichfalls die Circularpolarisation zeige. Dafs die Auflösung dieses Salzes das Licht circular polarisire, hat Bouchardat nachgewiesen. Dieses Resultat ist in sofern wichtig, als zum ersten Mal eine Substanz aufgefunden ist, die im festen Zustande und in der Lösung die Erscheinung der Circularpolarisation zeigt. Dafs man diesen Zusammenhang nicht häufiger schon entdeckt hat, liegt darin, dafs die meisten Krystalle, deren Auflösung das Licht circular polarisirt, zu den optisch zweiaxigen gehören, bei denen wohl kaum jene Drehung der Polarisationsebene auftreten kann. Das schwefelsaure Strychnin ist einaxig und krystallisirt in Quadratoctaëdern. Alle Krystalle, die der Verfasser untersucht hat, sind links drehend, und es entsprechen in Bezug auf die Drehung ungefähr 1,52 Millimeter wasserfreies krystallisirtes schwefelsaures Strychnin einem Millimeter Quarz. *Hg.*

Mitscherlich. Ueber die Mykose, den Zucker des Mutterkorns. Berl. Monatsber. 1857. p. 469-474†; Chem. C. Bl. 1858. p. 93-96; Erdmann J. LXXIII. 65-70; Inst. 1858. p. 112-113; Liebig Ann. CVI. 15-18; J. d. pharm. (3) XXXIII. 1858. p. 399-400; Ann. d. chim. (3) LIII. 232-235.

In dieser, mehr den Chemiker interessirenden Arbeit, zeigt Hr. Mitscherlich unter anderm, dafs der genannte Zucker mehr die Polarisationsebene drehe, als die andern Zuckerarten.

Hg.

A. Wurtz. Note sur l'acide caproïque. Ann. d. chim. (3) LI. 358-361; Chem. C. Bl. 1858. p. 143-144; Liebig Ann. CV. 295-298.

In der Untersuchung über die von Chevreul entdeckte oben genannte Säure zeigt Hr. Wurtz, dafs diese die Polarisationsebene des Lichtes drehe. *Hg.*

---

23. Physiologische Optik.

Dove. Ueber Binocularsehen durch verschieden gefärbte Gläser. Berl. Monatsber. 1857. p. 208-211; Pogg. Ann. CI. 147-151; Z. S. f. Naturw. X. 384-385.

Es ist von Haldat und vielen andern gezeigt, dafs verschiedene Farben zu einer resultirenden vereinigt werden, auch wenn sie getrennt auf die Netzhaut je eines Auges fallen. Dennoch erscheint öfter der Gegenstand nur in der einen oder andern Farbe. Hr. Dove zeigt nun, dafs auch in diesem Falle zwischen dem Wechsel der Farben immer eine Vereinigung stattfinde. Betrachtet man nämlich ein farbiges Bild auf einem farbigen Grunde, z. B. Blau auf Roth, mit einem rothen Glase vor dem einen und einem blauen vor dem andern Auge, so sehen die meisten Beobachter zuerst ein dunkles Bild auf rothem Grunde, dann aber taucht plötzlich auch das blaue Bild auf, lebhaft glänzend. Wählt man Roth und Grün zu diesen Versuchen, so findet häufiger der

Wechsel statt, dafs man bald den Grund, bald das Bild hell sieht, dazwischen geschieht aber immer eine Vereinigung, indem dann das Bild glänzend erscheint.

Da fast alle Beobachter bei diesen Versuchen zuerst Roth sehen, so entsteht die Frage, ob das Auge sich für diese Farbe zuerst accommodirt, oder ob es sich dieser zuerst bewufst wird. Dove hält das Erstere für wahrscheinlicher, da bei elektrischen Entladungen im Dunkeln oft auch Blau zuerst gesehen wurde.

P.

Dove. Ueber die Unterschiede monocularer und binocularer Pseudoskopie. Berl. Monatsber. 1857. p. 221-226; Pogg. Ann. CI. 302-308†.

— — Darstellung von Körpern durch Betrachtung einer Projection derselben vermittelst eines Prismastereoskops. Berl. Monatsber. 1857. p. 291-291.

Dove umfafst mit dem von Wheatstone eingeführten Namen Pseudoskopie alle Erscheinungen bei denen sich die Gröfse oder die Gestalt von Körpern ändert, indem man ihre Entfernungen falsch beurtheilt. Er führt Beispiele monocularer Pseudoskopie mit bewaffnetem und unbewaffnetem Auge an, z. B. dafs man ein seitlich vorbeifliegendes kleines Insect für einen grofsen Vogel hält; die Täuschung bei Betrachtung der perspectivischen Zeichnungen auf den Visirbrettern, die Umkehrung eines Reliefs bei Betrachtung eines Gegenstandes durch ein Microscop oder Reversionsprisma. Für die binoculare Pseudokopie mit unbewaffneten Augen erinnert er an die Panoramen im Freien wo ein Bild sich an wirkliche Gegenstände anschliefst, an die Dioramen, wo jede Vergleichung mit wirklichen Gegenständen fortfällt, an die Täuschungen welche bei specieller Bewegung des Beobachters entstehen, wo ruhende Gegenstände für kleiner und mitbewegte nach der Betrachtung des ruhenden gröfser erscheinen. Für die Pseudoskopie mit bewaffneten Augen werden unter anderen Beispielen auch die beiden folgenden angeführt, eine und dieselbe horizontalliegende unter 45° auf eine horizontale Fläche projicirte Zeichnung eines aufrechtstehenden Körpers vermittelst eines Prismastereoskops betrachtet, giebt ein deutliches Relief. Ein von einem Hohlspiegel entworfenes Bild erscheint im Prismastereoskop hinter dem Spiegel und vergröfsert.

Im Allgemeinen unterscheidet sich nach dem Verfasser die binoculare Pseudokopie von der monocularen durch gröfsere Verwirklichung der Täuschung. *P.*

A. Cima. Sopra un nuovo fenomeno di stereoscopia. Cimento VI. 185-192; C. R. XLV. 664-664; Phil. Mag. (4) XIV. 480-480; Pogg. Ann. CII. 319-319†; Inst. 1857. p. 364-365; Cosmos XI. 353-354; Z. S. f. Math. 1858. 1. p. 196-196.

Ein Bild, z. B. ein Kopf wird längs einer Linie, die mit der Verticalaxe der Nase zusammenfällt, mittendurch geschnitten; beide Hälften werden näher an die Augen, als die Entfernung des deutlichen Sehens beträgt, gebracht, dadurch erhält jedes Auge zwei Bilder je einer Hälfte, von denen die mittleren zur Vereinigung gebracht, den Eindruck eines Reliefs geben. *P.*

J. G. Halske. Stereoskop mit beweglichen Bildern. Pogg. Ann. C. 657-658.

Ein stereoskopisches Bild, zwei weifse Kreise auf schwarzem Grund, ist so eingerichtet, dafs die mittleren kleinen Kreise in einer geraden Linie verschiebbar sind; durch das Stereoskop betrachtet, geht bei der Bewegung der erhabene Kegel in den vertieften durch eine plane Figur über, wenn beide kleinen Kreise sich in der Mitte der grofsen befinden. Wie eine Bewegung des Bildes beim stereoskopischen Sehen hervorgebracht werden könne, darauf hat Dove schon früher bei der Beschreibung seines Prismastereoskopes aufmerksam gemacht. *P.*

J. Elliot. The telescoping stereoscope. Phil. Mag. (4) XIII. 78-78†; Silliman J. (2) XXIII. 292-292.

— — On two new forms of the stereoscope, intended for the purpose of uniting large binocular pictures. Phil. Mag. (4) XIII. 104-108†, 218-219†.

Es wird hier ein Stereoskop beschrieben, dessen Princip

Brewster schon angegeben hat; es werden nämlich die Bilder vertauscht, das rechte liegt links, das linke rechts, und die Augenachsen müssen sich kreuzen um den stereoskopischen Eindruck zu bekommen. Dies wird bewirkt entweder durch eine Röhre, die so eingerichtet ist, dafs das rechte Auge nur das linke Bild, und das linke Auge nur das rechte sehen kann, oder durch zwei Fernröhre, den Operngläsern ähnlich, deren Axen sich kreuzen lassen. *P.*

H. Helmholtz. Das Telestereoskop. Pogg. Ann. CI. 494-496†, CII. 167-175; Verh. d. naturh. Ver. d. Rheinl. 1857; Z. S. f. Naturw. X. 496-498; Ann. d. chim. (3) LII. 118-124; Phil. Mag. (4) XV. 19-24; Inst. 1858. p. 63-64; Silliman J. (2) XXV. 297-298; Polyt. C. Bl. 1857. p. 1449-1450, 1858. p. 180-186; Dingler J. CXLIV. 268-270; Cimento VI. 239-240; N. Jahrb. f. Pharm. VIII. 156-157; Cosmos XI. 352-353.

Bei fernen Gegenständen sind die perspektivischen Bilder derselben auf den Netzhäuten beider Augen wenig von einander verschieden, die Verschiedenheiten würden gröfser ausfallen, wenn die Augen weiter auseinander lägen. Durch einen einfachen Apparat hat dies der Verfasser erreicht; zwei Spiegel etwa um die Breite eines Fensters von einander entfernt, reflektiren das Licht unter 45° und werfen es auf zwei kleinere Spiegel, die es unter demselben Winkel in je ein Auge senden, die Lichtstrahlen werden also zwei Mal unter rechten Winkeln reflektirt. Da wo die Augen in die kleinen Spiegel sehen sollen, sind Diaphragmen zur Abhaltung fremden Lichts angebracht, auch ist es gut hier Concavgläser von 30 bis 40 Zoll Brennweite anzubringen. Hat der Beobachter die Bilder zum Decken gebracht, so erblickt er ein verkleinertes Modell der Landschaft und zwar in ihren natürlichen Farben. Der Verfasser zeigt wie man dasselbe Resultat statt mit vier Spiegeln durch zwei erhalten könne. Man stellt einen gröfsern Spiegel z. B. rechts vom Beobachter auf, so dafs in einer Entfernung von einigen Fufsen von ihm das linke Auge unter 45° in ihn hineinsehend ein Bild der Landschaft erhält, vor das rechte Auge bringt man dann einen kleinern Spiegel dem ersten parallel, und erhält so ein zweites Bild, das mit dem ersten vereinigt werden mufs.

Damit auch nahe Gegenstände durch das Telestereoskop betrachtet werden können, müssen die Spiegel drehbar sein, und wenn die Dimensionen der Tiefe und der Fläche im richtigen Verhältnifs bleiben sollen, müssen die kleinen Spiegel den grofsen immer parallel sein.

Mit dem Telestereoskop läfst sich ein Teleskop am besten in der Art verbinden, dafs zwischen die grofsen und kleinen Spiegel die Objective eines Opernglases und zwischen die kleinen Spiegel und die Augen die Oculare gebracht werden. *P.*

J. DUBOSCQ. Note sur une nouvelle disposition de stéréoscope à prismes réfringents, à angle variable et lentilles mobiles. C. R. XLIV. 148-150; Cosmos X. 91-92.

Bei dem BREWSTER'schen Stereoskop wirkt die Linse zugleich als Prisma, es können mit ihm nur Bilder von geringen Dimensionen betrachtet werden. Um grofse Bilder stereoskopisch zu vereinigen, trennt Hr. DUBOSCQ Prisma und Linse, die Prismen sind achromatisch und können dem Bilde genähert und von ihm entfernt werden. Ebenso sind die Linsen beweglich, vor und rückwärts zu schieben und um eine verticale Axe drehbar, so dafs die Krümmung der Verticallinien durch das Prisma, durch die entgegengesetzte Krümmung der Linsen compensirt wird.

Da die Convergenz der Augen für Weit- und Kurzsichtige verschieden ist, so versieht Hr. DUBOSCQ die Stereoskope mit Prismen die aus Zweien zusammengesetzt sind und die durch Drehung Winkel von 0 bis 24° bilden können. *P.*

VAN DER WILLIGEN. Eine Lichterscheinung im Auge. POGG. Ann. CII. 175-176†.

Beim Hindurchblicken durch einen engen Schlitz eines dunklen Zimmers nach einer weifsen Wand sieht Hr. VAN DER WILLIGEN zwei in die Länge gezogene helle Ringe zu beiden Seiten des Schlitzes. Er erklärt diese Erscheinung durch unregelmäfsige

Brechung des Lichtes durch die auf der Cornea ausgebreitete Flüssigkeit. *P.*

Stoltz. Accommodation artificielle ou mécanique de l'oeil à toutes les distances. C. R. XLIV. 388-390†; Arch. d. sc. phys. XXXV. 139-139; Cimento VI. 154-154.

— — Deuxième note sur l'accommodation de l'oeil. C. R. XLIV. 618-620†; Inst. 1857. p. 116-116; Arch. d. sc. phys. XXXV. 139-139; Cosmos X. 320-321; Cimento VI. 154-155.

Der Verfasser zeigt, dafs man die Accommodation künstlich hervorbringen kann, indem durch den Druck mit dem Finger die Form der Cornea geändert wird. Den Schlufs, dafs auch im normalen Zustande die Accommodation so bewerkstelligt werde, zieht er mit Unrecht, wie schon längst bewiesen ist. *P.*

Melsens. Recherche sur la persistence des impressions de la rétine. Bull. d. Brux. (2) III. 214-252 (Cl. d. sc. 1857. p. 735-777); Inst. 1858. p. 6-7.

Der Aufsatz enthält Untersuchungen über die Nachbilder; es wird u. A. gezeigt, dafs Prismen und Linsen sie nicht verändern weder in Gröfse, Farbe oder Lage, ihre Farbe wenig geändert wird, wenn man sie auf gefärbte Flächen projicirt oder durch gefärbte Gläser betrachtet. Es werden ferner die Nachbilder von Flammen der verschiedensten Formen und Farben unter allen möglichen Modificationen untersucht; aber auch diese zahlreichen Beobachtungen haben den Verfasser noch nicht zu allgemein gültigen Resultaten geführt. *P.*

Paalzow. Ueber subjective Farben und die Entstehung des Glanzes. Berl. Monatsber. 1857. p. 391-391†; Inst. 1857. p. 435-435.

Der Verfasser zeigt, dafs man den Glanz auch für ein Auge nachbilden kann, indem man die subjective Farbe, welche Papierstreifen auf gefärbten Gläsern im durchfallenden Lichte geben, abwechselnd erscheinen und verschwinden läfst, indem zwischen

Auge und Object weifses Papier schnell hin und her bewegt wird. *P.*

Giraud-Teulon. Note sur le mécanisme de la production du relief dans la vision binoculaire. C. R. XLV. 566-569†; Inst. 1857. p. 345-346; Cosmos XI. 459-461, 490-492, 495-495.

Um die Theorie von den entsprechenden Punkten beim Einfachsehen mit zwei Augen mit der stereoskopen Erscheinung zu vereinigen, dafs je zwei ungleich entfernte Punkte doch einfach gesehen werden, stellt der Verfasser die Hypothese auf, dafs die Netzhaut sich ausdehnen und zusammenziehen könne, und dafs wenn auch die entsprechenden leuchtenden Punkte ungleich weit auseinander lagen, doch gleiche Bogen der Netzhaut dazwischen enthalten sind. Mit der Faltung oder Ausdehnung mufs eine verschiedene Accommodation verbunden sein, so dass mit dieser Hypothese zugleich die Bewegung des Bildes erklärt ist. Diese Bewegung der Netzhaut soll durch den Tensor choroideae hervorgebracht werden. Läfst man durch die Enden eines Durchmessers dieses ringförmigen Muskels einen schwachen Inductionsstrom gehen, so verändert sich das Bild in diesem. Dieser Versuch ist früher von Cramer angestellt, zum Beweise, dafs die Krystalllinse bei der Accommodation verändert wird. *P.*

Fernere Literatur.

C. Bergmann. Anatomisches und Physiologisches über die Netzhaut des Auges. Henle u. v. Pfeufer (3) II. 83-108.

W. D. Cooley, A. Claudet, D. Brewster, G. H. Lewes. Mystery of inverted vision. Athen. 1857. p. 83-83, p. 182-183, p. 279-279.

W. Crookes. Théorie des images stéréoscopiques. Cosmos X. 461-462.

D. Brewster. Le stéréoscope, son histoire, sa théorie, sa construction et ses applications aux beaux-arts, aux arts industriels et à l'éducation. Cosmos XI. 241-248; London 1856. p. 1-235.

J. Jago. Ocular spectres, structures and functions, mutual

exponents. Proc. of Roy. Soc. VIII. 603-610; Phil. Mag. (4) XV. 545-550.

G. Waterston. On a third form of the same instrument, for the same purpose. Phil. Mag. (4) XIII. 108-108, 218-219.

J. Porro. La lunette pan-focale employée comme ophthalmoscope. C. R. XLV. 103-104; Cosmos XI. 96-97.

---

24. Chemische Wirkungen des Lichtes.

R. Bunsen und H. E. Roscoe. Photochemische Untersuchungen. Dritte Abhandlung. Erscheinungen der photochemischen Induction. Proc. of Roy. Soc. VIII. 326-330; Phil. Mag. (4) XIV. 220-223; Pogg. Ann. C. 481-516; Erdmann J. LXXI. 138-144; Arch. d. sc. phys. (2) I. 149-152; Inst. 1858. p. 70-71; Phil. Trans. 1857. p. 381-402; Cosmos X. 407-409, 430-433; Cimento VI. 212-216.

— — Photochemische Untersuchungen. Vierte Abhandlung. Optische und chemische Extinction der Strahlen. Pogg. Ann. CI. 235-263; Proc. of Roy. Soc. VIII. 516-520; Arch. d. sc. phys. (2) I. 152-155; Phil. Mag. (4) XV. 230-233; Phil. Trans. 1857. p. 601-620; Cimento VII. 216-218; Cosmos XI. 544-549.

I. Erscheinungen der photochemischen Induction.

Was zunächst die Begriffsbestimmung der chemischen Induction anbetrifft, so hat man erstlich die Verbindungsfähigkeit eines Körpers aufzufassen als diejenige Masse eines Körpers, welche sich unter dem Einflusse der Einheit der Kraft in der Einheit der Zeit chemisch verbindet; Verbindungswiderstand ist dann eine Kraft, welche dieser Verbindungsfähigkeit entgegenwirkt; und chemische Induction ist der Akt, wodurch der Verbindungswiderstand vermindert wird. Diese Induction erhält das Beiwort photochemische, thermochemische, elektrochemische, idiochemische je nachdem Licht, Wärme, Elektricität oder chemische Einflüsse den Widerstand beseitigt haben.

Für die chemische Verbindung von Chlor und Wasserstoff

haben die Verfasser in Beziehung auf die chemische Induction folgende Gesetze gefunden.

1) Die Verbindung von Chlorwasserstoff zu Salzsäure erreicht erst nach einiger Zeit unter dem Einflusse des Lichtes ihr Maximum. Die Zeitdauer bis zum Eintritt der ersten Säurebildung und die bis zum Eintritt des Maximums ist verschieden; sie hängt von der Masse ab, so dafs die Induction um so mehr verzögert wird, je länger die durchstrahlende Gassäule bei constantem Querschnitt ist. Es wurden daher zu den Insolationsgefäfsen zwei Behälter angewendet, deren parallele Platten 2^{mm} entfernt waren.

Die Versuche, durch welche diese Gesetze aufgefunden wurden, stellten die Verfasser mit dem in den früheren Abhandlungen beschriebenen Apparat an, indem sie das Gasgemisch in Gefäfse brachten, welche denselben Querschnitt aber verschiedene Längen hatten, und es unter denselben Umständen ein und derselben Bestrahluug ausselzten. Was die Erklärung der Erscheinung anbetrifft, so wird später bewiesen, dafs die Lichteinwirkung in den tiefern vom Lichte durchstrahlten Schichten, schnell abnimmt und dafs die Verbindungsfähigkeit im schwächern Licht vermindert wird; gelangen daher schon inducirte Theile in diesen Raum, so verlieren sie ihre Verbindungsfähigkeit.

2) Die Zeit bis zum ersten Eintreten der Verbindung nimmt schneller ab als die Lichtstärke zunimmt; die Zeit von da bis zum Eintritt des Maximums nimmt in geringerem Maafse ab als die Lichtstärke zunimmt.

Die Zunahme der Induction selbst schreitet erst im wachsenden Verhältnifs vor, erreicht ein Maximum und wird dann wieder langsamer.

Bei diesen Versuchen diente als Lichtquelle die Flamme eines Scott'schen Brenners, das Licht wurde durch eine Convexlinse concentrit und durch eine 63^{mm} lange Wasserschicht geleitet, vor der Linse war eine Schirmeinrichtung angebracht, vermittelst deren man verschieden grofse die Lichtstärke bestimmende Kreissectoren der Linsenoberfläche wirken lassen konnte.

3) Der unter dem Einflusse der Lichtbestrahlung aufgehobene Verbindungswiderstand stellt sich sehr bald von selbst im Dunk-

len wieder her, das Gas wird also nicht in einen bleibenden allotropischen Zustand versetzt. Mag die Induction durch Verdunkelung völlig oder theilweise aufgehoben sein, immer stellt sie sich nach demselben Gesetz wieder her. Die Zunahme der Induction bei der angewandten Lichtstärke geht viel schneller vor sich, als die Abnahme bei der Verdunkelung. Das Insolationsgefäfs wurde bei den Versuchen, die diese Gesetze ergaben, mit frischem noch nicht insolirtem Gase gefüllt und von 30 zu 30 Secunden die Wirkung bis zum Eintritt des Maximums beobachtet; dann wurde das Gefäfs eine Minute lang verdunkelt, nach Beseitigung der Verdunkelung wieder bis zum Eintritt des Maximums beobachtet und so fort.

4) Der Widerstand der Verbindung wird vermehrt durch Beimischung fremder Gase wie Chlor, Wasserstoff, Sauerstoff; z. B. 0,003 Theile Wasserstoff brachten die Wirkung von 100 bis auf 37,8 herunter, 0,005 Sauerstoff von 100 auf 9,7; 0,010 Chlor von 100 auf 60,2; 0,13 Procent Salzsäure üben keinen merkbaren Einflufs aus.

Damit beim Zuleiten der fremden Gase Diffusion und Absorption nicht störend eingriffen, wurden dieselben mit dem normalen Chlorgemisch gemeinschaftlich so lange durchgeleitet, bis sich ein absorptiometrisches Gleichgewicht hergestellt hatte. Ein Nebenstrom des Hauptstromes, welcher das normale Gemisch zersetzte, lieferte beliebige Mengen von Chlor, Sauerstoff oder Wasserstoff.

Die Wirkung dieser beigemischten Substanzen wird als ein Contactphänomen aufgefafst, bei dem der Schein als ob Arbeit aus Nichts erzeugt würde, wegfällt, wenn man bedenkt, dafs die Anziehungskraft zwischen zwei Körpern bei Gegenwart eines dritten geändert wird, und dafs die unter der Einwirkung der Contactsubstanz getrennten Theile fortgeführt werden müssen, wenn dieselbe Substanz fernere Trennungen vornehmen soll, dafs daher das Aequivalent für die Trennung in der nachher erfolgenden Wegführung zu suchen ist, die auf verschiedene Weise geschehen kann, durch Capillarität, durch gasförmige Entweichung, durch Niederfallen.

Bei völlig reinem Gemisch geht im Dunkeln keine Veränderung vor sich; der erhöhte Verbindungswiderstand nimmt im Dunkeln ab, ein Factum welches mit der elastischen Nachwirkung verglichen wird.

5) Werden die Gase getrennt, insolirt und dann in Verbindung gebracht, so verbinden sie sich nicht, sondern verhalten sich so, als wären sie noch gar nicht insolirt, die Induction wirkt daher nur bei der chemischen Anziehung.

Dies wurde nachgewiesen, indem die Gase getrennt durch zwei Röhren geleitet wurden, hier der Bestrahlung ausgesetzt, vereinigten sie sich wieder.

6) Auch bei der Bildung von Bromwasserstoff beobachtet man ein Inductionsmaximum.

Eine wässrige Lösung von Brom mit Zusatz von Weinsäure, die sich im Dunkelen so zersetzt, daſs sich Bromwasserstoff bildet, wurde beobachtet und nach verschiedenen Zeiten in einem gleichen Volumen der Bromgehalt bestimmt.

Aus den gewonnenen Thatsachen erklärt sich auch eine von Hr. Becquerel gemachte Beobachtung. Wenn man ein empfindliches Papier, welches zur Hälfte verdunkelt ist, einer gleichförmigen Bestrahlung aussetzt, die noch keinen sichtbaren Eindruck hervorbringt, so tritt derselbe hervor, wenn die vorher exponirten Stellen einer schwachen gleichmäſsigen Beleuchtung unterworfen werden. Man bekommt Bilder wenn die erste Beleuchtung nicht gleichmäſsig war. Hr. Becquerel nimmt zur Erklärung der Erscheinung besondere Strahlen an (rayons continuateurs) welche eine angefangene Wirkung zwar fortsetzen aber nicht einleiten könnten, was unnöthig erscheint.

II. Optische und chemische Exstinction der Strahlen.

Um die Frage zu entscheiden, ob bei der chemischen Verbindung unter dem Einflusse des Lichtes, Licht verbraucht wird, liefern die Verfasser zunächst den Beweis, daſs die Absorption oder Exstinction der chemisch wirksamen Strahlen in reinem Chlor der Intensität des Lichtes proportional ist. Zu dem Zwecke wurden die von einer constant erhaltenen Lichtquelle ausgehenden Strahlen vor und nach ihrem Durchgange durch einen mit trockenem Chlor gefüllten Durchstrahlungscylinder gemessen und, wenn J_0 die auffallende, J die hindurchgelassene Lichtmenge bezeichnet, und c eine Constante

$$\frac{J_0}{J} = c$$

gefunden.

Dann mufsten die Exstinctions- und Reflexionscoëfficienten der angewandten Materialien bestimmt werden.

Man bestimmte die Lichtmenge J_0 welche auf eine Glasplatte von der Dicke h senkrecht auffiel, J die Lichtmenge welche hindurchging, und dann nach der Formel

$$J = J_0(1-\zeta)^2 10^{-h\alpha}$$

$$\alpha = \frac{1}{h^1 - h} \log\left(\frac{J}{J_0} \frac{J_0^1}{J^1}\right)$$

berechnet.

$\frac{1}{\alpha}$ ist die Dicke einer Schicht, durch welche die ursprüngliche Lichtmenge J_0 bis auf $\frac{1}{10}$ absorbirt wird.

ζ ist die Lichtmenge, welche bei senkrechter Incidenz der Einheit der Lichtmenge reflectirt wird. Da α sehr klein ausfällt, so konnte ζ nach der Formel berechnet werden

$$\zeta = 1 - \sqrt{\frac{J}{J_0}}.$$

Die Versuche ergaben, dafs von chemischen Strahlen, die von einer Steinkohlengasflamme stammen und die senkrecht auf eine polirte Concavglasplatte fallen, durch die erste Reflexion 4,86 Procent verloren gehen, und dafs für dasselbe Material $\frac{1}{\alpha} = 160{,}5^{\mathrm{mm}}$ beträgt; so dafs die Absorption bei dünnen Platten dieses Glases fast vernachlässigt werden kann.

Um α für Wasser zu bewahren, welches zwischen zwei Glasplatten eingeschaltet ist, diente die Formel

$$\alpha = \frac{\log\left(\frac{J}{J_0}(1-\varrho)^2(1-\varrho_1)\right)^2}{h},$$

worin ϱ den Reflexionscoëfficienten für Luft und Glas, ϱ^1 für Wasser und Glas bedeutet.

Für $\varrho = 0{,}0509$ und $\varrho_1 = 0{,}006257$ erhielt man $\alpha = 0{,}0102$ bis $0{,}008$, also für Wassersäulen bis 80^{mm} Länge zu vernachlässigen.

Nach optischen Gesetzen erhält man

$$\varrho = \left(\frac{(1-i)}{1+i}\right)^2,$$

worin i das Brechungsverhältnifs bedeutet; setzt man hier den Werth für ϱ ein, so erhält man

$$i = 1{,}583,$$

ein Werth der mit dem für die Linie *H* auf optischem Wege gefundenen sehr nahe übereinstimmt.

Die Versuche ergaben ferner, dafs die in trocknem Chlor absorbirte Lichtmenge der Dichtigkeit proportional ist, für Chlor von 0^0 und 760^{mm} Barometerdruck ergab sich der Exstinctionscoëfficient für Strahlen einer Steinkohlengasflamme = 0,00577.

Wird nun bei der Vereinigung von Chlor und Wasserstoff Licht verbraucht, so mufs der Exstinctionscoëfficient kleiner werden. Um dies festzustellen, wurde der Exstinctionscoëfficient direct aus den chemischen Wirkungen hergeleitet und zwar in einem andern Insolationsgefäfs als dem früher gebrauchten. Es besteht aus einer 250^{mm} langen und 15^{mm} weiten Glasröhre von möglichst gleichförmigem Lumen, die an dem der Lichtquelle zugewendeten Ende von einer ebenen Platte begränzt ist. Das Gasgemisch tritt durch zwei seitliche Röhren ein und aus. Im Gefässe befindet sich ein halbmondförmiges Diaphragma aus schwarzem Glase, welches an einem Glasstabe angeschmolzen ist, der luftdicht durch eine Kautschukkappe nach Aufsen führt, so dafs die durchstrahlte Gasmenge beliebig verkürzt oder verlängert werden kann, indem das Insolationsgefäfs so viel Wasser enthält, dafs der gerade Abschnitt des Diaphragma die Oberfläche tangirt. Zur Messung ist der Glasstab mit einer Theilung versehen.

α wurde aus der Formel berechnet

$$\frac{W}{W_1} = \frac{1 - \dfrac{1}{\text{num log} = \alpha_1 h}}{1 - \dfrac{1}{\text{num log} = \alpha_1 h_1}},$$

worin h und h_1 die verschiedenen Längen der Gassäulen und W und W_1 die gemessenen chemischen Wirkungen bedeuten. Der Coëfficient für die verbrauchten Lichtmengen fand sich = 0,000137, d. h. die Consumption des in dem Akte der photochemischen Verbindung allein verbrauchten Lichtes einer Steinkohlengasflamme ist so grofs, dafs dieses Licht einen Weg von 723^{mm} in der normalen Chlorwasserstoffmischung zurücklegen mufs, um bis auf $\frac{1}{10}$ seiner anfänglichen Stärke geschwächt zu werden.

Dieser Coëfficient wurde auch noch bestimmt für das vom Zenith eines vollkommen wolkenlosen Himmels reflectirte Licht; der Exstinctionscoëfficient des reinen Chlors für chemische Strahlen aus verschiedenen Lichtquellen zeigte sich nicht sehr verschieden. Für Chlor von 0° C. und 0,76^{m} Druck war $\frac{1}{\alpha}$

für Steinkohlengas . . . . = 173,3^{mm}
für Morgens vom Zenith reflectirtes Himmelslicht = 45,6
Nachmittags . . . . = 19,7

Aus zwei Versuchsreihen bei Nachmittagslicht ergab sich ein negativer Exstinctionscoëfficient, woraus geschlossen werden kann, dafs bei beiden Versuchen verschiedene chemische Strahlen wirksam waren.

Die Weglängen, welche das Licht im normalen Chlorknallgasgemisch unter der Voraussetzung, dafs keine optische Exstinction stattfinde, zurücklegt, um bis auf $\frac{1}{10}$ durch die geleistete chemische Arbeit ausgelöscht zu werden, beträgt bei
Steinkohlengaslicht . . . . = 720,0^{mm}
bei Morgenlicht reflectirt vom Zenith des wolkenlosen Himmels . . . . = 377,3.

Die chemischen Strahlen, welche zu verschiedenen Tageszeiten aus der Atmosphäre reflectirt werden, zeigen nicht blofs quantitative, sondern auch qualitative Unterschiede, die den Farbenunterschieden der sichtbaren Strahlen entsprechen. Hierher gehört auch die Erfahrung der Photographen, dafs die chemische Wirkung des Abendlichts geringer ist als die des zu andern Tageszeiten leuchtenden Lichtes, selbst wenn es heller ist. *P.*

J. W. Draper. On the influence of light upon chlorine, and some remarks on alchemy. Phil. Mag. (4) XIV. 321-323†.

Hr. Draper behauptet in diesem Aufsatz, dafs das optisch

inducirte Chlor in einen allotropischen Zustand versetzt sein mufs, den es noch wochenlang beibehalten könne. *P.*

H. E. Roscoe. On the influence of light upon chlorine. Phil. Mag. (4) XIV. 504-506; Dingler J. CXLVII. 127-129.

Hr. Roscoe erwiedert auf Draper's Behauptung (siehe voriges Referat), dafs solch ein bleibender Zustand nie beobachtet sei, und dafs die Draper'schen Versuche vielleicht so zu erklären seien, dafs das Gasgemisch nicht rein war, da Draper bei seinen Versuchen sehr leicht fremde Bestandtheile mit hineinbekommen konnte. *P.*

J. W. Draper. On the measurement of the chemical action of light. Phil. Mag. (4) XIV. 161-164†; Erdmann J. LXXII. 376-377; Silliman J. (2) XXV. 102-102; Dingler J. CXLVI. 29-32; Polyt. C. Bl. 1857. p. 1657-1658; Arch. d. sc. phys. XXXVI. 258-260; Cosmos XI. 428-430.

In diesem Aufsatz schlägt der Verfasser die oxalsaure Eisenoxydlösung zu photochemischen Messungen vor. Es hat diese eine goldgelbe Farbe, bleibt im Dunkeln vollkommen unverändert und braust, so wie man sie dem Sonnenlicht aussetzt, heftig auf, indem Kohlensäure entweicht und citronengelbes oxalsaures Eisenoxydul gefällt wird. Läfst man einen Lichtstrahl durch zwei hintereinander aufgestellte Schichten der benannten Lösung gehen, so ist der Einflufs desselben auf die zweite fast unmerklich, ein Beweis, dafs jene Zerlegung durch Absorption des Lichtes bewirkt wird. *Hg.*

F. Guthrie. On the action of light upon chloride of silver. J. of chem. Soc. X. 74-77†; Inst. 1857. p. 250-251; Z. S. f. Naturw. X. 54-54; Silliman J. (2) XXIV. 263-263; Cosmos XI. 208-209.

Hr. Guthrie weist nach, dafs, wenn Licht auf Chlorsilber wirkt, Chlor sich abscheidet und Silber metallisch auftritt. *Hg.*

J. J. Waterston. Experiments on the sun's actinic power. Liter. Gaz. 1857. p. 543-543; Cosmos XI. 123-124†.

Hr. Waterston zeigt in dieser Arbeit, wie schnell die Einwirkung des directen Sonnenlichts auf empfindliche photographische Präparate sei. Eine Scheibe mit einer runden Oeffnung an der Peripherie wurde so aufgestellt, dafs bei der betreffenden Stellung der Oeffnung direct Sonnenstrahlen auf eine dahintergestellte Glasplatte mit empfindlicher Collodiumschicht gelangen konnte. Die Scheibe wurde bei den Versuchen in schnelle Rotation gesetzt. Es ergab sich, dafs eine Wirkungszeit der Sonnenstrahlen von $\frac{1}{5000}$ Secunden hinreichend sei, um eine sichtbare Einwirkung am Collodium zu entdecken. *Hg.*

Zantedeschi e Borlinetto. Sull' influenza del vuoto e di olcrini gaz ne' fenomeni chimici, che presentano i joduci d'argento esposti alla luce solare. Wien. Ber. XXIII. 7-18.

Als Fortsetzung zu den früheren Arbeiten (Berl. Ber. 1856. p. 328) untersuchen hier die Verfasser die Färbung, die das Jodsilber unter Einflufs der Sonnenstrahlen, zeigt, je nachdem sich dieses im luftleeren Raum oder in einer Gasart befand. *Hg.*

Nièpce de Saint-Victor. Mémoire sur une nouvelle action de la lumière. C. R. XLV. 811-815; Inst. 1857. p. 377-378; Silliman J. (2) XXV. 148-149; Cosmos XI. 567-571; Dingler J. CXLVII. 51-55.

Der Verfasser untersucht an diesem Orte, ob ein Körper, der längere Zeit den Sonnenstrahlen ausgesetzt war, nach der Insolation noch die frühere Einwirkung des Lichtes verräth. Die phosphorescirenden Körper thun dies in sichtbarer Weise; Hr. Nièpce bemüht sich nachzuweisen, dafs auch die Körper, die scheinbar keinen Eindruck des Lichtes verrathen, dennoch einen solchen in ihren Wirkungen zeigen.

Nimmt man einen Kupferstich, der mehrere Tage in vollständiger Dunkelheit aufbewahrt war, bedeckt ihn zur Hälfte mit einem undurchsichtigen Schirm und setzt ihn dem directen Sonnenlicht aus, so behält die exponirte Hälfte des Stiches den Eindruck des empfangenen Lichtes bei. Dann legt man ihn auf empfindliches photographisches Papier und läſst ihn mit demselben 24 Stunden lang in Berührung, bei vollkommener Dunkelheit, so haben sich die weiſsen Stellen des Kupferstichs auf dem photographischen Papier in schwarz abgebildet, jedoch nur von dem insolirten Theile.

Läſst man den insolirten Kupferstich mehrere Tage im Dunkeln liegen und legt ihn dann auf photographisches Papier, so bildet er sich nicht mehr ab.

Je nach der Beschaffenheit des Papiers erfolgt die Einwirkung schneller oder langsamer. Wie das Papier verhalten sich andere organische Substanzen, wie Holz, lebende Haut, Elfenbein, Pergament; während die Metalle, das Glas, die Emaille diesen Eindruck nicht zeigen.

Legt man zwischen den exponirten Kupferstich und das photographische Papier eine feine Glasplatte, ein Glimmerblatt, ja selbst Uranglas, so erfolgt keine Reproduction.

Es ist ferner ein sehr merkwürdiges Resultat, das Hr. NIÈPCE angiebt, daſs sich diese Wirkung auch in der Entfernung verräth. Liegen Kupferstich und photographisches Papier 3^{mm} auseinander, so erhält man doch eine gute Abbildung. Dies Resultat ist in sofern interessant, als es die Annahme, das Papier werde durch den Einfluſs des Lichtes chemisch verändert und erlange erst wieder allmälig in der Dunkelheit seine frühere Beschaffenheit, ziemlich unwahrscheinlich macht.

Auf Farben wirkt die Sonne verschieden ein. Hr. NIÈPCE giebt in seiner Arbeit eine Uebersicht, wie sich die verschiedenen Farben in dieser Hinsicht verhalten. So wird unsere gewöhnliche Tinte, die aus Galläpfeln bereitet ist, nicht durch das Licht modificirt.

Hr. NIÈPCE führt ferner eine Beobachtung an, deren Prüfung durch andere Physiker wünschenswerth wäre. Er nimmt ein metallenes Rohr, z. B. aus Weiſsblech, welches an der einen Seite verschlossen ist, tapeziert dieses Rohr inwendig mit weiſsem Papier und läſst in das offene Ende des Rohrs Sonnenstrahlen hineinfallen ungefähr während einer Stunde. Hierauf verschlieſst er das Rohr hermetisch und bewahrt es eine beliebig lange Zeit (temps indéfini) auf. Oeffnet er dann im Dunkeln das Rohr gegen photographisches Papier, so bildet sich der Umkreis der Rohröffnung nach der Dauer von 24 Stunden auf dem Papiere ab.

Mehr als Papier werden die als besonders schön fluorescirend bekannten Körper vom Licht modificirt. Schreibt man z. B. mit einer Lösung von schwefelsaurem Chinin auf Papier und legt dieses, nachdem man es der Sonne exponirt hat, auf photographisches Papier, so wirken die Schriftzüge intensiver, als das weifse Papier. *Hg.*

Bertsch. Images photographiques d'objets vus au microscope. C. R. XLV. 213-214; Inst. 1857. p. 261-262; Cosmos XI. 178-179.

Bertsch hat mikroskopische Gegenstände, Navicula's, Diatomeen, Blutkörperchen, klare Krystalle durch eine für die oberen Strahlen des Spectrums achromatisirte Linse von $\frac{1}{2}^{mm}$ Brennweite photographisch dargestellt. Auch bei schiefer Beleuchtung wurden die Bilder sehr rein; die Krystalle wurden durch polarisirtes Licht erleuchtet, wobei er fand, dafs die der photographischen Farbe complementäre keine Wirkung auf die empfindlichen Substanzen ausübt. *P.*

C. M. Guillemin. Développement de la matière verte des végétaux et flexion des tiges sous l'influence des rayons ultra-violets, calorifiques et lumineux du spectre solaire. C. R. XLV. 62-65, 543-545; Inst. 1857. p. 239-239, p. 347-347.

Der Verfasser findet, dafs die jungen Zweige sich unter dem Einflusse aller Lichtstrahlen beugen, am meisten aber unter denen, die zwischen den Fraunhofer'schen Linien *H* und *I* liegen, und unter denen des wärmenden Roth, dies zweite Maximum rückt aber dem Grün näher wenn die Sonne niedrig steht, oder wenn die Luft mit Dünsten angefüllt ist. Der Verfasser will diesen Einflufs der Beugung auch noch jenseits des Ultra-Violett gefunden haben, wo man weder fluorescirende noch chemische Wirkung nachweisen kann.

Die Entwicklung des grünen Farbstoffes hat ihr Maximum im Gelb und hört in den fluorescirenden Strahlen ganz auf. Die blauen, grünen, gelben, orange und rothen Strahlen behindern das Grünen mehr, wie die directen Sonnenstrahlen. Die polarisirten Strahlen wirken bei gleicher Intensität wie die natürlichen. *P.*

Chevreul. Explication de la zone brune des feuilles du Geranium zonale. C. R. XLV. 397-398; Inst. 1857. p. 322-322.

Der Verfasser zeigt, daſs das Braun entsteht durch den Contrast des rothen Zellinhaltes auf dem grünen Grunde der Blätter. *P.*

Wissenschaftliche Anwendungen der Photographie.

W. Crookes. On the photography of the moon. Proc. of Roy. Soc. VIII. 363-371; Phil. Mag. (4) XIV. 227-234; Liter. Gaz. 1857. p. 188-188; Cimento VI. 398-400.

Secchi. Photographies de la lune. Cosmos X. 208-208.

Bond. Photographie des groupes d'étoiles. Cosmos XI. 124-125.

Bertsch. Epreuves microscopiques à grossissements énormes. Foyer lumineux et foyer chimique. Couleurs complementaires. Lumière homogène. Cosmos XI. 520-521.

---

25. Optische Apparate.

F. J. Otto. Spiegelmetall. Liebig Ann. CII. 66-67†; Erdmann J. LXXI. 251-251; Chem. C. Bl. 1857. p. 540-541; Dingler J. CXLIV. 238-239; Polyt. C. Bl. 1857. p. 888-889.

Hr. Otto hat einige Versuche über das beste Verhältniſs von Kupfer und Zinn zur Darstellung von Spiegelmetall angestellt. Es hat sich ergeben, daſs die weiſseste Legirung die von 31,5 Procent Gehalt an Zinn ist. Selbige läuft auch weniger an, als Legirungen mit mehr Kupfer. Vergröfsert man den Zinngehalt über 33 Procent, so werden die Legirungen bröcklich und sind zu Spiegeln nicht zu verwenden. *Hg.*

L. Foucault. Note sur un télescope en verre argenté. C. R. XLIV. 339-342†; Inst. 1857. p. 38-38, p. 343-343; Arch. d. sc. phys. XXXIV. 224-227; Athen. 1857. p. 1149-1150; Cosmos X. 186-189; Liter. Gaz. 1857. p. 933-934; Polyt. C. Bl. 1857. p. 571-573; Dingler J. CXLVI. 152-154.

Hr. Foucault hat ein Spiegelteleskop construirt, in welchem der Hohlspiegel aus Glas besteht und an der äufsern Seite mit einer äufserst feinen polirten Silberschicht belegt ist. Das Silber wird nämlich nach Drayton's Methode chemisch auf die vollkommen reine Glasfläche niedergeschlagen und mit pariser Roth schnell zu einer hohen Politur gebracht. In neuester Zeit haben sich bekanntlich Petitjean, Liebig und Steinheil um diese Versilberung verdient gemacht.) Der Verfasser vergleicht dieses Teleskop mit einem Refractor. Der Hauptvorzug des ersteren besteht bekanntlich darin, dafs es keine Farbenzerstreuung zuläfst. Photometrische Messungen haben ferner gezeigt, dafs man mit einem Teleskop, das dieselbe Oeffnung wie ein Refractor hat, und nur halb so lang ist wie dieser, eine gleiche Lichtstärke und eine gröfsere Schärfe der Bilder erzielt. (Man vergleiche übrigens Steinheil's Resultate Astr. Nachr. 1858. Nr. 1138.) Ein grofser Vorzug der Spiegelteleskope besteht ferner darin, dafs ihre Vorzüglichkeit nur von der genauen Bearbeitung einer Glasfläche abhängt. Der Preis wird sich deshalb mit der Zeit, wie Steinheil zeigt, bedeutend niedriger stellen. Hr. Foucault führt schliefslich an, dafs sich ein nach dieser Methode dargestelltes Teleskop schon sechs Wochen unverändert erhalten hat; sollte sich indessen der Spiegel mit der Zeit oxydiren, so genügt einfaches Aufpoliren oder nöthigenfalls abermalige Versilberung, um ihm die alte Güte wieder zu geben. *Hg.*

Steinheil. Note sur les miroirs de télescope en verre argenté. C. R. XLV. 968-969†; Inst. 1857. p. 419-419; Cosmos XI. 652-653; Polyt. C. Bl. 1858. p. 217-217; Dingler J. CXLVII. 157-157.

Hr. Steinheil macht in dieser Note darauf aufmerksam, dafs er schon weit früher als Foucault ein Teleskop mit versilbertem Glasspiegel von 4 Zoll Oeffnung dargestellt habe (Augsburg. Allg. Zeit. 1856. 24. März). Zum Niederschlagen des Silbers wendet der Verfasser eine Liebig'sche Methode an, zum Aufpoliren einfaches Reiben mit einer Sammetbürste. Es wird ferner bemerkt, dafs, da das Silber so äufserst dünn auf der Glasfläche ist, auch durch wiederholtes Poliren die sphärische Gestalt der Spiegel nicht geändert wird. *Hg.*

T. Grubb. On improvements in the optical details of reflecting telescopes and equatoreal instruments. Athen. 1857. p. 1186-1187; Liter. Gaz. 1857 p. 982-982.

Diese Arbeit bringt Verbesserungen an Spiegelteleskopen und astronomische Details über die Aufstellung von Aequatorialinstrumenten. *Hg.*

H. L. Smith. An improvement in the construction of the achromatic telescope. Liter. Gaz. 1857. p. 1102-1102.

R. Greene. Working model of a machine for polishing specula for reflecting telescopes and lenses. Rep. of Brit. Assoc. 1856. 2. p. 24-25†.

Soleil fils. Note sur l'échelle numérique des verres de lunettes. C. R. XLV. 374-376†; Cosmos XI. 321-323.

Man pflegt allgemein die Brillengläser nach der Anzahl der Zolle der entsprechenden Brennweite zu bezeichnen. Da bei dieser Nummerirung bei den starken Gläsern Brüche unvermeidlich sind, so schlägt Hr. Soleil vor, die Gläser lieber nach ihrem Vergröfserungsverhältnifs zu nummeriren. *Hg.*

Porro. Hélioscope. Cosmos X. 495-595†.

Hr. Porro hat ein Spiegelteleskop construirt, mittelst dessen man ohne Anwendung von farbigen Gläsern die Sonne beobachten kann. Es heifst in dem Aufsatz: „Mit Hülfe von drei zweckmäfsig combinirten Reflexionen werde der Glanz und die strahlende Wärme so weit geschwächt, dafs das Auge ein weifses und klares Bild der Sonne erblickt." Näheres ist nicht angegeben. Man soll nach Belieben die Intensität des Lichtes ändern können. Wahrscheinlich wird die Schwächung des Lichtes durch Polarisation hervorgebracht. Man vergleiche Pohl's „Sonnenocular" (Berl. Ber. 1857. p. 248). *Hg.*

G. Santini. Notizie intorno ai micrometri formati nel campo oscuro di un cannocchiale con lince chiare e punti luminosi. Cimento VI. 173-185; Atti dell' Inst. Veneto 1857. Gennajo 19.

Decher. Beiträge zur elementaren Optik. Z. S. f. Math. 1857. 1. p. 125-127.

P. Casamajor. A method of measuring the angles of crystals by reflection without the use of a goniometre. Silliman J. (2) XXIV. 251-253†.

Der Verfasser giebt hier eine Methode an, ohne jedes Winkelmefsinstrument Krystallwinkel zu bestimmen. Ein Blatt weifses Papier, das auf einem Tisch befestigt ist, dient einem Maafsstabe als Unterlage. Ueber die scharfe Kante des Maafsstabes wird der zu untersuchende Krystall geklebt. Das Auge des Beobachters befindet sich dicht an dem Krystall und sieht theils über denselben nach einem verticalen Faden, theils nach dem Spiegelbild eines andern verticalen Fadens. Der Krystall wird so lange gedreht, bis beide Bilder zusammenfallen. Zugleich mufs er aber so gestellt sein, dafs nach Drehung des Maafsstabes dasselbe bei einer andern Krystallfläche stattfindet. Ist der Krystall ajustirt, so wird bei der eigentlichen Messung der Maafsstab um einen Punkt gedreht, der unter dem Krystall auf dem Papier bezeichnet ist. Die beiden Stellungen, wo das von der einen und andern Krystallfläche reflectirte Bild zusammenfällt mit dem direct gesehenen Faden werden dadurch markirt, daſs man an dem Maaſsstab entlang auf dem Papier Linien zieht. Diese beiden Linien, die von dem Drehpunkt ausgehen, schlieſsen einen Winkel ein, der das Supplement von dem fraglichen Krystallwinkel ist. Macht man die beiden Schenkel gleich der Einheit und verbindet die Endpunkte durch eine Gerade, deren Länge $= a$ gefunden werden mag, so ist der eingeschlossene Winkel A ausgedrückt durch:

$$\cos A = 1 - 1\tfrac{1}{2}\, a^2.$$

Man bestimmt also hier durch bloſse Längenmessung den Krystallwinkel. *Hg.*

DONOVAN. On a moveable horizontal sun-dial, which shows correct solar time within a fraction of a minute. Athen. 1857. p. 1120-1120; Inst. 1857. p. 334-335†.

Hr. DONOVAN hat eine Sonnenuhr construirt, an welcher man Bruchtheile von Minuten ablesen kann. An diesem Instrument ist nichts wesentlich Neues. *Hg.*

D. BREWSTER. On the centering the lenses of compound object-glasses of microscopes. Athen. 1857. p. 1184-1185; Inst. 1857. p. 374-376†.

Hr. BREWSTER macht darauf aufmerksam, wie wichtig es ist, daſs die Axen der Linsen, aus denen die Objective bestehen, zusammenfallen. Er erinnert daran, daſs WOLLASTON einst, mit Hülfe seiner Methode der Ajustirung eines dreifachen Objectivs (Phil. Trans. 1822. p. 22), die drei Linsen des Objectivs eines DOLLOND'schen Fernrohrs gehörig centrirte. Das Fernrohr gewann dadurch bedeutend. So zeigte es die secundären Sterne bei β Orionis, von denen man vor der Ajustirung nichts wahrnehmen konnte. Der Verfasser wollte die WOLLASTON'sche Methode auch zur Ajustirung der Mikroskopobjective anwenden. Bei der bedeutenden Krümmung der zu diesen Objectiven angewandten Linsen war voraussichtlich die Aufgabe nicht leicht. Jede der drei Linsen, aus welchen das zu untersuchende Objectiv bestand, wurde mit zwei Correctionsschrauben versehen, um so beliebig die Axen zu verändern. Mit einem Mikroskop wurden die von den Begränzungsflächen der Linsen reflectirten Bilder eines kleinen Sonnenbildchens beobachtet. Es kamen etwa 24 zum Vorschein und es wollte nicht gelingen, einen kleinen Theil derselben zur Deckung zu bringen. An ein Zusammenfallen der 24 Bilder, was bei richtiger Ajustirung hätte eintreten müssen, war nicht zu denken. Hr. Brewster glaubt demnach, dafs die Wollaston'sche Methode bei Mikroskopobjectiven nicht anwendbar sei und wiederholt seinen schon öfter ausgesprochenen Vorschlag, aus verschiedenen stark brechenden flüssigen und festen Medien die besagten Objective zusammenzusetzen. Die Bemühungen Amici's in diesem Felde hätten schon Erfolg gehabt. *Hg.*

T. W. Webb. Simple method of finding the focal lenght of small convex lenses. Liter. Gaz. 1857. p. 1101-1102.

Der einfache Apparat, den Hr. Webb zur Bestimmung der Brennweite von kleinen convexen Linsen benutzt, ist auf folgende Weise eingerichtet. Auf eine Stricknadel sind drei Korkstückchen gesteckt, so dafs diese leicht auf jener hin- und hergeschoben werden können. Das mittelste Korkstückchen, welches sich ungefähr auf der Mitte der Nadel befindet, trägt die zu untersuchende Linse, die so gerichtet wird, dafs ihre Axe parallel zur Stricknadel läuft. In jedes der beiden andern Korkscheibchen wird eine Nähnadel gesteckt und zwar so, dafs die Spitzen nach oben sind. Ferner mufs die Verbindungslinie der Spitzen so genau als möglich mit der verlängerten Linsenaxe zusammenfallen. Die beiden Korkstückchen mit den Nadeln werden nun so lange verschoben, bis erstens das umgekehrte Bild der einen Nadelspitze, welches durch die Linse hervorgebracht wird, mit der zweiten Nadelspitze genau zusammenfällt und zweitens zugleich die beiden Nadelspitzen möglichst gleich entfernt von den beiden Seiten der Linse sind. Die Entfernung der beiden Nadelspitzen, die mit dem Zirkel gemessen wird, giebt dann das Vierfache der gesuchten Brennweite. *Hg.*

Vierter Abschnitt.

Wärmelehre.

26. Theorie der Wärme.

W. Thomson. Sull' energia mecanica del sistema solare. Cimento V. 425-436. Siehe Berl. Ber. 1854. p. 375.

A. Fuchs. Ueber das Wesen der Wärme und ihre Beziehung zur bewegenden Kraft. Verh. d. Presburg. Ver. 1857. 1. p. 3-5†.

Der von Hrn. Fuchs im Presburger Verein gehaltene Vortrag enthält eine populäre Darstellung der Grundsätze der mechanischen Wärmetheorie. *Im.*

R. de Napoli. Sur la corrélation des forces physiques. Cosmos XI. 301-308; 324-333†.

Séguin. Réponse à Mr. de Napoli. Cosmos XI. 411-418†.

Moigno's Uebersetzung von Grove's „Correlation of physical forces" mit Noten von Séguin dem Aelteren, giebt Hrn. de Napoli Veranlassung, in einem an Séguin gerichteten Schreiben demselben einen Auszug aus seiner im Jahre 1851 erschienenen „chemischen Philosophie" mitzutheilen, in welcher er Ansichten entwickelt habe, die mit denen von Grove vielfache Analogieen darbieten. Hr. de Napoli bewegt sich dabei jedoch mehr auf dem Boden vager Speculationen als exacter Schlufsfolgerungen und seine Klage, dafs keiner seiner Landsleute ihn verstanden habe, hat ihren sehr triftigen Grund. Auch Séguin hat ihn nicht verstanden, entwickelt dagegen in einer Antwort seine eigenen Ansichten über die Materie. Auch diese entbehren jedoch allzusehr jedes festen Haltes, als dafs wir hier näher auf derartige Speculationen eingehen konnten. *Im.*

R. Hoppe. Bemerkung zu den Aufsätzen des Hrn. v. Seydlitz und Erwiederung auf die Notiz des Hrn. Clausius betreffend die Wärmetheorie. Pogg. Ann. CI. 143-147†.

Im ersten Theil weist Hr. Hoppe die Grundlosigkeit der Theorie des v. Seydlitz nach, dessen Ansichten wohl ohnedies bei den Physikern wenig Anklang finden dürften.

Die gegen die Abhandlung des Hrn. Hoppe: „Ueber die Wärme als Aequivalent der Arbeit" gerichtete Notiz des Herrn Clausius [1]) beruht nach Hrn. Hoppe auf einem Mifsverständnifs. Er habe es durchaus nicht als einen Mangel in der Darstellung des Hrn. Clausius bezeichnen wollen, dafs dieser den Satz der Aequivalenz der Wärme und Arbeit seiner Untersuchung zu Grunde lege. Sein eigener Zweck sei aber gewesen, eine analytische Ableitung des Satzes von der Aequivalenz der Wärme und Arbeit zu geben, welche bis dahin noch nicht existirte. Er habe deshalb den umgekehrten Weg einschlagen müssen. Der Berichterstatter erlaubt sich hierzu die Bemerkung, dafs Hr. Hoppe von gewissen Erfahrungsthatsachen ausgehend den analytischen Beweis eben nur für den speciellen Fall geführt hat, wo es sich um permanente Gase handelt, dafs aber der Beweis des Princips auf diesem Wege allgemein nicht gegeben werden kann, weil dazu in jedem speciellen Fall besondere empirische Daten erforderlich sind, welche noch dazu in den meisten Fällen fehlen. Die Fruchtbarkeit des Princips besteht eben darin, dafs es diese Lücken ergänzt. Der allgemeine Beweis desselben kann sich nur auf das Princip der lebendigen Kräfte in der Mechanik und auf die Grundvorstellungen stützen, welche man sich über die Molecularconstitution der Körper und über das Wesen der Wärme bildet.

Im.

[1]) Berl. Ber. 1856. p. 348.

F. Mann. Kleine Beiträge zur Undulationstheorie der Wärme. Z. S. f. Math. 1857. 1. p. 280-288†.

Die Beiträge des Hrn. Mann beziehen sich auf das Dulong'sche Gesetz über die Wärmecapacitäten der chemisch einfachen Stoffe und auf die Wärmecapacität von chemischen Verbindungen und Legirungen.' Da man unter Temperatur „den Grad der Wärmewirkung nach aufsen" verstehe, meint Hr. Mann, so müsse dieselbe abhängig sein von der Stärke, mit welcher die schwingenden Atome auf ein ihnen dargebotenes Hindernifs stofsen. Diese Stofsstärke aber sei offenbar dem Product aus der Masse eines Atoms und seiner Schwingungsgeschwindigkeit proportional. Da aber die Kraftgröfse, welche erforderlich sei, um der Masse m die Geschwindigkeit v zu ertheilen, ebenfalls dem Product mv proportional sei, so bedürfe es der nämlichen Wärmemenge, um die Temperatur je eines Atoms verschiedener Grundstoffe um gleich viel zu steigern. Wir begnügen uns mit dieser Probe und fügen nur hinzu, was Hr. Mann nicht bemerkt hat, dafs daraus auch folgt, dafs dieselbe Wärmemenge erforderlich ist, um die Temperatur eines Pfundes und die eines Centners um gleich viel zu steigern.

Am Schlufs leitet Hr. Mann eine Formel für die Wärmecapacität von Metalllegirungen her und findet, dafs, wenn beide Metalle im Verhältnifs ihrer chemischen Aequivalentzahlen gemischt werden, die Wärmecapacität der Legirung das harmonische Mittel der Wärmecapacitäten beider Metalle ist, während Regnault bei seinen Versuchen das mathematische Mittel gefunden hat. Hr. Mann sucht an passend ausgewählten Beispielen zu zeigen, dafs beide Formeln nahe übereinstimmende Resultate geben. Witzschel bemerkt dazu ganz richtig, dafs das harmonische Mittel immer kleiner ist als das arithmetische und dafs eine annähernde Uebereinstimmung nur stattfinden kann, wenn die Wärmecapacitäten beider Metalle überhaupt nicht sehr verschieden sind. *Im.*

R. Clausius. Ueber die Art der Bewegung, welche wir Wärme nennen. Pogg. Ann. C. 353-380†; Z. S. f. Math. 1857. 1. p. 170-187; Phil. Mag. (4) XIV. 108-127; Ann. d. chim. (3) L. 497-507; Arch. d. sc. phys. XXXVI. 293-309; Cimento VI. 435-441.

J. P. Joule. Some remarks on heat and constitution of elastic fluids. Phil. Mag. (4) XIV. 211-216†; Ann. d. chim. (3) L. 381-383; Arch. d. sc. phys. XXXVI. 349-350. Vergl. Berl. Ber. 1850, 51. p. 592.

Die im Berl. Ber. 1856. (p. 352) besprochenen „Grundzüge einer Theorie der Gase" von Krönig veranlassen Hr. Clausius, die Ansichten, welche er sich über die Natur der Wärmebewegung schon seit längerer Zeit gebildet hatte, und welche hinsichtlich der luftförmigen Körper, mit denen von Krönig in den wesentlichen Punkten übereinstimmen, zu veröffentlichen. Hr. Clausius bemerkt dabei, dafs schon früher ähnliche Ideen von Joule ausgesprochen worden seien und spricht den Wunsch aus, dafs Joule seine darauf bezügliche Abhandlung [1]), welche er sich noch nicht habe verschaffen können, in einer mehr verbreiteten Zeitschrift reproduciren möge. Diesem Wunsch hat Joule durch mehrmaligen Abdruck der Abhandlung im Phil. Mag. entsprochen. Obgleich dieselbe schon in einem früheren Jahresbericht kurz erwähnt ist, kommen wir mit einigen Worten darauf zurück, da dieselbe durch die Arbeiten der Herren Krönig und Clausius ein erhöhtes Interesse gewinnt. Hr. Joule denkt sich ein Gefäfs von der Gröfse und Gestalt eines Cubikfufses, mit Wasserstoffgas gefüllt. Der Druck des Gases auf die Wände wird dadurch bewirkt, dafs die Wasserstoffatome sich mit grofser Geschwindigkeit zwischen denselben hin- und herbewegen, gegen dieselben stofsen und von ihnen zurückprallen.

Unter der Voraussetzung, dafs die Gastheilchen sich in drei auf einander senkrechten den Kanten des Würfels parallelen Richtungen hin und her bewegen, ohne sich gegenseitig in ihren Bewegungen zu stören, berechnet Hr. Joule aus der bekannten Masse eines Cubikfufses Wasserstoffgas bei 60° F. und unter dem Druck einer Atmosphäre die Geschwindigkeit, welche erforderlich ist, um diesen Druck hervorzubringen, zu 6225 Fufs (engl.) in

[1]) Mem. of Manch. Soc. (2) IX. 107; Berl. Ber. 1850, 51. p. 592.

der Secunde. Der Druck ist der Dichtigkeit und dem Quadrat der Geschwindigkeit proportional und es ergiebt sich daraus, dafs man, um das Mariotte-Gay-Lussac'sche Gesetz zu erhalten, nur die Temperatur mit der lebendigen Kraft eines Gastheilchens, die im Gase enthaltene Wärmemenge mit der lebendigen Kraft der ganzen Gasmasse zu identificiren braucht. Ferner leitet Hr. Joule daraus die specifische Wärme des Wasserstoffgases bei constantem Volumen ab. Die Geschwindigkeit eines Gastheilchens bei 60° ist nämlich 6225′, entsprechend einer Fallhöhe von 602342 Fufs, bei 61° hingegen 6230,93′, entsprechend der Fallhöhe von 603502 Fufs. Das Quantum lebendiger Kraft, welches einem Pfund Wasserstoffgas mitgetheilt werden mufs, um seine Temperatur von 60° auf 61° F. zu erhöhen, entspricht also einer Fallhöhe von 1160′, oder man würde mit derselben Wärmemenge ein Pfund 1160′ hoch heben können. Da nun das mechanische Aequivalent der Wärmeeinheit 770 Fufspfund ist, so ergiebt sich die Wärmecapacität des Wasserstoffgases bei constantem Volumen = 1,506. Die specifischen Wärmen anderer Gase ergeben sich aus der Theorie ihrer Dichtigkeiten umgekehrt proportional, was mit der Erfahrung übereinstimmt. Die für Wasserstoffgas gefundene Zahl und folglich auch die für andere Gase, stimmen aber weder mit den Beobachtungen von Delaroche und Bérard noch mit den neueren von Regnault überein. Diese Nichtübereinstimmung scheint der Grund zu sein, weshalb Hr. Joule die von ihm aufgestellten Gesichtspunkte nicht weiter verfolgt hat. Historisch ist übrigens noch anzuführen, dafs Hr. Joule, wie er selbst sagt, den Grundgedanken der Hypothese von Herapath entnommen hat. Selbstverständlich wird durch die Priorität der Herren Herapath und Joule dem Verdienst der deutschen Physiker in keiner Weise Abbruch gethan, welche die Hypothese selbstständig von neuem aufgestellt und weiter ausgebildet haben.

Hr. Clausius gelangt hinsichtlich der Gase bei seiner Rechnung zu einem ähnlichen Resultat wie Joule, dafs nämlich die lebendige Kraft der fortschreitenden Bewegung, welche erforderlich ist, um einen gewissen Druck auf die Wände des Gefäfses hervorzubringen, zu gering ist um die ganze im Gase enthaltene Wärmemenge (das Product der specifischen Wärme bei constantem Volumen und der absoluten Temperatur) darzustellen. Ist nämlich c_1 die Wärmecapacität bei constantem Druck, c bei constantem Volumen, A das Wärmeäquivalent der Arbeitseinheit, t die absolute Temperatur, AH die in der Gasmasse q enthaltene Wärmemenge, so ist

$$A \,.\, H = q \,.\, c \,.\, t.$$

Es ist aber auch

$$A \,.\, pv = q \,.\, (c_1 - c)\, t.$$

mithin die der ganzen im Gase enthaltenen Wärmemenge äquivalente Arbeitsmenge

$$H = \frac{c}{c_1 - c} \,.\, pv.$$

Für die lebendige Kraft der fortschreitenden Bewegung, welche erforderlich ist, um bei dem Volumen v den Druck p zu erzeugen, findet Hr. Clausius durch einfache Schlüsse, welche sich auf die Annahme gründen, dafs bei der Bewegung der einzelnen Molecüle durchschnittlich jede Richtung gleich oft vorkommt, den Ausdruck

$$K = \tfrac{3}{2}\, pv$$

welcher übrigens mit dem Resultat der Betrachtungsweise der Herren Joule und Krönig vollkommen übereinstimmt. Daraus ergiebt sich:

$$\frac{K}{H} = \frac{3}{2}\left(\frac{c_1}{c} - 1\right).$$

Aus dem bekannten Werth des Quotienten $\frac{c_1}{c}$ folgt, dafs z. B. für die einfachen permanenten Gase die lebendige Kraft der fortschreitenden Bewegung der Molecüle nur 0,6315 von der gesammten im Gase enthaltenen Wärmemenge repräsentirt. Hr. Clausius nimmt daher an, dafs aufserdem noch innerhalb der einzelnen in fortschreitender Bewegung begriffenen Massentheilchen vibratorische Bewegungen ihrer einzelnen Bestandtheile stattfinden. Es ist dann die Annahme erforderlich, dafs die ganze an Gasen vorhandene lebendige Kraft zu der lebendigen Kraft der fortschreitenden Bewegung welche uns als Maafs der Temperatur dient, in einem unveränderlichen Verhältnifs steht. Die Abweichungen der Gase von den Gesetzen des idealen Gaszustandes erklären sich ohne Schwierigkeit, denn damit diese Gesetze streng richtig seien, ist erforderlich, erstens, dafs der Raum, welchen die Gasmolecüle wirklich ausfüllen, verschwindend klein ist gegen den ganzen Raum des Gefäfses, zweitens dafs die Zeitdauer des Stofses eines Molecüls gegen ein anderes Molecül oder gegen die feste Wand verschwindend klein ist gegen die Zeit welche zwischen zwei Stöfsen verfliefst, so dafs also in den mittleren Entfernungen der Molecüle die zwischen ihnen wirksamen Kräfte verschwindend klein, die Bahnen der Molecüle daher gradlinig sind bis auf die sehr kleinen Theile, innerhalb welcher dieselben durch Einwirkung der Molecularkräfte der festen Wand oder eines andern Molecüls von ihrer geraden Richtung abgelenkt werden.

Im festen Aggregatzustand nimmt Hr. Clausius an, dafs sich die Molecüle vibrirend um gewisse stabile Gleichgewichtslagen bewegen, im flüssigen Zustand ist eine bestimmte Gleichgewichtslage nicht mehr vorhanden, so dafs ein Molecül nicht mehr an bestimmten Nachbarmolecülen haftet, sondern dieselben unter Einwirkung der Kräfte, welche von andern Molecülen herrühren, verläfst. Doch ist die fortschreitende Bewegung noch nicht stark genug, um die Molecüle ganz aus der Wirkungssphäre ihrer Molecülenkräfte zu entfernen, wie es im gasförmigen Zustand der Fall ist. Dieser Unterschied gilt jedoch nur von dem Mittelwerth der Bewegungen und es ist anzunehmen, dafs die Geschwindigkeiten der einzelnen Molecüle von dem Mittelwerth nach beiden Seiten hin innerhalb weiter Gränzen abweichen. So wird an der Oberfläche einer Flüssigkeit hin und wieder der Fall eintreten, dafs durch ein günstiges Zusammentreffen der fortschreitenden und schwingenden Bewegung ein Molecül mit solcher Heftigkeit von seinen Nachbarmolecülen fortgeschleudert wird, dafs es sich ganz aus ihrer Wirkungssphäre entfernt und in gerader Richtung fortfliegt. Ist der Raum über der Flüssigkeit begränzt und anfänglich leer, so wird er sich mit solchen fortgeschleuderten Molecülen allmälig mehr und mehr füllen. Umgekehrt aber wird der Fall eintreten können, dafs eines der in dem leeren Raum sich hin und her bewegenden Molecüle zu den Molecülen der festen Wand oder der Flüssigkeitsoberfläche in eine so günstige Lage kommt, dafs es von demselben durch Anziehung ganz festgehalten wird, oder in den Zustand der tropfbaren Flüssigkeit zurückkehrt.

Nach Verlauf einer gewissen Zeit wird sich ein Zustand hergestellt haben, in welchem die Zahl der im leeren Raum sich bewegenden Molecüle so grofs geworden ist, dafs durchschnittlich in der Zeiteinheit eben so viele Molecüle von der Flüssigkeitsoberfläche fortgeschleudert, als von derselben wieder festgehalten werden. Man sagt dann der Raum sei für diese Temperatur der Flüssigkeit mit Dampf gesättigt. Man sieht, dafs mit der Temperatur die Dampfdichte wachsen mufs. In gleicher Weise hat man sich die Absorption der Gase durch Flüssigkeiten zu denken. Dafs bei der Verdampfung Wärme verschwindet, bei der Condensation Wärme erzeugt wird, dafs die gegen eine bewegte Wand stofsenden Molecüle mit einer geringeren oder gröfseren mittleren Geschwindigkeit zurückprallen, je nachdem die Wand zurückweicht oder ihnen entgegenbewegt wird, dafs also im ersten Fall die Temperatur sinkt, im letztern steigt, dafs dieselbe dagegen ungeändert bleibt, wenn das Gas sein Volumen ändert, ohne einen äufseren Druck zu überwinden, ergiebt sich unmittelbar aus der Hypothese. Nicht so unmittelbar möchte es einleuchten, warum, wenn zwischen zwei gleichen Gefäfsen die mit Luft von verschiedener Dichtigkeit gefüllt sind, ein Ueberströmen stattfindet, die Temperatur des einen sinkt die des andern um eben so viel steigt; denn dafs eine Gasmasse deren Molecüle Bewegungen haben unter denen eine bestimmte Richtung vorwaltet, sich zu einer angränzenden Gasmasse ähnlich wie eine bewegte Wand verhält, kann nach der Anschauungsweise des Herrn Clausius nicht zugegeben werden, da nach derselben der innere Druck des Gases, d. h. die in jedem Augenblick stattfindende Abstofsung der Gasmolecüle gegen einander nur ein verschwindend kleiner Bruchtheil des Druckes ist, welchen das Gas auf eine feste Wand ausübt. Das Ausströmen besteht nach der Anschauungswiese des Hrn. Clausius nur darin, dafs durch die Oeffnung sich in einer Richtung eine gröfsere Zahl von Molecülen bewegt, als in der entgegengesetzten, aber mit derselben mittleren Geschwindigkeit, wenn die anfänglichen Temperaturen beider Gefäfse gleich waren. Es ist nicht einzusehen, wie dadurch eine Vermehrung der mittleren Geschwindigkeit in dem einen Gefäfs, eine Verminderung in dem andern herbeigeführt werden kann.

Da der Druck eines Gases proportional ist der Anzahl der in der Volumeneinheit enthaltenen Molecüle und der lebendigen Kraft der fortschreitenden Bewegung jedes Molecüls, da ferner jene Anzahl für alle chemisch einfachen Gase dieselbe ist, so folgt, dafs bei gleicher Temperatur die Atome verschiedener Gase in Beziehung auf ihre fortschreitende Bewegung gleiche lebendige Kraft haben müssen oder wie Krönig es ausdrückt, dafs die Temperatur die lebendige Kraft eines Atoms ist. Um dasselbe Gesetz auch auf zusammengesetzte Gase auszudehnen nimmt Hr. Clausius an, dafs auch in den einfachen Gasen immer mehrere Atome, z. B. zwei zu einem Molecüle vereinigt sind. Man denke sich z. B. ein Volumen Sauerstoff und zwei Volumina Stickstoff, jedes dieser drei Gasvolumina aus gleich vielen solcher Zwillingsatomen bestehend. Geht die chemische Verbindung vor sich, so verbindet sich immer ein Sauerstoffatom mit zwei Stickstoffatomen zu einem Stickstoffoxydulatom. Die Anzahl der zusammengesetzten Atome oder Molecüle nimmt daher im Verhältnifs von 3 : 2 ab und da das Gesammtvolumen in demselben Verhältnifs verringert wird, so enthält wieder jede Volumeneinheit gleich viele Molecüle wie in den einfachen Gasen. Verbindet sich dagegen ein Volumen Sauerstoff mit einem Volumen Stickstoff, so erfolgt keine Contraction und man erhält zwei Volumina Stickstoffoxyd. Da aber jedes Stickstoffoxydatom ein Sauerstoffatom und ein Stickstoffatom enthält, so ist auch die Anzahl der Stickstoffoxydatome dieselbe wie die der Doppelatome der einfachen Gase. Derartige Abweichungen von dem Gesetz der Dampfdichte wie sie z. B. beim Schwefel- und Phosphordampf vorkommen, erklären sich ebenfalls durch die Annahme, dafs die Molecüle dieser Dämpfe aus mehr als zwei Atomen zusammengesetzt sind. Hr. Clausius hält es daher für wahrscheinlich, dafs mit Hülfe dieser Hypothese über die Molecüle der einfachen Stoffe sämmtliche Volumenverhältnisse der Gase sich auf den Satz zurückführen lassen „dafs die einzelnen Molecüle aller Gase in Bezug auf ihre fortschreitende Bewegung gleiche lebendige Kraft haben. *Im.*

J. J. Waterston. On the deviation from the primary laws of elastic fluids indicated by the experiments of Regnault and of Thomson and Joule. Phil. Mag. (4) XIV. 279-288†.

Hr. Waterston bemüht sich nachzuweisen, dafs die von Thomson und Joule beobachtete Abkühlung eines Gases beim Ausströmen durch eine enge Oeffnung oder einen porösen Körper nur eine Folge der äufseren Arbeit $p.v - p^1v^1$ sei, welche das Gas bei der Volumveränderung in Folge der Abweichung vom Mariotte'schen Gesetz leiste. Hätte Hr. Waterston die Abhandlung von Joule und Thomson [1]) ganz durchgelesen, so würde er gefunden haben, dafs diese Abweichung von Joule und Thomson in Rechnung gezogen und ausdrücklich nachgewiesen wird, dafs dieselbe nicht hinreicht um die beobachtete Abkühlung zu erklären, sondern dafs diese ihren Grund nur darin haben kann, dafs die Mayer'sche Annahme auf die wirklichen Gase eben so wenig in vollkommener Strenge anwendbar ist wie das Mariotte'sche und Gay-Lussac'sche Gesetz. *Im.*

W. Thomson and J. P. Joule. On the thermal effects of fluids in motion. Temperature of a body moving slowly through air. Proc. of Roy. Soc. VIII. 556-564†.

Wenn ein Körper in einer incompressiblen Flüssigkeit ohne Reibung bewegt wird, so folgt aus den Gesetzen der Hydrodynamik, dafs eine Vermehrung des Drucks an allen denjenigen Punkten seiner Oberfläche stattfindet, wo die Geschwindigkeit der Flüssigkeitstheilchen relativ gegen den Körper geringer ist als die absolute Geschwindigkeit des Körpers, eine Verminderung des Drucks hingegen an allen Punkten, wo dieselbe gröfser ist. Bei der Bewegung eines Rotationskörpers in der Richtung seiner Umdrehungsaxe z. B. ist die relative Geschwindigkeit am vorderen und am hinteren Pol der Rotationsaxe Null, in einer äquatorialen Zone hingegen ein Maximum. Es folgt daraus eine Vermehrung des Drucks an den Polen, eine Verminderung am Aequator. Der Sprung von dieser langsamen Bewegung durch

[1]) Berl. Ber. 1854. p. 361.

eine incompressible Flüssigkeit ohne Reibung zu einer schnellen Bewegung durch Luft muſs freilich ein sehr kühner genannt werden. Erlaubt man sich aber obiges Resultat auf diesen Fall anzuwenden, so folgt daraus eine Temperaturerhöhung an den Polen und eine bedeutendere Temperaturerniedrigung am Aequator. Da jedoch die erwähnten Schlüsse nur für incompressible Flüssigkeiten gelten, da ferner nach den Versuchen von Stokes[1]) die Reibung schon bei der Bewegung eines Pendels in der Luft von merklichem Einfluſs ist, so war es von vorn herein nicht wahrscheinlich, daſs diese Schlüsse durch die Versuche der Herren Joule und Thomson mit Thermometern, welche mit groſser Geschwindigkeit durch die Luft bewegt wurden, bestätigt werden würden. Es wurden bei diesen Versuchen zwei sehr empfindliche mit Aether und Chloroform gefüllte Thermometer benutzt, an denen beim kleineren 275 beim gröſseren 330 Theilstriche auf einen Grad gingen. Die cylindrischen Gefäſse waren respective 0,9 und 1,4 Zoll lang und hatten 0,26 und 0,48 Zoll Durchmesser. An einer Axe war ein Arm von etwa drei Fuſs Länge befestigt, welcher an seinem Ende das Thermometer mit dem Gefäſs auswärts gewendet trug. Die Axe konnte in schnelle Rotation versetzt und dadurch das Thermometer mit einer bis zu 150 Fuſs in der Secunde steigenden Geschwindigkeit durch die Luft bewegt werden. Es zeigte sich wie wegen der Reibung zu erwarten war, bei allen Versuchen eine Temperaturerhöhung, welche etwas langsamer wuchs als das Quadrat der Geschwindigkeit. Die Versuche wurden modificirt, indem man die Gefäſse der Thermometer mit Hüllen von Papier, Eisen- oder Messingdraht umgab, wodurch die Reibung und in Folge dessen die Temperaturerhöhung vergröſsert wurde. Schlieſslich wird auf die Nothwendigkeit hingewiesen bei meteorologischen Beobachtungen den Einfluſs des Bewegungszustandes der Luft auf den Thermometerstand zu berücksichtigen. *Im.*

[1]) Cambr. Trans. IX.; Berl. Ber. 1850, 51. p. 94.

W. Thomson. On the alteration of temperature accompanying changes of pressure in fluids. Proc. of Roy. Soc. VIII. 566-569†; Phil. Mag. (4) XV. 540-542.

Hr. Thomson giebt eine etwas veränderte Ableitung des früher[1]) von ihm in wenig verschiedener Form aus dem Carnot'-schen Princip abgeleiteten Ausdrucks für die Temperaturänderung einer Flüssigkeit durch plötzliche Compression. Diese Temperaturänderung wird nämlich

$$D = \frac{e\,.\,t}{I\,.\,K}\,.\,\overline{\omega},$$

wo $\overline{\omega}$ die Aenderung des Druckes, e den thermischen Ausdehnungscoëfficienten unter constantem Druck, t die absolute Temperatur, K die Wärmecapacität bei constantem Druck, und J das mechanische Aequivalent der Wärmeeinheit bezeichnet. Für Wasser ist $e = o$ für $t = 278$ und man kann annähernd setzen

$$e = \frac{t - 278}{1012000};$$

für Quecksilber ist

$$e = \frac{1}{5500}.$$

Wenn man den Druck in Atmosphären ausdrückt, so ergiebt sich die Erweiterung für eine Druckzunahme von n Atmosphären

Bei Wasser	Bei Quecksilber
$\vartheta = \frac{t\,.\,(t - 278)}{420000}\,n;$	$\vartheta = \frac{t\,.\,n}{103600}.$

Ein Druck von 10 Atmosphären würde demnach bei Wasser von 0° eine Temperaturerniedrigung von 0,005°, bei Wasser von 100° eine Temperaturerhöhung von 0,078°, bei Quecksilber eine Temperaturerhöhung von respective 0,026 und 0,036° hervorbringen.

Im.

J. P. Joule. On the thermoelectricity of ferrugineous metals and on the thermal effects of stretching solid bodies. Proc. of Roy. Soc. VIII. 355-356†; Phil. Mag. (4) XIV. 226-227; Ann. d. chim. (3) LII. 126-127; Inst. 1858. p. 81-81; Arch. d. sc. phys. XXXVI. 175-176.

Leroux. Température du caoutchouc dilaté. Cosmos XI. 675-676†.

[1]) Dynam. theory of heat § 49; Phil. Trans. 1851.

J. P. Joule. On the thermal effects of longitudinal compression of solids. Proc. of Roy. Soc. VIII. 564-565†; Phil. Mag. (4) XV. 538-539.

— — On the expansion of wood by heat. Proc. of Roy. Soc. IX. 3-3†; Phil. Mag. (4) XVI. 54-54.

Hr. Joule untersucht mittelst eines äufserst empfindlichen unter der Glocke der Luftpumpe aufgestellten Thermomultiplicators der noch Temperaturdifferenzen von $\frac{1}{8000}$° C. erkennen läfst (wie hat sich Hr. Joule davon überzeugt?), die Stellung verschiedener Eisensorten in der thermoelektrischen Spannungsreihe und die Temperaturänderungen, welche durch longitudinale Ausdehnung oder Zusammendrückung fester Körper bewirkt werden. Das Detail der Versuchsmethoden ist nicht angegeben. In der ersten Versuchsreihe findet Hr. Joule, dafs Stahl dem Kupfer in der thermoelektrischen Spannungsreihe näher steht als weiches Eisen, während Gufseisen sogar über das Kupfer hinausgerückt ist, so dafs eine Thermokette aus Gufseisen und weichem Eisen einen stärkeren Strom giebt, als Kupfer und weiches Eisen.

Hinsichtlich der Extension und Compression fester Körper werden die von Thomson [1]) aus dem Carnot'schen Princip abgeleiteten theoretischen Resultate bestätigt. Eisendraht von $\frac{1}{4}$ Zoll Durchmesser kühlte sich um $\frac{1}{8}$° ab, wenn er durch ein Gewicht von 775 Pfund gespannt wurde. Aehnliche Resultate geben Gufseisen, Stahl, Kupfer und Blei, so wie Guttapercha. Vulcanisirtes Kautschuk dagegen erwärmte sich bei der Ausdehnung und kühlte sich ab, wenn es sich wieder zusammenzog. Wie es die Theorie verlangt, zeigte sich denn auch, dafs ein Streifen von vulcanisirtem Kautschuk, der durch ein Gewicht ausgespannt war, welches seine Länge verdoppelte, sich durch eine Temperaturerhöhung von 50° um ein Zehntel zusammenzog, dafs also der Elasticitätsmodul mit der Temperatur wächst, während er bei den Metallen abnimmt. Die Zusammenziehung durch Erwärmung wuchs, wie die Theorie verlangt, schnell mit dem spannenden Gewicht. Hr. Joule sagt nicht, ob er auch Versuche mit gewöhnlichem Kautschuk angestellt hat, obgleich diefs gerade von Interesse gewesen wäre. Aus der Thatsache, dafs ein gespannter

[1]) Berl. Ber. 1855. p. 365.

Kautschukstreif sich mit steigender Temperatur verlängert, hat nämlich Thomson gefolgert, dafs derselbe sich durch Ausdehnung abkühlen mufs. Hr. Leroux dagegen hat die leicht zu bestätigende Beobachtung gemacht, dafs ein dünnes Kautschukband, wenn es schnell ausgedehnt wird, eine durch das Gefühl deutlich wahrnehmbare Temperaturerhöhung zeigt.

Bei Compression von Metallstäben und Cylindern von vulcanisirtem Kautschuk zeigte sich Erwärmung, bei Aufhebung der Compression Abkühlung. Dies stimmt ebenso wie die oben angeführten Versuche mit Drähten mit der Theorie überein, wenn man annimmt, dafs der thermische Ausdehnungscoëfficient der Metalle bei wachsendem Druck unverändert bleibt, so dafs also auch unter Belastung die Metalle sich eben so stark durch die Temperaturerhöhung ausdehnen als unbelastet. Da jedoch alle sowohl auf die Extension als auf die Compression erhaltenen numerischen Werthe etwas gröfser waren als die theoretisch unter dieser Annahme berechneten, so sah sich Hr. Joule zur Untersuchung der Abhängigkeit des Ausdehnungscoëfficienten von der Spannung veranlafst. Directe mikrometrische Beobachtungen geben keinen Unterschied des Ausdehnungscoëfficienten der unbelasteten und der durch ein Gewicht von 700 Pfund gespannten Stäbe. Eine (schraubenförmige) Spiralfeder von Stahldraht, bei 6,34 Zoll Länge 420 Windungen von $\frac{1}{4}$ Zoll Durchmesser enthaltend wurde durch ein Gewicht von 129 Gran auf 14,55 Zoll ausgedehnt. Zwischen 84° und 280° F. brachte ein Temperaturzuwachs von 1° im Durchschnitt eine Verlängerung der Spirale um 0,0037 Zoll hervor. Beachtet man, dafs durch Ausdehnung der Spirale der Draht tordirt wird, so folgt daraus für jeden Grad Temperaturerhöhung eine Abnahme des Torsionscoëfficienten um 0,00041. Aehnliche Versuche mit einer Kupferdrahtspirale gaben eine Abnahme von 0,00047, was mit den Versuchen von Kupffer [1]) sehr wohl übereinstimmt. Wie aber die Veränderung des Torsionscoëfficienten auf die vorliegenden Versuche über Compression und Dilatation directe Anwendung, findet ist nicht ganz klar ersichtlich.

Versuche mit Lorbeerholz, welches entweder in der Rich-

[1]) Berl. Ber. 1856. p. 166.

tung der Fasern oder senkrecht darauf comprimirt oder ausgedehnt wurde, bestätigten ebenfalls im Allgemeinen die Folgerungen von Thomson, soweit diefs bei der Unsicherheit der Resultate über die Ausdehnung des Holzes durch die Wärme möglich war. Ein Stab von wohlgetrocknetem Lorbeerholz von $\frac{3}{8}$ Zoll Durchmesser gab bei 26 Pfund Belastung eine Ausdehnung von 0,00000461 für 1° C., bei 426 Pfd. Belastung hingegen 0,0000056. Derselbe Stab, nachdem er etwa $\frac{1}{8}$ seines Gewichts Wasser aufgesogen hatte, gab nur noch eine Ausdehnung von 0,000000436. Tannenholz gab trocken bei 26 Pfund Belastung eine Ausdehnung von 0,00000428, bei 226 Pfund Belastung 0,00000438, und nachdem es etwa sein eigenes Gewicht Wasser absorbirt hatte, eine Contraction von 0,000000636. *Im.*

G. Rennie. On the quantity of heat developed by water when violently agitated. Rep. of Brit. Assoc. 1856. 2. p. 165-169†.

— — Report on the development of heat in agitated water. Athen. 1857. p. 1159-1159; Silliman J. (2) XXV. 145-146†.

Hr. Rennie hat Versuche über die Erwärmung des Wassers durch Bewegung, ganz ähnlich wie die bekannten Versuche von Joule zur Bestimmung des Wärmeäquivalents angestellt. Das Gefäfs enthielt bei einem gröfseren Apparat 500 Pfund, bei einem andern kleinen nur 10 Pfund Wasser. Der die Bewegung an das Wasser übertragende Rührapparat von Holz wurde durch eine Dampfmaschine getrieben und machte in der Minute bei der gröfseren Maschine 88, bei der kleinen 232 bis 270 Umdrehungen. Im grofsen Apparat erwärmte sich das Wasser etwa um $3\frac{1}{2}$°, im kleinen um 56° F. während einer Stunde und erreichte in letzterem bald die Siedhitze. Der aus den Beobachtungen am grofsen Apparat abgeleitete Werth stimmte mit dem von Joule annähernd überein, der am kleinen Apparat gewonnene hingegen war bedeutend gröfser, wahrscheinlich in Folge unberechenbarer Verluste an bewegender Kraft. Hr. Rennie sagt nicht, wie er die von der Maschine an das Wasser übertragene Arbeitsmenge bestimmt hat. *Im.*

J. Tyndall. Remarks on foam and hail. Phil. Mag. (4) XIII. 352-353†; Cimento V. 344-345; Arch. d. sc. phys. XXXV. 126-128.
H. M. Witt. On the temperature of foam. Phil. Mag. (4) XIII. 467-468†; Cimento V. 395-396.

Bei einem Spaziergang an der Südküste der Insel Wight machte Hr. Tyndall die Bemerkung, dafs der durch eine stürmische Brandung erzeugte Schaum sich warm anfühlte und einen intensiver bitteren Geschmack zeigte als das Meerwasser. Er sieht die Ursache der Erwärmung in der Compression der beim Ueberschlagen der Wellen in das Wasser mit eingeschlossenen Luft. Die in Folge der Temperaturerhöhung an der grofsen Oberfläche, welche die Schaumblasen darbieten, gesteigerte Verdampfung soll die gröfsere Concentration und daher den bittreren Geschmack der in dem Schaum eingeschlossenen Salzlösung erklären. Hr. Witt theilt Hrn. Tyndall eine ähnliche Beobachtung mit, die er an dem Schaum eines über ein Wehr stürzenden Flusses gemacht hat. Der Schaum fühlte sich ebenfalls merklich wärmer an als das Wasser. In der That war auch die Temperatur des Schaumes 45° F., die des Wassers 42,5°. Da jedoch die Lufttemperatur 50° war, so ist die höhere Temperatur des aus Luft und Wasser gemengten Schaumes sehr erklärlich. Dieser war nur scheinbar für das Gefühl wärmer als die Luft, weil letztere in Folge des heftigen Ostwindes rauh erschien. Herr Tyndall glaubt nun zwar, dafs in seinem Fall die Temperatur des Schaumes, dem Gefühle nach zu urtheilen, viel höher gewesen sein müsse, als die Lufttemperatur. Da jedoch Hr. Tyndall nicht Gelegenheit hatte, diefs durch thermometrische Beobachtungen zu constatiren und da die Witterung ebenfalls stürmisch war, so mufs diefs dahingestellt bleiben.

Eine andere Bemerkung knüpft Hr. Tyndall an einen Hagelschauer, welcher ihn auf dem Hochjoch in Tyrol überraschte. Der Widerstand, welchen die Luft dem fallenden Hagelkorn entgegensetzt, mufs jedenfalls eine Wärmeentwicklung zur Folge haben, wie man diefs auch zur Erklärung der Wärme der Meteoriten annimmt. Da nun vor dem Hagelkorn die Luft comprimirt, hinter demselben verdünnt wird, so wird die Erwärmung namentlich an der Vorderseite stattfinden und es wird vorn das

Eis schmelzen, während es hinten gefriert. Daraus erklärt sich Hr. Tyndall die vorherrschend conische Gestalt der Hagelkörner, welche auch von Hooker bemerkt worden ist. *Im.*

J. Thomson. On the plasticity of ice, as manifested in glaciers. Proc. of Roy. Soc. VIII. 455-458†; Athen. 1857. p. 1120-1121; Phil. Mag. (4) XIV. 548-550; Liter. Gaz. 1857. p. 932-933; Arch. d. sc. phys. (2) I. 188-189; Ann. d. chim. (3) LII. 344-345.

Hr. J. Thomson wendet die von ihm theoretisch abgeleitete und von W. Thomson experimentell bestätigte Erniedrigung des Gefrierpunktes des Wassers durch Druck [1]) auf die Erklärung der Plasticität des Eises an, auf welche die Gletschertheorie von Forbes begründet ist. Denkt man sich eine Eismasse von 0° einem starken Druck ausgesetzt, so wird in Folge der Erniedrigung des Gefrierpunktes das Eis im Innern zu schmelzen beginnen, indem es sich gleichzeitig durch den dabei stattfindenden Wärmeverbrauch unter 0° abkühlt. Man hat dann also eine poröse mit geringen Quantitäten unter Null Grad abgekühlten Wassers durchzogene Eismasse. Durch den Druck wird das Wasser aus den Poren ausgepreſst und flieſst nach den Stellen geringeren Drucks, wo es in Folge seiner niederen Temperatur wieder fest wird. In gleicher Weise erklärt sich die bekannte Erscheinung, daſs zwei an einander gedrückte Eisstücke, selbst wenn sie von warmem Wasser umgeben sind, zusammenfrieren. (Der dazu erforderliche Druck ist übrigens so gering, daſs er kaum eine merkliche Erniedrigung des Gefrierpunktes bewirken kann.) *Im.*

Hennessy. On the solidification of fluids by pressure. Athen. 1857. p. 1120-1120†; Inst. 1857. p. 335-335.

Hr. Hennessy wendet die aus dem Carnot'schen Princip folgende Erhöhung des Schmelzpunktes durch Druck auf das, wahrscheinlich flüssige, Erdinnere an und ist der Ansicht, daſs ein Festwerden des flüssigen Erdkernes in Folge des Druckes

[1]) Berl. Ber. 1850, 51. p. 587.

nur sehr langsam erfolgen könne, da die bei dem Erstarren frei werdende Wärme wegen des geringen Wärmeleitungsvermögens der Erdrinde nicht abgeleitet werden könne, mithin die Temperatur sich so weit erhöhen werde, als dem erhöhten Schmelzpunkt entspreche. *Im.*

Calorische Maschinen.

Literatur.

Seguin aîné. Mémoire sur un nouveau système de moteur fonctionnant toujours avec la même vapeur à laquelle on restitue à chaque coup de piston la chaleur qu'elle a produit en produisant l'effet mécanique. C. R. XLIV. 6-10; Inst. 1857. p. 1-1, p. 10-11; Polyt. C. Bl. 1857. p. 375-379; Cosmos X. 67-84; Cimento V. 199-205; Dingler J. CXLVI. 165-174.

Mahistre. Mémoire sur le travail de la vapeur dans les cylindres des machines, en tenant compte de tous les espaces libres du système distributeur. C. R. XLIV. 1267-1271, XLV. 278-278.

— — Mémoire déscriptif d'une roue destinée à produire la détente de la vapeur et à faire varier la course d'admission par degrès aussi petits qu'on voudra entre toutes les limites possibles, la course des leviers des manoeuvres restant constante. C. R. XLV. 6-7; Inst. 1857. p. 232-232; Cosmos XI. 207-207.

— — Note sur le calcul de la vaporisation d'une machine travaillant à la densité du maximum d'effet. C. R. XLV. 418-420; Cosmos XI. 486-486.

Tissot. Mémoire sur une nouvelle machine à vapeur d'éther. C. R. XLV. 525-527; Inst. 1857. p. 338-339; Dingler J. CXLVII. 1-5.

Mahistre. Mémoire sur les limites de la pression dans les machines travaillant à la détente du maximum d'effet. C. R. XLV. 539-543.

Burdin et Bourget. Théorie mathématique des machines à air chaud. C. R. XLV. 742-747, 1069-1075; Inst. 1858. p. 2-3; Cosmos XI. 621-623.

Phillips. Théorie de la coulisse de Stephenson renversée servant à produire la détente variable de la vapeur dans les locomotives et dans toute espèce de machines. C. R. XLV. 861-865; Inst. 1857. p. 403-404; Cosmos XI. 678-679.

Reech. Note sur l'équation de la courbe de Watt et sur la théorie de la coulisse de Stephenson déduite de cette équation. C. R. XLV. 1081-1084; Cosmos XII. 19-21; Inst. 1857. p. 438-439.

Sorel. Réclamation de priorité pour l'emploi de la vapeur sêche dans les machines. C. R. XLV. 1109-1110.

G. A. Hirn. Ueber den Betrieb der Dampfmaschinen mit überhitztem Dampfe. Dingler J. CXLV. 321-325.

W. Schliphake. Ueber Hubgeschwindigkeit der Dampfhämmer und die Vergröfserung derselben durch die Anwendung der Expansion auf den Oberdampf. Dingler J. CXLV. 326-329; Polyt. C. Bl. 1857. p. 1282-1285.

J. Joule. Die Oberflächencondensation oder der Röhrencondensator für Dampfmaschinen. Dingler J. CXLVI. 8-16.

F. Sch. Neue, sehr einfache Art rotirender Dampfmaschinen. Dingler J. CXLVI. 163-165.

G. A. Hirn. Zur Theorie der Maschinen mit überhitztem Dampfe. Polyt. C. Bl. 1857. p. 1063-1068.

J. Bertram. Condensationsdampfmaschinen ohne Luftpumpen. Pract. mech. J. Aug. 1857. p. 134; Polyt. C. Bl. 1858. p. 75-75.

---

27. Wärmeerscheinungen bei chemischen Processen.

Bolley. Die Heizkraft des Holzgases, verglichen mit der des Weingeistes, für die Arbeiten in Laboratorien. Polyt. C. Bl. 1857. p. 684-686†.

Wenn ein Cubikfufs Holzgas 1,4 Centimen kostet und wenn der Preis von 1250 Grammen Weingeist vom specifischen Gewicht 0,834 180 Centimen beträgt, so findet Hr. Bolley, dafs die Kosten beider Heizmittel sich wie 1 : 3,98 zu einander verhalten, indem

1 Cubikfufs Holzgas und 32,7 Gramme Weingeist gleichen Heizeffect geben. Das Holzgas verbrannte bei diesen Versuchen in einem einfachen Bunsen'schen Heizbrenner, der Weingeist in einer Berzelius'schen Lampe. *Kr.*

---

v. Babo. Argand'sche Gaslampe. Ber. d. Freib. Ges. I. 371-372†.

Um gröfsere Tiegel hinreichend zu erhitzen, findet Hr. v. Babo es zweckmäfsig, die Flammen mehrerer Bunsen'schen Brenner zu einer Flamme zu vereinigen. Er verbindet daher vier im Quadrat stehende Brenner durch einen aufgesetzten, aus einem inneren Cylinder und einem äufseren Conus bestehenden doppelten Ring. Der innere Cylinder mündet zur Verstärkung des Zuges einen Zoll tief unter dem ringförmigen Raum, in den das Gas einströmt. *Kr.*

---

28. Physiologische Wärmeerscheinungen.

Literatur.

C. Csader. Ueber die Wärme- und Lichterscheinungen in der Pflanzenwelt. Verh. d. Presb. Ver. 1857. 2. p. 48-49.

---

29. Wärmeleitung.

Erman. Ueber Boden- und Quellentemperatur und über die Folgerungen, zu denen Beobachtungen derselben berechtigen. Bull. d. St. Pét. XVI. 131-135. Siehe Berl. Ber. 1852. p. 734.

— — Das Klima von Tobolsk. Bull. d. St. Pét. XVI. 132-133, 135-138. Siehe Berl. Ber. 1853. p. 732, 1856. p. 620.

W. Hopkins. Experimental researches on the conductive powers of various substances, with the application of the results to the problem of terrestrial temperature. Proc. of Roy. Soc. VIII. 535-542†; Phil. Mag. (4) XV. 310-316†; Phil. Trans. 1857. p. 805-849†.

Um die Wärmeleitungsfähigkeit verschiedener Körper zu bestimmen, geht Hr. Hopkins von folgender Betrachtung aus. Es sei gegeben ein durch zwei parallele horizontale Flächen von unendlicher Ausdehnung begränztes Stück eines Körpers. Der verticale Abstand der beiden Gränzflächen sei h. Die untere Fläche werde erhalten auf der constanten Temperatur t_1. Die ebenfalls constante Temperatur des Raumes über der oberen Gränzfläche sei τ. Nach einiger Zeit wird auch die Temperatur der oberen Gränzfläche constant; sie sei alsdann bezeichnet durch t_2.

Nachdem die Temperatur überall constant geworden ist, geht durch jeden horizontalen Querschnitt des Körpers gleich viel Wärme hindurch. Es bedeute k die Wärmemenge, welche durch einen horizontalen Querschnitt des Körpers von der Gröfse eines Quadratfufses während der Zeiteinheit hindurchgeht, wenn der Abstand der oberen und unteren Fläche 1 Fufs, und wenn ihr Temperaturunterschied 1° F. beträgt. Alsdann ist die Wärmemenge, welche während der Zeiteinheit einen Quadratfufs durchströmt, während der Abstand der Gränzflächen h, und ihr Temperaturunterschied $t_2 - t_1$ ist, gleich

$$\frac{(t_2 - t_1)k}{h}.$$

Die von einem Quadratfufs der oberen Gränzfläche ausgestrahlte Wärmemenge ist $(t_1 - \tau)\, p$, wenn p die Wärmemenge bezeichnet, welche von einem Quadratfufs ausgestrahlt wird, während $t_1 - \tau = 1°$ F. ist. Aus

$$\frac{(t_2 - t_1)k}{h} = (t_1 - \tau)p$$

folgt

$$\frac{k}{p} = \frac{t_1 - \tau}{t_2 - t_1} h.$$

Sind t_1, t_2, τ und h bekannt, so findet man $\frac{k}{p}$, d. h. das

Verhältnifs der Wärmeleitungsfähigkeit eines Körpers zu seiner Wärmeausstrahlungsfähigkeit.

Die Werthe von k für verschiedene Körper sind natürlich eben so sehr von einander verschieden wie die Werthe von p. Dadurch aber, dafs man die obere Gränzfläche der verschiedenen untersuchten Körper jedesmal mit einer verschwindend dicken Schicht eines und desselben Körpers überzieht, dessen Wärmeausstrahlungsfähigkeit $= c$ ist, kann man für verschiedene Körper den Werth von $\frac{k}{c}$ bestimmen, und nun deren Wärmeleitungsfähigkeiten mit einander vergleichen, da man hat

$$\frac{k_1}{c} : \frac{k_2}{c} = \frac{k_1}{k_2}.$$

Demgemäfs schlug Hr. Hopkins zur Bestimmung des Wärmeleitungsvermögens folgendes Verfahren ein. Ein Cylinder von 3 Zoll Durchmesser und 1 bis 2 Zoll Höhe ruhte innerhalb eines Gefäfses auf drei Spitzen. In dem Gefäfse befand sich Quecksilber, dessen Spiegel die Grundfläche des Cylinders genau berührte. Das Quecksilber wurde auf einer höheren Temperatur t_1 erhalten, und mit dem Quecksilber also auch die untere Fläche des Cylinders. An der oberen Fläche des Cylinders war nur der Rand stehen geblieben, der innere Theil aber entfernt, so dafs eine aufgegossene Schicht Quecksilber eine kleine Thermometerkugel umgab. Die Temperatur dieses Quecksilbers erreichte nach einiger Zeit den constanten Werth t_2. Der Mantel des Cylinders war zur Verhinderung eines Wärmeverlustes nach den Seiten hin mit Watte umgeben. Die Temperatur der Luft über dem Quecksilber betrug τ, und es waren Vorsichtsmaafsregeln getroffen, um bei der Bestimmung von τ den Einflufs jeder Wärmestrahlung auszuschliefsen.

Auf diese Weise wurden unter anderen folgende Werthe von $\frac{k}{c}$ gefunden.

Substanzen	$\frac{k}{c}$
Kreide als trocknes Pulver . .	0,056
Thon als trocknes Pulver . .	0,07
Sand als trocknes Pulver . .	0,15
Oolith	0,37
Marmor	0,53
Basalt	0,53 bis 0,59
Granit	0,53 bis 1,00
Wallrath	0,086
Wachs	0,072

Bei Substanzen, welche Wasser zu absorbiren vermögen, nahm die Wärmeleitungsfähigkeit mit dem Wassergehalt zu. Sie wuchs durch Wasseraufnahme bei Kreide von 0,19 auf 0,30, bei neuem rothem Sandstein von 0,25 auf 0,60.

Der Verfasser untersuchte ferner, ob die Wärmeleitungsfähigkeit der Körper sich dadurch verändert, daſs man sie vorher einem starken Druck unterwirft. Bei Wallrath war ein solcher Einfluſs nicht bemerkbar, selbst wenn derselbe unter einem Druck von 7500 Pfund auf den Quadratzoll erstarrt, oder wenn es erst nach dem Festwerden demselben Druck ausgesetzt gewesen war. Bei Wachs wuchs die Wärmeleitungsfähigkeit durch Anwendung desselben Drucks von 0,072 auf 0,079. Ebenso wuchs sie bei Thon von 0,26 auf 0,33. Welche Veränderung des specifischen Gewichts durch den Druck hervorgebracht war, theilt Hr. HOPKINS nicht mit.

Der Einfluſs der Discontinuität ist nach Hrn. HOPKINS ziemlich gering. Wenn z. B. eine Masse von Sandstein, für welche $\frac{k}{c} = 0,5$ ist, aus Schichten von 1 Fuſs Dicke bestände, so würde $\frac{k}{c}$ für die als Continuum betrachtete Masse um $\frac{1}{20}$ seines Werthes abnehmen; wenn sie aus Schichten von 6 Zoll Dicke bestände, so würde $\frac{k}{c}$ um $\frac{1}{10}$ seines Werthes abnehmen.

Nach diesen experimentellen Untersuchungen wendet sich Hr. HOPKINS zur Betrachtung der Wärmeverhältnisse des Erdkörpers. Er erhebt gegen die allgemein angenommene Vorstellungsweise, dafs die Wärme der Erdrinde ausschliefslich aus einem feurig flüssigen Kern zugeleitet sei, einen allerdings sehr gewichtigen Einwand.

Die in artesischen Brunnen und in Bergwerken angestellten Beobachtungen ergeben nämlich mit ziemlich vollkommener Uebereinstimmung eine constante Temperaturzunahme mit der Tiefe, welche für 60 englische Fufs 1° F. beträgt.

Dieses Verhalten würde auch mit der Theorie ganz im Einklang stehen, wenn die Erdkruste in allen ihren Theilen dasselbe constante Wärmeleitungsvermögen besäfse.

Die Erscheinung mufs sich aber wesentlich anders gestalten, wenn die Erdkruste an irgend einer Stelle von gröfserer Ausdehnung aus Schichten von verschiedenem Leitungsvermögen besteht. Die Theorie ergiebt für diesen Fall, dafs die Temperaturzunahme mit der Tiefe nicht constant sein kann, dafs sie vielmehr in jeder einzelnen Schicht dem Wärmeleitungsvermögen der Schicht umgekehrt proportional sein mufs.

Mit dieser Folgerung aus der gewöhnlichen Vorstellungsweise über die Wärmeverhältnisse stehen die Beobachtungen nicht im Einklang. Hr. HOPKINS ist deshalb der Meinung, dafs die Quelle der Erdwärme nicht allein im Innern des Erdkörpers liegen könne, sondern dafs auch in den oberflächlichen Schichten wärmeerzeugende Ursachen vorhanden sein müssen, über deren Natur er jedoch vorläufig keine weiteren Vermuthungen aussprechen will. *Kr.*

---

30. Specifische und gebundene Wärme.

GRAEGER. Specifische Wärme roher und plastischer Thonwaaren. Arch. d. Pharm. (2) XCI. 157-159; Chem. C. Bl. 1857. p. 819-821†.

Nach Hrn. GRAEGER's Meinung würde das vorzüglichste Material zur Herstellung von Stubenöfen dasjenige sein, welches die gröfste specifische Wärme besitzt. Um den Werth von Thonkacheln in dieser Beziehung kennen zu lernen, bestimmte er deren specifische Wärme im unglasirten und im glasirten Zustande durch Eintauchen der bis nahe zum Siedepunkte des Wassers erhitzten Kacheln in Wasser von gewöhnlicher Temperatur. Die specifische Wärme von unglasirten Kacheln ergab sich im Mittel zu 0,1912, diejenige der glasirten Kacheln zu 0,1490, bezogen auf die specifische Wärme des Wassers als Einheit. Da die specifische Wärme des Eisens = 0,11379 ist und da Thonöfen bei gleicher Gröfse im Allgemeinen mehr als doppelt so schwer wie eiserne Oefen gefertigt werden, so schliefst Herr GRAEGER, dafs unter solchen Umständen Thonöfen fast viermal so viel Wärme aufzuspeichern vermögen als eiserne Oefen.

Es ist indessen klar, dafs auf die Menge der Wärme, welche von der Feuerung in das Zimmer gelangt, auch das Wärmeleitungsvermögen des Ofenmaterials von sehr wesentlichem Einflusse sein mufs. *Kr.*

HARRISON. Fabrication artificielle de la glace. Cosmos XI. 201-203†, 289-291†; Polyt. C. Bl. 1857. p. 1031-1031, p. 1506-1508.

Hr. HARRISON hat eine continuirlich wirkende Maschine construirt, um durch Dampfkraft Aether verdunsten zu lassen und durch die erzeugte Kälte Wasser in Eis zu verwandeln. Es wird eine durch Zeichnung erläuterte Beschreibung dieser Maschine mitgetheilt. *Kr.*

---

31. Strahlende Wärme.

ZANTEDESCHI. Ricerche sul calorico raggiante. Wien. Ber. XXIV. 43-49†.

Hr. ZANTEDESCHI hat Steinsalzstücke in parallelepipedischer Form auf ihre Wärmedurchstrahlbarkeit untersucht, bei Anwendung einer Alkoholflamme, die entweder eine darüber befindliche Platinspirale glühend erhielt, oder einen aufsen berufsten Kupferblechcylinder erhitzte; als eine dritte Wärmequelle benutzte er eine Lokatelli'sche Lampe.

Wir wissen aus den Untersuchungen von de la Provostaye und Desains[1]) dafs Steinsalz nicht für alle Wärmestrahlen eine gleiche Diathermanität besitzt. Zu demselben Resultat gelangt auch Hr. Zantedeschi. Indessen scheinen die Versuche dem Berichterstatter nicht den zum Schlufs des Aufsatzes ausgesprochenen Satz zu rechtfertigen: das Steinsalz ist diathermaner für Strahlen niederer, als für Strahlen höherer Temperatur. So wurde z. B. das Galvanometer, wenn die Thermosäule direct von der glühenden Platinspirale bestrahlt wurde, auf 13,30° abgelenkt, nach Einschaltung eines Steinsalzstückes auf 5°. Die Ablenkung bei directer Strahlung des bewufsten Cylinders war 10,30, sie ging nach Einschaltung desselben Steinsalzstückes auf 2,45 zurück. Die Lokatelli'sche Lampe bewirkte ohne Steinsalz eine Ablenkung von 11,30° nachdem das zu den anderen Versuchen benutzte Steinsalz zwischen Lampe und Säule gestellt war, eine Ablenkung von 4°.

Für Flintglas bestätigten alle Versuche des Verfassers den Satz, dafs es diathermaner ist für Strahlen höherer, als für solche niederer Temperatur. *Fr.*

R. Franz. Untersuchungen über die Diathermansie einiger gefärbten Flüssigkeiten. Pogg. Ann. CI. 46-68†; Ann. d. chim. (3) LI. 488-495†; Z. S. f. Naturw. X. 379-382; Cimento V. 469-471.

Um die einzelnen Zonen des Wärmespectrums auf ihren Durchgang durch Flüssigkeiten zu untersuchen, liefs der Berichterstatter einen von einem Heliostaten reflectirten Sonnenstrahl in ein dunkles Zimmer dringen, begränzte ihn durch zwei hintereinanderstehende Paare s'Gravesand'scher Schneiden, und liefs ihn dann auf ein gleichseitiges Flintglasprisma fallen. Hinter dem Prisma nahm eine cubische Flasche, welche an zwei gegenüberstehenden Seiten durchbohrt war, den Strahl auf. Die Durchbohrungen hatten 3^{cm} Durchmesser und waren mit Messingfassungen umgeben, auf welche Glasplatten, einander parallel, 63^{mm} von

[1]) Berl. Ber. 1853. p. 398, 400.

einander entfernt, aufgeschliffen waren; das Roth des Spectrums fiel auf die Mitte der Glasplatten. Jenseits der Flasche stand ein Schirm mit einem dritten Spalt von 3^{mm} Oeffnung. Das sichtbare Spectrum hatte hier eine Ausdehnung von 18^{mm}. Der Schirm konnte an einem Maafsstab verschoben werden, so dafs nach sechs Verschiebungen um 3^{mm} das ganze sichtbare Spectrum in sechs verschiedenen nahezu den Hauptfarben entsprechenden Zonen durch den Spalt des Schirms die hinter demselben befindliche Thermosäule bestrahlt hatte. Die Stromintensität wurde an einem Spiegelgalvanometer gemessen. Durch Verschieben des dritten Spaltes nach entgegengesetzter Richtung konnten der Reihe nach die Wirkungen der dunkelen Wärmezonen beobachtet werden.

Die cubische Flasche wurde zunächst mit Luft und darauf mit Wasser gefüllt der Strahlung der Spectralzone ausgesetzt. Während durch Luft strahlend das Spectrum noch bis zur fünften dunkelen Zone eine Wärmewirkung zeigte, konnte nach der Füllung der cubischen Flasche mit Wasser erst in der dritten Zone eine entschiedene Wirkung wahrgenommen werden. Die gröfste Wirkung zeigte die rothe Zone.

Die Diathermansie anderer Flüssigkeiten wurde mit der des Wassers verglichen. Von farblosen Flüssigkeiten zeigte eine gesättigte Kochsalzlösung eine um wenig bessere Fähigkeit die dunkelen Zonen hindurchzulassen als Wasser, für die hellen Zonen war die Diathermanität beider Mittel gleich. Auch Alkohol erschien für die weniger brechbaren Strahlen diathermaner als Wasser.

Die Untersuchungen mit gefärbten Flüssigkeiten zeigten, dafs in den hellen Zonen des Spectrums die nach dem Durchgang durch verschiedene Flüssigkeiten geschwächten Lichtstrahlen eine proportionale Schwächung ihrer Wärmeintensität erlitten haben. Wenn man auch nicht auf photometrischem Wege die Intensitäten der einzelnen Spectralzonen nach dem Durchgang durch die gefärbten Lösungen vergleicht, so kann man doch aus den in der Abhandlung gegebenen Resultaten den Schlufs auf eine entsprechende Absorption der Licht- und Wärmestrahlen ziehen.

Diejenigen Strahlen des Spectrums, welche nach der Strahlung durch eine bestimmte Lösung am wenigsten Licht vermöge der Farbe der Flüssigkeit verloren haben, zeigen auch den geringsten Wärmeverlust im Vergleich mit den übrigen Strahlenbündeln. Eine blaue Kupfervitriollösung, welche in 10 Theilen einen Theil bei 12° C. concentrirter Lösung enthielt, gab das Minimum des Wärmeverlustes (mit destillirtem Wasser verglichen) in der blauen Zone des Spectrums, von dunklen Wärmestrahlen ging nur ein mittelst der benutzten Instrumente kaum wahrnehmbarer Theil durch die Lösung. Sogar bei einer Lösung, welche in 300 Gramm Wasser nur 10 Tropfen der concentrirten Kupfervitriollösung enthielt, war der geringe Wärmeverlust in der blauen Zone im Vergleich zu den benachbarten noch deutlich zu erkennen.

Mit dem fast vollkommenen Verschwinden der Lichtstrahlen in der gelben durch Indigolösung gestrahlten Zone, trat auch eine plötzliche Abnahme der Wärme ein.

Die grünen Lösungen von schwefelsaurem Eisenoxydul zeigten das Minimum des Verlustes im Grün, also in der Zone, von welcher auch die wenigsten Lichtstrahlen absorbirt werden. Auch hier wurden wie bei den Kupfervitriollösungen die dunklen Strahlen fast sämmtlich absorbirt, daher die geringe Diathermanität dieser Lösungen für Wärme, welche sämmtliche Strahlengattungen enthält.

Die gewählten rothen Lösungen zeigten sämmtlich eine von Wasser nur wenig abweichende Diathermanität für die rothen Strahlen; für die dunklen Strahlen waren sie zum Theil diathermaner als das Wasser selbst. Eine durch Zusatz von Rhodankalium und Eisenchlorid zu Wasser erhaltene rothe Flüssigkeit absorbirte den gröfsten Theil der grünen Lichtstrahlen und alle folgenden; auch im Wärmespectrum war in der grünen Zone nur eine sehr geringe Wärmemenge, in den folgenden Zonen keine Wärme mehr zu erkennen. Eine Lösung von saurem chromsauren Kali, absorbirte mit den blauen Lichtstrahlen zu gleicher Zeit die Wärme von gleicher Brechbarkeit; die rothe Zone hatte nach dem Durchgang durch die Lösung die gleiche Lichtintensität mit dem Roth des durch Wasser gegangenen Spectrums, aber auch die durchgelassene Wärmemenge war in beiden Fällen dieselbe.

Es ist somit bei den angegebenen Versuchen ein enger Zusammenhang zwischen der Durchstrahlung der Licht- und Wärmefarben dargethan. Ueberall wo eine Absorption des Lichtes erkennbar war, trat gleichzeitig eine Abnahme der Wärmeintensität auf. *Fr.*

H. KNOBLAUCH. Ueber den Einfluſs, welchen Metalle auf die strahlende Wärme ausüben. POGG. Ann. CI. 161-213†; Phil. Mag. (4) XIV. 356-374; Ann. d. chim. (3) LI. 503-505†; Z. S. f. Naturw. X. 49-52; SILLIMAN J. (2) XXV. 99-100; Inst. 1858. p. 99; Cimento VI. 210-212; Arch. d. sc. phys. (2) II. 22-23.

Ein fein ausgewalztes Goldblättchen zeigte sich dem Verfasser der oben genannten Abhandlung diatherman. Geeigneter zu genauen Untersuchungen über die Diathermanität der Metalle erschienen demselben auf chemischem Wege dargestellte Metallniederschläge auf Glas. Hr. KNOBLAUCH benutzte zuerst drei Goldniederschläge; sie zeigten bei durchfallendem Licht eine schöne mit der Dicke der Schicht an Tiefe zunehmende grüne Farbe; die Dicken der drei Schichten verhielten sich ungefähr wie 1:2:3. Gingen Wärmestrahlen der Sonne, von einem Heliostaten reflectirt und durch eine in der Fensterlade des Zimmers befindliche Linse concentrirt durch die drei Gläser mit Goldniederschlag, so waren die Ablenkungen des mit der bestrahlten Thermosäule verbundenen Galvanometers bei der dünnsten Schicht 33,64°, bei der mittleren 4,41°, bei der dicken 1,42°. Dieselben Versuche mit chemisch niedergeschlagenem Silber angestellt, ergaben bei vier verschiedenen Schichten, von denen die dickste nur etwa doppelt so dick war als die dünnste, 10°, 8°, 5° und 1° Ablenkung. Ein ähnliches Verhalten zeigte Platin.

Es könnte die Frage aufgeworfen werden, ob die Metalle gerade so wie andere diathermane Körper die Wärme hindurchlassen, oder durch feine Poren, oder ob sie, selbst erwärmt, die von ihnen ausgestrahlte Wärme am Thermoskop erkennen lassen. Um diese Fragen zu entscheiden bediente sich der Verfasser einer dicken Silberschicht, welche sichtlich feine Löcher und Ritzen zeigte, so dafs jetzt in der That Wärmestrahlen, die durch jene Zwischenräume hindurchgegangen waren, zur Thermosäule gelangten, und verglich nun diese Strahlen mit denen vor der Silberschicht, indem er sie durch verschieden diathermane Körper, z. B. verschieden gefärbte Gläser gehen liefs. In beiden Wärmebündeln war durchaus keine Verschiedenheit nachzuweisen. Anders verhielt es sich bei Anwendung der chemisch niedergeschlagenen Schichten. Zuerst wurde hier wieder die Wärmemenge bestimmt, welche direct von dem Heliostatenspiegel auf die Thermosäule auffiel. Diese Menge wurde gleich 100 gesetzt, und dann die Quantität der von dieser Wärme durch gelbes, blaues, rothes oder grünes Glas strahlenden bestimmt. Durch gelbes Glas gingen z. B. 63 Procent der auffallenden Wärmemenge. Bei Anwendung der dünnsten Silberschicht gingen aber nur von den aus dem Silber austretenden Strahlen 42 Procent durch das gelbe Glas, bei Anwendung der dicksten Schicht 30 Procent. Ebenso zeigte sich beim rothen Glase ein bedeutenderer Verlust der Wärme, wenn sie aus dem Silber ausgetreten war, als wenn sie direct vom Heliostatenspiegel kam. Das grüne Glas hingegen zeigte eine verhältnifsmäfsig bessere Durchstrahlbarkeit für die von Silber ausgetretenen als für die directen Strahlen, auch nahm die Durchgangsfähigkeit von 21 bis 28 Procent zu von der dünnsten bis zur dicksten Schicht. Eine ähnliche Zunahme war auch beim Anwenden des blauen Glases erkennbar. Es ergiebt sich also, dafs die von Silber austretende Wärme von der nicht durch Silber oder nur durch sichtbare Poren einer Silberschicht gegangenen Wärme sich unterscheidet, und dafs diese Unterschiede sich um so mehr geltend machen, je dicker die Silberschicht ist. Beim Gold zeigten sich ähnliche Resultate, beim Platin waren die Unterschiede kaum bemerkbar. — Es ist durch Versuch erwiesen [1]), dafs, wenn zu den durch feine Oeffnungen dringenden Strahlen die eigene Wärme des Schirms noch hinzutritt, dieses Gemisch von Wärmestrahlen sich in seinem Durchgang durch diathermane Körper von den Strahlen vor dem Schirme unterscheidet. Da aber ein solcher Unterschied bei dem oben beschriebenen Versuch mit der geritzten Silberschicht nicht stattfand,

[1]) Berl. Ber. 1846. p. 301.

so sandte auch die eingeschaltete Silberschicht nicht eigene Strahlen aus.

Gewisse Metalle, wie Gold und Silber, halten demnach nicht einen gleichen Antheil jeder Art von Wärmestrahlen zurück, welche auf sie eindringen, sondern sie üben (wie farbig durchsichtige Körper beim Licht) beim Durchlafs eine auswählende Absorption auf sie aus, während andere, wie Platin (ähnlich den farblos durchsichtigen Körpern) alle Arten von Wärmestrahlen einestheils hemmen, anderntheils hindurchlassen. Bei jenen prägen sich daher auch die Eigenthümlichkeiten, welche die Wärmestrahlen nach ihrem Durchgang durch die Metalle zeigen, desto deutlicher aus, je dicker die durchstrahlte Schicht ist, während bei diesen die Metalldicke, so lange sie überhaupt noch Wärmestrahlen hindurchläfst, keinen Einflufs auf die Beschaffenheit der letzteren ausübt.

Vergleicht man die durch das Gold gestrahlte Wärme mit der von der Vorderfläche desselben zurückgeworfenen, so zeigen sich hier bedeutende Unterschiede. Waren zuerst die durch die Glaslinse in das finstere Zimmer eingetretenen Sonnenstrahlen von der matten Goldoberfläche reflectirt zur Thermosäule gelangt, und ihre directe Einwirkung auf dieselbe mit 100 bezeichnet, und wurde dann z. B. das gelbe Glas vor der Säule eingeschaltet, so ging von jener Wärme ein Antheil gleich 70 durch dasselbe hindurch; die durch das Gold hindurchgegangenen Strahlen vermochten dagegen das gelbe Glas nur in dem Verhältnifs von 19 zu 100 zu durchdringen. Auch die anderen Gläser zeigten ähnliche Unterschiede; nur das grüne Glas vermochten die hindurchgelassenen Strahlen besser zu durchdringen als die reflectirten.

Im zweiten Theil seiner Abhandlung untersucht der Verfasser die von Metallflächen diffus reflectirte Wärme. Die vom Heliostatenspiegel in das finstere Zimmer geworfenen Sonnenstrahlen wurden zuerst direct auf die Thermosäule gerichtet, und diese ihre unmittelbare Einwirkung mit 100 bezeichnet; dann wurde gelbes, blaues, rothes und grünes Glas der Reihe nach in den Gang der Wärmestrahlen eingeschaltet, und der hindurchgehende Wärmeantheil bestimmt. Es fragte sich nun, ob die Fähigkeit der Wärmestrahlen, die diathermanen Körper zu durchdringen, genau dieselbe bleiben würde, wenn sie von Gold, Silber, Platin oder irgend einem anderen Metall diffus reflectirt waren. Die Beobachtung ergab bei der Reflexion von Gold einen reichlicheren Durchgang der reflectirten Wärme durch das gelbe Glas, als der directen. Die vom Gold zurückgeworfenen Wärmestrahlen vermochten in dem Verhältnifs 73, die unreflectirten nur im Verhältnifs von 66 zu 100 auffallenden durch jenes Glas hindurchzugehen. Auch durch rothes Glas strahlte jetzt eine verhältnifsmäfsig gröfsere Menge als vorher hindurch, nämlich 55 Procent nach der Reflexion gegen 51 Procent vor derselben. Die von einer Silberplatte diffus reflectirten Strahlen zeigten ein ganz ähnliches Verhalten, auch diese sind fähiger das gelbe und rothe Glas zu durchdringen, als die unreflectirten. Dagegen ist die von Platin zurückgeworfene Wärme von den directen Sonnenstrahlen nicht zu unterscheiden. Quecksilber, das auf Kupfer aufgerieben war, gab dieselben Zahlen wie Silber. Neusilber, Blei, Zinn und eine Legirung von Blei und Zinn verhielten sich wie Platin. Diese Versuche des Hrn. Knoblauch beweisen also, dafs gewisse Metalle, wie Gold, Silber, Quecksilber, ebenso Kupfer und Messing, die strahlende Wärme durch diffuse Reflexion (in Folge einer auswählenden Absorption) abändern (in ähnlicher Weise wie farbig undurchsichtige Körper das Licht), während andere, wie Platin, Eisen, Zinn, Zink, Blei, Neusilber dieselbe unverändert zurückwerfen (ähnlich wie farblos undurchsichtige Körper in Bezug auf das Licht). — Es mufs hier noch bemerkt werden, dafs die von dem aus hochpolirtem Spiegelmetall verfertigten Heliostaten reflectirte Wärme von dem Verfasser stets als die directe Sonnenwärme bezeichnet werden durfte; es hatten nämlich mehrfache Untersuchungen ergeben, dafs die unreflectirte Wärme der Sonne durch die verschiedensten diathermanen Körper geleitet, dieselben Verluste erlitt, als die vom Heliostatenspiegel reflectirte, dafs also ohne Fehler die eine für die andere gesetzt werden durfte.

Benutzte Hr. Knoblauch statt der Sonnenwärme die Wärme einer Lokatelli'schen Lampe, so verschwanden die vorhin angegebenen Unterschiede fast gänzlich, nur die eine Eigenthümlichkeit blieb noch bestehen, dafs die vom Golde diffus reflectirte

Wärme reichlicher als die unreflectirte durch das gelbe Glas hindurchging. Hätte ein nicht über 110° erhitzter Metallcylinder als Wärmequelle gedient, so wäre auch die von Gold reflectirte Wärme nicht von der directen zu unterscheiden gewesen, weil ein dunkler erhitzter Metallcylinder nur eine einzige Art von Wärmestrahlen aussendet. Die von Metallen bei diffuser Reflexion auf die strahlende Wärme ausgeübte Wirkung ist also wesentlich von der Natur der Wärmequelle abhängig, sie ist am verschiedenartigsten bei gröfster Mannigfaltigkeit der ausgesandten Wärmestrahlen, und verschwindet vollständig, wenn den Metallen nur eine Art von Wärme dargeboten wird.

Bei Vergleichung der von spiegelnder und matter Oberfläche reflectirten Wärme ihrer Qualität nach zeigte sich die gespiegelte und die diffus reflectirte Wärme bei gewissen Metallen wie Gold, Kupfer, Messing ohne Unterschied; bei andern Metallen namentlich beim Quecksilber und Silber waren wesentliche Unterschiede erkennbar; bei Anwendung jedes von beiden Metallen gingen von diffus reflectirter Wärme mehr Procente durch gelbes und rothes Glas, als von spiegelnd reflectirter. Gleichförmig matte Metallflächen zeigten eine fortdauernde Steigerung in der Menge der reflectirten Strahlen mit der gröfseren Neigung des reflectirten Strahles gegen die Platte. Bei mattem Golde war bei einer Aenderung der Neigung von 80° gegen die Metallfläche bis 2° eine fünfmal kräftigere Wirkung auf das Thermoskop wahrzunehmen; bei einer anderen rauhen Goldfläche zeigte sich eine solche Vermehrung von 1 : 3,5; beim polirten Golde nur von 1 : 1,36. Der Qualität nach war die unter einem Winkel von 2° reflectirte Wärme von der unreflectirten, d. h. der in das finstere Zimmer vom Heliostatenspiegel eintretenden gar nicht zu unterscheiden. Dieselbe Goldplatte, die bei einem Neigungswinkel von 80° entschiedene qualitative Unterschiede der von ihr diffus reflectirten gegen die directen Strahlen zeigte, liefs bei einem Neigungswinkel von 2° diese Unterschiede vollständig verschwinden. Mattes Silber gab ähnliche Resultate. Dieselben Unterschiede, welche vorher die von dieser Platte diffus reflectirte und die von einer hochpolirten Silberplatte reflectirte Wärme gezeigt hatte, traten an der nämlichen rauhen Silberplatte auf. Unter einem Winkel von 80° gegen die Platte zurückgeworfene Strahlen zeichneten sich durch ihren reichlichen Durchgang durch diathermane Körper aus, bei 2° Neigung waren sie in Nichts von den spiegelnd reflectirten oder den directen Strahlen zu unterscheiden.

Fr.

Fernere Literatur.

A. Secchi. Sulle macchie e sulla temperatura del sole. Atti de nuovi Lincei VII. 130-133.

J. W. Ermerins. Over de identiteit van Licht en stralende Warmte. Versl. d. Kon. Ak. X. 81.

Fünfter Abschnitt.

Elektricitätslehre.

32. Allgemeine Theorie der Elektricität.

---

33. Reibungselektricität.

E. Loomis. Ueber einige elektrische Erscheinungen in den Vereinigten Staaten. Pogg. Ann. C. 599-606†; Athen. 1857. p. 118-119; Inst. 1857. p. 325-327; Liter. Gaz. 1857. p. 908-910; Z. S. f. Naturw. IX. 473-473; Cosmos XI. 313-315.

J. Schneider. Ueber die elektrischen Erscheinungen in den Vereinigten Staaten. Pogg. Ann. CI. 309-310†.

Die Erscheinungen, welche Hr. Loomis als auffallend anführt, ereignen sich nach der Bemerkung des Verfassers ebenso in Europa, also Gewitter, Wirkung auf Telegraphendrähte, Leuchten von Gegenständen im Glimmlicht etc. Die starke Elektricitätsentwicklung in den Zimmern erklärt sich ebenfalls ganz einfach nach beiden durch die große Trockenheit des Zimmers und daß der Fußboden in der Regel mit Teppichen bekleidet ist. Hr. Loomis hielt es jedoch noch für nöthig, direct nachzuweisen, daß bei der Reibung von Wolle auf Leder (der Schuhsohlen auf den Teppichen) Elektricität erzeugt werde. Hr. Schneider hat ganz Recht anzuführen, daß diese Erscheinung mit der atmosphärischen Elektricität nichts zu thun hat, und daß weder aus diesen noch den vorhergehenden Thatsachen zu schließen ist, die atmosphärische Elektricität sei in größerer Menge in Nordamerika als in Europa.

P.

Elisha Foote. On a new source of electrical excitation. Silliman J. (2) XXIV. 386-387; Phil. Mag. (4) XV. 239-240†; Inst. 1858. p. 131-132.

In eine Glasröhre, in welcher Luft verdichtet und verdünnt werden kann, führt ein Draht mit mehreren Spitzen, der zu einem Condensator geführt wird. Bei der Zusammendrückung oder Ausdehnung der Luft zeigte sich positive Elektricität. Der Verfasser glaubt, dafs hierdurch die Entstehung der Elektricität in der Luft erklärt werde. *P.*

W. Siemens. Ueber die elektrostatische Induction und die Verzögerung des Stromes in Flaschendrähten. Pogg. Ann. CII. 66-122†; Arch. d. sc. phys. (2) I. 155-164.

Hr. Siemens untersucht die sogenannten Ladungsströme, welche enstehen, wenn man die Belegungen einer Franklin'schen Tafel mit den beiden Polen einer Volta'schen Batterie in Verbindung setzt, sie unterbricht und dann wieder die Belegungen metallisch verbindet.

Es wird die Methode von Guillemin benutzt, indem durch ein Galvanometer entweder die Ladungs- oder Entladungsströme geführt werden. Es ist dazu ein Cummutator nöthig, dem Herr Siemens den Namen der selbstthätigen Wippe giebt. Ein Metallarm, die sogenannte Zunge der Wippe, wird durch einen Elektromagneten in einer Secunde 60 Mal zwischen zwei metallischen Contactstellen hin und her bewegt. Die Batterie, die Belegungen des Condensators und die Enden des Galvanometerdrahtes werden nun so verbunden, dafs entweder nur die Ladungs- oder Entladungsströme durch die Sinusbussole gehen.

Zuerst benutzt Hr. Siemens einen Condensator der aus einem Glimmerblatte von 0,98 Quadratdecimeter Fläche und 0,1^{mm} Dicke besteht, auf beiden Seiten ist es mit Stanniol belegt 5^{mm} vom Rande entfernt, es liegt auf einer isolirten Metallplatte.

Es zeigt sich nun, dafs die Ladungs- und Entladungsströme gleich stark sind, d. h. es wurden bei denselben Verhältnissen dieselben Ablenkungswinkel an der Sinusbussole beobachtet. — Die Ablenkung ist proportional der Zahl der angewandten Zellen, also proportional der elektromotorischen Kraft. Die Gröfse der Ablenkung wird nicht geändert, wenn man Widerstände bis zu 99 deutschen Meilen Eisendraht zwei englische Linien dick einschaltet, unabhängig von der Berührungsstelle des Zuleitungsdrahtes und der einen Condensatorplatte. Da die Ablenkungen von den Widerständen unabhängig sind, so ist die Dauer jedes einzelnen Ladungs- oder Entladungsstromes kürzer als $\frac{1}{120}$ Secunde, da jede halbe Oscillation der Wippe die Dauer eines Ladungs- oder Entladungsstromes angiebt. Veränderungen der Magnetnadel beobachtet Hr. Siemens nur bei starken Strömen und schwachen Ansammlungsapparaten, es wird daher bei den ferneren Versuchen der Strom zum Galvanometer erst durch einen Widerstand von 99 Meilen und durch die Belegung von 9 Leidener Flaschen geführt. Die Gröfse der Ablenkung vermehrte sich, wenn von der Batterie nach dem Condensator statt kurzer längere (50^{m} lang und 1^{mm} dicker Kupferdraht) Zuleitungsdrähte benutzt wurden, diese langen Drähte, die frei und isolirt im Hofe ausgespannt waren, bilden selbst schon einen Ansammlungsapparat.

Hr. Siemens benutzt diese Ladungsströme um die Richtigkeit des Ohm'schen Gesetzes von der Vertheilung der freien Elektricität auf dem Schliefsungsdraht einer galvanischen Kette nachzuweisen. Der Schliefsungsbogen bestand aus einer Widerstandsrolle, die in 10 gleiche Theile getheilt war, jeder Theil entsprach einem 2^{mm} dicken Eisendraht von 100 russischen Werst, durch ihn wurde eine galvanische Kette geschlossen, die von einem Pol noch zur Erde abgeleitet war. An einem Punkt der Rolle wurde nun ein Draht angelegt, der zur einen Contactstelle führte, die Zunge der Wippe ist mit dem Knopf einer Leidener Flasche verbunden, so dafs erst die Flasche durch die Batterie geladen, und der Entladungsstrom dann durch die Sinusbussole geführt wurde. Das Ohm'sche Gesetz bestätigte sich auch bei diesen Versuchen, die zugleich ein Beweis der Genauigkeit der Methode sind.

Einflufs der Gröfse des Ansammlungsapparates auf den Strom. Statt des vorher beschriebenen Condensators wurden nun 3 bis 9 Leidener Flaschen durch die Batterie geladen, der Sinus des Ablenkungswinkels war der Zahl der Flaschen proportional, es war gleichgültig ob die Flaschen hintereinander oder auf beliebige andere Weise verbunden waren.

Ladung von isolirten Conductoren. Eine Glasplatte nur einseitig mit Stanniol belegt, isolirt und 6 Zoll hoch vom Boden entfernt, wurde durch einen Pol der Batterie geladen, deren anderer Pol zur Erde abgeleitet war, und durch das Galvanometer entladen; auch jetzt zeigte sich eine Ablenkung proportional der Zahl der Batteriezellen, sie nahm zu wenn man die Platte den Wänden des Zimmers näherte; dasselbe geschah bei jedem isolirten Leiter. Hr. Siemens behauptet daher, dafs die Ladung eines Ansammlungsapparates aus zwei Theilen bestände: der Ladung zwischen der isolirten Belegung und den Zimmerwänden und zwischen der isolirten und nicht isolirten Belegung. Es wird daher, um die Ladung des Apparates allein zu erhalten, erst die Ladung bestimmt, welche die isolirte Platte annimmt, dann die Gesammtladung, und dann wird die Hälfte der erstern von der letztern abgezogen, die Hälfte, weil man sich die abgeleitete Belegung so dick denken kann, dafs sie die Zimmerwand erreicht, ohne dafs dadurch die Ladung vermehrt werden kann.

Einflufs der Dicke der isolirenden Schicht. Glasplatten werden übereinander gelegt, und die Luft zwischen ihnen durch rectificirtes Terpentinöl ausgetrieben; die Ablenkung ist der Anzahl der Platten umgekehrt proportional. Dasselbe fand sich bei übereinandergelegten Guttaperchaplatten.

Einflufs des Stoffes des Ansammlungsapparates. Zwischen zwei Collectorplatten konnte eine continuirliche Glasplatte oder nur einzelne Glasstückchen gebracht werden, im zweiten Falle betrug die Ladung nur die Hälfte, unabhängig von der Stärke der Batterie. — Es wird ferner eine Leidener Flasche benutzt, die aus zwei ineinander gesetzten Glascylindern besteht, zwischen denen ein Zwischenraum von 15^{mm} Dicke blieb. Die Ladung vermehrte sich, wenn dieser Zwischenraum statt mit Luft mit Kautschuk oder Guttapercha ausgefüllt wurde. Hr. Siemens schliefst aus beiden Versuchen, dafs die Vermehrung der Ladung nicht durch das Eindringen der Elektricität in die Substanz erklärt werden könne, da ein solches von der Stärke der Batterie abhängig sein würde, und bei dem letzten Versuche die Elektricität doch zunächst in das Glas hätte eindringen müssen. — Zwischen zwei runde Messingplatten, welche durch Schrauben mit Achatfüfsen von einander getrennt werden können, wird Stearin, Schwefel und Guttapercha gebracht, bei derselben Entfernung der Platten zeigen diese drei Stoffe verschiedene Ablenkungen. Die beiden Platten werden auch unter die Glocke der Luftpumpe gebracht, die Ablenkung bleibt ungeändert, ob Luft, Kohlensäure oder Wasserstoff sie trennt; ebenso bei jedem Grade der Verdünnung und bei Erwärmung.

Die Ladung nahm bedeutend zu, wenn das Glas, welches zwischen den Platten gebracht war, erweitert wurde, beim Schmelzpunkt des Zinns um das zehnfache, bei dem des Bleies um das dreifsigfache. Bei hartem Kaliglas wurde dieser Einflufs schon bemerkbar bei 40° C., bei weichem weifsen Natronglas schon bei (— 5° C.); bei Guttapercha bei 40°. Bei Glimmerplatten hat die Erwärmung keinen Einflufs. Es wird daraus der Schlufs gezogen, dafs alle elektrolytische starre Körper, die im geschmolzenen Zustande leitend werden, um so bessere Isolatoren sind, je weiter sie sich von ihrem Schmelzpunkte entfernen.

Hr. Siemens sieht seine Versuche als eine Bestätigung der Faraday'schen Hypothese von der Vertheilung der Elektricität durch Molecularwirkungen an, und sieht in folgendem Versuche einen Beweis, dafs die Induction durch Molecularwirkungen allein geschieht, und eine Wirkung der Elektricität als solcher in die Entfernung gar nicht stattfindet. Es werden drei einseitig belegte Glasplatten übereinander gelegt, die erste Belegung wird mit der Erde verbunden, die Ladung findet dann nur zwischen der zweiten und ersten statt; darauf zwischen der dritten und ersten und zuletzt zwischen 2 und 3 einerseits und 1 andrerseits. Der Sinus des Ausschlagswinkels ist das zweite Mal nur halb so stark wie zuerst, beim dritten Mal aber unverändert, während der Verfasser meint, dafs bei einer Wirkung in die Ferne jetzt eine Vermehrung der Ladung hätte beobachtet werden müssen.

M a t h e m a t i s c h e r A u s d r u c k f ü r d i e L a d u n g. Hr. Siemens fafst die Ergebnisse seiner Versuche in einer Formel zusammen

$$Q = \frac{E.Fk}{d},$$

Q bedeutet die Elektricitätsmenge, welche der Ansammlungsapparat aufnimmt;

E die elektromotorische Kraft der Batterie,

F die Gröfse der sich gegenüberstehenden leitenden Flächen,

K eine constante Gröfse, welche vom Material des Isolators abhängt,

d die Dicke der isolirenden Schicht.

Die Ladung wird mit einem Strom von kurzer Dauer verglichen und die Gröfse

$$V = \frac{d}{Fk},$$

als dafs Maafs des Vertheilungswiderstandes aufgefafst und die Formel dann entsprechend der Ohm'cschen für den galvanischen Strom geschrieben

$$Q = \frac{E}{V}.$$

Prüfung der Formel bei der Cascadenbatterie. Es werden die Ablenkungen zunächst für jede Flasche oder Platte der Cascade q_n bestimmt und dann die Gesammtladung. Die Berechnung geschieht nach der Formel

$$Q = \frac{1}{\frac{1}{q} + \frac{1}{q_1} + \cdots + \frac{1}{q_n}},$$

wo Q die Elektricitätsmenge der Combination und q_n die eines Gliedes bedeutet. Die beobachteten Werthe stimmen ziemlich mit den berechneten überein.

Beobachtungen an Flaschendrähten. Statt der bisherigen Condensatoren werden nun lange Drähte benutzt, welche mit Guttapercha umkleidet sind; also auch einen einseitig belegten Ansammlungsapparat bilden; Hr. Siemens nennt sie Flaschendrähte. Bei zwei Flaschendrähten A und B sind zwei Drähte (30^m lang und 1^{mm} dick) zugleich mit Guttapercha umhüllt; sie stellen also einen vollständigen Ansammlungsapparat dar. Um den Vertheilungswiderstand zu berechnen, benutzt Hr. Siemens die Kirchhoff'sche Formel

$$W = C \log \frac{a}{r},$$

W bedeutet den Widerstand zweier Kreise in einer unbegrenzten Ebene, *r* den Radius dieser Kreise und *a* den Abstand der Mittelpunkte beider. Bei der einen war $a = 2{,}75^{mm}$ und der Durchmesser der Guttapercha 8 bis 9^{mm}, bei der zweiten $a = 4^{mm}$ und die Hülle 10 bis 13^{mm}. Es fand zwischen Beobachtung und Rechnung ziemliche Uebereinstimmung statt.

Ein einfacher mit Guttapercha bekleideter Draht wird ein vollständiger Ansammlungsapparat, wenn man ihn in Wasser bringt; der Draht bildet die innere, das Wasser die äufsere Belegung. Der Vertheilungswiderstand läfst sich bestimmen; denn denkt man sich die Hülle in unendlich dünne concentrische Cylinderhüllen getheilt, so ist, wenn *dv* den Widerstand, *dx* die Dicke des variablen Radius und *l* die Länge des Drahtes bedeutet

$$dv = \frac{dx}{2 l\pi k x}$$

$$v = \frac{1}{2 l\pi k} \log \frac{R}{r}$$

$$Q = \frac{E}{r}.$$

Wegen der Ungleichmäfsigkeit des umhüllenden Materials stimmen Beobachtung und Rechnung nicht vollständig. Die Folgerung die der Verfasser aus diesen Versuchen zieht, dafs das Gesetz der Anziehung aus der Entfernung nicht stattfinden kann, ist nicht richtig. THOMSON findet dieselbe Formel mit Zugrundelegung der Potentialtheorie.

Die beiden Flaschendrähte *A* und *B* werden nun in Wasser gebracht, welches mit der Erde in leitender Verbindung ist, die Ladung des Apparates kann dann auf dreifache Weise geschehen. Entweder bildet der eine Draht des Doppeldrahtes die innere Belegung, oder beide und das Wasser die äufsere Belegung; oder der eine Draht die innere und der andere die äufsere. Bei der letzten Combination hatte Hr. SIEMENS eine Verminderung der Ladung erwartet, wie bei der ersten, es fand aber eine Vermehrung statt und er erklärt diese bei der Molecularvertheilung so, dafs die Ebene in welcher die kleine Axe des Querschnitts der Guttaperchahülle liegt, keine Spannung zeigen kann und wie abgeleitet anzusehen ist; würde man daher einen solchen Draht ziehen und Rückleitung eines Stromes benutzen, so würden dadurch die Ladungserscheinungen nicht vermindert werden.

Ladung von frei in der Luft aufgehängten Telegraphendrähten. Solche Ladungen hatte Hr. Siemens schon früher bemerkt und bei Zerreifsungen aus der Gröfse der Ladung den Ort des Bruches bestimmt. Es werden 120,85^{m} lange zwei englische Linien starke Eisendrähte 8^{m} über den Boden ausgespannt; das eine Ende wird sorgfältig isolirt und das andere zum Instrumente geführt; der Draht bildet also hier die eine Belegung, der Boden die andere und die Luft den Isolator. Der Versuch zeigt, dafs die Ladung von einer deutschen Meile solchen Drahtes zu vergleichen ist mit der einer Flasche von 1^{mm} Glasdicke und 7,7 Quadratfufs Belegung.

Verminderung der Geschwindigkeit im Flaschendraht. Der Verfasser will später auf die Verzögerung der Geschwindigkeit der Elektricität in Flaschendrähten zurückkommen, und bemerkt für jetzt nur, dafs sie proportional dem Quadrate der Länge sein mufs, da die Zeit, welche nöthig ist die Elektricität, welche gebunden wird, an Ort und Stelle zu bringen, der Elektricitätsmenge und dem Widerstande direct proportional ist. Da sich die Ladungen nie beseitigen lassen werden, so wird man auch die wirkliche Geschwindigkeit nie direct finden; denn bei spiralförmig gewundenen Drähten tritt statt der Ladung die elektrodynamische Induction auf.

Erklärung der Anordnung der Elektricität nach der Vertheilungstheorie. Der Verfasser ist der Meinung Faraday's, dafs sich die sogenannte freie Elektricität nicht von der gebundenen unterscheidet, da sie immer als durch die Zimmerwände oder den Erdboden gebunden angesehen werden kann. Er meinte daher die Vertheilung und Anordnung der Elektricität geschehe nicht nach der Coulomb-Poisson'schen Theorie, wonach sie eine Folge des Fundamentalgesetzes $\pm \frac{mm^1}{r^2}$ und der freien Beweglichkeit der Elektricität auf Leitern ist und der Forderung genügen mufs, dafs sich die elektrischen Kräfte das Gleichgewicht halten, sondern sei eine reine Molecularwirkung der elektrischen Massen. Einen Beleg seiner Meinung findet der Verfasser darin, dafs er nach seiner Formel die Dichtigkeit der Elektricität auf Kugeln von verschiedenem Radius und auf cylindrischen Drähten die mit Kugeln in Verbindung sind, berechnet und dann zwischen Beobachtung und Rechnung Uebereinstimmung findet; für die Dichtigkeit der Elektricität auf Drähten an Kegeln findet er die Formel

$$d = \frac{Ek}{r \log \frac{R}{r}},$$

d bedeutet die Dichtigkeit, E die elektromotorische Kraft, R den Radius der Kegel und r den Radius des Querschnittes des Drahtes.

Der Verfasser vergleicht daher die Dichtigkeit der Elektricität mit der Stromstärke und sucht die Lichterscheinungen wie Funke, Büschel und Glimmlicht als Entladungserscheinungen so zu deuten, dafs das trennende Dielectricum ein gewisses Polarisationsmaximum besitze, wenn dieses überschritten würde, treten andere Bewegungen ein, die wir als Licht, Wärme, chemische Action bezeichnen. Wir verweisen die Leser in Bezug auf diesen nicht ganz klar auseinander gesetzten Punkt auf das Original, doch müssen wir bemerken, dafs des Verfassers eigne Versuche dargethan haben, dafs sich die Luft ob im verdichteten oder noch so verdünnteu Zustande gleich erhält, dennoch läfst aber der Verfasser das Polarisationsmaximum von der Dichtigkeit der Luft abhängen. Ueberhaupt widerspricht das Verhalten der Luft der Moleculartheorie vollständig, und diese Frage scheint uns auch durch die schönen und interessanten Versuche des Verfassers noch nicht entschieden zu sein. Die Theorie der elektrischen Fluida und ihrer Wirkung in die Ferne verbindet nach dem WEBER'schen Gesetze alle Erscheinungen der Elektricität, des Magnetismus und Galvanismus, die Hypothese ist klar und deutlich ausgesprochen, viele Erscheinungen lassen sich auf das schärfste nach ihr berechnen; die Theorie der Moleculartheorie ist noch nicht präcis dargestellt, indefs durch die Versuche des

Verfassers haben wir einen mathematischen Ausdruck erhalten, von dem jedoch noch nicht zu übersehen ist, wie er alle Erscheinungen verbinden soll.

Ozonröhre. Der Verfasser giebt einen einfachen und sinnreichen Apparat an, um beliebige Mengen von Ozon zu erzeugen. Zwei dünne Glasröhren, von denen die eine inwendig, die andere äufserlich mit Stanniol bekleidet ist, werden in einandergeschoben, so dafs ein cylindrischer Luftraum zwischen ihnen bleibt, verbindet man beide Belegungen mit den Polen eines Ruhmkorff'schen Apparates oder mit dem Conductor und Reibzeug der Elektrisirmaschine, so wird die Luft zwischen beiden Röhren ozonisirt und kann durch Hineinblasen beliebig erneuert werden. *P.*

P. Volpicelli. Sulla induzione elettrostatica. Quarta comunicazione. Cimento V. 249-256†; C. R. XLIV. 917-922; Tortolini Ann. 1857. p. 61-67; Arch. d. sc. phys. XXXV. 30-38.

Hr. Volpicelli bezeichnet in den Eingangsworten als Absicht seines Aufsatzes, Melloni's Theorie der elektrostatischen Induction durch Reflexionen und Experimente als richtig und die Canton's und der späteren Physiker als falsch zu beweisen. Wir vermögen jedoch in den mitgetheilten abstracten Reflexionen die vorausgesetzte Beweiskraft nicht zu finden. Zum Beispiel schliefst Hr. Volpicelli: die neutrale Linie befindet sich nach den modernsten Schriftstellern nicht in der Mitte, Mohr fand sie blofs einen Centimeter von dem der inducirenden Elektricität benachbarten Ende, was schon ein Inductionsbeweis ist, um diese Linie für illusorisch zu halten. Wir erlauben uns dagegen zu glauben, dafs die Entfernung von einem Centimeter, wenn richtig beobachtet, die von der Potentialtheorie geforderte war, so lange wenigstens, als uns nicht durch Gestalt und Dimension des von Mohr beobachteten inducirten Leiters das Gegentheil bewiesen wird. Ferner begreift Hr. Volpicelli nicht, wie die zwei mit Spannung versehenen Elektricitäten in demselben isolirten Leiter sich nicht vereinigen sollten. Die Theorie antwortet darauf, weil sämmtliche Abstofsungen und Anziehungen bezüglich jedes Punktes einen Zustand des Gleichgewichts hergestellt haben, der die daselbst befindliche Elektricität an ihrem Platze festhält. Durch alle Reflexionen des Hrn. VOLPICELLI von der eben angeführten bis zur letzten, wo er behauptet, da bei hergestellter Verbindung mit dem Boden die inducirte Elektricität sich nicht zerstreut, könnte sie auch keine Spannung haben, geht die Meinung, Spannung schliefse den Gleichgewichtszustand aus, während die mathematische Theorie in völliger Schärfe auf der entgegengesetzten Ansicht beruht.

Aufser diesen Reflexionen führt Hr. VOLPICELLI Experimente an. Bei den vier ersten findet man Systeme von Leitern angewandt, von denen Hr. VOLPICELLI nur einen als den der Induction unterworfenen betrachtet, während die ältere Theorie auf die Zusammenwirkung aller die Vertheilung auf jedem Einzelnen gründet. Da Hr. VOLPICELLI keine Dimensionen näher angiebt, so kann man vom Standpunkt der mathematischen Theorie aus seinen Experimenten gar keine Folgerungen ziehen. Als fünftes Experiment behauptet Hr. VOLPICELLI, mit kleinen Probescheibchen auf der dem inducirenden Körper zugewandten Seite die seiner Elektricität gleiche gefunden zu haben. Die Kleinheit des Scheibchens verlangt er, damit es eins mit einem Oberflächenelemente des inducirten Körpers werde. Daher müfste es aber nach Entfernung aus dem Bereiche des inducirenden Körpers auch nach MELLONI's Theorie die wieder wirksam gewordene entgegengesetzte Elektricität im Ueberschusse zeigen. Dieses Experiment wörtlich verstanden widerspricht also nicht nur der Theorie CANTON's, sondern auch der MELLONI's, und die erstere wird weder durch die Reflexionen noch durch die Experimente des Hrn. VOLPICELLI erschüttert. *Rr.*

A. NOBILE. Sull' induzione elettrostatica. Mem. della Acad. di Napoli II. 374-404.

Hr. NOBILE bemüht sich in diesem Aufsatze ebenso wie VOLPICELLI in dem eben besprochenen, MELLONI's Theorie der elektrostatischen Induction als richtig, die ältere als falsch zu beweisen. Er fühlt sich, wie er selbst sagt, hierzu um so mehr aufgefordert, da er MELLONI's Theorie in der betreffenden Commission der neapolitanischen Akademie noch vor dem Drucke gebilligt hatte. Er theilt seine Arbeit in zwei Abhandlungen, von denen er die erste: „Ueber die Erscheinungen der inducirten Elektricität in Leitern, welche entweder gar nicht oder nachdem sie ein wenig mit der Erde leitend verbunden waren, isolirt wurden", die zweite: „Von dem Einflusse isolirter oder nicht isolirter Leiter auf inducirte und isolirte Leiter und deren elektrischen Zustand" zu sprechen bestimmt.

In der ersten Abhandlung legt Hr. NOBILE besonderes Gewicht auf folgenden Versuch. Ein Draht wurde an einem Ende mit einem Säulenelektroskop, am anderen mit einer isolirten Metallscheibe in Verbindung gesetzt. Nachdem das ganze System durch ableitende Berührung des Drahtes mit der Erde in Verbindung stand, wurde die Metallscheibe inducirender Einwirkung ausgesetzt, ohne dafs sich am Elektroskop die Spur einer Wirkung zeigte. Aber rasch aufser Verbindung mit dem Systeme gebracht, von welchem hierauf der inducirende Körper entfernt wurde, zeigte das Elektroskop eine der des inducirenden Körpers entgegengesetzte Elektricität, was man sich nach Hrn. NOBILE's Ansicht nur durch inducirte früher auf dem Elektroskope unwirksam vorhandene Elektricität erklären könne. Referent dieses Aufsatzes suchte das Experiment zu wiederholen und fand es nicht bestätigt. Hr. NOBILE wird sich wahrscheinlich durch Nebenumstände des complicirten und schon darum nicht sehr beweiskräftigen Versuches getäuscht haben. Er giebt weder die Dimensionen seines Apparates an, noch wie er den Einflufs der Spitzen seines Drahtes beseitigt habe.

Im weiteren Verfolge der ersten Abhandlung bespricht Herr NOBILE, dafs RIESS die Divergenz der dem inducirenden Körper benachbarten Pendel gegen MELLONI's Ansicht hervorgehoben und durch ein neues Experiment noch mehr ins Klare gestellt hat. Die Deutlichkeit, mit welcher RIESS dies auseinander gesetzt hatte, liefs Hr. NOBILE das Ungenügende der Theorien MELLONI's und VOLPICELLI's in dieser Hinsicht bemerken. Er sucht durch eine neue Hypothese Abhülfe zu bringen, die er selbst folgendermaafsen ausspricht: „Wenn man wohl achtet auf die Stellung der Pendel in Bezug auf den inducirenden Körper und die elektrische Quelle und auf der anderen Seite den Ort in Betracht zieht, den die elektrische Atmosphäre oder der elektrische Strom (flusso) einnimmt, so mufs man annehmen, jene befänden sich in diesen eingetaucht, und hätten vorn die Quelle und auf beiden Seiten so zu sagen nahezu die ganze Menge der Seitentheile des Stromes, die daher die Pendel anziehen und die Divergenz verursachen müssen". Die nähere Erläuterung dieser Hypothese durch Erscheinungen, welche sich aber nach Hrn. Nobile's eigenem Geständnifs auch nach der älteren Theorie erklären lassen, bildet den wesentlichen Inhalt der übrigen ersten so wie der zweiten Abhandlung, auf welche näher einzugehen wir uns wohl nach dem Vorhergehenden dispensiren können. Eine directe experimentelle Widerlegung dieser Hypothese gab uns Belli in einem zunächst zu erwähnenden Aufsatz an die Hand. Doch glauben wir, dafs schon Newton's Regeln über Hypothesenbildung deren Annahme kaum gestatten würden. *Rr.*

G. Belli. Intorno alle induzioni elettrostatiche. Corrisp. scient. di Roma No. 2, 10 Febrajo 1857; Cimento V. 153-170†.

Hr. Belli bespricht in diesem Aufsatze die elektrostatische Induction in klarer eingehender Weise. Er erklärt sich gegen Melloni's Ansicht von der Unwirksamkeit der ungleichnamigen Influenzelektricität. Nachdem er in einem ersten Paragraph gezeigt, dafs die ältere Auffassung wie z. B. Riess dieselbe klar auseinandersetzt mit der unitarischen und dualistischen Hypothese gleichmäfsig übereinstimmt, sucht er sie im folgenden gegen Melloni durch Experimente neu zu befestigen. Er setzte eine Metallstange aus mehreren Stücken so zusammen, dafs er sie durch eine Drehung eines jeden derselben in diese Stücke theilen und durch eine neue Drehung nach Belieben wieder vereinigen konnte. Er hatte so einen einzigen isolirten Metallstab oder eine ganze Reihe solcher je nach seinem Bedürfnisse. Jedes der Stücke war mit einem Paar Strohhalme als Elektroskop versehen. Mit diesem Apparate stellte Hr. Belli unter Zuhülfenahme eines oder zweier genäherter, elektrisirter Körper eine Reihe von

Versuchen an, die sich sämmtlich mit gröfster Leichtigkeit nach der herrschenden Theorie ergeben, während sie mit Melloni's Hypothese nur mühsam erklärt werden können. Besonderen Werth legt Hr. Belli auf folgenden Versuch. Er dreht die Stücke seines Metallstabes so, dafs sie durch ihre Querstellung getrennt sind und nähert nun den inducirenden Körper von der einen Seite ohne Spur von Elektricität. Indem er hieranf den inducirenden elektrisirte, war nur eine sehr geringe Divergenz der Pendel bemerkbar. Aber wenn er die Stücke mit einem isolirten Metalldrahte gleichzeitig berührte und so ihre Verbindung herstellte, waren die Divergenzen nahezu so beträchtlich, als hätte man von Anfang an mit dem vereinigten Stabe experimentirt. Hr. Belli glaubt, der nahezugängliche Mangel einer Divergenz der Pendel vor der Berührung der Stücke mit dem Metalldrahte widerlege gänzlich Melloni's Erklärung für die Divergenz der dem inducirenden Körper zunächst liegenden Pendel und beweise, dafs dieselben sich nur durch ihre eigene Elektricität abstofsen. Jedenfalls zeigt dieser Versuch neuerdings, dafs die Divergenz dieser Pendel, wie es auch Riess hervorhob, mit grofser Beweiskraft gegen Melloni's Theorie spricht. Ferner ist, wenn es uns gestattet ist, diefs beizufügen, dieser Versuch eine schlagende Widerlegung der im betreffenden Referate mitgetheilten neuen Hypothese von Nobile für diese Divergenz, welche Hr. Belli noch nicht kannte, denn es wäre geradezu unbegreiflich, wenn die Ausströmung der Elektricität (il flusso electrico) so bedeutend durch jenen Metalldrath, der die Verbindung der Stücke herstellt, verändert würde, als es zur Erklärung von Hr. Belli's Experiment erforderlich wäre.

Die von Melloni angeführte schützende Eigenschaft von mit der Erde leitend verbundenen Metallscheiben erklärt Hr. Belli in Uebereinstimmung mit der älteren Theorie durch sich aufhebende Fernwirkung nahezu gleicher Mengen positiver und negativer Elektricität. Er führt zur Bestätigung dieser Ansicht namentlich die Aufhebung der schützenden Eigenschaft durch Isolirung an. Wir glauben hier noch beifügen zu dürfen, dafs die Theorie der schützenden Scheibe die Theorie Melloni's überhaupt nicht stützt, sondern in neue Schwierigkeiten verwickelt.

Denn da die Scheibe doch auch der Influenz unterworfen ist, so besitzt sie influencirte, nach Melloni's Theorie unwirksame Elektricität, welche durch die Erdverbindung gleichzeitig mit der schützenden Eigenschaft vermehrt wird. Wer also nicht mystische Wirkungen liebt, wird sich eben diese vermehrte influencirte Elektricität beim Schutze wirksam denken. Aus der von Hr. Belli adoptirten Ansicht von der schützenden Eigenschaft der Scheibe folgt von selbst, dafs sie nicht blofs in gerader Linie zwischen dem inducirenden Körper und den Pendeln wirksam ist, sondern in geringerem Maafse auch in Seitenstellung. Herr Belli hielt es für nöthig, dies direct durch Experimente nachzuweisen, indem er die Scheibe durch einen Ring oder auch durch einen hohlen Cylinder ersetzte. Indem Hr. Belli noch ausdrücklich die Analogie der elektrischen Wirkung mit der Gravitation hervorhebt, verwirft er eine Induction in Curven. Der Aufsatz Belli's zeichnet sich überhaupt durch jene klare Einsicht aus, die man hat, wenn man in der Erklärung der elektrostatischen Induction die Theorie Poisson's von den elektrischen Wirkungen zu Grunde legt. *Rr.*

D. R. Fabri. Brevi osservazioni sugli sperimenti contre la nuova Teorica dell' induzione elettrostatica. Atti d. nuovi Lincei 1857. Aprile 2; Cimento V. 361-367†.

Der Zweck dieses Aufsatzes ist, die Arbeit Belli's, über die so eben referirt wurde, zu widerlegen. Es gelingt dem Verfasser aber nur zu zeigen, dafs die Experimente Belli's im Allgemeinen auch nach Melloni's Theorie erklärt werden können. Jenen Versuch Belli's, den wir besonders hervorgehoben, sucht Herr Fabri dadurch zu erklären, dafs bei getrennten Stücken die sonst wirksame gleiche Elektricität durch das nächste Metallstück gebunden wird, was bei der vereinigten Metallstange nicht der Fall ist. Wenn es aber auch möglich ist, Belli's Versuche nach Melloni's Ansicht zu erklären, so doch gewifs nicht mit jener Einsicht und Klarheit, wie nach der älteren Theorie. *Rr.*

T. Armellini. Una nuova esperienza di polarità elettrostatica. Cimento p. 174-176.

Hr. Armellini stellte eine Säule aus Papierscheibchen, die er übereinander geschichtet hatte, auf eine Glasplatte. Die Papierscheibchen waren mit Zungen versehen, an welche letztere Siegelwachsstängelchen angeklebt waren. Die oberste Scheibe wurde miteiner isolirenden Substanz festgehalten und mit Gummielasticum gerieben. Dieses oberste Scheibchen fand nun der Verfasser immer positiv. Die anderen in nicht sehr regelmäfsig folgender Abwechslung positiv und negativ, z. B. + + − − + 0 − + 0 − + (Esp. XX.), um eine seiner Reihen anzuführen. Da bei Hrn. Armellini's Anordnung Reibung und Druck neben Induction einwirken können, überdiefs der verschiedene Feuchtigkeitszustand der Papierchen die Erscheinungen völlig zu verändern vermag, scheint die Untersuchung von keinem theoretischen Belange. *Rr.*

W. S. Harris. Researches in statical electricity. Phil. Mag. (4) XIV. 81-100, 176-183.

In diesem Aufsatz über elektrische Vertheilung und Anziehung elektrischer Körper werden Versuche und Ansichten, welche der Verfasser schon früher mitgetheilt, im Zusammenhange mit einigen neuen wiederholt. Der Verfasser erklärt die Erscheinungen nach einer ihm eigenthümlichen Ansicht von der Elektricität, obgleich die Coulomb-Poisson'sche Theorie zu ihrer Erklärung ausreicht, da die Versuche keine neue Wirksamkeit der elektrischen Körper darthun. *P.*

J. M. Seguin. Suite d'une première série d'experiences sur les effets de l'influence électrique, considérés dans leurs rapports avec ceux de l'induction.

Der Verfasser führt die bekannte Thatsache an, dafs beim Laden der innern Belegungen zwei isolirte Belegungen eines Ansammlungsapparates, zwischen den äufsern Belegungen, wenn sie durch einen Draht verbunden werden, ein Strom entsteht, dem dann ein Zustand folgt, wo die entgegengesetzten Elektricitäten gebunden sind, und dafs beim Entladen der innern Belegungen wieder ein Strom zwischen den äufsern Belegungen in entgegengesetzter Richtung von der des ersten entsteht. Die beiden Flaschen ladet er mit der Elektrisirmaschine und mit den Polen einer Batterie von 30 bis 50 Elementen. Dieselben Ströme erhält er, wenn statt der Flaschen die Hälften der äufsern und innern Spirale einer Ruhmkorff'schen Maschine genommen werden. Er hofft nach der Analogie dieser Ströme auch die in geschlossenen Spiralen erklären zu können. *P.*

Riess. Ueber die elektrische Funkenentladung in Flüssigkeiten. Berl. Monatsber. 1857. p. 361-382; Arch. d. sc. phys. XVI. 165-168; Pogg. Ann. CII. 177-199†; Inst. 1857. p. 434-435.

In einer früheren Abhandlung (Pogg. Ann. XCVII. 571-595) hatte der Verfasser gezeigt, dafs die Erwärmungen und mechanischen Wirkungen in einem Schliefsungsbogen einer Batterie, der durch Flüssigkeiten unterbrochen ist, durch Zusatz von Kochsalz zum Wasser geändert würden, es wurde namentlich eine bedeutende Verminderung der Erwärmung beobachtet. In dem vorliegenden Aufsatz werden die Fragen beantwortet, ob diese Schwächung allein davon herrühre, dafs ein Theil der angesammelten Elektricitätsmenge continuirlich entladen werde, ein anderer in Funken, oder ob die Funkenentladung selbst verändert werde. Dafs wirklich ein Theil continuirlich entladen wurde zeigte sich darin, dafs durch Verkleinerung der Elektrodenflächen welche mit dem Wasser in Berührung kommen, die Erwärmung beim Zusatz von Kochsalz weniger schnell abnimmt. Es wurden daher zuletzt Waterston'sche Spitzen, in Glas eingeschmelzte Drähte, bei denen nur der letzte Querschnitt mit der Flüssigkeit in Verbindung kommt, angewendet und dem Wasser Kochsalz, Salpetersäure, Schwefelsäure zugesetzt. Die Erwärmung nimmt auch jetzt durch Zusatz der Substanzen ab, erreicht ein Minimum und nimmt dann langsam wieder zu. Die Erscheinungen erklären sich hiernach so, die continuirliche Entladung mit der eine geringere Erwärmung wie mit der Funkenentladung verbunden ist, nimmt im Allgemeinen mit der Gröſse der Elektroden zu; wählt man aber die Elektrodenfläche noch so klein, so wird dennoch durch Verbesserung des Leitungsvermögens auch an diesen kleinen Flächen die continuirliche Entladung vermehrt, so daſs die Erwärmung durch die Funkenentladung immer mehr abnimmt und die gesammte Erwärmung ein Minimum erreicht; macht man dann die Flüssigkeit noch leitender, so wird dadurch die Intensität des continuirlichen Stromes vermehrt und die Erwärmung nimmt daher wieder langsam zu.

Nach der Analogie der Entladung in luftförmigen Flüssigkeiten vermuthete der Verfasser, daſs auch bei den untersuchten Flüssigkeiten bei einem bestimmten Salzgehalte die Funkenentladung unmittelbar geändert werde. Es ist ihm gelungen durch entscheidende Versuche seine Vermuthung als Thatsache nachzuweisen. Die Erwärmung und andere Entladungserscheinungen fallen nämlich verschieden aus, wenn die Elektrodenflächen verschiedene Dimensionen haben und der Strom dann von groſser zu kleiner Elektrode oder umgekehrt geht. Die eine Elektrode war z. B. ein $\frac{1}{6}$ Linie dicker Kupferdraht in Glas eingeschmelzt, die andere eine Messingkugel von $4\frac{5}{8}$ Linien Durchmesser, war dem Wasser dann Schwefelsäure im Verhältniſs von 0,0519 Procent zugesetzt, so betrug die Erwärmung bei positiver Drahtelektrode 32,6, bei negativer Drahtelektrode dagegen nur 1,8.

Eine Analogie für diese höchst interessante Erscheinung zeigt sich, wie Faraday nachgewiesen hat, bei der Entladung in gewöhnlicher und verdünnter Luft; das Glimmlicht nämlich kommt bei Luft unter dem gewöhnlichen Drucke leicht mit positiver Elektricität zu Stande, in verdünnter Luft leichter an der negativen, wenn die Fläche groſs ist.

Die aufgestellte Alternative ist daher so zu entscheiden, daſs beide Thatsachen Ausgleichung der Elektricität durch continuirliche Entladung und Aenderung der Funkenentladung zugleich stattfinden können, und die Erwärmungen bei eingeschalteter Flüssigkeit verändern.

Geht der Strom von der kleinen zur groſsen Elektrode, so ist der Glanz des Funkens und die Stärke des Schalles gröſser wie in umgekehrter Richtung. Die Ablenkungen der Magnetnadel sind bei negativer Drahtelektrode gröfser wie bei positiver; leider verändern sich die Nadeln des astatischen Systems namentlich die, welche innerhalb der Wandungen sind zu sehr, als dafs genaue Resultate erzielt werden könnten.

Die Magnetisirung von Stahl ist stärker bei schwacher Erwärmung und geringer bei starker. *P.*

B. W. Feddersen. Beiträge zur Kenntnifs des elektrischen Funkens. Inauguraldissertation. Kiel 1857; Pogg. Ann. CIII. 69-88†.

Hr. Feddersen beobachtet den Funken einer Batterie, in deren Schliefsungsbogen bedeutende Widerstände eingeschaltet werden, in einem rotirenden Spiegel. Als Einheit des eingeschalteten Widerstandes wählte er einen Wasserfaden von 1^{mm} Dicke und 1^{mm} Länge. Der Spiegel wurde durch einen elektromagnetischen Rotationsapparat gedreht, und die Entladung bei bestimmter Stellung des Apparats durch eine schleifende Feder bewirkt; das Spiegelbild des Funkens wurde in der Entfernung des deutlichen Sehens betrachtet und in derselben Distanz vom Auge eine Scale angebracht auf welcher das Bild zu liegen schien. Bei Widerständen zwischen 100 und 1000 seiner Einheit unterschied er zwei Arten der Entladung, die als continuirliche und intermittirende unterschieden werden, bei der ersten leitet ein Funke die Entladung ein, und von beiden Enden des Funkens breiten sich zwei leuchtende Bänder aus, welche bei grofsem Widerstande einen dunklen Raum einschlossen, bei geringem Widerstande schien dieser Raum mit Glimmlicht erfüllt zu sein. — Bei der zweiten Entladungsart zeigt sich eine Reihe im Anfange äquidistanter Partialfunken, deren Entfernung gegen das Ende weiter wird, zwischen diesen beobachtet man oft die Lichterscheinung der continuirlichen Entladung. Diese zweite Art der Entladung ist leichter bei grofsem, die erste bei kleinem Widerstande zu erhalten, der Verfasser hält es daher für wahrscheinlich, dafs die continuirliche Entladung bei kurzem metallischen Schliefsungsbogen allein vorherrscht. In der Regel beobachtete der Verfasser ein Gemisch aus beiden Entladungsarten. Bei directer Beobachtung erscheint die continuirliche Entladung als ein homogener Funke mit einem einzigen matten Schlag, die intermittirende Entladung verbreitet ein zischendes Geräusch und einen breiten Funkenbüschel mit deutlichen Zwischenräumen.

Beständigkeit des Funkencanals. Wenn die Luft zwischen den Elektroden bewegt wurde, so nehmen die Funken Theil, indem sie geknickt und eingebogen erscheinen, woraus der Verfasser schliefst, dafs jede Partialentladung unter allen Umständen nur den Weg einschlägt, welchen schon die zunächst vorhergehende genommen hat.

Obgleich der Verfasser seine Mefsmethode nur für eine Schätzung, welche keinen Anspruch auf genaues Maafs machen darf, ansieht, so bestimmt er doch darnach den Zeitabstand zwischen zwei Partialentladungen und findet im Allgemeinen dafs das Zeitintervall mit zunehmender Schlagweite abnimmt und mit zunehmendem Widerstande zunimmt, die beobachteten Zeiten fallen zwischen 0,000020 und 0,000174 Secunden. Was die Dauer der Totalentladungen betrifft, so findet der Verfasser, dafs sie mit dem Widerstande und der elektrischen Oberfläche wächst und auch mit der Schlagweite zunimmt. Die Zeiten liegen zwischen 0,0012 und 0,0362 Secunden.

Messung der in einer Totalentladung ausgeglichenen Elektricitätsmenge. Eine Flasche oder zwei werden geladen und die Elektricitätsmenge nach der Schlagweite bestimmt; dann werden die beiden Elektroden genähert und gemessen, wie viel diese Annäherung betrug um eine zweite Entladung herbeizuführen. Sei die erste Zahl A und die zweite B, so bestimmt der Verfasser den Quotienten $\frac{B}{A}$, es findet sich, dafs das Verhältnifs gröfser wird bei vergröfserter Schlagweite; dies erklärt der Verfasser dadurch, dafs durch einen Partialfunken eine Luftveränderung bemerkt worden sei, wodurch die Zahl der Partialentladungen vermehrt werde. — Diese Frage soll jedoch bei einer andern Gelegenheit weiter erörtert werden. *P.*

P. RIESS. Die elektrische Wärmeformel betreffend. Pogg. Ann. C. 473-474.

Die vom Verfasser aufgestellte Wärmeformel kann geschrieben werden

$$W = \frac{AV_1}{B+V}\frac{q^2}{s},$$

V_1 bedeutet den Verzögerungswerth des auf Wärme untersuchten Drahtstückes im Schliefsungsbogen, V den Vergröfserungswerth des veränderlichen Theils des Bogens, q Elektricitätsmenge, s Flaschenzahl der Batterie, A und B Constanten. Diese Constanten werden bestimmt durch ein zum constanten Theil des Bogens gehöriges Thermometer. Für V ist der Verzögerungswerth aller der Stücke des Bogens zu setzen, welche zum constanten Theil hinzugefügt werden. Das beliebige continuirliche Drahtstück des Bogens, welches man in das Thermometer einschliefst, bestimmt den Werth V' im Zähler, und bleibt ohne Einflufs auf den Nenner der Formel. *P.*

W. S. HARRIS. On some special laws of electrical force. Phil. Mag. (4) XIV. 156-159†.

Der Aufsatz enthält die Angabe, dafs der Verfasser schon 1830 das Gesetz von der Wärmeerregung durch die elektrische Entladung nachgewiesen, und dafs er nie behauptet habe, die erzeugte Wärme sei der Elektricitätsmenge proportional. *P.*

K. W. KNOCHENHAUER. Ueber die Theilung des elektrischen Stromes. Wien. Ber. XXII. 327-331†.

Der Verfasser behauptet gegen RIESS, die Theilung des Batteriestromes in Zweigen von verschiedenem Leitungsvermögen geschähe niemals nach dem von RIESS gefundenen Gesetze, sondern immer proportional den Längen. Es ist bekannt, dafs RIESS wiederholt darauf aufmerksam macht, dafs die Gesetze nur richtig sind, wenn die Entladung continuirlich ist und zwischen den Zweigen zu vernachlässigende Inductionswirkungen stattfinden. Ehe daher der Verfasser die sorgfältigen Versuche nicht wiederholt und ihre Unrichtigkeit nachgewiesen hat, mufs die Wissenschaft bei den durch Theorie und Beobachtung gegebenen Gesetzen stehen bleiben. *P.*

K. W. Knochenhauer. Ueber den Strom der Nebenbatterie. Wien. Ber. XXII. 331-376†.

Die Arbeit ist eine Zusammenstellung von schon früher publicirten Versuchen und Betrachtungen. *P.*

K. W. Knochenhauer. Beobachtungen über zwei sich gleichzeitig entladende Batterien. Wien. Ber. XXV. 71-86†.

Je zwei Flaschen einer Batterie von vier Flaschen, werden durch einen Drath verbunden, und von diesen führen wieder zwei Dräthe *A* und *B* zu einer Kugel, der eine andere Kugel gegenübersteht, welche mit der äufsern Belegung durch einen Drath *C* in Verbindung steht. Es wird die Erwärmung bei veränderten Widerständen und verschiedenen Ladungen der Batterie untersucht. Die Resultate der Versuche erklärt der Verfasser durch ganz willkürliche Hypothesen von der Bewegung der Elektricität, welche Liebhaber solcher Hypothesen im Original lesen mögen. *P.*

P. Volpicelli. Sur les images électrographiques produites au moyen de l'induction électrostatique. Arch. d. sc. phys. XXXIV. 329-330†; Atti de' nuovi Lincei 1857. Fevr. 1; Cimento V. 176-179; Cosmos XI. 571-571.

Scheiben von elektrisirtem Siegellack mit den Eindrücken von Medaillen wurden auf versilberte Kupferplatten und jodirte Silberplatten während 24 bis 48 Stunden gelegt, Quecksilberdämpfe condensirten sich am stärksten an den Stellen, welche den Höhlungen des elektrisirten Körpers entsprachen und man erhielt ein Bild des Abdrucks. Auf Glas erhielt der Verfasser Hauchbilder von elektrisirtem Schwefel und Schellack. *P.*

Morren. Sur les images instantanées électriques et hydrothermiques. C. R. XLIV. 349-350†; Polyt. C. Bl. 1857. p. 533-534; Dingler J. CXLIV. 356-357.

Eine Glasplatte wird auf ihrer untern Fläche mit Stanniol belegt, so dafs ringsum die Glasfläche frei bleibt, und zur Erde abgeleitet, auf die obere Glasfläche wird ein mit Dextrin bedecktes trockenes Blatt Papier gelegt und dann der abzubildende Gegenstand, der vorher mit Graphit bestrichen ist, darauf gesetzt. Es braucht jetzt nur eine Leidner Flasche genähert zu werden um einen Abdruck auf dem Papier zu erhalten. *P.*

Kuhn. Ueber die Zündung von Minen mittelst des elektrischen Entladungsfunkens und durch Volta'sche Ströme. Münchn. gel. Anz. XLV. 217-218†; Dingler J. CXLV. u. CXLVI.

Der Aufsatz schildert Versuche über die zweckmäfsigste und zuverlässigste Zündmethode, bei denen sich für die Wissenschaft keine neue Resultate ergeben haben. *P.*

C. Bergeal. Notizen über einige elektrische Apparate. Dingler J. CXLIV. 435-436†; Böttger's polyt. Notizbl. 1857. No. 10; Polyt. C. Bl. 1857. p. 1030-1031.

Als Conductor der Elektrisirmaschine wird eine hohle Glaskugel benutzt, welche inwendig belegt ist und an seidenen Schnüren über den Einsaugern befestigt ist.

Die Funkenlänge eines Conductors der Elektrisirmaschine vermehrt der Verfasser durch einen Ladungsapparat bestehend aus zwei Glasbechern, wie sie zu galvanischen Batterien gebraucht werden, deren innerer Boden mit Stanniol belegt ist, beide Gläser werden mit ihren äufseren Bodenflächen aufeinander gesetzt, und dann die untere Belegung mit dem Erdboden, die obere welche mit Draht und Knopf versehen ist mit dem Conductor verbunden.

Um die Zerstreuung der Elektricität der Glasscheibe der Elektrisirmaschine zu verhindern, umgiebt sie der Verfasser mit weifser sorgfältig ausgewaschener Seide. *P.*

Pyroelektricität.

W. G. Hankel. Elektrische Untersuchungen. Zweite Abhandlung. Ueber die thermoelektrischen Eigenschaften des Boracites. Abh. d. Leipz. Ges. VI. 149-252†.

Methode der Untersuchung. Ein kleiner gufseiserner Ofen wird mit Eisenfeilspähnen beschüttet, darin befindet sich eine messingene Halbkugel, in ihr Platinsand. Der zu untersuchende Krystall wird darin bis auf die Fläche, deren Elektricität bestimmt werden soll, eingetaucht. Durch die Flamme einer Spirituslampe kann von der Fläche die Elektricität entfernt werden. Ein Platindraht, der mit dem Elektrometer in Verbindung steht, wird der elektrischen Fläche nur genähert. Will man den Krystall mit dem Platindraht berühren, so ist es gut um Reibung und Abkühlung zu vermeiden, denselben zuzuspitzen und zu erwärmen. Sicherer und zuverlässiger sind die Resultate, welche man bei der Annäherung erhält.

Die verschiedene Geschwindigkeit der Erwärmung zeigte im elektrischen Verhalten der Krystalle keine Unterschiede, wohl aber die des Erkaltens.

Die Intensität der Elektricität nimmt bei niedrigen Temperaturen zu, wenn schon vorher eine Erwärmung stattgefunden hat, was Hr. Hankel so erklärt, dafs beim ersten Erwärmen noch Wasserdämpfe vorhanden waren, die einen Theil der Elektricität fortführten, was bei höheren Temperaturen nicht der Fall sein kann.

Auch die Art der Ableitung ist von Einflufs, zuweilen so sehr, dafs die Art der Elektricität geändert wird; je nachdem mehr oder weniger Oberflächentheile ableitend berührt werden.

Es wird nun zunächst die schon früher von Hrn. Hankel gefundene Thatsache bestätigt, dafs die Würfelecken des Boracits, welchen glatte Tetraederflächen entsprechen, einen Wechsel der Art der Elektricität zeigen, beim Erwärmen von niedriger Temperatur beginnend: negativ, positiv, negativ, und bei weiterer Erwärmung gar keine. Die Würfelecken mit matten Tetraederflächen zeigten mit niedrigen Temperaturen beginnend positiv, negativ, positiv.

Bei beiden war beim Erkalten die Art der Elektricität die umgekehrte wie beim Erwärmen.

Der Wechsel der Elektricitätsart tritt an beiden Arten von Ecken nicht gleichzeitig auf. Diese Ungleichzeitigkeit im Wechsel trat nicht bei allen Krystallen in gleichem Grade auf, bei einigen nur bei gewissen Uebergängen.

Auch die Dodekaederflächen zeigen einen zwiefachen Wechsel der Elektricitätsart, beim Erwärmen: negativ, positiv, negativ; beim Erkalten: positiv, negativ, positiv.

Die Würfelflächen müssen unterschieden werden, einige stimmen in ihrem elektrischen Verhalten mit den glatten, andere mit den rauhen Tetraederflächen überein. *P.*

J. M. Gaugain. Quatrième note sur l'électricité des tourmalines; action hygrométrique; lois de la section et de la longueur. C. R. XLIV. 628-630†; Inst. 1857. p. 93-94; Arch. d. sc. phys. XXXV. 62-64.

Hr. Gaugain findet, dafs Turmaline auf 400 bis 500 C. erwärmt und dann erkaltet die Elektricität leiten, sie werden wieder Nichtleiter, wenn man sie mit destillirtem Wasser wäscht und bei mäfsiger Wärme trocknet. Hr. Gaugain nimmt an, dafs bei der hohen Temperatur sich eine stark hygroskopische Substanz entwickelt, die durch Waschen entfernt wird.

Sind die Turmaline in dem Zustande, dafs sie isoliren, so ist die Wirkung mehrerer gleich der Summe der einzelnen, wenn ihre gleichnamigen Pole in derselben Ebene liegen, die Wirkung ist gleich der eines einzigen, wenn ihre Axen in eine Linie zusammenfallen und sich die ungleichnamigen Pole zweier berühren. Bei einzelnen Turmalinen ist die Wirkung auf das Elektroskop dem Querschnitte proportional, von der Länge aber unabhängig. *P.*

---

34. Thermoelektricität.

R. Adie. On some thermo-electrical properties of the metals bismuth and antimony. J. of chem. Soc. X. 77-78†; Inst. 1857. p. 251-251; Z. S. f. Naturw. IX. 474-475.

Hr. Adie hat durch seine Versuche die Thatsache aufs Neue bestätigt, dafs Wismuth, und in geringerem Grade auch Antimon, ein verschieden thermoelektrisches Verhalten erkennen lassen, je nachdem die zwei sich berührenden Säulen desselben Metalls an den Berührungsflächen einen glänzenden oder körnigen Bruch zeigen [1]). Durch langsames oder schnelles Erkalten der gegossenen Säulen hat Hr. Adie die Verschiedenartigkeit der krystallinischen Structur hervorgebracht. *Fr.*

Marbach. Nouvelles relations entre les formes cristallines et les propriétés thermo-electriques. C. R. XLV. 707-709†; Inst. 1857. p. 382-383.

Bei Untersuchung des Schwefelkieses und Kobaltglanzes in Bezug auf ihre Stellung in der thermoelektrischen Reihe fand Hr. Marbach Exemplare des einen wie des anderen Minerals, die ohne äufsere Zeichen einer unsymmetrisch hemiedrischen Ausbildung sehr verschiedene Stellungen in der Reihe einnehmen. Bezeichnen wir die beiden elektrisch verschiedenen Arten mit Schwefelkies α und Schwefelkies β, ebenso Kobaltglanz α und Kobaltglanz β, so ist die von Hrn. Marbach gefundene Stellung dieser Mineralien aus folgender Reihe zu ersehen:

—e		
Schwefelkies α	Blei	Eisen
Kobaltglanz α	Kupfer	Antimon
Wismuth	Messing	Kobaltglanz β
Neusilber	Silber	Schwefelkies β.
Platin	Cadmium	

[1]) Berl. Ber. 1850, 51. p. 663, 669.

Eine Legirung von Wismuth mit 3 Procent Antimon, welche negativ sich verhält zum Wismuth, und eine Wismuthlegirung mit 7 Procent Zinn, welche mit Antimon an der Verbindungsstelle erwärmt einen Thermostrom giebt vom Antimon zu der Legirung, zeigten sich beide schwächer thermoelektromotorisch als die beiden Arten von Schwefelkies. *Fr.*

---

35. Galvanismus.

A. Theorie.

H. Buff. Ueber das elektrische Verhalten des Aluminiums. Liebig Ann. CII. 265-284; Arch. d. sc. phys. XXXVI. 57-58; Inst. 1858. p. 84-84; Ann. d. chim. (3) LI. 505-508; N. Jahrb. f. Pharm. VIII. 97-97.

Diese Versuche beziehen sich sowohl auf die Stellung des Aluminiums in der Spannungsreihe, als auf dessen Leitungsfähigkeit für Elektricität. Hr. Buff fand, dafs das Aluminium in Salpetersäure wie das Eisen passiv, also stark negativ ist gegen ein in verdünnte Schwefelsäure getauchtes Aluminiumstück; hatte jene Säure 1,4 spec. Gewicht, so war die elektromotorische Kraft einer aus dem genannten Metall und den beiden Säuren zusammengesetzten Kette = 0,63 von derjenigen einer Bunsen'schen Kette, während die einer ähnlich gebildeten Eisenkette nur 0,56 gefunden wurde. Jene Kette ist aber nicht so beständig wie diese, weil sich auf dem in die Schwefelsäure tauchenden Aluminium Silicium abschied, von welchem die angewandten Stücke nicht frei waren. In alkalischen Lösungen ist das Aluminium activ, eine Combination aus zwei Aluminiumstücken, Salpetersäure und Aetzkali erreicht, bei ziemlicher Beständigkeit, die Kraft einer Bunsen'schen Kette, und übertrifft sie sogar.

Eine Kette aus Aluminium, Salpetersäure, Aetzkali und Zink ist sogar schwächer als die ebengenannte Combination, während das Zink als positives Metall eine stärkere Kette liefert, als das

Aluminium, wenn das Aetzkali durch verdünnte Schwefelsäure ersetzt wird. Gegen das in Salpetersäure tauchende Aluminium ist nur Platin in verdünnter Schwefelsäure negativ. Wird das Aluminium als Sauerstoffpol in einem Strome benutzt, so scheidet sich an ihm Sauerstoff aus, aber nicht in der zu erwartenden Menge, es löst sich gleichzeitig Aluminium auf. Das Metall wird dadurch polarisirt und ist sowohl hierdurch nicht zum positiven Metall einer Batterie geeignet, als auch besonders deshalb nicht, weil die schon erwähnte Siliciumablagerung die Stromstärke fast bis auf Null herabdrängen kann. Im höchsten Grade seiner elektronegativen Polarisation ist das Aluminium noch nicht so negativ, als Eisen im höchsten Grade seiner Passivität. Es erreicht jenen höchsten Grad der Passivität, wenn es, in Salpetersäure tauchend, als positive Polplatte benutzt wird.

Zur Prüfung der Leitungsfähigkeit wurden zwei Aluminiumdrähte angewandt; der eine war aus käuflichem Aluminium gezogen, und enthielt wahrscheinlich etwas Eisen; sein specifisches Gewicht war bei 6° C. = 2,6636. Der Widerstand einer Länge von 1^{m} dieses Drahtes, bei 1^{mm} Dicke betrug so viel wie der von 0,4858 Regulatorwindungen. Der zweite Draht war aus Aluminium gezogen, welches Wöhler aus Kryolith dargestellt hatte. Er war frei von anderen Beimengungen, als Silicium. Sein specifisches Gewicht war bei 9° 2,6697, sein Widerstand für die vorher angegebenen Ausmessungen gleich dem von 0,4598 Regulatorwindungen. Die Bedeutung dieser Angaben ergiebt sich aus der Vergleichung mit anderen Metallen. Die entsprechenden Widerstände wurden gefunden bei

Silber, (Maximum der Leitungsfähigkeit)	= 0,2303
- chemisch rein	= 0,2399
Kupfer, chemisch rein, sehr weich . .	= 0,2452
- eisenhaltig, sehr weich . . .	= 0,3071
- hart, elastisch	= 0,3131
Aluminium aus Kryolith, weich . . .	= 0,4598
Aluminium des Handels, spröde . . .	= 0,4858
Eisen, wenig elastisch	= 1,5587.

Für gleiche Drahtlängen berechnet ist bei gleichem Gewichte Aluminium der beste Leiter.

Die Messungen stimmen sehr gut mit den von POGGENDORFF angestellten, nicht aber mit denen von DEVILLE.

Unter den zur Vergleichung benutzten Silber- und Kupferdrähten befanden sich solche, an denen schon vor Jahren ähnliche Messungen ausgeführt waren. Die Zahl der Regulatorwindungen, durch welche die Widerstände gemessen wurden, war mit der Zeit immer kleiner gefunden, so dafs Hr. BUFF zu dem Schlusse kommt, der Neusilberdraht des Widerstandsmessers habe allmälig an Sprödigkeit und damit auch an Widerstand zugenommen. Aehnliche Beobachtungen hatte der Verfasser schon früher an Kupfer-, und LANGSDORF an Silberdrähten nachgewiesen. *Bz.*

F. PETRUSCHEFSKY. Untersuchungen über die Eigenschaften des galvanischen Elementes. Zweite Abhandlung. Bull. d. St. Pét. XV. 337-348†; Cosmos XII. 4-5, XIII. 35-35.

In dieser Abhandlung wurden die früher mitgetheilten Messungen (Berl. Ber. 1853. p. 470) auf mehrere Klassen galvanischer Combinationen ausgedehnt. Aufser den Stromstärken wurden auch die elektromotorischen Kräfte derselben gemessen, indem ein Galvanometer von so grofsem Widerstande in den Strom geschaltet wurde, dafs der Widerstand des Elementes selbst zu vernachlässigen war, die Ablenkung dieses Galvanometers konnte daher als Maafs der elektromotorischen Kraft betrachtet werden. Aus beiden Daten wurden dann die Widerstände der Elemente berechnet; die Ergebnisse der Versuche sind in graphischer Darstellung mitgetheilt. Als die wesentlichsten derselben mögen folgende hervorgehoben werden.

Bei der DANIELL'schen Kette ändert sich im Anfang der Wirkung die elektromotorische Kraft nur wenig, nimmt jedoch allmälig ab. Der Widerstand nimmt auch ab, aber in einem viel gröfseren Verhältnifs. Daraus entsteht eine anfängliche Zunahme der Stromstärke. Nach einem gewissen Zeitraume, der um so gröfser ist, je gröfser der Widerstand des eingeführten Körpers ist, hört der innere Widerstand auf, abzunehmen, und fängt an zuzunehmen, die elektromotorische Kraft aber fährt fort, abzunehmen, diese zwei Ursachen bedingen eine Abnahme in der

Stromstärke, die bis zum Ende dauert. Wird nach geraumer Zeit der Strom unterbrochen, so ist nach abermaliger Schliefsung der Kette die elektromotorische Kraft gröfser, als sie vor der Unterbrechung war. Diese Veränderungen können sehr vermindert werden, wenn in die Kupferzelle immer neuer Kupfervitriol, in die Zinkzelle immer neue Schwefelsäure hinzugegeben wird. Beim Grove'schen Element nimmt die elektromotorische Kraft anfangs ab, sowie auch der Widerstand, letzterer jedoch in einem gröfseren Verhältnifs; daraus folgt eine Zunahme der Stromstärke. Nachher fängt die elektromotorische Kraft an, um etwa $\frac{1}{100}$ zuzunehmen, der Widerstand nimmt auch zu, aber wieder in einem viel gröfseren Verhältnifs; daraus folgt eine Abnahme der Stromstärke; endlich nimmt die elektromotorische Kraft wieder ab, der Widerstand fährt aber fort, zuzunehmen, so dafs die Stromstärke immer schwächer wird. Ganz ähnlich verhält sich ein Bunsen'sches Element, nur dafs dessen elektromotorische Kraft anfangs, statt zu steigen, längere Zeit constant bleibt, und dann gleich abnimmt. Bei beiden Combinationen ist es nicht möglich, die Erwärmung der Flüssigkeit zu vermeiden; diese hat indefs auf die elektromotorische Kraft innerhalb der Gränzen 3 bis 70° R. keinen Einflufs, einen bedeutenden dagegen auf den Widerstand der Flüssigkeit, der mit steigender Erwärmung abnimmt. Die Eisenlohr'schen Elemente (Weinsteinsäurelösung statt der Schwefelsäure enthaltenden Daniell'schen) hatten während langer Zeit eine constante Stromstärke, aber wegen des grofsen Widerstandes in der Flüssigkeit war der Strom nur schwach. Die Wollaston'sche Kette gab nur zuweilen einen constanten Strom.

Hr. Petruschefsky hat aus seinen Versuchen die Maxima der elektromotorischen Kräfte der verschiedenen Ketten zusammengestellt. Es sind die folgenden:

Element nach Grove, Zink amalgamirt . . . . . = 1,78
- Bunsen, - . . . . = 1,69
- Eisenlohr, - . . . . = 1,05
- Daniell, - , gefüllt mit
verdünnter Schwefelsäure . = 1,00
gefüllt mit Kochsalzlösung = 1,05

Element nach DANIELL, Zink nicht amalgamirt, gefüllt
mit Kochsalzlösung . . . = 1,01
mit verdünnter Schwefelsäure = 0,93
Element aus Gufseisen, Zink amalgamirt. . . . . . = 1,72
- nach WOLLASTON, - . . . . . . = 0,93
- - EISENLOHR, Zink nicht amalgamirt . . = 0,99.

Als Hauptresultat seiner Untersuchungen stellt der Verfasser das folgende auf: die chemische Wirkung des Stromes ist die Hauptursache seiner Unbeständigkeit; diese Wirkung, indem sie die Zusammensetzung der Flüssigkeiten ändert, äufsert eben dadurch einen Einflufs gleichzeitig sowohl auf den Widerstand, als auf die elektromotorische Kraft des Elementes. Den Hauptantheil der störenden Wirkung fand Hr. PETRUSCHEFSKY in der Flüssigkeit der Zinkzelle. Um denselben möglichst unschädlich zu machen, schlägt er vor, den Zinkcylinder auf ein Holzkreuz, das auf dem Boden des Gefäfses liegt, zu setzen, damit sich der sich bildende Zinkvitriol vermöge seiner Schwere in den unteren freien Raum begeben könne. *Bz.*

SCHLAGDENHAUFFEN et FREYSS. Expériences sur la pile. C. R. XLV. 868-870; Inst. 1857. p. 405-405; Ann. d. chim. (3) LIII. 209-232; Cosmos XI. 679-679.

Die Verfasser theilen die Ergebnisse ihrer Versuche in folgenden Sätzen mit:

1) Die Intensität eines gewöhnlichen WOLLASTON'schen Elements nimmt sehr schnell ab. Diese Wirkung ist besonders der schnellen Widerstandszunahme zuzuschreiben, denn die elektromotorische Kraft ist wenig veränderlich.

2) Die Amalgamation des Zinks vermehrt die Intensität beträchtlich, und macht sie constanter. Dies kommt einerseits daher, dafs die elektromotorische Kraft gröfser wird, und der Widerstand kleiner, andererseits daher, dafs beide, aber besonders der Widerstand, viel constanter werden.

3) Wenn man das Zink und die eine Kupferseite gleichzeitig amalgamirt, so wird die Intensität constanter, aber an absolutem Werthe geringer. Auch sind die elektromotorische Kraft und der

Widerstand sehr constant geworden, aber an absolutem Werthe hat die erstere sich vermindert, während der letztere zugenommen hat.

Die Bunsen'schen Elemente sind trotz der Amalgamation des Zinks sehr wenig constant, aber sie sind kräftiger. Die elektromotorische Kraft hält sich nahe bei einem constanten Werth, der Widerstand geht durch ein Minimum, um dann schnell wieder zu steigen, und die Intensität verändert sich im entgegengesetzten Sinne.

5) Wenn man ein Daniell'sches Element durch die Reduction des Kupfers aus der Vitriollösung erschöpfen läſst, so verhält es sich wie ein Wollaston'sches Element. Während der Reduction nimmt die elektromotorische Kraft sehr schnell ab, der Widerstand viel langsamer; dadurch nimmt die Intensität sehr schnell ab.

6) Im Allgemeinen ist der Hauptgrund der Inconstanz des Stromes die fortschreitende Vergröſserung des Widerstandes.

Da die Versuche selbst nicht mitgetheilt sind, so ist nicht zu erkennen, wie weit die gemessenen Widerstände in der That als solche zu betrachten sind, und in wie fern sie etwa als Polarisationen aufzufassen, also doch (als veränderliche Glieder) in den Zähler der Ohm'schen Formel zu setzen sind. Es ist z. B. nicht wohl einzusehen, weshalb die Amalgamation der Platten den Widerstand vermehren sollte. *Bz.*

G. Gore. On the development of dynamic electricity by the immersion of unequally heated metals in liquids. Phil. Mag. (4) XIII. 1-9†; Arch. d. sc. phys. XXXIV. 321-323.

Hr. Gore suchte zu entscheiden, inwiefern die durch Eintauchen gleichartiger Metalle in ungleich erwärmte Flüssigkeiten erregten Ströme: 1) irgend welchen thermoelektrischen Eigenschaften der Flüssigkeiten, 2) den gewöhnlichen thermoelektrischen Eigenschaften der Metalle, 3) chemischen Wirkungen an den Contactstellen zwischen Metall und Flüssigkeit zuzuschreiben seien. Ein unten durch eine poröse Platte geschlossenes Glasgefäſs wurde mit Kupfervitriollösung gefüllt, und dann mit jener Bodenfläche in die in einem anderen Gefäſse enthaltene Kupfervitriollösung getaucht. Beide Lösungen waren durch eintauchende Kupferdrähte mit den beiden Enden eines Galvanometerdrahtes in Verbindung gesetzt. Weder wenn beide Lösungen bei gleicher Temperatur erhalten wurden, noch wenn die eine bis auf 100° erhitzt war, konnte irgend ein Strom beobachtet werden. Für die weiteren Versuche wurde ein anderer Apparat construirt. Zwei an beiden Enden offene Glascylinder wurden auf einander gesetzt; der Boden des unteren und der, beide Cylinder von einander trennende Boden bestanden jedesmal aus zwei Platten von gleichem Metall, deren jede mit einem Galvanometerende verbunden war. Diese einzelnen Theile des Apparates wurden wasserdicht an einander gepreſst, und dann wurden die Cylinder mit Flüssigkeit gefüllt, zu welchem Ende der untere mit einem Seitenrohr versehen war. Wenn Alles ganz gleichartig blieb, so zeigte sich am Galvanometer kein Strom, sobald aber ein Strom von heiſsem Wasserdampf in die obere Flüssigkeit geführt wurde, begann die Nadel von ihrer Ruhelage abzuweichen. Die Richtung des Stromes war indeſs die entgegengesetzte von derjenigen, welche zu erwarten gewesen wäre, wenn der verstärkte chemische Angriff an der erhitzten Platte die Ursache des Stromes hätte sein sollen, und der Strom unterblieb auch dann nicht, wenn die Platten aus Platin und die Flüssigkeiten aus einer Substanz bestanden, welche das Platin weder in der Kälte noch in der Hitze angreift. Hiernach konnte auch in der chemischen Action kein Grund zur Stromeregung gesucht werden. Um das Verhalten verschiedener Flüssigkeiten zu prüfen, wurden von jetzt an immer Platinplatten gebraucht. Hierbei zeigte sich im Allgemeinen heiſses Platin negativ gegen kaltes in allen entschieden sauren Flüssigkeiten, positiv dagegen in allen alkalischen, in den neutralen und einigen schwach sauer reagirenden. Nur in Honigwasser und verdünnter Blausäure war das heiſse Platin ebenfalls positiv. Es war für die Richtung des Stromes gleichgültig, ob die Gestalt des oberen Gefäſses cylindrisch, oder an einer Stelle eingeschnürt, ob die Flüssigkeitsschicht höher oder niedriger war, und ob die Erwärmung in der Nähe der Metallplatte stattfand oder nicht. Hr. Gore schlieſst aus allen diesen Versuchen, dafs nur die thermoelektrischen Wirkungen an der Berührungsstelle von Metall und Flüssigkeit die Ursache des Stromes sind. *Bz.*

A. Palagi. Courants obtenus en plongeant dans l'eau des morceaux de charbon et de zinc. C. R. XLV. 775-779; Cosmos XI. 557-560; Dingler J. CXLVII. 56-60.

Diese Mittheilung enthält die Fortsetzung von Versuchen, welche Hr. Palagi früher über die Ströme angestellt hatte, die durch gleichzeitiges Eintauchen zweier Kupferplatten oder einer Kupfer- und einer Zinkplatte in stehendes oder fliefsendes Wasser erhalten werden, wenn beide Platten durch einen Leitungsdraht verbunden sind. Er ersetzte jetzt die eine Kupferplatte durch ein Stück Coke. Die erhaltenen Ströme waren unregelmäfsig, ohne dafs die Umstände, durch welche ihre Stärke verändert wurde, aufgefunden werden konnten. Eine Vergröfserung des eintauchenden Zinkes oder Cokes brachte keine Stromverstärkung hervor, ebensowenig wuchs die Stromstärke, wenn mehrere Cokestücke nebeneinander an das eine Ende des Leitungsdrahtes befestigt und in das Wasser getaucht wurden, sie wuchs dagegen, wenn eine Reihe von Coke- oder Zinkstücken, durch Kupferdrähte mit einander verbunden, untereinander gehängt wurden. Offenbar war die Berührung des Kupfers mit dem Coke oder Zink nicht überall eine metallische, so dafs auf diese Weise Kupfer- Zink- oder Cokekupfersäulen als Elektromotoren dienten. Berührten die Zinkketten den Erdboden, so wurde der Strom sehr schwach, berührten die Cokestücke dagegen den Boden, so trat keine Stromschwächung ein, nur wenn einer der verbindenden Drähte den Boden berührte, war die Wirkung die, als ob die ganze folgende Reihe von Cokestücken fortgenommen wäre. Auch diese Erscheinungen erklären sich einfach, wenn man bedenkt, dafs auf der Zinkseite lauter continuirliche metallische Leiter, auf der Cokeseite dagegen abwechselnd metallische und feuchte Leiter einander lose berühren, so dafs durch das Aufstofsen auf den Boden einerseits leicht eine einzige metallische Leitung hergestellt wird, während andererseits immer noch die

Säulenform gewahrt ist. Noch einfacher ist die übrige Reihe von Beobachtungen zu erklären, welche Hr. Palagi mittheilt. Er bediente sich seiner eben beschriebenen Batterien zu galvanoplastischen und elektromagnetischen Versuchen. *Bz.*

H. Jacobi. Sur la nécessité d'exprimer la force des courants électriques et la résistance des circuits en unités unanimement et généralement adoptées. Bull. d. St. Pét. XVI. 81-104†.

Diese Abhandlung soll ausführlicher, als eine frühere des Verfassers die Nothwendigkeit einer übereinstimmenden Einheit für die Constanten des galvanischen Stromes und die dazu vorhandenen Mittel anschaulich machen. Zuerst werden im Allgemeinen diejenigen Wirkungen des Stromes besprochen, welche als Maafs für dessen Stärke benutzt werden können, nämlich die chemische und die magnetische. Dann wird auf die elektromagnetischen Mefsapparate specieller eingegangen. Hr. Jacobi wünscht die elektromagnetische Wage, nicht in der von Becquerel angegebenen, sondern in der von W. Weber vorgeschlagenen Gestalt zur Strommessung nach absolutem Maafse zu benutzen. Da aber die Wägungen mit diesem Apparate umständlich sind, so will er denselben nur zur Controlle für andere Mefsinstrumente brauchen, welche nur relative Messungen erlauben. Zu dem Ende bespricht er die verschiedenen Bussolen, und bleibt endlich bei der Gaugain'schen Tangentenbussole stehen. Ebenso durchläuft er die verschiedenen voltametrischen Apparate, welche in Vorschlag gebracht worden sind, zeigt deren Schwächen, und läfst die Zersetzung des salpetersauren Silbers als sicherstes elektrolytisches Maafs gelten, wenn nur den Voltametern die Einrichtung gegeben wird, dafs die Elektroden der Stromstärke ungefähr proportional sind, was man dadurch erreichen kann, dafs man mehr oder weniger unter einander gleiche Apparate neben einander in den zu messenden Strom schaltet. In Bezug auf die Messung der Widerstände kommt Hr. Jacobi auf das von ihm vorgeschlagene Normalmaafs zurück, von welchem W. Weber gezeigt hat, wie es auf absolutes Maafs zu beziehen sei, und zeigt dann an einzelnen Beispielen, wie wünschenswerth die Einführung übereinstimmender Maafse für die Constanten des elektrischen Stromes sei. *Bz.*

Lottner. Ueber die zweckmäfsigste Combination einer gegebenen Anzahl galvanischer Elemente, um bei gegebenen Schliefsungsbogen die gröfste Wirkung zu erhalten. Z. S. f. Math. 1857. 1. p. 317-319.

Gewöhnlich zeigt man, dafs die Stromintensität bei gegebenen Schliefsungsbogen dann ein Maximum wird, wenn der Widerstand in demselben gleich dem wesentlichen Widerstand der Kette wird, indem man dieselbe in Combinationen von immer gleich vielen Elementen zusammengesetzt denkt, also z. B. eine aus 8 Elementen bestehende Kette zu einer 8paarigen, 2 vierpaarigen, 4 zweipaarigen oder 8 einpaarigen Ketten zusammengestellt denkt. Hr. Lottner verallgemeinert die Aufgabe, indem er die gegebene Zahl der Elemente in beliebige Verbindungen zerlegt, z. B. jene 8 in eine zweipaarige und 2 dreipaarige. Ist die elektromotorische Kraft eines Elementes $= E$, der Widerstand eines solchen $= L$, der des Schliefsungsbogens $= \lambda$, so ist der Widerstand einer Säule von n_1 Elementen $= n_1 L$; und wenn die Oberfläche m_1 mal vergröfsert wird $= \frac{n_1 L}{m_1}$, so dafs die Intensität der ganzen Kette ist

$$J = \frac{(n_1 + n_2 + n_3 + \ldots)E}{\left(\frac{n_1}{m_1} + \frac{n_2}{m_2} + \frac{n_3}{m_3} + \cdots\right)L + \lambda},$$

Um diesen Ausdruck zu einem Maximum zu machen, hat man die Bedingungsgleichung

$$d\left(\frac{E\Sigma n}{L\Sigma \frac{n}{m} + \lambda} + \mu \Sigma mn\right) = 0,$$

worin μ einen unbestimmten Factor bedeutet. Durch Differentiation nach einem beliebigen n_s und m_s erhält man einen Ausdruck, welcher, da dm_s und dn_s ganz unabhängig von einander sind, in zwei Ausdrücke zerfällt, nämlich

$$\frac{L\Sigma\frac{n}{m}+\lambda-\frac{L\Sigma n}{m_s}}{\left(L\Sigma\frac{n}{m}+\lambda\right)^2}E+\mu m_s=0$$

und

$$\frac{\frac{n_s\Sigma n}{m_s^2}LE}{\left(L\Sigma\frac{n}{m}+\lambda\right)^2}+\mu n_s=0,$$

Eliminirt man hieraus μ, so erhält man

$$m_s=\frac{2L\Sigma n}{L\Sigma\frac{n}{m}+\lambda}.$$

Da dieser Ausdruck für jedes m_s derselbe bleibt, so müssen alle m einander gleich sein. Hiermit kommt die Aufgabe auf ihre sonstige beschränktere Gestalt zurück, und führt zu dem bekannten Resultat. *Bz.*

J. Bolzani. Mathematische Untersuchungen über die Verbreitung des elektrischen Stromes in Körpern von gegebener Gestalt. Erman Arch. XVI. 45-110.

Der Aufsatz enthält meistentheils schon Bekanntes. Vom Ohm'schen Gesetze ausgehend kommt der Verfasser zu denselben Differentialgleichungen, die Kirchhoff für die Verbreitung des Stromes aufgestellt hat, und zeigt dann auf einem von Amsler in Zürich angegebenen Wege, dafs diesen Gleichungen durch eine bestimmte Function genügt werden kann. Als specielle Fälle werden dann behandelt die Bewegung der Elektricität in verzweigten und nicht verzweigten linearen Leitern für constante und nicht constante Ströme, dann auch mit Berücksichtigung der Induction in derselben Art wie es von Neumann geschehen ist.

Später will der Verfasser die Bewegung der Elektricität in einem Körper der von zwei nicht concentrischen sphärischen oder ellipsoidischen Flächen begränzt ist, behandeln, und giebt zu diesem Zwecke schon jetzt eine Umformung der Differentialgleichung

$$(1)\quad \ldots\ldots \quad \frac{d^2u}{dx^2}+\frac{d^2u}{dy^2}+\frac{d^2u}{dz^2}=0.$$

Indem für x, y, z gesetzt wird

$$x = \frac{t \cos\delta}{1 - \sin\eta \sin\delta}$$

$$y = \frac{t \sin\delta \cos\eta \cos\pi}{1 - \sin\eta \sin\delta}$$

$$z = \frac{t \sin\delta \cos\eta \sin\pi}{1 - \sin\eta \sin\delta},$$

der Raum wird dann durch drei sich senkrecht schneidende Oberflächen von Kugeln, Ringen mit kreisförmigem Querschnitt und Ebenen getheilt; die Gleichung (1) lautet dann:

$$o = \frac{\left\{\frac{\sin^2\delta \cos\eta}{1 - \sin\eta \sin\delta} \frac{du}{d\delta}\right\}}{d\delta} + \frac{d\left\{\frac{\cos\eta}{1 - \sin\eta \sin\delta} \frac{du}{d\eta}\right\}}{\delta\eta} + \frac{d\left\{\frac{\sec\eta}{1 - \sin\eta \sin\delta} \frac{du}{d\pi}\right\}}{d\pi}.$$

P.

J. P. Joule. On the fusion of metals by voltaic electricity. Mem. of Manch. Soc. (2) XIV. 44-52.

Hr. Joule schlägt vor, die Volta'sche Batterie zum Zusammenschmelzen von Metallen zu benutzen; es ist ihm gelungen durch sie Stahl mit Stahl, Messing und Platina zu vereinigen.

P.

G. Belli. Sulla possibilità di contrarie correnti elettriche simultanee in uno stesso filo conduttore; memoria seconda. Cimento VI. 81.

Hr. Belli hatte in einer ersten Abhandlung (Cimento II. 401) zu beweisen gesucht, dafs galvanometrische Anzeigen über die Möglichkeit gleichzeitiger elektrischer Ströme nicht entscheiden können. Am Anfange dieses zweiten Aufsatzes bespricht er nun die Verwirrung die schon bezüglich der gewöhnlichsten galvanischen Erscheinungen aus der Annahme einer solchen Möglichkeit entstehen würde. Sodann zeigt er, welche grofse Schwierigkeiten eine solche Annahme nach den herrschenden Theorien von einem oder zweien elektrischen Fluidis hat. Indem er auf die Thatsache verweist, dafs ein Strom unabhängig von seiner

Richtung den von ihm durchflossenen Leiter erwärmt, in den Fällen aber, wo man gleiche entgegengesetzte Ströme voraussetzen will, keine solche Erwärmung stattfindet, mufs er von jenen sprechen, die dies durch Interferenz von Schwingungen, die sie als Ursache der Elektricität auffassen, erklären wollen. Er stellt die Vorzüge der älteren Theorien vor einer Undulationstheorie der Elektricität klar und einleuchtend zusammen. Endlich erläutert er noch, wie GINTL's Doppeltelegraphie in keinem Zusammenhange mit der Möglichkeit gleichzeitiger entgegengesetzter Ströme steht. *Rr.*

Fernere Literatur.

JURGENSEN. Bemerkninger med Hensyn til Bevägelsen af electriske Stromme. Overs. over Forhandl. 1856. p. 121-124.

B. Galvanische Leitung.

BENEDIKT. Ueber die Abhängigkeit des elektrischen Leitungswiderstandes von der Gröfse und Dauer des Stromes. Wien. Ber. XXV. 590-599†.

Aus den verschiedenen Vorgängen, welche beim Durchgange eines elektrischen Stromes durch einen Leiter stattfinden, schlofs Hr. BENEDIKT, dafs der Widerstand desselben nicht von der Stromstärke unabhängig sein könne, namentlich führte zu diesem Schlufs die Erfahrung, dafs durch längere Einwirkung der Elektricität der Molecularzusammenhang der Leiter sich ändere. Da nun aus den PETRINA'schen (?) Arbeiten hervorgehe, dafs sich die Componenten, in die sich ein Strom zerlege, umgekehrt wie die Hindernisse verhalten, so lasse sich, wenn man dasselbe Gesetz auch auf die moleculare Action ausdehne, vermuthen, dafs bei einer weiteren molecularen Action die Hindernisse im quadratischen Verhältnisse zu- oder abnehmen, je nachdem der Repulsiv- oder Attractionskraft entgegengearbeitet werde, weil diese Kräfte mit dem Quadrate der Nähe zunehmen. Um diese Vermuthung zu bestätigen, wurden die Widerstände verschiedener Drähte bei verschiedenen Stromstärken und verschiedener Dauer des Stromes gemessen. Die Drähte bestanden aus Kupfer, Zink, Stahl, Platin und Messing; als allgemeines Resultat ergab sich: bei den (diamagnetischen) Kupfer- und Zinkdrähten nimmt mit der wachsenden Stromstärke der Widerstand ab, bei dem (magnetischen) Stahl- und Platindrähten aber zu. Messing verhält sich wie die magnetischen Drähte. Umgekehrt nimmt bei den diamagnetischen der Widerstand mit der Zeit des Gebrauches zu, bei den magnetischen ab.

Hr. Benedikt suchte nun auch quantitativ das Gesetz dieser Veränderungen aufzufinden, und gelangte zu folgenden Resultaten.

1) Von einem specifischen Leitungswiderstande in dem früheren Sinne kann nicht mehr die Rede sein.

2) Die Formel für den Leitungswiderstand $\frac{kl}{\pi r^2}$, wo k eine von der Natur des Metalles abhängige Constante, l die Länge und r den Halbmesser des Drahtes bedeutet, ist für eine Reihe von Metallen, vielleicht alle diamagnetischen, mit $\frac{1}{\sqrt{s}}$, wo s durch die Formel $\frac{E}{W}$, unter W den wesentlichen Leitungswiderstand verstanden, repräsentirt wird, zu multipliciren, für eine andere Reihe, vielleicht alle magnetische Metalle, mit $\sqrt{s}$. So gewiſs es ist, daſs der Leitungswiderstand wegen der durch den Strom erzeugten Erwärmung und Molecularveränderung nicht unabhängig von dessen Stärke sein kann, so unmöglich scheint es, daſs Unterschiede, wie sie in der vorliegenden Arbeit vorkommen, von anderen Experimentatoren übersehen sein sollten (abgesehen davon, daſs in neuerer Zeit überhaupt der in Rede stehende Theil des Ohm'schen Gesetzes mancherlei Anfechtungen ausgesetzt gewesen ist). Ein Kupferdraht hatte z. B. nach Hrn. Benedikt, in den Strom von 4 Kohlenzinkelementen eingeschaltet, den Widerstand 0,06; in den von einem Element geschaltet 0,30. Gewiſs sind hier Veränderungen, welche an anderen Stellen des Stromkreises, wahrscheinlich in der Flüssigkeit, vorgingen, dem Kupferdrahte zugeschrieben worden. Merkwürdig ist auch, daſs die Veränderung des Leitungswiderstandes direct vom Werthe $\frac{E}{W}$ abhängig sein soll, da dies ja garnicht der Ausdruck der

wirklich vorhandenen Stromstärke, sondern derjenigen ist, welche stattfinden würde, wenn gar kein äufserer Widerstand vorhanden wäre. *Bz.*

W. Thomson. On the electric conductivity of commercial copper of various kinds. Liter. Gaz. 1857. p. 615-616; Proc. of Roy. Soc. VIII. 550-555†; Mech. Mag. LXVII. 30-30; Dingler J. CXLVI. 113-114; Phil. Mag. (4) XV. 472; Brix Z. S. 1858. p. 137-141; Inst. 1858. p. 243-244.

Hr. Thomson kam bei der Prüfung verschiedener Kupfersorten, welche zur Anfertigung unterseeischer Telegraphentaue benutzt werden sollten, auf so bedeutende Widerstandsunterschiede, dafs dieselben auf die practische Anwendbarkeit von bedeutendem Einflusse waren. Die Unterschiede waren nicht etwa durch die, mit den Drähten vorgenommenen Arbeiten, Bekleidung mit Guttapercha, entstanden, sondern die aus verschiedenen Fabriken stammenden Drähte zeigten sie von vorn herein. Vier verschiedene Sorten hatten folgende Widerstände

	Bei gleicher Länge	Bei gleicher leitender Masse und Länge
A	100	100
B	100,2	104,0
C	111,6	110,5
D	197,6	182,0

Ein Telegraphentau aus Kupferdraht *A* von $\frac{1}{21}$ Zoll Durchmesser, bedeckt mit Guttapercha von $\frac{1}{4}$ Zoll Durchmesser, würde mit denselben Apparaten mehr Telegraphenarbeit geliefert haben, als ein Tau aus Draht *D* von $\frac{1}{16}$ Zoll Durchmesser, bedeckt mit Guttapercha von $\frac{1}{8}$ Zoll Durchmesser. Die chemische Beschaffenheit der Drähte läfst sich nicht wohl als Ursache der grofsen Widerstandsunterschiede ansehen, denn der so sehr abweichende Draht *D* enthielt 99,75 Procent reines Kupfer gegen 0,25 Procent Blei, Eisen und Zinn oder Antimon. Ebenso brachte die mehr oder weniger grofse Härtung nur geringe Unterschiede hervor, denn ein weicher Draht veränderte, als er stark ausgestreckt und durch Gewichte bis zum Reifsen gespannt wurde, seine Leitungsfähigkeit nur um $\frac{1}{2}$ Procent. Auch durch Flachhämmern des

Drahtes wurde seine specifische Leitungsfähigkeit nur wenig geändert. Hr. Thomson bestimmte die Widerstände einer Reihe von Kupfersorten nach absolutem Maafse, und war dadurch im Stande, dieselben mit den von anderen Physikern angegebenen Zahlen zu vergleichen. Den geringsten Widerstand bot der oben mit *A* bezeichnete Draht, demnächst elektrolytisch niedergeschlagenes Kupfer. Zwischen dem best- und den schlechtestleitenden Drahte war ein Widerstandsverhältnifs 7,6 : 22,3. Der von Weber untersuchte Draht nahm dann die Stelle 8,788, der von Kirchhoff 9,255 und der von Jacobi 10,870 ein. *Bz.*

W. Thomson. On the electro-dynamic qualities of metals. Effects of magnetization on the electric conductivity of nickel and of iron. Proc. of Roy. Soc. VIII. 546-550; Inst. 1858. p. 243-243.

Den Einflufs der Magnetisirung auf die Leitungsfähigkeit des Eisens für elektrische Ströme hatte Hr. Thomson schon früher (Berl. Ber. 1856. p. 435) beobachtet. Jetzt theilt er eine ähnliche Erscheinung in Bezug auf das Nickel mit. Die Gestalt, welche seine Versuche annahmen war die, dafs der Strom einer einpaarigen, grofsplattigen Daniell'schen Batterie durch ein Metallstück geführt und durch ein Galvanometer gemessen wurde. Es wurden drei, an Gestalt gleiche Metallstücke mit einander verglichen, eins aus Nickel, das zweite aus Eisen, das dritte aus Messing. Diese Stücke wurden zwischen die Pole eines starken Elektromagnets gebracht, der durch 52 Daniell'sche Elemente, zu je 2 verbunden, erregt wurde. Geschah die hierdurch bewirkte Magnetisirung des Nickels der Länge nach, so wuchs der Widerstand desselben, geschah sie der Quere nach, so nahm der Widerstand ab. Diese letztere Erscheinung war ungefähr ebenso stark beim Nickel, wie beim Eisen, die erstere dagegen beim Nickel drei- bis viermal so grofs als beim Eisen. Ein quantitativer Zusammenhang zwischen der Stärke der Magnetisirung und der Veränderung des Widerstandes konnte aus den Versuchen noch nicht abgeleitet werden. Der Messingstab erfuhr durch keine der beiden Magnetisirungsmethoden eine Veränderung seines Widerstandes. *Bz.*

C. Ladung und Passivität.

Wild. Die Neumann'sche Methode zur Bestimmung der Polarisation und des Leitungswiderstandes, nebst einer Modification derselben. Wolf Z. S. 1857. p. 213-243†.

Hr. Wild theilt hier Neumann's Ansichten über Polarisation und Uebergangswiderstand, so wie dessen Methoden beide zu bestimmen, mit, „weil dadurch eine gegenwärtig unter den Physikern ziemlich allgemein verbreitete Ansicht als irrig dargethan wird". Dieser Irrthum soll nämlich darin liegen, dafs „alle messende Beobachtungen, welche vor Neumann zur Entscheidung dieser Streitfrage gemacht worden sind, einseitig und daher ungenügend seien, weil man bald blofs den Widerstand, bald blofs die elektromotorische Kraft, nach Einschaltung der Zersetzungszelle bestimmte". Ich mufs gestehen, dafs mir, wenigstens zur Zeit der Veröffentlichung dieser Arbeit, jene Einseitigkeit nicht mehr begegnet ist, dafs man sich vielmehr vielfach bemüht hat, das Andere was aufser der Polarisation noch als Stromschwächung auftritt, zu ermitteln. Ich selbst habe (Berl. Ber. 1855. p. 437) schon im Jahre 1858 scharf zwischen Polarisation und Widerstand unterschieden, als ich die Ansichten anderer Physiker über jenes ganz allgemein beobachtete, Andere besprach, ja was noch mehr ist, ich kann selbst in der von Neumann angewandten Methode nichts Neues finden; wenn er auch vielleicht dieselbe schon früher als andere Physiker angewandt hat, so kann sie doch Hr. Wild jetzt nicht mehr als neu veröffentlichen. Sie besteht der Hauptsache nach in Folgendem: Der elektrolysirende Strom, welcher durch eine Bussole gemessen und durch einen Rheostaten regulirt werden kann, spaltet sich in zwei Zweige, welche zu den beiden Drähten eines Differentialgalvanometers führen. Der eine enthält wieder einen Rheostaten, der andere eine Zersetzungszelle. Diese letztere kommt zuerst nicht in Betracht, da beide Polplatten in directe Berührung mit einander gebracht werden. Nachdem der Strom im anderen Zweige so regulirt ist, dafs die Galvanometernadel auf 0 steht, werden die Elektroden so auseinandergeschoben, dafs die Flüssigkeit in den Strom als Leiter tritt, und also die Stromhindernisse eintreten.

Wieder wird der andere Zweigstrom bis zum Gleichgewichte regulirt. Hierdurch ist, wenn der Leitungswiderstand der Flüssigkeit selbst bekannt ist, eine Gleichung gegeben, welche die Polarisation und den Uebergangswiderstand (um diesen Ausdruck zu brauchen) ungetrennt giebt. Um für die erstere allein eine Gleichung zu haben, wird durch eine Wippe die Zersetzungszelle so gegen die übrige Leitung gekehrt, dafs das Galvanometer nicht mehr als Differentialgalvanometer wirkt, dafs vielmehr seine beiden Zweige hintereinander durchlaufen werden, und die ganze Combination die Gestalt einer KIRCHHOFF'schen Schleife gewinnt. Die Seitendrähte werden so regulirt, dafs die Stromintensität in der Brücke = 0 wird. Da aber NEUMANN wohl bemerkte, dafs hierbei die Polarisation nach ihrem Entstehen, nicht während desselben gemessen wird, so liefs er die Wippe schnell hin- und hergehen. Ich sehe hierin nichts wesentlich Anderes, als meine Messung der Polarisation nach der Compensationsmethode, wobei ich ebenfalls auf den von NEUMANN vermiedenen Fehler Rücksicht genommen hatte. Die Differenz der aus beiden Gleichungen gewonnenen Werthe giebt den Uebergangswiderstand. Ich habe am andern Orte und auch schon früher gezeigt, dafs dieser Werth = 0 wird, wenn keine weitere elektrolytische Processe stattfinden, als die einfache Zerlegung des Leiters in zwei Elemente. Die von Hrn. WILD angeführten Beispiele von Polarisationen, welche von NEUMANN nach der angegebenen Methode gemessen werden, sind wohl nicht glücklich gewählt. Man kann doch z. B. die Veränderung, welche Kupferelektroden in Zinkvitriollösung erleiden, nicht eine Polarisation nennen, man stellt vielmehr dadurch ein Zinkkupferelement her. Uebrigens wurde die bei diesen Versuchen erhaltene elektromotorische Kraft wenig veränderlich mit der Stromstärke gefunden.

Die Veränderungen welche Hr. WILD an der NEUMANN'schen Methode anbrachte, sind entschieden Verbesserungen, einmal indem dieselbe bequemer gemacht wird, dann weil das Differentialgalvanometer, ein bekannter Maafsen mit vielen Fehlerquellen behaftetes Instrument, dadurch vermieden wird. Es ist nämlich nur eine solche Brückencombination und ein gewöhnliches Galvanometer nöthig, und die Wippe hat jetzt nur den Zweck, die Zersetzungszelle, welche während des ersten Theils der Operation sich in einem Seitenzweige befand, für den zweiten Theil derselben in den Mittelzweig einzuschalten, und an ihre Stelle einen Rheostaten zu bringen. Die Abhandlung enthält eine vollständige Beschreibung beider Combinationen.

Schliefslich giebt Hr. WILD noch einige Erörterungen über die von NEUMANN angewandten Apparate. In Bezug auf die Tangentenbussole, welche zur Messung des Hauptstromes diente, mag daraus Folgendes hervorgehoben werden:

Bei der WEBER'schen Tangentenbussole wird die Stromstärke der Tangente des Ablenkungswinkels proportional genommen, wenn die Nadellänge höchstens $\frac{1}{4}$ vom Radius des Ringes beträgt. Dies ist jedoch nur deshalb wahr, weil dann Glieder von der Ordnung $\left(\frac{l}{R}\right)^3$ gegen die von der Ordnung $\frac{l}{R}$ vernachläfsigt werden (l = halbe Nadellänge, R = Radius). NEUMANN ermittelte nun, bis zu welcher Gränze die so erhaltene Näherungsformel gebraucht werden darf. Er brachte die Nadel in der Axe des Ringes verschiebbar an, und ersetzte den einfachen Kupferring durch eine hölzerne, mit mehren Drahtlagen versehene Rolle. Die Dämpfung der Nadel geschieht theils durch eine unterliegende Kupferplatte, theils (nach v. SCHILLING) durch ein Oelgefäfs mit Schwimmer. Durch Veränderung der Entfernung der Nadel vom Mittelpunkte des Ringes läfst sich nun experimentell diejenige Stellung derselben finden, von welcher an das für die Abhängigkeit der Stromstärke von der Gröfse des Ablenkungswinkels aufgestellte Gesetz innerhalb der gewünschten Gränzen der Genauigkeit gültig ist. NEUMANN ging aber weiter. Er berechnete das Drehungsmoment, welches eine beliebige Anzahl von Drahtrollen, welche zu Seiten der Magnetnadel aufgestellt sind, auf dieselbe ausüben, und untersuchte dann, wie man über die Gröfse, Anzahl der Umgänge und Entfernung der Rollen von der Nadel zu verfügen habe, um daraus den gröfsten Vortheil ziehen zu können. Wenn die Rollen so symmetrisch zu beiden Seiten der Nadel vertheilt sind, dafs einer jeden eine gleich grofse und gleich weit entfernte auf der andern Seite entspricht, die Gröfse der Rollen aber so beschaffen ist, dafs die Umfänge ihrer mittleren Windungen in die Peripherie eines, mit dem Radius ϱ um den Nadelmittelpunkt beschriebenen Kreises fallen, so lassen sich die Entfernungen der Rollen so wählen, daſs das erste zu vernachlässigende Glied in der das Drehungsmoment ausdrückenden Reihe schon eine sehr hohe Potenz von $\frac{l}{\varrho}$ enthält. Bei einem einzigen Ringe blieb selbst $\left(\frac{l}{\varrho}\right)^3$ noch in der Reihe, dies verschwindet aber von selbst, wenn der Ring durch zwei Rollen ersetzt wird, welche in der Entfernung $\frac{l}{\sqrt{5}}$ aufgestellt sind, so daſs diese dem halben Radius der Rollen gleich wird. So fortschreitend kann man mit n Rollenpaaren alle Glieder bis zu dem, welches den Coëfficient $\left(\frac{l}{\varrho}\right)^{4n}$ enthält, fortschaffen, so daſs also hier, wie bei der Gaugain'schen Bussole, dem Gesetz der Tangenten mit groſser Annähernng entsprochen wird. Um die Messungen auf absolutes Maaſs zu reduciren, lieſs Neumann den durch die Rollen geführten Strom auch noch durch die Bifilarrolle eines Weber'schen Dynamometers gehen, dessen Stand von einer zweiten Person abgelesen wurde. Da bei diesem Apparat das Gleichgewicht dann stattfindet, wenn das Drehungsmoment des Erdmagnetismus gleich ist demjenigen, welches das Gewicht der Rolle bedingt, indem es den durch die erste Drehung gehobenen Apparat wieder zu senken strebt, so ist die Uebertragung auf absolutes Maaſs unmittelbar gegeben. *Bz.*

D. Galvanisches Licht.

Grove. On some new methods of producing and fixing electrical figures. Pogg. Ann. C. 345-349†.

Hr. Grove benutzte die von Poggendorff und du Moncel gemachte Beobachtung, daſs zwischen zwei einander parallel liegenden Glasplatten ein Lichtstrom übergehe, wenn sich auf den Auſsenflächen desselben metallische, mit den Drahtenden eines Ruhmkorff'schen Apparates verbundene Metallbelege befinden, zur Herstellung elektrischer Hauchbilder. Als ein auf einer Seite bedrucktes Papier zwischen beide Platten gelegt war, bildete sich die Schrift so weit ab, als sie von den Belegen bedeckt war, und konnte durch Behauchen der Platte sichtbar gemacht werden. Ebenso zeichneten sich aus Papier oder Stanniol ausgeschnittene Figuren ab, als sie zwischen die Platten gebracht wurden; ihre Bilder wurden nicht allein durch Behauchen sichtbar, sondern konnten sogar durch Flufssäuredämpfe scharf eingeätzt werden. Eine andere, wie früher behandelte Glasplatte wurde mit jodirtem Collodium überzogen, in salpetersaure Silberlösung getaucht und beleuchtet; es entstand ein photographisches Bild der Buchstaben, welches auf die gewöhnliche Weise fixirt werden konnte. Die Glasplatte selbst verlor die Spuren des Bildes, wenn die Collodiumschicht absprang, sie verschwanden aber nicht durch Abreiben einer elektrischen Glasplatte, und durch Abwaschen derselben mit Wasser und Alkohol. Ein regelmäfsiger Unterschied in der Wirkung der einen oder der anderen Elektricität konnte nicht beobachtet werden. Die Bilder waren übrigens erst durch die Wirkung des Elektrisirens entstanden, denn sie blieben aus, wenn die Belege nicht mit dem Inductionsapparat verbunden wurden, sie entsprachen also den Karsten'schen, nicht den Moser'schen Bildern. *Bz.*

Fernere Literatur.

Thury. Recherches sur l'éclairage électrique. Arch. d. sc. phys. XXXVI. 310-322.

E. Wartmann. Sur l'éclairage électrique. Arch. d. sc. phys. XXXVI. 323-324.

E. Becquerel. Éclairage électrique. Cosmos X. 417-420; Cimento V. 316-319.

Lacassagne and Thiers. An improved électric lamp. Mech. Mag. LXVI. 529-530.

The electric constant light. Mech. Mag. LXVII. 559-560.

A. Great Gun. The electric light. Mech. Mag. LXVII. 614-614.

E. Elektrochemie.

Bertin. Sur la formation de l'eau par des électrodes en platine. C. R. XLIV. 1273-1274†, XLV. 820-821†; Inst. 1857. p. 205-205, p. 407-407, p. 412-413; Phil. Mag. (4) XIV. 235-236; Chem. C. Bl. 1857. p. 607-608; Arch. d. sc. phys. XXXV. 216-216; Ann. d. chim. (3) LI. 450-458; Erdmann J. LXXI. 320-320; Pogg. Ann. CII. 635-637; Cosmos XI. 33-34.

Hr. Bertin zersetzt angesäuertes Wasser durch eine sehr kräftige Batterie von mindestens 40 Elementen (Bunsen'sche ?); die gemeinschaftlich aufgefangenen Gase zeigten dann die Erscheinung der Wiedervereinigung so lebhaft, dafs eine Verpuffung eintrat. Mit einer schwächeren Batterie war die Vereinigung eine langsame, und das Volumen des entwickelten Gases nahm nicht mehr zu, wiewohl die Entwickelung an den Elektroden weiter stattfand. Wurde als Zersetzungsflüssigkeit gewöhnliches Wasser genommen, so brachte der Strom von 50 Elementen zwar keine Verpuffung hervor, aber die Flüssigkeit in der Glocke schwankte in Folge der immer wieder stattfindenden Wiedervereinigung.

In der sauren Flüssigkeit fand die Verpuffung statt, wenn die Polplatten aus folgenden Metallen bestanden.

Positive Platte	Negative Platte
Platin, platinirt oder nicht	Platin, platinirt oder nicht
Platin	Kohle
Platin	Eisen
Platin	Blei
Blei	Platin
Eisen	Platin
Eisen	Kohle
Blei	Kohle

Sie fand dagegen nicht statt bei

Positiver Pol	Negativer Pol
Platin	Kupfer
Platin	Zink
Platin	Amalgamirt Zink
Eisen	Blei
Blei	Eisen
Eisen	Messing

oder wenn die positive Platte aus einem Körper bestand, welcher den Sauerstoff absorbirt, wie Kohle, Kupfer, Zink.

Die oben erwähnte Schwankung des Wassers erzeugten

Positiver Pol	Negativer Pol
Platin	Platin
Platin	Kohle
Platin	Eisen
Platin	Kupfer.

Die Wiedervereinigung kann weder der katalytischen Kraft des Platins, nach der Erhitzung der Elektroden, noch elektrischen Funken, nach kleinen Verbrennungen, welche an den Platten stattfänden, zugeschrieben werden, so dafs man sie als eine sehr kräftige Aeufserung der Polarisation betrachten mufs. *Bz.*

T. Woods. On the time required by compounds for decomposition. Athen. 1857. p. 1152-1152; Phil. Mag. (4) XIV. 346-351†; Inst. 1858. p. 22-22.

In einem Grove'schen Element wird in derselben Zeit drei- bis viermal soviel Elektricität entwickelt, als in einem Kupferzinkelement mit einer Flüssigkeit, dafür aber wird in jenem auch die drei- bis vierfache Zinkmenge aufgelöst. In jenem wird Salpetersäure, in diesem Wasser zersetzt; Hr. Woods schliefst deshalb, dafs ein Aequivalent Salpetersäure drei- oder viermal so schnell zersetzt wird, als ein Wasseräquivalent unter gleichen Umständen. Durch ähnliche Beispiele wird dieser Schlufs dahin erweitert, dafs ein Aequivalent einer jeden Verbindung in einer bestimmten, ihr eigenthümlichen Zeit zersetzt werde. Die, diese Zeiten darstellenden Zahlen stellen zugleich die elektromotorischen Kräfte der durch jene Verbindungen erregten Elemente oder die Geschwindigkeit des entstandenen Stromes dar. Sie entsprechen ferner den Differenzen der am positiven Pole der Batterie durch Auflösen des Zinks entwickelten und der durch die Zersetzung am negativen Pole absorbirten Wärme. In allen verschiedenen Elementen wird bei gleichem Zinkverbrauch die gleiche Elektricitätsmenge entwickelt, die Zeit aber, innerhalb welcher dieselbe die Kette durchläuft, hängt von der Geschwindigkeit ab, mit welcher die Verbindung am negativen Pole zersetzt wird, und diese wieder von der Wärmemenge, welche bei dieser Zersetzung absorbirt, und von der, welche am positiven Pole entwickelt wird. Ueberhaupt wünscht Hr. Woods die Aufmerksamkeit der Gelehrten auf die Wichtigkeit des Studiums der Verbindungswärme zu lenken, aus welcher man, wenn sie in allen Fällen bekannt wäre, das Ergebnifs des Contacts der Körper mit Beziehung auf ihre Verwandtschaft jedesmal würde vorhersagen können. *Bz.*

Osann. Ueber einige zur Elektrolyse gehörige Thatsachen. Verh. d. Würzb. Ges. VIII. 260-267†; Chem. C. Bl. 1858. p. 17-23.

de la Rive hatte zur Bestreitung der Ansicht, dafs ein Strom Wasser durchlaufen könne, ohne es zu zersetzen, unter Anderem angeführt, dafs derselbe Strom aus reinem Wasser und aus verdünnter Säure gleich viel Gas abscheide. Hr. Osann bemerkt, dafs er diesen Versuch schon früher beschrieben habe, und leitet die Wirkung, welche die Ansäuerung des Wassers in einem Voltameter haben mufs, aus dem Ohm'schen Gesetze ab. Zu den verschiedenen Thatsachen, welche dafür sprechen, dafs auch der schwächste Strom das Wasser nicht durchlaufe, ohne es zu zersetzen, fügt er noch die Beobachtung, dafs eine weingeistige Guajaklösung unter allen Umständen eine elektrolytische Wirkung des Stromes angebe. Hr. Osann erklärt ferner noch einige elektrochemische Vorgänge durch elektrische Abstofsungen, namentlich die Erscheinung, dafs an einem Platinstabe, der neben einem Zinkstabe in verdünnter Schwefelsäure steht, erst dann Wasserstoffblasen aufsteigen, wenn beide Metalle durch einen Draht mit einander verbunden werden. *Bz.*

H. Buff. Ueber das Verhalten der Chromsäure unter der Einwirkung des elektrischen Stromes. Liebig Ann. CI. 1-20; Arch. d. sc. phys. XXXIV. 234-235†; N. Jahrb. f. Pharm. VII. 190-190.

Gegen die im vorigen Bericht mitgetheilten Versuche des Verfassers über die Elektrolyse des Eisenchlorids hatte Geuther behauptet (Berl. Ber. 1856. p. 475), das Eisenchlorid werde geradezu in 2 Aequivalente Eisenchlorid und 1 Aequivalent Chlor zerlegt, ebenso wie Chromsäure in CrO_2 (chromsaures Chromoxyd) und Sauerstoff zerfalle. Hr. Buff hält nunmehr seine früheren Angaben aufrecht und prüft die letztere, jedenfalls sehr unwahrscheinliche Angabe, in Bezug auf die Chromsäure. Es wurden Lösungen von einfach, von doppelt chromsaurem Kali und reine Chromsäure elektrolysirt, und die an beiden Polen entwickelten Gase aufgefangen, während gleichzeitig ein Voltameter in den Strom eingeschaltet war. Das einfach chromsaure Kali wurde ganz wie schwefelsaures Kali zersetzt; am negativen Pole schied sich Kali, am positiven Säure aus, die Gase waren an Volumen gleich denen im Voltameter. Bei der Elektrolyse der Chromsäure wurde genau die richtige Sauerstoffmenge entwickelt, das Volumen des Wasserstoffs aber war in verschiedenen Versuchen sehr ungleich. Durch Vergröfserung der negativen Polplatte wurde es immer kleiner, und verschwand zuletzt fast ganz; dann aber färbte sich die Flüssigkeit in der Umgebung stark dunkelbraunroth durch Production der Chromsäure zu chromsaurem Chromoxyd. Eine solche, offenbar secundäre, Wirkung findet also nur bei geringer Stromdichtigkeit statt. Ein Zusatz von Schwefelsäure begünstigte ebenfalls das Verschwinden des Wasserstoffs. Doppelt chromsaures Kali verhielt sich ähnlich wie Chromsäure, nur war die Absorption des Wasserstoffgases geringer. Durch Schwefelsäurezusatz wurde dieselbe auch hier vermehrt. weil das sich abscheidende Chromoxyd gleich ein Auflösungsmittel fand. Alle diese Versuche sprechen gegen die directe Zerlegbarkeit der Chromsäure. Wie sich ganz reine geschmelzte Chromsäure gegen den Strom verhält, konnte noch nicht genau nachgewiesen werden; etwas wasserhaltige leitete, und es schieden sich Sauerstoff und Chromoxyd aus ihr ab. Vielleicht, meint Hr. Buff, leite die wasserfreie Säure metallisch, und schliefse sich dann auch in Bezug auf ihre Stellung in der elektromotorischen Reihe den übrigen Metalloxyden an. Er theilt bei dieser Gelegenheit einige Messungen elektromotorischer Kräfte von Ketten mit, welche aus Zink, in verdünnte Schwefelsäure tauchend, und aus einem negativen Körper in Salpetersäure bestanden. Die Kräfte wurden durch ein Galvanometer mit langem Leitungsdraht gemessen:

Platin	=	1
Bunsen'sche Kohle	=	0,996
Manganhyperoxyd	=	1,086
Eisenglanz	=	0,624
Eisendraht mit dicker Oxydschicht bedeckt	=	0,981
- - dünner Oxydhaut -	=	0,962
- passiv gemacht	=	0,960
Gufseisen, passiv	=	0,983.

Die Anwendbarkeit der Chromflüssigkeit an Stelle der Salpetersäure empfiehlt Hr. Buff für Kohlenzinkelemente als nicht so unzweckmäfsig, wie man gewöhnlich meint. Allerdings ist diese Flüssigkeit kein so energisches Oxydationsmittel, wie die Salpetersäure, wenn man aber hinreichend grofse Kohlenoberflächen nimmt, und dadurch die Stromdichtigkeit vermindert, so werden die Ketten sehr beständig. Die Mischung welche zu den Versuchen diente, bestand aus 100 Wasser, 12 saurem chromsaurem Kali und 25 Schwefelsäurehydrat. Das Element erreichte nach einigen Stunden das Maximum seiner Kraft, auch wenn die Kette während dieser Zeit nicht geschlossen war. Ein Vergleich einer mit Chromflüssigkeit und einer mit Salpetersäure gefüllten Kohlenzinkbatterie gab für erstere die elektromotorische Kraft 7,520, den Widerstand 1,94, für letztere die Kraft 6,885, den Widerstand 1,52. Die Gränze der Beständigkeit der Chromsäurekette lag weiter, als die der Daniell'schen Kette für gleiche Dimensionen. Die Chromflüssigkeit mischt sich sehr langsam mit der verdünnten Schwefelsäure in der anderen Zelle. Durch längeren Gebrauch wird sie grün, und mufs dann entfernt werden, weil sonst der auskrystallisirende Chromalaun den Raum zwischen Kohle und Thonzelle verstopft. Für Platinzinkelemente ist die Chromsäureflüssigkeit ganz unbrauchbar, theils wegen der geringen Gröfse der Platinoberfläche, theils dadurch, dafs die auf dem Platin abgelagerte Chromoxydschicht eine der Polarisation analoge Erscheinung bildet, welche aber sich zur primären elektromotorischen Kraft addirt, und bei geöffneter Kette wieder verliert.

Bz.

Becquerel. Mémoire sur les actions lentes produites sous les influences combinées de la chaleur et de la pression. C. R. XLIV. 938-940†; Inst. 1857. p. 159-159; Phil. Mag. (4) XIV. 76-78; Chem. C. Bl. 1857. p. 586-587; Arch. d. sc. phys. XXXV. 207-209; Z. S. f. Naturw. X. 252-252; Cimento V. 343-344; Cosmos X. 522-523.

Hr. Becquerel hat seine Versuche über Mineralbildungen durch langsame elektrische Processe fortgesetzt, und zwar bei erhöhtem Druck und erhöhter Temperatur. Die Körper, welche auf einander wirken sollen, werden wie früher in Glasröhren gebracht, dann mit Aether oder Schwefelkohlenstoff bedeckt; dann wird die Röhre vor der Lampe zugeschmelzt, und bei 100 bis 150° erwärmt; so gelangte Hr. Becquerel zu folgenden Producten:

1) Arragonit in rechtwinklichten Prismen mit zwei schiefen Flächen an jedem Ende, und mit Winkeln, die am Goniometer meſsbar waren.

2) Kupferoxydul in hübschen Octaëdern.

3) Schwefelkupfer in Prismen mit sechs deutlichen Flächen.

4) Schwefelsilber und Schwefelblei in metallischen Blättern.

5) Grünes kohlensaures Kupfer (Malachit) und blaues in kleinen Warzen.

6) Unlösliche und krystallisirte metallische Jodüre, Bromüre, Cyanüre etc. *Bz.*

L. Cailletet. De l'influence de l'hydrogène naissant sur l'amalgamation. C. R. XLIV. 1250-1252†; Inst. 1857. p. 205-206; Arch. d. sc. phys. XXXV. 287-289; Chem. C. Bl. 1857. p. 574-574; Dingler J. CXLIV. 118-120; Cosmos X. 660-662.

Hr. Cailletet suchte die Bedingungen auf, unter denen die gewöhnlich der Amalgamation widerstehenden Metalle das Quecksilber annehmen. Ein Eisen-, Platin- oder Aluminiumblech in Ammoniumamalgam getaucht, erschien sogleich verquickt, während die Wasserstoffentbindung statthatte. Natriumamalgam verhielt sich ebenso, aber es muſste Wasser vorhanden sein, um eine Wasserstoffentwicklung möglich zu machen; jene Metalle blieben deshalb ohne Quecksilberüberzug, wenn das recht trockene Natriumamalgam mit einer Schicht von Steinöl bedeckt war. Hierdurch kam der Verfasser auf den Genanken, dafs nur der Wasserstoff in seinem Entstehungszustande die Ursache der Amalgamation sei. In der That geschah der Quecksilberabsatz auch auf einer negativen Elektrode in verdünnter Schwefelsäure, wenn dieselbe das, auf dem Boden des Gefäfses befindliche Quecksilber berührte, während die andere Elektrode nur in die Leitungsflüssigkeit tauchte. Dafs dies nicht eine unmittelbare Wirkung des Stromes, sondern eine mittelbare durch die Wasserstoffabscheidung sei, war daraus ersichtlich, dafs, wenn statt des Wassers unter gleichen Umständen ein Metallsalz zerlegt wurde, das auf der negativen Elektrode abgelagerte Metall unamalgamirt blieb. Dies leichte Amalgamiren der mit Wasserstoff bedeckten Elektrode hat übrigens schon Grove (Pogg. Ann. XLVIII. 311 †) beobachtet. Wurde in ein Voltameter, dessen Wasser mit Salpetersäure angesäuert war, einige Tropfen salpetersaures Quecksilber gegeben, so beobachtete Hr. Cailletet gleichzeitig eine Abscheidung von Wasserstoffblasen und von Quecksilber an der negativen Elektrode. Das letztere trat aber nicht in Kugelform auf, sondern amalgamirte sogleich die Elektrodenfläche. *Bz.*

Osann. Neue Versuche über den Ozonwasserstoff. Verh. d. Würzb. Ges. VIII. 180-184; Chem. C. Bl. 1856. p. 567-570; Erdmann J. LXXI. 355-360; J. d. pharm. (3) XXXIII. 433-434.

Da Hr. Osann seine früheren Angaben über die Bildung der activen Wasserstoffmodification nicht immer bestätigt fand, so untersuchte er die Umstände näher, unter denen jene Bildung eintritt. Er erhielt ihn nur dann, wenn als Zersetzungsflüssigkeit eine Mischung aus Wasser mit einem frisch erhaltenen Destillat rauchenden Nordhäuser Vitriolöls angewandt wurde. Die Mischung verlor ihre Eigenschaft, wenn sie mehre Tage lang stehen blieb. Eine Beimischung fremder Stoffe hält Hr. Osann nicht für den Grund der veränderten Eigenschaften des Wasserstoffs, namentlich überzeugte er sich, dafs kein Selen in demselben enthalten sei, indem er das Gas anzündete und über die Flamme eine feuchte Glasröhre stürzte. In dieser fand er keine Selensäure, welche sich durch die Verbrennung hätte bilden müssen.

Der Verfasser giebt ferner noch an, dafs auch pulverförmiges Platin die Eigenschaft besitze, gewöhnlichen Wasserstoff in die active Modification zu verwandeln. *Bz.*

C. Despretz. Note sur cette question: Y-a-t-il un avantage quelconque à introduire, pour les décompositions chimiques, un appareil d'induction à un fil dans le circuit d'une pile voltaïque. C. R. XLIV. 1009-1011†; Inst. 1857. p. 165-166; Phil. Mag. (4) XIV. 75-76; Arch. d. sc. phys. XXXV. 112-115†; Cimento V. 372-374; N. Jahrb. f. Pharm. VIII. 156-156; Cosmos X. 553-556.

A. de la Rive. Observations sur la note de M. Despretz. Arch. d. sc. phys. XXXV. 115-118†; Inst. 1858. p. 99-100.

Nach einer Beobachtung des Hrn. de la Rive (Arch. de l'électr. III.) erlangt eine Säule, welche das Wasser nur sehr schwach zersetzt, die Fähigkeit, es stärker zu zersetzen, wenn man in den Strom einen selbstunterbrechenden Inductionsapparat mit einfacher Spirale einführt. Hr. Despretz stellt nun die Frage auf, ob der hierbei gewonnene Nutzen nicht nur ein scheinbarer ist, d. h. ob in der That mehr Wasser zersetzt werden kann, als der Menge des verbrauchten Zinks entspricht, eine Erscheinung welche man nicht erwarten darf, da die Maschine sonst eine mehr als vollkommene wäre. Das Zink der zweipaarigen Bunsen'schen Kette (jedes Paar aus vier nebeneinander verbundenen zusammengesetzt) wurde vor und nach dem Versuche gewägt. Der Verlust betrug 1,578 Gr., entsprechend einem Sauerstoff- und Wasserstoffvolumen von 0,8131 Litres. Das im Voltameter entwickelte Gas betrug nur 0,4531 Litres, also nur wenig über die Hälfte der zu erwartenden Menge. Der Verlust ist nicht etwa in der abwechselnd entgegengesetzten Richtung des Stromes zu suchen; der Strom änderte seine Richtung nicht, was aus der einseitigen Kupferabscheidung an nur einer Polplatte erkannt werden konnte, wenn Kupfervitriol als Elektrolyt gebraucht wurde. Der Verlust ist vielmehr der Abzweigung eines bedeutenden Stromtheiles zuzuschreiben, welcher seinen Weg durch den Leiter des Hammers nimmt. Der durch die Spirale gehende Stromzweig ist sehr gering, wovon man sich leicht dadurch überzeugt, dafs er kaum im Stande ist, Gasblasen aus dem Wasser zu entwickeln, wenn man das Eisen aus der Spirale nimmt. Wird dagegen der Hammer fortgenommen, so geht der ganze Strom durch die Spirale und zersetzt das Wasser, aber die ganze Stromintensität ist jetzt geringer, als wenn der Leiter des Hammers geschlossen ist.

Hr. de la Rive bemerkt gegen diese Erörterungen, dafs er niemals behauptet habe, dafs in einem einzelnen Element, dessen Strom durch einen Inductionsstrom verstärkt werde, nur die, der äufseren chemischen Wirkung entsprechende Zinkmenge verbraucht werde. Hr. Despretz habe aber zwei Dinge verwechselt, nämlich die durch diesen Zinkverbrauch gemessene Wirkung, und die in der Kette vorhandene elektromotorische Kraft. Er führt mehrere Stellen aus seinen Schriften an (Traité de l'électricité II. 632; Arch. d. sc. phys. I. 373), welche beweisen, dafs er die Ursache der Wirksamkeit der von ihm vorgeschlagenen Apparate ganz richtig erkannt habe. *Bz.*

V. Dupré. Faits relatifs à la décomposition de sels par le courant électrique. Arch. d. sc. phys. XXXV. 98-111†; Cimento VI. 192-195.

Diese Untersuchungen beziehen sich auf das Verhältnifs zwischen dem, bei der Elektrolyse von Kupfersalzen, am negativen Pole abgeschiedenen, am positiven aufgelösten Kupfer. Hr. Dupré fand bei der Zersetzung ganz neutraler schwefelsaurer Kupferlösung nicht, wie Jacobi und Napier angaben, dafs weniger Kupfer niedergeschlagen, als gelöst wurde, sondern umgekehrt war die Menge des niedergeschlagenen Kupfers immer etwas zu grofs, aber nur sehr wenig, wenn die Lösung concentrirt und der Strom von mittlerer Stärke war. In einer verdünnten Lösung verbindet sich ein Theil der Schwefelsäure nicht mit der positiven Elektrode, sondern verbreitet sich in der Flüssigkeit. Dieser Einflufs zeigte sich ebenso bei ammoniakalischen Kupferoxydullösungen; das Kupferchlorid ist sehr löslich in Ammoniak, das Oxydul und das schwefelsaure Oxydul sind es sehr wenig;

die concentrirte Chloridlösung bleibt bei der Zersetzung ungefärbt, die anderen Lösungen bläuen sich um die positive Elektrode. Aus Kupfersalzen mit organischer Säure schied sich fast immer zuviel Substanz am negativen Pole ab, sie war braun oder lebhaft roth gefärbt, und enthielt Kupferoxydul. Die Färbung verschwand, wenn der Versuch bei Luftabschlufs angestellt wurde, wenn die Lösung sehr concentrirt, und der Strom recht stark war, oder wenn die Lösung sauer war. Die Versuche wurden mit neutralem, anderthalbbasischem, und dreibasischem essigsaurem Kupferoxyd angestellt. Hr. Dupré schreibt die Oxydulbildung weder der Oxydation des Niederschlages durch den in der Flüssigkeit gelösten Sauerstoff, noch der Wirkung des Stromes auf das Salz der Lösung, sondern einer elektromotorischen Wirkung des Sauerstoffs auf das essigsaure Salz zu, welche indefs nur Statt hat, wenn der Strom geschlossen ist, und welche verschwindet, wenn der Wasserstoff an der negativen Elektrode erscheint. Wurde ein sehr mit Oxydul gemischter Kupferniederschlag analysirt, so zeigte er immer noch einen gröfseren Kupfergehalt, als nach der Angabe des mit schwefelsaurem Kupferoxyd gefüllten Voltameters zu erwarten war. Die Angabe von Matteucci und E. Becquerel, dafs derselbe Strom aus Kupferchlorür doppelt soviel Kupfer ausscheide, als aus Kupfervitriollösung, fand Hr. Dupré bestätigt. Er fügt dann noch einige Versuche über die Elektrolyse ammoniakalischer Lösungen von phosphorsaurem Silber bei. Aus allen Lösungen wurde ein Aequivalent Silber ausgeschieden, ohne Rücksicht auf die Natur des phosphorsauren Salzes. *Bz.*

C. Despretz. Note sur la décomposition de quelques sels, et en particulier des sels de plomb sous l'action d'un courant voltaïque. C. R. XLV. 449-452†; Inst. 1857. p. 329-330; Phil. Mag. (4) XV. 78-80; Erdmann J. LXXIII. 79-83; Cimento VI. 301-302; Cosmos XI. 404-407.

Martens. Note sur la décomposition électro-chimique de l'acétote de plomb. Bull. d. Brux. (2) III. 204-213† (Cl. d. sc. 1857. p. 728-737); Inst. 1858. p. 4-6; Cosmos XII. 65-65.

Als Hr. Despretz äquivalente Mengen essigsauren Kupfers

und Bleies in Wasser löste, und einen Strom durch die Mischung führte, in der Erwartung, am negativen Pol ein Gemisch aus Blei und Kupfer niedergeschlagen zu sehen, schieden sich vielmehr beide Metalle so, daſs sich auf der negativen Platte metallisches Kupfer, auf der positiven ein schwarzer Ueberzug ablagerte, der den Reactionen nach als Bleisuperoxyd erkannt wurde. Der Verfasser untersuchte, ob dieser Ueberzug sich nur aus jenem Salzgemisch ausschiede, oder auch aus dem einfachen Bleisalz, und fand dies letztere bestätigt (was auch wohl genugsam bekannt ist). Aus essigsaurem Manganoxydul schied sich am negativen Pole nichts ab, am positiven ein schwarzes Oxyd. Aus Brechweinsteinlösung wurde am negativen Pole eine krystallinische Schicht von metallischem Antimon erhalten, an der positiven Platte eine rothgelbe Substanz. (War das Salz wohl ganz rein? Marchand erhielt am positiven Pol einen schwarzen Niederschlag von Antimonsuboxyd, Böttger dagegen einen weiſsen, wahrscheinlich von Antimonsäure.) Hr. Despretz bespricht den Vorgang, durch welchen eine solche Ablagerung von höheren Metalloxyden am positiven Pole stattfinden könne. Er sucht den Grund derselben am negativen Pole, wo ein Theil des im Salze enthaltenen Oxydes seinen Sauerstoff einem anderen Theile abgebe, welcher dann die Eigenschaften der Säuren annähme und sich deshalb an den positiven Pol begebe. Die Oxydationen traten bei starken, wie bei schwachen Strömen ein, nur unterschieden sich die Niederschläge je nach der Stärke des elektrolysirenden Stromes in ihrer Molecularbeschaffenheit.

In Bezug auf die Zersetzung des essigsauren Bleies wendet Hr. Martens gegen die oben ausgesprochenen Ansichten ein, daſs Abscheidung von Bleisuperoxyd schon vor langer Zeit von ihm beobachtet (s. Berl. Ber. 1852. p. 490) und lediglich dem Processe am positiven Pole zuzuschreiben sei. Die Ueberführung des Superoxydes vom negativen zum positiven Pole könne nicht stattfinden, da dasselbe in der Flüssigkeit nicht löslich sei, es entstehe vielmehr, indem der, durch die Zersetzung des Wassers freiwerdende ozonisirte Sauerstoff sich mit einem Theil des Bleioxyds der Lösung am positiven Pole verbinde. Daſs dies wirklich der wahre Vorgang sei, gehe daraus hervor, daſs die Bildung von

Bleisuperoxyd unterbleibe, wenn man als positive Elektrode einen Kupferdraht anwende, in welchem Falle dann der Sauerstoff aus dem Wasser nicht frei, sondern zur Oxydation des Kupfers verbraucht werde. *Bz.*

Wöhler et Buff. Note sur de nouvelles combinaisons du silicium. C. R. XLIV. 834-835†, 1344-1345†; Inst. 1857. p. 222-222; Erdmann J. LXXI. 445-446; Götting. Abh. VII. 1. p. 329-350; Chem. C. Bl. 1857. p. 775-776; Ann. d. chim. (3) LII. 257-285; Liebig Ann. CIII. 218-229; J. of chem. Soc. XI. 90-95; Pogg. Ann. CII. 313-316; Chem. Gaz. 1857. p. 331-332; Cosmos XI. 18-18; Inst. 1858. p. 234-235.

Die Verfasser erhielten, als sie Chlornatriumlösung zersetzten, während die positive Polplatte aus siliciumhaltigem Aluminium bestand, ein selbstentzündliches und im Gemisch mit Sauerstoff stark detonirendes Gas, das beim Abbrennen einen Rauch von Kieselsäure ausschied. Das Gas wurde als Siliciumwasserstoff erkannt, dessen Zusammensetzung aber, da es immer mit Wasserstoff gemischt war, noch nicht angegeben werden konnte. Die übrigen, im Verfolg obiger Erscheinung aufgefundenen Siliciumverbindungen haben nur chemisches Interesse. *Bz.*

G. Gore. On the molecular properties of antimony. Proc. of Roy. Soc. IX. 70-71; Pogg. Ann. CIII. 486-486†; Chem. C. Bl. 1858. p. 400-400.

Die auffallenden Erscheinungen, welche nach Hrn. Gore's Beobachtungen (Berl. Ber. 1855. p. 451) das galvanisch niedergeschlagene Antimon besitzt, zeigt dasselbe nicht immer in gleicher Weise; vielmehr hat die Beschaffenheit der Lösung grofsen Einflufs auf die Natur des niederfallenden Metalles. Aus einer Lösung von 5 Theile Brechweinstein, 5 Theile Weinsäure, 2 Theile Salzsäure und 30 Theile Wasser niedergeschlagen, hatte es 6,55 spec. Gewicht, war silbergrau und krystallinisch. Aus einer Lösung von 3 oder 4 Theilen Brechweinstein in 1 Theil Antimonchlorür niedergeschlagen hatte es das specifische Gewicht 5,78, war amorph und erhitzte sich beim Erwärmen oder Ritzen von

60° bis 450° F. Dieser letztere Niederschlag war in Säuren und Alkalien positiv gegen den ersteren, ebenso in thermoelektrischer Beziehung. *Bz.*

---

v. Kobell. Ueber das Verhalten der mineralischen Metallsulphurete zur Salzsäure unter galvanischem Einflufs. Münchn. gel. Anz. XLIV. 295-295†, 297-299†; Erdmann J. LXXI. 146-148; Phil. Mag. (4) XIV. 399-400; Z. S. f. Naturw. X. 55-55; Chem. C. Bl. 1857. p. 650-651; Chem. Gaz. 1857. p. 437-438.

Kupferkies und ähnliche Metallsulphurete werden von verdünnter Salzsäure (1 Volumen Säure mit 1 Volumen Wasser) nicht angegriffen; sobald man aber die befeuchtete Stelle mit Zink berührt, so wird Schwefelwasserstoff entwickelt. Wendet man statt des Zinks Eisen an, so scheint am festen Stück keine Einwirkung stattzufinden, wohl aber am Pulver. Hr. v. Kobell wendet diese Gasentwickelung als Mittel an, um den Schwefelgehalt jener Mineralien nachzuweisen. *Bz.*

Schlagdenhauffen. Beobachtungen über einige chemische Zersetzungen mittelst des elektrischen Stromes. Z. S. f. Naturw. X. 57-57; J. d. pharm. 1857. Juin.

In den Bunsen'schen Elementen wird die Salpetersäure durch den Wasserstoff zerlegt, die rothen Dämpfe lösen sich in der unzersetzten Säure auf, werden aber durch die weitere Einwirkung des Stromes in salpetrige Säure und Salpetersäure übergeführt (?). Die freiwerdende salpetrige Säure zersetzt sich weiter durch den Wasserstoff in Wasser und Ammoniak, welche Producte durch Agentien nachgewiesen werden können. Salpetersaure Salze, sowohl unorganische, als organische, gaben dieselben Zersetzungsproducte. Aus organischen Nitroverbindungen wurden die Amidverbindungen der entsprechenden organischen Radicale abgeschieden. *Bz.*

F. Galvanische Apparate.

PULVERMACHER. Pile portative à un seul liquide, d'un effet constant. C. R. XLV. 1047-1047†.

Hr. PULVERMACHER hat eine Maschine construirt, in welcher ein Guttaperchastreifen zu einer Säule seiner Construction von beliebiger Länge verarbeitet wird. Er zeigt ferner eine trockene Säule vor, in der die beiden elektromotorischen Metalle durch Aufdrucken auf Papier befestigt und also nicht, wie bei den ZAMBONI'schen Säulen, übereinander, sondern nebeneinander angebracht sind. Diese Säule kann durch Eintauchen in eine Flüssigkeit erregt werden, und wirkt dann während mehrerer Stunden, indem die lebhafte Berührung mit der Luft, in der sie sich befindet, depolarisirend auf das negative Metall einwirkt. *Bz.*

OSANN. Ueber eine DANIELL'sche Säule, welche zu Spannungswirkungen gebraucht werden kann. Verh. d. Würzb. Ges. VIII. 177-180†.

Diese Säule ist wie eine VOLTA'sche aufgebaut, nur mit dem Unterschiede, dafs zwischen den Kupfer- und Zinkplatten nicht nur ein feuchter Leiter liegt, sondern deren zwei: der eine, mit Zinkvitriollösung getränkte, berührt die Zinkplatte, der andere, Kupfervitriollösung enthaltend, die Kupferplatte. Hr. OSANN beschreibt einige, mit dieser Säule angestellte Versuche. *Bz.*

F. PLACE. Ueber die Ursache des Kupferniederschlages auf die Thonzelle der DANIELL'schen Kette und über dessen Verhütung. POGG. Ann. C. 590-595†; Z. S. f. Math. 1857. 1. p. 421-424; BRIX Z. S. 1857. p. 150-153; Z. S. f. Naturw. IX. 473-474; DINGLER J. CXLIV. 348-352; Polyt. C. Bl. 1857. p. 1164-1168.

Die von Hrn. PLACE zusammengestellten Thatsachen, welche die Natur dieses Niederschlages erkennen lassen, sind folgende: Der Niederschlag trägt nicht zur Depolarisation der Kupferplatte bei, denn auf dieser scheidet sich immer die ganze, der Gasentwickelung in einem eingeschalteten Voltameter äquivalente Kupfermasse aus; er ist auch kein secundäres Stromproduct, denn oft bildet sich bei tagelanger, kräftiger Stromwirkung gar kein Niederschlag. Er entsteht nicht durch die Einwirkung beider Flüssigkeiten aufeinander, denn er bildet sich nicht, wenn nur diese in den Zellen befindlich sind, dagegen kann er schon entstehen, wenn nur das Zink, nicht das Kupfer eingetaucht ist. Jedes unreine Zink bildet bei seiner Auflösung in verdünnter Schwefelsäure einen Schlamm, welcher negativere Metalle enthält, und leicht bis an die Wand der Thonzelle gelangt; hier fängt er aus der, die Zelle durchdringenden Kupfervitriollösung Kupfer zu reduciren an, und bildet so eine kleine Daniell'sche Kette, durch deren Wirkung der Niederschlag weiter wächst. Er entsteht deshalb immer auf der dem Zink zugewandten Thonfläche. Verhindert man eine der Bedingungen, welche für das Entstehen des Niederschlages vorhanden sein müssen: nämlich das Anhaften des Zinkschlammes und das Durchzogensein des Thoncylinders mit Kupfervitriollösung, so kann sich kein Niederschlag mehr bilden. Hr. Place überzieht den Thoncylinder, um das Anhaften des Schlammes zu vermeiden, innen etwa 5^{mm} hoch mit geschmolzenem Wachs, weil bis zu dieser Höhe das Anhaften am liebsten stattfindet. Dem Zinkblock (statt des Cylinders) giebt er einen recht ebenen Boden, damit er senkrecht in der Zelle stehe, ohne an deren Wände anzuliegen. Bei längerem Gebrauche entfernt er den gebildeten Schlamm von Zeit zu Zeit mit einer Blechkratze. Das Durchdringen der Zelle mit Kupfervitriol vermeidet er gröfstentheils dadurch, dafs er die Säure 4 bis 5 Stunden früher in dieselbe giefst, als die Kupfervitriollösung in den anderen Raum gebracht wird, und bei lange anhaltender Wirkung die Zellen durch andere, frisch ausgewässerte, ersetzt. *Bz.*

Bourseul. Sur l'incrustation des vases poreux dans la pile Daniell. Cosmos X. 503-504†; Brix Z. S. 1857. p. 153-153.

Die von Hrn. Bourseul angegebenen Gründe für das Entstehen des Kupferniederschlages klingen etwas fabelhafter, als die eben angeführten. Wenn ein Metall von der Flüssigkeit angegriffen wird, so wird es negativ elektrisch, die Flüssigkeit wird positiv elektrisch, und ebenso auch der in ihr enthaltene schlechte

Leiter, die Zellenwand. Die auf dieser angehäufte positive Elektricität zieht das Kupfer an, das sich niederschlägt, und die Zellenwand verstopft. Sobald der Niederschlag entstanden ist, nimmt er zwei Pole an und bedingt dadurch eine zersetzende Wirkung, ohne einen Nutzen zu erzielen. Man kann diesem Uebelstand abhelfen. Wenn man einen Punkt der inneren Zellenwand mit dem Kupfer in leitende Verbindung bringt, so nimmt man die positive Elektricität fort, und in einiger Entfernung um den Punkt kann sich kein Niederschlag absetzen. Da die Zelle ein schlichter Leiter ist, so muſs man viele ihrer Punkte mit dem Kupfer in Verbindung bringen, am besten durch einen Spiraldraht, welcher die Innenwand berührt. Der Niederschlag bildet sich nun nur in der ersteren Gegend des Thoncylinders. Man kann ihn aber ganz verhindern, wenn man die Verbindung des positiven Poles mit der Spirale an einem in der Mitte ihrer Höhe liegenden Punkte bewerkstelligt. (!) Diese Einrichtung der Batterie vermindert den Widerstand derselben, weil der Strom nicht mehr durch die mächtige Flüssigkeitsschicht, welche gewöhnlich das Innere der Zelle vom positiven Pole trennt, zu durchlaufen braucht. *Bz.*

Kuhn. Ueber eine abgeänderte Einrichtung der Kupferzinkkette. Münchn. gel. Anz. XLIV. 434-436†; Dingler J. CXLIV. 29-37; Z. S. f. Naturw. IX. 466-467; Polyt. C. Bl. 1857. p. 1080-1084.

Hr. Kuhn macht die Mittheilung daſs, indem er jedes Element einer Kupferzinkkette so zusammensetzte, daſs man in ihm das richtige Verhältniſs zwischen der Gröſse der Oberflächen von Zink und Kupfer zu wählen im Stande war, er eine Abänderung dieser Kette erhalten habe, bei welcher man den Einfluſs der Temperatur auf die Erregungsflüssigkeiten während der Wirkung der Kette berücksichtigen konnte, und deren Wirkung nicht nur der der Kohlenzinkkette sehr nahe gerückt wurde, sondern derselben in manchen Fällen sogar gleich kann. *Bz.*

Stoney. On improvements in Grove's Battery. Athen. 1857. p. 1183-1183†; Inst. 1857. p. 368-368.

Diese Verbesserung bezieht sich auf die ältere Form der Batterie, in welcher ebene Platinbleche von einer zusammengebogenen Zinkplatte umgeben sind. Statt einer solchen doppelten Zinkplatte werden zwei einzelne einander parallel an einen eisernen Haken gelöthet, der dann noch als dritte Platte ein Platinblech trägt. Soll die Batterie zusammengesetzt werden, so taucht man diese drei Platten jedesmal so in die Flüssigkeiten, dafs die Platinplatte zwischen den beiden Zinkplatten des nächsten Elementes hängt. Beim Auseinandernehmen der Batterie werden alle Haken zugleich durch einen Mahagonirahmen ausgehoben. *Bz.*

Bergeat. Ueber die Bestimmung der Factoren eines galvanischen Stromes und einen hierzu sehr bequemen Rheostaten. Brix Z. S. 1857. p. 265-275†.

Dieser Aufsatz enthält zuerst eine populäre Darstellung der Methoden zur Messung der Widerstände und elektromotorischen Kräfte; dann die Beschreibung eines Rheostaten nach dem Princip der Widerstandsrollen, welche man bei telegraphischen Arbeiten einzuschalten pflegt, und welche Einer, Zehner, Hunderte etc. einer gewissen Widerstandseinheit durch Bewegung von Zeigern in den Strom einführen. Bei dem hier beschriebenen Apparat ist die Einrichtung getroffen, dafs die Rollen auf ein nahestehendes Galvanometer keine directe Einwirkung ausüben, indem eine Hälfte der Windungen im entgegengesetzten Sinne läuft, wie die andere Hälfte. Aufserdem ist der Zeiger aus zwei Armen gebildet, so dafs er bei seiner Drehung den einen Zapfen schon erreicht, ehe er den anderen verläfst, so dafs der Strom nicht, wie es gewöhnlich zu geschehen pflegt, während der Drehung jedesmal unterbrochen werden mufs. *Bz.*

LACASSAGNE et THIERS. Sur un régulateur électrique et sur une lampe photo-électrique. Bull. d. l. Soc. d'enc. 1857. p. 524-547.

Das Princip des Regulators beruht auf der Thatsache, dafs bei abnehmender elektromotorischer Kraft der VOLTA'schen Batterie durch passende Veränderung des Widerstandes während einer bestimmten Zeit ein beinahe gleichförmiger Strom erhalten werden kann. Die Veränderung des Widerstandes wird durch Vermehrung oder Verminderung des Querschnittes eines in den Schliefsungsbogen eingeschalteten Elektrolyten bewerkstelligt. Dazu sind 2 Platinplatten, die in angesäuertes Wasser tauchen, in einer Glasglocke befestigt, welche über der Flüssigkeit angebracht ist, so dafs sie sich durch das elektrolytisch ausgeschiedene Gas heben mufs, an ihrem oberen Ende ist daher ein Rohr angebracht, aus dem die Gase entweichen können. Ein Kautschukrohr bildet einen Theil dieses Rohres, und dieses kann durch den Anker eines Elektromagneten verschlossen und geöffnet werden; der Elektromagnet wird nun durch den Strom selbst magnetisch; der Anker wird von ihm angezogen und aufserdem wirkt eine elastische Feder auf ihn. Nimmt nun die Intensität des Stromes ab, so geschieht dasselbe mit der Intensität des Magneten, der Anker wird weniger von ihm angezogen, er drückt daher wieder stark auf das Kautschukrohr und ein Theil des Gases kann entweichen; dann sinkt die Glocke, die Platinplatten tauchen tiefer in die Flüssigkeit ein, und die Intensität des Stromes nimmt wieder zu.

Der Apparat ist besonders deshalb unpraktisch, da er eine bedeutende Schwächung des Stromes bewirkt.

Bei der photoelektrischen Lampe haben die Verfasser ein ähnliches Princip des Regulators angewendet. Die Kohlenspitze ist an einem Stück Eisen befestigt, das auf Quecksilber schwimmt. Das Gefäfs, in dem sich das Quecksilber befindet, communicirt mit einem zweiten auch mit Quecksilber gefüllten, worin dasselbe aber ein höheres Niveau hat. Die Verbindung ist durch ein Kautschukrohr vermittelt, auf welches wieder der Anker eines Elektromagneten, den derselbe Strom umkreist, welcher die Kohlenelektroden erhitzt, drückt. *P.*

36. Elektrophysiologie.

C. Eckhard. Dr. E. Pflüger und seine Untersuchungen über die Physiologie des Elektrotonus. Henle u. v. Pfeufer (2) VIII. 343-359.

G. Wilson. On the employment of the living electric fishes as medical chock-machines. Athen. 1857. p. 1124-1124; Liter. Gaz. 1857. p. 957-958; Inst. 1858. p. 107-107.

J. Richardson. On electric fishes. Athen. 1857. p 1124-1124.

du Bois-Reymond. Ueber einen nach Berlin gelangten lebenden Zitterwels. Berl. Monatsber. 1857. p. 424-429; Ann. d. chim. (3) LII. 124-125; Phil. Mag. (4) XV. 45-48; Arch. d. sc. phys. (2) I. 273-275; Inst. 1857. p. 435-436.

C. Kupffer und W. Keferstein. Ueber den feineren Bau des elektrischen Organs beim Zitteraal (Gymnotus electricus) mit Rücksicht auf den Bau bei andern elektrischen Fischen, insbesondere bei Mormyrus oxyrhynchus. Götting. Nachr. 1857. p. 253-257; Inst. 1858. p. 235-236.

R. Wagner. Nachträgliche Bemerkungen über die Endigungen der Nerven im Allgemeinen. Götting. Nachr. 1857. p. 257-268; Inst. 1858. p. 236-236.

J. Rosenthal. Ueber Modification der Erregbarkeit durch geschlossene Ketten und die Volta'schen Abwechslungen. Berl. Monatsber. 1857. p. 639-641; Inst. 1858. p. 201-201.

A. de la Rive. De l'électricité physiologique et de ses applications à la thérapeutique. Arch. d. sc. phys. XXXVI. 128-164, 213-252; Traité d'élec. III.

F. Linati. Intorno agli effetti della corronte elettrica continua sulle funzione del gran-simpatico. Cimento V. 256-265; Arch. d. sc. phys. (2) I. 371-372; Cosmos XI. 63-64.

C. Maggiorani. Nuove osservazioni microscopiche sull' azione che l'elettricità esercita sull' albumina. Cimento VI. 380-382.

J. Czermak. Ueber secundäre Zuckung vom theilweise gereizten Muskel aus. Wien. Ber. XXIV. 510-513; Inst. 1857. p. 323-323.

C. Maggiorani. Nuove osservazioni microscopiche sull' azione che l'elettricità esercitä sull' albumina. Cimento VI. 380-382.

A. KÖLLIKER. Ueber die Endigungen der Nerven im elektrischen Organe des Zitterrochen. Verh. d. Würzb. Ges. VIII. 2-12.

HARLESS. Ueber moleculäre Vorgänge in der Muskelsubstanz. Münchn. gel. Anz. XLV. 41-48.

F. KUNDE. Ueber den Einflufs der Wärme und der Elektricität auf das Rückenmark. Verh. d. Würzb. Ges. VIII. 175-176.

---

37. Elektrodynamik.

G. KIRCHHOFF. Ueber die Bewegung der Elektricität in Drähten. Pogg. Ann. C. 193-217, 351-352†; Phil. Mag. (4) XIII. 393-412.

— — Ueber die Bewegung der Elektricität in Leitern. Pogg. Ann. CII. 529-544†.

In der ersten Abhandlung behandelt Hr. KIRCHHOFF die allgemeine Theorie der Bewegung der Elektricität in linearen Leitern, unter der Voraussetzung nicht constanter Ströme.

Die elektromotorische Kraft, welche zu irgend einer Zeit auf ein Theilchen in irgend einem Querschnitt des Drahtes wirkt, rührt theils her von der Wirkung der vorhandenen freien Elektricität, für die man von dem COULOMB'schen elektrostatischen Gesetz Gebrauch machen kann, theils von der inducirenden Wirkung der zu- oder abnehmenden Stromintensität in den verschiedenen Theilen des Drahtes.

Denkt man sich aus dem cylindrischen Draht ein so kleines Stück von der Länge 2ε herausgeschnitten, dafs man dasselbe als geradlinig betrachten kann, gegen dessen Länge aber der Halbmesser des Drahtes α verschwindend klein ist, so kann man sich die auf allen übrigen Theilen des Drahtes vorhandene freie Elektricität, bezüglich ihrer Wirkung auf ein in der Mitte des Stückes 2ε befindliches Elektricitätstheilchen, in der Axe des Drahtes concentrirt denken. Setzt man ferner voraus, dafs die auf dem Stück 2ε selbst vorhandene freie Elektricität nur auf der Oberfläche befindlich und auf dieser mit gleichförmiger Dichte e vertheilt ist, so ergiebt sich für das Potential der freien Elektricität in Bezug auf das betrachtete Theilchen im Innern des Drahtes der Ausdruck

$$(1) \quad . \quad . \quad . \quad . \quad V = 2e \log \frac{2\varepsilon}{\alpha} + \int \frac{e' ds'}{r},$$

in welchem das Integral über den ganzen Draht mit Ausnahme des Stückes 2ε auszudehnen ist und $e'ds'$ die auf dem Drahtelement ds' vorhandene Menge freier Elektricität, r die Entfernung dieses Drahtelements von dem betrachteten Theilchen bezeichnet.

Für die auf das Elektricitätstheilchen wirkende Kraft, welche von der inducirenden Wirkung der Stromintensitätsänderungen in allen Theilen des Drahtes herrührt, ergiebt sich ein Ausdruck von der Form

$$-\frac{8}{c^2}\frac{\partial W}{\partial t}.$$

In diesem bezeichnet t die Zeit, c die Geschwindigkeit, mit welcher zwei Elektricitätstheilchen sich gegen einander bewegen müssen, damit sie keine Wirkung auf einander ausüben [1]). Der Ausdruck W besteht wieder aus zwei Theilen, von denen einer sich auf das Stück 2ε bezieht, in welchem alle Strömungslinien als gerade und der Axe parallel betrachtet werden können, der andere von den übrigen Drahttheilen herrührt, in welchen man sich den Strom in der Axe des Drahtes concentrirt denken darf. Ist dann k die Leitungsfähigkeit der Substanz des Drahtes nach absolutem Maafs und setzt man voraus, dafs das Ohm'sche Gesetz, demzufolge die Stromdichtigkeit gleich dem Product der elektromotorischen Kraft und der absoluten Leitungsfähigkeit ist, auch auf nicht stationäre Ströme anwendbar bleibt, so wird die Stromdichtigkeit in dem betrachteten Punkte im Innern des Drahtes

$$J = -2k\left(\frac{\partial V}{\partial s} + \frac{4}{c^2}\frac{\partial W}{\partial t}\right).$$

Indem man diesen Ausdruck mit dem Flächenelement des Quer-

[1]) Siehe Weber elektrodynamische Maafsbestimmungen 1846. p. 354, 1856. p. 268.

schnitts multiplicirt und über den ganzen Querschnitt integrirt, erhält man die Stromintensität, welche im ganzen Querschnitt stattfindet

$$(2) \quad . \quad . \quad . \quad . \quad i = 2\pi k\alpha^2\left(\frac{\partial V}{\partial s} + \frac{4}{c^2}\frac{\partial w}{\partial t}\right),$$

wo der aus W durch Integration über den Querschnitt erhaltene Ausdruck w sich auf die Form bringen läfst

$$(3) \quad . \quad . \quad . \quad w = 2i \log\frac{2\varepsilon}{\alpha} + \int\frac{i'ds'}{r}\cos\vartheta\cos\vartheta'.$$

Darin bezeichnen ϑ und ϑ' die Winkel, welche die Richtungen des Drahtstückes 2ε und des Elements ds' mit der Verbindungslinie r bilden.

Zu den Gleichungen (1), (2) und (3) zwischen den vier Gröfsen i, e, V, w ergiebt sich noch eine vierte aus der Betrachtung, dafs die Zunahme der in einem Drahtelement vorhandenen freien Elektricität gleich der Summe der Elektricitätsmengen ist, welche durch beide Gränzflächen in dasselbe einströmen. Daraus folgt nämlich

$$(4) \quad . \quad . \quad . \quad . \quad . \quad . \quad 2\frac{\partial i}{\partial s} = -\frac{\partial e}{\partial t}.$$

Unter der Voraussetzung, dafs nie zwei Punkte des Drahtes, zwischen denen ein Leiterstück von endlicher Länge liegt, einander unendlich nahe sind (wodurch also z. B. Inductionsspiralen ausgeschlossen werden), vereinfachen sich die Ausdrücke für V und w weiter, so dafs, wenn l die Länge des ganzen Drahtes, R seinen Gesammtwiderstand bezeichnet und man der Kürze wegen $\log\frac{l}{\alpha} = \gamma$ setzt, man erhält

$$V = 2e\gamma, \qquad w = 2i\gamma$$

durch Substitution dieser Werthe in die Gleichung (2) erhält man

$$(5) \quad . \quad . \quad . \quad . \quad . \quad . \quad i = 4\gamma\frac{l}{R}\left(\frac{\partial e}{\partial s} + \frac{4}{c^2}\frac{\partial i}{\partial t}\right).$$

Die Gleichungen (4) und (5) haben particuläre Integrale von der Form

$$e = X\sin ns, \qquad i = Y\cos ns,$$

wo n eine willkürliche Constante und X und Y Functionen von t allein bezeichnen. Substituirt man diese Werthe in obige Gleichungen, so erhält man

$$Y = \frac{1}{2n}\frac{\partial X}{\partial t},$$

und für X eine lineare totale Differentialgleichung, deren vollständiges Integral ist

$$X = C_1 e^{-\lambda_1 t} + C_2 e^{-\lambda_2 t},$$

wo λ_1 und λ_2 die beiden Wurzeln der Gleichung

$$\lambda^2 - \frac{c^2 R}{16\gamma l}\lambda + \frac{c^2 n^2}{2} = 0$$

sind.

Diese Wurzeln sind imaginär, wenn $\frac{32\gamma n l}{cR\sqrt{2}} > 1$ ist. Aus den numerischen Werthen der in diesem Ausdruck vorkommenden Constanten ergiebt sich z. B. für den Jacobi'schen Widerstandsetalon $\frac{32\gamma}{cR\sqrt{2}} = 2070$ und n soll so gewählt werden, dafs nl ein Vielfaches von π ist. Es wird dann obiger Ausdruck so grofs gegen die Einheit, dafs diese dagegen vernachlässigt werden darf. Unter dieser Voraussetzung, die um so näher erfüllt ist, je kleiner der Widerstand des Drahtes bei gleichbleibendem Verhältnifs zwischen Länge und Radius ist, die aber noch statthaft bleibt, wenn derselbe bedeutend gröfser ist, als der des Jacobi'schen Drahtes, läfst sich der Ausdruck von X auf die Form bringen,

$$X = e^{-ht}\left\{A\cos\frac{cnt}{\sqrt{2}} + B\sin\frac{cnt}{\sqrt{2}}\right\},$$

wo $h = \frac{c^2 r}{32\gamma l}$ ist. Betrachtet man den Fall der Schliefsung einer Kette, so ist für $t = 0$, $i = 0$ mithin auch $Y = 0$ und daraus folgt zwischen den Constanten A und B die Relation

$$A = B\frac{nc}{h\sqrt{2}}.$$

Wählt man n gleich einem Vielfachen von $\frac{\pi}{l}$, so wird B gegen A verschwindend klein und man erhält

$$X = A \,.\, e^{-ht}\cos\frac{cnt}{\sqrt{2}}$$

$$Y = A - \frac{c}{2\sqrt{2}}A \,.\, e^{-ht}\sin\frac{cnt}{\sqrt{2}}.$$

Multiplicirt man diese Ausdrücke respective mit $\sin ns$ und cos ns, so erhält man eine particuläre Lösung der Differentialgleichungen für e und i, welche sich dadurch verallgemeinern läfst, dafs man zu s eine willkürliche Constante addirt. Die Integrale erhalten dann die Form

$$\begin{cases} e = \mathrm{e}^{-ht} \cos \frac{cnt}{\sqrt{2}} \{A \sin ns + A' \cos ns\} \\ i = -\frac{c}{2\sqrt{2}} \mathrm{e}^{-ht} \sin \frac{cnt}{\sqrt{2}} \{A \cos ns - A' \sin ns\}. \end{cases}$$

Eine andere particuläre Lösung, welche ebenfalls der Bedingung genügt, dafs für $t = 0$, i verschwindet, ist

$$\begin{cases} e = a + bs \\ i = \frac{c^2}{8h} b(1 - \mathrm{e}^{-2ht}). \end{cases}$$

Aus diesen particulären Lösungen lassen sich nun allgemeinere Integrale der Gleichungen zusammensetzen, welche den verschiedenen anderweitigen Bedingungen der Aufgaben genügen und es wird dies für verschiedene Fälle durchgeführt.

Ist der Draht ein in sich geschlossener, so müssen e und i periodische Functionen von s sein, die immer denselben Werth annehmen, wenn s um ein beliebiges Vielfaches von l wächst. Hierzu ist nöthig, dafs $b = 0$ und $n = m.\frac{2\pi}{2}$ ist, wo m eine ganze Zahl bedeutet. Ist für

$$t = 0, \qquad e = f(s)$$

gegeben, so lassen sich die Constanten a, Am, $A'm$ mittelst der Fourier'schen Formel so bestimmen, dafs dieser Bedingung genügt wird. Auch kann man die Integrale auf die Form bringen

$$e = a + \tfrac{1}{2}\mathrm{e}^{-ht}\left\{f\left(s+\frac{c}{\sqrt{2}}t\right)+f\left(s-\frac{c}{\sqrt{2}}t\right)-2a\right\}$$

$$i = -\frac{c}{4\sqrt{2}}\mathrm{e}^{-ht}\left\{f\left(s+\frac{c}{\sqrt{2}}t\right)-f\left(s-\frac{c}{\sqrt{2}}t\right)\right\},$$

wo die Constante a sich durch die Bedingung bestimmt, dafs la die Menge freier Elektricität ist, welche der ganze Draht enthält.

Aus dieser Form des Ausdrucks für e ergiebt sich eine merkwürdige Analogie zwischen der Fortpflanzung der Electricität und des Schalles. Ist $a = 0$, so pflanzen sich von jedem Punkt des Drahtes, wo beim Anfangszustand freie Elektricität vorhanden ist, zwei Elektricitätswellen in entgegengesetzter Richtung mit der constanten Geschwindigkeit $\frac{c}{\sqrt{2}} = 41950$ Meilen in der Secunde fort. Dabei verflachen sich aber die Wellen mit der Zeit proportional dem Factor e^{-ht}. Bei einem Umlauf der Welle nimmt die Dichtigkeit im Verhältnifs $1 : e^{\frac{-hl\sqrt{2}}{c}}$ ab, welches sehr wenig von der Einheit verschieden ist. Bei der grofsen Fortpflanzungsgeschwindigkeit ist jedoch die Abnahme der Dichtigkeit eine sehr schnelle. Bei dem Draht des Jacobi'schen Etalons wäre z. B. $\frac{1}{h}$ nahe gleich $\frac{1}{2000}$ Secunde und in diesem Zeitraum würde die Dichtigkeit im Verhältnifs e : 1 abnehmen. Ist *a* nicht gleich Null, so ändert sich der Ueberschufs der Dichtigkeit über die mittlere Dichtigkeit gerade so, als ob letztere gleich Null wäre. Ist der Draht nicht in sich geschlossen, sondern seine Enden isolirt oder mit der Erde in Verbindung gesetzt, so findet eine Reflexion der Elektricitätswellen ganz ähnlich wie bei den Schallwellen statt; an einem isolirten Ende mufs, für alle Werthe von t, $i = 0$ und an einem mit der Erde verbundenen Ende immer $e = 0$ sein. In letzterem Fall ist mit der Reflexion der Welle eine Umkehrung derselben verbunden. Aus diesen Betrachtungen lassen sich leicht die Vorgänge herleiten, welche bei Schliefsung einer galvanischen Kette stattfinden, bevor der Strom stationär geworden ist. Ein Pol der Kette sei isolirt, der andere vollkommen zur Erde abgeleitet. Mit letzterem Pol sei das eine Ende des Drahtes verbunden, das andere werde zur Zeit $t = 0$ mit dem isolirten Pol in Verbindung gesetzt, an welchem das Potential k stattfindet. Es giebt dann in jedem Augenblick einen Punkt im Drahte, wo die Stromintensität einen Sprung erleidet. Dieser Punkt liegt für $t = o$ am Ende des Drahtes und schreitet mit der Geschwindigkeit $\frac{c}{\sqrt{2}}$ gegen den Anfang fort, kehrt hier um u. s. f. In jedem der beiden Theile, in welche in jedem Augenblick der Draht durch diesen Punkt getheilt wird, findet überall dieselbe Stromintensität statt. Die Stromintensität in dem vor dem Punkte (im Sinn der Bewegung) liegenden Drahttheile ist immer abgesehen vom Vorzeichen die kleinere, die Gröfse des Sprunges aber nimmt proportional dem Factor e^{-ht} ab. An derselben Stelle wie die Stromintensität erleidet gleichzeitig auch die Dichtigkeit e eine Stetigkeitsunterbrechung.

Durch eine Bemerkung von POGGENDORFF wird das Erscheinen einer dasselbe Problem behandelnden Abhandlung von W. WEBER in Aussicht gestellt, welche ähnliche theoretische Resultate enthalte, wie die von Hrn. KIRCHHOFF abgeleiteten, deren experimenteller Theil aber noch nicht zum Abschlufs gekommen sei.

In der zweiten Abhandlung werden die obigen Betrachtungen verallgemeinert und auf körperliche Leiter beliebiger Gestalt angewendet.

Ist Ω die Potentialfunction der freien Elektricität in irgend einem Punkte x, y, z im Innern des Leiters, so sind die drei Componenten der elektromotorischen Kraft, welche von der freien Elektricität herrühren

$$-2\frac{\partial\Omega}{\partial x}, \quad -2\frac{\partial\Omega}{\partial y}, \quad -2\frac{\partial\Omega}{\partial z}.$$

Die Componenten der durch Aenderungen der Stromintensität inducirten elektromotorischen Kraft sind nach dem WEBER'schen Gesetz:

$$-\frac{8}{c^2}\frac{\partial U}{\partial t}, \quad -\frac{8}{c^2}\frac{\partial V}{\partial t}, \quad -\frac{8}{c^2}\frac{\partial W}{\partial t},$$

wenn man setzt:

$$U = \iiint \frac{dx'\,dy'\,dz'}{r^3}(x-x')\{u'(x-x')+v'(y-y')+w'(z-z')\}$$

$$V = \iiint \frac{dx'\,dy'\,dz'}{r^3}(y-y')\{u'(x-x')+v'(y-y')+w'(z-z')\}$$

$$W = \iiint \frac{dx'\,dy'\,dz'}{r^3}(z-z')\{u'(x-x')+v'(y-y')+w'(z-z')\}.$$

Sind daher u, v, w die Componenten der Stromdichtigkeit im Punkte x, y, z und k die Leitungsfähigkeit des Leiters, so ist

(1) . . . . $u = -2k\left(\frac{\partial\Omega}{\partial x}+\frac{4}{c^2}\frac{\partial U}{\partial t}\right)$,

(2) $v = -2k\left(\frac{\partial\Omega}{\partial y}+\frac{4}{c^2}\frac{\partial V}{\partial t}\right)$,

(3) . . . $w = -2k\left(\frac{\partial\Omega}{\partial z}+\frac{4}{c^2}\frac{\partial W}{\partial t}\right)$,

Ist ε' die Dichtigkeit der freien Elektricität im Punkte x', y', z', e' die Dichtigkeit auf dem Oberflächenelement ds', so wird

$$(4) \qquad \Omega = \int \frac{\varepsilon' dx' dy' dz'}{r} + \int \frac{e' dS'}{r}.$$

Dazu kommen noch zwei Gleichungen, welche sich auf die Zunahme der Dichtigkeit in einem Volumenelement und in einem Oberflächenelement beziehen, nämlich

$$(5) \quad \ldots \ldots \quad \frac{\partial u}{\partial x} + \frac{\partial v}{\partial y} + \frac{\partial w}{\partial z} = -\frac{1}{2}\frac{\partial \varepsilon}{\partial t},$$

$$(6) \quad u \cos(N, X) + v \cos(N, Y) + w \cos(N, Z) = -\frac{1}{2}\frac{\partial e}{\partial t},$$

wenn N die nach innen gerichtete Normale der Oberfläche bezeichnet.

Mit Berücksichtigung der Gleichung

$$\frac{\partial^2 \Omega}{\partial x^2} + \frac{\partial^2 \Omega}{\partial y^2} + \frac{\partial^2 \Omega}{\partial z^2} = -4\pi\varepsilon,$$

und der Ausdrücke für U, V, W läfst sich zwischen ε und Ω die merkwürdige Relation herleiten

$$\frac{\partial \varepsilon}{\partial t} = -8k\left(2\pi\varepsilon - \frac{1}{c^2}\frac{\partial^2 \Omega}{\partial t^2}\right),$$

aus welcher folgt, dafs ε nur ausnahmsweise gleich Null sein kann, dafs also im Allgemeinen auch im Innern des Leiters sich freie Elektricität befindet.

Werden diese allgemeineren Gleichungen wieder auf den speciellen Fall eines linearen Leiters angewendet, so ergeben sich dieselben Resultate, welche in der ersten Abhandlung auf anderem Wege entwickelt sind. Hr. Kirchhoff knüpft daran noch die Betrachtung des Falls, wo der Gesammtwiderstand des Drahtes ein sehr grofser ist, wie z. B. bei Telegraphendrähten, wo also die Einheit nicht gegen die Gröfse $\frac{32\gamma nl}{cR\sqrt{2}}$ vernachläfsigt werden kann, sondern im Gegentheil diese Gröfse verschwindend klein wird gegen die Einheit. Die Wurzeln λ_1 und λ_2 werden dann reell und zwar λ_2 verschwindend klein gegen λ_1 und $\lambda_1 = 2h$. Die weitere Discussion führt zu dem Resultat, dafs die Fortpflanzung ebenso erfolgt, als ob in der Gleichung (5) der ersten Abhandlung c unendlich grofs wäre, worauf man durch

Elimination von i zwischen den Gleichungen (4) und (5) erhält

$$\frac{\partial e}{\partial t} = \frac{8\gamma l}{R}\frac{\partial^2 e}{\partial s^2}.$$

Dies ist aber die bekannte Differentialgleichung für die lineare Wärmeleitung, welcher das Integral

$$e = \Sigma(A_n \sin ns + B_n \cos ns)e^{-\frac{8\gamma l}{R}n^2 t}$$

genügt, während man für i den Ausdruck erhält:

$$i = \frac{4\gamma l}{R}\Sigma n(-A_n \cos ns + B_n \sin ns)e^{-\frac{8\gamma l}{R}n^2 t}.$$

Bei einem Kupferdraht, wie der des JACOBI'schen Etalons, aber von 1000 Kilometer Länge würde $\frac{32\gamma}{cR\sqrt{2}} = 0{,}034$ also schon sehr klein gegen die Einheit sein. In einem solchen Draht pflanzt sich also die Elektricität ähnlich wie die geleitete Wärme fort. Dieses Resultat stimmt mit dem überein, welches THOMSON [1]) für unterseeische Telegraphendrähte erhalten hat, indem er von der stillschweigenden Voraussetzung ausging, dafs die Induction keinen merklichen Einflufs ausübt und mit Rücksicht auf die Ladungserscheinungen, welche durch die Bindung von Elektricität auf der Aufsenseite der isolirenden Hülle veranlafst werden. Die Fortpflanzung der Elektricität in linearen Leitern befolgt also Gesetze, welche in den beiden Gränzfällen, dafs der Gesammtwiderstand entweder verschwindend klein oder sehr grofs ist, denen der Schallbewegung, respective der Fortpflanzung der geleiteten Wärme analog sind. *Im.*

P. L. RIJKE. Ueber die Extraströme. Pogg. Ann. CII. 481-529†; Ann. d. chim. (3) LIII. 57-60.

Die Methode, deren sich Hr. RIJKE zur Untersuchung der Gesetze der Extraströme bedient, ist die schon von EDLUND [2]) angewendete. Der Strom der galvanischen Kette theilt sich in zwei Zweige, welche die beiden Drähte eines Differentialgalvanometers in entgegengesetzter Richtung durchlaufen. Der eine Zweig enthält aufserdem eine Inductionsspirale, der andre einen

[1]) Phil. Mag. (4) XI. 157; Berl. Ber. 1855. p. 466.

[2]) Pogg. Ann. LXXVII. 161.

Widerstandsdraht, welcher so ausgespannt ist, dafs der durch ihn beim Oeffnen oder Schliefsen der Kette erzeugte Extrastrom gegen den durch die Spirale erzeugten verschwindend klein ist und dessen Länge so abgeglichen wird, dafs die Nadel des Differentialgalvanometers bei geschlossener Kette nicht abgelenkt wird. Beim Oeffnen der Kette wird in der Spirale ein Extrastrom erzeugt, welcher beide Zweigleitungen in entgegengesetztem Sinne, mithin beide Drähte des Differentialgalvanometers in gleicher Richtung durchläuft und eine Ablenkung erzeugt, welche, wenn sie gewisse Gränzen nicht überschreitet, der Stärke des der Nadel in ihrer Gleichgewichtslage ertheilten Impulses proportional ist. Die Beobachtung der Ablenkung geschah durch Spiegelscala.

Auf die Schwierigkeiten, welche, wie schon Edlund bemerkt hat, daraus entspringen, dafs das Verhältnifs der Widerstände beider Zweigdrähte in Folge der ungleichen Erwärmung beider nicht constant bleibt, die Nadel des Galvanometers sich also bei geschlossener Kette nicht genau in ihrer Gleichgewichtslage befindet, wurde die nöthige Rücksicht genommen; ebenso auf den Umstand, dafs die Nadel, indem sie durch den Extrastrom abgelenkt wird, ihre Lage nicht gegen die beiden Drähte des Galvanometers genau in gleicher Weise verändert. Wenn nämlich die Summe der von beiden Zweigströmen auf die Nadel ausgeübten Drehungsmomente in der Gleichgewichtslage Null ist, so ist diefs nicht mehr vollkommen der Fall, wenn die Nadel durch irgend eine äufsere Ursache aus dieser Gleichgewichtslage abgelenkt ist. Bei Schliefsung der Kette erfährt daher die Nadel aufser dem von dem Extrastrom herrührenden Impuls, der sie aus der Gleichgewichtslage ablenkt, noch ein von dieser Ungleichheit herrührendes Drehungsmoment, welches die Gröfse des beobachteten Ausschlags verändert. Der dadurch entspringende Fehler kann eliminirt werden, indem man aus zwei Ablenkungen der Nadel, die durch Ströme von entgegengesetzten Richtungen erzeugt werden, das Mittel nimmt.

Edlund hat gefunden, dafs der erste und zweite Extrastrom (Schliefsungs- und Oeffnungsstrom) im Fall eines gleichen inducirenden Stromes gleiche Ablenkungen erzeugen. Deshalb darf man aber nicht erwarten, beim Oeffnen und beim Schliefsen der Kette wirklich gleiche Ablenkungen zu erhalten, da in Folge der während der Dauer der Schliefsung eintretenden Polarisation die Stromintensität beim Oeffnen der Kette schwächer ist als beim Schliefsen. Es mufste, um diesen Uebelstand zu vermeiden und die Polarisation der Kette immer constant zu erhalten, die Einrichtung getroffen werden, dafs dieselbe auch in der Zwischenzeit geschlossen blieb, während die Inductionsrolle und das Galvanometer ausgeschaltet wurden. Zu diesem Zweck diente ein Commutator, welcher, indem er die Verbindung der Kette mit dem Galvanometer unterbrach, gleichzeitig einen Draht von gleichem Widerstand an Stelle desselben einschaltete. Damit die Umschaltung immer auf möglichst gleiche Weise erfolge, und die dabei unvermeidliche momentane Unterbrechung des Batteriestromes möglichst kurz sei, wurde dieselbe bei den späteren Versuchsreihen durch eine besondere Wippe bewirkt, die durch ein Relais in Bewegung gesetzt wurde.

Hr. Rijke bestätigte mittelst seines Apparats zunächst die Richtigkeit des von Edlund aufgestellten Satzes, dafs bei gleicher Stromintensität die durch den ersten und zweiten Extrastrom bewirkten Ablenkungen gleich und entgegengesetzt sind. Auch blieb dieses Gesetz noch gültig, wenn in die Axe der Inductionsspirale ein Eisendrahtbündel eingeschoben war. Beide Extraströme waren natürlich in diesem Fall stärker als ohne Eisenkern.

Daraus, dafs der Oeffnungs- und Schliefsungsstrom gleiche Wirkung auf die Galvanometernadel ausüben, folgt noch keineswegs, dafs beide in ihrer Dauer und Intensität einander gleich sind. Der durch den Extrastrom der Nadel ertheilte Impuls ist nämlich proportional der ganzen während der Dauer des Extrastroms durch einen Querschnitt des Drahtes fliefsenden Elektricitätsmenge oder dem über die Dauer des Stroms ausgedehnten Integral $\int_0^{\vartheta} i dt$, wo i die während des Zeitelements dt stattfindende Stromintensität bezeichnet. Es folgt also aus der Gleichheit der Ablenkungen nur die Gleichung

$$\int_0^{\vartheta} i dt = \int_0^{\vartheta'} i' dt,$$

welche auch erfüllt sein könnte, wenn einer von beiden Strömen bei kürzerer Dauer stärkere Intensität besäſse als der andere. Wären wirklich beide Ströme ihrer Dauer und ihrem ganzen Verlauf nach gleich, so müſste auch sein:

$$\int_0^{\vartheta} i^2 dt = \int_0^{\vartheta'} i'^2 dt.$$

Nun besitzen wir in dem Weber'schen Dynamometer ein Instrument, bei welchem die Ablenkungen dem Quadrat der Stromintensität oder bei Inductionsstöſsen dem Integral $\int i^2 dt$ proportional sind.

Mittelst eines Arrangements, welches im Princip mit dem der Wheatstone'schen Brücke übereinkommt, war es möglich, das Dynamometer so in die Stromschlieſsung einzuschalten, daſs bei geschlossener Kette die Stromintensität in demselben Null war, daſs dasselbe dagegen von dem in der Spirale erzeugten Extrastrom durchlaufen wurde. Das Mittel der Ablenkungen des Dynamometers war jetzt:

ohne Eisenkern beim Oeffnen	1,24	beim Schlieſsen	7,14
mit Eisenkern beim Oeffnen	18,09 17,85	beim Schlieſsen	75,34 66,01

Es folgt daraus, daſs z. B. bei der Versuchsreihe ohne Eisenkern

$$\int_0^{\vartheta} i^2 dt = 5{,}76 \int_0^{\vartheta'} i'^2 dt$$

war. Könnte man annehmen, daſs die Intensität eines Extrastromes während seiner ganzen Dauer constant sei, so würde man haben

$$i\vartheta = i'\vartheta', \qquad i^2\vartheta = 5{,}76\, i'^2\vartheta',$$

mithin

$$i = 5{,}76\, i'.$$

Jedenfalls aber folgt aus dem obigen Resultat so viel, daſs der Schlieſsungs-Extrastrom eine weit kürzere Dauer und stärkere Intensität besitzt, als der Oeffnungs-Extrastrom, mag übrigens die Spirale einen Eisenkern enthalten oder nicht. Das Verhältniſs der Intensitäten bei den Versuchen mit Eisenkern ergiebt sich aus der ersten Versuchsreihe = 100:24, aus der zweiten = 100:27.

Dieselben Versuchsmethoden wurden auf die Untersuchung der Frage angewendet, welche Modificationen der Extrastrom erleidet, wenn der inducirende Leiter gleichzeitig einen Inductionsstrom in einem benachbarten Leiter hervorruft. Es wurde zu diesem Zweck die zur Erzeugung des Extrastroms bestimmte Spirale mit einer Inductionsrolle mit sehr langem dünnem Draht umgeben, die bei Oeffnung und Schliefsung des Hauptstroms entweder offen oder durch einen kurzen dicken Draht geschlossen war.

Das Resultat war, dafs das Galvanometer gleiche Ablenkungen erfuhr, mochte die Inductionsspirale offen oder geschlossen sein, dafs also die Quantität der durch den Extrastrom in Bewegung gesetzten Elektricitätsmenge unvermindert blieb; dafs dagegen die Ablenkungen des Dynamometers bei offener Inductionsrolle viel gröfser waren als bei geschlossener Inductionsrolle, dafs also das Zustandekommen eines secundären inducirten Stromes in einem benachbarten Leiter die Dauer des Extrastromes auf Kosten seiner Intensität vergröfsert, solchergestalt dafs beide Gröfsen einander stets umgekehrt proportional sind. Die von dem inducirten Strom ausgeübte Wirkung ist caeteris paribus stärker, wenn der primäre Draht um einen Eisenkern gewickelt ist und in diesem Fall ist die auf den ersten Extrastrom ausgeübte Wirkung stärker als die auf den zweiten. *Im.*

R. Felici. Expériences sur un cas d'induction où serait nulle l'action électrodynamique exercée par l'aimant inducteur si le circuit était traversé par un courant. Ann. d. chim. (3) LI. 501-502†; Cimento II.

Hr. Felici hat aus sehr feinem und weichem Eisendraht eine ringförmige Spirale von 2 Meter äufserem und 1,6 Meter innerem Halbmesser gewunden. Dieser Ring wird mit übersponnenem Kupferdraht so umwickelt, dafs derselbe in einen Ringmagnet verwandelt werden kann, welcher nirgends freie Polarität zeigt. Ein solcher Magnet würde daher auch auf einen beliebig gestalteten Stromleiter keine elektrodynamische Kraft ausüben. Verbindet man aber die beiden Enden eines Galvanometerdrahtes durch einen Draht, welcher durch die Oeffnung des Ringes hindurchgeführt ist, so zeigt bei plötzlicher Erregung des Magnets das Galvanometer einen Inductionsstrom an, der jedenfalls noch stärker sein wird, wenn man den inducirten Draht in mehrfachen

Windungen durch den Ring hindurchführte. Dieser Versuch scheint Hrn. Felici unverträglich mit der Lenz'schen Regel und der von Neumann auf diese gegründeten Theorie der Inductionsströme. Dieser Widerspruch ist aber nur ein scheinbarer, denn das elektrodynamische Potential des Ringmagneten in Bezug auf einen geschlossenen Strom bleibt allerdings immer Null, so lange die Stromschliefsung nicht mit dem Ring des Magneten verschlungen ist. Daher kann auch irgend eine Bewegung des Stromleiters gegen den Magnet oder Erregung des Magnetismus in letzterem keinen Inductionsstrom hervorrufen. Es ist dagegen nicht möglich, den ursprünglich aufserhalb des Magnetringes geschlossenen Stromleiter in die bei dem beschriebenen Versuch benutzte Form zu bringen, ohne entweder die Stromschliefsung oder den Magnetring an irgend einer Stelle zu öffnen. Selbst wenn man sich dächte, dafs die Substanz des Magnets für die des Stromleiters permeabel wäre, so würde doch beim Durchgang das Potential eine Aenderung erleiden. *Im.*

H. F. Baxter. On the influence of magnetism over chemical action. Edinb. J. (2) V. 235-255†, VI. 25-38.

In seiner ersten Abhandlung, betreffend den Einflufs des statischen oder ruhenden Magnetismus auf chemische Processe stellt Hr. Baxter folgende drei Fragen: 1) Erzeugt der ruhende Magnetismus chemische Wirkungen? 2) Verstärkt oder schwächt er denselben? 3) Uebt er einen Einflufs auf ihre Richtung?

Die hinsichtlich der beiden ersten Fragen angestellten Versuche haben ein lediglich negatives Resultat ergeben; dieselben beziehen sich vorzugsweise auf den Einflufs des Magnetismus auf den osmotischen Procefs. Zur Beantwortung der dritten Frage beschäftigt sich der Verfasser mit den schon von Wartmann, Grove u. A. beobachteten elektrodynamischen Rotationen von Flüssigkeiten unter dem Einflufs eines Magnetpols, in welchem Referent ein rein elektrodynamisches Phänomen, nicht aber einen Einflufs des Magnetismus auf die Richtung der chemischen Wirkung erblicken kann.

Die zweite Abhandlung betrifft dem Titel nach den Einflufs

des entstehenden oder verschwindenden Magnetismus auf den chemischen Process, eigentlich aber die bereits von FARADAY [1]) in bejahendem Sinne beantwortete Frage, ob in elektrolytischen Flüssigkeiten magnetoelektrische Induction stattfinde oder nicht. Hr. BAXTER findet dies durch Versuche mit Kochsalzlösung und verdünnter Schwefelsäure bestätigt, bei welchen die zu untersuchende Flüssigkeit in einer auf geeignete Weise gebogenen Glasröhre enthalten war, so daſs durch Drehung der Glasröhre um eine feste Axe die Flüssigkeit zwischen den Polen eines starken Elektromagneten bewegt werden konnte, ohne daſs gleichzeitig die mit den Enden der Glasröhre verbundenen Elektroden des Galvanometers mitbewegt wurden. Bei Anwendung von destillirtem Wasser wurde keine Wirkung am Galvanometer bemerkt, jedenfalls in Folge des zu groſsen Leitungswiderstandes der Wassersäule.

Eine andre von Hrn. BAXTER angewendete Versuchsmethode bei welcher durch einen um seine Axe rotirenden Magnetstab, dessen einer Pol von der zu untersuchenden Flüssigkeit umgeben, aber gegen diese durch Glas isolirt war, Inductionsströme in der Flüssigkeit erzeugt werden sollten, konnte, wie leicht begreiflich, keine entscheidenden Resultate geben.

Daſs sichtbare chemische Wirkungen durch die in Elektrolyten erzeugten Inductionsströme nicht erzeugt werden konnten, hatte seinen Grund offenbar nur in der zu geringen Intensität derselben. *Im.*

A. Mechanische Theorie der galvanischen Kette.

v. QUINTUS ICILIUS. Ueber den numerischen Werth der Constanten in der Formel für die elektrodynamische Erwärmung in Metalldrähten. POGG. Ann. CI. 69-105; Ann. d. chim. (3) LI. 495-499; C. R. XLV. 420-424; Arch. d. sc. phys. XXXVI. 171-175.

Die Wärmemenge *W*, welche durch einen constanten Strom von der Intensität *J* in einem Leiterstück vom Widerstand *L* während der Zeiteinheit erzeugt wird, läſst sich bekanntlich, wie sowohl experimentelle Untersuchungen ergeben haben, als auch

[1]) Siehe Phil. Mag. (4) VII. 265; Berl. Ber. 1854. p. 502.

die von Thomson, Clausius und Andern entwickelte mechanische Theorie der galvanischen Kette verlangt, durch die Formel ausdrücken

$$W = aJ^2L.$$

Legt man für Intensität und Widerstand die Weber'schen absoluten Einheiten zu Grunde, so behält das Product J^2L denselben numerischen Werth, mag man die elektrodynamischen, die elektromagnetischen oder endlich die absoluten mechanischen Einheiten für J und L wählen. Die Constante a, welche daher auch für jedes der drei Maafssysteme denselben absoluten Werth hat, ist der Theorie zufolge das Wärmeäquivalent der absoluten mechanischen Arbeitseinheit:

$$a = \frac{1}{420.9810.10^3} = 2{,}428.10^{-10}.$$

Holtzmann [1]) hat darauf aufmerksam gemacht, dafs der Werth dieser Constanten, welchen man aus den Versuchen von Lenz nach dessen beiläufigen Angaben über die Stromintensität und die Dimensionen seines Apparats ableiten kann, fast $4\frac{1}{2}$ mal gröfser ist, als der aus der Theorie folgende. Holtzmann liefs die Gründe dieser Differenz unentschieden. Da dieselben jedoch nun entweder in einem Irrthum in den Angaben von Lenz oder in einer Fehlerhaftigkeit der Theorie liegen konnten, so stellte Herr v. Quintus Icilius die folgenden Versuche an, um entweder den Zweifel an der Richtigkeit der Theorie zu beseitigen, oder wenn er berechtigt wäre einen genaueren Werth der Constante a zu erhalten.

Zu diesem Zweck kam es zunächst darauf an, die Angaben des bei den Versuchen gebrauchten Magnetometers auf absolutes elektromagnetisches Maafs zu reduciren und ebenso den Leitungswiderstand der Drähte, deren Erwärmung bestimmt werden sollte, nach absolutem mechanischem Maafs zu bestimmen. Es wurden dabei die von Weber angegebenen Methoden benutzt und bei den Widerstandsmessungen die Copie des Jacobi'schen Etalons gebraucht, welche Weber in den elektrodynamischen Maafsbestimmungen p. 354 als die zweite bezeichnet und selbst mit dem Jacobi'schen Etalon verglichen hat. Auch wurde die Zunahme

[1]) Pogg. Ann. XCI. 260; Berl. Ber. 1854. p. 556.

des Leitungswiderstandes der Drähte mit der Temperatur bestimmt, welche innerhalb der vorkommenden Temperaturdifferenzen der Temperaturzunahme proportional angenommen werden konnte. Für Kupfer ergab sich die Zunahme für einen Grad im Mittel = 0,00348, für Platin 0,00255. Eine Schwierigkeit, die sich erst im Verlauf der Versuche herausstellte, war die, dafs der Widerstand eines Drahtes durch den lange fortgesetzten Durchgang eines starken Stromes eine dauernde Aenderung erleidet. Es wurden die benutzten Drähte deshalb mit dem Etalon einmal vor und einmal nach den Erwärmungsversuchen verglichen und das Mittel aus beiden Versuchen in Rechnung gebracht.

Der Draht, dessen Erwärmung untersucht werden sollte, befand sich in einem mit Wasser, Alkohol oder Terpentinöl gefüllten kupfernen Calorimeter, welches zugleich ein Thermometer enthielt und sich im Innern eines zweiten gröfsern Gefäfses befand, das äufserlich mit Wasser umgeben war, um die Temperatur des das Calorimeter umgebenden Raumes so weit als möglich constant zu erhalten. Beide bei den Versuchen benutzte Calorimeter waren cylindrisch, das gröfsere 130^{mm}, das kleinere 80^{mm} hoch, beide von 62^{mm} Durchmesser. Der Erwärmungsdraht wurde nicht wie bei den Versuchen von Lenz spiralförmig aufgerollt, sondern um die Erwärmung im Calorimeter gleichmäfsiger zu vertheilen, in passender Weise mittelst eines aus zwei dünnen Elfenbeinringen und drei Elfenbeinstäbchen gebildeten Rahmens ausgespannt. Die Stromschliefsung enthielt aufserdem den Multiplicator des Magnetometers, ferner einen Rheostaten, um die Stromintensität während der Dauer des Versuches annähernd constant zu erhalten und einen Commutator, mittelst dessen man vor dem Versuch anstatt des im Calorimeter befindlichen Drahtes einen andern Draht von gleichem Widerstand einschaltete, um die Magnetometernadel schon vor Beginn des Versuchs nahezu in die Ablenkung zu bringen, welche sie während des Versuchs haben sollte.

Jeder Versuch dauerte 60 Minuten. Während desselben wurde von 2 zu 2 Minuten der Thermometerstand und dazwischen in Intervallen von 12 Secunden der Magnetometerstand aufgezeichnet und zur Regulirung der Stromintensität in den zwischen den Thermometerbeobachtungen liegenden Minuten der Rheostat gedreht. Ist du die Temperaturzunahme des Calorimeters während der Zeit dt, M die Menge und σ die Wärmecapacität der calorimetrischen Flüssigkeit, K der calorimetrische Wasserwerth des Gefäſses, so müsste, wenn die Temperaturänderung nur von der durch den Strom erzeugten Wärme herrührte und der Widerstand des Calorimeterdrahtes während des ganzen Versuches constant bliebe, auch $\frac{du}{dt}$ constant und

$$\frac{du}{dt} (M\sigma + K = aJ^2L$$

sein. Die Zunahme des Leitungswiderstandes mit der Temperatur und der Wärmeverlust des Calorimeters durch Strahlung machen aber noch besondere Correctionen nothwendig. Die dazu erforderlichen Constanten wurden, so weit es nöthig war, durch besondere Versuche ermittelt. Als calorimotorische Flüssigkeit wurde vorzugsweise destillirtes Wasser angewendet, welches freilich dem durch den Draht gehenden Strome eine schwache Nebenschlieſsung darbietet, deren jedenfalls sehr unerheblicher Einfluſs aber dadurch mehr als aufgewogen wird, daſs die Temperaturänderungen des Wassers direct die aufgenommenen Wärmemengen geben. Die Bestimmung der specifischen Wärme des Alkohols und Terpentinöls durch vergleichende Versuche zeigte sich nämlich mit einer erheblichen Unsicherheit behaftet.

Die zahlreichen Versuchsreihen sind in zwölf Tabellen zusammengestellt, von denen sich 6 auf Versuche mit Wasser, 4 mit Alkohol und 2 mit Terpentinöl beziehen. Nimmt man allein die auf Wasser bezüglichen Versuche, so ergeben sich zur Bestimmung der Constanten a und K sechs lineare Gleichungen, aus denen man den wahrscheinlichsten Werth $a = 2{,}551 . 10^{-10}$ erhält, während die extremen Werthe aus den Versuchen mit Wasser allein 2,409 und 2,784 und aus allen Versuchen 2,361 und 2,913 sind. Der gefundene Werth weicht von den theoretisch berechneten $2{,}428 . 10^{-10}$ nicht so bedeutend ab, daſs man daraus auf einen Widerspruch mit der Theorie zu schlieſsen berechtigt wäre. Berechnet man rückwärts aus dem gefundenen

Werth für a das mechanische Aequivalent der Wärmeeinheit, so erhält man A = 399,7 Kilogrammmeter. *Im.*

P. A. FAVRE. Recherches sur les courants hydroélectriques. Troisième partie. Relation entre la chaleur dépensée par un courant qui produit un travail mécanique et la chaleur engendrée par l'action chimique qui développe ce courant. C.R. XLV. 56-60†; Inst. 1857. p. 238-239; Arch. d. sc. phys. XXXVI. 59-63; Cimento VI. 218-221; Cosmos XI. 776-777.

Hr. FAVRE hat seine Untersuchungen über die in der hydroelektrischen Kette entwickelten Wärmemengen mittelst des von ihm und SILBERMANN construirten Quecksilbercalorimeters fortgesetzt und insbesondere die Verminderung untersucht, welche die erzeugte Wärmemenge erleidet, wenn bei gleicher Zinkconsumtion der Strom durch einen Elektromotor eine äufsere Arbeit leistet. Die Kette und der Elektromotor waren in den Muffeln zweier getrennten Calorimeter eingeschlossen, aus deren letzterem nur die zur Uebertragung der Bewegung bestimmte Axe hervorragte. Die Elektromagnete des Motors waren zweckmäfsig eingerichtet, um eine möglichst schnelle Abgabe der in ihnen erzeugten Wärme an das Quecksilber des Calorimeters zu gestatten. Die Kette bestand aus fünf Zinkplatinelementen und die Zinkconsumtion wurde durch die entwickelte Wasserstoffmenge bestimmt. Die Kette war mit dem Elektromotor durch so dicke Kupferdrähte verbunden, dafs ihr Widerstand als verschwindend betrachtet werden konnte. Es wurde nun in fünf auf einander folgenden Versuchsreihen jedesmal die in der Kette erzeugte Wärmemenge bestimmt, welche der Entwickelung von 1 Gramm Wasserstoff, mithin der Auflösung eines Aequivalents Zink entsprach. In der ersten Versuchsreihe war die Säule allein geschlossen. Das dieselbe enthaltende Calorimeter zeigte 18682 Wärmeeinheiten, der Auflösung eines Gramms Wasserstoff entsprechend. In der zweiten Versuchsreihe wurde die Säule mittelst der dicken Drähte geschlossen, welche später zur Verbindung der Kette mit dem Elektromotor dienten. Das Calorimeter gab jetzt 18674 Wärmeeinheiten an, also um 8 Einheiten weniger als vorher, zum Beweis, dafs die in den aufserhalb des Calorimeters befindlichen Drähten erzeugte Wärmemenge verschwindend klein ist. In der dritten Versuchsreihe wurde der Strom durch die Kette und die Spiralen des Elektromotors geleitet, ohne dafs letzterer in Bewegung war.

Während der Entwicklung von ein Gramm Wasserstoff zeigte das die Kette enthaltende Calorimeter 16448 Einheiten, das den Elektromotor enthaltende 2219 Einheiten, zusammen 18667 Einheiten an. Es war also die ganze durch die Auflösung des Zinks erzeugte Wärmemenge an die Calorimeter abgegeben worden, die geringe Differenz von 15 Wärmeeinheiten liegt innerhalb der Gränzen der Beobachtungsfehler. Viertens liefs man die Kette den Elektromotor bewegen, ohne dafs dieser ein Gewicht hob. Das erste Calorimeter zeigte jetzt 13888, das zweite 4769 Wärmeeinheiten, zusammen 18657. Die durch die Reibungswiderstände des Elektromotors erzeugte Wärmemenge war also bis auf 10 Einheiten im Calorimeter geblieben. Endlich liefs man den Elektromotor ein Gewicht heben. Während der Entwickelung eines Gramms Wasserstoff zeigte jetzt das erste Calorimeter 15427, das zweite 2947, in Summa 18374 Wärmeeinheiten. Die geleistete Arbeit war 131,24 Kilogrammmeter. Diese Arbeit nebst dem Reibungswiderstand einer Rolle, der besonders bestimmt werden konnte, entsprach also dem Minderbetrag der erzeugten Wärmemenge. Man erhält daraus das Aequivalent der Wärmeeinheit, wenn man von der ersten Versuchsreihe ausgeht, welche das Maximum der erzeugten Wärmemenge giebt, gleich 464 Kilogrammmeter. Hr. Favre behält sich vor, das Resultat durch umgekehrte Versuche zu controliren. *Im.*

J. Bosscha. Ueber die mechanische Theorie der Elektrolyse. Pogg. Ann. CI. 517-549, CIII. 487-487†; Arch. d. sc. phys. (2) I. 361-363.

Hr. Bosscha beabsichtigt in der vorliegenden Arbeit die von Thomson u. A. entwickelte mechanische Theorie der galvanischen Kette experimentell zu prüfen und auf die Bestimmung elektromotorischer Kräfte nach absolutem Maafs anzuwenden.

Unter dem elektrochemischen Aequivalent eines einfachen oder zusammengesetzten Stoffes soll in Folgendem diejenige Menge desselben, in Milligrammen ausgedrückt, verstanden werden, welche durch einen Strom von der elektromagnetischen Intensitätseinheit in der Zeiteinheit einer Secunde ausgeschieden wird. Ist dann α das elektrochemische Aequivalent des Wasserstoffs, ε das chemische Aequivalent einer andern Substanz auf das des Wasserstoffs als Einheit bezogen, so ist nach dem Faraday'schen Gesetz $\alpha\varepsilon$ das elektrochemische Aequivalent dieser Substanz.

Ist a das Quantum mechanischer Arbeit, welches durch diejenige Verbindung eines Milligramms dieser Substanz, welche in der Kette vorkommt, gewonnen werden kann, so wird bei der Einheit der Stromintensität diesem chemischen Procefs entsprechende Arbeitsquantum $\alpha a\varepsilon$ während der Zeiteinheit entsprochen oder bei der Stromintensität ι während der Zeit τ das Arbeitsquantum $\alpha a\varepsilon \,.\, \iota\tau$. Das Arbeitsäquivalent sämmtlicher in der Kette stattfindender chemischer Processe während der Zeit τ ist daher $\alpha\iota\tau\Sigma a\varepsilon$, wobei die Summe auf alle gleichzeitig stattfindenden Processe auszudehnen und die den Zersetzungen entsprechenden Cylinder als negativ in Rechnung zu bringen sind. Diese Arbeitsmenge mufs nun das Aequivalent der in der Gesammtschliefsung entwickelten Wärmemenge sein. Nimmt man als Widerstandseinheit den Widerstand eines linearen Leiters, in welchem die Stromeinheit während der Zeiteinheit eine Wärmemenge entwickelt, welche das Aequivalent der absoluten Arbeitseinheit ist, und bezeichnet den gesammten Widerstand der Kette mit R, so ist nach dem Lenz'schen Gesetz das mechanische Aequivalent der durch den Strom i in der Zeit τ erzeugten Wärmemenge $i^2\tau \,.\, R$, mithin mufs sein

$$\alpha i\tau \,.\, \Sigma a\varepsilon = i^2\tau R$$

und daraus

$$i = \frac{\alpha\Sigma a\varepsilon}{R}$$

d. h. die Stromintensität ist umgekehrt proportional dem Widerstand R und direct proportional der Gröfse $\alpha\Sigma a\varepsilon$, welche also die absolute elektromotorische Kraft der Kette darstellt und die wir mit k bezeichnen wollen. Findet in der Kette nur ein chemischer Procefs statt, wie z. B. in der einfachen DANIELL'schen Kette, in welcher für jedes chemische Aequivalent Zink, welches sich in Schwefelsäure auflöst, ein Aequivalent Kupfer niedergeschlagen wird, so hat man

$$k = a\alpha\varepsilon$$

wo a das mechanische Aequivalent der Wärmemenge bezeichnet, welche durch Reaction eines Milligramms Zink auf Kupfervitriollösung erzeugt werden kann. Ist die Gröfse a durch anderweitige Versuche bekannt, so kann man daraus die absolute elektromotorische Kraft der Kette finden und umgekehrt. Von diesen Principien ausgehend hat W. THOMSON die von ANDREWS angestellten Beobachtungen über die bei chemischen Processen entwickelten Wärmemengen benutzt um die elektromotorische Kraft der DANIELL'schen Kette zu berechnen. Er vergleicht das Resultat mit einer von JOULE für diese elektromotorische Kraft gegebenen Zahl. Hr. BOSSCHA spricht jedoch die Vermuthung aus, dafs auch diese Zahl nicht auf einer directen Messung der elektromotorischen Kraft der DANIELL'schen Kette, sondern auf einer ähnlichen Rechnung beruht, dafs also die Uebereinstimmung beider Zahlen nicht als eine Bestätigung der mechanischen Theorie der Kette betrachtet werden darf. Hr. BOSSCHA unternimmt es daher, die elektromotorische Kraft der DANIELL'schen Kette direct nach absolutem Maafs zu bestimmen. Zur Bestimmung des absoluten Gesammtwiderstandes der Kette diente eine von LEYSER in Leipzig angefertigte Copie des JACOBI'schen Etalons. Indem nämlich die Stromintensität vor und nach Einschaltung des Etalons mittelst einer Tangentenboussole verglichen wurde, erhielt man durch Elimination des Gesammtwiderstandes R aus den durch beide Beobachtungen gelieferten Gleichungen im Mittel aus 6 Versuchsreihen den linearen Ausdruck

$$k = 0{,}30589 \,.\, cr$$

wo r den bekannten absoluten Widerstand des erwähnten Etalons, c aber eine von den Dimensionen der Tangentenboussole abhängige Constante bezeichnet. Zur Bestimmung dieser Constante ist die Reduction der durch die Tangentenboussole gegebenen Intensitätsbestimmungen auf absolutes Maafs erforderlich und diese Reduction geschah durch Bestimmung des Gewichts der in der Zeiteinheit bei einer gegebenen Ablenkung der Tangentenboussole in einer Zersetzungszelle abgeschiedenen Kupfermenge. Die elektromagnetische Einheit des Stromes zersetzt nämlich nach WEBER in einer Secunde $0{,}009376^{\text{mgr}}$ Wasser, scheidet also, da das chemische Aequivalent des Wassers 9, das des Kupfers 31,73 ist, in der Zeiteinheit $0{,}03305^{\text{mgr}}$ Kupfer ab. Mit Hülfe dieser Data ergab sich im Mittel aus fünf Beobachtungsreihen der Reductionsfactor

$$c = 55{,}21.$$

Der bekannte absolute Widerstand des Etalons war

$$r = 60717 \,.\, 10^5$$

und daraus die absolute elektromotorische Kraft der DANIELL'schen Kette

$$k = 102580 \,.\, 10^6.$$

Das elektrochemische Aequivalent des Zinks ist

$$\alpha\varepsilon = 0{,}03389^{\text{mgr}},$$

mithin wird

$$a = 30242 \,.\, 10^8$$

und wenn man für das mechanische Aequivalent der Wärmeeinheit $423{,}55 \,.\, 9811 \,.\, 10^6$ absol. Arbeitseinheiten annimmt, so ergiebt sich daraus die Wärmemenge, welche durch die Reaction von einem Milligramm Zink auf eine Lösung von schwefelsaurem Kupferoxyd in der Kette entwickelt wird

$$c = 0{,}7283 \text{ Wärmeeinheiten (1 Grm. Wasser, } 1^0 \text{ C.)}$$

während FAVRE und SILBERMANN auf directem Wege 0,714, ANDREWS (nach Angabe von THOMSON) 0,7884 und JOULE 0,769 Wärmeeinheiten gefunden hat.

In einem andern Theil der Abhandlung discutirt Hr. BOSSCHA einige Versuche von WOODS [1]), FAVRE und SILBERMANN [2]) und JOULE [3]), welche mit der mechanischen Theorie der Elektrolyse, wie dieselbe von THOMSON entwickelt worden, im scheinbaren Widerspruch stehen. WOODS, FAVRE und SILBERMANN bestimmten nämlich die Wärmemenge, welche in einem in ein Calori-

[1]) Phil. Mag. (4) II. 268; Berl. Ber. 1850, 51. p. 602.
[2]) Ann. d. chim. (3) XXXVII. 508; Berl. Ber. 1853. p. 333.
[3]) Phil. Mag. (4) III. 481; Berl. Ber. 1852. p. 394.

meter eingeschlossenen Voltameter entwickelt wurde, ersetzten darauf das Voltameter durch einen Draht „von gleichem Widerstande" oder sie wählten vielmehr die Länge des Drahtes so grofs, dafs die Stromintensität in der Kette wieder dieselbe war wie bei Einschaltung des Voltameters, und fanden, dafs die in dem Voltameter entwickelte Wärmemenge kleiner war als die im Draht entwickelte und zwar stimmte die Differenz beider Wärmemengen überein mit der Verbrennungswärme des im Voltameter entwickelten Wasserstoffs.

Auf demselben Princip beruhen die Versuche von Joule, der aufserdem auf gleiche Weise die Verbrennungswärme des Kupfers und des Zinks bestimmte. Es scheint bei der Art wie die genannten Physiker ihre Versuche discutiren, als ob im Voltameter eine der Wasserzersetzung entsprechende Wärmeabsorption stattfände, während nach der mechanischen Theorie der Elektrolyse die durch die chemischen Actionen gewonnene oder verlorene Wärmemenge nicht local auf den Ort beschränkt ist, wo die chemische Action stattfindet, sondern sich durch die ganze Kette verbreitet. In der That aber löst sich der Widerspruch einfach dadurch, dafs bei den in Rede stehenden Versuchen der Leitungswiderstand des Drahtes in der That nicht gleich dem des Voltameters, sondern gröfser war. Die Einschaltung des Voltameters vermindert nämlich die Stromintensität in doppelter Weise, erstens durch den Leitungswiderstand und zweitens durch die Polarisation der Elektroden, welche eine Verminderung der elektromotorischen Kraft zur Folge hat. Ist also k die elektromotorische Kraft der Kette, p die Polarisation, R der Widerstand der Kette und der Schliefsung ohne das Voltameter, v der Widerstand des Voltameters, l der des Drahtes, so mufs, wenn die Länge des Drahtes so gewählt ist, dafs in beiden Fällen die Stromintensität dieselbe ist,

$$\frac{k-p}{R+v} = \frac{k}{R+l}$$

mithin l gröfser als v, und darum nach dem Lenz'schen Gesetz die in Draht entwickelte Wärmemenge bei gleicher Intensität gröfser sein als die im Voltameter entwickelte. Dafs die Differenz beider grade die Verbrennungswärme des entwickelten Wasserstoffs ist, ergiebt sich nach der mechanischen Theorie der Elektrolyse daraus dafs, wie aus obiger Gleichung folgt:

$$\frac{l - v}{R + l} = \frac{p}{k}$$

ist, oder dafs die Differenz $l - v$ zum Gesammtwiderstand $R + l$ in demselben Verhältnifs steht wie das Arbeitsäquivalent der Wasserzersetzung zu dem der elektromotorischen Kraft der Kette. Anderweitig ist übrigens klar, dafs, da die Stromintensität mithin der Zinkverbrauch und die Wärmeentwicklung in allen übrigen Theilen der Kette in beiden Versuchen derselbe ist, die Wärmeentwicklung im Drahte diejenige im Voltameter um ebenso viel übertreffen mufs, als die Verbrennungswärme des im Voltameter entwickelten Wasserstoffs beträgt.

Anknüpfend an die Discussion der Joule'schen Versuche benutzt Hr. Bosscha die von Joule gegebenen Data dazu, den Gesammtwiderstand der von Joule gebrauchten Kette und seine Bestimmungen der Stromintensität auf absolutes Maafs zu reduciren und die dadurch gewonnene Bestimmung der absoluten elektromotorischen Kraft der von Joule gebrauchten Daniell'schen Kette mit seinen eigenen Versuchen zu vergleichen. Es ergiebt sich aus den Angaben von Joule die elektromotorische Kraft einer Daniell'schen Zelle nach absolutem (elektromagnetischem) Maafs

$$k = 10451 \,.\, 10^7,$$

während, wie oben angeführt, die Versuche des Hrn. Bosscha ergeben haben

$$k = 10258 \,.\, 10^7$$

Die Wärmemenge, welche durch Reaction eines Grammes Zink auf schwefelsaures Kupferoxyd entwickelt wird, ergiebt sich danach gleich

742,1 nach Joule,

728,3 nach Bosscha,

714 nach den directen Versuchen von Favre und Silbermann.

Im.

L. Soret. Recherches sur la corrélation de l'électricité dynamique et des autres forces physiques. Premier mémoire. Sur les variations d'intensité que subit le courant électrique lorsqu'il produit un travail mécanique. C. R. XLV. 301-304†; Inst. 1857. p. 298-299; Arch. d. sc. phys. XXXVI. 38-49.

— — Second mémoire. Sur la chaleur dégagée par le courant dans la portion du circuit qui exerce une action extérieure. C. R. XLV. 380-382†; Inst. 1857. p. 315-316; Arch. d. sc. phys. XXXVI. 49-55.

R. Clausius. Remarques sur la relation entre l'action chimique qui a lieu dans une pile voltaïque et les effets produits par le courant. Arch. d. sc. phys. XXXVI. 119-122†.

L. Soret. Observation sur la note de M. Clausius. Arch. d. sc. phys. XXXVI. 123-128†.

Die erste Abhandlung des Hrn. Soret bezieht sich vorzugsweise auf Versuche, die mit der Jacobi'schen Theorie der Elektromotoren nicht in Uebereinstimmung stehen. Aus einer von Jacobi gegebenen Formel [1]) schliefst nämlich Hr. Soret, dafs wenn man der elektromagnetischen Maschine eine negative Geschwindigkeit giebt, die Stromintensität der Kette vergröfsert werden müfste, während sie bei positiver Geschwindigkeit in Folge der durch Induction erzeugten Gegenströme vermindert wird. Wenn die Geschwindigkeit einen gewissen negativen Werth erreichte, müfste die Stromstärke ins Unendliche wachsen und gleichzeitig die Arbeit welche erforderlich wäre, um der Maschine diese negative Geschwindigkeit zu ertheilen, unendlich grofs werden. — Die Versuche des Hrn. Soret ergaben im Gegentheil, dafs die Stromintensität, wenn man die elektromagnetische Maschine durch eine äufsere Kraft in umgekehrter Richtung in Bewegung setzte, ebenfalls abnahm. Hr. Soret sucht den Grund des Widerspruchs in der Discontinuität der Ströme und in den durch die abwechselnde Magnetisirung und Entmagnetisirung der Eisenkerne erzeugten Inductionsströmen. Wiewohl der Einflufs dieser Inductionsströme nicht wie Hr. Soret glaubt in der Theorie von Jacobi vernachläfsigt worden ist — denn Jacobi setzt bei

[1]) Siehe Berl. Ber. 1850, 51. p. 813 Gleichung (5).

der periodischen Bewegung einer Maschine, die „während einer Periode" erzeugte bewegende Arbeit gleich der widerstehenden Arbeit und da am Ende jeder Periode der magnetische Zustand der Eisenkerne derselbe ist, so ist die Summe der durch die Magnetisirung und Entmagnetisirung der Eisenkerne während jeder Periode erzeugten Arbeit gleich Null, so möchten doch die auf die Berechnung der mittleren Stromintensität und mittleren magnetischen Kraft gegründeten Schlüsse von Jacobi nur mit gewissen Restrictionen anwendbar sein. Auch wird es von wesentlichem Einfluſs sein, ob beide magnetische Systeme aus Elektromagneten bestehen oder eins von beiden durch Stahlmagneten ersetzt ist, indem im letzten Fall die magnetische Kraft mit der Stromintensität ihr Zeichen ändert, im ersten dagegen nicht.

Die zweite Abhandlung hat die Bestimmung des Einflusses zum Gegenstand, welchen es auf die in einem Theil der Schlieſsung entwickelte Wärmemenge hat, wenn derselbe eine äuſsere Bewegung hervorruft. Hr. Soret ist hierbei in einen ähnlichen Irrthum verfallen, wie der in der Abhandlung von Bosscha (siehe den obigen Bericht) als möglich bezeichnete. Hr. Soret glaubte nämlich, daſs wenn ein Theil der Schlieſsung z. B. die Spirale eines Elektromagnets eine äuſsere Arbeit leiste, dadurch die in diesem Theil entwickelte Wärmemenge um das Aequivalent der geleisteten Arbeit verringert werde. In der That aber ist klar, daſs durch die in Folge der Thätigkeit des Elektromotors erzeugten Inductionsströme die Stromintensität in der ganzen Kette geschwächt, mithin der Minderbetrag der Wärmeentwickelung auf alle Theile der Kette ihrem Widerstand proportional vertheilt wird. Nähme nun der Zinkverbrauch in demselben Verhältniſs ab als die Wärmeentwicklung, so würde letztere immer das Aequivalent der chemischen Action bilden, mithin kein Aequivalent für die geleistete äuſsere Arbeit bleiben. Da aber der Zinkverbrauch der Stromintensität, die Wärmeentwicklung dagegen dem Quadrat der Stromintensität proportional abnimmt, so wird durch die Inductionsströme die Wärmeentwickelung in stärkerem Verhältniſs vermindert als die chemische Action, und die Stromintensität nimmt so weit ab, daſs die geleistete äuſsere

Arbeit durch den Minderbetrag der entwickelten Wärmemenge compensirt wird. Die Versuche des Hrn. Soret, durch welche derselbe nachzuweisen suchte, dafs das Verhältnifs der in zwei Spiralen entwickelten Wärmemengen sich änderte, wenn man eine von beiden eine äufsere Arbeit leisten liefse, mufsten daher zu einem negativen Resultat führen.

Hr. Clausius weist in einer Notiz durch einfache auf die oben erwähnten Principien gegründeter Schlüsse das Irrthümliche der Ansicht des Hrn. Soret nach, während dieser in seiner Entgegnung bei der principiellen Unklarheit beharrt, den Einflufs der von einem Stromtheil geleisteten äufseren Arbeit als eine Verminderung des Leitungswiderstandes aufzufassen, da doch derselbe in der That auf dem Hinzukommen einer neuen entgegenwirkenden elektromotorischen Kraft beruht. *Im.*

F. P. Leroux. Etudes sur les machines électromagnétiques et magnéto-électriques. Deuxième mémoire. C. R. XLV. 414-417†; Arch. d. sc. phys. XXXVI. 168-171.

Von dem Princip ausgehend, dafs der elektrische Strom in einem besonderen Bewegungszustand der Molecüle des Stromleiters bestehe, meint Hr. Leroux, dafs zur Mittheilung dieser Bewegung an die Theilchen oder zum Zustandekommen des Stromes eine gewisse endliche Zeit t erforderlich sei. Von $t=0$ bis $t=t_1$ ist die Stromintensität variabel und wird durch den Quotienten $\frac{dT}{dt}$ dargestellt, wenn T die zur Zeit t „an den Stromleiter übertragene" Arbeit bezeichnet. Wenn der Strom constant geworden ist, wird in jeder Zeiteinheit eine gleiche Arbeitsmenge T_0 übertragen. Wendet man auf den variabeln Zustand der Stromintensität das Ohm'sche Gesetz an, d. h. versteht man unter dem in jedem Augenblick stattfindenden Widerstand den Quotienten aus elektromotorischer Kraft und Stromintensität, so kann man die Erscheinungen beim Entstehen des Stromes darstellen indem man sagt, dafs während der Zeit t_1 die Schliefsung eine Vermehrung des Widerstandes erleidet; diese Vermehrung r nennt Hr. Leroux den dynamischen Widerstand, im

Gegensatz zum gewöhnlichen statischen. Die in jedem einzelnen Theile der Schliefsung erzeugte äufsere und innere Arbeit (Wärme) ist dann proportional der Summe seines statischen und dynamischen Widerstandes. Man sieht, dafs die von Hrn. Leroux aufgestellten Gesichtspunkte nichts Neues enthalten, auch nicht geeignet sind zu einer gröfseren Klarheit der Auffassung der Vorgänge beim Zustandekommen des Stromes beizutragen. Die Arbeiten anderer Physiker über Extraströme und Inductionsströme sind Hrn. Leroux jedenfalls ganz unbekannt geblieben. *Im.*

R. Clausius. Ueber die Elektricitätsleitung in Elektrolyten. Pogg. Ann. CI. 338-360†; Phil. Mag. (4) XV. 94-109; Ann. d. chim. (3) LIII. 252-256.

Hr. Clausius bemerkt zuerst, dafs die von ihm aufgestellten Sätze über die in einem beliebigen Leiterstück gethane Arbeit und erzeugte Wärme [1]) auch auf Stromleiter zweiter Klasse (welche durch Elektrolyse leiten) anwendbar bleiben, indem die in einem beliebigen Volumen im Innern der Flüssigkeit durch die chemische Zerlegung und Wiedervereinigung verbrauchten und erzeugten Arbeitsgröfsen die Summe Null geben. Ueber die speciellen Vorgänge im Innern der Elektrolyten hat sich der Verfasser eine Vorstellung gebildet, welche mit seinen Ansichten über die Natur der Wärmebewegung in genauem Zusammenhang steht. Denkt man sich, dafs die beiden Theilmolecüle welche das Molecül einer chemischen Verbindung bilden, durch eine Anziehung verbunden sind, in Folge deren sie zwar um ihre Gleichgewichtslagen oscilliren, aber sich nicht von einander trennen können und wirkt auf eine aus solchen zusammengesetzten Molecülen bestehende Flüssigkeit eine elektrische Kraft, welche die elektropositiven Theilmolecüle nach der einen, die elektronegativen nach der andern Seite zu treiben sucht, so folgt daraus, dafs so lange die elektromotorische Kraft eine gewisse Gränze nicht überschreitet, welche erforderlich ist um die Anziehung zu überwinden, überhaupt keine Elektrolyse, mithin auch kein Strom stattfinden könnte, dafs dagegen wenn die elektromotorische Kraft

[1]) Pogg. Ann. LXXXVII. 415; Berl. Ber. 1852. p. 499.

eine gewisse Gränze überschritte, sehr viele Molecüle mit einem Mal zersetzt werden und plötzlich ein sehr starker Strom entstehen müfste, was der Erfahrung direct widerspricht. Hr. Clausius glaubt daher, die Constitution eines Elektrolyten sich in anderer Weise vorstellen zu müssen.

In seiner Abhandlung „über die Natur der Bewegung, welche wir Wärme nennen" [1]) hat derselbe die Ansicht ausgesprochen, dafs in Flüssigkeiten die Molecüle nicht bestimmte Gleichgewichtslagen haben, sondern dafs ihre Wärmebewegungen so lebhaft sind, dafs sie dadurch in ganz veränderte immer neue Lagen zu einander kommen. Hr. Clausius dehnt diese Ansicht nun auf die Elektrolyten in der Weise aus, dafs er annimmt, dafs in denselben auch im natürlichen Zustand ohne elektrischen Strom eine fortwährende Zersetzung und Wiedervereinigung der chemischen Bestandtheile stattfindet, indem z. B. in Folge der Wärmebewegung das negative Theilmolecül eines Gesammtmolecüls zu den Nachbarmolecülen in eine so günstige Lage geräth, dafs es durch deren Anziehung aus der Verbindung mit dem positiven Theilmolecül ganz gelöst wird und sich entweder sogleich mit einem andern positiven Theilmolecül verbindet oder sich zwischen den Gesammtmolecülen so lange umherbewegt, bis es zu einem andern positiven Molecül in eine derartige Lage kommt, dafs es von diesem durch Anziehung festgehalten wird. Wirkt auf die Flüssigkeit keine elektrische Kraft, so wird bei diesen Bewegungen keine Richtung vor der andern bevorzugt sein, es kann sich also nirgends eine gröfsere Anzahl positiver oder negativer Theilmolecüle ansammeln, sondern in jedem Volumen werden gleich viele positive und negative Theilmolecüle vorhanden sein. Das Vorhandensein einer elektrischen Kraft hingegen bewirkt, dafs sich die positiven Theilmolecüle vorzugsweise nach der einen, die negativen nach der entgegengesetzten Richtung bewegen. Auch werden unter Einflufs der Kraft die Zersetzungen häufiger stattfinden als ohne dieselbe. Die entgegengesetzte Bewegung beider Arten von Molecülen bildet den galvanischen Strom innerhalb der Flüssigkeit. Das Leitungsvermögen derselben hängt ab von der Leichtigkeit und Häufigkeit, mit welcher die Zerle-

[1]) Berl. Ber. 1857. p. 282.

gungen innerhalb der Flüssigkeit geschahen. Es nimmt dasselbe daher mit wachsender Temperatur zu.

Hr. CLAUSIUS erwähnt, dafs ähnliche Ansichten über die Constitution flüssiger und gasförmiger chemischer Verbindungen schon von WILLIAMSON in einer Abhandlung über die Theorie der Aetherbildung [1]) ausgesprochen worden sind. Jedenfalls wird man, um die Proportionalität der chemischen Verbindungen zu retten, annehmen müssen, dafs die Anzahl der unverbundenen Theilmolecüle gegen die der Gesammtmolecüle immer verschwindend klein bleibt.

Am Schlufs macht Hr. CLAUSIUS einige Bemerkungen über die elektrische Endosmose. Ist der Druck auf beiden Seiten der porösen Scheidewand gleich, so ist die von der elektrischen Kraft beim Hindurchtreiben der Flüssigkeit gethane Arbeit nur die Ueberwindung der Reibung an den Wänden der Poren, welche in Form von Wärme zum Vorschein kommt; ist hingegen der Druck im zweiten Gefäfs gröfser als im ersten, jedoch nicht so grofs um die elektrische Endosmose zu verhindern, so ist aufserdem noch eine Arbeitsgröfse erforderlich, welche aber so klein ist, dafs sie immer nur einen geringen Bruchtheil der ganzen von der elektrischen Kraft innerhalb der porösen Wand gethanen Arbeit bilden und nur bei sehr schlecht leitenden Flüssigkeiten beträchtlicher werden kann. Wenn der Einflufs ein merklicher wäre, so würde sich aus der mechanischen Theorie der Kette der Schlufs ziehen lassen, dafs dadurch, dafs man das Wandern der Flüssigkeit verhindert, der Leitungswiderstand der Wand etwas vermehrt wird. *Im.*

[1]) Ann. d. Chem. u. Pharm. LXXVII. 37.

38. Galvanische Induction und Magnetoelektricität.

C. Matteucci. Sopra alcuni fenomeni di magnetismo di rotazione. Cimento VI. 5-24; C. R. XLV. 353-360†; Inst. 1857. p. 314-315; Cosmos XI. 320-320.

Hr. Matteucci hat in seinem Werke über Induction angeführt, dafs ein Wismuthwürfel unter dem Einflusse eines rotirenden Elektromagnets schneller rotire, wenn seine Spaltungsrichtungen senkrecht, als wenn sie wagerecht gestellt waren. Er vergleicht diese Erscheinung mit dem Verhalten eines aus sehr dünnen, gegeneinander isolirten Kupferplättchen zusammengesetzten Würfels, welcher über den Magnetpolen rotirt, wenn die Platten vertical liegen, nicht aber wenn horizontal. Beim Wismuthwürfel finden ebenfalls diejenigen Ströme, welche sich senkrecht zu den Spaltungsrichtungen verbreiten, einen gröfseren Widerstand, als die parallel mit denselben laufenden. Um den Einflufs der Durchgangsrichtung auf die Drehung noch stärker zu machen, liefs Hr. Matteucci aus vollständig krystallisirtem Wismuth dünne Platten schneiden, parallel der Hauptspaltungsrichtung (äquatoriale) und andere senkrecht auf die Hauptspaltungsrichtung (axiale). Ein Holzwürfel trug an seinen vier senkrechten Wänden bald vier Platten der ersten, bald vier der letzteren Art, und wurde mittelst eines Glashakens und mehrerer Coconfäden über dem Magnet aufgehängt. In einer gewissen Höhe über den Magnetpolen empfindet der Würfel mit axialen Platten gar keine Einwirkung vom Magneten, während der mit äquatorialen schon rotirt. Bei gröfserer Annäherung rotiren beide, aber der erstere weit langsamer, als der letztere.

Der zweite Theil der Abhandlung enthält eine Wiederholung früherer Versuche über das Verhalten von Eisenverbindungen rotirenden Magneten gegenüber. Eisenchlorür, fest oder gelöst, erfährt gar keinen Einflufs, Eisenoxyd, in kleinen Mengen zu Wachs oder Harz gemischt, verleiht dagegen diesem in hohem Grade die Fähigkeit zu rotiren. Schwefel, Phosphor, Stearinsäure, zeigten keine Wirkung.

Um den Einfluſs der Vertheilung der Masse auf die Rotation zu zeigen, hängte Hr. Matteucci einen Glasstab horizontal zwischen den Magnetpolen auf, und befestigte an jedem Ende des Stabes einen isolirenden Faden. Als der Magnet zu rotiren begann, blieb der Stab in Ruhe; er bewegte sich aber sogleich, wenn an die Fäden kleine Goldstückchen oder kleine Silberdrahtstückchen befestigt wurden. In diesen könnte nicht wohl die Bildung voller elektrodynamischer Systeme angenommen werden, sondern nur eine elektrische Spannung, welche, wenn das Metallstückchen der Theil eines geschlossenen Leiters wäre, zur Bildung des Stromes beitragen würde. In Mischungen von Harz und Metalltstaub trugen noch Theilchen von $\frac{1}{200}$ mm Durchmesser zur Erzeugung der Rotation bei. *Bz.*

E. S. Ritchie. On a modified form of Ruhmkorff's induction apparatus. Silliman J. (2) XXIV. 45-46, 143-143; Athen. 1857. p. 1183-1183; Phil. Mag. (4) XIV. 239-240; Arch. d. sc. phys. XVI. 254-255†; Inst. 1857. p. 367-368; Liter. Gaz. 1857. p. 1029-1029.

— — Note on Ruhmkorff's induction coil. Phil. Mag. (4) XIV. 480-480; Pogg. Ann. CII. 644-644†; Edinb. J. (2) VI. 189-190.

Bei den Inductionsspiralen ist wegen des Umstandes, daſs je zwei übereinander liegende Wendungen um eine bedeutende Drahtlänge von einander entfernt sind, eine besonders gute Isolation nöthig. Hr. Ritchie sucht diesen Umstand möglichst zu entfernen: er wickelt den Draht zuerst auf einen Kegel von so groſsem Winkel, als es möglich ist, ohne daſs der Draht aus der Ordnung kommt (50°). Wenn die erste Schicht aufgewickelt und gefirniſst ist, bedeckt er sie mit einem dünnen Kautchukringe, und führt sie auf einen Glascylinder über. Dann wird eine zweite, dritte u. s. f. Schicht in gleicher Weise auf den Kegel gewickelt und an die vorhergehende angeschlossen; so wenigstens verstehe ich die sehr unklare Beschreibung. Der Vortheil dieser Einrichtung ist, daſs der Draht in jeder conischen Schicht sehr kurz ist, und daſs zwischen je zwei Schichten nur ein geringer Spannungsunterschied stattfinden kann. Eine aus 30000′ Draht nach diesem Plane gewickelte Spirale gab Funken von

6 Zoll Länge. Die Mittheilung enthält aufserdem noch Angaben über die Construction einzelner Theile der Inductionsapparate.

Die zweite Notiz enthält die Mittheilung, dafs ein 60000′ Draht enthaltender Apparat 10½ Zoll lange Funken gab. Poggendorff erinnert übrigens daran, dafs das der Construction dieser Apparate zu Grunde liegende Princip mit dem von ihm selbst angewandten zusammenfalle. *Bz.*

L. Foucault. Interrupteur à double effet pour les appareils d'induction. Inst. 1857. p. 265-266†.

Die Inductionsapparate, welche mit dem Quecksilberunterbrecher des Hrn. Foucault (Berl. Ber. 1856. p. 516) construirt wurden, haben ausgezeichnete Wirkungen gegeben; Ruhmkorff hat mit ihnen einen dauernden Funkenstrom von 20 Centimeter Länge erhalten. Da aber bei diesem Unterbrecher der vibrirende Theil ungefähr eben so lange aus dem Quecksilber ausgehoben, als in dasselbe eingetaucht ist, so suchte Hr. Foucault jene erstere Zeit dadurch nutzbar zu machen, dafs er den Unterbrecher in einen doppelt wirkenden verwandelte. Er gab dem vibrirenden Stück die Einrichtung, dafs es abwechselnd mit dem einen und mit dem anderen Ende eintauchte, und so durch beide Enden die Oeffnung und Schliefsung desselben inducirenden Stromes bewirkte, wodurch die Anzahl der in der gleichen Zeit übergehenden Funken verdoppelt wird. *Bz.*

N. J. Callan. On the electro-dynamic induction-machine. Athen. 1857. p. 1183-1183; Inst. 1857. p. 367-367; Liter. Gaz. 1857. p. 1102-1102; Phil. Mag. (4) XIV. 323-340†.

Hr. Callan theilt eine Reihe von Versuchen mit, welche er an Inductionsapparaten anstellte und beschreibt einige dabei gebrauchte Vorrichtungen; 1) Verfertigt man den Anker eines Elektromagnets nicht aus massivem Eisen, sondern aus einer Spirale von feinen, isolirten Eisendrähten, so dafs er gerade zwischen die Pole des Elektromagnets pafst, fafst beide Enden dieser Drähte mit den Händen und unterbricht dann den, den Magnet umkreisenden Strom, so erhält man einen Schlag vom Anker. 2) Wenn eine Batterie durch eine Kupferspirale, in welcher Eisendrähte liegen, geschlossen wird, und man schliefst dieselbe Batterie durch eine zweite Spirale, so geht durch diese mehr Elektricität, als wenn die erstere Rolle keine Eisendrähte enthielte. 3) Ein aus einer Spirale isolirten Eisendrahts verfertigter Kern thut, in der primären Spirale steckend, weit bessere Dienste als alle andere, sonst gebräuchliche Kerne. 4) Hr. Callan bringt eine neue Art der Isolation an, bei welcher unvollkommene Isolation angewandt wird, wenn sie ausreicht, vollkommene dagegen, wenn sie erfordert wird. Bei dieser (nicht beschriebenen) Isolation können die Drähte der Inductionsrolle einander sowohl, als den Windungen der Hauptrolle näher gebracht werden. 5) Er zeigt einen Unterbrecher vor, dessen schleifende Theile aus Kupfer bestehen, der aber ebensogut wirkt, als ob dieselben aus Platin beständen. 6) Er construirt den Condensator so, dafs nach Belieben ein gröfserer oder kleinerer Theil desselben benutzt werden kann, je nachdem der erregende Strom von einer geringeren oder gröfseren Anzahl von Elementen herrührt. *Bz.*

J. N. Hearder. On a new instrument for registering a rapid succession of electrical discharges, and a comparis on of the effects of the induction coil with those of frictional and hydro-electric machine. Phil. Mag. (4) XIII. 324-337†; Arch. d. sc. phys. XXXV. 138-139.

Bentley and Hearder. The improved induction coil. Phil. Mag. (4) XIII. 471, 536-537, XIV. 160, 237-239, 319-320†.

Hr. Hearder beschreibt die Wirkungen seiner kräftigen Inductionsapparate. Die Funken sprangen zwischen den freien Polenden bis zu einem Abstande von 4 Zoll über. Wurden die Enden weiter auseinander gerückt und ein Blatt Papier ihnen parallel so gehalten, dafs es etwa 1 Zoll von jedem Ende entfernt war, so sprangen die Funken schnell von einer Spitze auf das Papier und durch dessen Oberfläche nach der andern Spitze, wobei sie oft eine Länge von 6 Zoll hatten. Die Funken eines grofsen Apparates wirkten so stark zündend, dafs der Tisch, auf welchem die Drahtenden mehrere Zoll von einander entfernt lagen, anbrannte. Die Zündung geschah am leichtesten, wenn beide Drahtenden dem Längsschnitte nach auf demselben Jahresringe des Holzes lagen. War dies nicht der Fall, so folgten die Funken zuerst der Faser, sprangen dann plötzlich zur nächsten über, und so fort bis sie diejenige erreichten, auf der die zweite Spitze lag. Ein Stück Tannenholz von der Dicke eines Gänsekiels, 5 bis 6 Zoll lang, mit Salpetersäure befeuchtet und mit den Drähten des allgemeinen Ausladers verbunden, entzündete sich sogleich an beiden Enden und die Funken liefen auf seiner Oberfläche hin. Selbst dünnes Glas schmolz, wenn die Funken über seine Oberfläche liefen, so dafs die Erhitzung dem Durchgange der Funken durch die Luft oder der unmittelbar erwärmenden Kraft des Funkens selbst, nicht einer Wirkung im schlechten Leiter zugeschrieben werden mufs.

Durch Einschaltung einer Leidenschen Flasche in die Leitung wurde die Wirkung des Inductionsstromes wesentlich verändert. Die Drahtenden des letzteren wurden an ein Funkenmikrometer geschraubt, dessen Drähte 0,3 bis 0,4 Zoll von einander entfernt standen; aufserdem war ein dünner Platindraht (der Draht eines Thermoelektrometers) in diesen Kreis eingeschaltet. Als der Strom wie früher in Bewegung gesetzt wurde, zeigte das Thermoelektrometer keine Erwärmung des Platindrahtes an, sobald aber jetzt die Belege einer Leidener Flasche mit zwei von den beiden Polenden ausgehenden Drähten verbunden wurden, glühte der Platindraht und schmolz, wenn er kurz genug war. Die Funken am Mikrometer hatten jetzt an ihrer zündenden Eigenschaft verloren, sie waren heller und geräuschvoller, aber kürzer geworden. Die Inductionsrolle enthielt bei diesen Versuchen etwas weniger als 4 (engl.) Meilen dünnen Drahtes. Um den Einflufs der Bindung der Elektricität in den beiden Belegen allmälig hervortreten zu lassen, wurde die Leidensche Flasche durch zwei mit Zinnfolie überzogene Bretter ersetzt, von denen eines horizontal festgelegt, das andere an seidenen Fäden über dem ersteren und ihm parallel aufgehängt war. Wenn die Entfernung beider Platten von einander grofs genug war, so wirkte der Apparat nie ohne Einschaltung der bindenden

Vorrichtung, die Wirkung wurde aber um so mehr verändert, je mehr die beiden Platten einander genähert wurden.

Zur Vergleichung der Wirkungen des Inductionsstromes mit denen anderer Elektricitätsquellen wandte Hr. HEARDER sein Thermoelektrometer an (beschrieben Phil. Mag. XII. 379), ein Instrument, dessen er sich zur Messung VOLTA'scher Ströme schon seit 1827 bedient hat. Um die Wirkung der Inductionsrolle und die der Elektrisirmaschine miteinander zu vergleichen, mufsten beide unter ganz ähnliche Bedingungen versetzt werden. Es wurde die Wirkung einer einzelnen Entladung der Inductionsrolle von einer Flasche von ungefähr einem Quadratfufs Oberfläche am Thermoelektrometer gemessen, dann die Wirkung einer schnell aufeinander folgenden Reihe solcher Entladungen. Hierdurch wurde bis zu einer gewissen Gränze diese letztere Wirkung der Zahl der einzelnen Entladungen proportional gefunden. Dann versicherte sich Hr. HEARDER, dafs dieselbe Ladung der Flasche, durch die Elektrisirmaschine hervorgebracht, dieselbe thermische Wirkung erzeuge, verband die Flasche mit einem LANE'schen Entlader und stellte die Knöpfe derselben so, dafs eine Entladung von der erforderlichen Stärke erhalten wurde. Da keine Elektrisirmaschine die Flasche mit gehöriger Schnelligkeit lud, so wurde die Elektricität zuerst in einer grofsen Batterie angesammelt und aus dieser durch Spitzenausströmung in die kleine Flasche übertragen. Jetzt stimmte die Wirkung jeder einzelnen Entladung genau überein mit der einer einzelnen Entladung von der Inductionsrolle, und die Wirkung schnell aufeinander folgender Entladungen war wieder deren Anzahl nahe proportional. Nachdem so eine gemeinsame Einheit hergestellt war, wurde die Zahl der Entladungen der Inductionsrolle durch einen Apparat gemessen, den Hr. HEARDER Funkenzähler nennt. Er besteht aus einem kreisförmigen Papier, welches langsam um seinen Mittelpunkt gedreht wird, während zwei mit den Poldrähten der Inductionsrolle verbundene, einander nahe gegenüber stehende Spitzen, zwischen denen jene Kreisscheibe hindurchgeht, durch ein Halbsecundenpendel hin und her bewegt werden. Ist der Strom eingeleitet, so bildet sich auf dem Papier eine Curve, welche aus lauter feinen, durch das Durchschlagen der Funken durch das Papier erzeugte Löcher zusammengesetzt ist. Bewegt sich das Papier, so erhält man immer eine Löchercurve neben der anderen. Nachdem mittelst dieses Funkenzählers die Zahl der Entladungen gefunden war, wurde die Gröfse der Glasoberfläche bestimmt, welche in der Elektrisirmaschine gerieben werden mufste, um die zu einer Entladung nöthige Elektricitätsmenge zu erhalten und diese, mit der Zahl der Entladungen der Inductionsrolle in einer Secunde multiplicirt, gab das Aequivalent des Inductionsapparates in Glasoberfläche ausgedrückt. Als der angewandte Apparat 150 Entladungen in der Secunde gab, war sein Aequivalent ausgedrückt durch 2400 □fufs Glasoberfläche. Ein Vergleich der Inductionsrolle mit der grofsen Hydroelektrisirmaschine der Polytechnic Institution zeigte, dafs die Wirkung einer Entladung von der ersteren gleich der von 15 bis 20 solcher Maschinen sein würde.

Die übrigen Notizen, welche oben angeführt worden sind, enthalten nur Prioritätsstreitigkeiten ohne Interesse. *Bz.*

Sinsteden. Ueber die magnetisirende und elektrolytische Wirkung des elektromagnetischen Inductionsstromes. Pogg. Ann. CI. 1-10†.

Es gelang Hrn. Sinsteden, mittelst seines, im Berl. Ber. 1855. p. 486 beschriebenen Inductionsapparates, Magnete von starker Tragkraft dadurch herzustellen, dafs er in die Leitung des Inductionsstromes ein Kohlenspitzenpaar einschaltete. Metallspitzen an Stelle der Kohlenspitzen in den Kreis gebracht bewirkten zwar, dafs der Strom die Magnetnadel lebhaft ablenkte, aber nicht dafs er einem Elektromagnet grofse Tragkraft verlieh. Wurde der, durch Kohlenspitzen unterbrochene Inductionsstrom in die Federn des Inductors einer Saxton'schen Maschine geleitet, so begann derselbe mit grofser Geschwindigkeit zu rotiren. In einem Voltameter, das in einen solchen Kreis geschaltet war, fand eine lebhafte und gleichförmige Gasentwickelung statt, auch wenn die Elektroden nicht aus Spitzen, sondern aus Platinplatten bestanden. Der Strom vertrug bei dieser Einrichtung die Einschaltung bedeutender Widerstände, ohne die Fähigkeit, den Elektromagnet kräftig zu erregen, zu verlieren. Hr. SINSTEDEN hofft deshalb, den Strom in dieser Gestalt mit Vortheil zur Ueberwindung großser Telegraphenwiderstände benutzen zu können. Die vorzugsweise starke Wirkung der Kohlenspitzen im Vergleich zu der der Metallspitzen kann durch einen einfachen Versuch klar gemacht werden. Wenn man nämlich das Bild des am Hammer entstehenden, scheinbar continuirlichen Funkens in einem pendelnden Spiegel beobachtet, so löst es sich in eine Reihe einzelner Lichterscheinungen auf; diese bestehen aus Punkten, wenn Metallspitzen, aber aus senkrechten Strichen, wenn Kohlenspitzen in den Kreis geschaltet sind, zum Beweise, daſs in diesem Falle der Oeffnungsstrom eine merkliche Zeit hindurch dauerte; die Striche und die Wirkung sind gröſser, wenn die Substanz der Kohle recht lose ist. Geschah die Unterbrechung durch zwei, einander sehr genäherte, Metallspitzen, so konnte doch aus der, dem äuſseren Drahtende zugehörigen Elektrode mit dem Finger Funken gezogen werden, nicht aber, wenn die Spitzen aus Kohle bestanden; wegen dieses Umstandes ist auch die Anwendung des FIZEAU'schen Condensators bei dem, durch Kohlenspitzen unterbrochenen Strome ebenso wirkungslos, wie bei einem völlig geschlossenen.

Hr. SINSTEDEN empfiehlt für die in Rede stehenden Versuche den von ihm beschriebenen Inductionsapparat, bei dem die Inductionsspirale an ihrem Anfange und Ende mit einigen Windungslagen sehr dicken Drahts und eines breiten Metallbandes verbunden ist, ganz besonders, weil durch sie eine groſse Menge von Elektricität in Bewegung gesetzt wird. Die gute Isolation des inneren Endes, welche zur Erlangung langer Funken in der Luft erforderlich ist, ist hier ganz unnöthig, weil gar kein Bestreben der Elektricität, nach Auſsen hin abzuflieſsen, vorhanden ist. *Bz.*

LENZ. Ueber den Einfluſs der Geschwindigkeit des Drehens auf den, durch magnetoelektrische Maschinen erzeugten Inductionsstrom. Bull. d. St. Pét. XVI. 177-192†.

Bei seinen, in dieser dritten Abhandlung über den genannten Gegenstand beschriebenen, Versuchen bediente sich Hr. LENZ

27*

eines Commutators, der dem früher angewandten (Berl. Ber. 1855. p. 565) ähnlich ist, aber den Vorzug hat, dafs man es immer mit gleichgerichteten Strömen zu thun hat, und dafs man die Breite des leitenden Streifens willkürlich ändern kann. Der erstere Umstand machte es möglich, die Ströme an einer Tangentenbussole, statt, wie früher, an einem Weber'schen Dynamometer zu messen. Die Versuche wurden zuerst ganz ähnlich angestellt wie sie in der oben angezogenen zweiten Abhandlung beschrieben waren. Die erhaltenen Ablenkungen waren zwar gering, reichten aber aus, um den Gang der Curve deutlich zu erkennen; eine Verstärkung der Ablenkungen wäre dadurch zu erreichen gewesen, dafs dem leitenden Streifen eine gröfsere Breite gegeben worden wäre. Dies Mittel wurde aber verschmäht, weil dann die Curve der Veränderung der Stromstärke in ihren verschiedenen Phasen aus einem zu grofsen Stücke hätte construirt werden müssen. Die Resultate waren ganz die früheren. Es zeigte sich, dafs die elektromotorische Kraft während der Bewegung jedes Eisencylinders von einem Magnetpol zum nächsten zwei Maxima hat, ein gröfseres und ein kleineres, zwischen denen beiden ein Minimum liegt. Das erstere Maximum, zu dem die Curve sehr steil aufsteigt, entspricht dem Verschwinden des Magnetismus aus den Eisencylindern, das zweite der Erzeugung desselben bei Annäherung der Cylinder an die Magnetpole; es ist also nothwendig anzunehmen, dafs der Magnetismus langsamer in den Cylindern entsteht, als er aus ihnen verschwindet. Die Summe aller beim Entstehen des Magnetismus inducirten Ströme mufs trotz dieser Verschiedenheit der Maxima immer gleich sein der Summe aller beim Verschwinden desselben inducirten Ströme.

Hr. Lenz studirte ferner die Gesetze der Induction in ihren verschiedenen Phasen, wenn die Umstände, unter welchen die Versuche angestellt wurden, sich möglichst änderten. Die Spiralen der, aus den Magneten bestehenden, Stöhrer'schen Maschine wurden bald alle untereinander, bald alle nebeneinander, bald zu 2 oder 3 nebeneinander verbunden. In allen vier Fällen zeigten die Curven einen ganz übereinstimmenden Verlauf, nur wurde eine, schon früher von Hrn. Lenz beobachtete und erklärte Erscheinung sehr auffallend wahrgenommen; bei der Verbindung aller 6 Spiralen hintereinander wurde nämlich der Nullpunkt weit stärker verschoben, als bei der Verbindung nebeneinander, weil nämlich im ersten Falle der Strom in jeder einzelnen Spirale weit stärker, und darum die Rückwirkung desselben auf die Cylinder um so auffallender war. Für verschiedene Drehungsgeschwindigkeiten zeigte sich, dafs, je gröfser dieselbe ist, desto später der Strom gleich Null werde, oder dafs man einen gewöhnlichen Commutator um so mehr nach der Richtung der Drehung hin verschieben müsse, um den Strom immer in gleicher Richtung zu erhalten. Bei gröfserer Drehungsgeschwindigkeit wurden die Ströme stärker, aber lange nicht im Verhältnifs zu dieser Geschwindigkeit. Während die Nullpunkte der Curven bei verschiedenen Drehungsgeschwindigkeiten verschiedene Lagen annahmen, blieben die Wendepunkte merklich unverändert, so dafs sich an diesen sämmtliche Curven durchschnitten. Hr. Lenz schliefst daraus, dafs die Lage beider Punkte durch verschiedene Ursachen bedingt sei, nämlich die der Wendepunkte durch die raschere Veränderung der Magnetisirung der Eisencylinder, die der Nullpunkte durch die früher besprochenen secundären Ströme. Bei Veränderung der Breite des leitenden Streifens endlich zeigte sich, dafs der Strom welcher in irgend einem Vielfachen der Breite desselben enthalten ist, immer gröfser ausfällt, als der aus den einzelnen Breiten, welche in ihm enthalten sind, summirte, und dafs der Unterschied um so gröfser wird, aus je mehr einzelnen Stücken die Breite des leitenden Streifens besteht. Hr. Lenz nimmt demnach seine früher ausgesprochene Ansicht: es werde durch den leitenden Streifen gleichsam ein Stück aus der Quadratur der ganzen Curve herausgeschnitten, zurück. Die diesem Stück entsprechende Stromstärke fällt vielmehr immer kleiner aus, als sie dem Ausschnitt zukommt, kommt ihr aber immer näher je breiter der leitende Streifen ist. Die Ursache dieser Verringerung ist in dem beim Eintritt des Stromes sich bildenden Extrastrom zu suchen. Die Form der Curven, welche, bei derselben Breite des Streifens, die Veränderung der elektromotorischen Kraft in den verschiedenen Phasen hervorbringt, wird dadurch nicht geändert, weil der störend wirkende Extrastrom immer dem eigentlichen Inductionsstrom proportional ist. *Bz.*

Siemens. Ueber eine neue Construction magnetoelektrischer Maschinen. Pogg. Ann. CI. 271 - 274†; Polyt. C. Bl. 1857. p. 1185-1187.

Die Construction der magnetoelektrischen Maschinen, welche die Herren Siemens und Halske als Telegraphenbatterien für ihre Zeigertelegraphen benutzen, ist die folgende. Zwei Magnetstäbe sind, vertical nebeneinanderstehend, mit ihren Enden auf einer Eisenplatte festgeschraubt, so dafs sie einen Zwischenraum zwischen sich behalten. Nahe an den oberen freien Enden beider Stäbe sind aus deren beiden, einander zugekehrten Flächen cylindrische Höhlungen ausgedreht, so dafs ein Cylinder an dieser Stelle zwischen beide Magnetstäbe geschoben, und in der Höhlung um eine Längenaxe gedreht werden kann. Dieser Cylinder besteht aus zwei eisernen Cylinderabschnitten, welche einander gegenüberstehen, und durch eine auf beiden Abschnittsflächen senkrechte Eisenplatte mit einander verbunden sind. Der aus diesen drei Eisenstücken gebildete Galvanometerrahmen ist mit Draht so vollgewickelt, dafs der ganze Körper die Gestalt eines vollen Cylinders annimmt. Er wird dann mit Messingblech bedeckt, um gegen Verletzungen geschützt zu werden. Die mittlere Eisenplatte trägt die Zapfen, um welche die Rotation erfolgt; von den beiden Drahtenden wird das eine an den Eisenkern selbst, das andere an eine, auf dem einen Zapfen sitzende isolirte Rolle befestigt, welche, wenn die Ströme immer gleiche Richtung haben sollen, die Gestalt eines Commutators erhalten mufs. Die weitere Leitung des Stromes geschieht durch schleifende Federn. Die Zahl der Magnetstäbe kann beliebig vermehrt und dann die Länge des rotirenden Cylinders entsprechend vergröfsert werden. Da alle von einander getrennt stehen, so schwächen sie sich gegenseitig nur unbedeutend, um so mehr, als sie mit dem Drahtrahmen und der Eisenplatte stets einen geschlossenen Magnet bilden. Die Vorzüge dieser Construction vor der gewöhnlichen liegen darin, dafs man bei einem gegebenen Stahlgewicht über stärkere Magnetismen verfügt, wenn man viele kleine, als wenn man wenig grofse Magnete anwendet, dafs das Trägheitsmoment des bewegten Theils der Maschine möglichst vermindert, und der Wechsel der Ströme möglichst schnell herbeigeführt ist. *Bz.*

Lamy. D'une mode économique de production du courant électrique par le magnétisme terrestre. C. R. XLV. 807-808; Inst. 1858. p. 395-396; Pogg. Ann. CII. 641-642; Brix Z. S. 1858. p. 88-89; Z. S. f. Math. 1858. 1. p. 194-195; Dingler J. CXLVII. 172-178.

Der hier in Vorschlag gebrachte Apparat besteht aus einer oder mehreren Drahtspulen, welche auf die Felge des Schwungrades einer grofsen Dampfmaschine senkrecht zu derselben, so dafs sie als Kern der Spule dient, aufgewickelt werden und mit dem Rade so vor dem terrestrischen Magnet rotiren, wie die Eisenkerne einer magnetoelektrischen Maschine vor den Polen des Hufeisenmagnets. Hr. Lamy erhielt mit seinem Apparat schwache Funken, starke Erschütterungen und Zersetzungen von Salzlösungen, Brunnen- und destillirtem Wasser. *Bz.*

Fernere Literatur.

A. Nobile. Sul theorema fondamentale dell' induzione elettrostatica. Rendic. di Napoli 1856-1857. p. 62-70.

---

39. Elektromagnetismus.

F. P. Le Roux. De l'influence de la structure sur les propriétés magnétiques du fer. C. R. XLV. 477-480†; Phil. Mag. (4) XIV. 553-555; Inst. 1857. p. 339-340; Cimento VI. 304-305.

Durch die Beobachtungen von Knoblauch und Tyndall über den Einflufs der Compression diamagnetischer Körper auf deren Verhalten zum Magnet wurde Hr. Le Roux zu ähnlichen Versuchen an magnetischen Substanzen veranlafst. Er benutzte dazu die zur Stahlfabrikation aus sehr reinen Eisenerzen durch

Wasserstoffgas oder Kohlenoxydgas reducirten und dann durch die hydraulische Presse comprimirten Massen. Aus diesen schnitt er Prismen, welche er, über einem Magnetstabe oder den Polen eines Hufeisenmagnets aufgehängt, schwingen liefs. Die Wirkung des Magnets auf diese Prismen wurde stärker gefunden, wenn die Schichtungen vertical, als wenn sie horizontal waren; dieser Unterschied verminderte sich bedeutend, nachdem die Prismen ausgeglüht waren. Es wurden ferner Versuche angestellt mit Stücken, welche aus Eisen und Kupfer gemischt waren; um sie zusammenhängend zu machen, wurden sie erhitzt und dann zusammengeprefst. Bei dem einen Stück, welches bis zur Weifsgluth erhitzt worden war, war das Kupfer geschmolzen; an ihm war kein Unterschied im magnetischen Verhalten je nach der Richtung der Compression zu bemerken. Das andere Stück dagegen, das nur bis zur Kirschrothgluth erhitzt worden war, zeigte den Unterschied wieder, wenn auch nur in geringem Grade. Dieselben Umstände, welche den Diamagnetismus des Wismuths vergröfsern, vergröfsern demnach auch den Magnetismus des Eisens. *Bz.*

SCHEFCZIK. Eine abgeänderte Form temporärer Magnete. Inst. 1857. p. 375-375†; Jahrb. d. geol. Reichsanst. 1857. p. 292-295.

Hr. SCHEFCZIK umwickelt die Eisenkerne, welche zu Elektromagneten werden sollen, mit Kupferstreifen, so, dafs die Schnittfläche derselben auf den Kern zu gerichtet ist, um die Uebelstände, welche aus dem grofsen Durchmesser der gewöhnlich gebrauchten dicken Kupferdrähte hervorgehen, zu vermeiden. *Bz.*

DU MONCEL. Expériences sur les électro-aimants en fer à cheval n'ayant qu'une seule hélice magnétisante. C. R. XLV. 67-69†; Inst. 1857. p. 229-230.

NICKLÈS. Remarques au sujet d'une note de M. DU MONCEL sur les électro-aimants. Réclamation de priorité. C. R. XLV. 252-254†; Inst. 1857. p. 273-274.

DU MONCEL. Réponse à cette réclamation. C. R. XLV. 277-278†; Inst. 1857. p. 292-293.

Die hinkenden Elektromagnete, wie Hr. DU MONCEL die nur

auf einem Schenkel mit einer Magnetisirungsspirale versehenen Elektromagnete nennt, haben eine ziemlich bedeutende Tragkraft. Um deren Grund kennen zu lernen, prüfte der Verfasser zuerst die Anziehungskraft eines einzelnen geraden Elektromagnetstabes; er zog bei 2 Millimeter Abstand 6 Gramm; als er vor das freie Ende des Ankers einen geraden Magnet mit dem Pole brachte, der dem auf den Anker wirkenden Elektromagnetpol entgegengesetzt war, betrug die Anziehung 9 Gramm. Auf den Pol des Elektromagnetstabes, welcher nicht auf den Anker wirkte, wurde ein eiserner Querstab gelegt, und an dessen anderes Ende der andere, unbewickelte Schenkel des Elektromagnets gelegt, ohne ihn aber auf den Anker wirken zu lassen; die Vorrichtung zog jetzt 19 Gramm, als beide Schenkel auf den Anker wirkten, 25 Gramm, und als noch der Stabmagnet an das andere Ende des Ankers gehalten wurde, 31 Gramm. Hr. du Moncel schliefst daraus, dafs der Hauptgrund jener bedeutenden Kraft der hinkenden Magnete in der Verlängerung des Eisens und der Vergröfserung seiner magnetischen Masse zu suchen sei. Der zweite Schenkel wirkt dabei auf den Anker in ähnlicher Weise, wie die Annäherung des Stahlmagnets.

In einer Zusatznote bemerkt der Verfasser, er habe sich überzeugt, dafs die Verstärkung in der Tragkraft nicht auf der Vergröfserung der magnetischen Masse beruhen könne, da sie auch schon bei blofser Annäherung der Eisenmasse an den unthätigen Pol eintrete. Man müsse jene Vergröfserung also einer Condensation des Magnetismus dieses Poles zuschreiben, welche die Scheidung der beiden magnetischen Fluida erleichtere.

Hr. Nicklès nimmt die hier mitgetheilten Beobachtungen sowohl als deren Erklärung für sich in Anspruch. Ueber die Aufsätze, auf welche er sich beruft, ist im Berl. Ber. 1852. p. 547 und 1853. p. 573 [1]) gesprochen. Hr. du Moncel erklärt dagegen, dafs diese Untersuchungen mit den seinigen Nichts zu thun haben, und dafs er seine hinkenden Elektromagnete schon früher beschrieben habe, als jene Arbeiten von Nicklès erschienen seien. *Bz.*

[1]) Zeile 10 von oben ist zu lesen „Stabmagnete" statt „Stahlmagnete".

du Moncel. Recherches sur les électro-aimants. C. R. XLV. 382-386†; Inst. 1857. p. 306-307.

Diese Notiz giebt im Auszuge den Inhalt einer Abhandlung, welche später der Akademie vorgelegt werden soll. Sie besteht aus vier Theilen. Der erste beschäftigt sich mit der Veränderung der Kraft der Pole eines Magnets, wenn Eisenmassen an dieselben angelegt werden; mit der Vertheilung des Magnetismus in den Magneten, je nachdem die Magnetisirungsspirale auf der ganzen Schenkellänge oder nur auf dem Ende steckt, mit der Lage des neutralen Punktes, welcher bei der Berührung zweier Magnete mit entgegengesetzten Polen entsteht. Die zweite und dritte Abtheilung handelt von hinkenden und röhrenförmigen Magneten; die vierte von der Beziehung zwischen der Tragkraft und Anziehungskraft der Magnete einerseits und der Anzahl der magnetisirenden Elemente andererseits. Es wäre überflüssig die einzelnen Angaben hier zu wiederholen, da man keiner begegnen dürfte, welche nicht schon an irgend einem anderen Orte zu finden wäre. Namentlich aber würde eine Aufzählung von Gesetzen, bei denen nicht die Stärke des magnetisirenden Stromes, sondern die Zahl der Elemente als Maafsstab genommen ist, ohne alles Interesse sein. Es würde z. B. Niemand eine grofse Neuigkeit darin finden, dafs im Vergleich mit der Anzahl der Elemente die anziehende Kraft des Magnets in einem um so gröfsern Verhältnifs wächst, je gröfser die Zahl der Spiralwindungen ist.

Bz.

---

du Moncel. Études comparatives sur l'énergie des électro-aimants suivant que leurs armatures se meuvent parallelement on angulairement par rapport à la ligne de leurs pôles et suivant que ces armatures sont posées à plät ou sur champ. Inst. 1857. p. 369-371, 396-397†; Cosmos XI. 551-553.

Durch eine Wippe konnten die parallelepipedischen Anker vor den Polen der Elektromagnete entweder so bewegt werden, dafs sie mittelst eines Hebels von beiden Polen zugleich abgehoben wurden, oder so, dafs sie, sich um eine Axe drehend, welche nahe am einen Pole lag, einen Winkel zur Verbindungslinie beider Pole bildeten. Die erstere Bewegung ist die parallele, die letztere die Winkelbewegung. Hierbei konnte ferner der Unterschied stattfinden, daſs je nach der Befestigung der Anker an der Wippe, dieselben flach gegen die Pole auflagen (mit der gröſseren Seitenfläche) oder aufgekantet (mit der kleineren Seitenfläche). Durch Stellschrauben konnte der Abstand der Anker vom Magnet geregelt werden. Hr. du Moncel untersuchte nun die Anziehungskräfte, durch welche die Anker unter diesen verschiedenen Bedingungen gehalten werden, indem er auf die, vom anderen Ende der Wippe getragene Schaale Gegengewichte legte. Die Schlüsse, welche der Verfasser aus seinen Versuchen zieht, sind folgende:

1) In allen Fällen ist die flache Lage des Ankers in Bezug auf die Anziehung aus der Ferne der aufgekanteten vorzuziehen.

2) Die Winkelbewegung des Ankers ist immer vortheilhafter als die parallele, besonders dann, wenn nur der eine Schenkel des Magnets eine Spirale trägt. Der Pol aber, an welchem die Drehung stattfindet, muſs fast in Berührung mit dem Anker sein. Ist das nicht der Fall, so ist die parallele Bewegung vorzuziehen.

3) Die Anziehungskraft der Elektromagnete, deren Anker sich parallel den Polen bewegt, ist stärker wenn sie zwei, als wenn sie nur eine Spirale tragen, während sie bei Magneten mit Winkelbewegung des Ankers in beiden Fällen fast die gleiche ist.

4) Es ist vortheilhaft, die Anker um einen Punkt drehen zu lassen, welcher etwas auſserhalb der Axe des Magnetschenkels liegt, welcher den Anker berührt.

5) Die Kraft, mit welcher der Magnet im Moment der Stromschlieſsung den Anker anzieht, ist gröſser als die Gegenkraft, durch welche der Anker losgerissen wird, wenn er durch einen continuirlichen Strom von gleicher Stärke angezogen war. Deshalb muſs man, wenn ein mechanischer Effect erzielt werden soll, diesen unmittelbar durch den Magnet, nicht durch die Gegenkraft ausüben lassen.

In der zweiten Note fügt Hr. du Moncel noch einige Schlüsse hinzu, welche er aus den früher erhaltenen Zahlen gezogen hat, nämlich:

1) Das Verhältnifs zwischen den Anziehungskräften der flach oder aufgekantet angebrachten Anker ist immer gröfser, wenn sie sich parallel, als wenn sie sich im Winkel zu den Polen bewegen, sowohl wenn der Magnet zwei, als wenn er nur eine Spirale trägt.

2) Die Schnelligkeit der Abnahme der Anziehungskraft in die Ferne ist immer bei den flach liegenden Ankern viel gröfser als bei den aufgekanteten, bei denen mit einer Spirale gröfser, als bei denen mit zweien, wenigstens wenn die Anker sich im Winkel bewegen, umgekehrt aber, wenn sie sich parallel bewegen.

3) Das Verhältnifs zwischen der Kraft, mit der der Anker vom Magnet aus der Ferne herangezogen wird, und der durch welche er losgerissen werden kann, ist gröfser bei den flach als bei den aufgekantet liegenden Ankern, wenn sie sich parallel bewegen; umgekehrt aber, wenn sie sich im Winkel bewegen.

4) Die Anziehung der Elektromagnete mit einer Spirale, deren bewickelter Schenkel nahe am Drehpunkt des Ankers liegt, kann bei einer etwas grofsen Ankerentfernung gröfser sein, als die eines Magnets mit zwei Spiralen.

5) Die Kraft der flach liegenden Anker, welche von einer gewissen Gränze an schneller abnimmt, als die der aufgekanteten, wächst von dieser Gränze bis zur Berührung mit dem Magnet langsamer als diese Kraft. *Bz.*

---

du Moncel. Mémoire sur les réactions secondaires échangées entre les électro-aimants et leurs armatures. Recherches sur les conditions de force des électro-aimants. Inst. 1857. p. 402-403†, 416-416†.

Diese Notiz enthält nur Einzelnes aus einem Werke, das Hr. du Moncel vorbereitet. Er hebt zunächst hervor, dafs die Verstärkung der Tragkraft eines Magnets durch Anbringung einer Eisenmasse an einem seiner Pole nicht dieser Masse, sondern ihrer Oberfläche proportional sei. Bei einer gewissen Gränze wird daher die Einwirkung auf den activen Pol geschwächt. Diese Schwächung beruht auf der ungenügenden Polarität der hinzugefügten Masse, was sich dadurch beweisen läfst, dafs durch

Annäherung eines bleibenden Magnets die Kraft des Elektromagnets gleich wieder auf das Maximum gebracht werden kann. Merkwürdig ist dabei, dafs die Wirkung des Magnets hierbei immer dieselbe ist, ohne Rücksicht auf die Gröfse der hinzugefügten Eisenmasse. Hr. du Moncel erklärt hieraus die Constanz der Wirkung verschieden langer hufeisenförmiger Elektromagnete. Er beschwert sich weiter über die Schwierigkeit, welche er bei Anstellung seiner Versuche darin gefunden habe, dafs sich die Anziehungskräfte in Folge der Inconstanz der Ketten beständig änderten, wenn die Säule geöffnet und wenn sie geschlossen wurde. Trotzdem scheint ihm der Gedanke, seine Stromstärken zu messen, nicht gekommen zu sein. Endlich stellt er die Ergebnisse seiner Versuche zusammen, die sich auf den remanenten Magnetismus beziehen. Derselbe kann, bei unmittelbarer Berührung zwischen Anker und Magnet, einen bedeutenden Bruchtheil der ganzen Tragkraft erreichen; die Abnahme des Rückstandes mit der Entfernung des Ankers findet sehr viel schneller statt, als die der gesammten Anziehungskraft. Bei etwa 1^{mm} Entfernung ist er schon gleich Null. Wenn der Anker selbst magnetisch ist, so ist diese Abnahme eine viel langsamere. Die Vorrichtungen, bei denen sich die Anker parallel der Verbindungslinie der Pole bewegen, ist der Wirkung des Magnetismus günstiger, als die, bei denen die Annäherung in einer Winkeldrehung geschieht. Der Rückstand wächst mit der Stärke der Säule, aber nicht in so starkem Verhältnifs, wie diese Stärke; er ist um so weniger kräftig, je länger die magnetisirende Spirale ist. Die Tragkraft magnetisirter Anker ist immer geringer als die der Anker von weichem Eisen; die Anziehungskraft in die Ferne aber wechselt nicht nur mit der gröfseren oder geringeren Kraft, sondern auch mit der Stellung des Ankers zum Elektromagnet. Die Geschwindigkeit, mit der die Anker von weichem Eisen abfallen, sind den Anziehungskräften proportional und nähern sich um so mehr den Anziehungsgeschwindigkeiten unter dem Einflufs einer entgegenwirkenden Kraft, je gröfser diese ist. (Es ist nicht angegeben, wie dies gemessen worden ist.) Die Anziehungskräfte verhalten sich erst von einer gewissen Gränze an umgekehrt wie die Quadrate der Entfernung. *Bz.*

Beetz. Ueber die elektromagnetische Wirkung Volta'scher Ströme verschiedener Quellen. Pogg. Ann. CII. 557-571†; Arch. d. sc. phys. (2) I. 339-344; Brix Z. S. 1858. p. 89-98; Mitth. d. naturf. Ges. in Bern 1857. p. 113-128.

Hipp hatte beobachtet, dafs bei gleichbleibender Intensität eines magnetisirenden Stromes die Quelle desselben von Einflufs auf die Geschwindigkeit der Ankeranziehung sei (Berl. Ber. 1855. p. 506). Ich habe gezeigt, dafs dieser Zeitunterschied in dem verschiedenen Anwachsen des magnetisirenden Stromes seinen Grund hat, welche durch die Gröfse des bei der Stromschliefsung entstehenden Extracurrent bedingt wird. Da nämlich der vielpaarigen Säule ein gröfserer Widerstand geboten werden mufs, als der einpaarigen, wenn sie die gleiche Intensität wie diese hervorbringen soll, so ist zwar in beiden Fällen die elektromotorische Kraft des Schliefsungsgegenstromes die gleiche, aber im ersteren Falle seine Intensität kleiner als im letzten, der Magnetismus erreicht daher, wenn er durch die vielpaarige Säule erregt ist, schneller diejenige Stärke, bei welcher er die Elasticität der Spannfeder zu überwältigen vermag, als wenn durch eine einpaarige Kette. Dieser Unterschied ist aber um so beträchtlicher, je stärker die Spannfeder gestellt ist, weil die logarithmischen Curven, welche das Anwachsen des Stromes für beide Fälle versinnlichen, immer weiter von einander abweichen, je mehr sie sich asymptotisch der weiteren Höhe des constanten Stromes nähern. Um zu finden, ob so grofse Zahlenunterschiede, wie sie Hipp beobachtete, durch diese Unterschiede in der Stärke der Gegenströme zu erklären seien, werden die Stromstärken dieses Extracurrent in bestimmter Zeit nach der Stromschliefsung gemessen. Auf die Schenkel eines kleinen Hufeisens wurden zwei gleiche Drahtspiralen geschoben, durch die eine wurde das Eisen magnetisirt, die andere war durch den Multiplicator einer Spiegelbussole geschlossen, an der die durch den Extracurrent hervorgebrachten Ablenkungen abgelesen wurden, wenn dieser Extracurrent eine bestimmte Zeit nach dem Hauptstrome geschlossen wurde, und während einer bestimmten Zeit geschlossen blieb. Um diese Zeiten abzumessen, wurden sowohl der magnetisirende als der Inductionsstrom durch Federn geschlossen, welche auf der Cylinderfläche eines, mit bekannter Geschwindigkeit rotirenden Mutators von Elfenbein, mit Metalleinsätzen versehen, schliffen. Dadurch, dafs die Metalleinsätze um beliebige Winkelgröfsen gegeneinander verstellt werden konnten, war die Zeit, um welche die Schliefsung des Inductionsstromes der des magnetisirenden folgte, leicht abzumessen. Damit der Schliefsung des ersteren nicht gleich wieder eine Oeffnung folge, war unter dem einen Pol des Hufeisenmagnets eine kleine Falle angebracht; sobald das Eisen magnetisirt war, zog es einen kleinen Eisenanker an, und erhielt durch zwei an demselben befestigte, in Quecksilber tauchende Drähte den magnetisirenden Strom in constantem Schlufs. Die Messungen zeigen das schnelle Verschwinden des Extracurrent, wenn er einen grofsen Widerstand findet, das langsame Anwachsen des Magnetismus bei kleinem Widerstande. *Bz.*

Dub. Ueber die Länge der Elektromagnete. Pogg. Ann. CII. 199-227†; Arch. d. sc. phys. (2) I. 364-366; Cosmos XI. 627-628.

Diese Versuche wurden so angestellt, dafs bei immer gleichbleibender Stromstärke und Windungszahl die Windungen, je nach der Länge der zu magnetisirenden Stäbe, weiter von einander entfernt oder näher an einander gedrängt wurden, so dafs sich die Spirale immer über die ganze Länge erstreckte. Für grofse Längen der Kerne wurden indefs Spiralen mit gröfserer Windungszahl angewandt, und dann die Ergebnisse mit Hülfe des Satzes, dafs der freie Magnetismus dem Product aus Stromstärke und Windungszahl proportional sei, verglichen. Der freie Magnetismus wurde, wie bei früheren Versuchen, durch die Ablenkung gemessen, welche die senkrecht zum magnetischen Meridian horizontal liegenden Magnetstäbe an einer freischwebenden Magnetnadel hervorbrachten. Die Wirkung wuchs mit der Länge der Stäbe, aber in geringerem Verhältnifs, als die Länge der Kerne, und im gröfseren als dem ihrer Quadratwurzeln. Hr. Dub untersuchte nun, welche verschiedene Einwirkungen die Magnete bei verschiedener Länge auf die Nadel ausüben würden, wenn der gröfsere oder geringere Abstand ihrer Pole von der Nadel wirkungslos gemacht wurde. Zu dem Ende gab er den Magneten die Gestalt von Hufeisen, welche, trotz ihrer verschiedenen Schenkellänge, immer gleichen Abstand der Pole hatten. Jetzt verhielten sich die freien Magnetismen wie die Quadratwurzeln aus den Stablängen. Zur Messung der Tragkraft verschiedener Magnetstäbe wurde ein kugelförmiger Anker angewandt. Obgleich die Länge der Stäbe von 6 bis 24 Zoll wuchs, blieb die Tragkraft fast unverändert. Wurden aber als Anker Eisenstäbe gewählt, deren Länge der der anziehenden Magnetstäbe proportional war, so verhielten sich die Anziehungen und Tragkräfte wie die Stablängen. Die Anker erhielten ferner andere Längenverhältnisse zu ihren Magneten. Drei Systeme, eines von 24, das zweite von 36, das dritte von 48 Zoll Länge wurden aus Magnetstäben und Ankern zusammengesetzt, so dafs man z. B. den 24 Zoll langen Stab zerlegt denken konnte in einen 12 Zoll langen Magnet und 12 Zoll langen Anker, oder einen 15 Zoll langen Magnet und 9 Zoll langen Anker u. s. w., bis der Anker nur 1 Zoll lang war. Der Magnet war jedesmal der ganzen Länge nach mit seiner Spirale bedeckt. Die Anziehung war dann immer der Länge des als Anker dienenden Abschnittes proportional. Wenn die Anker ebenfalls durch Elektromagnete ersetzt und so gewählt wurden, dafs sie den tragenden Magneten jedesmal gleich waren, so zeigte sich Tragkraft und Anziehung der Länge der Magnete proportional, und zwar war es dieselbe wie wenn die magnetisirende Kraft nur auf den tragenden Magnet einwirkte und der Anker ohne Umwindungen blieb. Aus dem oben ausgesprochenen Satze, dafs die Anziehung dem als Anker dienenden Abschnitte des magnetischen Systems proportional sei und dem früher gefundenen, dafs in solchen Systemen Anker und Magnet mit einander vertauscht werden dürfen, folgt, dafs die Anziehung überhaupt dem kürzeren Abschnitte solches Systems proportional sei. Der Versuch zeigte dies in der That bis zu einer gewissen Gränze; nur bei sehr kurzen Magneten hörte die Proportionalität auf. Aus diesen experimentell bestätigten Gesetzen folgert nun Hr. Dub weiter: die Anziehung ist der Länge verschiedener Stäbe proportional, wenn diese proportional getheilt sind; und die Anziehung mufs bei gleicher magnetischer Kraft dieselbe sein, wenn bei beliebiger Länge des ganzen Systems der kürzere Theil dieselbe Länge hat, weil nämlich bei verschiedener Länge des ganzen Systems aber gleicher Länge des Ankers die Anziehung bei dem längeren System gerade in dem Verhältnifs zunimmt, in welchem sie wegen der Annäherung der Durchschnittsfläche an das Ende abnimmt. Da ferner der kürzere Theil sein Maximum erreicht, wenn er dem anderen gleich ist, so folgt, dafs unter Systemen von gleicher Länge das das Maximum der Anziehungs- und Tragkraft hat, bei dem Anker und Magnet gleich lang sind und dafs bei verschiedenen Systemen diese Maxima den Längen der Systeme proportional sind. Aendert sich aufser der Länge der Stäbe auch die Windungszahl, so ist der Einflufs dieser Veränderung ganz unabhängig nach den früher entwickelten Gesetzen zu berechnen. *Bz.*

MILITZER. Beschreibung der Versuche zur Ausmittelung des magnetischen Verhaltens der durch Torsion und Erschütterung veränderten Eisenstangen. Wien. Ber. XXIII. 476-481†; Cosmos X. 567-567; Inst. 1857. p. 163-164.

Das zu diesen Versuchen angewandte Stabeisen war durch vielmalige Torsionen und Erschütterungen in seiner Structur wesentlich verändert worden, und war zuletzt aus einem sehnigen in ein körniges und blättriges von viel geringerer Festigkeit verwandelt worden. Die Torsionen der Stangen wurden durch ein Mühlenrad bewirkt, und betrugen jedesmal etwa 10 Grad. Bei den am meisten veränderten Stangen waren 78732000 Torsionen in 2430 Stunden vorgenommen worden (SCHRÖTTER beschreibt diese von KOHN vorgenommenen Arbeiten unmittelbar vor der eben in Rede stehenden Mittheilung). Hr. MILITZER fand nun, dafs trotz dieser heftigen Einwirkungen das Eisen weder in seiner Fähigkeit, durch galvanische Ströme magnetisch erregt zu werden, noch hinsichtlich des Vermögens den erregten Magnetismus nach Unterbrechung des Stromes zurückzuhalten, eine Veränderung erlitten habe. *Bz.*

Fernere Literatur.

ROMERSHAUSEN. Der verstärkte cylinderförmige Elektromagnet.

Elektromagnetische Maschinen.

PELLIS et HENRY. Mémoire sur un nouveau moteur électrique. C. R. XLV. 367-369; Inst. 1857. p. 305-305; Cosmos XI. 223-223; Polyt. C. Bl. 1858. p. 69-70.

F. ZÖLLNER. Ueber ein neues Princip zur Construction elektromagnetischer Kraftmaschinen. POGG. Ann. CI. 139-143; DINGLER J. CXLIV. 432-434; Polyt. C. Bl. 1857. p. 992-995.

R. HUNT. On the application of electro-magnetism as a motive power. Liter. Gaz. 1857. p. 405-406.

E. ROMERSHAUSEN. Reclamation. POGG. Ann. CI. 644-644; DINGLER J. CXLIV. 236-236; Polyt. C. Bl. 1858. p. 216-216.

FROMENT. Moteurs magnéto-électriques. Cosmos X. 495-497.

T. ALLAN. Moteur magnéto-électrique. Cosmos X. 497-498; Mech. Mag. LXVI. 389-389.

J. A. CUMINE und C. HUNTER. Elektromagnetische Maschinen. Pract. mech. J. Nov. 1857. p. 206; Polyt. C. Bl. 1858. p. 30-31.

T. ALLAN. Electro-magnetic engines and electric telegraphs. Mech. Mag. LXVI. 536-538, 590-591, 612-612.

CALLAN. On the electro-dynamic induction machine. Mech. Mag. LXVII. 364-365.

W. B. ROGERS. RITCHIE's electro-dynamic induction machine. Mech. Mag. LXVII. 365-365.

Wissenschaftliche Anwendungen des Elektromagnetismus.

A. D. BACHE. Credit to whom credit is due. SILLIMAN J. (2) XXIII. 139-139.

WICHMANN. Bericht über einige vorläufige Versuche zur Bestimmung der Längendifferenz der Sternwarten von

Berlin und Königsberg mit Hülfe des Telegraphen. Astr. Nachr. XLV. 225-240.

M. C. Dippe. Ueber die Benutzung des Ohm'schen Gesetzes bei der Anordnung der Versuche zur Bestimmung des Längenunterschiedes zweier Orte mit Hülfe des elektrischen Telegraphen. Astr. Nachr. XLVI. 241-248.

M. C. Dippe. Bericht über einige Versuche zur Prüfung verschiedener Methoden bei elektrotelegraphischen Längenbestimmungen. Astr. Nachr. XLVI. 369-376.

Loomis, Robinson. On the relative accuracy of the different methods of determining geographical longitude. Athen. 1857. p. 1119-1119; Inst. 1857. p. 327-327.

Encke. Ueber die Längenbestimmung von Berlin und Königsberg mittelst des Telegraphen. Berl. Monatsber. 1857. p. 586-618; Inst. 1858. p. 187-188.

Fernere Anwendungen des Elektromagnetismus.

Bergeys. Sur le stadiomètre différentiel. Bull. d. Brux. (2) I. 374-382 (Cl. d. sc. 1857. p. 264-272); Inst. 1857. p. 202-204.

Breguet. Note sur une nouvelle horloge électrique. C. R. XLV. 870-873; Inst. 1857. p. 389-389, p. 405-406; Cosmos XI. 634-636.

Liais. Note sur la distribution électrique de l'heure. C. R. XLV. 952-958; Arch. d. sc. phys. (2) I. 275-278; Cosmos XI. 661-662, 725-728; Inst. 1857. p. 418-419.

C. Bright. Loch électrique. Cosmos XI. 171-171.

---

40. Eisenmagnetismus.

G. Wiedemann. Ueber den Magnetismus der Stahlstäbe. Pogg. Ann. C. 235-244; Ann. d. chim. (3) L. 188-192; Arch. d. sc. phys. XXXV. 39-42; Z. S. f. Naturw. X. 492-495.

Hr. Wiedemann hat das Verhalten von Stahlstäben untersucht, welche durch entgegengesetzt gerichtete Ströme abwechselnd magnetisirt und entmagnetisirt werden. Vor jeder Versuchsreihe wurden die 220^{mm} langen, 13,5^{mm} dicken cylindrischen Stahlstäbe zwischen Kohlen ausgeglüht um jede Spur von etwa vorhandenem Magnetismus zu vernichten. Sie wurden dadurch zwar weich, nahmen aber dennoch bei der folgenden Magnetisirung eine genügende Quantität von remanentem Magnetismus an. Die Stärke der magnetisirenden Ströme, wie die des erregten Magnetismus wurde durch Ablenkung eines magnetisirten Stahlspiegels bestimmt.

Hr. Wiedemann gelangte dabei zu folgenden Resultaten:

1) Magnetisirt man einen unmagnetischen Stab durch aufsteigende Ströme, so stehen häufig die erregten Magnetismen nicht in einem regelmäſsigen Verhältniſs zu den Intensitäten der magnetisirenden Ströme. Hat man aber einen Stab einmal durch einen starken Strom magnetisirt und ihm darauf den Magnetismus wieder entzogen, so nehmen bei abermaliger Magnetisirung in gleichem Sinne die Magnetismen regelmäſsig zu.

2) Sowohl die vorübergehenden als die remanenten Magnetismen der Stäbe wachsen schon bei schwachen Strömen langsamer als die Stromintensität. Die remanenten Magnetismen nähern sich viel schneller einer festen Gränze als die vorübergehenden.

3) Die Intensität des Stromes, welcher erforderlich ist um dem Magnet seinen Magnetismus zu entziehen, ist viel kleiner als die des magnetisirenden Stromes. Die Intensität jenes Gegenstromes ist dem Magnetismus des Stabes nicht proportional, sondern für stärkere Magnetisirungen verhältniſsmäſsig kleiner.

4) Entzieht man einem stark magnetisirten Stab durch entgegengesetzte Ströme nach und nach seinen Magnetismus und magnetisirt ihn durch stärkeres Anwachsen derselben entgegengesetzt wie vorher, so sind die Verluste an ursprünglichem Magnetismus (resp. vermehrt um die dazu kommenden Gewinne an entgegengesetztem Magnetismus) zuerst den Intensitäten der angewandten Ströme nahe proportional, später nähern sie sich einem Maximum.

5) Hat man einen ausgeglühten Stab magnetisirt und ihm dann durch einen Gegenstrom seinen Magnetismus entzogen, so vermag weder dieser noch ein schwächerer Gegenstrom dem Stab einen Magnetismus in entgegengesetzter Richtung zu ertheilen.

6) Wurde ein Magnet durch einen Strom von der Intensität i magnetisirt, sodann durch einen Gegenstrom zum Theil entmagnetisirt, so war, um ihm seinen Magnetismus wiederzugeben, wieder ein Strom von der Intensität i erforderlich.

7) Ein durch Ausglühen völlig entmagnetisirter Stab wurde auf einen Magnetismus A gebracht, durch einen Gegenstrom i_b darauf sein Magnetismus auf B reducirt. Durch einen dem ersten gleichgerichteten aber schwächeren Strom erhielt dann der Stab den Magnetismus C; um ihn nun von C auf B zurückzubringen, war wieder ein Strom von der Intensität i_b erforderlich. Hierbei konnte B positiv, Null oder negativ sein.

8) Wurde ein Stahlstab während er dem Einfluſs des magnetisirenden Stroms ausgesetzt war, durch Stöſse oder Schläge erschüttert, so wuchs dadurch das nach Aufhören des Stroms zurückbleibende Residuum. Erschütterte man dagegen den Stab nachdem der Strom aufgehört hatte zu wirken, so verminderte sich sein Magnetismus. Hatte man einen Magnet seinen Magnetismus durch entgegengesetzte Ströme ganz oder theilweise entzogen, so nahm er denselben durch Erschütterungen zum Theil wieder an.

9) Magnetisirt man einen Stab bei einer bestimmten Temperatur und erwärmt ihn, so verliert er einen Theil seines Magnetismus. Nach dem Erkalten nimmt er einen Theil des

verlorenen Magnetismus wieder an. Eine zweite Erwärmung und Abkühlung bewirkt dasselbe wie die erste, nur in viel schwächerem Grade u. s. f., so dafs endlich bei fortgesetzten Erwärmungen und Abkühlungen zwischen denselben Gränzen der Magnetstab bei Rückkehr zu einer bestimmten Temperatur auch denselben Magnetismus wieder annimmt.

10) Ein bei höherer Temperatur magnetisirter Stab verliert beim Erkalten einen Theil seines Magnetismus. Durch erneutes Erwärmen verliert er noch einen ferneren Theil seines Magnetismus und verhält sich dann gerade wie ein bei der niederen Temperatur magnetisirter Stab. Dieses Resultat ist mit den früheren Versuchen von Dufour nicht ganz im Einklang. Der Grund der Differenzen liegt vielleicht darin, dafs Dufour sich gehärteter Stahlstäbe bediente, während Hr. Wiedemann dieselben vor dem Versuch ausglühte. Auch giebt Dufour in einer neueren Abhandlung (siehe unten) an, dafs er das Resultat von Wiedemann nach mehrfach wiederholter Erwärmung und Abkühlung des Stabes bestätigt gefunden habe. *Im.*

L. Dufour. Récherche sur l'intensité magnétique et la température de l'acier. Bull. d. l. Soc. Vand. V. 351-402†.

— — Sur l'intensité magnétique des aimants au-dessus de 100°. Arch. d. sc. phys. XXXIV. 295-307†; Cimento V. 311-313.

Die erste Abhandlung enthält das Detail der Versuche des Hrn. Dufour über die Abhängigkeit der magnetischen Intensität der Stahlstäbe von ihrer Temperatur, welche zum Theil schon in früheren Jahresberichten [1]) besprochen worden sind. Wir haben hier nur noch die Versuche hervorzuheben, welche sich auf den Magnetismus der Stahlstäbe bei hohen Temperaturen und auf die Magnetisirung bei der Abkühlung unter Einflufs des Erdmagnetismus beziehen. Die Methode bestand wie bei den früheren Versuchen in Beobachtung der Schwingungsdauer einer

[1]) Siehe Berl. Ber. 1855. p. 521, 1856. p. 537.

über dem Magnetstab horizontal aufgehängten Magnetnadel. Die Stäbe befanden sich bei den auf Temperaturen über 100° bezüglichen Versuchen in einem Oelbad, dessen Temperatur bis zu 260° gesteigert werden konnte. Bei dieser noch weit von der Rothglühhitze entfernten Temperatur hatten die Stäbe nur noch einen geringen Bruchtheil ihres ursprünglichen Magnetismus (bei 100) beibehalten. Von vier Stäben hatte derjenige, welcher am meisten behielt, 0,87 und der, welcher am wenigsten behielt, 0,98 seines ursprünglichen Magnetismus verloren. Wie sich voraussehen liefs, war der Verlust bei stark gehärteten Stäben am gröfsten. Zwischen 100 und 200° war die Abnahme der Intensität am schnellsten und wurde über 200° wieder langsamer, übrigens liefs sie sich keinem bestimmten Gesetz unterwerfen, sondern wechselte je nach dem verschiedenen Grad der Härtung, so dafs man nicht vorhersehen kann, bei welcher Temperatur der Magnetismus eines Stabes gänzlich verschwinden würde.

Bei der Abkühlung erlangen die Stäbe einen Theil ihres Magnetismus wieder und zwar die schwach gehärteten bei der Abkühlung von 250° auf 10°, im Mittel 0,327, die stark gehärteten dagegen nur 0,122. Bei einer zweiten Erwärmung ist der Verlust verhältnifsmäfsig viel geringer als bei der ersten, aber bei den stark gehärteten bedeutender als bei den schwach gehärteten. Es erklären sich diese Verschiedenheiten leicht dadurch, dafs durch die starke Erwärmung ein Theil der Härtung verloren geht.

Es ist eine durch Versuche von Gilbert, du Fay, Barlow und Bonnycastle und Seebeck constatirte Thatsache, dafs Stahlstäbe, die entweder nie magnetisch gewesen sind, oder durch Erhitzen bis zur Rothglühhitze allen Magnetismus verloren haben, während des Erkaltens in einer geeigneten Lage einen gewissen Grad von Magnetismus annehmen. Hr. Dufour hat über diese Erscheinung Versuche angestellt. Er fand, dafs die blofse Abkühlung eines bis zur Rothgluth erhitzten Stahlstabes in einer zur Richtung der Inclinationsnadel nicht senkrechten Lage genügt, denselben zu magnetisiren und zwar nahmen die Stäbe im Mittel etwa den fünfzigsten Theil des Magnetismus an, welcher ihnen durch die Methode des getrennten Striches mitgetheilt werden konnte. Durch schnelle Abkühlung erlangen die Stäbe einen stärkeren Magnetismus als durch langsame. Waren die Stäbe vor der Erhitzung magnetisirt, so wurde dadurch die Entwickelung der Polarität beim Abkühlen in einer bestimmten Richtung in der Weise begünstigt, dafs, wenn man sie in einer solchen Lage sich abkühlen liefs, welche eine der ursprünglichen entgegengesetzte Polarität hervorzurufen strebte, diese Polarität entweder nur schwach zur Entwickelung kam, oder wenn die vorhergängige Magnetisirung stark genug war, sogar wieder die ursprüngliche Polarität auftrat. Um das Verhältnifs der Magnetisirung durch Abkühlung zu der Magnetisirung durch mechanische Erschütterungen zu ermitteln, stellte Hr. Dufour einige auf letztere bezügliche Versuche an. Durch zwei Hammerschläge auf das nach oben gekehrte Ende erlangten stark gehärtete Stahlstäbe keine Spur von Polarität, nichtgehärtete hingegen erhielten eine Polarität die doppelt so stark war, als die durch Abkühlung erzeugte. *Im.*

J. N. Hearder. On cast iron permanent magnets. Mech. Mag. LXVII. 243-245†.

Das für telegraphische Zwecke sich immer mehr herausstellende Bedürfnifs billiger und starker Magnete, so wie die Bemerkung, dafs manche Stahlsorten mehr für die Fabrikation gerader Magnetstäbe, andere mehr für Hufeisenmagnete geeignet sind, brachte Hrn. Hearder auf den Gedanken, das magnetische Verhalten des Gufseisens und insbesondere seine Anwendbarkeit zu Hufeisenmagneten von neuem zu prüfen. Es gelang ihm aus 24 Hufeisen von schnell gekühltem Gufseisen, welche einzeln mittelst eines starken Elektromagnets magnetisirt wurden, ein System zu construiren, welches bei 70 Pfund Gewicht anfänglich mehr als 100 Pfund und nach mehrmaligem Abreifsen des Ankers noch 80 Pfund Tragkraft besafs, von denen es nach einem Jahr noch 50 Pfund beibehalten hatte. Die Tragkraft wurde noch bedeutend erhöht, indem man die Polflächen mit Schuhen von weichem Eisen armirte. Schliefslich hebt der Verfasser folgendes sehr auffallende Factum hervor: Als die Hufeisen des Systems, nachdem sie etwa vier Jahre lang verbunden gewesen, getrennt wurden, schienen sie einzeln fast allen Magnetismus verloren zu haben, besonders die äufseren. Einige waren ganz neutral, andere zeigten umgekehrte Pole, andere trugen nur noch wenige Unzen und nur drei oder vier mehr als ein Pfund. Die Summe der einzelnen Tragkräfte betrug nur 11 Pfund, während die 24 Magnete wieder vereinigt mehr als 80 Pfund trugen. Die weitere Untersuchung dieser nach allen bisherigen Vorstellungen vom Magnetismus unerklärlichen Thatsache überläfst Hr. Hearder anderen Physikern. *Im.*

M. Benedikt. Ueber die Aenderungen des Magnetismus unter dem Einflusse elektrischer Vertheilung. Wien. Ber. XXIII. 148-154†; Inst. 1857. p. 167-167.

Gewisse Abnormitäten, welche Hr. Benedikt bei der Prüfung eines dem Wiener physikalischen Institut gehörigen Kohlrausch'schen Sinuselektrometers bemerkte, führten Hrn. Benedikt auf die Vermuthung, dafs der magnetische Zustand der Nadel durch die elektrische Ladung geändert werde und zwar fand er, dafs eine rasche noch so bedeutende Ladung keine Aenderung hervorbrachte; einer langsam (durch den allmälig hervortretenden Rückstand einer Leidener Flasche) bewirkten Vertheilung hingegen entsprach eine Aenderung in der Position der Nadel, welche constant blieb, bis eine neue Elektricitätsmenge auf gleiche Weise zugeführt wurde. Die Positionsänderung ist in quantitativer Hinsicht eine Funktion der Zeit, in welcher die Zuführung einer gegebenen Elektricitätsmenge erfolgt.

Das Wahrscheinlichste ist wohl, dafs der Grund der von Hrn. Benedikt beobachteten Unregelmäfsigkeiten in irgend welchen Unvollkommenheiten seines Instruments zu suchen ist.

Im.

H. Kinkelin. Ueber die Bewegung eines magnetischen Pendels. Grunert Arch. XXVIII. 456-470†.

Hr. Kinkelin behandelt die Schwingungen eines als materieller Punkt gedachten Magnetpols um einen festen Punkt, wenn derselbe von einem andern Magnetpol im umgekehrten Verhältniſs des Quadrates der Entfernung angezogen wird. Für die Bewegung eines aus zwei Polen bestehenden Magnets unter Einfluſs eines zweiten ähnlichen Magnets werden nur die Differentialgleichungen aufgestellt. *Im.*

M. Melloni. Sullà polarità magneticà delle lave. Memor. dell' Acc. di Napoli I. 121-140†.

— — Sopra la calamitazione delle lave in virtù del calore e gli effetti dovuti alla forza coërcitiva di qualunque roccia magnetica. Memor. dell' Acc. di Napoli I. 141-164†. Vergl. Berl. Ber. 1853. p. 582.

Die beiden vorliegenden Abhandlungen des Hrn. Melloni über die magnetische Polarität der Laven sind schon früher auszugsweise in den Sitzungsberichten der Pariser Akademie veröffentlicht und in einem früheren Jahresbericht besprochen worden. Da jedoch die jetzt in extenso vorliegenden Abhandlungen nicht überall leicht zugänglich sein möchten, so sollen hier noch einige Punkte aus denselben hervorgehoben werden. Das „Magnetoskop" des Hrn. Melloni bestand in einem astatischen System aus zwei Magnetstäben von je 9 Centimeter Länge und eben so groſser Entfernung, welches an einem Seidenfaden aufgehängt und von einem passenden Gehäuse umschlossen war. Den Deckel des letzteren bildete eine Glasplatte, auf welche die Mineralien, deren Magnetismus untersucht werden sollte, gebracht wurden. Die untersuchten Gesteine waren zahlreiche Laven vom Aetna, Vesuv u. s. w., Trachyte, Basalte und andere Eruptivgesteine. Bei allen diesen Gesteinen fand sich, daſs dieselben auch wenn sie an der einfachen Bussole untersucht keine Polarität zeigten, sondern beide Pole der Bussolnadel in jeder Lage gleich stark anzuziehen schienen, dennoch am Magnetoskop bei geeigneter

Wahl der Entfernung entschiedene Polarität zeigten, d. h. den einen Pol anzogen, den andern abstiefsen. Diejenigen, welche stärkere und schon an der Bussole wahrnehmbare Polarität besafsen, zeigten sogar, in passender Weise aufgehängt, eine merkliche Directionskraft in Folge des Erdmagnetismus. Das verschiedene Verhalten vieler Mineralien gegen die Bussole und gegen das Magnetoskop erklärt sich leicht. Bei schwacher Polarität ist nämlich, um die Directionskraft des Erdmagnetismus zu überwinden und eine merkliche Abstofsung der Bussolnadel zu bewirken, eine so grofse Annäherung des Minerals an letztere erforderlich, dafs durch die magnetische Influenz derselben die Polarität des Minerals umgekehrt wird. Es ist leicht, dieses Verhalten durch Versuche mit Stahlmagneten nachzuahmen, indem man einer Stahlnadel von geringen Dimensionen eine schwache Polarität mittheilt in Folge deren ihr Nordpol den Nordpol eines schwachen Magnets in gewissen Entfernungen abstöfst, den eines viel kräftigeren Magnets hingegen in jeder Entfernung wo überhaupt eine bemerkbare Wirkung stattfindet, anzieht. Andrerseits kann man das Verhältnifs der Intensitäten so wählen, dafs in gröfserer Entfernung eine Abstofsung, in geringerer eine Anziehung stattfindet. Bei Anwendung des empfindlichern astatischen Systems wird die Wirkung der magnetischen Polarität schon bei einer Entfernung bemerkbar, bei welcher die magnetische Influenz der Nadel noch keinen störenden Einflufs auszuüben und die natürliche Polarität nicht zu verdecken im Stande ist. Hr. Melloni hält aus diesen Gründen nur das astatische System für geeignet zur Untersuchung des magnetischen Verhaltens der Mineralien. Um die Richtung der Polarität in der natürlichen Lage der Gesteine zu constatiren wurden an Ort und Stelle prismatische Stäbe aus den betreffenden Gesteinsarten geschnitten und deren Orientirung gegen die Richtung der Inclinationsnadel in geeigneter Weise bezeichnet. Als dieselben später am Magnetoskop untersucht wurden, fand sich, dafs allemal das in der natürlichen Lage nach unten oder in der Richtung des Nordpoles der Inclinationsnadel gelegene Ende Nordmagnetismus, das entgegengesetzte Südmagnetismus zeigte, dafs also offenbar die magnetische Polarität durch Influenz des Erdmagnetismus hervorgerufen war. Hr. Melloni ist der Ansicht, dafs die Laven ihre Polarität nicht allmälig im Lauf der Zeit, sondern sogleich bei ihrem Festwerden und Erkalten erlangt haben, und er begründet diese Ansicht namentlich durch die Thatsache, dafs Blöcke von Leucitlava, die zum Bau des Amphitheaters von Pompeji gedient hatten, keine Orientirung ihrer Polarität nach der Richtung der Inclinationsnadel zeigten, dafs sie also in der seit Jahrtausenden veränderten Lage dennoch ihre ursprüngliche natürliche Polarität beibehalten hatten. Uebrigens zeigte der directe Versuch, dafs Laven, welche zwischen Kohlen bis zu lebhafter Rothgluth erhitzt wurden, beim Erkalten Polarität in der Richtung der Inclinationsnadel annahmen und zwar bei plötzlicher Abkühlung stärkere als bei langsamer. *Im.*

---

41. Para- und Diamagnetismus.

C. Matteucci. Recherches expérimentales sur le magnétisme. Première et deuxième partie. C. R. XLIV. 242-244†; Inst. 1857. p. 51-52; Arch. d. sc. phys. XXXIV. 325-327; Cosmos X. 180-180.

— — Troisième partie. C. R. XLIV. 331-335†; Inst. 1857. p. 58-59; Arch. d. sc. phys. XXXIV. 327-329; Cosmos X. 199-200.

— — Supplément à la première et deuxième partie. C. R. XLIV. 625-628; Inst. 1857. p. 103-104; Arch. d. sc. phys. XXXV. 59-62.

In dem ersten Theil seiner Untersuchungen sucht Hr. Matteucci nachzuweisen, dafs die Stärke der diamagnetischen Abstofsung des Wismuths der Stärke des erregenden Magnetismus proportional sei. Die Stärke der magnetischen Kraft in verschiedenen Punkten des vor dem Pol eines Elektromagneten befindlichen Magnetfeldes wurde durch die erregten Inductionsströme verglichen. Um z. B. zwei Stellen des Magnetfeldes zu ermitteln, in welchen die magnetischen Kräfte im Verhältnifs 1:2 standen, wendete Hr. MATTEUCCI zwei gleich grofse Drahtringe an, von denen der eine aus einer, der andere aus zwei gleich grofsen Windungen bestand. Die Ringe wurden in entgegengesetzter Richtung zu einer Schliefsung verbunden, in welche ein Galvanometer eingeschaltet war. Beide Ringe wurden nun, der Polfläche parallel vor dem Elektromagneten aufgestellt und während einer fest blieb, die Entfernung des andern so variirt, dafs bei Erregung des Elektromagneten die in beiden Ringen erzeugten Inductionsströme einander aufhoben. Die Bestimmung dieser Stellung war bis auf einen Bruchtheil eines Millimeters genau. Eine kreisförmige senkrecht zur krystallographischen Hauptaxe geschnittene Wismuthplatte die am Ende eines hölzernen Hebels befestigt war, wurde darauf successive an die Stelle des ersten und des zweiten Ringes gebracht, während der Magnet in Thätigkeit blieb, und das Verhältnifs der Abstofsungen durch Torsion eines Fadens gemessen. Von der constanten Intensität des Magneten während der Dauer des Versuchs überzeugte man sich durch die Ablenkung eines in einiger Entfernung aufgehängten Magnetstabes. Numerische Angaben werden nicht gemacht. Das oben angegebene Resultat steht im Widerspruch mit den Versuchen von TYNDALL, aus welchen folgt, dafs die Abstofsung dem Quadrat des erregenden Magnetismus proportional ist[1]).

Im zweiten Theil sucht Hr. MATTEUCCI zu zeigen, dafs der Diamagnetismus einer Substanz um so stärker ist, in je feiner vertheiltem Zustand sich dieselbe befindet. Die Versuche beziehen sich namentlich auf galvanisch niedergeschlagenes Silber, dessen Vertheilungszustand nach der Concentration der Lösungen, aus denen es niedergeschlagen wurde, verschieden ist und bei dem nach dem niederen oder höheren Grade der Zertheilung der Diamagnetismus im Verhältnifs von 1:1,55 variirte. Analoge Versuche mit Wismuth gaben ein negatives Resultat.

[1]) Berl. Ber. 1855. p. 529.

Der dritte Theil der Untersuchungen bezieht sich auf die Frage der diamagnetischen Polarität. Die darauf bezüglichen Versuche enthalten keine wesentlich neuen Gesichtspunkte und die in den beiden letzten Jahresberichten besprochenen Versuche von Tyndall und v. Quintus Icilius konnten leider von Herrn Matteucci noch nicht berücksichtigt werden. Die Ansicht des Hrn. Matteucci selbst ist aus seinen Worten nicht vollkommen klar verständlich, indem derselbe zwar eine Art Polarität des Wismuths anzunehmen scheint, welche aber doch von der entgegengesetzten des Eisens verschieden sei. Diese Verschiedenheit soll namentlich durch mehrere Versuche nachgewiesen werden, welche zeigen, daſs die verschiedenen Wismuththeilchen auf ihren magnetischen Zustand keinen gegenseitigen Einfluſs ausüben. Wird z. B. zwischen einen Wismuthwürfel und einen Magnetpol ein zweiter Wismuthwürfel eingeschoben, so wird dadurch die Abstoſsung des ersten nicht geändert. Diese in den Discussionen zwischen Faraday, Weber, Tyndall u. s. w. vielfach ventilirte Schwierigkeit ist dadurch gehoben, daſs nach den numerischen Resultaten, welche die genannten Physiker für die Stärke des Wismuthmagnetismus im Verhältniſs zum Eisenmagnetismus erhalten haben, die gegenseitige magnetische Einwirkung der Wismuththeilchen gegen die des Eisenmagnetismus verschwindend klein sein muſs. Uebrigens zeigen die Ansichten des Hrn. Matteucci viele Aehnlichkeit mit denen von Weber, indem er ebenfalls die diamagnetische Polarität durch inducirte Molecularströme erklären will, welche noch nach Aufhören der inducirenden elektromotorischen Kraft fortdauern, bis sie durch eine entgegengesetzte Kraft aufgehoben werden. Nach der Ampère'schen Regel würden sich die Richtungen dieser Ströme denen der erregenden parallel zu stellen streben. Wenn diese Orientirung möglich ist, so ist der Körper magnetisch, im entgegengesetzten Fall diamagnetisch. Es ist jedoch klar, daſs wenn ein Molecularstrom seine Ebene um 180° drehen könnte, eben diese Umdrehung unter dem Einfluſs des erregenden Magnetismus eine elektromotorische Kraft erzeugen würde, welche denselben aufhöbe und in einen entgegengesetzten verwandelte, so daſs nach erfolgter Umdrehung die Stromesrichtung wieder die ursprüngliche wäre. Der Magnetismus kann also durch eine solche Richtung inducirter Molecularströme nicht erklärt werden. *Im.*

Verdet. Note sur les propriétés optiques des corps magnétiques. C. R. XLIV. 1209-1213†, XLV. 33-34†; Inst. 1857. p. 189-190, p. 221-221; Phil. Mag. (4) XIV. 78-80, 236-237; Arch. d. sc. phys. XXXV. 211-216, XXXVI. 63-65; Ann. d. chim. (3) LII. 129-163; Cimento V. 451-453; Cosmos X. 634-635, XI. 204-204.

Hr. Verdet hat zunächst durch wiederholte und fortgesetzte Versuche seine frühere Beobachtung [1]) bestätigt gefunden, dafs die Eisensalze unter dem Einflufs des Magnetismus die Polarisationsebene in entgegengesetztem Sinne drehen wie Wasser, Schwefelkohlenstoff und andere transparente Körper. Eine Lösung von 55 Theilen Eisenchlorid in 45 Theilen Holzgeist drehte die Polarisationsebene doppelt so stark und entgegengesetzt wie schweres Glas. Bei minder concentrirten und bei wässrigen Lösungen macht sich, wie a. a. O. erörtert, das entgegengesetzte Drehungsvermögen nur durch die Verminderung der positiven Drehung bemerkbar, welche das in der Flüssigkeit enthaltene Lösungsmittel für sich bewirken würde. Kaliumeisenoxyd zeigt starkes negatives, Kaliumeisencyanür mäfsiges positives Drehungsvermögen.

In gleicher Weise wurden die Verbindungen der andern magnetischen Metalle untersucht. Die Nickelsalze zeigten ein mäfsig starkes, Kobaltsalze ein schwächeres positives Rotationsvermögen, ebenso die Mangansalze. Kalium-Mangancyanür macht eine Ausnahme im entgegengesetzten Sinne wie die entsprechende Eisenverbindung, indem es ein negatives Drehungsvermögen besitzt. Chromsäure und chromsaures Kali drehen im negativen Sinne, ebenso das wasserfreie flüssige Titanchlorid, die Salze des Cerium, Uran und Lanthan. Molybdän ist magnetisch, molybdänsaure Salze diamagnetisch, ihr Rotationsvermögen

[1]) Berl. Ber. 1856. p. 547.

schwach positiv. Lithium- und Berylliumsalze zeigten sich diamagnetisch — ihr Rotationsvermögen wird nicht angegeben.

Aus allem Vorhergehenden geht hervor, daſs zwischen dem Magnetismus der Metalle und der Richtung der Drehung der Polarisationsebene keine Beziehung stattfindet, indem gerade die am stärksten magnetischen Metalle theils starkes positives, theils starkes negatives Drehungsvermögen besitzen. *Im.*

Sechster Abschnitt.

Physik der Erde.

42. Meteorologische Optik.

Theoretisches.

M. J. A. Serret. Note sur un passage de la mecanique celeste, relatif à la theorie des refractions astronomiques. C. R. XLIV. 1142.

Bekanntlich hat Laplace nachgewiesen, dafs die astronomische Refraction unabhängig von der Constitution der Atmosphäre sei, und lediglich aus den meteorologischen Constanten des Beobachtungsortes sich bestimmen lasse — so lange die Zenithdistanz eine gewisse Gränze (72°) nicht übersteigt. — Der Beweis beruht darauf, dafs nach Entwicklung des Differentials der Refraction in eine Reihe, die Integration der ersten Glieder auf einen Ausdruck führt, der nur mit jenen Constanten sich ändert, und dafs dann gezeigt wird, dafs, wenn man bei diesen Gliedern stehen bleibt, das gröfste der vernachläfsigten (von der Constitution der Atmosphäre abhängigen) Glieder verschwindend klein ist, so lange die Zenithdistanz die gedachte Gränze nicht überschreitet.

Für den letzten Theil dieses Beweises wollte nun hier der Verfasser eine einfachere und strengere Ausführung, als die Laplace'sche ist, mittheilen. Er verfährt zu dem Ende wie folgt:

Behält man die Laplace'schen Bezeichnungen bei, d. h. bedeutet

Θ die scheinbare Zenithdistanz;

θ die astron. Refraction bei dieser Zenithdistanz;

a den Radius der kugelförmig gedachten Erde;

r den Radius einer mit der Erdoberfläche concentrischen Luftschicht;

s den Unterschied $1 - \frac{a}{r}$;

ϱ die Dichtigkeit jener Luftschicht;

g und p resp. die Schwere und den Luftdruck in derselben Schicht;

(ϱ), (g), (p) die Mitte von ϱ, g, p an der Erdoberfläche;

C die Höhe einer Luftsäule von der Dichtigkeit (ϱ), welche bei der Schwere (g) dem Luftdruck (p) das Gleichgewicht halten würde;

α eine Constante, die von dem Thermometer- und Barometerstand des Beobachtungsortes abhängt —

so ist die Differentialformel der Refraction:

$$ds = \frac{\alpha \frac{d\varrho}{(\varrho)}(1-s)\sin\Theta}{\left[1-2\alpha\left(1-\frac{\varrho}{(\varrho)}\right)\right]\sqrt{\left\{\cos^2\Theta - 2\alpha\left(1-\frac{\varrho}{(\varrho)}\right] + (2s-s^2)\sin^2\Theta\right\}}},$$

Entwickelt man die reciproken Werthe der beiden Factoren des Nenners nach Potenzen von s und α, und integrirt unter Vernachlässigung der Glieder der dritten Ordnung zwischen den Gränzen der Atmosphäre, d. h. von $\varrho = (\varrho)$ bis $\varrho = o$, so erhält man

$$(1) \quad \theta = \alpha \operatorname{tang}\Theta\left[1 - \tfrac{1}{2}\alpha\,\frac{2\cos^2\Theta + 1}{\cos^2\Theta} - \frac{1}{\cos^2\Theta}\cdot\frac{l}{a}\right].$$

Das bedeutendste vernachlässigte Glied aus dem Werthe von $d\theta$ ist

$$-\tfrac{3}{2}\alpha\,\frac{d\varrho}{(\varrho)}\,s^2 \operatorname{tang}^5\Theta$$

und es kommt daher nur darauf an zu zeigen, dafs das Integral dieses Ausdruckes, d. h. wenn man selbiges durch $\delta\theta$ bezeichnet, der Ausdruck

$$\delta\theta = -\tfrac{3}{2}\alpha \operatorname{tang}^5\Theta \int_{(\varrho)}^{0} \frac{s^2 d\varrho}{(\varrho)}$$

für Zenithdistanzen, die kleiner als 72° sind, einen hinreichend kleinen Werth annehme, um vernachlässigt werden zu dürfen, indem alsdann in der That der von s unabhängige Näherungswerth (1) von θ genügend scharf die Refraction darstellt.

Man überzeugt sich hiervon nun folgendermafsen.

Wegen $\int s^2 d\varrho = s^2\varrho - 2\int \varrho s ds$ ist, da $s^2\varrho$ an den Gränzen, d. h. für $\varrho = (\varrho)$ und $\varrho = 0$ verschwindet,

$$\delta\theta = 3\alpha \operatorname{tang}^5 \Theta \int_{(\varrho)}^{0} \frac{\varrho}{(\varrho)} s ds,$$

ferner ist wegen

$$dp = -g\varrho dr = -g\frac{r^2}{a}\varrho ds = -(g) a\varrho ds$$

und

$$(p) = (g)(\varrho) l,$$

$$\frac{\varrho}{(\varrho)} ds = -\frac{l}{a}\frac{dp}{(p)}$$

und sonach

$$\delta\theta = -3\alpha\frac{l}{a} \operatorname{tang}^5 \Theta \int s \frac{dp}{(p)}.$$

Dabei ist

$$\int sdp = ps - \int pds,$$

oder da ps an den beiden Gränzen verschwindet,

$$\int sdp = -\int pds,$$

und daher

$$\delta\theta = 3\alpha\frac{l}{a} \operatorname{tang}^5 \Theta \int \frac{p}{(p)} ds = s\alpha \frac{l}{a} \operatorname{tang}^5 \Theta \int \varepsilon \frac{\varrho}{(\varrho)} ds,$$

wo

$$\varepsilon = \frac{p}{\varrho}\cdot\frac{(p)}{(\varrho)}.$$

Es ist aber das Verhältnifs von $\frac{p}{\varrho}$ constant bei gleichbleibender Temperatur, und wächst gleichzeitig mit der letzteren, so dafs, da die Temperatur mit zunehmender Höhe abnimmt, der Coëfficient ε, der an der Erdoberfläche gleich Eins ist, in jeglicher Höhe kleiner als Eins sein mufs.

Demzufolge ist

$$\delta\theta < 3\alpha\frac{l}{a} \operatorname{tang}^5 \Theta \int \frac{\varrho}{(\varrho)} ds,$$

oder wegen

$$\int \frac{\varrho}{(\varrho)} ds = \frac{l}{a}, \quad \delta\theta < 3\alpha\frac{l^2}{a^2} \operatorname{tang}^5 \Theta,$$

woraus sofort die gestellte Behauptung folgt. *Rd.*

F. Raillard. Examen de quelques problèmes de météorologie. Explication nouvelle et complète de l'arc-en-ciel. C. R. XLIV. 1142; Arch. d. sc. phys. XXXV. 209-211; Cosmos X. 605-607.

An der hier citirten Stelle finden wir eine vom Verfasser selbst herrührende Inhaltsangabe eines der Akademie vorgelegten Memoirs. Es enthält dasselbe darnach eine vollständige Theorie des Regenbogens und weist durch Rechnung und entscheidende Thatsachen nach, dafs mit der Abnahme der Gröfse der Wassertropfen der Regenbogen allmälig weifs werde und zuletzt verschwinde. Namentlich soll darin nachgewiesen sein, dafs auch bei der Entstehung der Hauptbogen nicht die wirksamen Strahlen des Descartes eine Rolle spielen, sondern dafs diese Bogen denselben Ursprung hätten, welchen man seit Young den überzähligen Bogen zuschreibt — nämlich dafs sie eine Interferenzerscheinung seien. — Er adoptirt also die Theorie von Airy, der zufolge die Anwendung des Interferenzprincips ausgedehnt, und damit auch den Hauptbogen eine veränderliche Gröfse zugewiesen wird.

Um die Richtigkeit der Verallgemeinerung der Interferenztheorie vor Augen zu führen, hat er die Intensität der Franzen für zwei Hauptfarben einmal nach der Young'schen Hypothese unter Benutzung der Airy'schen Berechnungen, für Tropfen von 2^{mm} bis $0{,}02^{mm}$ graphisch dargestellt. Die Vergleichung mit den Beobachtungen fällt ganz entschieden zu Gunsten der zweiten Hypothese aus, sowohl was die Variationen in der Breite als die des Halbmessers und die Farbennüancen des Hauptbogens betrifft. Ferner giebt sie die Erklärung für den weifsen Regenbogen, und für die Abwesenheit jedes Bogens in Nebeln und in nicht regnenden Wolken.

Zur Bestätigung der Theorie hat Hr. Raillard auch die Miller'schen und seine eigenen Versuche von dünnen Flüssigkeitsstrahlen, die irisirenden Wolken über kochendem Wasser u. s. w. in Betracht gezogen und kommt dann auf den Schlufs, dafs die Annahme der Bläschenform des sich niederschlagenden Wasserdampfes, auf welche die Descartes'sche Regenbogentheorie geführt habe, vollkommen unhaltbar sei. *Rd.*

M. F. Twinkling of stars. Phil. Mag. (4) XIII. 301-301†; Pogg. Ann. CI. 157-158.

Der Verfasser erzählt, dafs er zu Brighton an einem durch starkes Sternfunkeln ausgezeichneten Abend, am Sirius und Aldebaran die Bemerkung gemacht habe, dafs, wenn er das Auge längs einer durch diese Sterne gehenden Linie bewegte, so dafs das Bild derselben auf der Netzhaut seine Lage ändern mufste — ihr Licht abwechselnd stark aufleuchte und verlösche. Um die Erscheinung bequemer und bestimmter zu sehen, nahm er einen Spiegel so in die Hand, dafs er von den gewählten Sternen ein reflectirtes Bild sah, und bewegte ihn dann so, dafs dieses eine gerade Linie oder einen Kreis beschrieb. Diese gerade, resp. Kreislinie zeigte in ihrem Verlauf die auffallendsten Intensitätsunterschiede und stellenweis kurze Unterbrechungen, wo alles Licht zu fehlen schien. Diese Unterbrechungen lagen einander ziemlich nah, und er sahe ihrer auf einem kreisförmigen Wege von 10° Winkelgröfse oft sechs bis acht. *Rd.*

Fernere Literatur.

A. Secchi. Sur la scintillation des étoiles. Arch. d. sc. phys. XXXV. 5-14†; Cimento VI. 31-40; Cosmos XI. 35-35.

E. Lottner. Ableitung des Laplace'schen Ausdrucks der atmosphärischen Refraction aus dem Gesetze der Brechung und der Abnahme der Dichtigkeit der Luft mit der Höhe. Z. S. f. Math. 1857. 1. p. 319-326.

Beobachtungen zur meteorologischen Optik.

A. Regenbogen, Ringe, Höfe.

Gautier. Lettre sur un parhélie observé à Feings et sur un bruit atmosphérique sans cause connue. C. R. XLIV. 574-574.

J. J. Murphy. Account of an instance of converging rays seen at Greenisland. Athen. 1857. p. 1121-1121.

Güldenapfel. Meteorologisches Phänomen in der Gegend von Weimar beobachtet. Z. S. f. Naturw. IX. 299-300.

C. Dufour. Arc-en-ciel à deux arcs contigus. Bull. d. l. Soc. Vaud. V. 195-196.

B. Luftspiegelung.

T. L. Phipson. Sur quelques phénomènes météorologiques observés sur le littoral de la Flandre occidentale. I. Mirage. C. R. XLIV. 784-785; Cosmos X. 410-411.

Bonnafont. Cas de mirage observés en 1857 sur le lac salé de Dréhan, dans la province d'Oran. C. R. XLIV. 915-917; Cosmos X. 566-567.

L. Dufour. Des températures de l'air et des mirages à la surface du lac Léman. Arch. d. sc. phys. XXXIV. 147-149; Bull. d. l. Soc. vaud. IV. 37.

C. J. F. Peters. Luftspiegelung. Boll Arch. 1857. p. 150-150.

x. Réflexion extraordinaire. Cosmos XI. 60-61.

Legrip. Réflexion extraordiuaire. Cosmos XI. 200-201.

C. W. Baur. Erdrundung und Luftspiegelung auf dem Bodensee. Württemb. Jahresh. XIII. 1857. p. 79-86.

L. Dufour. Des températures de l'air et des mirages à la surface du lac Léman. Bull. d. l. Soc. vaud. V. 26-46.

— — Note sur les images par réfraction à la surface du lac Léman. Bull. d. l. Soc. vaud. V. 217-220.

C. Vermischte meteorologisch-optische Beobachtungen.

Peytier. Sur les formes extraordinaires que paraît prendre le soleil en se couchant derrière l'horizon de la mer. C. R. XLV. 23-23.

C. Smallwood. On the peculiar atmospheric appearance on 23. May 1856, at St. Martins, Canada east. Edinb. J. (2) V. 184-184.

Boeck; Lechner. Irrlichtbeobachtungen. Pogg. Ann. CI. 158-159; Z. S. f. Naturw. X. 247-248.

C. P. Smyth. On a case of lateral refraction in the island of Teneriffe. Proc. of Roy. Soc. III. 487-487; Edinb. J. (2) VI. 156-156.

C. A. Murray. Extraordinary phenomenon. Liter. Gaz. 1857. p. 686-687.

C. P. Smyth. Report of proceedings of the astronomical

expedition to Teneriffe, in 1857. Proc. of Roy. Soc. VIII. 528-529; Monthly notices XVII. 107; Cimento V. 236-240; Phil. Mag. (4) XV. 396-397.

Remarkable atmospheric phenomenon. Mech. Mag. LXVI. 398-398.

D. Sternschnuppen.

Colla. Sur les étoiles filantes. Bull. d. Brux. (2) I. 217-219; Inst. 1857. p. 200-200; Cosmos X. 368-368.

Coulvier-Gravier. Étoiles filantes périodiques du mois d'août 1857. C. R. XLV. 256-257; Inst. 1857. p. 274-274; Cosmos XI. 211-213.

— — Note sur les étoiles filantes du 12 au 13 novembre 1857. C. R. XLV. 825-826; Inst. 1857. p. 381-382; Cosmos XI. 572-574.

Hansteen; Bretteville. Sur les étoiles filantes. Bull. d. Brux. (2) III. 105-107.

A. Quetelet; Duprez. Étoiles filantes observées ou mois d'août 1857 à Bruxelles et à Gand. Bull. d. Brux. (2) III. 116-121 (Cl. d. sc. 1857. p. 660-665); Inst. 1857. p. 431-431.

Wartmann père. Sur les étoiles filantes du mois d'août 1857. Bull. d. Brux. (2) III. 121-129 (Cl. d. sc. 1857. p. 665-673); Inst. 1857. p. 431-432.

Le Verrier. Observations simultanées d'étoiles filantes. Cosmos XI. 160-161.

Lecot. Bolide. Cosmos XI. 173-174.

E. Feuermeteore.

A. Poey. Couleurs des globes filantes observés à Paris de 1841 à 1853, avec l'indication des traînées, des fragments etc., diversement colorés, observés tant en Chine qu'en Angleterre et à Paris. C. R. XLIV. 68-72; Inst. 1857. p. 9-10; Cosmos X. 93-94.

N. K. Davis. On the meteor of July 8th. Silliman J. (2) XXIII. 138-138.

B. F. Odell. Notice of a brilliant meteor seen near lake Winnibigoshish, Minnesota, April 11, 1857. Silliman J. (2) XXIV. 158-158.

Le Verrier. Une relation des positions approchées d'une

bolide aperçu le 29 octobre 1857 au soir à Paris. C. R. XLV. 736-737; Inst. 1857. p. 372-372.

Powell. Report on luminous meteoric phenomena. Athen. 1857. p. 1117-1118; Inst. 1857. p. 319-320; Liter. Gaz. 1857. p. 907-908; Cosmos XI. 312-312.

E. Brouard; Vaillant; Paumard. Bolide observée à Paris et à Précigné le 29 octobre 1857. Cosmos XI. 506-507.

Meteorsteine.

G. Jordan. Ueber ein mexikanisches Meteoreisen. Liebig Ann. CI. 356-358; Erdmann J. LXXI. 122-123; Chem. C. Bl. 1857. p. 399-399.

Bergemann. Untersuchung von Meteoreisen. Pogg. Ann. C. 245-260; Chem. C. Bl. 1857. p. 745-747; Erdmann J. LXXI. 56-61; Z. S. f. Naturw. IX. 510-511, X. 189-190.

Mühlenpfordt und F. Wöhler. Ueber einen neuen Meteoriten. Pogg. Ann. C. 342-345; Z. S. f. Naturw. IX. 511-511.

C. U. Shepard. Notice of a meteoric stone which fell at Petersburg, Lincoln county, Tenessee, August 5th 1855. Silliman J. (2) XXIV. 134-137; Inst. 1858. p. 98-98; Pogg. Ann. CIII. 434-434; Chem. C. Bl. 1858. p. 380-380.

A. Krantz. Ueber Meteoreisen von Teluccathal in Mexico. Pogg. Ann. CI. 152-153; Z. S. f. Naturw. X. 525-525; Chem. C. Bl. 1857. p. 497-498.

L. H. Bradley. Supposed meteorite. Silliman J. (2) XXIV. 449-449.

v. Reichenbach. Ueber den Meteoriten von Hainholz. Pogg. Ann. CI. 311-313, CII. 618-621; Z. S. f. Naturw. X. 425-425.

Séguier. Chute d'un aérolithe. Inst. 1857. p. 363-363; Cosmos XI. 507-508.

W. J. Taylor. Examination of a nickel meteorite, from Oktibbcha County, Mississippi. Silliman J. (2) XXIV. 293-295; Proc. of Acad. of nat. sc. of Philad. 1857 April; Chem. Gaz. 1857. p. 229-231.

v. Reichenbach. Ueber die Meteoriten aus dem Toluccathal in Mexico. Pogg. Ann. CII. 621-625.

F. Nordlichter.

R. Wolf. Ergänzungen zu dem neuen Catalog der Nordlichter von A. Boué. Wolf Z. S. 1857. p. 81-88.

J. Marcou. Bruit qui accompagne l'aurore boréale. Wolf Z. S. 1857. p. 202-203.

R. Wolf. Zweiter Nachtrag zu Boué's Catalog der Nordlichter. Wolf Z. S. 1857. p. 400-412.

D. Olmsted. On the electrical hypothesis of the aurora boréalis. Liter. Gaz. 1857. p. 1029-1029.

x. Elektromagnetischer Einflufs eines Nordlichts. Pogg. Ann. CII. 643-644; Staatsanz. f. Württemb. 1857, Dec. 19.

Zodiakallicht.

G. Jones. Observations of the zodiacal light from April 2, 1853 to April 22, 1855, made chiefly on board of the United States steam frigate, Mississippi, during her late cruise in eastern seas, and her voyage homeward, with conclusions from the data thus obtained. Vol. III. Washington 1856; Silliman J. (2) XXIII. 161-176.

— — Observations of the zodiacal light. Silliman J. (2) XXIII. 285-287; Astron. J. 100.

— — Observations on the zodiacal light at Quito, Ecuador, with deductions. Silliman J. (2) XXIV. 374-385; Liter. Gaz. 1857. p. 1028-1028.

Einen wahren Schatz von Beobachtungen hat der Verfasser für das Zodiakallicht hier niedergelegt. Seine Meinung, dafs es die Erde wie mit einem Ringe umgebe, sucht er zu stützen. Aber auch andere, die wie Schmidt es als einen Ring oder Hülle um die Sonne betrachten, können sich mit diesen Beobachtungen vielen Vortheil verschaffen, da der Verfasser die Mühe nicht gescheut hat, 350 Sternkärtchen beizugeben, worauf die Gränze der Sichtbarkeit mehrmals an einem Abende und die jedesmalige Lage des Horizontes beigegeben worden ist. *B. B.*

Wilkes. On the zodiacal light. Liter. Gaz. 1857. p. 1027-1027.

G. Sonnen- und Mondbeobachtungen.

R. Wolf. Mittheilungen über die Sonnenflecken. III. Beobachtungen über die Sonnenflecken im Jahre 1856; Beitrag zur Geschichte der Entdeckung des Zusammenhangs zwischen Erdmagnetismus und Sonnenflecken, und weitere Belege für denselben; Beitrag zur Geschichte der grofsen

Sonnenfleckenperiode und weitere Belege für dieselbe. Wolf Z. S. 1857. p. 109-132; Proc. of Roy. Soc. VIII. 416-417; Astr. Nachr. XLV. 123-124, 327-328; C. R. XLIV. 485-485; Cosmos X. 239-240.

R. Wolf. Mittheilungen über die Sonnenflecken. IV. Die Sonnenfleckenbeobachtungen Staudacher's in den Jahren 1749 bis 1799. Begründung der Minimumsepoche von 1755, 5 ± 0,5 aus den Beobachtungen von Staudacher und Zucconi; Tafel der magnetischen Variationen und Bemerkungen zu derselben; Fortsetzung der Sonnenfleckenliteratur. Wolf Z. S. 1857. p. 272-299; Astr. Nachr. XLVI. 173-174.

H. Volckmann; C. W. Moesta. Die Mondfinsternifs vom 13. October 1856 zu Santiago de Chile. Astr. Nachr. XLV. 79-80, 145-146.

S. H. Schwabe. Sonnenbeobachtungen im Jahre 1856. Astr. Nachr. XLV. 111-112.

R. Wolf. Mittheilungen über die Sonnenflecken. V. Untersuchungen über Existenz und Bedeutung verschiedener Sonnenfleckenperioden; Nordlichtkatalog und Vergleichung des jährlichen Ganges in dieser Erscheinung mit dem der Sonnenflecken; über Buys-Ballot's Periode von 27, 628 Tagen; Fortsetzung der Sonnenfleckenliteratur. Wolf Z. S. 1857. p. 349-395.

Faye. Sur les éclipses centrales de l'année prochaine. C. R. XLV. 981-988, 1025-1028; Cosmos XI. 693-698, 720-720.

Mosotti. Taches du soleil. Cosmos X. 54-56; Cimento I. 125.

H. Schwabe. Spots on the sun. Liter. Gaz. 1857. p. 399-400; (Adress of presid. astr. Soc.); Monthly notices XVII. 127; Cimento V. 437-445.

A. Secchi. Osservazioni diverse fatte all' osservatorio del Colegio Romano. Macchie solari. Cimento VI. 409-410.

Notice sur les travaux récents de MM. Wolf et Corrington relatifs aux taches du soleil. Arch. d. sc. phys. XXXVI. 185-194.

Secchi; Dawes; Chacornac. Tache singulière du soleil. Cosmos X. 594-594.

Geniller. Sur la construction physique du soleil. Bull. d. Brux. Cl. d. sc. 1857. p. 135-140.

43. Atmosphärische Elektricität.

A. Luftelektricität.

LAMONT. Beobachtungen der Luftelektricität, angestellt an der Sternwarte bei München, während der Jahre 1854 und 1855. Ann. d. Münchn. Sternw. (2) IX. 95-120*.

(Nicht zum Auszug geeignet.) *Im.*

B. Wolkenelektricität.

a) Ursprung.

A. v. BAUMGARTNER. Ueber Gewitter überhaupt, Hagelwetter insbesondere. Wien. Ber. XXIII. 277-302†; Cosmos X. 598-599; Inst. 1857. p. 162-163.

Nach einer die Bedingungen zur Entstehung von Gewittern analysirenden Zusammenstellung bekannter Thatsachen sucht Herr v. BAUMGARTNER die Ansicht durchzuführen, dafs der Grundvorgang bei einem Gewitter in einer Umsetzung von Wärme in Elektricität bestehe. Der Beweis einer solchen Umsetzung wird besonders in der Art der Bildung und Verdichtung der Gewitterwolken gesucht, aus welcher hervorgehen soll, dafs die den Grund des schnellen Wasserniederschlags bildende Abkühlung nicht von einer äufseren Ursache herrühre, sondern im Innern der Wolke selbst ihren Ursprung habe. Es werden damit Beobachtungen in Beziehung gebracht, welche beweisen sollen, dafs das Innere der Gewitterwolke eine niedere Temperatur zeige als der Rand, während bei andern Wolken das Gegentheil beobachtet sei. Eine bekannte und oft wiederholte Beobachtung sei, dafs Gewitterwolken nur in der Mitte Hagel herabsenden, am Rande aber Regen. Eine Umsetzung von Wärme in Elektricität in den Wolken soll ferner dazu dienen, der Erde die Wärmemenge wieder zu erstatten, welche bei Verdunstung des Wassers von der Erdoberfläche verloren gehe und durch Condensation in der Atmosphäre wieder zum Vorschein komme. Der Umstand, dafs auf einen starken Blitz gewöhnlich ein heftiger Regengufs folge, wird ebenfalls zu Gunsten der Ansicht des Verfassers angeführt.

Die Hagelwetter sind gewissermafsen höchst gesteigerte Gewitter. Es ist daher die sie begleitende Störung der Wärme-, Feuchtigkeits- und Elektricitätsverhältnisse noch bedeutender; dieselben sind vorzugsweise auf die wärmsten Jahres- und Tageszeiten beschränkt. Das Entstehen von Eis in der Luft bedarf nur einer intensiveren Wirkung der Ursache, welche überhaupt Kälte in der Atmosphäre erzeugt, der Umsetzung von Wärme in Elektricität und die Zeit, welche ein Aggregat von Eisnädelchen wie diejenigen, welche die Kerne der Hagelkörner bilden, braucht, um eine Wolkenschicht von mehreren tausend Fufs Höhe zu durchfallen ist hinreichend, um von der oft bedeutenden Gröfse der Hagelkörner Rechenschaft zu geben.

Eine Hinweisung auf den Zusammenhang zwischen der Temperaturerniedrigung und der Elektricitätsentwicklung, welche beim Gewitter beobachtet wird, wie die von Hrn. v. Baumgartner gegebene, ist gewifs nicht ohne Interesse; doch mag man sich nicht zu der Illusion verleiten lassen, als ob mit dem Worte „Umsetzung von Wärme in Elektricität" etwas Wesentliches für die Erklärung der Gewittererscheinungen geleistet sei. Weder über die Ursache einer solchen Umsetzung noch über die Natur des Vorgangs selbst wird uns ein Aufschlufs gegeben und ist bei dem gegenwärtigen Standpunkt unseres Wissens über die Natur der Wärme und vollends über die der Elektricität auch schwerlich ein Aufschlufs auf dem Wege der Speculation zu erwarten, so lange sich nicht die Bedingungen der Umsetzung durch den Versuch nachbilden lassen. *Im.*

---

b) Erscheinungen.

M. F. On the persistant appearance of the lightning flash. Phil. Mag. (4) XIII. 506-506†; Inst. 1857. p. 320-320.

Der Verfasser hat bei Gelegenheit eines Gewitters zu London die schon früher mehrmals von ihm gemachte Beobachtung wiederholt, dafs ein Blitzstrahl, der im vorliegenden Fall gabelförmig getheilt war und sich am Himmel über etwa 60 Grade erstreckte, nicht augenblicklich verschwand, sondern eine Secunde oder länger in unveränderter Gestalt andauerte. Das Licht, welches Anfangs über alle Theile gleichmäfsig verbreitet war, wurde dann ungleichmäfsig und von körnigem Ansehen. Hr. M. F. glaubt sich von der objectiven Natur der Erscheinung hinreichend überzeugt zu haben, indem er während der Dauer derselben Zeit hatte die Richtung seiner Augenaxen zu verändern und verschiedene Punkte des Himmels zu fixiren, wobei die Lichterscheinung ihre Stelle am Himmel unverändert beibehielt. Derselbe sucht den Grund der Erscheinung in einer starken Phosphorescenz der durch den Blitz getroffenen Wolkentheile. *Im.*

J. L. Phipson. Sur quelques phénomènes météorologiques observés sur le litoral de la Flandre occidentale. II. Eclairs sans tonnerre. C. R. XLIV. 785-786†; Cosmos X. 411-411.

A. Poey. Remarques à l'occasion d'une communication de M. J. L. Phipson sur les éclairs en lames sans tonnerre et les éclairs en zigzag avec tonnerre. C. R. XLIV. 881-882†; Cosmos X. 467-469.

Hr. Phipson sucht den Unterschied in den Erscheinungen der Zickzackblitze und der geräuschlosen Flächenblitze dadurch zu erklären, dafs erstere die Ausgleichung der Elektricitäten zwischen zwei entfernten Wolken oder zwischen einer Wolke und der Erde vermitteln, letztere hingegen entstehen, wenn zwei Wolken einander sehr nahe sind, wobei durch Reflexion das Licht über eine grofse Fläche verbreitet erscheint, die erschütterte Luftschicht aber zu dünn ist, um einen hörbaren Donner zu erzeugen.

Hr. Poey widerlegt diese Ansicht durch eine Beobachtung über Flächenblitze zwischen zwei 2000 Fufs von einander entfernten Wolkenschichten, welche Wise auf einer Luftfahrt gemacht und Hr. Poey in einer früheren Abhandlung mitgetheilt hat. *Im.*

J. Silbermann. Orages du 18. et 19. juin 1857. Cosmos X. 646-648†

Die Beschreibung des ersten der beiden Gewitter ist mit Rücksicht auf die in den beiden obigen Abhandlungen behandelte

Streitfrage bemerkenswerth, indem zwischen zwei parallel neben einander aber in bedeutender Entfernung hinziehenden Gewitterwolken zahlreiche Entladungen und zwar gröfstentheils durch Flächenblitze ohne Donner beobachtet wurden. *Im.*

JOBARD. Vues hypothétiques sur la cause du tonnerre, sur la formation des nuages etc. Inst. 1857. p. 263-265†; SILLIMAN J. (2) XXIV. 411-411.

Hr. JOBARD hat den excentrischen Einfall, den Donner durch Explosion von Knallgas entstehen zu lassen, welches sich durch Ansammlung von Kohlenwasserstoff unter den Wölbungen der Wolken bildet. *Im.*

Fernere Literatur.

RÜMKER; E. BOLL. Beiträge zur Gewitterkunde. BOLL Arch. 1857. p. 143-149; Z. S. f. Naturw. X. 377-378.

---

c) Wirkungen.

GUYON. Sur les lésions produites par la foudre à bord du brick „la Félicité", de St. Malo, la 16 décembre 1856. C. R. XLIV. 598-602†; Inst. 1857. p. 93-93; Cosmos X. 324-325, 398-398.

Die „Félicité" wurde am 16. December 1856 an der afrikanischen Küste durch den Blitz getroffen, der den Mast an dem er herablief, an der Spitze beschädigte und sechs an Bord befindliche zur Schiffsmannschaft gehörige Personen bewufstlos niederwarf, ohne einen zu tödten. Die Wirkungen bestanden vorzugsweise in bedeutenden Brandwunden an den vom Blitz getroffenen Theilen, Schwärzung der Haut in bedeutender Ausdehnung, Anschwellung der Gelenke und selbst ganzer Gliedmafsen, bei einigen folgte andauerndes Erbrechen, wobei die entleerten Substanzen einen starken schwefeligen Geruch gezeigt haben sollen. *Im.*

Fernere Literatur.

W. PÄRSON. An account of an unusual thunder-storm and of a destructive local flood. Edinb. J. (2) V. 356-358.

A. POEY. On the photographic effects of lightning. Athen. 1857. p. 409-409; Liter. Gaz. 1857. p. 309-309.

---

d) Blitzableiter.

MARCHAL. Sur les appareils qui en Chine accompagnent toujours les flèches aiguis dont sont surmontées les tours, appareils qui semblent les protèger de la foudre agissant à la manière des paratonnères. C. R. XLIV. 636-636†; Cosmos V. 325-326.

(Nicht zum Auszug geeignet.) *Im.*

H. W. BRUCE. Vaisseau frappé par le foudre. Cosmos X. 86-87.

Ein anderer Fall, in welchem sich das von SNOW-HARRIS [1]) angegebene System von Blitzableitern für Schiffe bewährt hat.

Im.

W. STURGEON. On lightning and lightning conductors. Mem. of Manch. Soc. (2) XIV. 1-21†.

Die Abhandlung des Hrn. STURGEON betrifft vorzugsweise die zweckmäfsigste Anlegung der Schiffsblitzableiter aus Drahtseilen und die Gefahren, welche aus einer fehlerhaften Construction derselben entspringen. In einem wesentlichen Punkte möchten die Ansichten des Verfassers schwerlich gebilligt werden. Derselbe meint nämlich, dafs das Vorhandensein von scharfen Kanten und Spitzen an irdischen Gegenständen die Entladung des Blitzes begünstige, dafs derselbe aber von seinem vorgezeichneten Wege von der Wolke nach der Spitze oft seitwärts abspringe und dafs daher durch die hervorragende Spitze die benachbarten Gegenstände nicht nur nicht geschützt, sondern sogar gefährdet werden.

[1]) Berl. Ber. 1853. p. 624*, 1856. p. 590*.

Er verwirft daher ganz das System der Blitzableiterspitzen und will dieselben mit Kugeln endigen lassen. *Im.*

W i r k u n g e n.

W. Sturgeon. On some peculiarities of the thunderstorm which occurred in the neighbourhood of Manchester on Tuesday the 16th of july 1855. Mem. of Manch. Soc. (2) XIV. 23-29.

Hr. Sturgeon stellte während dieses Gewitters Beobachtungen mittelst des elektrischen Drahtes an, dessen mit Draht durchflochtene Schnur mit dem Erdboden nicht in unmittelbarer leitender Verbindung stand, sondern durch ein gewisses Intervall von dem zum Boden fahrenden Ableiter getrennt war, so dafs ein Funkenstrom überging. Die Funken blieben periodisch aus und verstärkten sich dann wieder und zwar so, dafs jedem sichtbaren Blitz sogleich ein starker Funkenstrom folgte, der offenbar die durch den Blitz hervorgerufene Störung des elektrischen Gleichgewichts anzeigte. Während desselben Gewitters kamen zwei merkwürdige Fälle von elektrischen Zündungen vor, beide in Baumwollenspinnfabriken, ohne dafs äufserlich Spuren von Eindringen des Blitzes bemerkbar waren. Hr. Sturgeon glaubt, dafs in beiden Fällen die Zündung durch den Rückschlag erfolgte, indem die zwischen den Eisentheilen der Krempelmaschinen überspringenden Funken die Baumwollenfasern in Brand setzten. *Im.*

O z o n.

Bérigny. Recherches et observations pratiques sur le papier ozonométrique. Chem. C. Bl. 1857. p. 480-480; Cosmos X. 576-577.

Hr. Bérigny vergleicht verschiedene Sorten ozonometrischen Papiers hinsichtlich der Empfindlichkeit ihrer Reactionen und giebt schliefslich dem Papier von Jame (zu Sedan) den Vorrang selbst vor dem Originalpapier von Schönbein, vor welchem es auch den Vorzug einer gröfseren Gleichmäfsigkeit der benutzten Papiersorte und in Folge dessen der hervortretenden Färbung haben soll. Auf die schwankende Fehlergränze bei Vergleichung mit der chromatischen Scala, wie überhaupt auf die Schwierigkeit der Herstellung zweier völlig gleichen Scalen wird hingewiesen. *Im.*

A. Houzeau. Méthode analytique pour reconnaître et doser l'oxygène naissant. C. R. XLV. 873-877†; J. d. pharm. (3) XXXIII. 115-123; Cosmos XI. 679-680; Inst. 1857. p. 413-414.

Durch Thénard veranlafst hat Hr. Houzeau eine Prüfung der bisherigen ozonometrischen Methoden und Aufsuchung einer quantitativen Bestimmungsmethode des Ozongehalts der Luft unternommen. Das Jodstärkepapier wird verworfen, weil die Reaction an demselben auch durch andere Einflüsse hervorgerufen werde, und weil die Färbung in Berührung mit feuchter Luft verschwinde.

Die von Hrn. Houzeau vorgeschlagene Methode beruht auf der Erfahrung, dafs eine vollkommen neutrale oder sehr schwach angesäuerte Lösung von Jodkalium durch activen Sauerstoff eine alkalische Reaction annimmt, indem unter Ausscheidung von freiem Jod Kali gebildet wird. Die Reaction wird durch Lakmustinctur sichtbar gemacht. Jedenfalls mufs das freie Jod ebenfalls eine Färbung der Flüssigkeit bewirken und andrerseits wäre zu erwarten, dafs dieses umgekehrt auf das gebildete Kali reagiren und der active Sauerstoff nur die Bildung von jodsaurem Kali zur Folge haben könnte. Dem ist nach den Beobachtungen des Hrn. Houzeau nicht so, sondern der Ozonsauerstoff besitzt die Eigenschaft, die er mit keinem andern Gase, das weder sauer noch alkalisch ist, theilt, die neutrale Jodkaliumlösung alkalisch zu machen.

Zur quantitativen Bestimmung war es aber doch, um die Bildung von jodsaurem Kali ganz zu verhindern, erforderlich, die Lösung schwach mit Schwefelsäure anzusäuern, zugleich aber stark zu verdünnen um die Zersetzung des Jodkalium durch die Schwefelsäure zu verhindern (?). Nachdem darauf ein gemessenes Volumen des zu prüfenden Gases hindurchgeleitet ist, wird die Flüssigkeit zur Entfernung des ausgeschiedenen Jods zum Sieden erhitzt, bis sie fast farblos erscheint (wobei wahrscheinlich kein Jodwasserstoff entweichen soll) und endlich die Verminderung des Säuregehalts durch die gewöhnliche alkalimetrische Titrirmethode bestimmt.

Theoretisch ist die Methode gewichtigen Bedenken ausgesetzt, aufserdem sehr complicirt; ob sie praktisch brauchbare Resultate geben kann, mufs die Erfahrung lehren. *Im.*

W. Zenrer. Ueber eine neue Bestimmungsmethode des Ozonsauerstoffs. Wien. Ber. XXIV. 78-91†.

Hr. Zenger hat die Erfahrung gemacht, dafs das Jodstärkepapier nur einen sehr unsicheren Maafsstab für den Ozongehalt der Luft gebe, namentlich wegen der Verdampfung des frei werdenden Jodes und der zersetzenden Einwirkung der Kohlensäure der Atmosphäre auf das Jodkalium, welcher Uebelstand bei Anwendung des empfindlicheren Jodkaliums noch bedeutender hervortritt. Diese Uebelstände sollen nun nach der Meinung des Verfassers vermieden werden, indem man Jodwasserstoffsäure in hinreichend verdünntem Zustand anwendet, um nicht allzusehr durch Verdampfung den Procentgehalt zu ändern, nämlich so dafs die Flüssigkeit 0,01 Procent Jod enthält. Die Verdunstung des Jodwasserstoffs ist dann äufserst gering, namentlich wenn man der Lösung eine ziemlich dicke Kleisterlösung zusetzt. Um eine möglichst grofse Oberfläche zu erzielen, benetzt man mit der Lösung grobgestofsenes Glaspulver oder Asbestfäden, die in einer Röhre enthalten sind, durch welche die Luft mittelst eines Aspirators hindurchgeleitet wird. Um sichere Resultate zu erzielen, waren nicht weniger als 1000 Liter erforderlich, so dafs Herr Zenger selbst die Versuche höchst mühselig nennt.

Die quantitative Bestimmung des ausgeschiedenen Jodes geschah entweder durch Titrirung mit unterschwefligsaurem Kalk, oder durch Vergleichung der Färbung mit Probeflüssigkeiten von bekanntem Jodgehalt, welche, da sie sich nicht längere Zeit unverändert erhalten, durch Lösungen von Kupferoxydammoniak ersetzt werden können, deren Farbentitre ein für allemal mit Jodlösungen bekannter Concentration verglichen wird. Die Flüssigkeiten werden, da bei der starken Verdünnung die Färbung nur schwach ist, in Röhren von 10^{cm} Länge aus schwarzem Glase gebracht die an den Enden durch Glasplatten verschlossen werden können. Beide Methoden geben übrigens verschiedene Resultate. Die Abweichungen sind unregelmäfsig und so bedeutend, dafs die Unsicherheit der relativen Messungen kaum geringer sein kann als bei Anwendung des Schönbein'schen Papiers. Für die Praxis ist die Methode schon ihrer Umständlichkeit wegen nicht brauchbar. *Im.*

Literatur.

W. B. Rogers. Remarks on ozone. Edinb. J. (2) V. 193-195; Liter. Gaz. 1857. p. 1149-1149.

Kornhuber. Ueber das Ozon. Verh. d. Presb. Ver. 1857. 2. p. 7-10.

---

44. Erdmagnetismus.

E. Quetelet. Note sur la détermination de la déclinaison et de l'inclinaison magnétique à Bruxelles en 1857. Bull. d. Brux. 1857. 1. p. 494-495; Inst. 1857. p. 217-217; Cosmos X. 506-506.

A. Quetelet. Note sur les déterminations magnétiques absolues. Bull. d. Brux. 1857. 1. p. 495-496; Inst. 1857. p. 217-217.

Einmal alle Jahr und zwar im Monat März wird die magnetische Declination und Inclination an der Brüsseler Sternwarte beobachtet, und mit diesen Beobachtungen zugleich die ganze Reihe der früheren Bestimmungen von 1828 anfangend wiederholt abgedruckt (Berl. Ber. 1852. p. 605, 1853. p. 629, 1854. p. 660, 1855. p. 624). Die mitgetheilten Bestimmungen gelten übrigens für verschiedene Tage des Jahres und verschiedene Stunden des Tages; Mittelwerthe für bestimmte Epochen, wie sie von anderen Beobachtern gewöhnlich mitgetheilt werden, hat Hr. Quetelet nicht zu berechnen versucht. *La.*

Sabine. On the evidence of the existence of the decennial inequality in the solar-diurnal variations, and its non-existence in the lunar-diurnal variation of the magnetic declination at Hobarton. Proc. of Roy. Soc. VIII. 314-315; Phil. Trans. 1857. p. 1-9; Inst. 1857. p. 271-272; Phil. Mag. (4) XIV. 69-70; Liter. Gaz. 1857. p. 93-93.

Hr. Sabine hat die stündlichen Beobachtungen von Toronto in mehrere Perioden abgetheilt, und aus jeder Periode den Mondeinflufs abgeleitet (vgl. Berl. Ber. 1847. p. 559, 1850, 51. p. 890, 1852. p. 606, 1853. p. 624). Die einzelnen Perioden führen übereinstimmend zu folgenden Resultaten:

1) Der Mondeinflufs offenbart sich in den Variationen aller magnetischen Elemente, und kann in der Declination, der Inclination und der Intensität entschieden nachgewiesen werden.

2) Der Mondeinflufs besteht in einer regelmäfsigen Periode mit doppeltem Maximum und doppeltem Minimum, und zwar treffen die Maxima ein bei der Declination 6 und 18 Stunden, bei der Inclination 3 und 14 Stunden, und bei der Intensität 3 und 16 Stunden nach der oberen Culmination: die Gröfse der Perioden (Differenz zwischen Maximum und Minimum) beträgt bei der Declination 0,64′, bei der Inclination 0,07′, bei der Totalintensität 0,000012.

3) Diese Bewegungen lassen sich einfach erklären mittelst der Hypothese, dafs durch die Erde im Monde Magnetismus inducirt wird.

4) Im Mondeinflufs zeigt sich keine Spur einer zehnjährigen Periode.

Da jedoch im Widerspruche mit letzterer Folgerung Kreil in dem Mondeinflusse nach den Beobachtungen von Mailand und Prag eine bestimmte Andeutung der zehnjährigen Periode erkannt hatte, so unterwarf Hr. Sabine die 8 Jahre umfassenden stündlichen Beobachtungen von Hobarton einer sorgfältigen Discussion und gelangte zu dem Ergebnisse, dafs während in der Gröfse der täglichen Bewegung wie der Störungen eine zehnjährige Periode mit aller Bestimmtheit sich offenbart, der Mondeinflufs keine Spur einer solchen Periode zeigt. *La.*

C. A. Schott. Supplement to the paper on the secular variation in magnetic declination in the atlantic and gulf coast of the United States, from observations in the 17th, 18th and 19th centurier. Edinb. J. (2) V. 192-193.

— — Discussion of the secular variation of magnetic inclination in the north eastern states. Edinb. J. (2) V. 193-193; Bache Report of coast survey 1856. p. 235.

A. D. Bache and Hilgard. Discussion of the terrestrial magnetic element for the United States. Bache Report of coast survey 1856. p. 209; Edinb. J. (2) V. 196-197.

Schott. Report on magnetic observations made at Stations in Delaware, Maryland et Virginia. Bache Report of coast survey 1856. p. 226.

— — An attempt to determine the secular change of the magnetic declination on the western coast of the United States. Bache Report of coast survey 1856. p. 228.

— — An attempt to determine the secular variation of the magnetic inclination on the western coast of the United States. Bache Report of coast survey 1856. p. 246.

— — Discussion of the secular variation in the magnetic declination in the atlantic and port of the gulf coast of the United States. Bache Report of the coast survey 1855. p. 306.

Sehr zweckmäfsig hat Hr. Bache, der mit eben so viel Sachkenntnifs als Energie nun seit vielen Jahren die Küstenaufnahme der Vereinigten Staaten leitet, mit dieser Operation eine Bestimmung der magnetischen Constanten verbunden, woraus theils praktischer Nutzen für die Schifffahrt, theils wissenschaftliche Resultate erzielt werden können. Die sämmtlichen oben angeführten Aufsätze beziehen sich hierauf und enthalten die Ergebnisse der bisherigen Arbeiten; indessen sind die Mittheilungen so kurz gefafst und so allgemein gehalten, dafs eine eingehende Beurtheilung unmöglich gemacht wird. Zunächst scheint es, dafs bei der Reduction der Beobachtungen die täglichen Variationen gänzlich unbeachtet gelassen wurden, was wir bei einer sonst so gründlichen und wissenschaftlich angelegten Arbeit als einen wesentlichen Mifsstand betrachten müssen. Rücksichtlich der Messungen selbst haben wir zu bemerken, dafs blofs die

Endresultate angegeben sind und nichts mitgetheilt wird, wornach die Genauigkeit derselben beurtheilt werden könnte, eine einzige Bemerkung ausgenommen, wornach die Unsicherheit der Bestimmungen bei der Declination und Inclination nicht über 1 bis 2 Minuten, und bei der Intensität nicht über $\frac{1}{800}$ des ganzen Werthes betragen soll.

Grofser Fleifs wurde darauf verwendet, die Säcularänderungen zu bestimmen und die Messungen auf eine gemeinschaftliche Epoche — 1850 — zu reduciren; die darauf bezüglichen Untersuchungen hat Hr. Schott ausgeführt. Zwar konnte er kein Material finden, welches zur Festsetzung der Intensitätsänderungen dienlich gewesen wäre, weil absolute Intensitätsmessungen erst in neuester Zeit angefangen haben, dagegen hat er für die Declination und Inclination eine beträchtliche Anzahl von älteren und neueren Beobachtungen gesammelt, und daraus nach der Methode der kleinsten Quadrate folgende Interpolationsreihen abgeleitet:

Declination.

Burlington Vt. .	$+8{,}22°$	$+0{,}0494°$	$(t-1830)$	$+0{,}000831°$	$(t-1830)^2$
Boston . . .	8,33	0,0622	-	0,000596	-
Cambridge . .	8,55	0,0702	-	0,000720	-
Providence . .	7,51	0,0664	-	0,000852	-
New-Haven. .	5,40	0,0475	-	0,000814	-
New-York . .	5,07	0,0536	-	0,000800	-
Hatboro'. . .	2,86	0,0683	-	0,001169	-
Philadelphia .	2,52	0,0595	-	0,001232	-
Cape May . .	0,88	0,0532	-	0,000809	-
Washington .	0,88	0,0412	-	0,001080	-
Charleston . .	3,33	0,0485	-	0,000722	-
Mobill . . .	7,24	0,0072	-	0,000123	-
Havanna, Cuba	6,08	0,0098	-	0,000255	-
San Diego . .	12,17	0,019	-	0,00018	-
Monterey . .	14,19	0,050	-	0,00047	-
San Francisco .	15,14	0,028	-	0,00025	-
CapeMendocino	16,29	0,029	-		
Cape Disappointement .	19,65	0,019	-		

Inclination.

Toronto . . .	75,29°	—0,0144°(t—1840)	+	0,00164°	(t—1840)²
Albany . . .	74,70	0,0086	-	0,00257	-
Cambridge . .	74,34	0,0284	-	0,00240	-
Providence . .	73,99	0,0040	-	0,00141	-
West-Point . .	73,43	0,0016	-	0,00208	-
New-Haven .	73,42	0,0020	-	0,00117	-
New-York . .	72,75	0,0163	-	0,00114	-
Philadelphia .	71,99	0,0010	-	0,00124	-
Washington . .	71,29	0,0150	-	0,00173	-

Hr. SCHOTT giebt auch ein Verzeichnifs von 17 Stationen in Maryland, Virginia und Delaware, wo er im Jahre 1856 die Declination, Inclination und Intensität bestimmt hat; die Resultate aller übrigen Beobachtungen reducirt auf 1850 werden von den Hrn. BACHE und HILGARD mitgetheilt und umfassen die drei magnetischen Constanten für 157 Stationen, durch das Personal der Küstentriangulation bestimmt, desgleichen die drei magnetischen Constanten für 46 Stationen durch IVES bestimmt, endlich die Declination für 13 Stationen aus verschiedenen bisher nicht publicirten Quellen entnommen. Die Gesammtheit dieser Beobachtungen wurden zur Herstellung magnetischer Karten der Küsten benutzt, welche dem Report of the Superintendant of the coast survey beigefügt sind.

Zu wünschen wäre noch, dafs eine gröfsere Anzahl von Messungen im Innern des Landes veranstaltet würden, damit der Verlauf der magnetischen Curven, welche wegen des Poles gröfster Intensität (nördliche Breite 52°, östliche Länge von Greenwich 268°) eine eigenthümliche Gestaltung annehmen, vollständig dargestellt werden könnte. *La.*

SECCHI. Perturbations extraordinaires de l'aiguille aimantée.
Atti d. nuovi Lincei; C. R. XLV. 169-170; Inst. 1857. p. 262-262; Cosmos XI. 153-155.

Hr. SECCHI bemerkt, dafs wenngleich den Untersuchungen von SABINE zufolge bei magnetischen Störungen zwischen den Aenderungen der Declination, Inclination und Intensität ein Zusammenhang nicht wahrzunehmen ist, dennoch bestimmte gegenseitige Verhältnisse hervortreten, sobald man die Variationen auf eine der Richtung der magnetischen Kraft normale Ebene projicirt. In diesem Falle hat die gestörte Bewegung dieselbe Figur wie die gewöhnliche tägliche Bewegung, nur findet eine Verschiebung in der Lage statt. Wir begnügen uns mit dieser allgemeinen Andeutung, da uns die Schrift des Hrn. Secchi nicht vorliegt, und die kurze Notiz, die sich im Institut findet, keineswegs geeignet ist die Bedenken zu heben, welche die obige Behauptung hervorrufen mufs. *La.*

Sabine. On what the colonial magnetique observatories have accomplished. Proc. of Roy. Soc. VIII. 396-413; Phil. Mag. (4) XIV. 297-310; Liter. Gaz. 1857. p. 261-262; Inst. 1858. p. 89-92.

Da die Absicht des Hrn. Sabine nicht dahin ging, neue Resultate mitzutheilen, sondern blofs der königlichen Societät von dem, was er in früheren Schriften als Ergebnisse aus den Arbeiten der britischen Colonialobservatorien bekannt gemacht hatte, eine historische Uebersicht vorzulegen, so scheint es nicht nöthig eine nähere Analyse des Inhaltes zu geben. Wir bemerken blos, dafs bei Gründung der Colonialobservatorien der Plan dahin ging den Stand des Erdmagnetismus und die unregelmäfsigen, die periodischen, die säculären Aenderungen desselben zu bestimmen. In allen diesen Beziehungen weist Hr. Sabine nach, dafs wichtige Resultate erlangt worden sind, und wir stimmen ihm darin nicht blos bei, sondern nehmen keinen Anstand die Arbeiten der britischen Colonialobservatorien zu den werthvollsten Materialien zu zählen, die gegenwärtig vorhanden sind; nur einen Punkt, glauben wir, hätte Hr. Sabine besser hervorheben und betonen sollen, dafs nämlich das bisher Geleistete nur als ein Anfang betrachtet werden dürfe und nicht ausreiche um auch nur eine der theoretischen Fragen, die man sich gestellt hatte, genügend zu beantworten. *La.*

HANSTEEN. Periodische Veränderungen in der magnetischen Inclination in Christiania. Astr. Nachr. XLV. 193-196; Öfvers. af förhandl. 1857. p. 105-106.

Hr. HANSTEEN hat die sämmtlichen von ihm in Christiania seit 1830 ausgeführten Inclinationsbestimmungen durch eine Interpolationsformel darzustellen gesucht, und findet die Aenderung von 1844 bis zum Jahre t

$$= -1{,}55847' (t-1844) + 0{,}029542' (t-1844)^2.$$

Wird umgekehrt die Aenderung mit entgegengesetzten Zeichen zum Jahre t hinzugefügt, so erhält man die Inclination von 1844.

Auf solche Weise nun hat Hr. HANSTEEN die ganze Beobachtungsreihe auf 1844 reducirt, und nachdem er die erhaltenen Werthe nach den Monaten geordnet und die monatlichen Mittel berechnet hatte, zeigte sich in den Zahlen eine ziemlich regelmäfsige jährliche Periode mit doppeltem Maximum und doppeltem Minimum, welche, wenn t die Zeit (in Bruchtheilen des Jahres) bedeutet, durch den Ausdruck

$$+ 1{,}2784' \sin (t \,.\, 720^0 - 88^0\ 49')$$

dargestellt wird. Die Maxima fallen auf 1. April und 30. September, die Minima auf 1. Juli und 31. December, dürften aber nach Hrn. HANSTEEN's Ansicht nicht sowohl durch die von SABINE vermuthete directe Einwirkung der Sonne als vielmehr durch die Nordlichter, deren gröfste und geringste Häufigkeit mit den eben bezeichneten Epochen zusammenfallen, zu erklären sein. Sehr zweckmäfsig wäre es gewesen, wenn Hr. HANSTEEN die Resultate beigefügt hätte, die aus den analogen Beobachtungen anderer Orte abgeleitet worden sind: es würde sich gezeigt haben, dafs überall das Ergebnifs ein anderes gewesen ist, worüber sich auch Niemand wundern wird, der selbst mit Inclinationsmessungen sich befafst hat.

Hr. HANSTEEN hat aufserdem die Gesammtheit seiner Beobachtungen mit Rücksicht auf die eben angegebene jährliche Periode zu jährlichen Mittelwerthen vereinigt, und nachdem er diese auf 1844 mittelst des obigen Ausdruckes reducirt hatte, glaubte er darin eine periodische Zu- und Abnahme wahrzunehmen, welche mit der früher schon von Anderen in der Gröfse der täglichen magnetischen Bewegung und in der Häufigkeit der Sonnenflecken erkannten zehnjährigen Periode übereinstimmt. Er stellt die Periode dar durch den Ausdruck

$$2{,}358' \sin [32{,}4^0 (t - 1848{,}29)]$$

und vergleicht die hiernach berechneten Werthe mit denen, welche die Beobachtung gegeben hat, wobei allerdings die Unterschiede so grofs ausfallen, dafs das Vorhandensein einer Periode jedenfalls sehr problematisch ist. *La.*

J. F. Encke. Beobachtungen der Declination der Magnetnadel in den Jahren 1847 bis Ende 1854. Berl. astr. Beob. IV. p. XVII-XX. p. 171-217.

Täglich wird an der Berliner Sternwarte Vormittags zwischen 8 und 9 Uhr und Nachmittags zwischen 1 und 2 Uhr die magnetische Declination nach einem Gauss'schen Magnetometer aufgezeichnet. Das Instrument ist in einem eisenfreien Kabinet zweckmäfsig aufgestellt und die Beobachtungen so eingerichtet, dafs daraus die absolute Declination und die Gröfse der täglichen Bewegung abgeleitet werden kann. Die Beobachtungen selbst sowohl als die monatlichen Resultate theilt Hr. Prof. Encke in der oben bezeichneten Publication mit und fügt zugleich einzelne Messungen der magnetischen Inclination und absoluten Horizontalintensität bei.

Die Declinationsbeobachtungen liefern zur Untersuchung der Säcularabnahme und der Gröfse der täglichen Bewegung sehr erwünschte Anhaltspunkte, auch die Inclinationsbeobachtungen können zur Ermittelung der Gesetze der Säcularabnahme zweckmäfsig verwendet werden, obwohl die Abweichungen der dabei angewendeten Nadeln ziemlich grofs sind; nur untergeordnete Bedeutung dagegen kann man den von durchreisenden Beobachtern ausgeführten absoluten Intensitätsmessungen beilegen, und zwar ist das erste Resultat, von Schönlein erhalten, ohne allen Zweifel viel zu klein, während das zweite von Kämtz herrührend der Wahrheit ziemlich nahe kommen dürfte, aber nach der beigefügten Bemerkung auf der höchst unsichern Voraussetzung beruht, dafs die angewendete Nadel seit einem Jahre keine Aenderung ihres magnetischen Moments erlitten habe. *La.*

SABINE. On the amount and frequency of the magnetic disturbances and of the aurora at Point Barron, on the shores of the polar sea. Athen. 1857. p. 1150-1151; Inst. 1857. p. 343-344; SILLIMAN J. (2) XXV. 103-106; Rep. of Brit. Assoc. 1857. p. 14.

MAGUIRE. Absence of agitations of the magnetic needle during auroral displays. Athen. 1857. p. 1151-1151; Inst. 1857. p. 344-344.

SABINE. On hourly observations of the magnetic declination, made by R. MAGUIRE and the officers of H. M. ship „Plover" in 1852, 1853 and 1854, at Point Barrow, on the shores of the polar sea. Proc. of Roy. Soc. VIII. 610-614; Phil. Trans. 1857. p. 497-532; Arch. d. sc. phys. (2) II. 13-21; Phil. Mag. (4) XVI. 51-54.

Hr. MAGUIRE, von der englischen Admiralität abgesendet, um FRANKLIN aufzusuchen, überwinterte zweimal in den Jahren 1852 bis 1854 in Point Barrow, dem nördlichsten Punkte des amerikanischen Continents zwischen der Behringsmeerenge und dem Makenzieflufs und führte in einer aus Eisschollen erbauten und inwendig mit Seehundshäuten überzogenen Hütte eine stündliche Beobachtungsreihe aus, wobei jedoch nur die Declination berücksichtigt wurde. Diese Beobachtungen sind nun von Hrn. SABINE einer sorgfältigen Berechnung und Discussion unterzogen worden, woraus rücksichtlich der magnetischen Störungen, die in dieser Breite sehr grofs sind, merkwürdige Resultate sich herausgestellt haben. In der Gröfse und Häufigkeit der Störungen zeigt sich hier wie anderwärts eine regelmäfsige tägliche Periode östlicher und westlicher Abweichungen; vergleicht man aber diese Periode mit den Beobachtungen von Toronto, so findet man, dafs nur dadurch Uebereinstimmung hergestellt werden kann, wenn man annimmt, dafs die östlichen Ausweichungen in Point Barrow den westlichen in Toronto entsprechen.

Berechnet man in der gewöhnlichen Weise den Gang der Declination in Point Barrow, so fällt die gröfste westliche Abweichung der Nadel auf 11 Uhr Nachts, während bekanntlich sonst allenthalben jener Stand zwischen 1 und 2 Uhr Nachmittags eintritt. Erst wenn man die gröfseren Störungen ausscheidet, stellt sich das gewöhnliche Gesetz der täglichen Bewegung heraus. Die Gröfse dieser Bewegung mit Toronto verglichen steht im umgekehrten Verhältnisse der Horizontalintensität beider Stationen, wogegen die Gröfse der Störungen ein weit stärkeres Verhältnifs zeigt (vgl. Berl. Ber. 1847. p. 557).

Hr. Maguire hat auch alle Erscheinungen der Nordlichter aufgezeichnet, und daraus zeigt Hr. Sabine, dafs von 11 Uhr Morgens bis 3 Uhr Nachmittags keine Nordlichter erscheinen, von 3 Uhr Nachmittags aber bis 1 Uhr Nachts die Häufigkeit regelmäfsig zunimmt, und von da regelmäfsig wieder abnimmt.

Diese Resultate sind aus den 3 Wintermonaten December, Januar und Februar abgeleitet, wo die Sonne beständig unter dem Horizont bleibt.

Aus der Vergleichung der Nordlichter mit den magnetischen Abweichungen geht hervor, dafs die Häufigkeit der Nordlichter mit der Periode der westlichen Abweichungen sehr gut übereinstimmt, während zwischen den östlichen Abweichungen und den Nordlichtern kein Zusammenhang sich offenbart.

Als die obigen Resultate in der Versammlung der Brittischen Association im Jahre 1857 in Dublin vorgetragen wurden, war Hr. Maguire selbst zugegen und fügte noch bei, dafs die Nordlichter sich Abends erst am nördlichen Horizont zeigen, dann nach und nach in einen Bogen übergehen, der über den ganzen Himmel sich ausdehnt, und seine Strahlen bis zum Zenith — einer Krone ähnlich — aussendet. Später zieht sich der Bogen mehr nach Süden und verschwindet Morgens in dieser Himmelsgegend. Jene gewaltige Unruhe der Nadel, welche nach der Beschreibung anderer Beobachter während der Entwickelung des Phänomens eintreten soll, hat Hr. Maguire niemals bemerkt; mit dem Erscheinen des Nordlichtes in Norden beginnt eine östliche Abweichung und geht in eine westliche über, sobald das Nordlicht das Zenith überschritten hat. *La.*

Hansteen. Sur la magnétisme terrestre. Bull. d. Brux. (2) III. 107-116; Inst. 1857. p. 441-442.

Dieser Brief des Hrn. Hansteen berührt verschiedenartige Gegenstände. Rücksichtlich der täglichen Variationen des Erdmagnetismus bemerkt er, dafs sie seinen Untersuchungen zufolge hervorgerufen werden durch eine schwache magnetische Kraft, welche am Horizont herumgeht von Osten nach Westen. In Bezug auf die zufälligen Abweichungen der Inclinationsmessungen wird aus den sehr zahlreichen in den Jahren 1856 und 1857 im Garten der Sternwarte in Christiania ausgeführten Beobachtungen nachgewiesen, dafs der mittlere Fehler blofs 0,6′ beträgt. Da dieser Betrag nicht nur die Beobachtungsfehler sondern auch die Unregelmäfsigkeiten der täglichen Bewegung selbst in sich schliefst, so glaubt Hr. Hansteen annehmen zu dürfen, dafs erstere nicht über ein paar Zehntel Minuten hinausgehen dürften. Es folgen nun Tabellen und zwar Beobachtungen der Inclination während eines Theiles des Sommers 1857 in Christiania, täglich Vormittag und Nachmittag angestellt nebst den gleichzeitigen Aufzeichnungen des Bifilars; — monatliche Mittel der täglichen Bewegung der Inclination aus Beobachtungen mit einem Gambey'schen Inclinatorium abgeleitet; — Bestimmungen der magnetischen Inclination und daraus berechnete Interpolationsformeln für Berlin, Brüssel, Göttingen. Aus den Inclinationsbeobachtungen mit dem Bifilar verglichen zeigt Hr. Hansteen, dafs eine auffallende Uebereinstimmung im täglichen Gange stattfindet, ohne jedoch zu erwähnen, dafs nicht blofs die Uebereinstimmung, sondern auch die Abweichungen der beiden Variationen anderwärts durch zuverlässigere Hülfsmittel nachgewiesen worden sind. Was die monatlichen Mittel der täglichen Bewegung der Inclination, dann die Inclinationsbestimmungen für Berlin, Brüssel und Göttingen betrifft, so sind diefs Gegenstände, die Hr. Hansteen wiederholt anderwärts behandelt hat (vergl. Astr. Nachr. XLV. 193; Berl. Ber. 1853. p. 630, 1855. p. 605, 612). *La.*

M. Weisse. Declinaison de l'aiguille magnétique à Cracovie pendant l'espace de dix-sept ans. Bull. d. Brux. (2) III. 293-294.

Hr. Weisse theilt eine Tabelle mit, in welcher die Monatmittel der täglichen Bewegung der Declination aus den Beobachtungen in Krakau zusammengestellt sind. Von 1840 bis 1846 folgen die Jahre regelmäfsig aufeinander, sind jedoch nicht alle vollständig, beigefügt werden ferner noch die Jahre 1850 und 1856, die ebenfalls unvollständig sind. *La.*

H. Tasche. Ueber den Magnetismus einfacher Gesteine und Felsarten nebst eigenen Beobachtungen. Jahrb. d. geol. Reichsanst. 1857. p. 649-701, p. 807-809; Inst. 1858. p. 147-148.

In diesem sehr umfangreichen Aufsatze wird zuerst eine ziemlich weitläufige Literatur aufgeführt und die Arbeiten erwähnt, in welchen die Anziehung der Magnetnadel oder die Anziehung von Eisenfeilspähnen durch die in der Natur vorkommenden Substanzen näher untersucht wird. Was die eigenen Beobachtungen betrifft, so hält sich der Verfasser ganz und gar auf dem mineralogischen oder geognostischen Standpunkte, und bedient sich der gewöhnlichen Boussole, um die Abweichungen, die an Felsen vorkommen, zu bestimmen, oder die Gröfse der Abweichung anzugeben, welche durch verschiedene Handstücke hervorgebracht werden. Da hierbei Gröfse, Stellung und Entfernung der Handstücke nicht erwähnt werden, so zeigen die angegebenen Zahlenwerthe nur das Vorhandensein einer magnetischen Kraft, ohne als Maafsbestimmung gelten zu können. Wir glauben auf eine nähere Analyse nicht eingehen zu dürfen, da wir der Ueberzeugung sind, dafs um auf diesem Felde etwas wesentlich Förderliches zu leisten es unumgänglich nothwendig wäre, mit entsprechenden Hülfsmitteln genaue quantitative Bestimmungen der Inductionsfähigkeit und Polarität der Substanzen zu liefern. *La.*

Haidinger; Schleiermacher. Serpentin mit magnetischer Polarität. Jahrb. d. geol. Reichsanst. 1857. p. 806-807; Inst. 1858. p. 147-147.

Es wird hier eine kurze Notiz mitgetheilt über zwei an die geologische Reichsanstalt eingesendete größere Stücke des Serpentins von Frankenstein bei Niederbeerbach im Großherzogthum Hessen, und dabei die magnetische Polarität dieses Gesteins sowie einiges auf die Literatur des Magnetismus der Gesteine bezügliche erwähnt. *La.*

Fernere Literatur.

Encke. Ueber die magnetische Declination zu Berlin. Berl. Monatsber. 1857. p. 94-104; Inst. 1858. p. 29-31; Pogg. Ann. CIII. 56-56.

P. A. Berton et P. H. J. Boutfol. Variations anomales de la boussole observées le 2 avril 1857 dans les environs de l'île d'Ouessant sur deux différents navires. C. R. XLIV. 906-907.

A. B. Fyers. On the variation of the needle. Athen. 1857. p. 541-542.

Vogel. On variation of the compass. Athen. 1857. p. 861-861.

A. D. Bache. On the general distribution of terrestrial magnetism in the United States, from observations made in the United States coast survey and others. Silliman J. (2) XXIV. 1-20.

J. Drummond. Outline of a theorie of the structure and magnetic phenomena of the globe. Athen. 1857. p. 1187-1187.

A. Secchi. Observations magnétiques. Arch. d. sc. phys. XXXIV. 287-288; Memor. dell' osserv. di Roma.

— — Sulle variazoni periodiche del magnetismo terrestre, Memoria seconda. Tortolini Ann. 1857. p. 27-47; Arch. d. sc. phys. XXXV. 161-177; Cimento V. 376-395.

J. Lamont. Magnetische Beobachtungen angestellt an der Sternwarte bei München während des Jahres 1855. Ann. d. Münchn. Sternw. (2) IX. 1-38.

— — Schwankungen der magnetischen Kraft, dargestellt nach den Beobachtungen der Sternwarte bei München während der Jahre 1816 bis 1855. Ann. d. Münchn. Sternw. IX. 161-556.

W. Hetzer. Intensität des Erdmagnetismus in Halle nach absolutem Maafse. Z. S. f. Naturw. IX. 169-170.

G. Belli. Proposta di un metodo per difendere i cronometri, impiegati nella navigazione, da alcune irregolarità in essi prodotte del magnetismo. Cimento V. 459-461.

---

45. Meteorologie.

A. Temperatur [1]).

P. Boileau de Castelnau. Sur les plus hautes températures à Nîmes depuis le mois de juin 1826 jusqu'au mois d'août 1857. C. R. XLV. 311-313†.

Es sind hier die höchsten Sommertemperaturen, so wie die Dauer derselben für alle Jahre von 1826 bis 1857, wie dieselben zu Nimes beobachtet wurden, verzeichnet. Nur in vier Jahren während der 32jährigen Periode waren die höchsten Temperaturen gröfser, als im Jahre 1857, nämlich im Jahre 1826 vom 27. Juni bis 7. Juli 27,2° bis 30,4°, im Jahre 1830 vom 14. bis 17. Juli 27,6° bis 30,4°, im Jahre 1832 vom 5. bis 16. Juli 28,2° bis 31,2°, während die Temperatur im Jahre 1857 vom 13. Juli bis 7. August zwischen 27,2° und 30,0° variirte. Im Jahre 1857 war während der ganzen Beobachtungsperiode die ununterbrochene Dauer sehr hoher Temperatur am gröfsten, nämlich durch 23 Tage, im August; 1826 durch 16 Tage, vom 27. Juni bis 12. Juli; 1836, nämlich wieder durch 16 Tage, im Jahre 1832 durch 13 Tage, nämlich vom 10. bis 22. August. *Ku.*

[1]) In dem hier folgenden meteorologischen Berichte sind die Temperaturen in Graden des 80theiligen Thermometers, die Längenmaafse in Einheiten des Pariser Fufsmaafses ausgedrückt, wenn andere Maafse nicht ausdrücklich den Zahlenangaben beigesetzt sind. *Ku.*

L. Blodget. Distribution of heat in the Nordamerican climate. Edinb. J. (2) V. 205-219†; With a map†.

Die vorliegenden Erörterungen über die klimatischen Verhältnisse Nordamerikas sind aus den Resultaten der regelmäfsig durchgeführten Beobachtungen der Militärstationen erhalten und unter Leitung von Lawson dargestellt worden. Sie verbreiten sich auf den Gang der Temperatur an allen Stationen, auf die einwirkenden Ursachen: die Meeresströmungen, Winde, welche die unregelmäfsigen Aenderungen in der Vertheilung der Wärme herbeiführen, und geben die Vertheilung der Temperatur vom 45. bis zum 135. Grade westl. Länge (von Greenwich) und vom 25. bis fast zum 50. Grade nördl. Breite aus der beigegebenen Karte zu erkennen, welche die Jahresisothermen von 5 zu 5° (F.) von 75° F. (19,11°) an bis zu 32° (0°), so wie die Isothermen der jährlichen Extreme in klarer Weise darstellt, indem sich aus diesen der Einflufs der Küsten, der des Golfstromes, die Einwirkung der Gebirgsketten und der Einflufs des Continentes aus den Isothermen mit Bestimmtheit auf diesem ausgedehnten Gebiete übersehen läfst. Wir entnehmen dieser gediegenen Arbeit die nachstehenden Resultate, wobei wir die Fahrenheit'schen Angaben in die des 80theiligen Thermometers verwandelt haben:

Stationen der atlantischen Küsten.

Vom 67. bis zum 80. Längengrade (westl. von Greenwich).

Stationen	Höhe in engl. Fussen	Nördliche Breite	Sommer-	Mittlere Winter- temperatur	Jahres-
Hancock Bareacks .	620	46,07°	+13,81°	— 6,93°	+ 3,78°
Fort Preble . . .	20	43,39	14,74	— 3,25	5,88
WestPoint, N.York	167	41,23	17,48	— 1,03	8,33
Fort Washington .	60	48,43	20,34	+ 2,38	11,48
Fort Monroe . . .	8	37,0	17,59	3,76	11,95
Fort Johnstone . .	20	34,0	21,42	8,27	14,97
Fort Shannon . .	25	49,34	21,58	11,19	16,73
Fort Myers . . .	50	26,38	22,41	14,83	19,13

Felsengebirge und Flachland der östlichen Ketten.
Vom 95. bis 110. Längengrade (westl. von Greenwich).

Stationen	Höhe in engl. Fussen	Nördliche Breite	Sommer-	Mittlere Winter- temperatur	Jahres-
Fort Laramie. .	4519	42,12°	17,75°	— 0,38°	8,03°
Great Salt Lake .	4351	40,46	19,52	+ 0,04	9,44
Fort Kearny . .	2360	40,38	17,54	— 3,98	6,74
Fort Defrance .	7200(?)	35,44	15,83	— 1,45	6,63
Santa Fe . . .	6846	35,41	17,09	— 0,16	8,26
Fort Graham . .	900(?)	31,56	22,44	+ 7,45	15,01
Fort Chadbourne	2120	31,58	19,90	6,25	13,50
Fort M. Scott .	1300	30,10	20,00	6,77	13,54
Fort Brown . .	50	25,54	22,93	13,37	18,56
Stille Küste. Vom 120. bis zum 125. Längengrade (westl. von Greenwich).					
Fort Vancouver.	50	45,40	19,40	3,35	9,18
Fort Reading. .	674	40,30	21,33	6,28	13,37
San Francisco .	150	37,48	11,26	8,38	10,17
Monterey . . .	140	36,36	11,84	8,54	10,39

Ku.

J. Glaisher. On the determination of the mean temperature of every day, as deduced from the observations taken at the Royal observatory, Greenwich, during the 43 years ending 1856. Athen. 1857. p. 152-152†; Liter. Gaz. 1857. p. 141-142; Cosmos X. 391-392.

In diesem Auszuge aus einer gröſseren Abhandlung bemerkt der Verfasser, daſs zur Bestimmung der mittleren Monatstemperatur das Mittel für einen jeden Tag berechnet, und nachdem dasselbe durch die von ihm früher berechneten Correctionen (Berl. Ber. 1850, 51. 126-128†) verbessert worden war (Jene Correctionstafeln sollen aber hierfür nach der Aussage des citirten Berichtes nur auf Monatsmittel anwendbar sein), wurde die Temperaturcurve für den betreffenden Monat construirt, und aus dieser das Monatsmittel selbst aufgesucht. — Am Schlusse erwähnt der Verfasser der Rückfälle in dem Gange der Wärme im Laufe des Jahres zu Greenwich, wie sie aus den Gesammtmitteln noch zu erkennen seien, und die insbesondere im Februar, Anfange März, dann gegen den 10. Mai, ferner gegen Ende November und December am häufigsten auftraten, während vom 10. Mai bis Ende Juli die Temperatur fortwährend steigt, im Juli selbst fast constant bleibt, und von Ende Juli an eine sehr regelmäfsige Abnahme der Luftwärme bis zum Ende November stattfinde. Die mittleren Temperaturen der wärmsten und kältesten Tage waren während der ganzen Beobachtungsperiode die folgenden:

	Höchstes Tagesmittel.		Niederstes Tagesmittel.	
Januar	— 9,5°	(20. 1838)	+ 9,2°	(24. 1834)
Februar	8,2	(9. 1836)	10,2	(9. 1831)
März	4,4	(13. 1845)	11,8	(3. 1815)
April	1,9	(1. 1836)	13,9	(25. 26. 1821)
Mai	+1,9	(3. 1832)	17,9	(15. 1833)
Juni	5,8	(7. 1814)	19,6	(13. 1818)
Juli	7,0	(20. 1836)	20,9	(15. 1825)
August	5,0	(31. 1833)	19,2	(1. 1825)
Septbr.	4,0	(28. 1824)	18,5	(2. 1824)
Octbr.	—1,6	(29. 1836)	14,5	(5. 1834)
Novbr.	3,8	(24. 1836)	12,3	(2. 1834)
Decbr.	6,1	(24. 1830)	10,2	(8. 1848)

(Von den hier in den Klammern beigesetzten Zahlen bedeutet die erste den Tag, die letzte das Jahr, in welchem die niederste oder höchste Temperatur während der ganzen Beobachtungsperiode stattfand). *Ku.*

J. Simpson. On the temperature of the air registered of the Plower winter-quartes at Point-Barrow, in the year 1852, 1853 and 1854. Athen. 1857. p. 1151-1151†; Inst. 1857. p. 348-349†.

Die Beobachtungen umfassen fast zwei volle Jahre; die aus denselben abgeleiteten Tafeln und Karten, von denen hier Erwähnung gethan wird, beziehen sich auf den täglichen Gang der mittleren Temperatur im Laufe des ganzen Jahres, auf den täglichen Gang eines Sonnenthermometers im Monate Juni, und auf die mittleren Temperaturen der Jahreszeiten. Die Breite von „Point-Barrow" ist 71° 21′ nördl., die Länge 156° 17′ westl. von Greenwich. *Ku.*

Hennessy. On the distribution of heat over the surface of the British Isles. Athen. 1857. p. 1151-1151†; Inst. 1857. p. 349-349†.

Der Verfasser hält es für nothwendig, daſs bei den Temperaturresultaten für jede Station, ehe sie in Tabellen vereinigt werden, der Einfluſs der Höhe über dem Meere auf die Temperatur gehörig gewürdigt werde, damit man in dem Gange der Temperatur den Einfluſs, welchen die Entfernung von den Küsten auf die Temperatur der Station ausübt, zu erkennen, und so die Krümmung der Isothermen zu beurtheilen vermag. (Für Irland ist zur Bestimmung des Laufes der Isothermen von Lloyd dieser Einfluſs durch Anbringung der zugehörigen Correctionen berücksichtigt worden (Berl. Ber. 1855. p. 742), und ebenso ist unseres Wissens bei anderweitigen Untersuchungen jener Einfluſs nicht auſser Acht gelassen worden. Nicht unerwähnt darf bleiben, daſs auſser der wegen der Höhe über dem Meere anzubringenden Correction noch die Verbesserung wegen der Localeinflüsse, die den täglichen Gang der Temperatur einer Station afficirt, gewöhnlich in Rücksicht kömmt, wenn man den Gang und die Vertheilung der Temperatur für einen gröſseren Landstrich zu bestimmen beabsichtigt. *Ku.*

Hennessy. On the influence of the gulf-stream on the climate of Ireland. Athen. 1857. p. 1191-1191†.

Hr. Hennessy hat schon früher den Einfluſs des Golfstromes auf die klimatische Temperatur von Inselgegenden überhaupt und auf die Binnengegenden Irlands insbesondere untersucht und besprochen (Berl. Ber. 1856. p. 646-647). In den vorliegenden Bemerkungen werden nun die früheren Thatsachen wiederholt, (wobei die Art und Weise aber, wie der Golfstrom die Temperatur der Inseln erhöht, nicht besonders erörtert wird), und hierbei wird hervorgehoben, dafs aus Dr. WILD's „Report on the diseases and cosmical phenomena of Ireland" hervorzugehen scheine, dafs in früheren Zeitaltern der Golfstrom auf das Klima von Irland keine besonderen Einflüsse ausgeübt hätte. *Ku.*

E. PLANTAMOUR. Note sur l'epoque des premières et des dernières gelées à Genève. Arch. d. sc. phys. XXXIV. 289-291†.

Aus den Beobachtungen vom Jahre 1826 bis zum Ende des Jahres 1837 zu Genf ergiebt sich, dafs die Eintrittszeit des letzten Frostes, der mit Reif begleitet ist, im Mittel auf den 22. April fällt mit einem wahrscheinlichen Fehler von $\pm$ 9 Tagen, so dafs im Mittel der letzte Frost zwischen dem 13. April und 1. Mai vorkommen dürfte. Die äufsersten Gränzen für die Eintrittszeit des letzten Reifs wurden beobachtet in den Jahren 1848 und 1832, in jenem kam der letzte Frost am 20. März, in diesem am 15. Mai vor. — Bezüglich des ersten Reifs kamen die äufsersten bis jetzt — während 31 Jahren — beobachteten Gränzen am 30. September 1843 und am 25. November 1853 vor. Im Mittel fällt die Eintrittszeit des ersten Reifes auf den 28. October mit einem wahrscheinlichen Fehler von $\pm$ 8 Tagen, so dafs dieselbe zwischen dem 20. October und 5. November angenommen werden kann. Im Mittel begreift also die Zeit zwischen dem letzten und ersten Reif etwa 189 Tage, also mehr als 6 Monate. Unter allen Beobachtungsjahren der genannten Periode zeichnete sich das Jahr 1857 durch seine grofse Temperaturdauer aus, indem im Jahre 1857 nicht weniger als 230 Tage zwischen dem letzten und ersten Froste waren, während diese Temperaturdauer im Jahre 1843 am Kleinsten war, nämlich nur 150 Tage betrug. *Ku.*

H. W. DOVE. Ueber die täglichen Veränderungen der Temperatur der Atmosphäre. Abh. d. Berl. Ak. 1856. p. 78-120†.

Die vorliegende Abhandlung bildet die Fortsetzung und Ergänzung der vom Verfasser in früheren Jahren (Repert. d. Phys. IV.; Abh. der phys. Cl. d. k. Akad. zu Berlin 1846) über den hier bezeichneten Gegenstand ausgeführten Untersuchungen. — Die reichhaltige Sammlung von Daten über die täglichen Temperatur-Oscillationen in den einzelnen Monaten für viele Punkte der Erdoberfläche bildet den Hauptgegenstand dieser Abhandlung. Diese Tafeln enthalten die (nicht nach Interpolationsformeln, sondern) unmittelbar aus mehrjährigen zum gröfsten Theile stündlich angestellten Beobachtungen berechneten Tagesmittel der einzelnen Monate, sowie die Abweichungen der einzelnen Stundenmittel von dem allgemeinen Tagesmittel für 32 Punkte der verschiedensten Gegenden der Erde. — Für manche Punkte (Melville-Insel, Port Bowen, Igloolik, Novaja Semlja, Petersburg und Prag) sind noch aufserdem die Constanten des Gesetzes für den täglichen Gang der Temperatur hier mitgetheilt. — Aus der Vergleichung der früheren Angaben mit den vorliegenden geht hervor, dafs der Gang der Temperatur eines und desselben Punktes keine geringen Unterschiede für verschiedene Jahrgänge zeigen kann, dafs vielmehr in der täglichen Periode mannigfache Modificationen an verschiedenen Orten eintreten, „welche theils Wirkungen primärer Ursachen sind, theils durch secundäre hervorgerufen werden." So weichen z. B. die Angaben der Tabelle, wie sie in der vorliegenden Abhandlung für den täglichen Gang der Temperatur zu München (aus den Jahrgängen 1848 - 1854 berechnet) enthalten sind, von denen, die von Lamont schon früher berechnet wurden, und die unter sich zwar keine sehr bedeutende Unterschiede zeigen, aber dennoch nicht vollständig übereinstimmen [1]), um sehr Bedeutendes ab, und es scheint nicht, dafs, wenigstens für Orte unter mittleren und höhern Breiten, die Resultate von Temperaturbeobachtungen, die sich auf eine geringere Periode als die eines Decenniums erstrecken, als normale angesehen werden dürfen; es dürfte sogar eine zehnjährige Beobachtungsperiode für die vorliegenden Zwecke noch nicht vollständig ausreichen. — Jedoch liefern solche Tabellen, die aus verschiedenen und einer geringen Anzahl von Jahrgängen be-

[1]) Man s. Lamont Astron. Kalender 1850, München 1849. p. 100-101 (diese Tabelle ist aus 6 vollständigen Jahrgängen berechnet worden); ferner Lamont, Jahresber. d. königl. Sternw. bei München f. 1852. p. 68-69.

rechnet worden sind, eine ziemlich befriedigende Uebereinstimmung, wenn man dieselben zur Verbesserung der dreistündigen Mittel anwendet, und um überhaupt durch die Verbesserung von Stundencombinationen das wahre Tagesmittel zu erhalten. Ein Beispiel hierfür liefert die im Nachstehenden angegebene kleine Tabelle, welche in *A* die Verbesserungen aus der Tabelle der täglichen Oscillationen für München (S. 91 dieser Abhandlung) berechnet, in *B* die Correctionen enthält, wie sie von Lamont angegeben werden (Astr. Kal. 1850. p. 99), um durch die Combination der Stundenbeobachtungen um 6^h Morgens, 2^h Abends und 8^h Abends sowohl, wie für 7^h, 2^h und 9^h Abends das wahre Tagesmittel zu erhalten:

Monat	Correct. für $\frac{VI^h + II^h + VIII^h}{3}$			Correct. für $\frac{VII^h + II^h + IX^h}{3}$		
	A	*B*	*A—B*	*A*	*B*	*A—B*
Januar	—0,26°	—0,15°	—0,11°	—0,20°	—0,08°	—0,12°
Februar	—0,66	—0,25	—0,41	—0,13	—0,13	0,00
März	+0,13	—0,13	+0,26	—0,17	—0,08	—0,09
April	—0,09	—0,08	—0,01	—0,30	—0,26	—0,04
Mai	—0,25	—0,21	—0,04	—0,48	—0,44	—0,04
Juni	—0,36	—0,38	+0,02	—0,56	—0,56	0,00
Juli	—0,31	—0,26	—0,05	—0,54	—0,44	—0,10
August	—0,13	—0,11	—0,02	—0,30	—0,31	+0,01
Septbr.	—0,04	—0,03	—0,01	—0,20	—0,16	—0,04
Octbr.	—0,15	—0,16	+0,01	—0,14	—0,11	—0,03
Novbr.	—0,16	—0,21	+0,05	—0,12	—0,13	—0,01
Decbr.	—0,24	—0,16	—0,08	—0,22	—0,12	—0,10
Jahr	—0,21	—0,18	—0,03	—0,29	—0,24	—0,05

Welche Ausdehnung man solchen Tabellen für die Correctionen der täglichen Mittel geben darf, um mittelst derselben die Tagesmittel solcher Punkte bestimmen zu können, an welchen nur zu einzelnen Stunden während des Tages unmittelbare Beobachtungen angestellt worden sind, geht aus den bisherigen Untersuchungen über diesen Gegenstand nicht hervor. Es dürfte übrigens die Behauptung nicht ungerechtfertigt erscheinen, dafs nur solche Correctionstabellen, wenigstens für mittlere und höhere Breiten, auf brauchbare Resultate für derartige Zwecke führen können, die auf langjährige directe Beobachtungen sich gründen.

Aus den oben erwähnten Zusammenstellungen für die täglichen Aenderungen der Temperatur ermittelt nun der Verfasser den täglichen Gang der Wärme der einzelnen Beobachtungsgebiete, seine Betrachtungen beziehen sich auf die Eintrittszeiten des Minimum und Maximum der Temperatur in höheren und niederen Breiten unter Berücksichtigung der Meereshöhen, ferner auf die Gröfse der täglichen Bewegung in diesen Gebieten, und wir müssen in Bezug auf die erhaltenen Resultate, da sich diese nur durch die betreffenden Zahlenausdrücke selbst in bestimmter Weise darstellen lassen, auf die Abhandlung selbst verweisen.

Ku.

L. W. Meech. On the relative intensity of the heat and light of the sun upon different latitudes of the earth. Smithson. Contrib. IX. 1. p. 1-58; Smithson. Rep. 1856. p. 321-356†.

Von dieser Abhandlung liegt uns im Augenblicke nur ein unzureichender Auszug vor, um über denselben genau berichten zu können. Wir behalten uns deshalb vor, einen detaillirten Bericht hierüber unserem Referate für 1858 beizugeben, und geben einstweilen im Folgenden den Inhalt des genannten Aufsatzes an. Diese Abhandlung zerfällt in 9 Abtheilungen, und zwar werden in diesen behandelt:

Sect. I. Lichtmenge, welche die Oberfläche eines jeden der Planeten (Merkur, Venus, Erde, Mars, Vesta, Jupiter, Saturn, Uranus und Neptun) empfängt.

- II. Beleuchtungs- und Erwärmungsintensität mit Rücksicht auf ihre Bahnen.

- III. Tägliche Wirkung der Sonne im Allgemeinen.

- IV. Bestimmung der täglichen und stündlichen Wirkung der Sonne in Beziehung auf die Erwärmung.

- V. Jährliche Wirkung der Sonne unter verschiedenen Breiten.

- VI. Vertheilung der Jahreswärme auf der Oberfläche der Erde.

- VII. Säcularänderungen in der Vertheilung der Wärme.

- VIII. Locale und klimatische Aenderungen in der Einwirkung der Sonne.

Sect. IX. Tägliche und jährliche Dauer der Bestrahlung und der Dämmerung. *Ku.*

W. Lachmann. Die Jahre 1826 und 1846, 1836 und 1856 in ihren meteorologischen Verhältnissen. Z. S. f. Naturw. IX. 140-149†, mit zwei Tabellen.

Hr. Lachmann hat schon bei einer früheren Gelegenheit die meteorologischen Verhältnisse Braunschweigs, wie sie sich aus einer 30jährigen Beobachtungsperiode ergeben, auseinandergesetzt, und damals aus diesen in Verbindung mit Vegetationsbeobachtungen die Entwicklung der Vegetation in der Umgebung von Braunschweig näher untersucht (Berl. Ber. 1855. p. 659-664). Dieselben Beobachtungsreihen wendet nun der Verfasser an, um den Gang der meteorologischen Phänomene, insbesondere den der Wärme auch nach einer anderen Richtung zu prüfen. In dem Eingange zu seiner Abhandlung sagt Hr. Lachmann: „Die periodischen Aenderungen der Wärme in unserem Luftkreise, gröfstentheils bedingt durch die regelmäfsig steileren und flacheren Einfallswinkel der Sonnenstrahlen, sind in den gemäfsigten Zonen dieser Regelmäfsigkeit nicht entsprechend; sie zeigen nicht periodische Variationen bedingt durch den Kampf der Wärme mit dem Wasserdampfe; und sind diese Variationen, der Beweglichkeit jener beiden (?) Stoffe entsprechend, sehr mannigfach in Bezug auf den Ort, die Intensität und die Dauer jenes Kampfes." „Um die scheinbar unregelmäfsige Menge dieser Variationen übersehen und vergleichen zu können, verengt man die Masse der Beobachtungen in kleinere Gröfsen, in Mittelwerthe. Aus den Medien der Tage findet man die fünftägigen Medien (Mesopentameren), die Medien der Monate (Mänomesothermen), die der Jahreszeiten (Horamesothermen) und das Medium des Jahres (Eteomesotherme)." Diese einleitenden, sowie die nachfolgenden Betrachtungen des Verfassers lassen erkennen, dafs derselbe einen Beitrag zur Kenntnifs der sogenannten meteorologischen Störungen zu geben beabsichtigt. Derartige Untersuchungen müssen aber, da sie den anderweitigen über diese grofse Aufgabe schon seit einer geraumen Zeit von gewichtigen Seiten angestellten

Forschungen nützliches Material liefern, mit dem gehörigen Interesse aufgenommen werden, gleichviel ob dieselben schon zu Resultaten geführt haben oder nicht. Wir lassen daher in Kürze die von Hrn. Lachmann angestellten Betrachtungen hier folgen. Die 30jährige Beobachtungsperiode zu Braunschweig zeigte (was andere langjährige Beobachtungen ebenfalls schon dargethan haben), dafs gleiche Zeitabschnitte verschiedener Jahrgänge sehr bedeutende Unterschiede in ihren Temperaturverhältnissen wahrnehmen lassen, die Differenzen in den Pentameren des meteorologischen Winters können 15 bis 19°, für den Frühling 11 bis 15°, für den Sommer 9 bis 11°, für den Herbst 8 bis 12° betragen, die Monatsmittel der Wintermonate verschiedener Jahre können sich um 9 bis 11° unterscheiden, und selbst die Jahrestemperaturen zeigen für Braunschweig noch Unterschiede von 3,3°, also Resultate, die mit anderen hierüber angestellten Untersuchungen vollkommen übereinstimmen. — In Beziehung auf eine allenfalls zu vermuthende Periodicität der Temperaturbewegung unserer fast andauernd bewegten Atmosphäre untersucht der Verfasser zuerst den Einflufs des Mondes, und kömmt hierbei auf keine anderen Resultate, als die, welche schon hierüber aus früheren Zeiten bekannt sind. Hingegen findet der Verfasser „in dem Raume der letztverflossenen 30 Jahre die 20 Jahre auseinander liegenden Wärmeverhältnisse der Jahre in merkwürdiger Uebereinstimmung." „In diesen 30 Jahren, welche 11 Eikosaden enthalten, zeigen sich 4 dieser mit übereinstimmend gröfserer Wärme, 4 mit übereinstimmend geringerer, und nur 3, zu den extremistischen gehörende, im umgekehrten Verhältnisse." Diese Uebereinstimmung entnimmt nämlich der Verfasser aus den Differenzen der Jahresmittel der einzelnen Jahre gegen das 30jährige Mittel (zu 7,421), die von ihm in folgender Weise zusammengestellt worden sind:

1826 + 0,765°	=	1846 + 1,999°
1828 + 0,519	=	1848 + 0,608
1831 + 0,376	=	1851 + 0,065
1832 + 0,261	=	1852 + 0,794
1827 — 0,202	=	1847 — 0,147
1830 — 1,268	=	1850 — 0,454

1835 — 0,114 = 1855 — 1,015
1836 — 0,351 = 1856 — 0,396
1829 — 1,431 = 1849 + 0,316
1833 + 0,258 = 1853 — 0,104
1834 + 1,370 = 1854 — 0,230

Eine Periodicität aus der vorstehenden Reihe zu erkennen, in welcher, beiläufig gesagt, das Gleichheitszeichen keine besondere Bedeutung haben kann, ist uns wohl nicht möglich.

Aehnliche Betrachtungen stellt der Verfasser bezüglich der die Vegetation am meisten bedingenden Monate an, und findet hier die Jahre 1846 und 1848 excessiv an Sommerwärme; in Mangel an Sommerwärme excelliren 1855, 1836 und 1836, fast gleich im + sind 1827 und 1847, im Minus 1830 und 1850, 1836 und 1856. Die Jahre 1832 und 1851, obgleich im Jahresmedium zu den warmen gehörend, haben kühlere Sommer." Endlich stellt der Verfasser in Tab. *A*. und *B*. für die sechs Jahre, die eine höhere und für sechs Jahre, die eine niederere mittlere Temperatur haben, als das normale Jahresmittel die das Medium übersteigenden + oder die dasselbe nicht erreichenden — Wärmesummen" (die mittlere Wärmesumme des Jahres zu + 2716° gefunden), die Anzahl der Sonnen-, Regen- (und Schnee-) Tage, „die Quantität der Niederschläge der einzelnen Monate, u. s. f. als + oder — dem Medium" zusammen, und vergleicht die hierdurch erhaltenen Zahlenresultate. Aus diesen Resultaten will jedoch der Verfasser keine weiteren Schlüsse ziehen, sondern durch dieselben „nur das vorgelegte Factum bezeugen"; wobei er noch bemerkt, dafs die als warm notirten Jahre 1806 und 1811 den Jahren 1826 und 1846, 1831 und 1851 entsprechen, also das kalte Jahr 1817 dem Jahre 1837.

Am Schlusse seiner Betrachtungen setzt Hr. LACHMANN noch auseinander, dafs der dem Jahre vorangehende Winter einen bestimmteren Einflufs auf die folgenden Jahreszeiten habe, als der vorhergehende Sommer auf den nachfolgenden Winter, und dafs er daher für seine Untersuchungen die Jahre vom 1. December des vorhergehenden Jahres bis 30. November des folgenden Jahres berechnet habe. — Eine Zusammenstellung der in den einzelnen betrachteten Jahren stattgehabten Wärmeverhältnisse mit den während der Winter- und Sommermonate vorherrschend gewesenen Luftströmungen ist den vorliegenden Erörterungen nicht beigefügt. *Ku.*

Fernere Literatur.

Y. Cold whether at Dartmouth college. Silliman J. (2) XXIV. 155-157.

Hennessy. On simultaneous isothermal lines. Athen. 1857. p. 1120-1120; Inst. 1857. p. 334-334; Liter. Gaz. 1857. p. 932-932.

J. P. Harrison. On a law of temperature depending upon lunar influence. Athen. 1857. p. 1181-1181; Inst. 1857. p. 349-349.

E. de Wael. Observation de température. Bull. d. Brux. (2) III. p. 92-92; Inst. 1857. p. 431-431.

Dove. Ueber die Rückfälle der Kälte im Mai. Abh. d. Berl. Ak. 1856. 1. p. 121-192.

Vessélovsky. Climat original et extraordinaire de Sitkba. Bull. d. St. Pét. XVI. 141-141.

B. Temperatur und Vegetation.

K. Fritsch. Untersuchungen über das Gesetz des Einflusses der Lufttemperatur auf die Zeiten bestimmter Entwickelungsphasen der Pflanzen, mit Berücksichtigung der Insolation und Feuchtigkeit. Wien. Ber. XXV. 240-250†; Inst. 1857. p. 325-325.

Hr. Fritsch hat in dem Vorliegenden einen Bericht über eine den Wiener Denkschriften einverleibte gröfsere Abhandlung erstattet, nach welchem in der letzteren die folgenden Gegenstände behandelt werden:

1) Die bereits bekannten Lehrsätze der Pflanzenphysiologie, welche die Pflanze in ihrer Wechselwirkung mit der Atmosphäre betrachten, und insbesondere werden der Einflufs der Lufttemperatur und der Insolation hervorgehoben, so wie ferner noch jene Modificationen näher betrachtet, welche die Wirkungsweise der Lufttemperatur durch die Bodenbeschaffenheit, örtliche Verhältnisse und die Hydrometeore erleidet.

2) Eine detaillirte Geschichte der Vegetationsbeobachtungen,

die nicht in dem Maafse ihrer Anzahl, sondern in jenem ihrer Vervollkommnung den Stoff zur Lösung der durch theoretische Betrachtungen angeregten Fragen zu liefern haben.

3) Eine allgemeine Betrachtung über den Einflufs klimatischer Factoren.

Hierbei hat sich, was schon früher der Verfasser durch Beobachtungen nachgewiesen hat[1]), die herrschende Ansicht bestätigt, dafs die Temperatur der Luft und die Niederschläge in erster Linie stehen, dafs jedoch letztere nur als bedingend für die Wirkungsweise der ersteren, und in so fern nicht in demselben Grade wirken. Zugleich habe sich dabei ein von Hrn. Fritsch schon früher nachgewiesenes Gesetz bestätigt, vermöge welchem die Differenzen der Temperatursummen vom Wintersolstitium bis zum Tage einer bestimmten Entwickelungsphase in verschiedenen Jahren nahezu constant bleiben, wie die Unterschiede in den Zeiten der Entwickelungsphasen, wenn man sie mit entgegengesetzten Zeichen nimmt, und dafs man eben so gut vom Anfang des Jahres ausgehen könne, um die gewohnte Uebersicht der meteorologischen Beobachtungen zu erhalten, jedoch nur die Temperaturgrade über dem Null(gefrier)punkte zählen dürfe.

4) Ein weiterer Abschnitt beschäftigt sich mit der Darstellung der Temperaturformel, wie sie von verschiedenen Forschern aufgestellt worden ist, und wobei eine Untersuchung über die sogenannten Anfangstemperaturen der Pflanzen vorgenommen wurde, der Einflufs der Insolation, die sich bekanntlich durch die gewöhnlichen Thermometerangaben nicht bestimmen läfst, an den Beobachtungen näher geprüft, und endlich der Feuchtigkeit dadurch Rechnung getragen worden ist, dafs in einer der fünf Formeln, die der Verfasser näher untersuchte, statt der Temperaturangaben des trockenen Thermometers jene der sogenannten Nafskälte substituirt wurde, wodurch eine von Hrn. Fritsch selbst aufgestellte Formel entstand.

Vor allem mufste aber entschieden werden, bevor die Prüfung der fünf Formeln vorgenommen wurde, von welchem Zeitpunkte aus die Summirung der Temperaturgrade zu beginnen habe,

[1]) Elemente zu einer Untersuchung über den Einflufs der Witterung auf die Vegetation. Sitzungsber. d. böhm. Ges. d. Wiss. 1842.

ferner mufste auf ein Mittel Bedacht genommen werden, die Nullpunkte für die zu untersuchenden Pflanzenarten zu bestimmen. Durch die Wahl von annuellen Pflanzen wurden die Schwierigkeiten in ersterer Beziehung umgangen, und um alle Formeln auf gleiche Weise einer Prüfung unterziehen zu können, wurde auf die lignosen Pflanzen übergegangen, die der Verfasser unter den übrigen Pflanzen allein auch in solchen Phasen der Entwickelung beobachtete, die sich dem Erwachen aus dem Winterschlafe zunächst anschliefsen. — Hierbei wurden, wie der Verfasser erwähnt, die Gründe entwickelt, die ihn bestimmten, anzunehmen, „dafs die mittlere Temperatur des Zeitraumes, welcher zwischen dem ersten Sichtbarwerden der hellen Zonen an den Knospenschuppen und dem ersten Hervortreten der Laubblattspitzen aus der Knospenhülle, verstreicht, welche natürlich bei jeder Art eine andere ist, dem sogenannten Nullpunkte der Pflanze entspreche, und gezeigt, dafs man zu dieser Bestimmung nur jene Temperaturen verwenden dürfe, welche sich über den Gefrierpunkt erheben". Diese Nullpunkte schwanken nach Verschiedenheit der Art zwischen $+4^0$ und $+7^0$, und werden aus eigenen und auswärtigen Beobachtungen bestimmt, um die Fehlergränzen der Bestimmungen ermitteln zu können.

Die Prüfung der aufgestellten Formeln führte zu Resultaten die vom Verfasser in folgender Weise aufgeführt werden:

1) „Kleine, innerhalb der Gränzen für die Sicherheit der Beobachtungen liegende Fehler sind bei allen Formeln die zahlreichsten; extravagante, wenn auch nur einzelne, kommen blofs bei den Formeln von Gasparin und Babinet vor".

2) „Bei allen Formeln fällt reichlich die Hälfte zwischen die Gränzen der Beobachtungsfehler $= \pm 3$ Tage, es erklärt sich somit, wie die Ansichten hierüber so lange getheilt bleiben konnten. Die Formel von Quetelet giebt in den meisten Fällen die kleinsten Fehler".

3) „Die Summe der Fehler, wohl das entscheidendste Moment, ist bei der Formel von Boussingault, dann bei meiner am kleinsten, am gröfsten bei den Formeln von Gasparin und Babinet".

Schliefslich wird vom Verfasser bemerkt, dafs die von Boussingault aufgestellte einfache Formel, wonach die Temperatursumme von einem passenden Zeitpunkte anzufangen, z. B. für die Belaubung von Anfange des Jahres, für die Blüthe vom Tage der ersten Belaubung etc. gezählt, eine Constante der Entwickelungsphasen ist, aus dem in (3) angegebenen Grunde sowohl, wie ihrer Einfachheit wegen, vermöge welcher sie eine folgenreiche Anwendung verspreche, die Wahl vor allen anderen aufgestellten Ansichten verdiene, und dafs diese Wahl auch mit den Ansichten anderer Forscher übereinstimme. *Ku.*

Fernere Literatur.

x. Observations botaniques et zoologiques, faites en 1854 et 1855 à Bruxelles, Gand, Ostende, Anvers, Nemours, Waremme, Stavelot, Venise, Jemappe, Bastogne, Lierre, Grammont, Val-Bennoît. Observations botaniques et zoologiques faites en 1855 à des époques déterminées. Mém. d. Brux. XXX. 6. p. 37-56, p. 82-107.

C. Meteorologische Apparate.

A. SECCHI. Sur un noveau baromètre à balance. C. R. XLIV. 31-34; Inst. 1857. p. 19-20; SILLIMAN J. (2) XXIII. 291-292; Arch. d. sc. phys. XXXIV. 228-228; Wien. Ber. XXIII. 276-276; Cosmos X. 58-60, 176-178; Verh. d. Presburg. Ver. 1857. 2. p. 20-21; Z. S. f. Naturw. IX. 465-466; DINGLER J. CXLIV. 125-127†.

— — Barométrographe construit par le principe du baromètre à balance. C. R. XLIV. 336-337; Inst. 1857. p. 59-59; Arch. d. sc. phys. XXXIV. 228-229; Cimento V. 14-17, 367-372; DINGLER J. CXLIV. 127-129†.

Hr. SECCHI macht den Vorschlag (der übrigens nicht neu ist, indem solche und darnach eingerichtete Instrumente schon von PARNY, MORLAND und Andern angegeben wurden MUNCKE's Lexic. I. 773†), wie dies seit TORRICELLI geschieht, den Druck der Quecksilbersäule im Barometer, die dem Luftdrucke das Gleichgewicht hält, durch die Höhe dieser Säule zu bestimmen, das Gewicht dieser Quecksilbersäule mittelst einer Waage zu ermitteln. Zu dem Ende dürfe man nur die Barometerröhre eines Gefäfsbarometers oder das Gefäfs frei an den Arm irgend eines Hebels aufhängen, z. B. an den einen Balken einer gleicharmigen oder ungleicharmigen Waage, deren anderer Hebelsarm durch ein Gegengewicht belastet ist. Um ferner der Mühe überhoben zu sein, bei jeder Beobachtung wägen zu müssen, könne man an dem einen Waagebalken einen mehr oder weniger langen Zeiger anbringen, welcher sich vor einer graduirten Scala bewegt, so dafs die Veränderungen im Drucke leicht abzusehen sind. Einen solchen Apparat liefs Hr. Secchi auch ausführen, die Röhre des Barometers hatte einen Durchmesser von 15^{mm}; es ist eine Art römische Waage, an deren kurzem Arm die Barometerröhre befestigt ist, und die durch ein Gegengewicht auf der anderen Seite balancirt ist. Anfangs diente eine lange Zunge von Glas als Index, später wurde über der Aufhängeschneide ein Spiegel befestigt, in welchem das Bild einer entfernt angebrachten Scala beobachtet wurde. Die Vortheile, welche Hr. Secchi von der neuen Construction sich verspricht, sind folgende:

1) Da der Druck nicht durch die Höhe der Quecksilbersäule gemessen, sondern gewogen wird, so könne man die Röhre aus einem beliebigen Material anfertigen, namentlich von Eisenblech, welches sich nicht amalgamire; das Instrument werde also nicht mehr so zerbrechlich sein, wie bisher, und wolle man das Glas beibehalten, so könne man jede Sorte von Röhren anwenden, wenn sie nur in dem Raum, in welchem die Quecksilbersäule schwankt, einen constanten Durchmesser haben.

2) Da man durch Vergröfserung des Querschnittes der Röhre die Kraft und das Gewicht vergröfsere, so könne man letzteres als Triebkraft benutzen, um das Instrument selbstregierend zu machen.

3) Die neue Construction sei unabhängig von der Form der Quecksilberkuppe, von der Reinheit des Quecksilbers und seinem specifischen Gewichte, von der Temperatur und dem Unterschiede der Schwere in verschiedenen Breiten; denn alle diese Gröfsen haben einen Einflufs auf das Volum des Quecksilbers und auf die Höhe der Säule, welche man messen mufs, um das Gewicht zu bestimmen, wogegen hier das Gewicht unmittelbar gegeben sei. Durch Anwendung einer Röhre von Eisen habe man nicht

in dem Grade wie beim Glas die Adhäsion der Luft und die Feuchtigkeit zu fürchten, und man könne auch das Quecksilber sehr leicht, ohne Gefahr für die Röhre auskochen.

4) Wenn man die Röhre von Eisen macht, so liefse sich das Instrument sehr leicht transportiren, und würde sich daher besonders zum Höhenmessen eignen.

5) Wegen der Glasröhren konnte man bisher nur Quecksilber als Flüssigkeit für Barometer benutzen; in der Folge liefsen sich auch Wasser oder andere Flüssigkeiten zu diesem Zwecke anwenden.

(Es mag hier die Bemerkung hinzuzufügen gestattet sein, dafs wohl ein Theil dieser Vortheile wieder verloren geht, wenn man aus den Angaben der Secchi'schen Luftwaage die wirklichen Barometerstände berechnen wollte.)

Auf das genannte Princip sich stützend hat der Verfasser einen Barometrographen, jedoch nicht aus einer eisernen, sondern aus einer Glasröhre mit einem Durchmesser von 18^{mm} im Mittel in ihrem längsten Theile und 60^{mm} Durchmesser an ihrer oberen cylindrischen Erweiterung von 150^{mm} Länge construirt. Das Füllen dieser Röhre geschah wie gewöhnlich, und die Schwankungen des Quecksilbers finden immer im weiteren Theil der Röhre statt. Diese taucht in ein tiefes Gefäfs mit Quecksilber, welches den Bewegungen derselben nicht hinderlich ist.

Eine ausreichende Beschreibung und Abbildung dieser selbstregistrirenden Luftwaage ist der vorliegenden Abhandlung beigegeben, und wir müssen in dieser Beziehung auf letztere selbst verweisen. *Ku.*

Forbes. Notice respecting Father Secchi's statical barometer, and on the origin of the cathetometer. Edinb. J. (2) V. 316-318†; Proc. of Edinb. Soc. III. 480-482.

Hr. Forbes erläutert, dafs Secchi's Vorschlag und Construction seiner neuen Luftwaage zwar nicht neu sei, dafs aber das Secchi'sche Barometer insbesondere in seiner Einrichtung zum Selbstregistriren und zur genauen Bestimmung des Luftdruckes Eigenthümlichkeiten habe, die den bekannten älteren Instrumenten dieser Art noch ganz unbekannt waren, und dafs dem Secchi jedenfalls das Verdienst zugeschrieben werden müsse, auf eine Einrichtung aufmerksam gemacht zu haben, die fast aus der Zeit der Erfindung des Barometers bekannt, und schon fast in Vergessenheit gerathen sei. — Ein Instrument dieser Art aus älterer Zeit mit beweglichem Gefäfse, wahrscheinlich von Lisson in London angefertigt, befinde sich noch gegenwärtig im Kewobservatorium. In seiner Nachschrift zur Geschichte der barometrischen Luftwaage bemerkt Hr. Forbes noch weiter, dafs das von französischen Physikern und Mechanikern mit dem Namen Kathetometer bezeichnete Instrument im Allgemeinen mit einem Instrumente viel Aehnlichkeit habe, das im 20. Bande der Phil. Trans. f. 1698 von Gray beschrieben worden ist. *Ku.*

F. Stach. L. Wollheim's verbesserter Thermograph. Dingler J. CXLIV. 176-177†.

Bei dem nach einem älteren — unseres Wissens noch wenig zur Anwendung benutzten — Principe von Hrn. Wollheim construirten Thermographen, bildet die Thermometerröhre einen Waagbalken, und ist, wie bei einer Waage unterstützt. An ihren Enden hat die Röhre zwei Quecksilbergefäfse, wovon das eine ganz mit Quecksilber gefüllt ist, das andere und zwar kleinere (in Form einer Kugel) nur zum Theil Quecksilber enthält, und daher den nöthigen Raum zur Ausdehnung bietet, wobei aber durch die Wahl der Unterstützungsstelle Sorge getragen ist, dafs dieses Gefäfs immer höher als das andere steht. — Ueber die Theilung des Instrumentes, die Construction seiner Scala nämlich, sowie über die Art und Weise, dasselbe in einen Thermographen zu verwandeln, sind nähere Angaben bis jetzt noch nicht mitgetheilt worden. *Ku.*

J. G. Macvicar. Notice of a new maximum and minimum mercurial thermometer. J. of chem. Soc. X. 221-223; Z. S. f. Naturw. X. 491-492†; Cosmos XII. 66-66†.

Ein horizontal liegendes Thermometerrohr ist an beiden Enden mit Kugeln versehen, von denen die eine nach oben, die andere nach unten gebogen ist, und wobei sich die Röhre nach ersterer hin um ein wenig erweitert. Bei der Anfertigung bleibt die obere Kugel vorläufig noch offen, durch dieselbe wird eine angemessene Menge Quecksilber und nach diesem ein Stahlstiftchen in die Röhre gebracht, welches durch ein kleines Quecksilberkügelchen von der Luft der offenen Kugel abgeschlossen wird. Hierauf erwärmt man das Instrument so weit, bis das Quecksilber vom Ende der Röhre um 40° der Theilung entfernt ist, und bringt über die beim Erkalten in das Rohr eintretende kleine Quecksilberkugel ein zweites Stahlstäbchen, worauf sodann nach dem Erkalten die offene Kugel zugeschmolzen wird. Die beiden Stahlstiftchen sollen dann, wenn die gewöhnliche Scale am Instrumente hergestellt worden ist, als Anzeiger des Maximums und Minimums der Temperatur dienen, vorausgesetzt, dafs beim Einstellen des Instrumentes jedes der beiden Stiftchen mittelst eines Magnetes mit der kleinen Quecksilbersäule zur Berührung gebracht worden ist, so dafs nur durch diese die beiden Stifte von einander getrennt erhalten bleiben. *Ku.*

E. Gand. Action exercée par le magnétisme terrestre sur l'index en fer d'un thermomètre à maximum. C. R. XLIV. 249-249†.

Hr. Gand glaubt aus seinen Experimenten gefunden zu haben, die er mit einem in verschiedenen Lagen befindlichen Maximumthermometer angestellt hat, dafs die Einwirkung des Erdmagnetismus eine Verschiebung der eisernen Marke dieses Instrumentes in gewissen Fällen hervorbringen könne. *Ku.*

Davout. Mémoire sur un nouveau baromètre. C. R. XLIV. 658-661†; Phil. Mag. (4) XIII. 468-470; Cosmos X. 356-359.

Babinet. Note sur des observations comparatives faites avec le baromètre répétiteur de M. Davout. C. R. XLV. 77-78†, XLVII. 254-255; Inst. 1857. p. 246-246; Cosmos XI. 97-98.

Davout. Mémoire sur des expériences faites dans les Alpes avec le baromètre répétiteur. C. R. XLV. 580-580†; Cosmos XI. 470-470.

Hr. Davout hat ein neues Barometer construirt, das aus

einer Glasröhre besteht, die an ihren beiden Enden durch Kautschukventile, welche nach Belieben geöffnet und durch ihre Federkraft in ihre Ruhelage gebracht werden können, geschlossen ist, und die eine sehr kleine Quecksilbersäule enthält, graduirt ist, und bei ihrem Gebrauche vertical gehalten wird. Durch abwechselndes Oeffnen und Schliefsen des oberen und unteren Röhrenendes bringt Hr. Davout die Quecksilbersäule, welche anfänglich so nahe als möglich am oberen Ende erhalten werden soll, nach und nach so weit als möglich gegen das untere Ende der Röhre. Die Verschiebung der Quecksilbersäule vom oberen Ende der Röhre zum unteren soll nun eine Function des Luftdruckes sein, und diese Function wird von dem Verfasser in seiner Denkschrift, aus welcher der erste der oben angegebenen Artikel ein Auszug ist, entwickelt. Mit Hülfe von Tafeln, die Hr. Davout berechnete, kann man aus der Anzahl der stattgehabten Verschiebungen den Luftdruck ermitteln. — Das von ihm construirte Instrument nennt Hr. Davout ein „baromètre répétiteur."

Hr. Babinet empfiehlt dieses Repetitionsbarometer für Reisen, und giebt ein Beispiel an, in welchem eine mittelst eines Gay-Lussac'schen Barometers und dem Davout'schen Instrumente gemessene Höhe auf 0,5^{m} übereinstimmend mit beiden Instrumenten gefunden wurde. In einem Nachtrage, der ein Auszug aus einem ausgedehnten Memoire des Hrn. Davout ist, wird bemerkt, dafs unter 80 gleichzeitigen Beobachtungen und Experimenten, beziehungsweise mit einem Fontin'schen Barometer und zwei Exemplaren des neuen Repetitionsbarometers angestellt, die Angaben der letzteren bei 9 Fällen 2^{mm} geringer als die des gewöhnlichen Barometers waren, in 35 Fällen waren die Differenzen der Angaben beider Instrumente nur — 1^{mm}, die gröfste hierbei beobachtete Differenz war — 3^{mm}, und in Höhen von etwa 3100 Metern zeigten sich Differenzen in den Angaben des Fontin'schen und denen des Repetitionsbarometers von — 0,4^{mm} bis — 0,6^{mm}. *Ku.*

J. HENRY. An account of a large barometer in the hall of the SMITHSONIAN Institution. Edinb. J. (2) V. 197-197†.

Eine ganz kurze Beschreibung eines grofsen Barometers, in welchem aber anstatt des Wassers, wie seiner Zeit von DANIELL es angewendet wurde, nach der von Hrn. HENRY angegebenen Einrichtung hier Schwefelsäure benutzt wird, und wobei die Luft vor ihrem Eintritte in das Barometergefäfs durch ein Chlorcalciumrohr geht. Die Barometerröhre selbst ist 240 engl. Zoll lang, und hat dreiviertel Zoll im Durchmesser. *Ku.*

S. STEVENSON. Description of a self-registering maximum and minimum arrangement for the syphon barometer. Edinb. J. (2) V. 313-316†.

Hr. STEVENSON, dem wie es scheint, die neueren Einrichtungen der registrirenden Instrumente nicht genügend bekannt sind, und dem aufserdem die Eigenschaften eines genauen Quecksilberbarometers nicht klar zu sein scheinen, sucht die Registrirung des höchsten und niedersten Barometerstandes durch fixe aufserhalb der Barometerröhren angebrachte Magnete und durch schwimmende auf den Oberflächen der Quecksilbersäule befindliche Magnetstreifchen (floaks of watch-spring, or of soft iron) zu bewerkstelligen. — Auf die Construction dieses Barometers können wir hier nicht eingehen. *Ku.*

C. SMALLWOOD. Self-registering Anemometer. Athen. 1857. p. 478-479†.

Unterscheidet sich dem Wesen und der ganzen Einrichtung nach nicht von dem ROBINSON'schen Anemometer (Irish Trans. 1852, Vol. XXII. p. 155-178), sondern ist nur bezüglich einzelner unwesentlicher Anordnungen von diesem verschieden. *Ku.*

Fernere Literatur.

VIARD. Notes sur la réduction à zero des hauteurs barométriques. C. R. XLIV. 239-239†; Inst. 1857. p. 43-43†.

A. Quetelet. Plan et description des instruments de l'observatoire Royal de Bruxelles. Ann. d. l'observat. d. Brux. XI. 3. p. 1-18†.

W. S. Jevons. On a sun-gange. Phil. Mag. (4) XIV. 351-356.

B. Barnabita. Nuovo regristatore meteorologico. Tortolini Ann. 1857. p. 68-69.

C. Montigny. Coup d'oeil sur les appareils enregistreurs des phénomènes météorologiques et projet d'un nouveau système d'instruments. Bull. d. Brux. (2) III. 465-489 (Cl. d. sc. 1857. p. 847-871); Cosmos XIII. 66-67.

J. Silbermann. Ballons en caoutschouc et courents aériens. Cosmos X. 283-284.

Porro. Pluviomètre. Cosmos X. 455-455.

Trouessart. Nouveau baromètre à siphon. Cosmos XI. 359-362.

Lapchine. Additions à la note sur la direction des vents à Kharkov et description d'un nouvel anémographe. Bull. d. St. Pét. XVI. 15-16.

J. Marguet. Note sur le baromètre métallique inventé par M. Bourdon. Bull. d. l. Soc. vaud. V. 96-98.

D. Allgemeine Beobachtungen.

A. Quetelet. Sur le climat de la Belgique. Septième partie. Bruxelles 1857; Ann. d. l'observ. d. Brux. XI. 1. p. 1-56†, XI. 2. p. 1-116†.

— — Tableaux des observations diurnes, de 1853 à 1855. Ann. d. l'observ. d. Brux. XI. 4. p. 1-281†.

Der hier angezeigte 7. Theil des Klimas von Belgien enthält die allgemeinen Resultate der sämmtlichen langjährigen Beobachtungen des Brüsseler Observatoriums, und bildet des reichhaltigen Materiales halber, das derselbe für meteorologische Untersuchungen darbietet, wohl eine der wichtigsten Beiträge für die Meteorologie des Continents. Es sind hier nicht blofs die Mittel und Resultate der einzelnen meteorologischen Elemente mitgetheilt, sondern auch die actinometrischen und die Beobachtungen über die Insolation, jene aus den Jahren 1843 bis 1855, diese für die Jahre 1854 und 1855, ferner die Resultate über

Beobachtungen der Erdwärme, die an dem Brüsseler Observatorium in ausgedehnter Weise angestellt worden, vollständig dargestellt, und daher Materialien der Wissenschaft zugeführt, die bis jetzt nur viel zu wenig zum Gegenstande der Untersuchungen gemacht werden konnte, weil es an einer ausreichenden Zahl von Beobachtungen bisher fehlte. — Auf eine detaillirte Besprechung des vorliegenden Werkes brauchen wir um so weniger hier einzugehen, als ein Bericht über dasselbe von dem Referenten schon bei einer andern Gelegenheit erstattet wurde [1]), weil ausserdem einige Einzelnheiten in den folgenden Artikeln noch berührt werden müssen. *Ku.*

A. QUETELET. Variations annuelles des instruments météorologiques à Bruxelles. Bull. d. Brux. (2) II. 321-339; Inst. 1857. p. 285-287.

— — Variations horaires des instruments météorologiques à Bruxelles. Observations faites dans le royaume. Bull. d. Brux. (2) II. 501-527; Inst. 1857. p. 397-399†.

Die erste dieser Mittheilungen enthält eine Geschichte der meteorologischen Arbeiten zu Brüssel seit der Gründung der meteorologischen Anstalt im Jahre 1833; sie enthält die näheren Angaben über die seit jener Zeit veröffentlichten Schriften, über ihre Beziehung zu den Observatorien anderer Länder, über die Thätigkeit der zur Centralanstalt gehörigen Stationen Belgiens und deren bisherige Leistungen im Allgemeinen, und giebt zum Schlusse die jährlichen Variationen der meteorologischen Elemente in 9 Tabellen. Von diesen Tabellen (die auch in dem oben erwähnten 11. Bande der Ann. d. obs. sich vorfinden), nehmen wir die folgenden in unserer Tabelle enthaltenen hier auf (indem wir dabei die in CELSIUS'schen Graden ausgedrückten Temperaturen in RÉAUMUR'sche Angaben verwandeln), und fügen der ersten dieser Tabellen den jährlichen Gang des Luftdruckes zu Brüssel bei.

[1]) Münchn. gel. Anz. XLVII. 41-53*.

I. Grenzen der Temperaturvariationen (Periode von 1833 bis 1852) und jährlicher Gang des Luftdruckes zu Brüssel.

Monat	Absolute Maxima der 20 Jahre	Mittel des monatlichen Maximum	Mittel des täglichen Maximum	Temperaturmittel	Mittel des täglichen Minimum	Mittel des monatlichen Minimum	Absolute Minima der 20 Jahre	Differenzen zwischen den täglichen Extremwerthen	Differenzen zwischen den monatlichen Extremwerthen	Differenzen zwischen den Extremwerthen der 20 Jahre	Barometrische Mittel für 1842-1847	Barometrische Mittel für 1848-1852
Januar	10,8°	8,4°	3,4°	1,6°	— 0,3°	— 6,3°	— 15,0°	3,8°	14,7°	25,8°	334,72‴	335,02‴
Februar . . .	14,6	9,6	5,1	3,0	0,9	— 4,3	— 12,1	4,2	13,9	26,6	334,15	335,55
März	16,7	12,2	7,0	4,4	1,7	— 3,3	— 10,4	5,4	15,5	27,1	335,58	335,16
April	20,6	16,4	10,6	7,2	3,8	0,1	— 3,3	6,8	16,3	23,8	334,42	333,67
Mai	23,0	20,0	14,9	10,8	6,8	2,6	0,6	8,1	17,4	22,4	334,69	335,07
Juni	26,3	23,1	17,8	13,8	9,6	5,6	3,2	8,2	17,5	23,1	335,18	334,95
Juli	27,1	24,2	18,6	14,6	10,6	7,4	6,0	8,1	16,8	21,1	335,22	335,13
August	27,4	22,2	17,9	14,2	10,5	6,1	4,7	7,4	15,1	22,6	334,96	335,00
September . .	23,0	20,0	15,2	11,8	8,5	4,7	2,2	6,7	15,3	20,7	335,53	335,61
October . . .	18,7	15,5	11,2	8,6	5,9	1,2	— 0,2	5,3	14,3	18,9	334,24	334,20
November . .	15,3	12,1	7,4	5,3	3,3	— 1,9	— 4,9	4,1	14,0	20,2	334,64	334,29
December . .	12,0	9,4	4,7	2,9	1,1	— 4,5	— 10,3	3,6	13,9	22,3	335,89	336,13
Jahr	19,6	16,1	11,2	8,2	5,2	0,6	— 3,3	6,0	15,4	22,9	334,87	335,00

II. Temperatur der Erde zu Mittag für Brüssel.

A. Auf der Südseite des Observatoriums (1836 bis 1852).

Monat	Ueber der Erde	Unter der Erde	In einer Tiefe von 0,05 Metern	0,10	0,15	0,20	0,30	0,40	0,60	0,80	1,00
Januar.	1,4°	1,3°	0,9°	1,4°	1,4°	1,5°	2,0°	2,1°	2,6°	3,1°	2,9°
Februar	2,9	2,7	2,3	2,2	2,0	2,1	2,3	2,3	2,8	2,6	2,9
März. .	5,1	4,6	3,4	3,3	3,3	3,6	3,5	3,8	3,6	3,4	3,8
April. .	8,9	8,5	6,7	6,0	6,0	6,4	6,5	6,7	6,1	5,4	6,0
Mai . .	13,0	12,9	10,8	9,8	10,0	9,9	10,1	10,2	9,4	8,8	9,0
Juni . .	15,8	15,7	13,5	13,1	13,0	12,9	13,2	13,2	12,8	12,0	12,1
Juli . .	16,2	16,6	14,0	14,0	13,5	13,8	14,3	14,4	14,0	13,3	13,7
August.	15,9	16,1	13,8	13,8	13,4	13,8	14,1	14,4	14,1	13,4	13,9
Septbr.	12,7	12,7	11,6	11,2	12,0	11,6	12,2	12,5	12,5	12,6	12,8
October	8,9	8,8	8,0	8,0	8,4	8,1	9,0	9,2	9,7	10,1	10,3
Novbr. .	5,6	5,4	5,1	5,2	5,4	5,5	6,0	6,3	6,6	6,9	7,2
Decbr. .	2,8	2,8	2,7	3,0	2,8	5,5	3,7	3,9	4,5	4,6	5,0
Jahr. .	9,1	8,9	7,7	7,6	7,6	7,7	8,1	8,2	8,2	8,0	8,3

B. Auf der Nordseite des Observatoriums (1834 bis 1848).

Monat	An der Erdoberfläche 1834 bis 1842	An der Erdoberfläche 1843 bis 1847	In einer Tiefe von 0,19 Metern 1834 bis 1842	0,19 1843 bis 1847	0,75 1834 bis 1842	0,75 1843 bis 1847	1 1834 bis 1842	1 1843 bis 1847	3,90 1834 bis 1842	3,90 1843 bis 1847	78,0 (24 Par. F.) 1834 bis 1842	78,0 (24 Par. F.) 1843 bis 1847
Januar.	1,9°	1,7°	2,6°	3,4°	3,9°	3,2°	4,8°	4,5°	9,4°	8,7°	9,9°	9,7°
Februar	2,5	1,3	2,6	2,5	3,4	3,4	4,6	4,1	8,6	7,9	9,7	9,4
März. .	3,8	2,2	3,6	3,4	3,9	3,5	5,1	4,2	8,0	7,4	9,4	9,2
April. .	5,6	5,5	4,9	5,9	4,8	5,2	5,7	5,7	7,8	7,1	9,1	9,0
Mai . .	9,6	8,5	8,2	8,2	7,5	7,3	8,0	7,7	7,9	7,3	9,9	8,7
Juni . .	12,7	11,4	11,1	10,6	10,1	9,8	10,6	9,9	8,6	8,0	8,9	8,6
Juli . .	13,6	12,3	12,0	11,6	11,4	11,0	11,9	11,2	9,5	8,9	9,0	8,7
August.	13,4	12,1	12,1	11,8	11,9	11,5	12,6	11,8	10,4	9,8	9,1	8,9
Septbr.	11,3	10,4	10,6	10,5	11,0	10,9	12,1	11,5	11,0	10,3	9,4	9,2
October	8,0	7,8	8,2	8,3	9,3	8,9	10,6	10,1	11,3	10,5	9,7	9,4
Novbr. .	4,6	5,4	5,2	6,1	6,6	7,1	8,1	8,2	11,0	10,2	9,9	9,7
Decbr. .	2,7	2,0	3,8	3,6	5,1	4,9	6,7	6,0	10,2	9,7	10,0	9,7
Jahr. .	7,5	6,7	7,1	7,1	7,4	7,3	8,4	7,9	9,5	8,8	9,5	9,2

In einer weiteren Mittheilung berichtet Hr. Quetelet über die stündlichen Variationen der meteorologischen Instrumente zu Brüssel, wie sich dieselben aus den im 11. Bande der Ann. d. observ. enthaltenen Materialien ergeben. Es werden hierüber 12 Tabellen mitgetheilt, und die Resultate derselben discutirt. Unserer Quelle wollen wir hiervon das Nachstehende entnehmen. In wie weit das Jahresmittel der Temperatur aus stündlichen Beobachtungen hervortrat, mit dem durch die täglichen Temperaturextreme und mit den aus den täglichen Beobachtungen um 9h Morgens ermittelten übereinstimmt, geht für Brüssel aus der nachstehenden Tabelle I. hervor:

Tabelle I.

Jahre		Jahresmittel der Temperatur, berechnet durch die Beobacht. von 2 zu 2 Stunden	die Temperaturextreme	Differenz beider Mittel	die Beobachtungen um 9h Morgens
1842	Aus direkten Beobacht.	7,92°	8,16°	—0,24°	8,00°
1843		8,08	8,16	—0,08	8,16
1844		7,28	7,28	—0,00	7,20
1845		6,96	7,04	—0,08	6,96
1846		8,72	8,80	—0,08	8,64
1847		7,60	7,68	—0,08	7,60
1848	Durch registr. Therm.	8,16	8,48	—0,32	8,24
1849		7,84	8,32	—0,48	7,92
1850		7,44	7,84	—0,40	7,60
1851		7,76	8,24	—0,48	7,92
1852		8,64	9,04	—0,40	8,80
Mittel der ersten 6 Jahre		7,76	7,84	—0,08	7,76
Mittel der letzten 5 Jahre		8,00	8,40	—0,40	8,08

Tabelle II.

Jahre	Mittlere Barometerst. (in Millimetern), berechnet aus den Beobachtungen von 2 zu 2 Stunden	den täglichen Beobachtungen von 12h Mittags	Differenzen
1842	756,90mm	756,98mm	+0,08mm
1843	755,18	755,19	0,01
1844	755,04	755,14	0,10
1845	754,61	754,72	0,11
1846	754,76	754,88	0,12
1847	755,96	756,05	0,09
1848	754,28	754,32	0,04
1849	756,02	756,09	0,07
1850	756,56	756,70	0,14
1851	756,54	756,69	0,15
1852	754,74	754,83	0,09
Mittel aus 1842—1847	755,41	755,49	0,08
Mittel aus 1848—1852	755,63	755,73	0,10

Eine sehr gute Uebereinstimmung der Jahresmittel aus den gepaarten Stunden, mit jenen aus den Beobachtungen von 9h Morgens, geht aus dieser Zusammenstellung hervor, während die Angaben der Extremthermometer durchgehends ganz hohe Jahresmittel in den einzelnen Jahren liefern.

Aus der Tabelle II. ergiebt sich, dafs mit ausreichender Genauigkeit das Jahresmittel des Luftdruckes aus den täglichen Mittagsbeobachtungen gefunden werden kann, wenn die Beobachtungsperiode des Jahres keine Unterbrechung erleidet. — Sehr beträchtlich aber fallen die Unterschiede in den Resultaten der Feuchtigkeitsbeobachtungen aus, wenn man die Angaben des Haarhygrometers und des Psychrometers mit einander vergleicht (Berl. Ber. 1854. p. 737-741). Die hierher gehörigen Resultate sind in der folgenden Tabelle III. dargestellt:

Tabelle III.

Vergleichung der Angaben des Psychrometers und des Hygrometers (Periode 1842 bis 1847).

Beobachtungsstunden	Psychrometer-angaben	Hygrometer-angaben	Differenzen	Tägliche Variation. Hygrometer (A)	Tägliche Variation. Psychrometer (B)	Verhältnifs derselben $\left(\frac{B}{A}\right)$	Variationen nach dem Hygrometer multiplicirt durch 1,45	Reducirte Hygrometerangaben
Mitternacht	95,9°	89,8°	6,1°	1,0°	2,1°	2,1°	1,45°	90,4°
4h Morgens	96,9	91,9	5,0	0,0	0,0	1,0 (?)	0,00	91,9
6 -	96,9	91,4	4,6	0,9	0,5	0,6	1,30	90,6
8 -	92,9	87,1	5,8	4,0	4,8	1,2	5,80	86,1
9 -	90,3	83,5	6,8	6,6	8,4	1,3	9,57	82,3
10 -	87,9	79,9	8,0	9,0	12,0	1,3	13,05	78,9
Mittags	84,4	74,3	10,1	12,5	17,6	1,4	18,12	73,8
2h Abends	83,3	72,2	11,1	13,6	19,7	1,5	19,72	72,2
4 -	84,4	73,6	10,8	12,5	18,3	1,5	18,12	73,8
6 -	87,3	78,0	9,3	9,6	13,9	1,4	13,92	78,0
8 -	92,2	84,3	7,9	4,7	7,6	1,5	6,81	85,1
9 -	93,9	86,2	7,7	3,0	5,7	1,9	4,35	87,6
10 -	94,7	87,4	7,3	2,2	4,5	2,0	3,19	88,7
Mittel	90,9°	83,4°	7,5°	6,1°	9,5°	1,45°	9,57°	83,0°

Aus den Zahlen der ersten und zweiten Colonne der vorstehenden Tabelle III. geht hervor, dafs das Maximum des Feuchtigkeitsgehaltes der Luft im Jahresmittel auf 4h Morgens, das Minimum aber auf 2h Abends. — Die Feuchtigkeitsgrade aber, welche durch das Psychrometer selbst nicht direct angegeben werden, sondern auf bekannte Weise aus dem Dampfdrucke und der zugehörigen Temperatur berechnet werden müssen, stimmen mit den durch das Haarhygrometer direct gelieferten Angaben nicht überein; es variiren sogar die absoluten Werthe der letzteren von einem Instrumente zum anderen, und müssen für jedes Individuum besonders ermittelt werden. Eine solche Beziehung zwischen den stündlichen Abweichungen beider Instrumente hat der Verfasser durch die Zahlen der 7. Colonne hergestellt, um hieraus die den psychrometrischen Feuchtigkeitsgraden entsprechenden Angaben des Hygrometers zu erhalten.

Die übrigen vom Hrn. Quetelet in seinem Berichte mitgetheilten Tabellen beziehen sich auf die Abhängigkeit des Dampfdruckes von der Temperatur im Laufe des Tages, ferner auf die täglichen Variationen der Windrichtungen und Intensitäten — die letzteren nach den Angaben eines Osler'schen Anemometers bestimmt — und endlich auf die Beschaffenheit des Himmels. Aus den über die Windstärke erhaltenen Resultaten folgt, dafs dieselbe während der Nacht nahezu constant bleibt, im Winter und im Herbste das Maximum eine kurze Zeit vor dem Mittage, im Sommer dasselbe zu Mittag und im Frühling etwas nach dem Mittage eintritt. (Für München fand der Berichterstatter [1]) die Zeit des Maximums der Windstärke mit der der höchsten Tagestemperatur nahezu in allen Jahreszeiten zusammenfallend; es können jedoch seine Ermittelungen deshalb noch nicht als maafsgebend betrachtet werden, weil dieselben auf Beobachtungen sich gründen, die nur durch Schätzung erhalten wurden, und weil ferner die Beobachtungsperiode, aus der der tägliche Gang bestimmt wurde, nur 3 Jahrgänge umfaste, während die vorliegenden wirklichen Messungen des Hrn. Quetelet für Brüssel auf die Zeiten von 1842-1846 und 1847-1852 sich erstrecken. Jedoch dürfte eine weitere Untersuchung dieses Gegenstandes nicht überflüssig sein, da vom Berichterstatter (a. a. O.) in der aus einer 9jährigen Periode für zweistündige tägliche auf die Tageszeit von 8^h Morgens bis 2^h Abends sich erstreckende Beobachtungen gemachten Zusammenstellung das tägliche Maximum der Windstärke im Laufe des ganzen Jahres auf den Nach-

[1]) Klima von München 1854. p. 54, p. 62. Tab. VII. 1-2.

mittag fällt. — Aus den von Osler zu Liverpool angestellten Beobachtungen über Windstärke — Berl. Ber. 1856. p. 673-674 — fällt für die verschiedenen Windgattungen das Maximum der Intensität nicht auf dieselbe Tageszeit. —) Was die Richtung des Windes betrifft, so sind die Süd- und die Südwestwinde am Morgen, die Nord- und Ostwinde am Abend zu Brüssel vorherrschend. *Ku.*

A. T. Kupffer. Correspondance météorologique. Publication annuelle de l'Administration des mines de Russie. Année 1855. St.-Petersbourg 1857. p. 1-109†, p. I-LXXI†; Inst. 1858. p. 154-155.

Ueber den 1. Theil dieser Jahrbücher (p. 1-109) genügt zu erwähnen, dafs derselbe die täglichen und monatlichen Mittel und Resultate der an den russischen meteorologischen Stationen vom December 1854 bis November 1855 angestellten meteorologischen Beobachtungen enthält. Der zweite Theil enthält unter der Ueberschrift: „Notices météorologiques par Vesélowsky" (p. I-LXXI) Aufsätze und Mittheilungen verschiedenen meteorologischen Inhaltes. In Artikel I. finden wir die „Résumés des observations météorologiques faites à la ferme-école du Nord, située dans le Gouvernement de Vologda" (unter einer Breite von 59° 25′ nördl.), worin die Temperaturmittel der vom März 1847 bis Ende des Jahres 1855 aus den corrigirten dreistündlichen Beobachtungen für alle Monate der genannten Periode, ferner die Mittel der Temperaturextreme für 1853 bis 1855, dann die Mittel der Angaben eines der directen Sonnenwirkung ausgesetzten und mit geschwärzter Kugel versehenen Thermometers (aus den Jahren 1852 bis 1855) und die Resultate der Beobachtungen über Niederschläge und Windverhältnisse der Jahre 1847 bis 1855 für die einzelnen Monate für die nördliche Lehrterme von Vologda niedergelegt sich finden. Als Hauptergebnisse für das Jahr werden herausgeboben:

Mittlere Temperatur: (+ 1,96°; Anzahl der Tage mit Regen und Schnee: 121,6; Höhe des meteorischen Wassers: 17,05 engl. Zoll = 15″ 11,976‴ Par. Maafs; mittlere Windrichtung im Jahre: S 56° O.

Der übrige Theil dieses Artikels enthält Aufzeichnungen periodischer Erscheinungen aus dem Pflanzenreiche.

Der Artikel II.: „Variations horaires de la température moyenne à Kasan, d'après les observations du Prof. E. Knorr" enthält die Stundenmittel aller Monate, der während einer dreijährigen Periode — 1842 bis 1844 mit Ausnahme der Monate August bis October 1842 — mittelst eines selbstregistrirenden Thermometrographen erhaltenen stündlichen Aufzeichnungen, ferner die aus den mittelst dieser Resultate construirten Interpolationsformeln hervorgehenden Stundenmittel der Temperatur aller Monate, und endlich die täglichen Oscillationen der Temperatur für jeden Monat des Jahres, sowie die Correctionen, mit denen man zwei- und dreistündige Mittel zu verbessern habe, um das wahre Tagesmittel eines jeden Monats für Kasan zu erhalten. — Ueber die Einrichtung des nach den Angaben des Hrn. Knorr von Breguet zu Paris construirten selbstregistrirenden Thermometers wird blofs bemerkt, dafs letzteres aus drei Theilen bestehe, nämlich aus einem Breguet'schen Metallthermometer, einem Uhrwerke und einem Indicator. Die Angaben dieser Thermometrographen werden an jedem Tage viermal durch gleichzeitige Beobachtungen an einem Quecksilberthermometer controlirt.

Im Artikel III.: „Humidité rélative de l'air par les différents vents à Gorki, gouvernement de Mohilev" ist für Gorki (dessen nördl. Breite 54° 15′, Länge 28° 35′ östl. von Paris und Höhe 690 engl. Fufs über dem Ocean ist) durch eine Tabelle, welche für alle Monate des Jahres die Beziehung zwischen der relativen Feuchtigkeitsmenge und den verschiedenen Windgattungen (aus 4000 Psychometerbeobachtungen der Jahre 1844 bis 1854 ermittelt) enthält, der Zusammenhang zwischen Feuchtigkeit und Luftströmungen hergestellt. Nach dem Feuchtigkeitsgrade, welcher die Winde in der Umgebung von Gorki begleitet, lassen sich die Windgattungen in folgender Ordnung aufführen:

Wind der gröfsten Feuchtigkeit:

Winter.	Frühling.	Sommer.	Herbst.	Jahr.
S.	W.	SO.	S.	S.
SW.	SW.	O.	SW.	SW.
W.	NW.	S.	SO.	W.
SO.	NO.	SW.	O.	SO.
NW.	S.	N.	W.	O.
O.	O.	NO.	N.	NW.
N.	SO.	NW.	NO.	NO.
Wind der gröfsten Trockenheit:				
NO.	N.	W.	NW.	N.

Die „Observations des phénomènes périodiques" des Artikel IV. beziehen sich auf Beobachtungen aus den Jahren 1848-1850 für die „Colonie de Marie," gouvernement von Saratov, beiläufig unter 51° 38′ nördl. Breite und 43° 10′ östl. Länge von Paris gelegen, dann auf Tobolsk (nördl. Breite 58° 12′, östl. Länge von Paris 65° 56′, 355 engl. Fufs Seehöhe).

Der Artikel V. p. XVI - XXXV: „Mémoire sur la grêle en Russie (Extrait d'un ouvrage étendu par Vessélovsky)" bietet durch seine statistischen Mittheilungen über die Hagelfälle in Rufsland sehr interessante Mittheilungen, während die theoretischen Ansichten über die Constitution und Entstehung des Hagels nichts Neues darbieten, und aufserdem die Forschungen der letzten Zeit noch nicht benutzen. In Tab. 1. und 2. wird die Frequenz der Hagelfälle im Jahre und in allen einzelnen Monaten für 16 Beobachtungspunkte aus mehr- und langjährigen, alten und neuen Beobachtungsmaterialien ermittelt, und die darüber angestellten Discussionen haben den Zweck die Hagelfälle in Rufsland mit denen in Deutschland und den Orten der Westküsten Europas zu vergleichen, wofür die in Kämtz Lehrbuch der Meteorologie II., sowie die Munke's physikalisches Wörterbuch V. hierüber enthaltenen Erörterungen vorzugsweise benutzt werden. Diesen Discussionen folgen dann die Thatsachen über die Verbreitung besonders starker Hagelfälle auf einzelne Gegenden, die Verwüstungen, welche sie hervorbrachten, über die Wichtigkeit der Hagelbeobachtungen u. s. w. Endlich werden die Tageszeiten ermittelt, zu welchen insbesondere die Hagelfälle an verschiedenen Orten Rufslands eintraten, und Materialien über die Dauer von einzelnen Hagelwettern, Gröfse der Hagelkörner, Quantität derselben u. s. w. mitgetheilt.

Wir heben aus der vorstehenden Abhandlung heraus, dafs die Hagelfälle in Rufsland vorzugsweise in den Monaten Mai bis August mit einer mittleren Frequenz von 14,3 Fällen im Mai, 26,6 im Juni, 26,2 im Juli, 12,0 im August vorkommen, dafs im Mittel ungefähr $\frac{1}{4}$ aller Fälle Verwüstungen hervorgebracht hat, dafs aber die meisten Verwüstungen durch die im Mai und August eintretenden Hagelwetter bewirkt werden. Was die Vertheilung der Hagelwetter in den verschiedenen Jahreszeiten auf die englischen Gebiete im Vergleiche mit ähnlichen Erscheinungen in anderen Gegenden Europa's betrifft, so giebt Vessélovsky hierüber die folgende Zusammenstellung in Procenten der sämmtlichen Hagelfälle eines Jahres ausgedrückt:

	Russland im Allgemeinen	Sevastopol	Deutschland	Westküsten Europas
Winter	3,5	47,9	10,3	32,8
Frühling	29,9	19,6	46,7	39,5
Sommer	41,2	4,3	29,4	7,0
Herbst	25,4	28,2	13,6	20,7

Gewichtige Beiträge zum Klima Rufslands bietet der Artikel VI, p. XXXV - LX: „Tabellen über die mittleren Temperaturen im Russischen Reiche" („aus einem gröfseren in Russischer Sprache geschriebenen Werke: über das Klima Rufslands entnommen") von Wesselowsky (oder Vesselowsky). Mit grofser Sachkenntnifs ist die den Temperaturtafeln Rufslands vorangehende Abhandlung Wesselowsky's bearbeitet. Es wird hier erörtert, von welchen Umständen die Erlangung der Elemente zur Erforschung des Klimas eines Landes abhängig sind, wie richtige Temperaturbeobachtungen angestellt werden können und zu erhalten sind, wie man die gewonnenen Beobachtungen für die vergleichende Meteorologie zu bearbeiten und vorzubereiten habe, wie man insbesondere in Rufsland wegen der Kalenderverschiedenheit gegen die meisten aller übrigen civilisirten Staaten den Mitteln ihre allgemein verständliche Bedeutung zu ertheilen habe, wie man auf die Beobachtungsstunden bei der

Berechnung der wahren Mittel Rücksicht zu nehmen habe. Da aber im Wesentlichen nichts Neues in dieser Abhandlung sich vorfindet, was nicht schon aus meteorologischen Schriften als bekannt vorausgesetzt werden kann, so können wir auf die Einzelheiten der vorliegenden Betrachtungen nicht eingehen.

Die Temperaturtafeln umfassen die Monatsmittel, die der Jahreszeiten und des Jahres von 151 Orten des russischen Reiches. Die den Tafeln folgenden Schlufsbemerkungen enthalten die über die Erlangung der Beobachtungen, über die Dauer der Beobachtungsperiode und über die Berechnungsweise der Mittel nöthigen Aufschlüsse. Die Mittel der Stundencombinationen wurden zum gröfsten Theile durch die stündlichen Beobachtungen eines von den zehn Orten: St. Petersburg, Helingsfors, Dorpat, Kasan, Jekaterinburg, Barnaul, Nertschinsk, Tiflis, Karische Pforte, Matoschkin-Schar auf Nowaja-Semlja und Neu-Archangel auf der Insel Sitcha, manche aber auch durch Göttingen und Padua corrigirt.

Aufser diesen zehn Punkten heben wir in dem Folgenden noch mehrere der in der Temperaturtafel Wesselowsky's enthaltenen Orte hervor, aus welcher mehrjährige Beobachtungen bekannt sind, und geben für dieselben die mittlere Jahrestemperatur und die Temperatur der Jahreszeiten an:

Beobachtungsorte	Nördl. Breite	Mittlere Temperatur des Winters	Frühlings	Sommers	Herbst	Jahres
Felsenbai in der Karischen Pforte 1 (Nowaja-Semlja)	70° 36′	−12,8°	−12,8°	+ 1,6°	−6,3°	−76°
Westende von Matoschkin-Schar 1 (Nowaja-Semlja)	73 19	−15,2	− 9,4	+ 2,9	−5,0	−6,7
Seichte Bai 1 (Nowaja-Semlja)		−11,7	− 8,6	+ 3,2	−6,2	−5,8
Enontekis 4 (Lappmarken)	68 30	−12,5	− 3,0	+10,7	−1,5	−1,6
Tornea 30 (Haapakyla)	65 50	−11,4	− 1,7	+11,5	0,0	−0,4
Carlö 20 (Finnland)	65 —	− 7,7	− 0,2	+11,5	+2,5	+1,5
Jakutsk 17	62 2	−31,1	− 7,7	+11,5	−9,0	−9,1
Abo 17	60 27	− 4,3	+ 2,2	+12,7	+4,4	+3,7
Helsingfors 17	60 10	− 5,1	+ 0,8	+12,0	+4,3	+3,0
St. Petersburg 32	59 56	− 6,1	+ 1,7	+12,7	+3,8	+3,0
Dorpat 18	58 23	− 5,1	+ 1,1	+12,8	+3,7	+3,1
Neu-Archangel auf der Insel Sitcha 17	57 3	+ 0,5	+ 4,0	+10,1	+5,7	+5,1
Jekaterinburg 18	56 48	−12,0	+ 0,7	+12,4	+0,6	+0,4
Ajan 4, am ochotskischen Meere	56 27	−15,0	− 3,5	+ 8,6	−1,6	−2,9
Kasan 30	55 47	−10,4	+ 2,2	+14,4	+2,7	+2,2
Moscowa 16	55 45	− 7,7	+ 2,7	14,6	3,8	3,4

Beobachtungsorte	Nördl. Breite	Mittlere Temperatur des Winters	Frühlings	Sommers	Herbst	Jahres
Smolensk 13	54° 47′	— 4,3°	+2,2°	12,7°	4,4°	3,7°
Wilna 27	54 41	— 3,5	+4,8	13,9	5,8	5,3
Barnaul 16	53 20	—13,9	—0,1	+14,0	—0,1	0,0
Jrkutsk 15	52 17	—14,8	+0,7	13,1	—0,6	—0,4
Warschau 61	52 13	— 2,3	+5,6	+14,0	+6,4	5,9
Kiew 34	50 26	— 4,2	+5,4	14,8	6,0	5,5
Lugan 16	48 35	— 5,4	+5,8	17,6	7,2	6,3
Taganog 17	47 12	— 4,4	+6,4	17,0	6,9	6,5
Odessa 14	46 25	— 1,7	+6,3	+17,2	+9,1	+7,7
Ssympheropolj 26	44 57	+ 0,7	7,2	15,4	7,8	7,8
Nowopetrosksja 2 (Festung am Kaspischen Meere) . . .	44 27	— 1,0	+7,7	18,8	9,3	8,7
Ssewastopolj 27	44 36	+ 1,8	8,1	17,0	10,5	9,3
Tiflis 10½	41 41	+ 1,6	9,8	18,6	11,2	10,3
Baku 4	40 22	+ 3,4	9,5	20,0	13,4	11,6

(Die den Ortsnamen beigesetzte Zahl bedeutet die Dauer der Beobachtungsperiode in Jahren.)

Von den letzten zwei meteorologischen Artikeln dieser Jahrbücher enthält der eine den stündlichen Gang der Windverhältnisse für Katherinenburg aus den Beobachtungen 1841 - 1845 und 1849 - 1852, der andere die Tagesmittel der Temperatur von Kostroma (nördl. Breite 57° 46′, östl. Länge von Paris 38° 35′) für 1855, sowie die mittlere Windrichtung und den Bewölkungsgrad dieses Punktes, bestimmt aus den Beobachtungen der Jahre 1850 - 1855. *Ku.*

J. G. Galle. Grundzüge der schlesischen Klimatologie. Aus den von der schlesischen Gesellschaft für vaterländische Kultur seit dem Jahre 1836 veranlafsten und einigen älteren Beobachtungsreihen ermittelt, und nach den in den Jahren 1852 bis 1855 ausgeführten Rechnungen der Herren Günther, Büttner und v. Rothkirch zusammengestellt und für den Druck vorbereitet. Breslau 1857. p. I-XXIII†, 1-127†.

Die bereits früher erwähnten Arbeiten der schlesischen meteorologischen Anstalt zu Breslau (Berl. Ber. 1853. p. 707, 1854. p. 711) sind nunmehr durch die vorliegende Schrift zur Oeffentlichkeit gekommen. Sie enthält die Beschreibung der Methoden, nach welchen die Beobachtungen sowohl, wie die Rechnungen ausgeführt wurden, eine kurze topographische Skizze eines jeden der Beobachtungspunkte in der Einleitung zu dem ganzen Werke.

Letzteres selbst enthält die meteorologischen Tabellen aller einzelnen Jahrgänge der Beobachtungsperiode, für Temperatur und Luftdruck die Tages-, Monats- und Jahresmittel und die Extreme, für Windrichtung und Intensität, sowie die Niederschläge und Himmelsansicht die monatlichen und jährlichen Resultate für 15 Stationen des schlesischen Gebietes. Am Schlusse des ganzen Werkes findet sich eine „Zusammenstellung einiger klimatologischen Elemente der sämmtlichen 15 Stationen", in welcher für Breslau dieselben Elemente sich vorfinden, die wir früher schon mitgetheilt haben (Berl. Ber. 1854. p. 711 - 712). Die Correction der in der Höhe von 100′ über dem Boden angestellten Regenbeobachtungen zu Breslau kann nunmehr durch die gleichzeitig während 2½ Jahren mit jenen aufgefangenen Regenmengen in der Nähe des Bodens genauer vorgenommen werden, als diefs früher der Fall war. Ueber das Verhältnifs der oben (in 100′ Höhe) und unten (auf ebener Erde) erhaltenen Regenmengen ergab sich nämlich Folgendes für Breslau:

Jahr			
1854 December	—	1855 November	
1855 -	—	1856 -	
1856 -	—	1857 Mai	

und das 2½jährige Mittel 1 : 1,30, wonach also das Quantum der Regenmenge (zu Breslau) am Boden um $\frac{3}{10}$ gröfser herausstellt, als in einer Höhe von 100′ über der Erde. *Ku.*

J. M. Gilliss. The U. S. naval astronomical expedition to the southern hemisphere, during the years 1849, 1850, 1851, 1852. Vol. VI. Meteorological observations. p. XXX-XLVIII†, 191-420†.

Der vorliegende 6. Band der astronomischen Expedition nach der südlichen Halbkugel enthält den magnetischen und meteorologischen Theil der zu Santiago in Chile angestellten Beobachtungen. Die regelmäfsigen Aufzeichnungen erstrecken sich auf die Zeit vom 17. November 1849 bis 13. September 1852, und aufser diesen sind in dem vorliegenden Bande die Terminaufzeichnungen von je einem, zuweilen von zwei Tagen eines jeden Monates (gewöhnlich zwischen dem 21 - 23. Tage) vom December 1849 bis August 1850 zu jeder Stunde des Tages, vom November 1850 bis August 1852 stündlich von 6^h oder 7^h Morgens bis Mitternacht angestellt, auf p. 357 - 370 mitgetheilt. Die Beobachtungen erstrecken sich auf Barometerstand, Temperatur und Feuchtigkeit der Luft, Windrichtung und Stärke, Wolkenbeschaffenheit und Regenmenge. — Aus diesen Beobachtungen sind die meteorologischen Resultate und Constanten abgeleitet, theils in der Einleitung — welche zugleich die Beschreibung der angewandte Instrumente und die Beobachtungsweise enthält, theils durch die Tab. XVII - XLVI vollständig mitgetheilt. — Auf diese kurze Anzeige uns beschränkend theilen wir in dem Folgenden die Monatsmittel der Temperatur und des Luftdruckes zu Santiago, wie dieselben aus den 3jährigen Beobachtungen sich ergeben, mit, und ziehen zugleich aus dem vorliegenden Materiale jene Daten, die über den täglichen Gang der Temperatur Aufschlufs zu geben geeignet sind. — In dem Originale sind die Barometerstände in englischen Zollen, die Temperaturen nach der Fahrenheit'schen Scala angegeben; es sind diese Angaben auf die in diesen Berichten gewöhnlich beibehaltenen Maafse zurückgeführt worden.

Tägliche und monatliche Oscillationen der Temperatur zu Santiago und Monatsmittel der Wärme.

Stunden	Januar	Februar	März	April	Mai	Juni	Juli	August	Septbr.	October	Novbr.	Decbr.
1h Morgens	— 3,69°	—0,02°	—2,85°	—3,62°	—3,29°	—2,40°	—4,09°	—1,53°	—	—	—	—1,96°
2 -	— 4,31	—0,75	—3,65	—3,96	—3,73	—2,40	—4,40	—1,56	—	—	—	—1,56
3 -	— 4,22	—1,16	—2,93	—4,36	—4,40	—2,62	—4,89	—1,47	—	—	—	—2,53
4 -	— 4,31	—1,29	—4,66	—4,71	—4,18	—2,98	—5,82	—1,38	—	—	—	—3,29
5 -	— 4,13	—1,38	—5,02	—5,16	—4,62	—2,89	—6,22	—1,33	—	—	—	—3,38
6 -	— 3,38	—4,80	—5,05	—3,29	—3,42	—3,20	—5,33	—3,87	—3,96°	—	—4,13°	—3,20
7 -	— 2,05	—3,56	—3,96	—2,09	—2,93	—0,27	—2,00	—3,02	+0,00	—0,13°	—4,67	—3,29
8 -	— 0,50	—1,33	—1,02	—0,89	—1,33	—0,18	—1,82	—1,67	+0,18	—0,58	—4,18	0,00
9 -	— 0,50	+0,09	+0,02	—0,22	—0,58	—0,40	—0,89	0,00	+0,93	+0,31	—2,13	—0,80
10 -	+ 0,04	+0,89	+1,25	+0,62	+0,76	+0,13	+0,05	+1,87	+2,71	+1,73	—0,80	+1,47
11 -	+ 0,09	+2,18	+2,36	+1,07	+1,48	+0,22	+0,89	+2,27	+4,18	+2,85	—0,13	+0,13
Mittags	+ 2,86	+3,33	+3,87	+1,87	+2,13	+0,13	+1,42	+2,98	+5,73	+3,73	+2,00	+1,93
1h Abends	+ 3,87	+4,53	+4,67	+2,76	+2,62	+0,13	+1,69	+3,65	+7,07	+3,96	+3,02	+3,02
2 -	+ 4,31	+5,33	+5,38	+3,29	+3,16	+0,27	+1,38	+4,22	+8,05	+4,44	+3,87	+3,82
3 -	+ 4,65	+5,82	+5,82	+3,20	+2,09	+0,18	+1,73	+3,78	+8,27	+5,07	+4,22	+3,82
4 -	+ 4,45	+5,82	+5,87	+2,80	+2,31	+0,13	+1,65	+3,60	+8,40	+4,58	+3,56	+3,78
5 -	+ 4,22	+5,33	+5,65	+2,38	+1,91	—0,58	—0,53	+2,71	+8,00	+3,38	+2,89	+3,51
6 -	+ 3,20	+4,09	+3,47	+1,02	+0,58	—0,76	—0,13	+1,33	+4,76	+1,96	+1,47	+3,56
7 -	+ 1,16	+2,27	+1,69	+0,18	—0,67	—0,80	—1,20	+0,09	+4,05	+0,13	—1,07	+1,56
8 -	+ 0,05	+0,58	—0,53	—0,13	—0,98	—0,90	—1,69	—0,71	+3,38	—0,71	—2,62	+0,53
9 -	— 0,89	—0,27	—0,49	—0,93	—1,53	—1,33	—2,00	—1,16	+2,58	—1,11	—3,16	—0,62
10 -	— 1,91	—0,98	—1,07	—1,47	—1,47	—1,51	—2,22	—1,33	+1,78	—	—3,60	—1,11
11 -	— 2,40	—1,38	—1,29	—1,51	—1,51	—2,45	—2,67	—2,05	+1,11	—	—4,09	—1,56
Mitternacht	— 3,02	—2,18	—1,51	—1,69	—2,85	—1,96	—2,98	—2,49	+0,45	—3,16	—4,45	—1,54
Tagesmittel	+17,72°	17,33°	15,48°	11,59°	9,45°	7,21°	6,81°	9,19°	11,12°	11,60°	13,87°	16,27°
Mittlere tägliche Schwankung	9,33°	9,42°	9,54°	7,47°	7,63°	6,31°	6,24°	7,38°	7,71°	8,67°	9,82°	9,38°
Mittlere monatl. Schwankung	15,70°	14,58°	15,11°	16,40°	16,72°	13,14°	15,26°	15,43°	13,57°	17,38°	18,78°	17,65°

In der vorstehenden Tabelle der täglichen Aenderungen der Temperatur bedeuten die negativen Zahlen die Gröfsen, um welche die Stundenmittel unter dem Tagesmittel zurückbleiben, die positiven aber, die Gröfsen, um welche die Stundenmittel über dem Tagesmittel stehen. Die mittlere tägliche Schwankung ist für jeden Monat das Mittel aus den Differenzen der täglichen, die mittlere monatliche Schwankung bedeutet das Mittel aus den Differenzen der monatlichen Temperaturextreme der sämmtlichen Beobachtungsjahre. — Als mittlere Jahrestemperatur zu Santiago folgt aus dem Obigen: + 12,303°. — Für den monatlichen Gang des Luftdruckes ergeben sich im Mittel während der ganzen Beobachtungszeit die folgenden Zahlen:

Januar . .	315,426‴	Juli . .	316,292‴
Februar . .	315,449	August .	316,664
März . . .	315,684	September	316,541
April . . .	316,101	October .	316,495
Mai . . .	316,146	November	315,797
Juni . . .	316,552	December	315,707

woraus sich das Jahresmittel zu 316,071‴ herausstellt. *Kn.*

K. Kreil. Ueber zwei Reihen meteorologischer Beobachtungen in den afrikanischen Missionsstationen Chartum und Gondokorò. (Auszug aus einer für die Denkschriften bestimmten Abhandlung.) Wien. Ber. XXV. 476-488†.

Der Verfasser theilt in der vorliegenden Abhandlung die Resultate von meteorologischen Beobachtungen mit, die in den afrikanischen Missionsstationen Chartum, am Zusammenflusse des blauen und weifsen Nil (50° 5′ östl. Länge von Ferro, 15° 35′ nördl. Breite und 138 Toisen Seehöhe) und Gondokoro am weifsen Nil (49° 20′ östl. Länge von Ferro, 4° 44′ nördl. Breite und 251 Toisen Seehöhe) von dem seither verstorbenen Missionär Dovyak ausgeführt worden sind. Die Beobachtungen von Chartum umfassen die Monate Juni bis November 1852, die von Gondokoro reichen vom Ende Januar 1853 bis gegen Mitte Januar 1854 (im Ganzen 316 Beobachtungstage), und beide erstrecken sich auf Barometer- und Thermometeraufzeichnungen,

Richtung des Windes, Anblick des Himmels, Frequenz der Niederschläge und den Wasserstand der Nilflüsse. — Der Verfasser bemerkt, dafs, obgleich die Aufzeichnungen nicht zu fixen Stunden und nur während des Tages, nicht auch bei Nacht geschahen, dennoch brauchbare Resultate sich erlangen liefsen, weil dort die Aenderungen der Atmosphäre mit grofser, etwa fünf Mal so grofser Regelmäfsigkeit vor sich gehen, als in anderen Breiten.

Sowohl der Luftdruck als auch die Temperatur führten zu eigenthümlichen Resultaten. So gab der tägliche Gang des Luftdruckes zu Chartum eine sehr regelmäfsige Zahlenreihe und eine tägliche Schwankung, die im Verhältnisse 0,75‴ zu 0,48‴, oder nahezu 3 : 1 gröfser war, als bei uns, welche also auch mit dem Ergebnisse anderer Tropenländer übereinstimmt, bei der sich jedoch das Eigene herausstellte, dafs die Wendestunden im Vergleiche mit den aller übrigen bekannten Beobachtungsorte geradezu verkehrt sind; „ein Vorgang, an dessen Wirklichkeit um so weniger zu zweifeln ist, als er auch durch die Beobachtungen eines jeden einzelnen Monates bestätigt wird.“ Der Verfasser erklärt diese Erscheinung aus der eigenthümlichen Lage Chartums, das wie eine Oase in einer unübersehbaren Wüstegegend liegt, die sie von drei Seiten umgiebt, und die daher durch den vom erhitzten Boden stark aufsteigenden Luftstrom am Morgen und den aus dem benachbarten bewässerten und bebauten Lande am Abende gegen die Oase sich ergiefsenden vertikalen Luftstrome die genannte Abweichung im täglichen Gange des Luftdruckes hervorbringen liefse.

In Gondokoro, dessen Umgebung bereits aufser dem Einflusse der Wüstenzone liege, einem stark bevölkerten, bebauten und von zahlreichen Flüssen durchschnittenen Lande angehöre, ändere sich der Luftdruck im Laufe des Tages, wie an anderen Breiten, das Maximum trete zwischen 9 und 11^h Morgens, das Minimum um 4^h Abends ein, die Aenderung betrage im Mittel 1,5 par. Linien, und war am gröfsten (2,6‴) im Februar, am kleinsten (0,7‴) im August. Die Monatsmittel waren vom Januar 1853 bis Januar 1854 die Folgenden:

1853.	Januar	319,23'''
	Februar	318,66
	März	318,85
	April	319,23
	Mai	320,08
	Juni	320,62
	Juli	320,56
	August	320,23
	September	320,17
	October	319,93
	November	319,70
	December	319,72
1854.	Januar	319,36
	Gesammtmittel:	319,93'''.

Die hieraus ermittelte Jahresgleichung:

$$y = 319{,}75 + (9{,}88762) \sin[x \cdot 30^\circ + 246^\circ 29'] + (9{,}54848) \sin[2x \cdot 30^\circ + 154^\circ 27'] + (8{,}86451) \sin[3x \cdot 30^\circ + 86^\circ 5'],$$

(worin die eingeklammerten Coëfficienten Logarithmen bedeuten) ergiebt das Maximum für den 6. März, das Minimum für den 28. Juni.

Ein sehr interessantes Factum bietet der jährliche Temperaturgang zu Gondokoro dar; die einjährigen Monatsmittel ergaben nämlich Folgendes:

Januar	25,49°	Juli	20,64°	Jahr 22,7°.
Februar	26,27	August	20,21	
März	25,56	September	21,07	
April	23,52	October	21,91	
Mai	21,72	November	22,10	
Juni	20,92	December	23,25	

Nach der hieraus berechneten Jahresgleichung:

$$y = 22{,}72^\circ + (0{,}43034) \sin[x \cdot 30^\circ + 64^\circ 12'] + (9{,}87557) \sin[2x \cdot 30^\circ + 10^\circ 14'] + (9{,}55227) \sin[3x \cdot 30^\circ + 329^\circ 28']$$

findet der Verfasser das Maximum der Temperatur am 17. Februar, das Minimum am 1. August, also nahe an Zeiten, auf welche bei uns die entgegengesetzten Extreme fallen. Diese

Thatsache zeigt also eine Verrückung des thermischen Aequators weit gegen Norden; sie steht mit der Regenzeit im Einklange, indem unter den 80 auf die 316 Beobachtungstage gefallenen Regen die gröfste Zahl auf die Monate Mai bis October kömmt. — Vergleicht man aufserdem die Sommertemperatur der beiden genannten Orte, so erhält man

für Gondokoro im Jahre 1853 das Mittel = 21,1°
- Chartum - - 1852 - - = 26,0,

also hier etwa um 5° höher, als in dem um mehr als 10 Breitegrade südlicher liegenden Gondokoro.

Diese Erscheinungen schreibt der Verfasser dem überwiegenden Einflusse des Meeres in den in der Nähe des Aequators liegenden oberen Nilgegenden zu, und wir müssen bezüglich der näheren Erörterungen hierüber auf die Originalabhandlung verweisen. *Ku.*

J. LAMONT. Resultate aus den an der Königl. Sternwarte veranstalteten meteorologischen Untersuchungen, nebst Andeutungen über den Einflufs des Klima von München auf die Gesundheitsverhältnisse der Bewohner. Abh. d. math. phys. Classe der k. b. Ak. d. Wiss. VIII. Abth. 1. p. 181-239†.

Der Verfasser hat in der hier angezeigten Abhandlung einige der wichtigsten Bestimmungen aus dem reichhaltigen Material der seit fast 30 Jahren unter seiner unmittelbaren Leitung ununterbrochen fortgeführten Tagebücher (der K. Sternwarte zu Bogenhausen bei München) vorgenommen, und zugleich einige principielle Fragen der Meteorologie einer Discussion unterworfen, wobei ferner diejenigen physikalischen Momente hervorgehoben worden sind, welche zu berücksichtigen sein dürften, wenn man eine materielle Grundlage für die Untersuchung des Einflusses der Witterung auf den menschlichen Organismus gewinnen will.

Die ganze Abhandlung zerfällt in 12 Artikel, deren Inhalt wir, wie folgt, angeben wollen:

1) Bestimmung der Verhältnisse des Luftdruckes.
2) Ueber den Temperaturgang der Luft.

3) bis 6) Untersuchung des in der Luft schwebenden Wassergehaltes.

7) bis 8) Windverhältnisse und Wolkenzug.

9) Gewittererscheinungen.

10) Beschaffenheit des Himmels.

11) Menge der meteorischen Niederschläge.

12) Gewässertemperaturen in der Umgebung von München.

Von dieser umfassenden und reichhaltigen Abhandlung wollen wir es versuchen, einige der wichtigsten Untersuchungen und Resultate hervorzuheben, die uns am meisten geeignet erscheinen, ein Bild der Behandlungsweise des vorliegenden Gegenstandes gewinnen zu können, während wir im Uebrigen uns versagen müssen, unsern Bericht bei dieser Gelegenheit auf die ganze Abhandlung auszudehnen.

Von dem Luftdrucke, der im Mittel 317,37 par. Linien bei 0° R. auf der K. Sternwarte beträgt, sagt der Verfasser, dafs die Aenderungen, welche in dieser Beziehung wahrgenommen werden, der fortwährenden Höhenänderung der Atmosphäre durch grofse Wellen, die in der Luft, ähnlich den Meereswellen, sich fortpflanzen, zugeschrieben werden müssen. In Folge der hierdurch erzeugten Veränderung der Gestalt der Atmosphärenoberfläche wird bei jedem herannahenden Wellenberg eine langsame Erhebung über, bei jedem nachfolgenden Thale ein Herabsinken unter das Mittel erfolgen. Der Umstand, dafs die Erhebung über das Mittel (im jährlichen Durchschnitte 6,8‴) geringer, als die Depression (im jährlichen Durchschnitte 11,2‴) unter dasselbe ist, erkläre sich dadurch, dafs die Wellenberge länger und weniger hoch, die Wellenthäler kürzer, aber von gröfserer Tiefe sind; jene, bei beständiger und schöner Witterung hervortretend, „sind als ein starkes Hervortreten des normalen Zustandes und der normalen Kräfte", diese aber von Sturm und Niederschlägen begleitet, „als gewaltsame und vorübergehende Störungen zu betrachten."

Die tägliche Bewegung des Luftdruckes bestimmt der Verfasser aus der in seinem Jahresberichte der K. Sternwarte für 1852 (p. 68-69) enthaltenen Tabelle der täglichen Barometeroscillationen, und es ist die Summe aller stündlichen Aenderungen (ohne Berücksichtigung der Zeichen) für die einzelnen Monate als Gröfse der täglichen Barometerperiode genommen. Hiernach stellt sich für die tägliche Bewegung das Folgende heraus:

Januar . .	1,33‴	Juli . . .	2,31‴
Februar . .	1,58	August . .	2,03
März . . .	1,98	September .	1,93
April . . .	2,27	October . .	2,14
Mai . . .	2,36	November .	1,51
Juni . . .	2,35	December .	1,51

„Der Zusammenhang mit der Bewegung der Sonne stellt sich hier deutlich heraus: gleichwohl ist es bisher nicht gelungen, die tägliche Bewegung des Barometers vollständig zu erklären".

In Beziehung auf die Temperatur, deren Jahresmittel durch Vergleichung langjähriger und gleichzeitiger Beobachtungen auf dem Hohenpreifsenberg und zu München erhalten und zu + 5,85° gefunden wurde, erörtert der Verfasser vor allem die jährlichen Störungen, wie sie sich aus den Beobachtungen von 1825-1856 ergeben. Im Mittel stellt sich eine Schwankung von 38,9° heraus; die Störungen im Sommer haben ungefähr denselben Betrag, wie im Winter, und geben eine monatliche Schwankung von 17,9° im langjährigen Mittel, während die Abweichungen der einzelnen Jahre sehr beträchtlich sind. Diese grofsen Schwankungen bezeichnen aber keine Eigenthümlichkeit des Münchener Klimas, sondern verbreiten sich über ganz Bayern so gleichmäfsig, dafs ein Ort vom anderen nur sehr wenig in dieser Beziehung sich unterscheidet. Hingegen zeigen die täglichen Wärmeoscillationen einige Eigenthümlichkeiten, wie sie sich aus der mittelst einer 15jährigen Beobachtungsperiode berechneten Tabelle der gröfsten Temperaturdifferenz zwischen 2^h Abends und 9^h Abends herausstellen. Diese Tabelle ist folgende:

Januar . . .	5,8°	Juli . . .	9,1°
Februar . . .	6,9	August . .	8,3
März	7,8	September .	8,0
April	8,1	October . .	8,4
Mai	8,4	November .	7,0
Juni	9,1	December .	5,8

Diese Zahlen zeigen, dafs die plötzlichen Temperaturänderungen im Sommer fast das Doppelte von denen des Winters sind. „Im Sommer ist es die Aufheiterung des Himmels und der Umschlag des Windes nach Osten, im Frühjahre und Herbste der im nahen Gebirge fallende Schnee, im Sommer Gewitter, Regen und Hagel, wodurch eine so schnelle Abkühlung in der Regel herbeigeführt wird."

Die tägliche Bewegung der Temperatur — die allmälige Zunahme von Sonnenaufgang bis 2^h Nachmittags und die allmälige Abnahme gegen Abend und während der Nacht — wurde mit der oben genannten Tabelle der täglichen Barometeroscillationen (Berl. Ber. 1852. p. 68-69) schon früher veröffentlicht, und es ergiebt sich nach dieser, wenn nämlich alle stündlichen Abweichungen vom Tagesmittel ohne Rücksicht auf die Zeichen addirt werden, für die „Gröfse der täglichen Temperaturperiode" im Laufe des Jahres das Folgende:

Januar . .	16,67°	Juli . . .	53,66°
Februar . .	28,73	August . .	52,55
März . . .	38,62	September .	53,11
April . . .	53,70	October . .	35,79
Mai . . .	56,28	November .	23,78
Juni . . .	56,34	December .	15,23

Eine ausgedehnte Untersuchung widmet nun der Verfasser der Bedeutung der Psychrometerangaben in ihrer Beziehung zum Feuchtigkeitsgehalte der Luft. — Den herrschendsten Ansichten zufolge hat man bei Bestimmung des Druckes der trockenen Luft nur auf die in Dampfform in der Luft enthaltene Feuchtigkeitsmenge Rücksicht zu nehmen; ferner wird gewöhnlich angenommen, dafs wenn sichtbare Nebel in der Atmosphäre nicht vorkommen, die Feuchtigkeit derselben nur die Dampfform habe, und dafs der in der Luft enthaltene Wasserdampf ebenso, wie jede andere in der Luft enthaltene luftförmige Flüssigkeit, ihre eigenen atmosphärenartigen Schichtungen besitze, vermöge welcher der Druck der Luft gleich der Summe aus den Expansivkräften der einzelnen Luftatmosphären ist, aus denen die zusammengesetzte atmosphärische Luft besteht. — Ohne dafs nun der Verfasser die Grundversuche, auf welche die gegenwärtig geltende

Theorie des atmosphärischen Dampfes aufgebaut worden ist, irgend einem Zweifel unterstellt, werden von ihm die über die Constitution der Atmosphäre bezüglich ihres Gehaltes an Feuchtigkeit herrschenden Ansichten als nicht stichhaltig dargestellt. Vor allem zeige sich nämlich, dafs wenn man in einem offenen Gefäfse Wasserdampf durch Temperaturerhöhung erzeuge, ein Theil der Luft aus diesem Gefäfse verdrängt werde. Wenn man nämlich zwei Gefäfse A und B, von welchen das erstere warmes Wasser von der Temperatur t', das letztere kaltes Wasser von der Temperatur t enthält, neben einander stellt, ein kleines langhälsiges Fläschchen F mit Wasser aus B füllt, sodann bis auf ein paar Tropfen entleert, und in A (die Oeffnung nach Oben) einige Minuten lang stellt, hierauf die Oeffnung von F mit dem Finger verschliefst und dasselbe umgekehrt in B stellt, so wird es sich jetzt theilweise mit Wasser füllen. Die Luftmenge L nun, welche in dem Fläschchen zugleich mit dem Wasserdampfe vorhanden war, während es in A stand, ergiebt sich durch den Ausdruck:

$$L = 1 - \frac{G'-g}{G-g} \cdot \frac{b-e'}{b},$$

worin G das Gewicht des mit Wasser von der Temperatur t, G' das Gewicht des theilweise gefüllten Fläschchens, g das des letzteren selbst, b den Barometerstand, e' die Expansivkraft des Wasserdampfes bei der Temperatur t' bedeutet, und wobei die bei dem Barometerstande b in dem Fläschchen enthaltene Luftmenge als Einheit angenommen wird. Durch Berechnung der Luftmenge aus Versuchen bei höherer und niederer Temperatur ergab sich, dafs wenn in einem Luftraume mit constantem Drucke Dampf gebildet wird, dieser einen Theil der Luft verdrängt, und es läfst sich die Quantität der verdrängten Luft theoretisch bestimmen durch die Bedingung, dafs die Elasticität des Dampfes und die Elasticität der übrigbleibenden Luft zusammen dem Barometerstande gleich sein müssen. Es mufs nämlich

$$e + L(1+\alpha t)b = b$$

sein, wenn e die der Temperatur t entsprechende Spannkraft des Wasserdampfes und α der Ausdehnungscoefficient der Luft für 1° R. ist.

„Es können also Luftmassen mit verschiedenem Dampfgehalte mit einander im Gleichgewichte sein, ohne dafs die specifisch schwerere, auch wenn sie die oberste Stelle einnimmt, in die specifisch leichtere eindringt, was auf eine gewisse Cohäsion der Massen schliefsen läfst;" ferner werde da, wo Dampf entsteht, die Luft theilweise verdrängt, und es bleibe von dieser nur eine bestimmte Quantität zurück. — Aus den im Vorstehenden erwähnten Versuche sowohl, sowie aus anderen mit der Erfahrung im Einklange stehenden Thatsachen schliefst nun Hr. Lamont Folgendes:

1) „Eine für sich bestehende Wasserdampfatmosphäre ist nicht vorhanden."

2) „Das Wasser kommt in der Atmosphäre in zweierlei Formen vor: als elastischer Dampf und als Dunst (und zwar hält es der Verfasser für wahrscheinlich, dafs der Dunst in Form von Kügelchen sowohl, wie von Bläschen in der Luft vorkomme); beide erhöhen den Barometerstand um denselben Betrag, wenn sie aus einer gleich grofsen Wassermenge erzeugt sind (allgemein ist nach Erörterungen des Verfassers: das Gewicht der feuchten Luftmasse = dem Gewichte der Luft + dem Gewichte des darin enthaltenen Wassers); eine merkliche Vermehrung des Volumens bringt blofs der Dampf — in Folge der Expansion — hervor."

3) „Die eigentliche Verbreitung des Dampfes, wie des Dunstes, geschieht durch die beständige Strömung der Luft"; „die Expansivkraft des Wasserdampfes würde auch eine sehr langsame Verbreitung desselben bewirken."

4) „Jeder Theil der Atmosphäre hat einen gewissen Wassergehalt: die Atmosphäre besteht demnach aus Luftmassen von verschiedenem Feuchtigkeitsgrade, mithin auch von verschiedener specifischer Schwere, bei welcher Gleichgewicht und Bewegung nach den Gesetzen sich richten werden, die für elastische Flüssigkeiten von veränderlicher specifischer Schwere gelten."

Im weiteren Verlaufe seiner Betrachtungen, zeigt Hr. Lamont, dafs eine bestimmte Beziehung zwischen dem lokalen Dunstdrucke und dem Barometerstande nicht bestehen könne. Zu dem Zwecke werden für die Monate Mai mit September

1855 die Mittel des gröfsten Dunstdruckes sowohl, sowie die des geringen Dunstdruckes zu den Stunden 10 Uhr Morgens und 4 Uhr Abends mit den Mitteln der diesen Dunstdrucken entsprechenden Barometerständen zusammengestellt. Die Mittel dieser fünf Monate sowohl, sowie auch die Mittel derselben Monate aus den Jahren 1848 bis 1854 liefern alle dasselbe Ergebnifs, wie die Gesammtmittel der Jahre 1848 bis 1855 der genannten Monate. Durch Vereinigung der sämmtlichen Mittel zu einem einzigen Mittelwerthe wird nämlich erhalten:

Dunstdruck	5,55‴	3,52‴
Correspondirender Barometerstand	317,35	317,95

Wird nach der gewöhnlichen Theorie die trockene Atmosphäre als ganz unabhängig von der Dampfatmosphäre angenommen, so erhält man:

Druck der trockenen Atmosphäre bei grofsem Dunstdrucke:	311,80‴
- - - - - geringem -	314,43

Diese beiden Ausdrücke sollten einander gleich sein, unterscheiden sich aber um nicht weniger als 2,63‴ von einander. Diese Zahlen können daher auch nicht den Druck der trockenen Luft angeben.

Rücksichtlich der in der Luft schwebenden Dünste werden vom Verfasser nicht blofs die Gründe angeführt, die auf die Verbreitung der Dunstkügelchen sowohl, wie der Dunstbläschen in der Luft schliefsen lassen, sondern es wird auch auf optische Erscheinungen hingewiesen, welche durch den Dunst erzeugt werden und die daher seine Existenz, selbst bei heiterem Himmel nachweisen. Ferner lassen, wie der Verfasser weiter ausführt, manche Vorgänge, wie sich diese beim Verdampfen und Sieden von Flüssigkeiten herausstellen, darauf schliefsen, „dafs von allen im Wasser aufgelösten Stoffen eine verhältnifsmäfsige Menge" in dem in der Luft sich verbreitenden Dunste enthalten sei.

Ku.

Résultats des observations météorologiques, faites au nouvel observatoire d'Upsala pendant l'année 1855 et 1856. Upsala 1856. p. I-XXVII†, 1857. p. I-XXVII†, (Extrait des actes de la soc. Roy. des sciences d'Upsala); Münchn. gel. Anz. XLVII. 33-39†.

Die vorliegende Abhandlung enthält die sämmtlichen Aufzeichnungen über Luftdruck, Temperatur, Dampfdruck, Feuchtigkeitsgrad, Windrichtung und Stärke, Bewölkung, Temperaturextreme und Menge der Niederschläge, wie dieselben zu den Stunden 7h M., 2h und 9h A. in den Jahren 1855 und 1856 an der Sternwarte zu Upsala von Hrn. Schultz angestellt wurden. Jedem der beiden Jahrgänge ist ein Résumé beigefügt, in welchem ohne weitere Erörterungen die mittleren Resultate der genannten Elemente, sowie die den einzelnen Windgattungen entsprechenden Barometer- und Thermometerstände zusammengestellt sich finden. — Ueber die Einrichtung der angewendeten Instrumente, sowie über die Beobachtungsweise, geben die den beiden Jahrgängen vorausgeschickten Einleitungen den gehörigen Aufschlufs. *Ku.*

H., A. et R. Schlagintweit. Aperçu sommaire des résultats de la mission scientifique dans l'Inde et la haute Asie, confiée par S. M. le Roi de Prusse et la Compagnie des Indes. C. R. XLV. 516-522†; Inst. 1857. p. 327-328†.

Eine allgemeine Uebersicht der von den Herren Schlagintweit auf ihren Expeditionen in Indien angestellten Beobachtungen und Untersuchungen aus dem Gebiete des Erdmagnetismus, der Physik der Erde und Geologie, die keinen kurzen Auszug gestattet, und aufserdem von den Resultaten nur Allgemeines enthält, während über mehrere Einzelnheiten schon früher berichtet worden ist (Berl. Ber. 1856. p. 703-707). Das Werk, welches die sämmtlichen Beobachtungen der genannten Forscher enthalten, und unter dem Titel: „Resultate der wissenschaftlichen Mission in Indien und Hochasien etc." in englischer Sprache erscheinen wird, wird von Hrn. H. Schlagintweit bei dieser Gelegenheit der französischen Akademie angezeigt. *Ku.*

P. Marès. Observations de météorologie et d'histoire naturelle, faites dans le sud de la province d'Oran. C. R. XLV. 26-28†; Cosmos XI. 228-228†.

Hr. Marès theilt hier einstweilen einige allgemeine Resultate seiner in der Sahara in einer mehr als 700 Kilometer von Oran entfernten Gegend bei einer Expedition mit Hrn. Cosson angestellten meteorologischen und naturhistorischen Beobachtungen mit. Das von den Genannten bereiste Terrain Afrikas erhebt sich bis Geryville, welcher Punkt am Eingange einer Gebirgsgegend am Fuſse des Krel liegt, dessen Spitze sich bis 1800^m erhebt (?). Die Höhen der höchsten Plateaus der kleinen Sahara sind: Saïda 860^m, Tafraoua 1130^m, Chott und Chergui 1000^m, Geryville 1307^m, Brézina 360^m, Habessa 390^m. Während des Winters, in welchem die genannten Reisenden sich in der Sahara aufhielten, fiel die Temperatur öfters unterhalb des Gefrierpunktes. Vom 9. auf den 10. Januar beobachtete man am Observatorium zu Geryville die niederste Temperatur von —12° C. (—9,6°), zu Habessa fiel die Temperatur in der Nacht vom 15. zum 16. Januar auf —8,8° C. (—7,04°), in den Palmbaumwäldern von El-Abiad-Sidi-Schirk fiel die Temperatur in der Nacht vom 4. zum 5. Januar auf —3,5° C. (—2,8°). Zu Geryville und über den Plateaus der kleinen Sahara blieb der Schnee vom 14. December bis Anfangs Februar liegen. *Ku.*

Radcliffe. On the meteorology of Sinope, being observations made in November and December 1855, and January, February, March, April 1856. Athen. 1857. p. 409-409†; Liter. Gaz. 1857. p. 309-309.

Sinope liegt unter der nördlichen Breite 42° 2′ 2″ und 35° 12′ 15″ östl. von Greenwich. Während der kurzen Beobachtungsperiode fanden 40 Tage lang Regen — an 22 Tagen Schnee — und an 5 Tagen Hagelfälle statt. Der Gang des Barometers und Thermometers waren stets übereinstimmend, so daſs einer niederen Temperatur ein hoher, einem niederen Barometerstande eine Temperaturerhöhung entsprach, und umgekehrt. Unter den 17 merkwürdigen Barometerdepressionen, welche während genannter

Periode beobachtet werden konnten, war die stärkste die vom 27. November, an welchem Tage innerhalb weniger Stunden ein Sinken des Barometerstandes um einen halben Zoll (engl.) eintrat. Solche plötzliche Aenderungen waren nur von kurzer Dauer, sie waren von raschem Windwechsel begleitet, und schienen von der Meeresküste her ihren Ursprung zu haben. Vermöge seiner Lage ist Sinope gegen Nordostwinde geschützt, und dasselbe läfst vermuthen, dafs die Winter mild, hingegen die Sommer kühler sein müssen, als in den angrenzenden Gegenden. Als die kältesten Monate werden Februar und März bezeichnet, vom April an tritt der Sommer ein. *Ku.*

T. S. Parvin. On the climate of Jowa: embracing the result of meteorological records of the year 1856, at Muscatine, Jowa, with a synopsis of the records of the seven years from 1850 to 1856, inclusive. Silliman J. (2) XXIII. 360-368†.

Die Grundlage dieser Erörterungen bilden die Resultate der Aufzeichnungen aus den Jahren 1850 bis 1856 über Barometerstand, Temperatur, Dampfdruck und relative Feuchtigkeitsmenge, Bewölkung zu den fixen Stunden 7^h Morgens, 2^h und 9^h Abends, Windrichtung und Stärke (nach der Schätzungsscala 0 bis 10), Wolkenzug und Niederschläge, mehrere auf die Entwickelung der Vegetation bezügliche Beobachtungen und über das Aufthauen und Gefrieren der Flüsse, sowie die Tiefe des Wasserstandes zu verschiedenen Zeiten des Jahres. Die Erörterungen selbst enthalten die Witterungsgeschichte des Jahres 1856, verglichen mit den aus 7jährigen Beobachtungen erhaltenen mittleren Verhältnissen. In dem Folgenden heben wir die mittleren Resultate der Temperaturbeobachtungen (die 7jährigen Mittel des Luftdruckes sind hier nicht angegeben, sowie die für die Vegetation sich hier vorfindenden Angaben für den Beobachtungsort Muscatine, der beiläufig die Positionen 41° 25′ nördl. Breite, 92° 2′ westl. Länge von Greenwich hat, und der über der Mündung des Mississippi 586,21 engl. Fufs liegt, mitgetheilt.

Die mittlere Temperatur ergab sich aus den 7jährigen Beobachtungen (December 1849 bis incl. November 1856), wie folgt:

	7jähriges Mittel	Abweichung für 1856
December . .	— 4,23°	— 3,05°
Januar . . .	— 5,13	— 5,75
Februar . . .	— 3,68	— 3,87
Winter . . .	— 4,35	— 4,22
März	+ 0,79	— 3,54
April	+ 6,72	+ 1,01
Mai	11,75	+ 1,32
Frühling . .	6,42	— 0,40
Juni	+ 16,29	+ 1,35
Juli	18,14	+ 0,31
August . . .	16,89	— 2,49
Sommer . .	17,11	— 0,28
September . .	+ 14,05	— 2,05
October . . .	7,85	+ 1,41
November . .	1,60	— 1,25
Herbst . . .	7,63	— 0,66
Jahr	+ 6,703	— 1,383

Ueber den ersten und letzten Frost, sowie über das Zufrieren der Flüsse wurden die folgenden Aufzeichnungen in dem genannten Jahre gemacht:

Jahr	Erster Frost	Letzter Frost	Erstes Eis	Letztes Eis
1850.	September 7	April 23	September 29	April 23
1851.	- 28	Mai . 5	October . 19	Mai . 1
1852.	- 26	- 20	September 26	April 22
1853.	- 10	- 25	October . 2	Mai . 13
1854.	October . 15	- 2	- 15	- . 2
1855.	September 27	- 6	- 25	- . 6
1856.	- 24	April 19	September 24	April 19
Mittel	September 24	Mai . 6	October . 7	April 29.

Die Blüthezeit der Aepfel fällt im Mittel auf den 3., der Pfirsiche auf den 1., der Kirschen auf den 1., der Zwetschgen auf den 8., der Birnen auf den 9. und der Quitten auf den 13. Mai.

Ku.

E. Vivian. On meteorology, with observations and sketches taken during a ballon ascent. Athen. 1857. p. 729-729†; Liter. Gaz. 1857. p. 573-573.

Es wird hier eine Abhandlung des Hrn. Vivian besprochen, in welcher aus den seit 1842 erschienenen und in den letzten 6 Jahren bekannt gemachten meteorologischen Ephemeriden die Resultate über die klimatischen Verhältnisse ermittelt worden sind. Im ersten Theile der Abhandlung werden die irrthümlichen Ansichten über den Einfluſs des Mondes auf die Witterung, sowie die herrschenden Ansichten der Mediciner über den Einfluſs einer oder der andern Gegend auf die Gesundheit einer Kritik unterworfen, und aus den gefundenen Resultaten werden einige summarische Uebersichten für die vorliegende Discussion herausgehoben, wobei die südöstliche Küste von Devonshire in Beziehung auf ihre klimatischen Verhältnisse verglichen wird mit dem normalen Zustande der Witterung in England, und wir müssen in Beziehung auf diesen Theil auf unseren früheren Bericht verweisen (Berl. Ber. 1856. p. 712-712). Der zweite Theil der vorliegenden Erörterungen enthält eine Beschreibung der optischen und akustischen Erscheinungen einer aëronautischen Reise, die der Hauptsache nach mit einer in Petermann's Mitth. 1855 enthaltenen übereinstimmt, von dieser sich aber wesentlich dadurch unterscheidet, daſs jene alle der Wissenschaft fremden Phantasiegebilde ausschlieſst, diese aber mehr dasjenige in den Vordergrund setzt, was auf die Phantasie und die Neugierde reizend einwirkt. — Zur Erläuterung der optischen Phänomene, die Beschaffenheit der Wolken etc., soll Hr. Vivian photographische Abbildungen vorgezeigt haben, die während der Reise aufgenommen worden sein sollen. *Ku.*

F. Weber. Jahresbericht der meteorologischen Station in Halle. Z. S. f. Naturw. IX. 456-458†. Mit Tabelle.

Ausfeld. Meteorologische Beobachtungen zu Schnepfenthal 1856. Z. S. f. Naturw. IX. 462-462†.

Der erste dieser Witterungsberichte enthält eine Witterungsgeschichte des Jahres 1856 aus den zu Halle angestellten Beobachtungen über Luftdruck, Temperatur, Feuchtigkeit der Atmosphäre, Windrichtungen, Himmelsansicht, Niederschläge und elektrische Erscheinungen abgeleitet; die dazu gehörige Tabelle enthält die monatlichen Resultate und die der Jahreszeiten, sowie des ganzen Jahres für die genannten Elemente.

Der zweite der genannten Witterungsberichte die Monatmittel der Temperatur und des Luftdruckes, ferner die des Feuchtigkeitsgehaltes der Luft „in Grammen auf den Kubikmeter" aus den zu Schnepfenthal bei Gotha in der Meereshöhe von 1178,5 Par. Fufs angestellten Beobachtungen. — In beiden Berichten sind die Mittel für Temperaturen, Barometerstand und Feuchtigkeit aus den um 6^h Morgens, 2^h und 10^h Abends angestellten Beobachtungen abgeleitet. *Ku.*

Meteorologische waarnemingen in Nederland en zijne bezittingen, en afwiskingen van temperatuur en barometerstand, op vele plaatsen in Europa. Uitgegenen door het Koninklijk Nederlandsch meteorologisch Instituut 1856. Utrecht 1857. p. I-XII†, 1-362†.

Ueber den Inhalt der vorliegenden meteorologischen Jahrbücher für 1856 zu berichten, kann meine Absicht nicht sein, da Hr. Buys-Ballot selbst die Berichte über seine Jahrbücher des niederländischen meteorologischen Institutes für die Jahre 1854-1858 in dem Jahresberichte für 1856 niederlegte (Berl. Ber. 1856. p. 712-716†). Diese Zeilen sollen nur den Zweck haben, ein Mifsverständnifs zu beseitigen, welches durch eine kurze Bemerkung des Hrn. Buys-Ballot in seinem genannten Referate ausgedrückt zu sein scheint. Hr. Buys Ballot sagt nämlich hier (Berl. Ber. 1856. p. 713): „Dem so manchmal in früheren Berichten und überall von mir ausgesprochenen Principe getreu, dafs in jedem Lande ein Institut die Beobachtungen möglichst vollkommen sammeln und bearbeiten mufs etc., hat das niederländische Institut von allen Seiten die Beobachtungen von Europa, ja von der ganzen Welt, zu sammeln sich bemüht. Ohne allen Zweifel gehört dem niederländischen Institute die Priorität vor den Bemühungen Le Verrier's, was Hrn. Kuhn unbekannt war (Berl. Ber. 1855. p. 713)".

Dafs mir die hier angezogenen Principien des Hrn. Buys-Ballot nicht unbekannt waren, sondern dafs ich vielmehr mit allen seinen Bestrebungen, die meteorologischen Beobachtungen möglichst nutzbar zu machen und die Fortschritte der Meteorologie auf jede mögliche Weise zu heben, bekannt sein mufste, geht doch wohl aus einem früheren Referate, das in den Fortschritten der Physik für 1854 (Berl. Ber. 1854. p. 726-727) enthalten ist, zur Genüge hervor. Wenn ich aber in dem Berichte der Fortschritte der Physik für 1855 (Berl. Ber. 1855. p. 712-713), wo ich über die, meines Wissens ersten Versuche, auf telegraphischem Wege die atmosphärischen Zustände zu einer bestimmten Stunde gleichzeitig aus verschiedenen Orten nach einem Centralpunkte gelangen zu lassen, berichtete, unter anderem bemerkte: „Es sind die vom Februar (?) des Jahres 1855 in Frankreich begonnenen unseres Wissens die ersten Versuche, gleichzeitige Beobachtungen nutzbar zu machen etc.", so geht doch wohl aus dieser Bemerkung nicht hervor, dafs Le Verrier der Erste war, der die Centralisation meteorologischer Beobachtungen anzustreben sich bemühte. Ebenso wenig können jene Zeilen aussagen, wer zuerst durch die Bestimmung der Abweichungen der atmosphärischen Zustände zu einer bestimmten Stunde des Tages an verschiedenen Orten das Studium der Meteorologie unterstützte! — Wem die Priorität, die meteorologischen Beobachtungen aller wichtigen Punkte der Erde zu centralisiren zugeschrieben werden mufs, wollen wir hier keiner weiteren Erörterung unterziehen, aber dafs in Frankreich — meines Wissens — zuerst auf telegraphischem Wege die Beobachtung der gleichzeitig an verschiedenen Orten zu einer bestimmten Stunde stattfindenden atmosphärischen Zustände ermöglicht worden ist, was einzig und allein aus den oben angeführten Zeilen hervorgeht, ist durch andere Nachrichten bis jetzt noch nicht widerlegt worden. Dafs ferner auf diese Weise die meteorologischen Beobachtungen verschiedener Orte gegenseitig nutzbar gemacht und für die praktische Anwendung sehr vortheilhaft werden können, kann ebenfalls einem Zweifel nicht unterstellt werden. Denn der einzige Weg, um mit einiger Sicherheit das Eintreten oder Herannahen von Aenderungen in den atmosphärischen Zuständen, wie das Eintreten eines Sturmes, die Wahrscheinlichkeit des Eintretens starker Niederschläge, bedeutender Abkühlungen etc., ist wohl nur der eben angedeutete, während die unmittelbare Anwendung der aus meteorologischen Untersuchungen hervorgegangenen Lehrsätze auf das Vorherbestimmen der Witterung, wenigstens in mittleren und höheren Breiten, immer sehr beschränkt bleiben dürfte.

Ob übrigens die in Frankreich angebahnte Einrichtung der meteorologisch-telegraphischen Correspondenzen schon in ihrer gegenwärtigen Anordnung wirklich für einzelne Fragen der Meteorologie und deren Anwendung auf praktische Fragen nützlich werden kann, ob das ganze Beobachtungsgesetz sowohl für Frankreich als auch für die mit dem Pariser Observatorium in Verbindung stehenden Beobachtungspunkte so zweckmäſsig gewählt ist, ferner ob die Beobachtungszeiten, zu welchen gleichzeitig die Aufzeichnungen telegraphisch mitgetheilt werden, so vortheilhaft sind, daſs sich auf die meteorologischen Telegramme Untersuchungen gründen lassen, kann einer weiteren Beurtheilung hier nicht unterstellt werden. — So viel können wir hier als gewiſs behaupten, daſs durch die seit dem Jahre 1855 bestehenden meteorologisch-telegraphischen Correspondenzen die Untersuchungen auf dem bisher eingeschlagenen Wege vorläufig wenigstens nicht überflüssig geworden sind, und daſs sowohl für die Klimatologie, als auch für die vergleichende Meteorologie die durch die Bemühungen des Herrn Oberdirectors des niederländisch meteorologischen Institutes gesammelten Materialien als ein wahrer Schatz für wissenschaftliche Untersuchungen angesehen werden dürfen, insbesondere, wenn man sich, wie aus dem vorliegenden Bande der niederländischen Jahrbücher hervorgeht, von Zeit zu Zeit zu überzeugen sucht, welche Genauigkeit die angesammelten Materialien ansprechen dürfen. *Ku.*

Meteorologische Beobachtungen, angestellt im Jahre 1856 auf der Navigationsschule zu Lübeck. Boll Arch. Tab. I. zu p. 160; Z. S. f. Naturw. X. 377-377†.

Diese Resultate sind, wenn auch vorläufig nur einjährige, deshalb von Wichtigkeit, weil sie einem Punkte in der Nähe der

Ostsee angehören. (Die Positionen von Lübeck sind: 53° 52′ 6″ nördlicher Breite, 8° 20′ 48″ östlicher Länge von Paris); wir lassen dieselben daher hier folgen:

	Barometerstand	Temperatur	Niederschläge in Par. Lin.
Januar . . .	333,01‴	—0,10°	41,472
Februar . .	336,80	+0,87	31,622
März . . .	339,04	2,02	3,398
April . . .	334,75	7,27	47,059
Mai	334,49	8,67	45,649
Juni . . .	336,57	13,66	75,802
Juli	336,06	12,73	89,762
August . . .	335,30	13,40	133,397
September .	334,91	10,41	60,162
October . .	339,38	8,43	35,021
November .	335,19	1,09	44,352
December .	332,89	1,00	57,357
Jahr . . .	335,70	6,70	665,053
			= 4′ 7″ 5,053‴ Par. M̄.

Ku.

Fernere Literatur.

J. F. Encke. Meteorologische Beobachtungen in den Jahren 1847 bis Ende 1854. Berl. astron. Beob. IV. p. XXI-XXIII. 219-267.

S. P. Hildreth. Abstract of a meteorological journal kept at Marietta, Ohio, for the year 1856. Silliman J. (2) XXIII. 215-220†.

A. Secchi. Observations météorologiques. Arch. d. sc. phys. XXXIV. 288-293; Memor. dell' osserv. di Roma.

J. Lamont. Meteorologische Beobachtungen angestellt an der Königlichen Sternwarte bei München während des Jahres 1855. Ann. d. Münchn. Sternw. (2) IX. 39-94†.

E. Plantamour. Résumé météorologique de l'année 1856 pour Gèneve et le Grand St. Bernard. Arch. d. sc. phys. XXXV. 241-265†.

A. Brown. Abstract of the meteorological register for 1856,

kept at Arbroath. Edinb. J. (2) V. 387-387†. (Enthält auch die jährlichen Mittel der Temperaturextreme von 1847 bis 1856.)

Listing. Auszug aus den meteorologischen Beobachtungen zu Göttingen vom December 1856 bis November 1857. Götting. Nachr. 1857. p. 113-120, p. 181-188, p. 230-236, p. 317-322.

Prozell. Uebersicht der aus den meteorologischen Beobachtungen zu Hinrichshagen im Jahre 1856 gefundenen Mittel und Summen. Boll Arch. 1857. Tab. II. zu p. 160.

P. Merian. Meteorologische Uebersicht des Jahres 1856. Verh. d. naturf. Ges. in Basel I. 587-589†.

Engelmann and Wislizenus. Meteorological observations for 1856, made in St. Louis. St. Louis Trans. I. 87-87.

Etat sanitaire de Londres. Cosmos X. 202-202†.

Dove. Ueber die klimatischen Verhältnisse des preufsischen Staates. Z. S. f. Naturw. IX. 463-465†. (Siehe Berl. Ber. 1856. p. 642-644.)

Observations sur la météorologie, l'électricité et le magnetisme de la terre, faites en 1854 et en 1855, à l'observatoire Royal des Bruxelles. Observat. météorologiques, faites en 1854 et en 1855, à Gand, Liége, Namur, Stavelot, Bastagne, Ostende. Mem. d. Brux. XXX. 6. p. 1-36†, p. 57-81†. (Die monatlichen Resultate der Beobachtungen für 1854 und 1855.)

Extension de la télégraphie météorologique. Temps de Madrid au 8 juillet 1857. Cosmos XI. 29-30†.

(In Frankreich wurden täglich nach dem Moniteur vom 1. Juli 1857 meteorologische Telegramme aus Avignon, Bayonne, Besançon, Brest, Dünkirchen, Havre, Limoges, Lyon, Mézières, Montaubau, Napoléon-Vendée, Paris, Strafsburg und Tonnerre (?) veröffentlicht, und an diese schliefsen sich auch auswärtige Städte, wie Rom, Madrid, Wien, München, etc. an.) *Ku.*

Babinet. Retour du climat de France à son état normal. Cosmos XI. 114-116†.

Kittel. Meteorologische Beobachtungen in Aschaffenburg vom Jahre 1854. Verh. d. Würzb. Ges. VI. 2. p. 1-25.

C. Kuhn. Bemerkungen zu den meteorologischen Beobachtungen des Dr. Bath auf seiner dermaligen Reise im Orient.

Münchn. gel. Anz. XLV. 206-216; PETERMANN Mitth. 1857. p. 413-416.

C. DUFOUR. Sur la scintillation des étoiles. Bull. d. l. Soc. vaud. V. 17-26.

A. T. KUPFFER. „Observations météorologiques et magnétiques" et „résumé des observations météorologiques et magnétiques" en Russie pour 1855. Ann. d. l'observ. phys. centr. d. Russie 1855. St.-Pétersbourg 1857. p. 1-841†.

— — Moyennes tirées des observations météorologiques, faites dans les observatoires des mines de 1840 à 1856 inclusivement: de Bogoslovsk, de Zlatoouste, de Lougan, de Novo-Petroosk et de St.-Pétersbourg. Supplément à Ann. d. l'observ, phys. centr. d. Russie pour 1855. St-Pétersbourg 1857. p. 19-35†.

— — Moyennes de 15 années d'observations météorologiques à St.-Pétersbourg, faites d'après le temps moyen de Goettingue et les moyennes de deux années d'observations de St.-Pétersbourg faites d'après le temps moyen du lieu. Supplément à Ann. d. l'observ. phys. centr. d. Russie pour 1855. St.-Pétersbourg 1857. p. 42-66†.

Results of a series of meteorological Observations made in obedience to instructions from the Regents of the university and Sundry Academies in the State of New-York 1826-1850 inclusive by FRANKLIN, B. HOUGH, A. M., M. D. Albany 1855.

Dieser Band enthält für etwa vierzig Orte Angaben für Thermometer, Regen und Wind, nicht nur für jeden Monat, sondern für jeden halben Monat, was wirklich seinen grofsen Nutzen hat. Der astronomische Ort ist immer angegeben. Eine Zusammenstellung für jedes Jahr, wobei denn angegeben ist, an welchem Orte in einem Monate ein Maximum, an welchem ein Minimum eingetroffen hat, beschliefst das Werk. Für sehr viele fangen die Beobachtungen schon mit 1826, für andere doch wenigstens mit 1828, 1830, 1832 u. s. w. an bis 1850. — Es ist zu bedauern, dafs bei diesen zahlreichen Beobachtungen nicht auch das Barometer seine Stelle gefunden hat. *B. B.*

Army meteorological Register for twelve years from 1843 to 1854 incl. prepared under the direction of Brigadier General Th. Landson. Washington 1855.

L. Blodget. Climatology of the United States and of the temperate latitudes of the north american continent. Philadelphia 1857.

Beinahe alles, was in dem ersten der genannten Werke ist, trifft man auch in dem zweiten für die Klimatologie von Nordamerika klassischen Werke an: die monatlichen Temperaturwerthe, die Isothermen und Regenkarten. Die nämlichen Beobachtungen liegen zu Grunde, denn auch für das Armyregister sind sie von Hrn. Blodget bearbeitet; sie sind aber nochmals nachgesehen, erweitert oder auch die unsicheren fortgelassen. Es gilt das Armyregister nicht nur für 12 Jahre. Von manchem Orte findet man die monatlichen Werthe von 30 Jahren und darüber. Diese Orte geben denn Anhaltspunkte für die Isothermen. In dem Armyregister hat man auch für jeden der zwölf Jahre eine synchronistische Uebersicht von den Temperaturen und sonstigen Witterungserscheinungen über alle die Stationen so weit möglich ausgedehnt. In dem Werke von Hrn. Blodget hat man dagegen etwa 500 Seiten Text, worin über die verschiedenen Klimate von Amerika gehandelt wird. Das Klima der Westküste, so sehr sonderbar, wird besonders abgehandelt, ebenso das Klima von dem inneren Theile. Die Vergleichung von dem so beschriebenen Klima von Nordamerika mit dem von Europa fängt nun an p. 355. Die Winde und Stürme, besonders die Winterstürme, werden beschrieben. Man kennt auch schon das ausführliche Werk von Coffin, Winds of the northern Hemisphere. Washington Nov. 1853. Im Allgemeinen sagt er, dafs sie oft eine Strecke von 300-500 Meilen im Diameter bedecken von SW. nach NO. in der Richtung von dem Staat Missisippi aus, übereinstimmend mit den Isothermen des Monats, worin sie vorkommen. Die Geschwindigkeit ist nahe von 20 Meilen in der Stunde. In der Nähe der Küste sind sie heftiger, beginnen und endigen jedoch in der bezeichneten Bahn an verschiedenen Punkten. Hr. Blodget bringt Erscheinungen von Wärme, Feuchtigkeit u. s. w. hiermit in Verbindung. Insbesondere wird von einigen ausführlichere Erwähnung gethan. Viele Betrachtungen über die Stabilität des Klimas folgen noch, zu viel für einen Auszug. Auch treffen wir noch Barometerbeobachtungen, obgleich dürftig. Es sind nämlich für verschiedene Stationen, wie für Cambridge, Philadelphia, Washington, Albuquerque, Greenwich, St. Petersburg, stündliche oder nahe stündliche Mittelwerthe gegeben. Nirgends scheint die Reihe so lang fortgesetzt zu sein, dreifsig, vierzig Jahre, dafs man anfangen könnte die jährliche Oscillation zu bestimmen. Wir sind mit dem Referenten in Sillimann's J. wohl einverstanden, dafs der theoretische Theil nicht so ganz solide ist, und die Theorien Dove's nicht ganz verstanden zu sein scheinen. Es bleibt immer dieses Werk eins unter den sehr vorzüglichen. *B. B.*

E. Wind.

Dove. Ueber die allgemeine Theorie des Windes. Berl. Monatsber. 1857. p. 81-94†; Ann. d. chim. (3) LI. 242-255.

— — Ueber die vom Drehungsgesetz abhängigen Aenderungen der Temperatur. Berl. Monatsber. 1857. p. 294-296†.

In der ersten dieser beiden Abhandlungen werden nach einer kurzen Berührung der bekannten Hadley'schen Theorie der Passate, ferner der vom Verfasser entwickelten Principien für die Entstehung der Moussons, diejenigen Einwirkungen besprochen, welche fortschreitende oder drehende Luftströmungen auf die Windfahne in verschiedenen Gegenden der Erde haben, und die hierfür aufgestellten Ansichten durch anemometrische Beobachtungen und durch barometrische Windrosen geprüft. In der zweiten wird die Abhängigkeit der Temperatur von der Richtung der Luftströmungen durch einige thermische Windrosen untersucht. Beide Abhandlungen sind aber dazu bestimmt, das von Hrn. Dove aufgestellte Drehungsgesetz durch neue Materialien und Belege zu bestätigen. *Ku.*

W. C. Redfield. On the spirality of motion in whirlwinds and tornadoes. Silliman J. (2) XXIII. 23-24†; Phil. Mag. (4) XIII. 223-224; Edinb. J. (2) V. 358-358†.

Der Verfasser giebt hier „eine einfache Zusammenstellung der Resultate", die aus langjährigen Beobachtungen und Forschungen von ihm gewonnen worden (Silliman J. (1) XXXVI. 50†, 71†; ferner Dove's Zusammenst. der zugeh. Literatur im Repertor. d. Ph. 196† und in Pogg. Ann. LII. 14-15†). Obgleich dieselben in früheren Arbeiten des Hrn. Redfield schon niedergelegt sind (wobei sie von vielen Forschern mit der gröfsten Anerkennung aufgenommen wurden), so theilen wir dieselben dennoch hier so vollständig als möglich mit, weil sie bis jetzt mit der Präcision, mit welcher sie hier sich dargestellt finden, zum ersten Male vom Verfasser zusammengestellt wurden. Die von Herrn Redfield aufgestellten Sätze sind beiläufig folgende:

1) Der Hauptsache nach bilden die Wirbelwinde und die Tornados zusammengesetzte Spiralbewegungen, um eine dünne Spindel (around a smaller axial space) auf- und abwärts rotirend.

2) So lange der Wirbelkörper als solcher besteht, ist der Gang der rechts und links im Wirbel vorhandenen Spiralbewegung immer derselbe; jedoch ist die Neigung der äufseren Spiralfläche gegen den Horizont eine andere, wie die in der inneren revolvirenden Masse. So ist z. B., wenn die Axe des Wirbelkörpers vertikal ist, die Tendenz der Bewegung an seinem äufseren Theile eine schief niederwärts gehende, im Innern aber ist die Spiralbewegung eine mehr aufwärts gerichtete (?). Diese Thatsache erklärt die aufwärts vor sich gehenden Wirkungen, welche man bei Tornados, und zuweilen auch bei kleineren Wirbelwinden wahrnimmt.

3) Wegen des erhöhten Druckes der umgebenden Luftmassen bei Annäherung des Wirbels gegen die Erde, besteht der Normallauf in einem nach und nach herabsteigenden und systematischen Wirbelwinde aus in sich zurückkehrenden Schraubenflächen, während der aufsteigende Luftstrom als eine offene und sich allmälig gleichsam entwickelnde Schraubenfläche zu betrachten sei. Aus diesem Grunde sei die horizontale Ausdehnung der ersteren gröfser, wie die der letzteren.

4) Die aufwärts gehende Spiralbewegung des Wirbels bildet bei weitem den kleinsten Theil der ganzen Wirbelbewegung.

5) So lange die rotatorische Bewegung mit grofser Energie stattfindet, werden Einströmungen von Luftmassen aus der Umgebung verursacht. Hierbei findet eine fortwährende Entladung des Wirbelkörpers gegen die Richtung des geringsten Widerstandes statt, was auch durch die Anhäufung der durch den aufsteigenden Theil des Wirbels verursachten Wolkenmassen von grofser Ausdehnung wahrnehmbar wird.

6) Die Gestalt und die Lage des äufseren Theiles des Wirbelkörpers läfst sich durch directe Beobachtungen nicht wahrnehmen, sondern nur durch die hierbei eintretenden Wirkungen.

7) Bei den Wasserwirbeln (aqueous vortices) sind die Richtungen der spiralförmigen Bewegungen der äufseren und inneren Luftmassen denen bei Wirbeln in der Atmosphäre entgegengesetzt, weshalb man oft leichte Körper und selbst Luftblasen bei Wasserstrudeln nach abwärts sich bewegen sieht, ähnlich wie specifisch schwerere Körper als die Luft in der Atmosphäre aufwärts getrieben werden. *Ku.*

W. C. Redfield. On various cyclones of typhoons of the nord pacific ocean, with a chart showing their course of progression. Edinb. J. (2) V. 188-188†.

Es wird hier eine Abhandlung des Hrn. Redfield angezeigt, in welcher über nahe 30 Cyclonen von grofser Heftigkeit, die in den Passatgegenden des nördlichen stillen Meeres beobachtet wurden. Von diesen trafen 1 auf Februar, 1 auf April, 2 auf Mai, 2 auf Juni, 3 auf Juli, 4 auf August, 4 auf September, 6 auf October, 4 auf November und 1 auf December. In den Marianischen Inseln unter etwa 13° nördl. Breite erwartet man sowohl im December und Januar, als auch in den Sommermonaten cyclonische Stürme. *Ku.*

F. Vettin. Ueber den aufsteigenden Luftstrom, die Entstehung des Hagels und der Wirbelstürme. Pogg. Ann. CII. 246-255†.

H. W. Dove. Einige Bemerkungen über die meteorologischen Aufsätze des Hrn. Vettin. Pogg. Ann. CII. 607-613†.

Hr. Vettin wendet bei diesen vorliegenden Untersuchungen dieselbe Methode an, durch welche er die Entstehung von Luftwogen in Folge der gegenseitigen Einwirkung zweier übereinander gehenden Luftströme zu erklären suchte, und worüber in der letzten Abtheilung dieser Referate berichtet worden ist. Die Erscheinungen aufsteigender Luftströme könne man an dem in einer geräumigen Glasglocke in Folge der Erwärmung ihrer Bodenfläche aufsteigenden Tabakrauch wahrnehmen. Auch in einem Glaskasten, wie er bei den früheren Experimenten von Herrn Vettin angewendet wurde, könne man die Vorgänge der aufsteigenden Luft studiren, wenn man die Bodenplatte des Kastens, in welchen Tabakrauch eingeblasen wird, nicht an einem Ende, sondern an irgend einer anderen Stelle gegen ihre Mitte hin erwärmt, und man könne selbst in reinem Zustande den aufsteigenden Lufstrom mit seinen Erscheinungen untersuchen, wenn man in einen oben offenen Glaskasten, also in einen Kasten ohne Deckplatte durch eine Röhre etwas Tabakrauch einbläst, und an einer dem einen Ende des Bodens etwas nahen Stelle ein gröfseres Stückchen Eis legt, man wird hier insbesondere die Vorgänge beim Herabsinken der Luft wahrnehmen können. Jedoch sei, damit die Erscheinungen des aufsteigenden Luftstromes in einem unbedeckten Glaskasten rein wahrgenommen werden können, es nöthig, dafs während des Experimentes die Luft im Zimmer möglichst ruhig verbleibe.

In ruhiger Luft bilde der aufsteigende Strom eine Garbe mit allen umgebogenen und in sich zurückkehrenden Rändern. In einem Raume, in welchem schon eine untere und eine obere Strömung vorhanden ist, erleide die aufsteigende Garbe durch jeden der beiden Ströme bezüglich der Richtung und Geschwindigkeit der rotirenden und in diese Ströme hineinragenden Ränder mannigfache Aenderungen, die vom Verfasser durch bildliche Darstellungen erläutert werden; der Verfasser sucht dabei sogar den Einflufs fester in die Ströme hineinragender Gegenstände zu erläutern, und auf die beim Herabsinken der Luft entstehenden Rotationserscheinungen aufmerksam zu machen. Der Verfasser bringt sodann die von ihm vorgeführten Erscheinungen mit den Vorgängen innerhalb der Atmosphäre in Verbindung, und sucht zu zeigen, wie man in Folge aufsteigender Luftmassen über einem erhitzten Boden, die mit dem Polar- und Aequatorialstrome zusammentreffen, Circulationen von oben nach unten und von unten nach oben sich entstehen denken könne, die auf ihrem Wege Niederschläge zu bilden geeignet sind, welche, wenn die herrschenden Temperaturdifferenzen in den unteren und oberen Luftschichten hierfür günstig sind, entweder die Entstehung von Hagel in derselben Constitution, wie die Erfahrung sie nachweist oder von Graupeln und Glatteis, oder endlich von starken Gufsregen zur Folge haben werden. Ferner dehnt der Verfasser seine Untersuchungen noch weiter dahin aus, um über die Entstehung des Materiales in der Atmosphäre, welches die Gewittererscheinungen erzeugt, Erläuterungen zu geben. — Endlich geht der Verfasser auf die Untersuchung der Entstehung von Wirbelwinden und Tornados über, und betrachtet hierbei die Rotation der Erde als vorzugsweise einwirkendes Element. Hr. Vettin studirt die Circulationserscheinungen der Luft auf ähnliche Weise, wie dies unten für seine anderen Versuche beschrieben ist, in einer 2″ hohen und 1′ weiten Trommel mit gläserner Boden- und Deckfläche, die in Rotation versetzt werden kann. Er zeigt, wie hier Wirbel zur Entstehung kommen, wie die Luft den wärmeren Theilen in Spiralen sich nähert, wie die bereits entstandenen Wirbel mit der herrschenden Luftströmung fortschreiten können, wie die Wirbelbewegung bald langsamer, bald rapider eintreten könne, dafs hierbei die Spindel die Form eines Doppelkegels habe, also unten und oben offen sei, der mittlere Theil dünner und oft mannigfach gewunden und geschlängelt sei, wie dies bei Wind- und Wasserhosen häufig bemerkt worden sei. Diese Erscheinungen und Vorgänge sucht er sodann auf die Erzeugung gröfserer und kleinerer Wirbelstürme in der Natur anzuwenden etc.

Hr. Dove führt in der Einleitung zu seinen Bemerkungen aus, welche Aufmerksamkeit und Thätigkeit er und Andere bisjetzt der Untersuchung der Stürme gewidmet haben [1]), ferner, dafs eine Uebereinstimmung seiner Theorie der Wirbelstürme mit der von VETTIN nicht statthaft sei, und dafs sich überhaupt (aus Gründen, die dann weiter entwickelt werden) der Verfasser gegen die von VETTIN in seinen meteorologischen Untersuchungen gegebenen Erklärungen atmosphärischer Phänomene aussprechen müsse.

Der Berichterstatter kann unmöglich auf die beiden hier angeführten Aufsätze umständlich eingehen, ohne sich einer unverzeihlichen Weitläufigkeit schuldig zu machen, und mufs daher für die genaue Kenntnifsnahme des hier behandelten Stoffes auf die Originale selbst zu verweisen sich erlauben.

Nicht unerwähnt darf aber bleiben, dafs Hr. DOVE unter anderm bemerkt, Hr. VETTIN habe, dem Vernehmen nach, unter anderen physikalischen Apparaten einen sehr zweckmäfsigen Windmesser construirt, der sich durch grofse Einfachheit empfehle. Wir erlauben uns daher hier beizufügen, dafs eine nähere Beschreibung und Theorie dieses Anemometers um so mehr das Interesse für meteorologische sowohl, wie auch für technische Zwecke in Anspruch nehmen dürfte, als über die schon bekannten Instrumente dieser Art, und insbesondere über die neueren Einrichtungen, die deutsche Literatur noch manche Ergänzungen und Erweiterungen zu wünschen übrig läfst [2]). *Ku.*

Anmerkung.

Es ist leider nicht möglich, die reichhaltige Literatur über den hier in Rede stehenden Gegenstand in diesem Jahresberichte in der Ausdehnung zu berücksichtigen, wie es beabsichtigt war, indem uns die obwaltenden Umstände nöthigen, vorläufig die übrigen zur Kenntnifs gekommenen Arbeiten aus dem Jahre 1857

[1]) Hr. DOVE bemerkt hier, defs er seine sämmtlichen Untersuchungen über die Stürme in einer besonderen Schrift „Ueber das Gesetz der Stürme, Berlin 1857" zusammengefafst hat. Diese Schrift ist mir leider bis jetzt noch nicht zur Einsicht gekommen. *Ku.*

[2]) Ueber Anemographen und Anemometer sehe man MUNCKE's phys. Wörterbuch X. 2146; HÜLSSE's Maschinenencyclop. II. 214-247, wo auch die Literatur angegeben sich findet; ferner Berl. Ber. in verschiedenen Jahrgängen. *Ku.*

hier blofs durch ihre Titel anzuzeigen, wogegen, so weit dies als möglich erscheinen wird, und die vorhandenen Quellen hierfür ausreichen, auf eine nähere Besprechung einzelner dieser Monographien im nächsten Jahresberichte eingegangen werden soll.

Ku.

Fernere Literatur.

J. Chappelsmith. On the characteristic action of the barometer during the passage of a revolving storm, such as a hurriance or tornado, being a small rise and not a great fall. Silliman J. (2) XXIII. 18-23.

Dove. Ueber die vom Drehungsgesetz abhängigen Aenderungen der Temperatur. Berl. Monatsber. 1857. p. 294-296.

Bonnafont. Observations de trombes de mer. Théorie de ces phénomènes. Inst. 1857. p. 281-283.

J. Rodgers and A. Schönborn. On the avvidance of the violent portions of cyclones, with notices on a typhoon at the Bonin islands. Silliman J. (2) XXIII. 205-211. (Belege für Redfield's Theorie der Wirbelstürme.)

J. Fournet. Note sur certaines tempêtes hibernales de l'Algérie. C. R. XLV. 845-853.

J. Thomson. On the great currents of atmospheric circulation. Athen. 1857. p. 1186-1186; Liter. Gaz. 1857. p. 981-982.

D. Olmsted. Biographical memoir of Redfield. Silliman J. (2) XXIV. 355-373.

Bache. On the winds of the pacific coast of the United States. Liter. Gaz. 1857. p. 1028-1028.

Henry. On the physical conditions determinate of the climate of the United States. Liter. Gaz. 1857. p. 1028-1028.

G. C. Forshay. Some of the phenomena of the Texas Norther and climatology. Liter. Gaz. 1857. p. 1028-1028.

Hennessy. On the vertical currents of the atmosphere. Liter. Gaz. 1857. p. 1053-1054.

W. The Schuyler tornado, Oncida County, New-York. Silliman J. (2) XXIV. 290-293.

G. A. Kornhuber. Die mittlere Windesrichtung zu Prefsburg im Jahre 1856. Verh. d. Presb. Ver. 1857. 2. p. 27-31.

MAURY. Wind and Current charts. Gales in the Atlantic Observatory. Washington 1857.

Der Zweck, welchen der berühmte Verfasser im Auge hatte, als er diese Untersuchung aus den Logbüchern der Seefahrer ableitete, ist erreicht. Er wollte nämlich suchen, in welcher Zeit des Jahres die Schiffe, die mit der Legung des transatlantischen Kabels beauftragt würden, am wenigsten die Stürme zu befürchten hätten. Aus der einsichtsvollen Zusammenstellung der sehr zahlreichen Beobachtungen ist hervorgegangen, dafs im nordatlantischen Ocean Ende Juli und Anfang August die Stürme in der geringsten Zahl vorkommen. *B. B.*

F. Regen, Schnee, Hagel.

H. W. DOVE. Ueber die Vertheilung des Regens auf der Oberfläche der Erde. Z. S. f. Erdkunde (2) II. 1-27†, 97-134†, 385-428†.

Die vorliegende Abhandlung zerfällt in drei Theile, von welchen der erste: „die Regen der heifsen Zone", der zweite: „die subtropischen Regen und die Herbstregen an der Westküste Europas" und der dritte Theil: „die Regen der gemäfsigten Zone mit einem Maximum im Sommer" als Gegenstand der Betrachtung enthält. Es soll hier versucht werden, über die in der Abhandlung betrachteten Gegenstände einen kurzen Bericht zu erstatten, indem wir die vom Verfasser aufgestellten und durch die Beobachtungsresultate begründeten Sätze und Thatsachen auszugsweise mittheilen wollen, insofern wir nicht schon früher Gelegenheit hatten, über ähnliche Arbeiten des Hrn. DOVE zu berichten.

Die Erfahrungen, welche in allen beobachteten Gegenden der Erde man zu machen Gelegenheit hatte, rechtfertigen die Vermuthung, dafs auch in dem wechselvollen Treiben unserer Atmosphäre sowohl in dem Eintreten als der Mächtigkeit der Niederschläge eine wenn auch versteckte Periodicität sich geltend mache, deren empirische Feststellung die nächste Aufgabe der Klimatologie ist, wobei aber auch den Zusammenhang der mit gröſserer oder geringerer Bestimmtheit hervortretenden periodischen Erscheinungen bezüglich der Niederschläge mit den allgemeinen Bewegungen der Atmosphäre nachzuweisen als weitere Aufgabe sich anreiht. — Auf die Menge der Niederschläge habe nicht bloſs die Menge der Wolken, sondern auch die Höhe derselben auſser den Umständen, welche die Wolkenbildung und das Herabfallen der in den Wolkenschichten angesammelten Dunstmassen begünstigen, nicht geringen Einfluſs. Dieser Einfluſs gebe sich in der 32 Jahre umfassenden Periode deutlich zu erkennen, nach welcher die ganze am Boden gesammelte Regenmenge zu der in 89 Fuſs Höhe aufgefangenen sich verhielt, im Winter wie 1000 : 834, im Frühling wie 1000 : 872, im Sommer wie 1000 : 927, im Herbst wie 1000 : 869. Den Einfluſs der Erwärmung des Bodens auf die Menge der Niederschläge, die deshalb vom Pole zum Aequator hin, und an einem und demselben Orte von Winter zum Sommer zunehmen müsse, habe man durch Vergleichung der Niederschläge unter verschiedenen Breiten und an einem Orte in verschiedenen Jahreszeiten zu untersuchen. Bei solchen Untersuchungen habe man aber, der immer bewegten Atmosphäre wegen, den localen Einflüssen, welche oft an zwei wenig von einander entfernten Orten ungleiche Mengen der Niederschläge veranlassen, kein so groſses Gewicht beizulegen. Das Hauptreservoir, aus welchem die Atmosphäre ihren Wassergehalt schöpft, ist die Oberfläche des Meeres, die in den Ländern eingeschlossenen Wasserflächen bilden eine unerhebliche Gröſse. Strömt eine Luft von den Meeresgegenden nach dem Continente, so sei die Bedingung zum Niederschlag, also zum Verluste ihres theilweise oder ganzen Wassergehaltes nur dann erfüllt, wenn die Temperatur des festen Bodens tiefer als die des Meeres, von dem die feuchte Luft kam, ist. Die gröſste relative Trockenheit würde da zu erwarten sein, „wo die Luft von einem verhältniſsmäſsig unbedeutenden Meere nach einem mächtig entwickelten Continent von viel höherer Temperatur strömt und diese Bedingung ist am entschiedensten erfüllt in Beziehung auf die relative Lage des mittelländischen Meeres gegen Afrika". Hier finde sich daher auch in der That eine regenlose Zone. — Der Wassergehalt der Atmosphäre über dem Meere und dem Lande werden im Allgemeinen wenig verschieden sein, wenn letzteres eine höhere Temperatur hat, als jenes, während er mit der Entfernung von der Küste abnehme, wenn das Land eine niedere Temperatur als das Meer hat. Hieraus lasse sich also der Schlufs ziehen, dafs unter gleicher Breite besonders in der gemäfsigten Zone der Wassergehalt der Luft im Sommer auf dem Continente wenig von dem auf dem Meere verschieden sei, während derselbe von der Küste nach dem Innern der Continente im Winter abnehme. (Unter dem Wassergehalte der Atmosphäre versteht der Verfasser die in einer gegebenen Raumeinheit als Dampf vorhandene Gewichtsmenge Wasser, welche der Spannkraft der Wasserdämpfe proportional ist.) — „Dafs der Unterschied des Seeklimas und des continentalen in den Monaten, wo der Continent wärmer als das Meer ist, sich nicht sowohl auf die Menge des in der Luft enthaltenen Wassers bezieht, als vielmehr auf die relative Feuchtigkeit, geht entschieden aus den Beobachtungen hervor. Die Spannkraft der Dämpfe beträgt in Pariser Linien ausgedrückt im Juli in Nertschinsk 4,98, in Barnaul 5,72, in Petersburg 4,73, in Berlin 4,91, in Brüssel 5,06, in Greenwich 5,00, in Mailand 5,37, also durchaus unerhebliche Unterschiede". Hingegen beträgt im Januar die Elasticität der Dämpfe in England 2,5, in Deutschland 1,5 bis 2, im europäischen Rufsland etwa 1, in Barnaul 0,66, in Nertschinsk nur 0,20 Par. Linien. — Aus dem Jahresmittel ergebe sich für das nördliche Europa der Dampfdruck etwas über 2‴, im südlichen etwas über 4‴, ist aber im westlichen erheblicher als im östlichen, auf den Azoren 5½‴, auf den Antillen zwischen 7 und 8, endlich in Paramaribo in Guyana 9,27‴. — Das Vorstehende enthält in Kürze das, was über die allgemeine Vertheilung des Regens als Einleitung zum ersten Theil seiner Untersuchungen vom Verfasser erörtert wurde. — Der erste Artikel dieses Theiles ist mit dem Titel „Gröfste herabfallende Regen" überschrieben. Hier wird die Mächtigkeit tropischer Gewitterregen durch Belege von Mollieu in seiner Reise nach den Quellen des Senegal und Gambia (1818), von Flinter, Dampier, Maury, Roussin, Sykes, Cullen u. A. näher beschrieben, und hieran Beispiele über grofse Regenmengen in höheren Breiten, wie im Rhonethale etc. angereiht, sowie der durch diese hervorgebrachten Ueberschwemmungen Erwähnung gethan (Berl. Ber. 1853. p. 728-729, 1854. p. 748-749, 1855. p. 700-702, 1856. p. 682-682). Der zweite Artikel bezieht sich auf Betrachtungen über die „Regen der Passatzone", worin die Erfahrungen DAMPIER's, HUMBOLDT's u. A. näher besprochen, erklärt und durch neues Beobachtungsmaterial erläutert werden. Der dritte Artikel endlich bespricht „die Regen der indischen Moussons", und enthält Regentafeln der Malabarküste, der Coromandelküste, aus dem Innern der Continente, aus China, Ceylon, Java etc. Auf diese Artikel, sowie auf die folgenden zwei Theile, die ebenfalls viel neues Beobachtungsmaterial umfassen, näher einzugehen, kann natürlich unsere Absicht nicht sein, da einestheils die vom Verfasser ausgesprochenen Grundsätze schon aus früheren ähnlichen Arbeiten bekannt sind, anderntheils aber aufser den neu hinzugekommenen Tabellen im weiteren Verlaufe der Betrachtungen sich wenig Neues darbietet, was nicht schon bei anderen Gelegenheiten vom Hrn. DOVE zur Veröffentlichung gekommen ist. Einen Auszug aus den vorliegenden reichhaltigen Tabellen werden wir bei einer anderen Gelegenheit zu geben suchen.

Ku.

J. STARK. On the fall of rain at thirty-seven stations in Scottland. Edinb. J. (2) V. 385-386†.

Als erste Früchte seiner meteorologischen Untersuchungen giebt Hr. STARK die Vertheilung des Regenfalles im Jahre 1856 in Schottland durch die Regenmengen in 37 Stationen auf alle Monate vertheilt in engl. Zollen an. Wir heben aus dieser Tabelle die jährlichen Regenhöhen dieser Stationen heraus, und geben neben den Beträgen in engl. Zollen, auch die in Pariser Maafs hierfür an.

Tabelle der Regenhöhen in Schottland für 1856.

Stationen	Engl. Zoll	Par. Maass	
Sandwick	27,41	25″	8,625‴
Galston.	30,70	28	9,667
Stornoway . . .	35,69	32	5,858
Culloden	26,05	24	5,312
Elgin	26,97	25	3,667

Stationen	Engl. Zoll	Par. Maass
Castle Newe . . .	39,82	37″ 4,360‴
Fettercoirn . . .	23,31	21 11,474
Strachan	35,06	32 10,761
Barry	38,16	35 9,667
Kettnis	38,17	35 9,779
Arbroath	32,26	30 3,234
Perth	33,49	31 5,083
Anstruther . . .	29,97	28 1,449
Alloa	30,13	28 3,251
Callton Mor . . .	40,83	38 3,728
Greenock	50,57	47 5,396
Edinburg	24,94	23 4,814
Glencorse	40,80	38 3,390
Swanston	38,76	36 4,421
Harlaw	39,00	36 7,123
Colzium	45,89	42 7,071
East Linton . . .	34,95	32 9,518
Thurston	37,16	34 10,406
Yester	42,35	39 8,842
Thirlstane	28,18	26 5,295
Milne Graden . .	25,80	24 4,497
Kirkpatrick . . .	39,97	37 11,675
Dumfries	31,11	29 2,286
Thornhill	37,50	35 2,234
Wallacehall . . .	31,20	29 3,299
Penpont	36,70	34 5,226
Keir	43,05	40 4,724
Auchenbrack . . .	48,15	45 2,149
Hastings-hall . . .	56,00	52 6,536
Kirkconnell . . .	42,90	40 3,035
Sanquhar	39,80	37 4,131
Wanlockhead . .	64,80	60 9,620
Mittel aus allen vorstehenden Zahlen	36,96	34″ 8,154‴

Ku.

C. Fulbrook. On the theory of rain-fall. Athen. 1857. p. 376-376.

— — On the variation in the quantity of rain due to the moons position in reference to the plane of the earths orbit. Athen. 1857. p. 1185-1185†.

Der Verfasser hält es für nothwendig, dafs die Zahl der Regenfälle, welche bei verschiedenen Mondphasen, insbesondere vor dem Neumonde und nach dem Vollmonde, eintreten, unter verschiedenen Breiten mit einander verglichen werden, und dafs deshalb das vorhandene Beobachtungsmaterial auch zu diesem Zwecke nützliche Verwendung finde. Seine Untersuchung habe einen Einflufs des Mondes auf die Regenquantität schon aus 200 Mondsumläufen herausgestellt [1]), indem bei 100 Mondsumläufen vom 3. bis zum 7. Tage der Mondsperiode (in der gröfsten südl. Breite) die Quantität des gefallenen Regens während 500 Tagen 47,60 engl. Zoll betrug, auf der Nordseite der Ekliptik, vom 17. bis zum 26. Tage, also wieder in 500 Tagen 26,42 engl. Zoll betrug.

Ku.

Dallington. Variation de la quantité de pluie on rapport avec certaines phases de la lune. Bull. d. Brux. (2) III. 2-3; Inst. 1857. p. 399-399†.

Die vom Hrn. Dallington gegebene Notiz enthält ganz dasselbe Ergebnifs, wie dasselbe von Fulbrook angegeben wurde, und scheint derselben Quelle entnommen worden zu sein. *Ku.*

Ch. Martins. Sur la quantité de pluie tombée à Montpellier du 24 au 28 septembre 1857. C. R. XLV. 345-345†; Inst. 1857. p. 347-348; Cosmos XI. 487-487*.

Während eines am 24. September Morgens begonnenen, und fast durch 36 Stunden andauernden Gewitters, fielen in 6 Stunden so viel Regen, dafs die Höhe der gemessenen Wassermenge

[1]) Eine Zusammenstellung der hierher gehörigen Arbeiten findet man bekanntlich in Kämtz' Lehrb. d. Meteorologie III. 549-552†. Eine neuere Untersuchung in dieser Beziehung ist von Quetelet für Belgien unternommen worden, worüber in den Berl. Ber. 1852. p. 703-704† referirt worden ist.

130^{mm} (46,103‴) betrug. Die Höhe der ganzen Regenmenge des am 25., 26. und 28. September noch stattgehabten Regens war nicht weniger als 371^{mm} (13″ 8,02‴). *Ku.*

A. BARTHÉLEMY. Observations sur la grêle et son mode de production. C. R. XLIV. 571-572†; Cosmos XI. 402-402*.

Hr. BARTHÉLEMY fand unter den, während eines am 18. Juni 1850 gegen 4 Uhr Abends stattgehabten Hagelwetters, gefallenen Hagelkörnern eine grofse Quantität sehr regelmäfsig gestalteter Körner. Sie hatten die Gestalt von sechsseitigen Pyramiden mit einer ganz ebenen sechsseitigen Grundfläche, wobei der obere Theil der Pyramide durchsichtig war, und keine opaken Schichten zeigte, der untere Theil aber undurchsichtig war. Einzelne dieser seltenen Krystalle waren mehr als 1 Centimeter hoch. *Ku.*

Fernere Literatur.

T. L. PHIPSON. Sur une pluie sans nuages observée à Paris. C. R. XLV. 906-907; Cosmos XI. 620-620.

GLAISHER. On the fall of rain on october the 22, 1857. Liter. Gaz. 1857. p. 1148-1149.

L. BLODGET. The distribution of rain in the temperate latitudes of north america. Edinb. J. (2) VI. 93-103. With a map.

T. L. PHIPSON. Sur quelques phénomènes météorologiques observés sur le littoral de la Flandre occidentale. III. Pluie sans nuages. C. R. XLIV. 786-787; Cosmos X. 412-412.

L. DUFOUR. Sur un cas de pluie sans nuages. Bull. d. l. Soc. vaud. V. 49-50.

GUYON. Grêlons de dimension considérable. Inst. 1857. p. 317-317.

G. Wolken, Nebel.

W. S. JEVONS. On the cirrous form of cloud. Phil. Mag. (4) XIV. 22-35.

E. BOLL. Rauchende Berge. BOLL Arch. 1857. p. 158-159.

x. Brouillard intense à Paris. Cosmos XI. 701-702.

BAGOT. Nephelescope. Mech. Mag. LXVI. 79-80.

H. Hygrometrie.

J. Luftdruck.

W. Dove. Ueber die täglichen Oscillationen der Barometer. Berl. Monatsber. 1857. p. 296-297†; Z. S. f. Naturw. X. 378-379.

Indem der Verfasser die von ihm bei früheren Untersuchungen über die Verschiedenheit der täglichen Barometerperiode in Küsten- und Continentalgegenden gefundenen Resultate kurz bespricht, führt derselbe eine von D. Manuel Rico y Linobas zu Madrid (in dem Résumé de los trabajos meteorologicos venficados en el Obs. de Madrid) angegebene Thatsache an, nach welcher, wie aus den Beobachtungen von Delgado im Juni 1838 zu Madrid hervorgehen soll, das Innere der iberischen Halbinsel ähnliche Verhältnisse wegen seiner Feuchtigkeit zeige, wie das Innere von Sibirien, indem auch zu Madrid (aus den angeführten Beobachtungen) nur ein Maximum und ein Minimum in den täglichen Barometer-Oscillationen wahrzunehmen sei. *Ku.*

Graeger. Die Bedeutung der unregelmäfsigen Schwankungen des Barometers oder Luftdruckes in den mittleren Breiten für die Vegetation. Arch. d. Pharm. (2) XC. 167-170†.

Ueber die vom Verfasser in dem vorliegenden Aufsatze ausgesprochenen Ansichten ist schon bei einer früheren Gelegenheit Bericht erstattet worden (Berl. Ber. 1855. p. 667-668†). *Ku.*

J. Lamont. Sur la composition de l'atmosphère. Bull. d. Brux. (2) I. 3-7 (Cl. d. sc. 1857. p. 323-327); Inst. 1857. p. 242-243†; Cimento VI. 53-67.

Der hier betrachtete Gegenstand ist in diesem meteorologischen Berichte in dem Artikel „Allgemeine Beobachtungen" besprochen worden (Berl. Ber. p. 523-529). *Ku.*

Buys-Ballot. Note sur le rapport de l'intensité et de la direction du vent avec les écarts simultanés du baromètre. C. R. XLV. 765-768†.

Hr. Buys-Ballot hat in dieser Note die aus den gleichzeitigen Beobachtungen um 8 Uhr Morgens für Helder, Gröningen, Mastricht zusammengestellten Abweichungen des Luftdrucks benutzt, um aus diesen eine Beziehung zwischen Intensität und Richtung der gleichzeitig stattgehabten Luftströmungen aufzufinden. Die Richtung und Intensität des Windes werden zu Gröningen und Helders durch registrirende Anemometer bestimmt, und die mittlere Windstärke für jede Stunde wird hierbei durch den Druck in Kilogrammen auf den Quadratmeter angegeben.

Bei seinen Untersuchungen fand Hr. Buys-Ballot, dafs die Windstärke im Allgemeinen bei abnehmendem Barometerstande zunimmt, während bei Erhebung des Barometerstandes über dem Mittel die Windstärke nahezu dieselbe bleibt, mögen die positiven Abweichungen gröfser oder kleiner sein, ferner zeigte sich, dafs alle starken Barometerschwankungen von dieser Zunahme der Windstärke begleitet, und dafs die Windstärken (wohl von verschiedenen Orten?) nahezu den Differenzen der Abweichungen proportional seien.

In den vier Beobachtungsjahren (1853-1856) war die gröfste Differenz der Abweichungen:

702 Mal unter 2^{mm}, 542 Mal zwischen 2 und 4^{mm}, 208 Mal über 4^{mm}.

Ferner hat sich gezeigt, dafs in den ersten 24 Stunden

den Differenzen von	Wind von 0-10 Kil.	10-20 Kil.	20-30 Kil.	30-40 Kil.	40-50 Kil.	50 Kil. u. noch stärker
0 bis 2^{mm}	372 Mal	253 Mal	45 Mal	4 Mal	1 Mal	0 Mal
2 - 4	175 -	275 -	67 -	19 -	3 -	2 -
4^{mm} u. mehr	16 -	81 -	77 -	23 -	12 -	8 -

entsprochen, „so dafs die grofse Windstärke durch eine grofse Differenz der gleichzeitigen Abweichungen des Barometers in den Niederlanden angezeigt wird." Es ergiebt sich denn ferner aus den eben angeführten Zahlen, mit welcher Wahrscheinlichkeit aus den Differenzen der gleichzeitigen Abweichungen um 8^h Morgens innerhalb 24 Stunden auf geringere oder gröfsere Windstärken, also auf herannahende Stürme beiläufig geschlossen werden könne oder nicht. *Ku.*

Liagre. De l'influence des phases lunaires sur la pression atmosphérique. Mém. d. Brux. XXX. 2. p. 1-20†.

Hr. Liagre hat aus 1784 Barometerbeobachtungen während 223 Lunationen — vom 1. Januar 1833 bis 12. Januar 1851 — den Einfluſs des Mondes auf den Luftdruck für Brüssel einer Untersuchung unterworfen, und die von ihm erhaltenen Resultate mit den seiner Zeit durch Flaugergeces und E. Bouvard aus den Barometerbeobachtungen zu Viviers und Paris gewonnenen Resultaten verglichen. Diese seine Untersuchungen, die der Verfasser mit der gröſsten Exactität durchführt, führten ihn (beiläufig) auf die folgenden Thatsachen:

1) Der Einfluſs, welchen der Mond auf den Barometerstand ausübt, ist ein für verschiedene Orte der Erde variables Phänomen; die Beobachtungen eines einzigen Punktes der Erde (im Innern des Continentes) reichen aus, um eine Grundlage zu einer allgemeinen Theorie der atmosphärischen Ebbe und Fluth zu gewinnen. Die Einwirkung localer Ursachen ist so bestimmt, (prononcée), daſs jene Mondsphasen, welche zu Paris dem Maximum des Luftdruckes entsprechen, dieselben sind, denen für Brüssel ein Minimum des Barometerstandes entspricht.

2) Der Barometerstand zu Mittag zeigt für Brüssel auffallend ein Minimum, das in die Epoche der zweiten Quadratur fällt. Die Wirklichkeit des Einflusses dieser Phase stellt sich durch eine Wahrscheinlichkeit von 127-128 heraus. — Im zweiten Octanten stellt sich ein Maximum des Luftdruckes, jedoch weniger entschieden heraus, aber seine Existenz kann nicht in Zweifel gestellt werden, da die Wahrscheinlichkeit 13-15 beträgt. — Aus den Beobachtungen um 12^h Morgens fand man dieselben Ergebnisse.

3) Während der ersten Hälfte eines Mondsverlaufes ist der Barometerstand merklich höher, als während des zweiten, die Differenz betrage beiläufig $0{,}30^{mm}$ ($0{,}133'''$).

4) Man bemerkt selbst einen wahrscheinlichen Einfluſs des Mondes auf die tägliche Variation des Barometerstandes zwischen 9^h Morgens und 12^h Mittags; es sei nämlich gegen die Syzygien diese Variation doppelt so groſs, als gegen die Quadraturen. Jedoch sei diese Differenz (kaum $0{,}01^{mm}$!) nicht groſs genug, um

daraus mit einiger Wahrscheinlichkeit auf einen Einflufs des Mondes auf die tägliche Variation des Barometers schliefsen zu können.

5) Ein Einflufs des Mondes auf den Barometerstand eines Ortes, der mit der Höhe des Mondes über dem Horizont zusammenhängt, sei nicht als ausgemacht anzusehen, aber sein Einflufs bei verschiedenen Phasen sei als Thatsache zu betrachten.

Ku.

F. Vettin. Ueber den mittleren Barometerstand in verschiedenen Breiten. Pogg. Ann. C. 595-599† (CII. 255-255†).

Von den Versuchen über die Bewegung einer Luftmasse in einem einseitig erwärmten Raume, die dem Verfasser zur Erklärung periodischer Luftströmungen und der dieselben begleitenden Erscheinungen dienen sollen, wird in diesen Berichten später (Abtheil. K.) die Rede sein. Es wird daher einstweilen auf jenen Artikel hingewiesen. „Läfst man in einem Glaskasten mit Rauch gemischte Luft circuliren", so nimmt man wahr, „dafs die Luft, nachdem sie aufgestiegen, von der Deckplatte abprallend sich zuerst abwärts bewegt, und darauf allmälig aufsteigt, bis dahin wo sie herabsinkt, dann, nachdem sie herabgesunken, von der Bodenfläche abprallend, aufsteigt, und schräg abwärts ihren Weg fortsetzt, bis zu der Gegend, wo sie sich wieder erhebt, um von Neuem wieder ihre Circulation zu beginnen." Beobachtet man die Circulation des Rauches, die man, nachdem der Rauch auf die Bodenfläche des parallelepipedischen Kastens sich gelagert hat, erzeugt, so bemerkt man, dafs die Gegend der gröfsten Erhebung des unteren Stromes nahe an der Gegend liegt, wo die Luft herabsinkt, und die Luft unterhalb der vom Rauche beschriebenen Bahn gleichsam nur als träge Masse mit fortgezogen werde. Die Verhältnisse werden bei einem Kasten mit dreieckiger Grundfläche etwas anders, als im parallelepipedischen Kasten. Entsteht nämlich in jenem die Circulation am breiten Ende, so gelangt der obere Strom aus gröfseren Räumen in immer kleinere, der untere aus kleinen in gröfsere, und es zeigt sich dann, dafs von der aufsteigenden Luft ein dem unteren Strome zunächst liegender Theil auf der Oberfläche derselben wieder zurückläuft etc. „Die horizontale Bewegung der Luft ist mithin da, wo der Kasten enger wird, nicht merklich geschwunden, als da, wo er weiter ist." Die Gegend der gröfsten Erhebung des unteren Stromes rückt hierbei etwa nur bis zur Mitte der Circulation. Auf diese Weise will der Verfasser anschaulich machen, wie die Luft zwischen den weiten Aequatorial- und engen Polargegenden circulirt; „ein Theil der am Aequator aufsteigenden Luft wird bald nach seinem" (Entstehen?) „in die Höhe steigen", und nachdem er eine kurze Strecke polwärts sich bewegt hat, wieder zum Aequator zurückfliefsen, und in dem Maafse, wie die wärmere Luft in engere Räume gelangt, werden an ihrer unteren Seite Luftmassen herabsinken, um auf der Oberfläche des Polarstromes zum Aequator zurückzukehren, bis endlich der letzte Rest des Aequatorialstromes in der Nähe des Poles, auf die Erdoberfläche herabsinkend den gröfsten Kreislauf vollbringt. Die herabgesunkenen Luftmassen werden sich gegen den Aequator zu etwas erheben, und etwa gegen die Mitte der Circulation die gröfste Höhe erreichend, wieder zum Aequator die Luft zurückfliefsen. „Die Grenze der beiden über einander wogenden Luftmeere bildet hiernach keine der Erdoberfläche parallele oder gleichmäfsig gegen sie geneigte"; sie erreicht in den mittleren Breiten die gröfste Höhe, und senkt sich sowohl gegen den Pol hin, als auch gegen den Aequator. Dieser Vorgang wird durch den mittleren Barometerstand unter verschiedenen Breiten bestätigt. Es ist nämlich der (auf 0° und das Meeresniveau reducirte wegen der Einwirkung der Schwere nicht corrigirte) mittlere Barometerstand (nach der in MUNKE's phys. Lex. VI. 1939-1941† angegebenen Reihe)

innerhalb der ersten 10 nördl. Breitegrade für 2 Beobachtungspunkte 336,3‴

innerhalb des	10 und	20	nördl. Breitegrades für	5	Punkte	336,6
- - -	20 -	30	- - - -	7	-	337,7
- - -	30 -	40	- - - -	7	-	337,9
- - -	40 -	50	- - - -	21	-	338,0
- - -	50 -	60	- - - -	25	-	336,6
- - -	60 -	70	- - - -	8	-	334,3
- - -	70 -	80	- - - -	5	-	336,0

Ku.

Fernere Literatur.

Boussingault. Observations faites pour déterminer la hauteur du mercure dans le baromètre au niveau de la mer dans la proximité de l'équateur, et l'amplitude des variations diurnes barométriques a différentes élévations dans les Cordilières. Cosmos X. 582-588†, XI. 84-84†.

K. Barometrische Höhenmessung.

J. C. Poggendorff. Angebliche Ersteigung des Chimborasso. Pogg. Ann. C. 479-480†; Z. S. f. Erdk. (2) II. 475-475†.

M. C. Dippe. Nicht-logarithmische Tafeln zur Reduction von Barometerbeobachtungen auf ein andres Niveau und zur Bestimmung von Höhenunterschieden aus Barometerbeobachtungen. Astr. Nachr. XLVI. 113-126.

J. Böhm. Ueber die Seehöhe von Prag. Wien. Ber. XXII. 629-659†.

H. Wolf. Hypsometrische Arbeiten, vom Juni 1856 bis Mai 1857. Jahrb. d. geol. Reichsanst. 1857. p. 234-266†.

C. Prediger. Beiträge zur hypsometrischen Kenntniss des Harzgebirges. Z. S. f. Naturw. IX. 1-11†.

L. Allgemeine Theorie.

F. Vettin. Meteorologische Untersuchungen. Zweite Abhandlung: Ueber die Wogen der Luft. Pogg. Ann. C. 99-110†.

Die vorliegenden Erörterungen haben die Bestimmung, den gegenseitigen Einflufs warmer und kalter Luftströmungen in der Atmosphäre, und die in Folge dieser Einwirkungen erzeugten Luftwellen, ferner die Erscheinungen, welche in Folge des Zusammentreffens dieser Strömungen in der Atmosphäre erzeugt werden müssen, und endlich den Zusammenhang zwischen diesen Erscheinungen, den Windrichtungen und der Geschwindigkeit der Winde mit dem Wogen durch die stattfindenden Barometerstände näher zu untersuchen.

Diesen Untersuchungen legt der Verfasser die Vorgänge zu Grunde, welche man beobachten kann, wenn in einen parallelepipedisch gestalteten Glaskasten mit gläserner Boden- und Deckplatte von etwa 16″ Länge, $3\frac{1}{2}$″ Höhe und Breite, durch Erwärmen eines Endes der Bodenfläche Tabackrauch zur Circulation gebracht wird. Die Luft steigt nämlich hierher von der erwärmten Stelle aus vertikal in die Höhe, bewegt sich oben angekommen, von der Deckplatte abprallend etwas abwärts und von hier in schräger Richtung wieder aufwärts zur Deckplatte, sinkt von da aus wieder vertical abwärts bis in die Nähe der Bodenplatte, ohne diese zu erreichen, und geht sodann von hier aus in schräger Richtung bis zur erwähnten Stelle, von wo aus die Circulation von Neuem beginnt. Auf diese Weise gehen dann fortwährend zwei Ströme über einander, deren Grenzfläche aber beständigen Veränderungen unterworfen ist, so dafs ein Auf- und Abwärtswogen in langen Zügen stattfindet, und zwar um so weniger, je näher, um so mehr, je weiter sie vom aufsteigenden Luftstrom entfernt sind. Ungleichförmigkeit beim Erwärmen vermehrt die Wogen, und ändert die Erscheinungen, indem ein bald starkes, bald schwächeres Herabfallen und Anprallen gegen den Boden eintritt.

Solche Ungleichförmigkeiten werden auch bei den Circulationen innerhalb der Atmosphäre, da hier Veranlassung zu solchen sich mehrfach bietet, eintreten, sie werden in den oberen Regionen bis dahin sich fortsetzen, wo die Luftmassen herabfallen, und so ein Wogen der Grenzfläche zwischen dem warmen und kalten Strom erzeugen.

Diese Principien, welche hier beiläufig mitgetheilt wurden, wendet nun der Verfasser zuerst auf die Polar-Aequatorial-Strömung an; seine Betrachtungen führen ihn zu dem Schlusse, dafs der Barometerstand abwechselnd steigen und fallen wird, „vorzugsweise folgend dem Auf- und Abwogen der Grenzfläche, dem Dicker- und Dünnerwerden der unteren Strömung." „Wo nun aber unterer und oberer Strom sich berühren, geschehen die Niederschläge." Die Niederschläge werden aber bei gleichem relativen Feuchtigkeitszustande in den unteren Schichten stärkere sein, als in den oberen, und diese können sich daher, je nach der Dichte der unteren Luftschichten, entweder als Regen etc., oder als theilweise bewölkten Himmel zeigen. Es werden daher auch bei allen Winden während hoher Barometerstände die Niederschläge seltener sein, als bei tiefem Barometerstande, und umgekehrt wird heiterem oder gröfstentheils heiterem Himmel ein höherer Barometerstand entsprechen, als bei bewölktem, und diesem ein höherer als bei Regen, ohne Rücksicht auf die Richtung des Windes. Diese Thatsache wurde auch durch die Ergebnisse der Beobachtungen aus dem Jahre October 1855 bis 1856, die der Verfasser einmal so gruppirt, dafs die Anzahl der Stunden mit heiterem, mit bewölktem Himmel und mit Regen sowohl mit den Barometerständen über, als auch mit denen unter 28″ in Beziehung gebracht wurden, und dafs er dann ferner die barometrischen Windrosen für heitere und bewölkte Regenzeiten herstellt, bestätiget, so dafs also die Resultate der Beobachtungen darauf hinweisen, dafs unabhängig von der Richtung der Winde ein Zusammenhang zwischen Barometerstand und Stärke der Niederschläge bestehe, wenn ein Wogen der Grenzfläche zwischen dem oberen und unteren Strom stattfinde, wenn überall und fortwährend zwischen Aequator und Pol der Aequatorialstrom über dem Polarstrom dahinfliefst.

Aufser diesen Strömungen ist aber zwischen benachbarten sowohl, wie zwischen weit von einander entfernten Gegenden an verschiedenen Theilen der Erdoberfläche Veranlafsung genug vorhanden für Circulationen, die aus anderen secundären Quellen entstehen; solche Circulationen werden aber an Ausdehnung und Höhe denjenigen nie gleich kommen, die zwischen dem Pole und Aequator stattfinden. Alle diese gröfseren oder kleineren Circulationen bestehen gleichzeitig neben einander, und combiniren sich in Bezug auf ihre Richtung und Geschwindigkeit. „Da aber ihre unteren Strömungen unmittelbar über der Erdoberfläche fliefsen, so ist, abgesehen von der störenden Einwirkung fester in die Atmosphäre hineinragender Gegenstände, die Richtung und die Geschwindigkeit des unteren Windes das Resultat der Combination aller an diesem Orte zu einer gewissen Zeit stattfindenden Combinationen."

In den oberen Regionen werden Luftschichten von verschiedenen Richtungen und Geschwindigkeiten je nach der Menge der gleichzeitig stattfindenden Circulationen anzutreffen sein: „In der höchsten Höhe fortwährend der reine Aequatorialstrom; ihm zunächst die Combination desselben mit dem ihm zugewandten Theil der oberen Strömung des gerade herrschenden Moussons. Die Wogen werden daher Einfluſs auf die Richtung und Geschwindigkeit des Windes der Grenzfläche haben müssen, da in dieser bei hohem Barometerstande der Wind nach anderer Richtung weht, wie bei niederem. — Seine theoretischen Beobachtungen sowohl, sowie die von dem Verfasser vom 1. Sept. 1854 bis zum 1. Sept. 1856 angestellten Beobachtungen führen ihn zu den Thatsachen, daſs jene Einwirkungen sich auch auf die unteren Winde erstrecken können, und zwar, „daſs die Höhe des Barometerstandes auf die Geschwindigkeit nordöstlicher Winde keinen Einfluſs ausübt, daſs dagegen südwestliche Winde, bei hohem Barometerstande schwächer, bei tiefem Barometerstande stärker wehen müssen." *Ku.*

F. Hopkins. On the action of the aqueous vapour in disturbing the atmosphere. Proc. of Roy. Soc. VIII. 421-422; Phil. Mag. (4) XIV. 387-388; Arch. d. sc. phys. XXXV. 206-207†.

Der Verfasser bemüht sich nachzuweisen, daſs die Hauptursache aller Störungen des Gleichgewichtes der Atmosphäre die Condensation des von verschiedenen Orten und zu verschiedenen Zeiten in veränderlicher Quantität in ihr enthaltenen Wasserdampfes sei. *Ku.*

---

46. Physikalische Geographie.

A. Allgemeine Beobachtungen.

Daubrée. Recherches expérimentales sur le striage des roches du au phénomène erratique, sur la formation des galets, des sables et du limon et sur les décompositions chimiques produites par les agents mécaniques. Ann. d. mines (4) XII. 535-560†; Inst. 1857. p. 168-168; C. R. XLIV. 997-1000; v. Leonhard u. Bronn 1858. p. 82-83*.

Um die Erscheinung der geritzten und polirten Felsen nachzuahmen, braucht es weder sehr grofsen Druck noch sehr grofse Geschwindigkeit, welche beiden natürlich im umgekehrten Verhältnifs stehen. Wenn z. B. die Geschwindigkeit kleiner ist als 0,1^{mm} in der Secunde, so mufs der auf ein abgerundetes Gesteinstück ausgeübte Druck wenigstens 100^{kgr} betragen, während bei 40^{mm} Geschwindigkeit nur ein Druck von 5^{kgr} nöthig ist. Sand bringt die Streifung weniger leicht hervor als feste Gesteine, aber ein relativ weiches Gestein kann bei hinreichender Geschwindigkeit ein hartes ritzen; lithographischer Schiefer ritzt bei 40^{cm} Geschwindigkeit in der Secunde und bei 35^{kgr} Druck für den Quadratmillimeter sehr deutlichden Granit. Da die reibenden Gesteinstücke sich schnell abnutzen, — der in solchem Fall entstehende Sand ist scharf — so sind die Eindrücke auf der geriebenen Fläche anfangs von anderer Gestalt als später. Feste Gesteinsstücke, die sich in einem um seine Axe gedrehten Cylinder bei Gegenwart von Wasser aneinander abreiben, erzeugen neben den Rollstücken nicht Sand, sondern Schlamm (limon). Auf diese Weise erzeugter Granitschlamm ist vor dem Löthrohr schmelzbar. Der Granit giebt dabei an das Wasser bedeutende Mengen von Salzen, besonders von kieselsaurem Kali ab und die zu gleicher Zeit gebildeten wenigen eckigen Sandkörner sind sehr fein, ihr Durchmesser beträgt nur $\frac{1}{4}^{mm}$. Quarzgesteine geben bei dieser Behandlung natürlich nur Sand.

Sand, der unter dem Drucke eines Gletschers durch Reibung gebildet wird, ist eckig und von ungleichem Korn; er läfst sich künstlich darstellen, wenn man die Bedingungen seiner Entstehung nachahmt, Druck und Reibung. Da nach Dollfuss-Ausset der nur 10 Quadratkilometer große Aargletscher täglich 100 Kubikmeter Sand liefert, so muß die Menge desselben für die ganze Erde eine sehr bedeutende sein. Um durch Reibung aus eckigen Sandkörnern runde zu bilden, müssen die Körner groß genug sein, um nicht im Wasser suspendirt zu bleiben, und fein genug, um der Bewegung der Flüssigkeit zu folgen. In schwach bewegtem Wasser bleiben Körner von $\frac{1}{10}$mm mittlerem Durchmesser suspendirt; im Juli und August, der Zeit der Hauptgletscherschmelze, ist der Rhein bei Straßburg trübe durch eckige Sandkörner von $\frac{1}{20}$mm; sie sind zu klein, um noch Abrundung durch Reibung im Wasser zu erfahren. *Rt.*

Fernere Literatur.

H. Hofmeister. Chronik der in der Schweiz beobachteten Naturerscheinungen. Wolf Z. S. 1857. p. 209-212.

B. Meer.

A. Petermann. Der große Ocean, eine physisch-geographische Skizze. Petermann Mitth. 1857. p. 27-48†.

Der reichhaltige, keines Auszugs fähige Aufsatz bespricht den Zustand der geographischen Kenntniß des großen Oceans und seiner Inselgruppen im Jahre 1857, besonders nach Denham's Aufnahmen 1853 bis 1856; das Relief des großen Oceans, Höhen und Tiefen, Meeresströmungen, Meerestemperatur, Lufttemperatur, magnetische Declination. In dem ersten Abschnitt ist für eine Reihe von Punkten nach Denham Höhe und Zeit der Fluth bei Voll- und Neumond angegeben. Die größte bis jetzt im großen Ocean gemessene Tiefe 9570 Par. F. (1700 Fathoms) findet sich in 63-64° südl. Breite und im Meridian der Tahitiinseln. Von den Strömungen sind besonders der äquatoriale Gegenstrom und der an der japanischen Ostküste nach Norden aufsteigende japanische Strom (Kurosiwo) genauer untersucht worden. Die dem Aufsatz beigegebene sehr übersichtliche Karte stellt die Temperatur nach den Isokrymen dar, den Linien der Oberflächentemperatur in dem kältesten Monat, welche besser als alle übrigen Temperaturlinien die Verbreitung der Seethiere bestimmen (Berl. Ber. 1853. p. 646). Sie giebt ferner die Linien der magnetischen Declination, Meerestiefen und Berghöhen. *Rt.*

G. Hagen. Ueber Ebbe und Fluth in der Ostsee. Berl. Monatsber. 1857. p. 345-346†; Z. S. f. Naturw. X. 379-379; Inst. 1857. p. 436-436; Abh. d. Berl. Ak. 1857. p. 23-39†.

Schwache Spuren von Fluth und Ebbe sind im westlichen Theile der Ostsee schon früher mehrfach bemerkt worden, die erste genaue Bestimmung ist die in Wismar angestellte, wonach dort die durchschnittliche Höhe des Fluthwechsels 3,43 rhein. Zoll beträgt (Berl. Ber. 1856. p. 727). Wellenschlag und Wind, der, wenn er schwach ist, den Spiegel der See um einen Fuss über den mittleren Stand erhöhen kann, während bei Stürmen Erhebungen von 4 F. und Senkungen bis 3 F. vorkommen, verdecken und verschieben leicht den geringen Fluthwechsel der Ostsee. Er beträgt im Mittel in Travemünde 3,07, in Barhöft, dem südlichen Ende der Insel Hiddensee gegenüber und 2 Meilen nördlich von Stralsund 1,51, am Wittower Posthaus auf Rügen 1,30, auf Jasmund 1,38, bei Swinemünde 1,16, bei Stolpemünde 1,03, bei Memel 0,42 Zoll. Die ziemlich regelmäfsig fortschreitende Fluthwelle legt, wie die mitgetheilten Hafenzeiten ergeben, 9 Meilen in der Stunde zurück, also ungefähr eben so viel als in der Nordsee. In Travemünde beträgt der Fluthwechsel bei Springfluthen 4,7 Zoll, bei todten Fluthen, die sich durchschnittlich 50 Minuten später einstellen als die Springfluthen, 3,9 Zoll. *Rt.*

A. Erdmann. Om de jaktagelser öfver vattenhoejdens och vindarnes foeraendringer som nyligen blifvit vid åtskilliga fyrbåksstationer kring Sveriges kuster tillvägabragta; jemte tabellariska sammandrag af observationerna för åren 1852-1855. Vetensk. Ak. Handlinger 1855. p. 247-303.

C. Irminger. Ueber Ebbe und Fluth im kleinen Belt bei Fridericia. Z. S. f. Erdkunde (2) II. 464-466†.

Bei Fridericia steigt und fällt das Wasser während der Nippfluth im Durchschnitt um 1,08, bei der Springfluth 1,33 dänische Fuſs. Die Fluth kommt von Norden, die Ebbe hat Südströmung. Im Frühling oder bei Ostwind ist die Strömung von Süden bedeutend überwiegend und oft auch während der Fluthzeit anhaltend; wahrscheinlich weil während des Frühlings die durch die Schneeschmelze angeschwellten Flüsse mehr Wasser als gewöhnlich in die Ostsee führen. Das Meerwasser wird nun durch die Ostwinde gegen die holsteinische und schleswig'sche Küste gedrängt, und verursacht im kleinen Belt einen höheren Wasserstand, während gleichzeitig das Wasser durch die Ostwinde aus dem Kattegat geführt wird. Im Allgemeinen ist der Wasserstand bei Süd- und Ostwinden niedriger als bei Westwinden, am höchsten aber bei Nordoststürmen, weil dann die südliche Strömung, die in einer dem Winde gerade entgegengesetzten Richtung in das Kattegat hinaustreten will, ein bedeutendes Anstauen des Wassers verursachen muſs. Wie groſs die Wirkung der Winde auf das Niveau ist, sieht man aus folgenden Angaben, wo in 24 Stunden ein Unterschied von 7,2′ eintrat:

1838. 12. Oct. bei heftigem SSW.sturm Strom von Süden, Wasserstand . . . . ÷4,3′,

1838. 13. Oct. bei sehr heftigem NW.sturm Strom von Norden, Wasserstand . . . . +2,9′.

Rt.

A. D. Bache. Approximate cotidal lines of diurnal and semidiurnal tides of the coast of United States in the Golf of Mexico. Silliman J. (2) XXIII. 1-12†.

Während die Fluthen an der atlantischen Küste der Vereinigten Staaten regelmäſsige halbtägige sind und ihre tägliche Ungleichheit nicht groſs ist, während die der Pacificküste in ihren halbtägigen und tägigen Bewegungen sehr groſse Regelmäſsigkeit zeigen, sind die Fluthen an der zu den Vereinigten Staaten gehörenden Küste des mexikanischen Meerbusens (der Golfküste) klein und deshalb leicht durch ungewöhnliche Einflüsse beeinträchtigt. An mehr als Zweidrittel der Küste ist die halbtägige Fluth sehr klein und durch die tägliche Fluth maskirt. Von Cap Florida bis nach St. George's Island sind halbtägige Fluthen mit sehr grofser täglicher Ungleichheit vorhanden, von da bis zum Southwestpafs (an der Mündung des Mississippi) verschwinden die halbtägigen fast ganz gegen die tägigen Fluthen; in Dernière Isle, Calcasieu und Galveston treten wieder halbtägige auf, die sich bei Aransas und an der Mündung des Rio grande fast ganz verwischen.

Für das Weitere ist der Aufsatz selbst nachzusehen.

Rt.

A. D. BACHE. On the heights of the tides of the atlantic coast of the United States. Liter. Gaz. 1857. p. 1029-1030†.

Die atlantische Küste der Vereinigten Staaten zeigt in Bezug auf die Höhe der Fluth 3 natürliche Abtheilungen, an deren Endpunkten die Fluthen am kleinsten, in deren Mitte sie am gröfsten sind. Die südliche Abtheilung oder Bai geht von Cap Florida (Fluth 1,3') bis Cap Hatteras (2') mit dem Gipfelpunkt Port Royal (7'). Die zweite Abtheilung geht von Cap Hatteras bis Nantucket (1,2') mit dem Gipfelpunkt Sandy Hook 5'. Die dritte schliefst die Massachusettsbai und Fundybai ein oder geht von Nantucket bis Cap Sable (8') mit dem Gipfelpunkt Ende der Fundybai (36'). *Rt.*

A. D. BACHE. Notes on the progress made in the coast survey in prediction tables for the tides of the United States coast. SILLIMAN J. (2) XXIII. 12-15†.

— — Observations to determine the cause of increase of Sandy Hook made by the coast survey for the commissioners on harbor encroachments of New-York. SILLIMAN J. (2) XXIII. 16-17†.

RODGERS. Deap-sea soundings in the arctic ocean. Edinb. J. (2) V. 382-383†; Cosmos X. 426-426; Z. S. f. Erdk. (2) II. 487-487†.

Im arktischen Ocean nördlich der Behringstrafse findet sich oben leichtes warmes, in der Mitte kaltes, unten schweres warmes Wasser. Das letztere salzhaltigere wird durch Unterströmung dahin gelangt und wahrscheinlich durch Wasserverdampfung unter den Tropen gebildet sein. Dafs Wasser durch Unterströmung weit fortgeführt werden kann, ohne seine Temperatur merklich zu ändern, zeigt eine Beobachtung im Wendekreis des Krebses, wo im August die Seeoberfläche im Golfstrom 80° F. und der Tiefsee-Thermometer nur 35° (also nur 3° F. über dem Gefrierpunkt) aufwies. In der oben erwähnten warmen salzigen Unterströmung ist der Ersatz zu suchen, dessen das arktische Meer bedarf, für die Abgabe der grofsen Menge Eises und für die grofsen arktischen Salzwasserströmungen, deren Ursprung nicht aus den einmündenden Süfswasserflüssen hergeleitet werden kann. Dieselbe warme Unterströmung kann, wo sie an die Oberfläche gelangt, Eisfreiheit des Polarbeckens bedingen. *Rt.*

T. Spratt. Report of the deap soundings between Malta and the Archipelago in 1856 and 1857 with remarks on the best means of obtaining deep soundings. Petermann Mitth. 1857. p. 334-335†, p. 433-433†; Nautical Mag. 1857. Aug.

Zwischen Malta und Candia beträgt die gröfste Tiefe 2170, zwischen Candia und den Dardanellen 1110 Faden. Auf 50 Meilen östlich von Malta geht die Tiefe nicht über 100 Faden hinaus, dann sinkt sie fast plötzlich auf 1500 bis 2000 Faden und bleibt nahezu dieselbe bis auf 20 Meilen vom Ostende Candias. Zwischen Candia und Santorin sinkt in der Nähe Candias rasch die Tiefe auf 1110 Faden, steigt eben so rasch nach Santorin zu und ist von da bis Psara nirgend tiefer als 420 Faden. Zwischen Alexandria und Rhodus bildet das Meer eine ziemlich regelmäfsige muldenförmige Vertiefung, deren gröfste Tiefe 1600 Faden in $33\frac{1}{2}°$ nördl. Breite liegt. Zwischen Rhodos und Nikaria ist der Meeresboden unregelmäfsiger, aber die Tiefe nirgend gröfser als 600 Faden. Zwischen Port Vendres und Algier beträgt die gröfste Tiefe 1600 Faden. *Rt.*

Prince NAPOLÉON. Courants marins. C. R. XLIV. 871-871†, XLV. 24-25†, 299-299†, 887-887†, XLVI. 38-39†; Inst. 1857. p. 147-147†, p. 299-299†, p. 389-389†, p. 414-414†, 1858. p. 12-13†; Cosmos X. 451-451.

Ein am 10. Juli 1856 in 69° 30′ nördl. Breite und 13° westl. Länge zwischen Island und Jan Mayen ausgeworfener Holzblock (Berl. Ber. 1856. p. 736 Z. 7 und 8 von unten, wo irrthümlich östliche Länge statt westlicher Länge und SS. Oststrom statt SS. Weststrom steht), wurde am 29. Nov. 1856 bei Drangavir östl. vom isländischen Nordkap in 66° 12′ nördl. Breite und 24° 20′ westlicher Länge gefunden. Er war dorthin gelangt durch die Strömung, welche von Nordost her zwischen Island und Ostgrönland hindurch nach Cap Farvel geht. Einen am 11. Juli in 69° 6′ nördl. Breite und 13° 43′ westlicher Länge ausgeworfenen Block fand man am 1. Dec. 1856 bei Kjeln am Skagafiord in Island, einen am 28. Juni in 62° 24′ und 16° 20′ ausgeworfenen Block im Sept. 1856 an der Küste von Hlagr, Kirchspiel Bardastrand in Island. Ein am 9. Juli in 68° Br. und 22° 10′ westl. Länge ausgeworfener Block wurde am 26. Nov. bei Gunnarstad im Thistelfiord an der NO. küste Islands gefunden. Ein am 20. Juli 1856 in 60° 8′ nördl. Breite und 43° westl. Länge treibendes Schiff strandete im Sept. an der Westküste Grönlands zwischen Frederikshaab und Fiskernaes (Berl. Ber. 1853. p. 641).

Rt.

WYNNE. On the influence of the gulf stream upon the climate of the atlantic coast of the United States. Liter. Gaz. 1857. p. 1028-1028.

J. LE CONTE. On the agency of the Gulfstream in the formation of the peninsula and keys of Florida. SILLIMAN J. (2) XXIII. 46-60†.

Die frühere Annahme, dafs das Südende von Florida durch concentrisch auf einander folgende Korallenriffe und deren Zertrümmerung wachse, ist nur haltbar, wenn man eine Hebung des Landes annimmt, da riffbauende Korallen nur bei einer bestimmten Tiefe des Meeres gedeihen. Eine Hebung des Landes durch vulkanische Thätigkeit hat nach AGASSIZ und des Verfassers Ansicht nicht stattgefunden; vielmehr eine Erhöhung des Meeresbodens durch Sedimentbildung. Der Golfstrom setzt nämlich an der innern Seite des Bogens, welchen er um Florida beschreibt, Sediment ab und dieses wurde die Unterlage eines Korallenriffes, auf welches vermöge der veränderten Gestaltung der Küste später weiter nach Süden ein zweites u. s. w. folgte, so dafs eine unterbrochene Folge von concentrischen Riffen entstand. Dafs der Golfstrom an der Oberfläche klar ist, beweiset nicht, dafs er nicht in der Tiefe Sediment absetzen könne. Der Golfstrom kann seine gegenwärtige Lage nicht ändern und Florida über das jetzige Korallenriff nicht hinauswachsen wegen der Lage von Cuba, das niemals durch eine Naturkraft, weder durch Korallen noch durch Meeresströmung „annectirt" werden kann." *Rt.*

---

de Laronce. Essai sur la détermination de la loi générale des courants. C. R. XLV. 967-967†; Cosmos IX. 655-657.

Ein schwerer Körper, der aus einer oberen Strömung in eine untere gelangt, erleidet einen horizontalen Druck vermöge der Verschiedenheit der Bewegung der beiden Wasser und beim Aufsteigen aus einer unteren Strömung in eine obere den umgekehrten Druck. Auf dieses Princip ist ein Instrument zur Bestimmung der Richtung der Meeresströmungen gegründet.

Rt.

P. P. King. Observations made to ascertain the specific gravity of sea-water in the northern and southern hemispheres. Proc. of Roy. Soc. VIII. 291-292†; Inst. 1857. p. 304-304*; Phil. Mag. (4) XIII. 523-524.

Nach einer Reihe von Untersuchungen ist das Wasser des atlantischen Oceans zwischen 40° nördl. und 40° südl. Breite überall identisch; Abweichungen rühren von örtlichen Ursachen her. Trockne Winde wirken stärker ein als feuchte; heftige Regen, besonders in den Aequatorialgegenden des Oceans, wo das Meer so wenig bewegt ist, vermindern die Dichtigkeit bedeutend; ebenso wirkt die Nähe der Küsten, besonders der seichten, wie z. B.

zwischen dem Rio de la Plata und der Magellanstrafse, wo nur 30 bis 50 Fathoms Wasser sind.

Das mittlere spec. Gewicht der Wasser der Südsee zwischen den Parallelen 10° bis 40° beträgt 1,02648, zwischen den Parallelen 40° bis 60° 1,02613. *Rt.*

J. Wolley. Notice of an ice-carried boulder at Borgholm. J. of geol. Soc. 1857. 1. p. 189-190†; Phil. Mag. (4) XIII. 147-147†.

Ein 10′ langer, 7′ breiter und 6′ hoher Block rothen Granites wurde bei Borgholm, Westküste von Oeland, durch Eis von einer ½ Mile entfernten Insel fortgeführt. Ein Sturm aus Norden, der örtlich das Niveau des Wassers erhöhete, brachte das Grundeis mit den darin eingeschlossenen Blöcken in Bewegung, so dafs die Blöcke eine Stunde weit fortgeführt wurden (Berl. Ber. 1854. p. 787, 1856. p. 747). Der Block liegt jetzt 2 bis 3′ über der Wasserlinie von 1856. *Rt.*

H. Rink. Ueber die physische Beschaffenheit Südgrönlands. Z. S. f. Erdk. (2) III. 6-32.

Aehnlich wie Nordgrönland (Berl. Ber. 1854. p. 782) ist Südgrönland, das Land südlich von 67° nördl. Breite bis zum Cap Farvel, bis auf einen schmalen fiord- und inselreichen Küstenstrich, mit einer einförmigen Eisdecke belegt, die nicht selten bis hart an das Meer herantritt, so dafs das Aufsenland ganz fehlt. Aber es giebt keinen Punkt von Bedeutung, welcher Eisfelder, Bruchstücke des Binnenlandeises, ins Meer sendet südlich vom Jacobshavner Eisfiord. Die 4000 bis 6000′ hohen Fjelde des überall im höchsten Grade unebenen Aufsenlandes tragen Gletscher, die selten ins Thal oder bis zum Uferrand hinabreichen. Im Februar beginnt meistens das Treibeis an der Küste bei Julianehaab sich zu zeigen, bis dahin sieht man dort kein Eis. So wenig die Zeit der Ankunft dieses 6 Ellen und darüber dicken, aber doch nur aus kleineren Bruchstücken bestehenden Treibeises eine bestimmte ist, so ist auch die jährliche Menge verschieden. Es scheint, dafs das unruhige Wetter kurz nach der kältesten

Jahreszeit die Eismassen an der Ostküste Grönlands zerbricht und so ihr Treiben nach dem Cap Farvel vorbereitet. Die Eismasse legt sich in den meisten Jahren im Frühjahr längs der ganzen Küste bis Frederikshaab (62° nördl. Breite) fest; erreicht aber nur selten Godthaab (64° nördl. Breite), hält sich hier einige Monate und verschwindet dann.

Nach Irminger (Berl. Ber. 1853. p. 641) setzt die Strömung, welche das Eis mit sich führt, südlich von 64° nördl. Breite nach Westen über und vereinigt sich mit der Hudsonbai-Strömung, welche die Eismassen ins atlantische Meer führt. *Rt.*

E. K. Kane. Artic explorations. Silliman J. (2) XXIV. 235-251†.

Zusammenstellung der wissenschaftlichen Resultate aus Kane's erster und zweiter Polarreise in Betreff der Meeresströmungen, der Gletscher, Eisberge und des offenen Polarmeeres. *Rt.*

C. Seen.

L. L. Vallée. Note sur le régime du lac de Génève. C. R. XLIV. 555-559†.

Die Ansichten des Verfassers über die „ladières" und die „seiches" des Genfer Sees sind schon Berl. Ber. 1850-1851. p. 1020 wiedergegeben. Die grofsen „seiches" sollen mit den Gletschern in einer dem Referenten nicht verständlichen Verbindung stehen. *Rt.*

Ch. Whitlesey. Ueber die Veränderungen des Niveaus der grofsen nordamerikanischen Seen. Petermann Mitth. 1857. p. 382-383†.

Aus seinen eignen seit 1838 am Erie- und Oberen See angestellten und aus fremden Beobachtungen schliefst der Verfasser auf 3 verschiedene Fluctuationen: 1) auf seculäre, über einen langen Zeitraum ausgedehnte und nicht regelmäfsig periodische; 2) auf jährliche, 3) auf locale, zufällige und unregelmäfsige Fluctuationen bis zu einigen Fufs Höhe und bis 24 Stunden anhaltend. Die ersteren scheinen ihren Grund in wechselnder Regenmenge im Stromgebiet der Seen, in der Windrichtung und der Menge des verdunsteten Wassers zu haben. Für den Eriesee beträgt der Unterschied zwischen dem höchsten Stand 1838 und dem niedrigsten 1819 etwa 7', am Oberensee seit 1845 3'. Die jährlichen Wechsel sind im Allgemeinen nicht gröfser als 1½', eine siebenjährige Periode ist nicht vorhanden. Die Zeit des höchsten Wasserstandes fällt für den Oberensee auf Sept. und Oct., im Erie- und Ontario See auf Juni, der niedrige Wasserstand in allen dreien auf Februar bis März. Das spätere Steigen des Oberensees rührt vom späteren Eintritt des Frühlings, der Gröfse des Sees, dem Mangel an grofsen Zuflüssen und dem Vorherrschen der Ostwinde her. Die lokalen Veränderungen des Seespiegels, für die der Verfasser geneigt ist, „eine elektromagnetische Ursache" anzunehmen, entstehen bei ruhigem klarem Wetter, glatter Seeoberfläche, wenn weder Wind noch Wellen zu bemerken sind, unabhängig vom Barometerstand und bei Nacht wie am Tage. Eine Anzahl kurzer Wellen, etwa 4" hoch, einmal bis 2' hoch, entsteht auf dem See und rollt der Küste zu in Pulsationen von durchschnittlich 4½ Minuten. (Vergl. Berl. Ber. 1850, 51. p. 1011, p. 1021, 1852. p. 621, 1855. p. 771). *Rt.*

Stabrowski. Du phénomène des seiches: observations faites durant un séjour de sept années près du lac Onéga. C. R. XLV. 150-151†; Inst. 1857. p. 246-246; Arch. d. sc. phys. XXXVI. 65-65; Cosmos XI. 126-127.

Die plötzlichen Erhebungen des Spiegels im Onegasee (seiches) rühren von einer Verschiedenheit im Luftdruck her (Berl. Ber. 1856. p. 740). Das an so vielen grofsen Seen beobachtete Phänomen wird an langen schmalen Seen, wie am Onegasee, häufig und bedeutend sein. *Rt.*

D. Quellen.

C. Bromeis. Das Geisirphänomen imitirt durch einen Apparat nach Bunsen's Geysirtheorie. Z. S. d. Ges. f. Naturw. z. Marburg VIII. 121-134†; Z. S. f. Naturw. IX. 178-179†.

Der von Hrn. Bromeis 1849 construirte Apparat unterscheidet sich von dem von Hrn. J. Müller ausgeführten (Berl. Ber. 1850. 1851. p. 279) nächst veränderten Dimensionen dadurch, dafs die Heizung durch Dampf bewirkt wird, welcher in das untere Drittel des conischen Steigrohres einströmt. Die Abkühlung des im Rohr aufsteigenden warmen Stromes in dem flachen Becken ist für die ganze Erscheinung das Wesentliche. Wie eine zu geringe Abkühlung die Quelle in einen einfach kochenden Sprudel umwandelt, wird eine zu starke Abkühlung eine vollkommen ruhige, wenig ergiebige, warme Quelle erzeugen. Die Beobachtung zeigt, dafs in den verschiedenen Theilen des 2^m hohen Apparates die Temperaturen sehr von einander abweichen, die Differenzen betragen 28 bis 46° C., sowie, dafs in dem Apparat eine wirkliche Ueberheizung des Wassers stattfindet. Die Temperatur nimmt oberhalb des Zutrittpunktes des Dampfes in progressivem Grade ab, unterhalb desselben ist sie ziemlich gleichbleibend, da bei der Eruption nur die oberhalb des Dampfzutrittpunktes befindliche Wassermasse gehoben und mit dem kälteren Wasser des oberen Theiles des Apparates gemischt wird.

Rt.

Bornemann. Sur les phénomènes éruptifs de la Sardaigne. C. R. XLIV. 831-834†; Bull. d. l. Soc. géol. (2). XIV. 635-640†.

Obwohl vulcanische Gesteine auf der Insel Sardinien vorkommen, so giebt es doch keine Fumarolen. Von den Gasen aus den fast immer in der Nähe vulcanischer Gesteine auftretenden Thermalquellen wurden die von Acquacotta di Villacidro und Santa Maria is aquas untersucht. Die erstere Quelle mit 50° C. (Lufttemperatur 16,8°) gab im Mittel ein aus 31,1 Proc. Kohlensäure, 1,5 Proc. Sauerstoff, 67,4 Proc. Stickstoff bestehendes Gas aus, die zweite mit resp. 57,5° bis 61,6° Temperatur ein Gas aus 84,9 Proc. Kohlensäure, 0,8 Proc. Sauerstoff und 14,3° Stickstoff, das aber nicht, wie LA MARMORA angiebt, Schwefelwasserstoff enthielt. Die 28° warme Quelle von Is-Zinnigas, SW. von Siliqua (Provinz Inglesias) entwickelt kein Gas. *Rt.*

BORNEMANN. Seconde lettre sur les sources minérales de l'île de Sardaigne. C. R. XLV. 180-181†; Bull. d. l. Soc. géol. (2) XIV. 640-642†.

Die am linken Ufer des Tirso bei Fordungianus 5 Stunden von der Stadt Oristano hervortretenden Quellen zeigen bei 54° C. (Lufttemperatur 24°) eine von Zeit zu Zeit unterbrochene Entwickelung von fast reinem Stickgas, das nur Spuren von Sauerstoff und Kohlensäure enthält. Die 300^m westl. in einer antiken Fassung ausströmenden Quellen zeigten mit 44° C. ebenfalls eine von Zeit zu Zeit unterbrochene Entwickelung von durchaus reinem Stickgas. Das Wasser aller dieser Quellen wirkt nicht auf Reagenzpapiere. *Rt.*

CH. LAURENT. Puits artésiens du Sahara oriental. Bull. d. l. Soc. géol. (2) XIV. 615-633†.

Darlegung des geologischen Baues des Bodens der östlichen Sahara, in der aufser den Berl. Ber. 1856. p. 743 erwähnten artesischen Brunnen noch andere erbohrt sind. *Rt.*

Fernere Literatur.

A. B. NORTHCOTE. On the brine-springs of Cheshire. Phil. Mag. (4) XIV. 457-472.

VILLE. Notice minéralogique sur la province d'Alger. Sources salées. Salines. Eaux jaillissantes. Eaux minérales. Bull. d. l. Soc. géol. (2) XIII. 404-410.

T. SIMMLER. Physikalisch-chemische Untersuchung des alkalischen Schwefelwassers vom Stachelberg im Canton Glarus. ERDMANN J. LXXI. 1-38.

LANDERER. Ueber die Heilquellen von Kaiapha im Peloponnese. N. Jahrb. f. Pharm. VII. 116-118.

GUYON. Eaux thermales de la régence de Tunis. C. R. XLIV. 1019-1019.

R. FRESENIUS. Die Mineralquelle zu Weilbach. N. Jahrb. f. Pharm. VII. 7-14.

E. E. LANG. Das Trentschin-Teplitzerthal und dessen Mineralquellen. Verh. d. Presburg. Ver. 1857. 2. p. 1-16.

E. Flüsse.

R. SCHLAGINTWEIT. Ueber Erosionsformen der indischen Flüsse. Z. S. f. Erdk. (2) III. 428-431†.

Die Gröfse der Erosion der Flüsse, selbst der kleinen, beträgt im Himalaya und in Tibet im Mittel 1200 bis 1500, häufig 2000 engl. Fufs; im Oberlauf des Ganges, des Satledsh und des Indus sogar 3000′; in den Ebenen ist die Erosion auf 80 bis 120′ beschränkt. Die Flüsse haben in dem deutlich markirten Erosionsbette 2 Stufen, eine für die mittlere Höhe des gewöhnlichen, eine zweite für die Höhe des Maximal-Wasserstandes. Das letztere, das Regenflufsbett, ist oft 3 bis 4 Mal breiter als das erstere. Die Gröfse der Erosion im Gebirge wird durch die Regenmenge und die engen steilen Thäler erklärlich; durch sie ist das Fehlen von Wasserfällen und Seen im Himalaya und Tibet bedingt.

Rt.

J. LAMONT. Temperatur der Isar und der am rechten Isarufer befindlichen Quellen beobachtet in den Jahren 1852 bis 1856. Ann. d. Münchn. Sternw. (2) IX. 121-134.

Tabellen über tägliche Messungen der Temperatur der Isar an der Bogenhauser Brücke bei München und wöchentliche Messungen der Temperatur von 10 Quellen in Bogenhausen und seiner Umgebung. *Rt.*

H. W. DOVE. Ueber die Wärme der Flüsse. Z. S. f. Erdk. (2) III. 522-525†.

Das Verhältnifs der Flufswärme zu der Luftwärme ermittelte FOURNET für die Rhone und Saone bei Lyon. Er fand für die

Rhone einen ziemlich regelmäſsigen Gang der Abweichungen, für die Saone aber bedeutende Unregelmäſsigkeiten, für beide Flüsse im Jahresmittel einen gleichen Wärmeüberschuſs von 0,16° R. über das Luftmittel. Ueber die Beobachtungen Renou's im Loir bei Vendôme, die 1,79° R. Ueberschuſs ergaben, s. Berl. Ber. 1852. p. 616. Die von Babinet als Erklärung für den Wärmeüberschuſs im Sommer angenommene Erwärmung des Grundes muſs in einem tiefen trüben Strom viel unerheblicher sein als in einem klaren seichten. Bei London, wo die Trübung des Wassers so groſs ist, daſs eine Visitenkarte in einiger Tiefe schon fast unsichtbar wird, können also die Angaben eines in 2′ Tiefe eingesenkten Thermometers durch directe Bestrahlung wenig afficirt werden. Die folgende Tafel giebt die Resultate aus 7½jährigen Beobachtungen in dieser Tiefe bei Greenwich in ° R.

	Themse	Luft	Unterschied
Januar . . .	3,07	3,25	—0,18
Februar . .	3,97	3,77	+0,20
März . . .	4,91	4,30	0,61
April . . .	7,55	6,31	1,14
Mai	10,92	9,54	1,38
Juni . . .	13,82	11,91	1,91
Juli	15,08	13,71	1,37
August . . .	14,37	13,06	2,31
September .	12,09	11,02	1,07
October . .	8,92	8,25	0,67
November .	6,22	5,61	0,61
December .	3,78	3,91	—0,19
Jahr . . .	8,73	7,78	0,95

Hier ist also im Winter das Wasser kälter als die Luft und vom Februar bis November nimmt der Wärmeüberschuſs fast vollkommen regelmäſsig erst zu und dann ab. Für die Rhone, wo sie wundervoll durchsichtig bei Genf aus dem See tritt, ergiebt sich nach Plantamour's 4jährigen Beobachtungen der Temperatur (Resumés météorologiques pour Genève et le Grand St. Bernard) in 1m. Tiefe im Mittel ein Wärmeüberschuſs von 1,58°, aber umgekehrt wie in der Themse ist der Wärmeüberschuſs im Winter am gröſsten (December 5,42), im April tritt Wärmeabnahme ein (—0,09), die im Juni ihr Maximum —1,83° erreicht. Der Grund dieser Erscheinung liegt in den durch die Schneeschmelze im Sommer bedingten kalten Zuflüssen. Je nach der Art der Zuflüsse und dem Wasserreichthum wird der Einfluſs der Flüsse auf die Temperatur ihrer Umgebung verschieden sein; die Gröſse der jährlichen Veränderung mit der der Luft verglichen ist in °R. bei

	Fluss	Luft
der Rhone bei Lyon . . .	12,32	18,72
der Saone.	15,20	18,72
dem Loir bei Vendôme . .	13,44	14,11
der Themse bei London. .	12,01	10,46
der Rhone bei Genf . . .	11,18	15,51

also bei allen im Fluſswasser geringer als in der Luft, mit Ausnahme der Themse, und nach Drake's Beobachtungen auch des Mississippi in seinem Delta. Aus einem Vergleich der Temperaturunterschiede von Genf und dem St. Bernhard ergiebt sich, daſs zwischen diesen beiden die Wärmeabnahme vom Winter zum Sommer hin zunimmt, während sie zwischen Rhone und Bernhard hingegen abnimmt. Da nun die Wärme der mächtigen Seeoberfläche bei Genf auf die der Luft einen Einfluſs äuſsern wird, so geht daraus hervor, 1) daſs durch den Einfluſs des Sees überhaupt die Wärmeabnahme nach der Höhe vermindert wird, 2) daſs die Vergröſserung dieser Wärmeabnahme vom Winter nach dem Sommer hin ebenfalls verringert wird. Bei Anwendung der in Gebirgen erhaltenen Wärmeabnahme als Correction für die Temperatur höherer Stationen, wenn man sie zum Behuf der Entwerfung von Isothermen auf das Meeresniveau reducirt, ist darauf Rücksicht zu nehmen. *Rt.*

E. S. Snell. On the vibrations of the fall over the dam at Halyoke, Massachusetts. Liter. Gaz. 1857. p. 1027-1027†.

Der Wasserfall bei Halyoke, Massachusetts, erzeugt hinter sich eine Verdünnung der Luft und dadurch eine pulsirende Bewegung der Wasserfläche. Die Vibrationen schwanken nach den Veränderungen in der Atmosphäre oder nach der Tiefe des über den Damm laufenden Wassers; es wurden 135 bis 256 Vibrationen in der Minute gezählt. Land und nahe Gebäude vibriren mit, ein Schiebfenster gab dieselben Zahlen wie der Wasserfall.

Rt.

Simony. Ueber die Alluvialgebilde des Etschthales. Wien. Ber. XXIV. 455-492*.

— — Inondation du Vintschgau (Tyrol) dans l'été de 1855. Inst. 1857. p. 161-161†.

Die Etsch hat nahe ihrem Ursprung auf der Malser Heide auf $\frac{1}{8}$ östreichische Meilen einen Fall von nur 107'; vom Austrittspunkt aus dem Heidersee bis nach Glurus verhält sich der Fall zum Lauf wie 1 zu 15; von da bis Spondinig wird der Fall sehr gering und verhält sich zur Länge des Laufes wie 1 zu 514, weiter abwärts zwischen Spondinig und Laas wie 1 zu 290. Zwischen Laas und Schlanders, wo ein Schuttkegel quer durch das Thal geht, steigt der Fall auf dieser Barre auf $\frac{1}{10}$ der Länge. Im Juni 1855 überschwemmte die durch lange Regen und starke Schneeschmelze angeschwellte Etsch die Dörfer Burgeis, Schleiſs und Laatsch; das sonst 10 bis 15 Toisen breite Bett wurde 30 bis 40 Toisen breit. Die vom Strom abgerissenen Schuttmassen betragen 25 bis 30,000 Kubiktoisen. *Rt.*

P. Chaix. Observations sur le régime de l'Arve et du Rhone. Arch. d. sc. phys. XXXIV. 38-59†.

Die viel kleinere Arve hat auf die Unregelmäſsigkeit der Wassermasse viel gröſseren Einfluſs als die gröſsere Rhone, da ersterer der Regulator fehlt, d. h. ein See, um den Ueberschuſs über das gewöhnliche Maaſs aufzunehmen. Die Arve hat bei einem 104 Kilometer langen Lauf einen Fall von 1329,3^{m} in einem Bett von sehr verschiedener Breite. Da bei Genf täglich Morgens zwischen 4 bis 6 Uhr die Wassermenge am gröſsten ist, so durchläuft sie den Weg zwischen Chamounix bis Carouge in 12 bis 14 Stunden. In Bonneville betrug im Sommer die Oberflächengeschwindigkeit 1,8^{m} in der Secunde. Noch andere Messungen werden mitgetheilt, da die Geschwindigkeit mit der Tiefe des Wassers wechselt, sowie Beobachtungen über Wassermenge zu verschiedenen Jahreszeiten, über den Wasserstand und seinen unregelmäfsigen und regelmäfsigen Wechsel. Auch über die Wassermenge der Rhone werden Messungen gegeben. *Rt.*

T. Logan. On the delta of the Irrawaddy. Proc. of Edinb. Soc. III. 471-476†.

Der Irrawaddy, von dessen Lauf oberhalb Ava wenig bekannt ist, beginnt, wie die übrigen grofsen Flüsse Indiens, im März zu steigen, und erreicht seine gröfste Höhe im August. Später fällt er allmälig, bis er wieder durch die Schneeschmelze anschwillt. In Than-ba-ya-doing betrug im März 1855 bei niedrigstem Wasserstand die abfliefsende Wassermasse 75,000 Kubikfufs in der Secunde, die mittlere Geschwindigkeit der Oberfläche $1\frac{1}{2}$ Mile in der Stunde, der Fall $1\frac{3}{5}''$ auf die Mile und die Schlammmenge $\frac{1}{5725}$ des Gewichtes. Bei höchstem Wasserstande — 37′ höher als bei niedrigstem — fliefsen in der Secunde 750,000 Kubikfufs Wasser ab mit 5 Miles Geschwindigkeit an der Oberfläche in der Stunde, mit einem Fall von $3\frac{4}{5}''$ auf die Mile und einer Schlammmenge von $\frac{1}{1700}$ des Gewichtes. Das 8500 Quadratmeilen grofse Delta zwischen den Mündungen des Rangoon und Basseinriver wird bei dem höchsten Wasserstande so weit überschwemmt, dafs überall kleine Canoes fahren können.

Professor Forbes führt bei dieser Gelegenheit seine nach dem Vorgang von Professor Robinson angestellten Versuche an, betreffend die bewegende und einschneidende Kraft bei verschiedener Geschwindigkeit eines Wasserlaufes. Die Versuche wurden mit Ziegelthon, Sand und Kies angestellt. Kies von Erbsengröfse, der im Wasser 60′ in einer Minute sank, wurde über einander gerollt bei einer Geschwindigkeit von 120′ in der Minute; Seesand, der 11,707′ in der Minute sank, wurde bei einer Geschwindigkeit von 66,22′ über die Unterlage hin bewegt. Ziegelthon in seinem natürlichen feuchten Zustand mit 2,05 spec. Gew., erlitt vom Wasser, das mit einer Geschwindigkeit von 128′ in der Minute eine halbe Stunde über ihn fortlief, keinen sichtbaren Einschnitt. *Rt.*

Fernere Literatur.

J. FRANZ. Beobachtungen über den täglichen Wasserstand des Nils vom April bis August 1857 u. s. w. PETERMANN Mitth. 1857. p. 522-523†.

F. Gletscher.

J. TYNDALL and T. H. HUXLEY. On the structure and motion of glaciers. Proc. of Roy. Soc. VIII. 331-338†; Liter. Gaz. 1857. p. 135-136; Arch. d. sc. phys. XXXIV. 177-185*; Phil. Trans. 1857. p. 327-346†; WOLF Z. S. 1858. p. 36-61*; Ann. d. chim. (3) LII. 340-344; Cimento V. 68-70; Cosmos X. 246-252; Phil. Mag. (4) XV. 365-388; Arch. d. sc. phys. (2) II. 200-231*.

Die namentlich von FORBES entwickelte Theorie der Halbflüssigkeit und Zähigkeit (Viscosität) der Gletscher ist schwer vereinbar mit dem sonstigen Verhalten des Eises als eines spröden brüchigen Körpers. Die Verfasser haben durch Versuche eine Eigenschaft des Eises dargethan, welche ohne jene hypothetische Annahme die Art der Gletscherbewegung erklärt. FARADAY zeigte 1850, dafs 2 bei 0° mit feuchten Flächen in Berührung gebrachte Eisstücke zusammenhaften, indem die dünne Wasserhaut zwischen ihnen gefriert. War die Temperatur unter 0° und daher das Eis trocken, so fand kein Zusammenhaften statt. Die Verfasser, welche noch bei 27 bis 38° C. Eisstücke an den Contactstellen zusammenfrieren sahen, untersuchten, wie weit in Folge dieser Eigenschaft die Gestalt des Eises verändert werden könne ohne schliefsliche Aufhebung der Continuität. Durch Druck zwischen hölzernen Formen liefs sich dem Eise jede beliebige Gestalt geben, und zwar ohne schliefsliche Aufhebung der Continuität; ein ursprüngliches Prisma kam, nachdem man es verschiedene andere Gestalten hatte annehmen lassen, als durchsichtiger Halbring von festem Eise heraus. Aber wenn auch das Eis bei diesen Versuchen wie eine plastische Masse sich verhielt, so konnte man doch das Zerbrechen des Eises hören und fühlen, und die Erscheinungen an den Gletschern, welche durch Viscosität und Plasticität erklärt wurden, finden in Wirklichkeit durch Brechen und Wiederzusammenfrieren (fracture and regelation) statt. Für das Brechen spricht auch das krachende Geräusch, welches man auf den Gletschern hört (bruit de crépitation).

Clausius bemerkt, dafs bei kleinen sehr langsamen Formveränderungen ihm ein plastisches Nachgeben des Eises nicht unmöglich scheine, dafs aber auf die gröfseren Umänderungen die obige Erklärungsweise wahrscheinlich Anwendung finde.

Von der durch Guyot 1838 zuerst bemerkten Schichten- oder Bandstructur der Gletscher giebt Forbes folgende Erklärung: durch die ungleiche Bewegungsgeschwindigkeit der verschiedenen Theile des Gletschers — die Mitte bewegt sich schneller als die Seiten — wird an einzelnen Stellen der Zusammenhang zerstört, die dadurch entstehenden Spalten füllen sich mit Wasser, welches im Winter zufriert und so die blauen Bänder dichteren Eises bildet. Dagegen läfst sich aufser den schon von Hopkins vorgebrachten Einwänden entgegnen, dafs die Winterkälte nur bis auf eine geringe Tiefe in den Gletscher eindringt; die blauen Bänder aber bis 120′ Tiefe von Agassiz beobachtet sind. Ferner finden sich aufser der Schichtung von abwechselnd weifsem und blauem Eis auch linsenförmige Massen von durchsichtigem Eis, bis 10′ lang und 1′ dick, in die allgemeine Masse von weifsem Eise eingebettet, was nach Forbes Anschauung nicht möglich ist, und aufserdem fehlt im Winter zur Füllung der Spalten das Wasser, im Sommer die Kälte. Erinnert man sich der zuerst (?) von D. Sharpe aufgestellten Theorie der Schieferung, nach welcher sie durch einen auf die jetzige Schieferung rechtwinkligen Druck entsteht, und des für ihre Richtigkeit durch Hrn. Tyndall gelieferten experimentellen Beweises, so erklärt sich die Bänderstructur durch dasselbe Princip. Rechtwinklig auf die Richtung des stärksten Druckes entsteht die Bänderstructur und lokale Ursachen, die einen stärkern Druck bedingen, bringen auch stärkere Bänderstructur hervor. Wo 2 Gletscher sich vereinigen zu einem Gletscherstamm, mufs längs der Verbindungslinie Bänderstructur entstehen, wie am Aargletscher und anderswo zu beobachten ist. Es ist dabei zu berücksichtigen, dafs eine einmal entstandene Bänderstructur auch fortdauern kann, wenn das Eis an eine Stelle gelangt, wo kein Druck mehr stattfindet, und dafs die Schichten durch die Bewegung auch ihre Richtung ändern können. In Eismassen, selbst in Schnee, läfst sich rechtwinklig auf den Druck schichtartige Bänderstructur hervorbringen.

Versuche, ähnlich den früher von Forbes angestellten, Schlammströme (eine Mischung von Pfeifenthon und Wasser) in einem Trog abfliefsen zu lassen, werden mitgetheilt. Obwohl der innere Vorgang hier ein anderer ist als beim Gletscher, der bricht, wo der Schlamm sich streckt, so sind die äufsern Erscheinungen doch zum Theil gleich. Ueber die Einzelheiten ist die Abhandlung selbst einzusehen, sie stimmen mit der Theorie überein.

Nach Forbes sind die Schmutzzonen (dirtbands) Anzeichen der Richtung der porösen Eisstreifen, die im Wechsel mit dichterem harten Eise den Gletscher zusammensetzen; der Schmutz setzt sich da fest, wo das Eis porös ist, da er von dem dichten Eise heruntergewaschen wird. Später betrachtete er den Abstand von je 2 Schmutzzonen als das jährliche Wachsthum des Gletschers, den Jahresringen der Bäume vergleichbar. Die Verfasser lassen die Schmutzzonen in manchen Fällen in folgender Weise entstehen. Wo das Eis bei stärkeren Stufen und Verengerung des Thales zerklüftet, erleidet der Schmutz der Oberfläche eine neue Vertheilung. Während oberhalb des Eisbruches und auf demselben Sand und Trümmer unregelmäfsig über das Eisfeld verbreitet sind, werden die Schmutzflecke unterhalb des Eisbruches durch den hinter ihnen wirkenden Druck zusammengedrückt und seitlich in schmale quer über den Gletscher gehende Streifen ausgezogen, welche endlich vermöge der schnelleren Bewegung der Mitte zu Curven sich gestalten, deren Convexität nach unten gekehrt ist. Durch Versuche im Kleinen mit einem Schlammstrom liefsen sich ähnliche Erscheinungen hervorrufen.

Rt.

T. H. Huxley. Observations on the structure of glacier ice. Phil. Mag. (4) XIV. 241-260†; Wolf Z. S. 1859. p. 1-12†.

Alles frische, 8-bis 10″ unter der Oberfläche des Mer de glace, des Géant- oder Brenva-Gletschers entnommene Eis zeigte glasigen Bruch und eine ebene Schnittfläche erschien vollkommen glatt und glasig, ohne die leiseste Spur von Spalten. Parallele blaue Bänder durchzogen wie gewöhnlich die Masse und senkrecht zur Ebene der Bänder geschnittene dünne Platten zeigten das Eis als zusammenhängende Masse ohne Spalten oder Unterbrechungen des Zusammenhanges, aber es enthielt eine Menge kleiner, $\frac{1}{10}$ bis $\frac{1}{60}$ Zoll im Durchmesser haltender, geschlossner Kammern, deren Fehlen oder Seltenheit in den Bändern diesen Durchsichtigkeit und Bläue gab. In den Bändern und den ihnen nächstliegenden Theilen des weifsen Eises waren diese Kammern stets rund oder oval und sehr flach, in dem weifsen Eisen aber unregelmäfsig geformt. Jede Kammer enthielt Luft und Wasser, meist mehr Wasser; dann war die Gestalt der Luftblase sphäroidisch und verschieden von der der einschliefsenden Höhlung. Die Temperatur im Innern des Gletschers scheint dennoch nie auf lange Zeit unter 0° zu sinken; denn wäre das Wasser ein Mal gefroren, wie sollte es wieder aufthauen! Wenn, wie nach diesen Beobachtungen dem Verfasser höchst wahrscheinlich, diese Structur .allem tiefen, vor der Sonne geschützten Gletschereis zukommt, so existiren Agassiz Wasser enthaltende Haarspalten gar nicht, die in seiner Theorie eine so wichtige Rolle spielen. Den Beweis für ihre Existenz, welchen Agassiz durchs eine Infiltrationsversuche zu führen versuchte, widerlegt der Verfasser durch seine Gegenversuche, wobei er zunächst nach Agassiz Vorgang die 6 bis 8 Zoll dicke Oberflächenschicht von dem Tiefeise unterscheidet. Die erstere besteht aus unregelmäfsigen, durch deutliche Spalten getrennten Körnern, die trotzdem mit einer gewissen Festigkeit zusammenhängen. In diese, aber nur in diese Oberflächenschicht dringen gefärbte Aufgüsse ein, niemals in das Tiefeis, welches in Berührung mit Luft und Sonne schnell die wie ein Schwamm sich verhaltende Oberflächenschicht und damit die Infiltrationsfähigkeit erlangt. Bei derartigen Versuchen ist die Wegnahme der Oberflächenschicht nothwendige Bedingung, zumal da durch zufällige Risse eine Verbindung mit einem anderen Theile der Gletscheroberfläche vorhanden sein kann.

Schon Hugi (die Gletscher p. 29, s. Mousson die Gletscher p. 44) hat die Durchdringbarkeit des innern Gletschereises geläugnet.

Rt.

S. Baup. Notes sur les causes de la progression des glaciers. Bull. d. l. Soc. vaud. V. 93-96†.

Im Wesentlichen schon Berl. Ber. 1852. p. 632 besprochen. *Rt.*

Zollikofer. Notes sur le glacier de Macugnaga. Bull. d. l Soc. vaud. V. 192-194†.

Trotz der sehr grofsen Firnmulde senkt sich der Macugnagagletscher nur bis auf 1500 Meter Seehöhe hinab, wahrscheinlich wegen des starken Abschmelzens in dem gegen Norden geschützten Thal. Seine Länge beträgt etwa 10 bis 12, seine mittlere Breite 1 bis 1½ Kilometer. Er füllt nicht das ganze Thal aus, zwischen den Seitenmoränen und der Thalwand ist besonders an der Nordseite Weideland. Die Mittelmoränen sind sehr schwach, die Seitenmoränen sehr bedeutend und 10 bis 12 Meter höher als der Gletscher bei 35 bis 40° Neigung. Da der Gletscher kurz vor dem Ende sich in zwei Theile spaltet, so ist der Stirnrand nicht convex wie gewöhnlich, sondern concav. In der Concavität liegt ein rundlicher Hügel, eine alte Endmoräne. Wegen der steilen Neigung der Unterlage ist der Gletscher sehr von Spalten durchzogen und man sieht viele Eispyramiden. *Rt.*

K. v. Sonklar. Der neuerliche Ausbruch des Suldnergletschers in Tyrol. Wien. Ber. XXIII. 370-386†; Inst. 1857. p. 117-117.

Der Suldnergletscher wird ernährt durch 3 Hauptzuflüsse aus den Eismassen, die den Bergkamm zwischen der Ortlerspitze und dem Suldenspitz bedecken. Gewöhnlich endet er an der etwa 100 Meter hohen, quer das Thal durchziehenden Legerwand. Bis zum Juni 1857 zeigte das Ende eine völlig regelmäfsige, oben von einer fast geraden Linie begrenzte Gestalt ohne auffallende Zerklüftung; plötzlich begann namentlich der westlichste Zuflufs sich aufzublähen und zu bersten, so dafs in kurzer Zeit am Fufs der Legerwand durch hinabgestürzte Eismassen ein neuer secundärer Gletscher entstand. Später rückte durch den Einschnitt der Legerwand, in welchem sonst der Bach flofs, das Eis nach ohne Störung seines inneren Zusammenhanges und verband sich mit den früher hinabgestürzten Eismassen. Der Gletscher hat sich in 3 Monaten um die aufsergewöhnliche Gröfse von etwa 190 Meter verlängert und im November seine Bewegung noch beschleunigt. Eine ähnliche heftige Oscillation des Gletschers fand 1818 statt, aus welcher Zeit unter dem Moränenschutt noch zwei grofse Eismassen an der Schattenseite des Suldenthales liegen.

Die gröfsere oder geringere Menge der atmosphärischen Niederschläge scheint dem Verfasser nicht die alleinige Ursache der Gletscherschwankungen sein zu können, da z. B. der nahe, ähnlich grofse und ähnlich gelegene Vernagtgletscher im Oetzthal jetzt im Rückschritt begriffen ist, nachdem er 1842 seinen letzten grofsen Ausbruch begann. *Rt.*

Elekt. Gletschersturz (Ung'fäll) bei Randa im Visperthal am 31. Januar 1857, 8ʰ Abends. Wolf Z. S. 1857. p. 310-314†.

Wie gar oft löseten sich am 31. Januar 1857 vom Weifshorngletscher Eismassen ab, die mit grofser Gewalt eine breiartige Masse von Schnee- und Gletschertrümmern in die Visp stürzten und durch den Luftdruck den lockern Schnee aufstöberten, so dafs um Randa ein Schneesturm (Gugsa) entstand. Durch den Gletschersturz, der ohne bemerkbare Erschütterung erfolgte, wurde die Visp zu einer See aufgeschwellt, der 4 bis 5 Tage lang währte.

Berichte über ähnliche Erscheinungen in Randa von 1716, 1787, 1819 werden mitgetheilt. *Rt.*

Fernere Literatur.

J. Ball. Observations upon the structure of glaciers. Phil. Mag. (4) XIV. 481-504.

A. Bauer. Ueber Gletscher. Verh. d. Presburg. Ver. 1857. 2. p. 31-32.

E. Collomb. Mémoire sur les glaciers actuels. Résumé des observations faites sur les glaciers dans les derniers temps. Ann. d. mines (5) XI. 177-216.

G. Bodentemperatur.

R. W. Fox. Report on the temperature of some deep mines in Cornwall. Athen. 1857. p. 1122-1122†; Inst. 1858. p. 54-54.

Die Tresarcan-Mine in Cornwall hatte von 1837 bis 1853 eine Tiefenzunahme von 540 Fuſs und in der tiefsten Tiefe eine Temperaturzunahme von 8½°, also für 1° von 63,5 Fuſs. *Rt.*

A. Litton. Belcher and Brother's Artesian well. St. Louis Trans. I. 84-84†.

Durch Schichten der Kohlenformation und des Untersilur ist in St. Louis, Miss., ein artesischer Brunnen gebohrt, der 2199 Fuſs tief, höchst wahrscheinlich aus 1515′ Tiefe und zwar aus einem Sandstein ein salziges schwefelwasserstoffhaltiges Wasser liefert. Da dieses beim Ausfluſs constant 73,4° F. = 23° C. zeigt und die mittlere Jahrestemperatur von St. Louis nach 22jährigem Mittel 55,22° F. = 12,9° C. beträgt, so kommt nach dem Verfasser auf 1° F. Zunahme eine Tiefe von 83,3 Fuſs und auf 1° C. von 150 Fuſs, denn seine Angabe von 71,8 Fuſs für 1° C. beruht auf einem Rechnungsfehler. Wie wenig scharf dieser Schluſs ist, bedarf keiner Erörterung. *Rt.*

Schwann. Sur un phénomène de température terrestre. Bull. d. Brux. (2) III. 6-7†; Inst. 1857. p. 399-399†.

Eine Fläche von 200 bis 300 Meter Länge und 4 bis 5 Meter Breite bei Lüttich, zeigte im Juli 1857 auf 2 bis 3 Meter Tiefe eine Temperatur von etwa 42° R. und Schimmelgeruch, während die Umgebung die normale Temperatur hatte. Eine andere Stelle in einem Garten zeigte 30° R. Ausströmung brennbarer Gase ist auch auf den Höhen von Ans bei Lüttich beobachtet. Bei Ougrée, ½ Lieue von der Stadt, strömen Gase mit hoher Temperatur aus. *Rt.*

Walferdin. Nouvelles recherches sur la température de la terre à de grandes profondeurs. (Première partie.) C. R. XLIV. 971-975†; Inst. 1857. p. 157-159*; Arch. d. sc. phys. XXXV. 296-297; Cosmos X. 516-518.

Das Bohrloch von la Mouillonge, 3 Kilometer von le Crenzot, 321 Meter über dem Meere angesetzt, durchsinkt erst 371 Meter bunten Sandstein und steht dann bis 816 Meter Tiefe im Steinkohlengebirge, einem Wechsel schwarzer Schieferthone und röthlicher Sandsteine. Nachdem seit länger als 24 Stunden alle Arbeiten darin aufgehört, zeigten im Mai 1856 die Ausflufsthermometer, welche mehr als 16 Stunden im Tiefsten des Bohrloches gestanden hatten, 38,5° und bei einem zweiten ähnlichen Versuch 38,31°. Das Bohrloch von Torcy, 1500 Meter vom vorigen entfernt, 1° 52′ östl. Länge und 46° 40′ 38″ Breite, 310 Meter über dem Meere, steht 400 bis 500 Meter tief in buntem Sandstein und dann bis zur Tiefe von 595 Meter in demselben Steinkohlengebirge wie das Bohrloch von la Mouillonge. Bis zur Tiefe von 554 Meter war das Bohrloch verstürzt; 10 Meter tief in den Schlamm eingesenkt zeigten die Thermometer 27,22° bis 27,23°. Die Differenz der Temperatur zwischen beiden Bohrlöchern giebt 262 Meter auf 11,09° Zunahme, also 1° auf 23,6 Meter. Nimmt man die mittlere Temperatur des Bodens von Torcy zu 9,2° an, so erhält man 1° Zunahme auf 30,7 Meter. *Rt.*

H. Gasentwickelung.

Ausströmung von brennbarem Gas aus der Erde. Polyt. C. Bl. 1857. p. 601-602†; Monatsschr. d. Gewerbever. zu Köln 1857. p. 70.

In der Nähe von Bielefeld entströmt einem artesischen Brunnen, dessen Wasser 2½ Procent Kochsalz enthält, sehr reichlich ein Gas, das, angezündet mit gelblicher schwach leuchtender Flamme brennend, aus Kohlenwasserstoff, etwas Kohlensäure, wahrscheinlich auch etwas Stickstoff und ölbildendem Gase besteht. Durch die Gasentwickelung ist das Wasser in beständiger starker Bewegung. *Rt.*

J. Senkung des Landes.

G. H. Cook. On a subsidence of the land on the sea-coasts of New-Jersey and Long Island. Silliman J. (2) XXIV. 341-354†; Liter. Gaz. 1857. p. 1028-1028; Petermann Mitth. 1857. p. 380-381*; Z. S. f. Naturw. X. 421-421; Arch. d. sc. phys. (2) I. 81-82.

An der Küste von New-Jersey scheint ein Sinken des Landes statt zu finden; neu entstandene untermeerische Wälder, weiteres Eindringen der Fluth in das Land in Folge des Tieferwerdens des Flufsbettes sprechen dafür. Andere Beobachter wollen die angeführten Thatsachen localen Veränderungen zuschreiben.

Rt.

K. Berge.

Ward. Le Gebel-Nakous ou montagne de la cloche. Bull. d. l. Soc. géol. (2) XIII. 389-392*; v. Leonhard u. Bronn 1857. p. 725-726†; Petermann Mitth. 1858. p. 38-38*.

Bei Tor an der Westseite der Sinaïtischen Halbinsel hart am Meer liegt der durch seine musikalischen Klänge berühmte Berg Gebel-Nakus oder Glockenberg. Durch Verwitterung eines tertiären, eine steile Felswand bildenden Sandsteins entsteht ein scharfer Sand, welcher in den von stehen gebliebenen Sandsteinmauern begrenzten Furchen vor dem Winde geschützt liegen bleibt. Wird dieser scharfeckige, trockene, heifse Sand in Bewegung gesetzt, so entstehen Töne, die je nach der Masse des bewegten Sandes verschieden sind. Beobachtung und Erklärung sind schon früher von andern Beobachtern mitgetheilt worden, z. B. von Ehrenberg 1829. *Rt.*

L. Vulcane und Erdbeben.

Vesuv.

Palmieri. Relazione dd. 20 Maggio 1857. Giorn. del regno delle due Sizilio 29 Maggio 1857†.

— — Relazione dd. 20 Giugno 1857. Giorn. etc. 30 Giugno 1857†; Cosmos XI. 167-168*.

— — Relazione dd. 14 Luglio 1857. Giorn. etc. 20 Luglio 1857†; Cosmos XI. 432-433†.

Palmieri. Relazione dd. 8 Agosto 1857. Giorn. etc. 13 Agosto 1857†.

— — Sur l'éruption actuelle du Vésuve. C. R. XLV. 549-550† (dd. 2. Sept.).

— — Relazione dd. 25 Settembre 1857. Giorn. etc. 5 Ottobre 1857.

— — Relazione dd. 5 Ottobre 1857. Giorn. etc. 16 Ottobre 1857; Cosmos XI. 535-535†.

— — Relazione dd. 24 Ottobre 1857. Giorn. etc. 30 Ottobre 1857†.

Guiscardi. Z. S. d. geol. Ges. 1857. p. 196-197; dd. 27. Juni 1857†.

— — - - p. 382-386; dd. 27. Sept. 1857†.

— — - - p. 562-564; dd. 23. November, 19. December 1857†.

Der kleine Ausbruch des Vesuvs, der am 19. December 1855 mit der Bildung eines neuen Kraters zwischen den beiden Krateren von 1850 begann (s. Berl. Ber. 1855. p. 791, 1856. p. 752), dauerte mit einzelnen Unterbrechungen bis zum Ende des Jahres 1857 fort. Der östliche Krater von 1850 enthielt im Februar 1857, ähnlich wie der immer thätig gebliebene vom December 1855, einen etwa 14 Meter hohen auswerfenden Kegel. Gegen Ende Mai wurde der östliche Krater von 1850 durch die Laven ausgefüllt, welche sich an der ONO.seite vom Kraterplateau ergossen; die im Krater entwickelten Wasserdämpfe führten um diese Zeit Salzsäure; Sublimate wurden wenig abgesetzt. Nach zwei Tagen erreichten die Laven den Fuſs des Kegels im Atrio, und häuften sich, da der Erguſs im Juni fortdauerte, auf den schlackigen Laven von 1850 an. Sie entwickelten wenig Dämpfe, zeigten wenig Fumarolen und entsprechend geringe Sublimate. Sie schmolzen Kupfer, aber nicht französischen Eisendraht. Am 20. Juni 1857 hatte der auswerfende Kegel des Kraters von 1855 40^m Höhe erreicht; bei seinen bisweilen heftigen Explosionen fühlte man auf dem Sommarande keine Spur einer Erschütterung. Am 27. Juni war der unthätige westliche Krater von 1850 durch die Laven des Kraters von 1855 ausgefüllt, so daſs da wo früher die 3 Kratere sich befanden, ein Lavafeld entstand, welches 3 Meter tiefer lag als das Kraterplateau. Auf dem neuen Lavafelde bildeten sich zwei unabhängig von einander auswerfende Kegel, von denen der kleinere östliche dem östlichen Krater von 1850, der westlichere gröfsere dem Krater von 1855 entsprach. Fumarolen und Sublimationen waren sehr gering, die am Vesuv seltene Borsäure wurde am Rande des westlichen Kraters von 1850 durch Hrn. PALMIERI beobachtet. Aus den neuen Laven und in der Nähe der Kegel entwickelte sich Salzsäure; da wo früher die Kratere lagen, stieg schweflige Säure auf. Der Krater von 1854 und das übrige Gipfelplateau gaben Wasserdämpfe aus.

Am 10. Juli sah Hr. PALMIERI aus Rissen der erstarrenden Lava, an der Stelle des Kraters von 1855, zwei kleine bläuliche Flammen aufsteigen, welche sehr stark nach schwefliger Säure rochen. Der Standpunkt des Beobachters war nur 1 Meter von ihnen entfernt. In der Nähe der Eruptionskegel machte sich viel schweflige Säure bemerklich.

Hr. GUISCARDI fand am 28. Juli 1857 die zuletzt ergossene Lava schlackenfrei, schwärzlich, glänzend, im Bruch glasartig und sehr reich an Leuciten, überhaupt den Laven ähnlich, die den Maiausbruch 1855 beschlossen.

Am 22. Juli war am Fufse des westlichen gröfseren Kegels ein Lavastrom ausgetreten, welcher, die früheren Laven hebend die Richtung nach der Punta del palo eingeschlagen, das Gipfelplateau bedeckt, den Krater von 1854 ausgefüllt und sich auf den Vesuvkegel an der NO.seite ergossen hatte. Die Lava hatte sich längs der Punta del palo bewegt und das niedrigste westliche Ende derselben bedeckt, so dafs die Ansicht des Vesuvs von Neapel aus verändert ist. Die Hauptmasse der Punta del palo blieb jedoch unversehrt. Der Krater von 1854 soll Ende August durch eine Explosion wieder geleert sein, am 10. September war er zum Theil, am 22. September durch Laven ganz wieder erfüllt. Am 25. September befand sich der östliche kleinere Kegel, der früher ganz ruhig war, in ununterbrochener Thätigkeit. Derartiger Wechsel kam häufig während des Ausbruchs vor. Die Explosionen des östlichen gröfsern Kegels waren auf Augenblicke, aber nicht immer von einer blafsröthlichvioletten Flamme begleitet, die sich etwas über den Rand der Ausbruchsöffnung erhob; sie war gleichzeitig mit der Explosion, nicht ihr folgend. Die Laven von 1855 in dem Fosso della Vetrana zeigten gegen Ende September 1857 noch an manchen Punkten eine Temperatur von 360° und ihre Fumarolen entwickelten viel Kohlensäure.

Die am 1. October 1857 ergossene Lava zeigte beim Erstarren die gewöhnlichen Schlacken und diesem Verhalten entsprechend war sie im Gegensatz zu den frühern Laven sehr reich an Fumarolen und zwar an sauren. Aus einer Bocca von 1½ Meter Durchmesser am westlichen Kegel stieg der Dampf mit einer Geschwindigkeit von 15 Meter in der Secunde auf. Am 19. October warfen beide Kegel sehr heftig aus. Der gröſsere westliche war oben geschlossen, hatte an der Seite eine elliptische Oeffnung, aus der dann und wann unter heftigem Getöse Rauchringe aufstiegen, die, bei 4 bis 5 Meter Durchmesser bis zu 450 Meter Höhe sich erhoben. Alles schien eine Steigerung der vulcanischen Thätigkeit anzukündigen, aber um 10 Uhr Abends hörten die Laven auf zu flieſsen, die Dampfentwickelung nahm bedeutend ab, der Ausbruch schien zu Ende. Plötzlich am 20. October Abends 8 Uhr bemerkte man zwei heftige Erschütterungen des Vesuvkegels, hörte einen sehr heftigen Knall, sah eine ungeheure Masse Rauch aufsteigen, und fand den westlichen, 30 Meter hohen Kegel in die Luft gesprengt. Statt seiner war eine mäſsige Vertiefung vorhanden, aus welcher Lavatrümmer ausgeworfen wurden. Am 23. November fand sich in der am 20. October gebildeten Vertiefung schon wieder ein 15 Meter hoher, auswerfender Kegel; der kleinere östliche Kegel verhielt sich durchaus unthätig. Um diese Zeit hatten die auf das Gipfelplateau ergossenen Laven dasselbe bis zur Höhe der höchsten Stelle der Punta del palo gebracht, zum Theil noch höher und nur ein kleiner Theil der letzteren war noch unbedeckt. Die Hebung hatte dabei nur eine sehr untergeordnete, vielleicht gar keine Rolle gespielt. Die secundären Kegel von 1850 verschwanden unter den jetzt ergossenen Laven. Hr. Palmieri will Chlorbarium unter den Sublimaten der Lava gefunden haben. Im December 1857 war der westliche Kegel höher geworden als die Punta von 1850 an der Südostseite des Gipfelplateaus, er stürzte jedoch am 12. December wieder unter heftiger Explosion ein.

Am 16. December 1857, 10 Uhr 10 Minuten Abends, verspürte man in Neapel zwei heftige Erdstöfse, von denen der zweite heftigere die Richtung von Norden nach Süden hatte.

Die Lava von 1855 im Fosso della Vetrana zeigte um diese Zeit viel Cotunnit (Chlorblei), etwas Tenorit (Kupferoxyd) und sehr grofse Kochsalzkrystalle. *Rt.*

L. Palmieri. Alcune osservazioni sulle temperature delle fumarole, che si generano sulle lave del Vesuvio. Cimento V. 241-244†.

Auf erstarrenden Laven bilden sich Wärmecentra, wo die Schlacken länger glühend bleiben, und von denen die Fumarolen ausgehen. Einige Fumarolen bilden sich beim ersten Erstarren der Lava, andere erst später und nicht selten werden halberloschene wieder thätig. Auf fliefsenden Laven ist die Dampfentwickelung stärker an den erstarrenden Rändern und auf den Seitenwällen bilden sich die ersten Fumarolen, deren Vertheilung nach dem Erstarren eine unregelmäfsige ist. Die Dauer der Fumarolen ist sehr ungleich lang; manche dauern nur Tage, andere Jahre hindurch. Bei dem Vesuvausbruch vom Mai 1855 zeigten sich die meisten Fumarolen im Fosso dello Vetrana, wo im Juni 1856 noch eine neue, eine andere erst im October entstand, aber im Januar 1857 nur noch eine vollthätig war. Die Temperatur der nahe neben einander gelegenen, auf derselben Lavascholle befindlichen Fumarolen und die Schnelligkeit der Temperaturabnahme nach der Zeit ist eine verschiedene. Im November 1855 schmolzen die heifsesten Fumarolen Glas, hatten also etwa 500°. Im November 1856 — 18 Monat nach ihrem Ergufs — zeigten die Laven des Fosso della Vetrana an dem ½ Meter tief in die Schlacken eingesenkten Thermometer 10 bis 20° Ueberschufs über die Lufttemperatur an Stellen, wo keine Fumarolen sich befanden; an halberloschenen Fumarolen 40 bis 250°, an vollthätigen 300 bis 350°. Die Laven erkalten also nicht gleichmäfsig, ja es scheint in ihnen neue Wärme erregt zu werden, durch welche auch halberloschene Fumarolen wieder in volle Thätigkeit gerathen. *Rt.*

L. Palmieri. Osservazioni di meteorologia e di fisica terrestre fatte durante l'eruzione del Vesuvio nel maggio 1855. Cimento V. 17-48†.

Abdruck des Capo II: Osservazioni di meteorologia e di fisica terrestre fatte durante l'incendio aus der Memoria sullo incendio Vesuviano del mese di maggio 1855 fatta da Guarini, Palmieri ed Scacchi. Napoli 1855. (S. Berl. Ber. 1855. p. 790.)

Heftige Gewitter begleiteten nicht und folgten auch nicht dem Ausbruch des Vesuvs im Mai 1855, es traten wohl an einigen Tagen Gewitterregen mit Blitzen ein, aber sie waren nie sehr heftig. Den an Laven so reichen Ausbruch begleitete nur wenig Rauch, Aschen- und Lapilliregen, die gefürchtete Pinie fehlte ganz und ebenso die in den Dampfballen zuckenden Blitze (ferrilli). Während des Ausbruches blieb der Barometerstand im Allgemeinen unter dem Mittel des Observatoriums, das 710^{mm} beträgt. Mit stärkerem Lavaergufs fiel meist ein niedrigerer Barometerstand zusammen, aber der grofse Wetterwechsel während des Ausbruches erlaubt nicht aus dieser Thatsache Schlüsse zu ziehen.

Im Fosso della Vetrana gaben anfangs alle Fumarolen Wasserdampf aus, erst viel später erschien dort eine wasserfreie; wie gegen Ende des Ausbruches und an andern Stellen Deville deren mehrere beobachtete. Nicht nur der Regen, sondern auch die über die Laven hin streichenden Wolken bewirken, dafs die Laven wieder wie frisch geflossene rauchen. Bei dem heftigen Regen gegen Ende October stieg aus den erloschenen oder halberloschenen Fumarolen sehr viel weifser Dampf auf, während die vollthätigen Fumarolen weder mehr noch anders gefärbten Dampf als gewöhnlich zeigten. Während man in den trocknen Octobertagen den Geruch der Fumarolen wenig oder gar nicht im Observatorium bemerkte, aber in der Nähe der Fumarolen schweflige Säure roch — früher überwog der Geruch nach Salzsäure —, trat mit dem Regen oder den Wolken wieder der Geruch nach Salzsäure merklich im Observatorium auf. Es folgen noch Mittheilungen über das Verhalten der Luftelektricität und das magnetische Verhalten während des Ausbruches *Rt.*

Abich. Ueber Lichterscheinungen auf dem Kraterplateau des Vesuvs im Juli 1857. Z. S. d. geol. Ges. 1857. p. 387-391†.

In Intervallen von sehr verschiedener Zeitdauer wurde die ruhige, aber sehr copiöse Dampfentwickelung des gröfseren, westlicheren, auf dem neugebildeten Lavafelde des Vesuvkraterplateaus entstandenen Kegels am 9. Juli 1857 durch explosionsartige Erscheinungen unterbrochen. In demselben Augenblicke erhob sich ohne Andeutung eines mitwirkenden höhern Druckes eine 50 bis 60 Fufs hohe, schwach leuchtende Flamme über der Kegelmündung. Momentan erfolgte nun erst ein Emporschleudern flüssiger Lava (s. oben p. 593), deren flach fetzenhafte Vertheilung und garbenförmige Zerstreuung sich deutlich auf das Platzen einer mächtigen Blase der nahe unter der Kegelöffnung befindlichen Lava zurückführen liefs. Genau dieselben Erscheinungen wurden am 27. Juli beobachtet, von einer Färbung der blassen Flamme durch brennenden Schwefel oder durch Chlormetalle war nichts zu bemerken. Die Sublimate der Spalten der nahen Lavamassen zeigten ebenfalls keine Beimengung metallischer Salze, sie bestanden aus reinem Kochsalz. *Rt.*

F. D. Hartland. Vesuvius and its eruptions. Rep. of Brit. Assoc. 1856. 2. p. 111-112†.

Skizze der Eruption von 1779 nach Hamilton sowie der von 1855 ohne neue Angaben und Beobachtungen. *Rt.*

J. Roth. Der Vesuv und die Umgebung von Neapel. Eine Monographie. Berlin 1857.

P. Semenow. Ueber vulcanische Erscheinungen in Centralasien. Z. S. f. Erdk. (2) II. 34-52†.

Die geographische Vertheilung der Vulcane ist so geordnet, dafs bei weitem die Mehrzahl an der äufsern Seite des Continentalringes — der Halbkugel der gröfsten Masse Landes — und fast alle in nicht grofser Entfernung vom Meer liegen. Die Angaben über Existenz von Vulcanen in Centralasien liefsen Zweifel übrig; um so mehr Interesse mufs die bestimmte Nachricht über einen 1721 erfolgten Ausbruch und Lavaergufs erregen, der in der nordwestlichen Mantschurei bei der Stadt Mergen stattfand, im District Ujun-Holdongi, 1000 Werst in geradester Linie vom Meere entfernt. In Bezug auf den Ausbruch des Vesuvs Mai 1855, den der Verfasser als Augenzeuge beobachtete, bemerkt er, dafs im Januar 1855 das Vesuvplateau einen Durchmesser von 2100′ hatte und dafs der Boden des einen der beiden 400 Fufs tiefen Kratere mit einer festen Rinde erkalteter Lava bedeckt war, nur aus allen Spalten stiegen salzsaure und schwefligsaure Wasserdämpfe auf. Die Hitze in diesen Spalten war so stark, dafs hineingestecktes Papier binnen wenig Secunden Feuer fing. *Rt.*

A. F. J. Jansen (mitgetheilt durch A. Perrey). Eruption de l'Awoe dans la grande Sangir les 2 et 17 Mars 1856. C. R. XLV. 659-663†; Inst. 1857. p. 364-364.

Nachdem in den letzten Monaten einige schwache Erdstöfse vorgekommen, die auf den Sangirinseln (nördl. von Celebes) zu häufig sind, als dafs man sie beachtet, kündigte plötzlich Abends am 2. März 1856 eine heftige Detonation den Ausbruch des Awoe an. Lavaströme ergossen sich bis in das Meer, heifse Quellen entstanden, das Meer überfluthete die Küste, Aschen- und Steinregen zerstörte das noch Verschonte. Um Mitternacht war der Ausbruch zu Ende, dem am 3. März Mittags ein zweiter, am 17. ein dritter ebenso heftiger folgte. Der Gipfel des Berges hat keine Veränderung erlitten. *Rt.*

T. Coan. Volcanic action on Hawaii. Silliman J. (2) XXII. 435-437†.

Die Kilauea in Hawaii (s. Berl. Ber. 1856. p. 759) wurde im Laufe des Jahres 1856 immer mehr unthätig, nur Dampf steigt an sehr vielen Punkten auf. Das Lavafeld des Kraters ist jetzt 600 Fufs höher als 1840. Der Lavastrom des Mauna Loa, der unter der jetzt überall erstarrten Decke hin flofs, rückte nur noch sehr langsam vor. Die Spitze des Berges stiefs Dämpfe aus. Die Spalte, aus welcher die Lava hervorgetreten war, hatte 5 Miles Länge und war 2 bis 30 Yards weit. *Rt.*

C. T. Winslow. On the volcanic phenomena of Kilauea and Mauno Loa. Edinb. J. (2) V. 359-359†.

H. Karsten. Ueber die Vulcane der Anden. Vortrag im wissenschaftlichen Verein. Berlin 1857†; Z. S. f. Naturw. IX. 504-505†.

Schilderung der Vulcanitos bei Turbaco (s. Berl. Ber. 1852. p. 652), der Vulcane von Columbien und Bolivia, namentlich des Asche auswerfenden Purace, des dampfenden Azufral und Cumbal, des auswerfenden Cotopaxi. *Rt.*

Ein neuer submariner Vulcan. Z. f. Erdk. (2) II. 85-86†.

J. B. Trask. Earthquakes in California during the year 1856. Silliman J. (2) XXIII. 341-346†.

Im Staate Californien kamen 1856 16 Erdstöfse vor, meist von geringerer Heftigkeit (Berl. Ber. 1856. p. 766). Zwischen dem 50 und 55° nördl. Breite scheint die vulcanische Thätigkeit 1856 gröfser als gewöhnlich gewesen zu sein. Ein Vulcan bei der Stadt Shuam Shu hatte am 22. Juni einen Ausbruch und am 25. Juli segelte die Fregatte Dwina in 50° 53′ nördl. Breite und 158° 32′ östl. Länge durch Bimstein. Am 25. Juli 1856 fand in 54° 36′ nördl. Breite und 165° westl. Länge von Greenwich in der Nähe von Unimak, einer Insel der Aleuten, eine untermeerische Eruption statt, bei welcher mehrere auf den benachbarten Inseln befindliche Berggipfel enorme Massen von schwarzem Rauch ausstiefsen. Das Meer erhob sich zu einer mehre hundert Fufs hohen Säule, dann wurde sehr viel Asche, Lava und Bimstein ausgeworfen, der meilenweit und Tage lang im Meer schwamm. *Rt.*

A. Cousin et A. H. Mathieu. Volcan sous-marin existant près de l'équateur et vers le 20e ou 22e degré de longitude occidentale. C. R. XLIV. 560-561†; Inst. 1857. p. 96-96; Cosmos X. 296-296.

In 0° 10′ südl. Breite und 21° 35′ westl. Länge bemerkte man auf dem Schiff Regina-Coeli am 30. December 1856 4 Uhr Morgens ein dumpfes Getöse; um 4 Uhr 15 Minuten plötzlich starke Stöfse, so dafs das Schiff zitterte. Nebenbei hörte man Getöse wie von aneinander geschlagenen Metallplatten. Das Wetter war schön, schwacher Südwind, das Meer ruhig und von gewöhnlicher Temperatur. Um 8 Uhr früh folgten noch einige schwache Stöfse von demselben Getöse begleitet: um 4 Uhr Nachmittags hörte das Getöse auf. Das Schiff hatte stündlich 3 bis 4 Meilen (milles) gemacht. Auf dem Schiff Godavery empfand man unter der Linie und 20° westl. Länge ein etwa 10 Minuten dauerndes Seebeben am 30. December 1856 4 Uhr früh bei gutem Wetter und stiller See.

E. de Beaumont bemerkt, dafs Daussy schon 1838 in 0° 20′ südl. Breite und 22° westl. Länge einen vulcanischen Heerd nachgewiesen habe. *Rt.*

G. Jones. On a shower of ashes over the plains of Quito. Silliman J. (2) XXIII. 276-278†.

Am 13. December 1856 fiel in der Ebene von Quito Asche bis zu ¼″ Mächtigkeit nieder; 4 Wochen vorher fand ein schwächerer Aschenfall statt. Die Asche stammte wahrscheinlich von dem 30 Miles SO. entfernten Cotopaxi, der seit einem Jahre mehr oder minder thätig ist und nach dem Aschenfall fürchterlich donnerte. Vielleicht stammte die Asche vom Saraurcu, einem östlich vom Cotopaxi gelegenen Vulcan, der 1844 Quito mit Asche überschüttete. *Rt.*

Bornemann. Bericht über eine Reise in Italien. Z. S. d. geol. Ges. 1857. p. 464-472†.

Der Bericht enthält die im Berl. Ber. 1856. p. 752 mitgetheilten Beobachtungen. *Rt.*

Burkart. Ueber einen neuen Feuerausbruch im Gebirge von Real del monte in Mexico. Z. S. d. geol. Ges. 1857. p. 729-736†.

Da spätere Nachrichten (Z. S. d. geol. Ges. 1858. p. 24) den vulcanischen Ursprung des Feuerausbruches sehr in Zweifel stellen, und von Verbrennen organischer Stoffe in einer Vertiefung sprechen, so ist darüber nichts weiter anzuführen. *Rt.*

Burkart. Ueber die Erscheinungen bei dem Ausbruche des mexicanischen Feuerberges Jorulle im Jahr 1759, nebst Zusatz von A. v. Humboldt. Z. S. d. geol. Ges. 1857. p. 274-297†.

C. S. C. Deville. Sur les émanations volcaniques (deuxième mémoire). C. R. XLIV. 58-62†; Bull. d. l. Soc. géol. (2) XIV. 256-279†; Cosmos X. 65-65.

Chemische Betrachtungen über die vulcanischen Gase. Herr Deville nimmt als Quelle des Schwefels Schwefelwasserstoff und Zersetzung desselben mit schwefliger Säure an. Da in Vulcano und Toscana Borsäure mit schwefelhaltigen Gasen zusammen vorkommt, so scheint sie als Sulfür an die Oberfläche zu kommen. Das Arsen und Selen kommt mit Wasserstoff verbunden an die Oberfläche. Von den zwei grofsen Gruppen der vulcanischen Gase — der mit Haloïden und der mit Wasserstoff — zersetzt die erstere das Wasser, indem sie den Wasserstoff desselben sich aneignet, während die zweite — SH und C^2H^4 — gewissermafsen „die Mission hat, dieses Wasser auf Kosten des Sauerstoffs der Luft zu ersetzen." Die Entstehung des Salmiak wird durch den Versuch von Melsens erklärt, nach welchem der Contakt eines heifsen porösen Körpers, mit Schwefelwasserstoff, Luft und Salzsäure Salmiak giebt. (Mulder hat 1850 diesen Versuch angestellt, bei dessen Wiederholung Fleitmann kaum wahrnehmbare Spuren von Salmiak erhielt. (Liebig und Kopp Jahresber. 1850. p. 290). In Bezug auf die Vertheilung der Emanationsöffnungen auf den einzelnen Vulcanen will Hr. Deville in der Richtung der bei Seitenausbrüchen entstandenen Spalten eine gewisse Regelmäfsigkeit erkennen. So sollen sich am Vesuv die Mofetten 1855 nur auf 2 Linien gezeigt haben, die vom Krater auf

Resina und Torre del Greco führen, d. h. auf den grofsen Eruptionsspalten von 1631 und 1794; so fällt die Fortsetzung der Eruptionsspalte von 1855 auf die der Bocche nuove von 1760; die von 1850 auf Camaldoli.

Dagegen ist zu bemerken, dafs die ganze Süd- und Westseite des Vesuvs nach Ausbrüchen Mofetten zu zeigen pflegt, von San Jorio bis Bosco reale, während allerdings an der Nord- und Ostseite Mofetten nur selten sind. Dafs bei einem rings herum von Seitenausbruchsspalten durchschnittenen Kegel 2 derselben bei der Verlängerung zusammenfallen können, darf nicht Wunder nehmen; übrigens finden am Vesuvkegel viel zahlreichere Seitenausbrüche an der Südseite als an der Nordseite statt.

Eine ähnliche Regelmäfsigkeit am Aetna behauptet der Verfasser. *Rt.*

C. S. C. Deville et F. Leblanc. Sur la composition chimique des gaz rejetés par les évents volcaniques de l'Italie méridionale. C. R. XLIV. 769-773, XLV. 398-402, 1029-1032*; Ann. d. chim. (3) LII. 5-63†; Inst. 1857. p. 322-323, p. 439-440; Cosmos X. 415-416; J. d. pharm. (3) XXXIII. 128-132; Cimento VI. 362-363.

Ausführlichere Untersuchung der aus den vulcanischen Gegenden Süditaliens ausströmenden Gase. Zuerst werden die Apparate, welche zur Aufsammlung der Gase dienten und die Art der Aufsammlung beschrieben, dann die Methode der Untersuchung der Gase, welche letztere gröfstentheils in Paris ausgeführt wurde, den Schlufs bilden Schlufsfolgerungen aus den in Volumprocenten ausgedrückten Analysen. Da schweflige Säure und Schwefelwasserstoff in Berührung mit feuchter Luft sich zersetzen, so ist ihre ursprüngliche Menge nicht aus den angegebenen Zahlen zu ersehen; Wasserdampf, der stets vorhanden war, ist nur erwähnt, wenn seine Menge gröfser erschien als gewöhnlich. Es mag bemerkt werden, dafs die Angabe, hier zuerst sei Schwefelwasserstoff als aus dem Krater des Vesuvs aufsteigend angeführt, durchaus unrichtig ist; unter andern erzählt L. Pilla, dafs ihm im Juni 1833 im Krater durch Schwefelwasserstoff die silberne Taschenuhr geschwärzt wurde. Für die einzelnen Analysen auf die Abhandlung und auf einzelne Angaben in den Berichten für 1855 und 1856 verweisend, sind hier nur die Schlufssätze mitgetheilt.

1) Wasserfreie, nicht saure Fumarolen entwickeln ein Gemisch von Sauerstoff und Stickstoff in denselben oder fast denselben Mengen wie in der atmosphärischen Luft, während im Gas aus wasserhaltigen salzsauren oder schwefligsauren Fumarolen Sauerstoff im Verhältnifs zum Stickstoff fehlt.

2) Auch die aus dem Kraterboden von Vulcano aufsteigenden Gase enthalten neben Salzsäure und schwefliger Säure weniger Sauerstoff im Verhältnifs zum Stickstoff als atmosphärische Luft.

3) Die Fumarolen, welche Schwefelwasserstoff und Kohlensäure enthalten, zeigen grofsen Wechsel in Zusammensetzung und Temperatur, sowie Sauerstoffmangel im Verhältnifs zum Stickstoff; aber freier Wasserstoff findet sich nicht.

4) In den fast nur aus Kohlensäure bestehenden Exhalationen (Hunds- und Ammoniakgrotte etc.) ist das Verhältnifs des Sauerstoffs zum Stickstoff nicht das der atmosphärischen Luft, es fehlt Sauerstoff.

5) Ein thätiger Vulcan ist ein Mittelpunkt, zu dem die gasförmigen Verbrennungsproducte der verschiedenen Gasgemische wie nach einem Schornstein hinströmen; je weiter von ihm entfernt, je weniger energisch ist die Verbrennung. Je nach der Zeit seit dem Ausbruch einerseits und andererseits je nach der Entfernung von dem Ausbruchsheerd (foyer éruptif) wechselt die Beschaffenheit der Emanationen an einem und demselben Punkt.

Rt.

Guiscardi. Note sur les émanations gazeuses des Champs Phlégréens. Bull. d. l. Soc. géol. (2) XIV. 633-635†.

Die Untersuchungen der Gase der Fumarole der Solfatara, des Lago d'Agnano, der Hunds- und Ammoniakgrotte stimmen mit denen von Hrn. Ch. S. C. Deville (Berl. Ber. 1856. p. 764) überein, namentlich auch darin, dafs die Zusammensetzung der Gase aus einer und derselben Fumarole rasch wechselt. Die Gase der Grotta del Solfo im Porto Miseno bei Case vecchie erhöhen nicht die Temperatur des Meeres, aus dem sie aufsteigen, und bestehen im Mittel aus 87,1 Proc. Schwefelwasserstoff, 9,3 Proc. Kohlensäure, 3,5 Proc. Stickstoff und Sauerstoff.

Rt.

C. S. C. Deville et F. Leblanc. Sur les émanations gazeuses qui accompagnent l'acide borique dans les soffioni et lagoni de la Toscane. C. R. XLV. 750-752†.

In dem Gas der toscanischen Borsäure-Fumarolen findet sich aufser Schwefelwasserstoff und Kohlensäure noch ein Kohlenwasserstoff, aber kein Kohlenoxyd und von Sauerstoff nur Spuren. Kein Dampfstrom war heifser als 80°. *Rt.*

Palmieri. Note sur un seismographe électromagnetique. Arch. d. sc. phys. XXV. 188-190†.

Um kleine locale Erdstöfse zu messen hat Hr. Palmieri folgende Seismometer construirt. Um verticale Erdstöfse zu messen wird an einem federnden Draht ein kleiner Kegel von Kupfer oder Platin in geringer Entfernung über einer Quecksilberoberfläche angebracht; wenn sich beide berühren, wird auf elektromagnetischem Wege eine Uhr zum Stillstand gebracht und eine Alarmglocke geläutet. Zur Messung horizontaler Stöfse dienen 4 U-förmige nach den Himmelsgegenden gestellte, mit Quecksilber gefüllte Röhren, die in dem einen Schenkel einen Platindraht, in dem andern einen Eisendraht tragen, und zwar sehr nahe der Oberfläche des Quecksilbers. Wieder wird bei Berührung durch den elektrischen Strom eine Uhr zum Stillstand gebracht und eine Alarmglocke geläutet. Durch die Verschiebung von einem oder zwei Index, die ähnlich wie an den Zifferblattbarometern angebracht sind, findet man die Richtung der Oscillation. Da man das Gegengewicht etwas schwerer macht als den Schwimmer und auf diese Weise der ein Mal verschobene Index nicht auf den Nullpunkt der Theilung zurückgeht, so kann man bis auf ein gewisses Maafs die Gröfse der Schwingung messen.

Rt.

K. J. Clement. Die ringförmige Bahn der Erdbeben. Petermann Mitth. 1857. p. 139-142†.

E. Kluge. Beleuchtung von Clement's Theorie der Erdbeben. Petermann Mitth. 1857. p. 424-426†,

Nach Hrn. Clement soll die Fortpflanzung der Erdbeben in einer mehr oder weniger deutlichen Kreisbahn sich als ein constantes Gesetz herausstellen. Dafs zur Bestätigung dieser Theorie noch viel umfangreichere und genauere Beobachtungen nöthig sind als die zum Aufbau der Theorie verwendeten, geht aus den von Hrn. Kluge nachgewiesenen Ungenauigkeiten hervor, abgesehen von der inneren Unwahrscheinlichkeit. *Rt.*

A. Boué. Parallele der Erdbeben, der Nordlichter und des Erdmagnetismus sammt ihrem Zusammenhang mit der Erdplastik sowohl als mit der Geologie. Wien. Ber. XXII. 395-467; Bull. d. l. Soc. géol. (2) XIII. 466-527; Z. S. f. Naturw. IX. 505-506.

E. Kluge. Verzeichnifs der Erdbeben und vulcanischen Eruptionen und der dieselben begleitenden Erscheinungen in den Jahren 1855 und 1856. Allg. naturh. Zeitung. Neue Folge III. 321-343†, 361-390†, 401-416†.

A. Percy. Note sur les tremblements de terre ressentis en 1855, avec suppléments pour les années antérieures. Deuxième partie. Bull. d. Brux. (2) I. 64-128 (Cl. d. sc. 1857. p. 64-128).

Chronologisches Verzeichnifs der Erdbeben und Vulcanausbrüche im Jahre 1855 und bis zu Ende 1855 reichende Nachrichten über das Erdbeben vom 25. Juli 1855, das seinen Hauptsitz im Visptbal hatte. *Rt.*

Tscheinen. Tagebuch über die Erdbeben des Visperthales in den Jahren 1855 und 1856. Wolf Z. S. 1857. p. 28-48†, p. 169-198†.

Chronologisch geordnete Beobachtungen über das Erdbeben im Visperthal (s. Berl. Ber. 1855. p. 808, 1856. p. 769), bis 31. December 1856 reichend, nach denen das „Brausen und Sausen und Zittern" fast jeden Tag eintrat. Aufserdem Notizen über frühere Erdbeben in Wallis und in der Schweiz. *Rt.*

E. Roberts. Tremblement de terre. Inst. 1857. p. 172-172†.

Durch das Erdbeben vom 23. Januar 1855, welches in Land und Meer ein Gebiet dreimal so grofs als Grofsbrittannien betraf, wurde auf Neuseeland eine bedeutende Strecke Landes gehoben. Um Wellington herum betrug die Hebung nur $1\frac{1}{2}$ bis 4 Fufs, nahm aber allmälig bis nach dem 12 Miles südöstlich entfernten Muka Muka point zu, wo sie ihr Maximum, 9 Fufs und darüber, erreichte; weiter östlich hatte keine Hebung stattgefunden. Eine gehobene Zone weifser, gerade unter der Linie der Ebbe mit Nulliporen bedeckter Gesteine erlaubte diese genaue Messung. Längs der aus älteren thonigen Gesteinen bestehenden Hügelreihe Riumtaka, zu der als Ausläufer gegen die See der Muka Muka point gehört, bildete sich durch die Hebung eine weithin (gegen 90 Miles) verfolgte nordsüdliche Verwerfung, während die östlich gelegene, aus sehr jungen Tertiärgesteinen bestehende Ebene keine Bewegung erlitt. Südlich der Cookstrafse oder im nördlichen Theil von Middle Island fand gleichzeitig eine Senkung von etwa 5′ statt. Nach dem Erdbeben mufs man den Wairauflufs 3 Miles weiter hinauffahren als sonst, um süfses Wasser zu finden. Vulcanische Ausbrüche begleiteten das Erdbeben auf der nördlichen Insel nicht, doch sollen die heifsen Taupoquellen kurz vorher eine Erhöhung der Temperatur gezeigt haben. 1832, 1841 und 1848 haben in Folge von Erdbeben ähnliche Niveauveränderungen in Neuseeland stattgefunden, die jedoch nur kleinere Gebiete betrafen. *Rt.*

Wurzer. Die Erdbeben in Brussa. Sitzungsber. d. niederrhein. Ges. in Bonn 1857. p. XXXVII-XXXVIII.

Die schnell aufeinander folgenden verticalen Stöfse vom 11. April 1855 wirkten ungleich verderblicher auf Brussa als die meist wagerechten, von SW. nach NO. gerichteten Schwankungen vom 28. Februar und der bis zum 26. März folgenden Tage.

Rt.

G. Dollfuss. Wirkung des Erdbebens vom 25. Juli 1855 an der Sitterbrücke bei St. Gallen. Verh. d. naturf. Ges. in Basel I. 4. p. 579-581†.

Der am rechten Ufer des Sitter bei St. Gallen zum Behuf einer Gitterbrücke errichtete Pfeiler war zur Zeit des Erdbebens bis auf die etwa 1′ hohen Kopfstücke vollendet. Ein auf fester Meeresmolasse ruhender, 29′ über dem angeschwemmten Boden oder 35′ über dem Wasserstand der Sitter sich erhebender Sockel aus Mauerwerk trägt den 160′ hohen, aus gufseisernen verschraubten Rahmen bestehenden Pfeiler. Dieser bildet eine rechteckige Säule von 15′ Länge und 11′ Breite, mit 8 gegen oben an Breite abnehmenden Strebepfeilern. Vermittelst der Streben hat der Pfeiler eine Basis von 34½′ nach der von Nord nach Süd gerichteten und von 17½′ nach der von Ost nach West gerichteten Seite. Am Tage vor dem Erdbeben wurden 2 das Kopfstück bildende eiserne Balken, jeder 13′ lang und von einem Gewicht von 22 Centnern, rechtwinklig auf die westöstliche Axe der Brücke, also in der Richtung Nordsüd, auf den Pfeiler gelegt, so dafs sie ohne alle Befestigung auf dem obersten ziemlich genau horizontal liegenden Rahmen aufruhten. Kurz vor 1^h Mittags trat das Erdbeben ein und am andern Tage fand man die beiden Balken nach Osten genau in der Axe der Brücke und parallel der ursprünglichen Lage um 20 bis 21‴ verschoben. Diese Verschiebung fällt zwar mit der Richtung zusammen, nach welcher der Pfeiler die geringste Stabilität besitzt, doch hatten die Schwankungen beim Aufstellen von Gerüsten, also bei sehr bedeutenden Stöfsen in der Richtung der Brückenaxe, am obersten Ende der Pfeiler nie mehr als höchstens 3‴ betragen.

Nach Hrn. Merian läfst sich aus dieser Beobachtung noch nicht der Schlufs ableiten, dafs der Erdstofs genau in der Richtung der Brückenaxe sich fortgepflanzt habe. Die durch die Erschütterung veranlafsten Bewegungen sind nach der Seite gerichtet, wo der geringste Widerstand stattfindet; der Pfeiler mufste daher in der Richtung der Brückenaxe schwingen, da hier die Stabilität am geringsten war. *Rt.*

TSCHEINEN. Felssturz bei Grächen. WOLF Z. S. 1857. p. 309-310†.

Am 12. September 1855 Abends brachen vom Dirlocherhorn, ohne Zweifel von dem damaligen heftigen Erdbeben abgelöset, oberhalb Grächen SW. von Stalden, nahe dem Verbindungspunkt des Saas- und Nicolaithales, Felsmassen los, die eine Strecke von 2 Stunden herunter rollten. *Rt.*

HEUSSER. Analyse des Wassers zweier in Folge des Erdbebens im Visperthal neu entstandenen Quellen. WOLF Z. S. 1857. p. 78-80†.

Die zwischen Vispach und Stalden, sowie die oberhalb Eichholz in Folge des Erdbebens entstandenen Quellen enthalten nicht mehr und nicht andere unorganische Bestandtheile als die gewöhnlichen Brunnenwasser. *Rt.*

DAUBRÉE. Limite septentrionale du tremblement de terre du Valais du 25 juillet 1855. Mém. d. l. Soc. d. sc. natur. d. Strasburg V. 1. p. 7-7†; Inst. 1857. p. 38-38†.

Das Erdbeben vom 25. Juli 1855 wurde zu beiden Seiten der Vogesen, im Elsafs und in Lothringen an vielen Punkten empfunden, aber nicht in einem grofsen Theil der Vogesen selbst. In Weifsenburg und seiner Umgebung, am Fufs der Vogesen, war es bemerklich, aber nicht in den Gebirgsdörfern. Während es im Gebirge in der Sohle der Thäler empfunden wurde, spürte man es nicht in den auf den Thalabhängen liegenden Dörfern.

Das Rheinthal in der Gegend von Strafsburg und Karlsruhe nimmt bald an den von Coblenz, Mainz oder Frankfurt ausgehenden Erschütterungen Theil, während der Oberelsafs und die Schweiz nicht betroffen werden, bald an den vom Oberelsafs oder der Schweiz ausgehenden, ohne dafs jene nördlichen Gegenden

Theil nehmen. Der letztere Fall ist der häufigere und findet sich bei den Erdbeben vom 18. October 1356, 29. September 1784 und 25. Juli 1855.

Wie der Verfasser dem Erdbeben vom 25. Juli 1855 eine Verbreitung nach Norden absprechen kann, da er selbst von der Wahrnehmung in Weifsenburg und dessen Umgebung spricht, ist nicht einzusehen. Ueber die weitere Verbreitung s. Berl. Ber. 1855. p. 815. *Rt.*

H. DE SENARMONT. Analyse des documents recueillis sur les tremblements de terre ressentis en Algérie du 21 Août au 15 Octobre 1856. C. R. XLIV. 586-594†; Cosmos X. 397-397.

Der Mittelpunkt der Erdbeben, von denen im August bis October 1856 ein Theil Algeriens (von La Calle bis Algier) getroffen ward (Berl. Ber. 1856. p. 772) lag wahrscheinlich im Meer bei Djidjelli; landeinwärts, sowie östlich und westlich an der Küste und im offnen Meer nahm die Zahl und die Heftigkeit der Stöfse ab. In Philippeville, Collo und Djidjelli liefs sich die Zahl der Stöfse nicht feststellen, die Erschütterung war einige Wochen lang fast eine dauernde. Besonders bei Philippeville und Djidjelli waren 1 bis $1\frac{1}{2}^{m}$ breite und 5 bis 6^{m} lange Spalten entstanden, die zum Theil heifses, schlammiges, schweflig riechendes Wasser ergossen, alte Quellen waren verschwunden und neue hervorgetreten. An der Küste hob und senkte sich das Meer und bei Djidjelli war es 3 Tage lang in kochender Bewegung. Im Allgemeinen scheint die Richtung der Stöfse NO. und SW. gewesen zu sein. Bei schwachen Schwingungen liefsen sich nur noch die horizontalen, nicht mehr die vertikalen unterscheiden. Ueberall ging den Stöfsen unterirdisches Getöse voraus, aber nicht immer folgte demselben ein Stofs. Von der petrographischen Beschaffenheit des Bodens war die Energie der Stöfse unabhängig. *Rt.*

Prost. Vibrations du sol observées à Nice du milieu d'Octobre 1856 au milieu de Septembre 1857. C. R. XLV. 446-447†; Cosmos XI. 382-382.

Die Schwingungen des Bodens in Nizza, die 1855 so heftig und häufig waren (Berl. Ber. 1855. p. 805), waren 1856 in beiden Beziehungen schwächer. Das Erdbeben, das am 21. und 22. August 1856 in Afrika bemerkt wurde, war auch in Nizza fühlbar (Berl. Ber. 1856. p. 772). Am 15. bis 18. October fanden fortdauernde Schwingungen statt, am 26., 27. October, 5., 11., 20. November, 3., 15., 18., 24. December 1856 wurden deren bemerkt.

Wie 1856 waren auch 1857 im Juli die Schwingungen besonders häufig und heftig, eine Erscheinung, die sich nach Herrn Prost seit 1849 jährlich wiederholt. Ein Verzeichnifs der Schwingungen 1857 bis zum 9. September wird mitgetheilt. *Rt.*

Nöggerath. Das Erdbeben im Siebengebirge am 6. December 1856. Z. S. d. geol. Ges. 1857. p. 167-171†.

Am 6. December 1856 $9\frac{1}{2}^{h}$ Abends fand im Siebengebirge und dessen näherer Umgebung ein schwacher Erdstofs statt, dessen Schüttergebiet nur wenig auf die linke Rheinseite übergreifend, in der gröfsten Länge von Nord nach Süd etwa 5 Meilen, in der Breite höchstens 2 Meilen beträgt. Die Bewegung wird meist als wellenförmig, von Königswinter und Unkel als aufstofsend angegeben, auch die gewöhnlichen Schallphänomene werden berichtet. Der Verfasser hebt hervor, dafs die namentlich in der Rheingegend so häufig im engsten Anschlufs an vulcanische Gebirgsgruppen beobachteten, lokalen, schwachen Erdbeben ein später geringer Nachhall der vormals gröfsern vulcanischen Thätigkeit dieser Gegenden zu sein scheinen, dafs ferner der erregende Heerd minder tief als bei Erdbeben mit grofsen Schütterkreisen liegen möge. *Rt.*

A. Berti. Sugli ultimi tremuoti di Venezia. Atti d. Ist. Veneto di scienze, lettere ed arti (3) II.

In der Nacht vom 31. Januar auf den 1. Februar 1857

18 Minuten nach Mitternacht bemerkte man in Venedig einen schwachen, undulatorischen, von NO. nach SW. gerichteten, etwa 5 Secunden dauernden Erdstofs. Das Centrum dieses Stofses lag zwischen Parma und Reggio, wo der Stofs heftiger, successorisch und undulatorisch zu gleicher Zeit, etwas östlicher und länger war. Ihm ging dort ein Getöse voraus und begleitete ihn; auch spürte man dort am Abend vorher 7 Uhr 10 Minuten einen viel schwächeren, kürzeren Stofs ohne Getöse. Der Stofs am 1. Februar wurde in Mailand, Bergamo, Brescia, Bassano, Treviso, Venedig, Ferrara, Modena bemerkt, aber nicht in Bologna, Pontremoli, Piacenza, Pavia. Auf dem linken Poufer dehnte sich die Erschütterung also weiter aus als auf dem rechten und wurde schwächer mit der Entfernung vom Centrum. Eine stärkere Erschütterung spürte man am 7. März früh $3\frac{1}{2}^h$ in Venedig. Die Bewegung war undulatorisch von OSO. nach WNW. und nach Einigen zuletzt succussorisch, dauerte 6 Secunden; ihr ging voraus und folgte eine Art Pfeifen wie von einem grofsen Projektil. Das Centrum des Stofses lag wahrscheinlich zwischen Laibach und Klagenfurt; das Stofsgebiet umfafste Gurck, Agram, Carlstadt, die Inseln Cherso und Veglia, Pola, Rovigo, Legnago, Tiene nordöstlich von Vicenza. Ueberall wurde das Getöse wie in Venedig gehört. Früh 4^h am 10. März 1857 fand ein dritter schwacher Erdstofs statt, dessen kleiner Schütterkreis Venedig, Treviso, Pieve di Soligo und Valdobbiadene umfafst. An den beiden letzten Punkten, in deren Nähe das Centrum lag, hörte man heftiges und unterirdisches Getöse. Der Verfasser bemerkt, dafs die Linie, welche die Centra der 3 Erdbeben verbindet, einer der grofsen Hebungslinien der Alpen parallel ist.

Am 11. Juli 1857 $9\frac{1}{2}^h$ Abends spürte man in Venedig einen schwachen, undulatorischen, 5 Secunden dauernden, von O. nach W. gerichteten Erdstofs, der auch in den Provinzen von Treviso, Padua, Mantua und Rovigo, besonders in letzterer bemerkt wurde. Er war dort länger, undulatorisch und succussorisch, von unterirdischem Getöse begleitet. Ihm folgten dort einige Stunden später noch 2 schwache Stöfse. Dieser Erschütterung würde ein viertes von den übrigen verschiedenes Centrum entsprechen. *Rt.*

Colla. Détails sur un tremblement de terre ressenti à Parme le 31 Janvier 1857. Inst. 1857. p. 64-64†.

Am 31. Januar 1857 7 Uhr 10 Minuten Abends bemerkte man in Parma ein undulatorisches Erdbeben, dessen Richtung nach dem Pendelseismographen OSO. nach WNW. war; um 12 Uhr 12 Minuten früh am 1. Februar erfolgte ein zweiter Stofs, begleitet und eingeleitet durch ein sehr heftiges Getöse; die Richtung dieses Stofses war ebenfalls OSO. nach WNW., seine Dauer 6 Secunden, seine Bewegung zugleich undulatorisch und succussorisch. In Guastalla bemerkte man beide Stöfse, in Reggio, Modena, Mantua den zweiten; aber keinen von beiden in Piacenza, Genua, Spezia, Florenz, Bologna, so dafs der Erschütterungskreis nicht grofs gewesen sein kann. *Rt.*

Muston. Note sur une secousse de tremblement de terre ressentie aux environs de Montbéliard. C. R. XLIV. 874-875†.

Am 14. Februar 1857 früh 4 Uhr 45 Minuten empfand man in der Umgebung von Montbéliard, in einem Umkreise von etwa 20 Kilometern, einen von West nach Ost gerichteten, etwa 5 Secunden dauernden Erdstofs, dem ein Getöse vorherging. Seit mehreren Jahren bemerkt man dort ähnliche Erdstöfse, von denen der von 1855 der stärkste war.

Nach Hrn. Cortejean sind von 1601 bis 1685 in Montbéliard 9 Erdstöfse beobachtet worden. *Rt.*

H. Lecocq. Tremblement de terre du 16 Juin ressenti à Clermont-Ferrand. C. R. XLV. 34-35†; Cosmos IX. 43-43.

Am 16. Juni 1857 früh 11 Uhr 28 Minuten bemerkte man in Clermont-Ferrand einen etwa 3 bis 4 Secunden dauernden, von N. nach S. gerichteten Erdstofs, dem ein Getöse voranging. Etwa 12 Minuten später folgte ohne unterirdisches Rollen eine schwächere, aber länger dauernde Schwingung. *Rt.*

Giebel. Die Erderschütterung in Sachsen und Thüringen am 7. Juni 1857. Z. S. f. Naturw. IX. 438-443†.

Am 7. Juni 1857 Nachmittags $3\frac{1}{4}^h$ spürte man in Halle einen von O. nach W. gerichteten schwachen Erdstofs, in Gera Stofs und Getöse. In Eilenburg, Leipzig, Dresden, Mitweida, in den Dörfern Tragen und Zedtwitz, 2 Stunden von Hof, Plauen, Bad Elster, Zwickau, Zeitz, Naumburg, Merseburg war der Stofs bemerkbar. Die Richtung desselben in Leipzig von WSW. nach ONO. Halle und die Gegend von Hof scheinen die Nord- und Südgränze des Erschütterungskreises zu bilden. *Rt.*

Fernere Literatur.

H. Hofmeister. Chronik der in der Schweiz beobachteten Naturerscheinungen. Wolf Z. S. 1857. p. 209-212.

Namen- und Capitelregister.

Berichtigungen.

Seite 48	Zeile 9	von unten	l.	EMMETT statt ENNUETT.
- 55	- 4	- oben	l.	Flüssigkeit heben statt haben.
- 230	- 2	- -	l.	Objective Farben statt Subjective Farben.
- 243	- 7	- -	l.	dem Quadrat der Stromstärke statt dem durch denselben geleiteten Strom.
- 465	- 2	- -	l.	PEARSON statt PÄRSON.
- 601	- 8	- -	l.	Jorullo statt Jorulle.

Verzeichnifs der Herren, welche für den vorliegenden Band Berichte geliefert haben.

Herr Dr. Aronhold in Berlin. (*Ad.*)
- Professor Dr. Beetz in Erlangen. (*Bz.*)
- Oberlehrer Dr. Bertram in Berlin. (*Bt.*)
- Professor Dr. Buys-Ballot in Utrecht. (*B. B.*)
- Dr. Franz in Berlin. (*Fr.*)
- Dr. Hagen in Berlin. (*Hg.*)
- Dr. Iochmann in Berlin. (*Im.*)
- Oberlehrer Dr. Krönig in Berlin. (*Kr.*)
- Professor Dr. Kuhn in München. (*Ku.*)
- Professor Dr. Lamont in München. (*La.*)
- Dr. Paalzow in Berlin. (*P.*)
- Dr. Quincke in Berlin. (*Q.*)
- Professor Dr. Radicke in Bonn. (*Rd.*)
- Dr. Reitlinger in Wien. (*Rr.*)
- Professor Dr. Roeber in Berlin. (*Rb.*)
- Dr. Roth in Berlin. (*Rt.*)
- Dr. Wilhelmy in Berlin. (*Wi.*)